Elastizität und Festigkeit im Rohrleitungsbau

Statische Berechnung der Rohrleitungen und ihrer Einzelteile

Von

Dipl.-Ing. Helmut von Jürgensonn, VDI

Oberingenieur, Düsseldorf

Zweite neubearbeitete Auflage

Mit 236 Abbildungen, 38 Zahlentafeln und 31 Zahlenbeispielen

Springer-Verlag

Berlin / Göttingen / Heidelberg

1953

ISBN 978-3-642-52904-7 ISBN 978-3-642-52903-0 (eBook)
DOI 10.1007/978-3-642-52903-0

Softcover reprint of the hardcover 2nd edition 1953

Vorwort zur zweiten Auflage.

Trotz der starken Nachfrage, die im Zusammenhang mit dem Wiederaufbau der deutschen Industrie bald nach dem Kriegsende einsetzte, konnte die längst fällige zweite Auflage dieses Buches aus verschiedenen Gründen leider erst jetzt fertiggestellt werden. Die Bearbeitung der vierten Auflage des für einen noch größeren Leserkreis bestimmten „Handbuch der Rohrleitungen" hatte zweifellos den Vorrang. Außerdem behinderten längere Auslandstätigkeit sowie starke berufliche Inanspruchnahme die Durchführung dieser Aufgabe.

In der zweiten Auflage dieses Buches sind einige weniger wichtige Abschnitte über die als bekannt anzusehenden Grundbegriffe der Festigkeitslehre sowie verschiedene theoretische Entwicklungen wesentlich gekürzt worden, um mehr Raum für neue inzwischen aufgetauchte Probleme zu gewinnen, wie z. B. zeitabhängige Festigkeitseigenschaften bei hohen Temperaturen, der Spannungszustand in dickwandigen Rohren unter Berücksichtigung der voll- bzw. teilplastischen Verformungen, Formfaktoren für Berechnung von Abzweigstücken usw. Auf vielseitigen Wunsch ist auch ein Abschnitt der Berechnung räumlich schiefwinkliger Systeme gewidmet, der durch ein vollständig durchgerechnetes Beispiel veranschaulicht ist. Im übrigen blieb die bewährte Gliederung des Buches bestehen.

Es ist für mich eine selbstverständliche Pflicht, an dieser Stelle meines verehrten, auf so tragische Weise ums Leben gekommenen Vorgesetzten und langjährigen Mitarbeiters — des Herrn Direktors F. Schwedler, — zu gedenken, dem ich stets verständnisvolles Entgegenkommen und bereitwillige Unterstützung meiner Arbeiten zu danken habe.

Desgleichen möchte ich auch meinem Mitarbeiter, Herrn Dipl.-Ing. R. Franzl, für seine Unterstützung bei der Untersuchung verschiedener theoretischer Fragen und bei der Sichtung und Auswertung ausländischen Schrifttums danken.

Dem Springer-Verlag gebührt mein besonderer Dank für die Ausstattung des Buches und das verständnisvolle Eingehen auf meine Wünsche.

Düsseldorf, im März 1953.

H. v. Jürgensonn.

Aus dem Vorwort zur ersten Auflage.

Die in den letzten Jahren erfolgte äußerst rasche Entwicklung des Hochdruck-Rohrleitungsbaues und die starke Inanspruchnahme aller, besonders der technischen Fachkräfte, machte das Fehlen eines zusammenfassenden Werkes über die statische Berechnung von Rohrleitungen und ihrer Einzelteile besonders unangenehm bemerkbar. Die genaue Kenntnis der Elastizität der Rohrleitung gewinnt mit steigenden Betriebsdrücken und Temperaturen an Bedeutung. So vielseitig und umfangreich zum Teil die in dieser Beziehung auftauchenden Probleme sind, so wenig Zeit hat gewöhnlich der in der Praxis stehende Ingenieur, sich die erforderlichen Berechnungsgrundlagen selbst zu schaffen.

„Aus der Praxis für die Praxis" war der Leitfaden für die Entwicklung dieser Arbeit. Das Buch ist daher auch in erster Linie für den mit dem Entwurf oder der Bauleitung einer Rohrleitungsanlage beauftragten Ingenieur bestimmt. Deswegen sind bei der Behandlung des Stoffes nur die notwendigsten theoretischen Entwicklungen berücksichtigt. Es wurde der größte Wert darauf gelegt, solche Berechnungsverfahren auszuwählen bzw. zu entwickeln, die ein Mindestmaß an Zeit und Mühe erfordern und eine hohe Genauigkeit besitzen. Gleichzeitig war es wichtig, die Rechenarbeit selbst in eine Norm einzufügen, die an die Überlegung und Aufmerksamkeit des Rechnenden die geringsten Anforderungen stellt.

Soweit wie möglich wurden dafür auch Linientafeln ausgearbeitet. Zahlreiche Rechenbeispiele erläutern die praktische Anwendung der gegebenen Richtlinien.

Es erschien nicht angebracht, den theoretischen Aufbau der Berechnungsverfahren ganz fallen zu lassen, da sonst das Verständnis der inneren Zusammenhänge beeinträchtigt und die Beurteilung der Grenzen der Gültigkeit und Genauigkeit erschwert wäre. Besonders bei einem eingehenderen Studium dieses Gebietes würde man das Fehlen der theoretischen Grundlagen als Mangel empfinden.

Es muß zugegeben werden, daß ungeachtet der weit fortgeschrittenen technischen Entwicklung doch noch einige Fragen offen bleiben, die einer gründlichen Erforschung wert sind. Als Beispiel sei nur die einwandfreie, auf wirklichkeitsgetreuen Annahmen aufgebaute Berechnung fester Flansche, oder die genaue Spannungsermittlung in Faltenrohrbogen genannt, wofür bisher fast keine theoretisch nachprüfbaren Versuchswerte vorliegen. Das sind Aufgaben, die einer späteren ruhigeren Entwicklungszeit vorbehalten bleiben.

Berlin, im Oktober 1940.

H. v. Jürgensonn.

Inhaltsverzeichnis.

Verzeichnis der Zahlenbeispiele.

Verzeichnis der Zahlentafeln.

Berichtigung

S. 125, 1. u. 2. Z. v. u., Formeln: lies 10^6 statt 10^3

S. 134, Biegungsspannung für Punkt I—III:

lies $\frac{D}{L}$ statt $\frac{L}{D}$

S. 138, Abb. 95, Abzisse: lies $\frac{L_2}{L_1}$ statt $\frac{L_3}{L_1}$

v. Jürgensonn, Elastizität 2. Aufl.

Einführung.

Die Verwendung höchster Drücke und Temperatur im Rohrleitungsbau bedingt eine genaue Kenntnis aller auftretenden Kräfte und Spannungen, die einerseits durch den Betriebsdruck und andererseits durch die Wärmedehnung hervorgerufen werden. Schon beim Entwurf der Rohrleitungsanlage soll der Konstrukteur jeden einzelnen Teil nach wirtschaftlichen Gesichtspunkten genau prüfen, um ein Höchstmaß an Betriebssicherheit mit einem Mindestmaß an Aufwand zu erzielen. Dazu ist eine genaue Berechnung der Anlage unerläßlich.

Die im folgenden behandelten Fragen verdanken ihre ausführliche Klärung in erster Linie der Entwicklung der Höchstdrucktechnik. Hier besteht in besonderem Maße die Notwendigkeit, die zu erwartenden Kräfte und Beanspruchungen rechnerisch so genau wie möglich zu erfassen, um die Bemessung und die Werkstoffauswahl sinnvoll vornehmen zu können. Dieses Buch soll dazu dienen, diese Aufgabe schnell und sicher durchzuführen. Auch die Verwendung der DIN-Normen entbindet den Konstrukteur nicht von der Verpflichtung zur rechnerischen Nachprüfung, soweit es sich um Anlagen für Temperaturen über 400° C handelt.

Selbstverständlich können die gleichen Berechnungsverfahren sinngemäß auch für Rohrleitungen niederer und mittlerer Drücke und Temperaturen angewandt werden.

Der Höchstdruck-Rohrleitungsbau hat sich den Forderungen der Industrie entsprechend äußerst rasch und stetig entwickelt. Die inzwischen gesammelten Erfahrungen und durchgeführten theoretischen Untersuchungen haben es ermöglicht, auch Hochdruckanlagen für mehr als 600° C Dampftemperatur erfolgreich zu bauen. Es ist klar, daß Anlagen für so hohe Temperaturen und entsprechend hohen Druck (160 atü) nur bei sorgfältigster Berechnung jedes einzelnen Teiles ohne Risiko gebaut werden können.

Der Wärmedehnungsausgleich erfordert aber bei allen Rohrleitungsanlagen für Heißdampf eine sehr genaue Kenntnis der auftretenden Beanspruchungen und Kräfte, und diesem Aufgabengebiet ist daher ein breiter Raum im vorliegenden Buch gewidmet.

Die besonderen Bedingungen des deutschen Rohstoffmarktes fordern nach wie vor ein sparsames und wirtschaftliches Bauen. Unter Zuhilfenahme der theoretischen Erkenntnisse müssen die zur Verfügung stehenden Werkstoffe sorgsam ausgewählt und ihren Eigenschaften entsprechend soweit wie möglich ausgenutzt werden. Trotzdem muß höchste Betriebssicherheit als oberster Grundsatz gewährleistet sein, was eben nur durch genaue Berechnung jedes Teiles der Anlage möglich ist.

Im folgenden sind die für den Konstrukteur wichtigen Grundlagen und Berechnungsverfahren gezeigt. Größter Wert wurde auf die Erfordernisse der Praxis gelegt, indem der einfachste Rechnungsgang unter Angabe der Genauigkeit und der Anwendungsgrenzen erläutert wird. Bei der Entwicklung einzelner Formeln, die zum Verständnis notwendig sind, mußten allerdings die Grundbegriffe der technischen Mechanik und der höheren Mathematik als bekannt vorausgesetzt werden. Für die praktische Anwendung ist aber eine durchaus einfache, allgemeinverständliche Form gewählt, die durch zahlreiche Linientafeln noch anschaulicher und für den Benutzer bequemer gemacht ist. An durchgerechneten Beispielen kann die Anwendung leicht verfolgt werden.

In dem in- und ausländischen Schrifttum finden sich verstreut in Zeitschriften und Abhandlungen mehr oder weniger zweckmäßige Berechnungsverfahren für die Ermittlung der Wärmespannungen in Rohren, Beanspruchungen in Flanschen usw. Diese sind vielfach sehr umständlich und eignen sich daher wenig für die praktische Anwendung. Aufgabe dieses Buches ist es, in erster Linie solche Rechnungsarten zu entwickeln, die möglichst bequem und einfach im Gebrauch sind und trotzdem eine genügende Genauigkeit besitzen. Neben eigenen werden auch die im Schrifttum behandelten Berechnungsarten besprochen und die Gründe für etwaige Abweichungen in den Ergebnissen aufgezeigt. Die Beispiele wurden nach Möglichkeit so gewählt, daß an Hand der zahlenmäßigen Ergebnisse die Gleichartigkeit oder Verschiedenheit der Verfahren deutlich wird. Auch läßt sich auf Grund der zahlenmäßigen Durchrechnung am besten beurteilen, welche Rechnungsweise in bezug auf Einfachheit und Genauigkeit den jeweiligen Erfordernissen am besten entspricht. Außerdem sind besonders interessante und lehrreiche Fälle aus der Praxis des Verfassers zahlenmäßig durchgerechnet.

A. Festigkeitsberechnung der Rohre.

I. Allgemeine Grundlagen.

1. Werkstoff-Kennwerte im Kurzversuch.

Das primitivste Merkmal eines Werkstoffes ist seine Bruchfestigkeit, d. h. die Belastung, bei der innerhalb weniger Minuten der Bruch erfolgt.

Die Bruchfestigkeit ist die auf den Anfangsquerschnitt bezogene Höchstbelastung des Probestabes, der in der Zerreißmaschine ein-

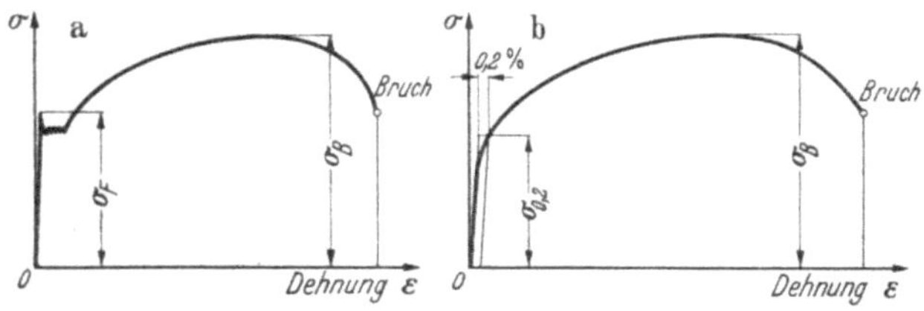

Abb. 1a u. b. Belastungs- (Spannungs-) Dehnungsbild (a) mit ausgeprägter und (b) mit nicht-ausgeprägter Streckgrenze. (Aus Werkstoff-Handbuch Stahl und Eisen, 2. Aufl.)

gespannt ist. Der Quotient aus der von der Maschine angezeigten höchsten Last $P_{\max}$ und dem — im Augenblick der Einwirkung der Last oder gar nach dem Bruch natürlich nicht mehr vorhandenem — Anfangsquerschnitt des Zugstabes F_0 stellt die Zug- oder Bruchfestigkeit dar

$$\sigma_B = \frac{P_{\max}}{F_0}. \tag{1}$$

Das aus einem Zugversuch gewonnene Schaubild — das Spannungs-Dehnungsbild — sieht ähnlich Abb. 1 aus. Es zeigt zunächst ein langsames Anwachsen der Dehnung ε mit steigender Belastung, wobei in diesem Bereich die Dehnung ε der Spannung σ proportional ist, d. h.

$$\varepsilon = \alpha\,\sigma. \tag{2}$$

Darin ist $\alpha = 1/E$ eine für den Werkstoff gültige Kennzahl, die bei Raumtemperatur für die üblichen Stähle etwa den Wert

$$\alpha = 1 : 2150000 = 0{,}000000465 \text{ cm}^2/\text{kg} \tag{2a}$$

besitzt.

Diese einfache Beziehung, genannt das HOOKEsche Gesetz, ist für die Festigkeitslehre von grundlegender Bedeutung. Es besteht aber nur bis zu einer bestimmten Belastungsgrenze, die man Proportionalitätsgrenze nennt. Darüber hinaus wachsen die Dehnungen schneller als die Spannung.

Aus dem Zerreißversuch werden noch folgende charakteristischen Merkmale des Werkstoffes gewonnen:

a) Die *Dehnung*, das ist die bleibende Verlängerung des Probestabes nach dem Bruch in Hundertteilen der ursprünglichen Länge. Die Prüflänge des Probestabes wird gewöhnlich gleich dem 5fachen Durchmesser des Stabes gewählt. Daher enthält dann die Angabe der Dehnung den Vermerk $l = 5d$.

b) Die *Fließ*- oder *Streckgrenze* ist diejenige Belastung σ_F (Abb. 1a), bei der trotz zunehmender Dehnung die Kraftanzeige der Prüfmaschine erstmalig unverändert bleibt oder zurückgeht (natürliche Streckgrenze). Man unterscheidet dann die „obere" von der „unteren" Streckgrenze, auf welche die Spannung von der oberen absinkt. Ist die Streckgrenze nicht scharf ausgeprägt, was bei einigen Werkstoffen oder z. B. bei Warmzugversuchen der Fall ist, so bestimmt man die Spannung, bei der 0,2% *bleibende* Dehnung auftritt, und bezeichnet diese Spannung $\sigma_{0,2}$ als 0,2 %-Grenze (Dehngrenze, s. Abb. 1b).

Damit ist die Ableitung von Werkstoff-Kennwerten aus dem Kurz-Zugversuch erschöpft.

Je nach der Art des Bauteiles und seiner Belastung wird man entweder die Bruchfestigkeit oder die Streckgrenze als Bezugswert in die Berechnung einführen. Diese geben aber nur ein unvollständiges Bild von der Belastbarkeit des Werkstoffes, da noch einige andere Faktoren die zulässige Belastbarkeit des Bauteils in wesentlichem Maße beeinflussen.

2. Einfluß der Temperatur und der Zeit.

Die Temperatur beeinflußt in sehr hohem Maße die Festigkeitseigenschaften des Werkstoffes. Mit steigender Temperatur sinken die Festigkeit und die Streckgrenze des Werkstoffes ab. Im Schaubild Abb. 2 sind diese Verhältnisse veranschaulicht. Man sieht, daß bei höheren Temperaturen mit wesentlich geringeren Festigkeitseigenschaften des Baustoffes gerechnet werden muß.

Im Abschnitt II/1 sind die Festigkeitseigenschaften für die am häufigsten vorkommenden Stähle für verschiedene Temperaturen angegeben.

Die Temperatur des Werkstoffes hat aber noch eine weitergehende Bedeutung.

Bei Raumtemperatur lassen sich die Festigkeitseigenschaften der Stähle in einfachster Weise durch den Zugversuch ermitteln. Dagegen stößt im warmen Zustande diese einfache Begriffsbestimmung auf Schwierigkeiten, weil in diesem Fall auch die Belastungszeit einen starken Einfluß auf das Versuchsergebnis ausübt. Bei höherer Temperatur stellt sich im Gegensatz zum Versuch bei Raumtemperatur zu einer gegebenen Belastung nicht mehr sofort eine bestimmte bleibende Formänderung ein, sondern diese wächst mit der Zeitdauer der Belastung. Es stellt sich das sog. „Kriechen" ein, so daß der Versuchsstab auch bei verhältnismäßig niedrigen Belastungen nach einer genügend langen Zeit brechen kann.

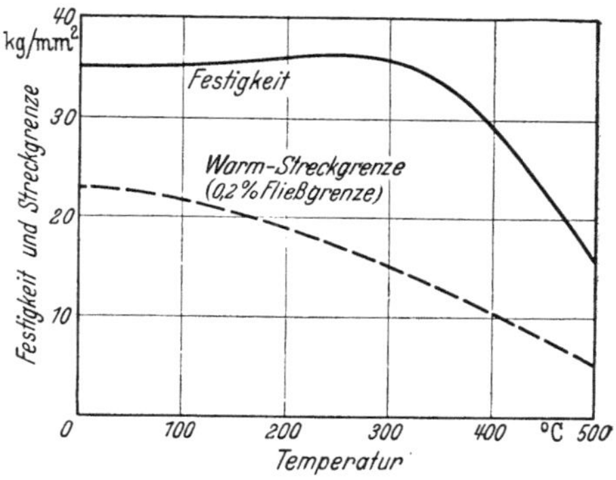

Abb. 2. Allgemeine Abhängigkeit der Festigkeit und Streckgrenze von der Temperatur.

Im Gegensatz zum „Fließen" des Werkstoffes ist das „Kriechen" ein Vorgang, der sich sehr viel langsamer vollzieht. Die Formänderungsgeschwindigkeit ist bei diesem sehr gering, und das dürfte auch der Grund sein, weshalb dieser Umstand so lange nicht oder nur ungenügend beachtet wurde.

Die bisher noch nicht völlig geklärten Vorgänge beim Kriechen metallischer Werkstoffe sind seit längerem Gegenstand eingehender Untersuchungen.

Der zeitliche Verlauf des Kriechens unter dem Einfluß einer bestimmten zum Bruch führenden Belastung läßt sich nach R. W. BAILEY[1] in drei Abschnitte einteilen. Im ersten Abschnitt verlangsamt sich allmählich die Kriechgeschwindigkeit infolge der zunächst einsetzenden *Verfestigung* des Werkstoffes. Im zweiten Abschnitt bleibt die Kriechgeschwindigkeit annähernd gleich. Dies soll dadurch zustande kommen, daß neben der Verfestigung unter dem Einfluß der erhöhten Temperaturen auch eine *Entfestigung* einsetzt. Während sich in diesem Abschnitt beide das Gleichgewicht halten, überwiegt nach BAILEY im dritten Ab-

[1] BAILEY, R. W.: Engineering Bd. 119 (1925) S. 518.

schnitt die Entfestigung, so daß die Kriechgeschwindigkeit wieder zunimmt, bis schließlich der Bruch eintritt. Bei gleichbleibender äußerer Last wird der Wiederanstieg der Kriechgeschwindigkeit im dritten Abschnitt des Kriechvorganges noch beschleunigt, weil die auf die Einheit des Querschnitts bezogene Beanspruchung infolge der Querschnittsabnahme während des Kriechens allmählich wächst.

Die Meinungen der Forscher in bezug auf das Kriechen sind auch heute noch geteilt. Es wird häufig die Ansicht vertreten, daß jede, auch die ganz niedrige Belastung mit einem Kriechen verbunden ist. Wie dem auch sei, maßgebend ist letzten Endes die Kriechgeschwindigkeit, die mit der Belastung eindeutig abnimmt, wobei auch die Temperatur eine wesentliche Rolle spielt.

Nach dem gegenwärtigen Stand der Forschung darf angenommen werden, daß unterhalb einer Temperatur von 450 °C bei genügend kleiner Belastung die Dehnung auch im Warmversuch noch zum Stillstand kommt. Die Zeitdauer, bis zu der sich der endgültige Verformungszustand einstellt, ist auf jeden Fall bedeutend länger als bei Raumtemperatur und kann sich nach Ansicht der Forscher auf Monate erstrecken.

Wird nun die Zugbeanspruchung so gesteigert, daß sie einen bestimmten, bei gegebener Temperatur für jeden Werkstoff eigentümlichen Wert überschreitet, so kommt die Dehnung überhaupt nicht zum Stillstand. Der Stab geht vielmehr unter dauerndem Weiterdehnen zu Bruch. Man nennt diejenige, auf den Ausgangsquerschnitt bezogene Belastung, bei der die Dehnung gerade noch ohne Bruch zum Stillstand kommt oder bei der die Probe erst nach unendlich langer Zeit bricht, die *Dauerstandfestigkeit* des Werkstoffes bei der betreffenden Temperatur.

In Abb. 3 sind über der Zeit als Abszisse die Linien der bleibenden Dehnung für einen legierten Stahl bei 450 °C eingetragen. Die Neigung der Tangente in irgendeinem beliebigen Punkt der Kurven gibt die Dehngeschwindigkeit bei der betreffenden Belastung und zu der entsprechenden Versuchszeit an. Die mittleren Dehngeschwindigkeiten sind in der Abbildung für die Zeit zwischen der 5. und 10. sowie zwischen der 25. und 30. Versuchsstunde für jede Kurve angegeben. Man sieht daraus, daß mit sinkender Belastung auch die Dehngeschwindigkeit naturgemäß kleiner wird.

Es ist klar, daß die genaue Ermittlung der Dauerstandfestigkeit auf dem Versuchswege außerordentlich langwierig und kostspielig ist. Eine Anzahl Forscher hat sich daher bemüht, ein Abkürzungsverfahren zu entwickeln, welches folgende Merkmale aufweist:

a) kurze Dauer des Versuches bis höchstens 100 h;

b) sichere Ermittlung der Belastung, bei der die anfängliche Dehnung mit Bestimmtheit im Laufe der Zeit noch zum Stillstand kommt;

c) Feststellung der Belastung, die zu tragbaren bleibenden Dehnungen führt.

POMP und DAHMEN[1] stellten an Hand zahlreicher Versuche schon im Jahre 1927 fest, daß die Dehnung im allgemeinen zum Stillstand kommt, wenn die Dehngeschwindigkeit in der 25. bis 35. Versuchsstunde den Betrag von $10 \cdot 10^{-4}$% je Stunde (= 0,001%/h) nicht überschreitet. Dieses Abkürzungsverfahren genügte nur den Bedingungen unter a) und b), sagte aber nichts über die bleibende Formänderung aus.

In einem bestimmten Bereich können die Dehnungslinien im linearen System weitgehend als Parabeln von der Form

$$\varepsilon_t = \varepsilon_1 \left(\frac{t}{t_1}\right)^m \quad (3)$$

angesehen werden, die im log-log-System als Gerade von der Form

$$\log \varepsilon_t = \log \varepsilon_1 + m \log \left(\frac{t}{t_1}\right) \quad (4)$$

erscheinen. Die Neigung dieser Geraden zur Abszissenachse ist durch den Wert m gegeben. Daraus kann nach der Gleichung

$$v = \frac{d\varepsilon}{dt} = \frac{\varepsilon m}{t} \quad (5)$$

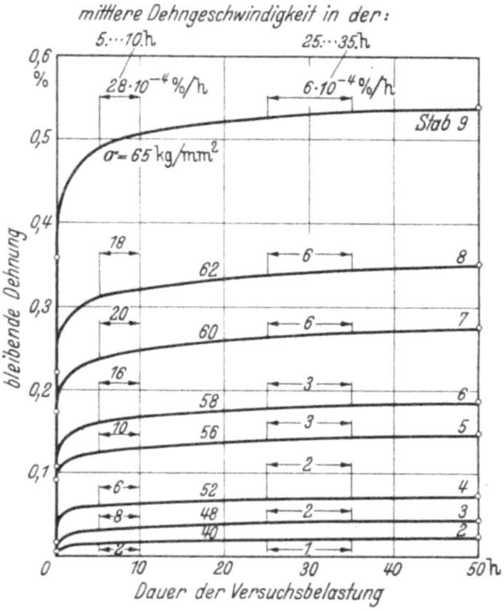

Abb. 3. Linien der bleibenden Dehnung für einen CrMo-Stahl bei 450° C. (Aus M. ULRICH[2].)

die Dehngeschwindigkeit v für eine beliebige Zeit t und eine bleibende Dehnung ε berechnet werden (s. Abb. 4).

Der Begriff der praktischen *Dauerstandfestigkeit* wurde in Deutschland vom DVM[3] genormt, und zwar als *diejenige Beanspruchung, die in der 25. bis 35. Versuchsstunde eine Dehngeschwindigkeit von $10 \cdot 10^{-4}$ %/h hervorruft und bei der die bleibende Dehnung nach 50stündiger Belastungsdauer höchstens 0,2% betragen darf.*

---

[1] POMP, A., u. A. DAHMEN: Entwicklung eines abgekürzten Verfahrens zur Ermittlung der Dauerstandfestigkeit von Stahl bei erhöhten Temperaturen. Mitt. K.-Wilh.-Inst. Eisenforschg. Bd. 9 (1927) S. 33.

[2] SIEBEL, E., u. M. ULRICH: Die Bestimmung von Zeitdehngrenzen im Dauerstandversuch. Z. VDI Bd. 76 (1932) S. 659 — s. a. M. ULRICH: Das Verhalten der Werkstoffe bei hoher Temperatur. Arch. Wärmew. Bd. 18 (1937) S. 169.

[3] Deutscher Verband für die Materialprüfung der Technik.

Diese im Kurzversuch gewonnenen Werte für die Dauerstandsfestigkeit haben sich unter dem Namen „DVM-Kriechgrenze“ eingebürgert und können unter Berücksichtigung der Art ihrer Ermittlung nur eine Unterlage für die vergleichende Wertung verschiedener Werkstoffe nach deren voraussichtlichem Verhalten bei hoher Temperatur bieten.

Bei Temperaturen ab 500° C aufwärts stellt die DVM-Kriechgrenze keinen zuverlässigen Maßstab für die Belastbarkeit eines Werkstoffes

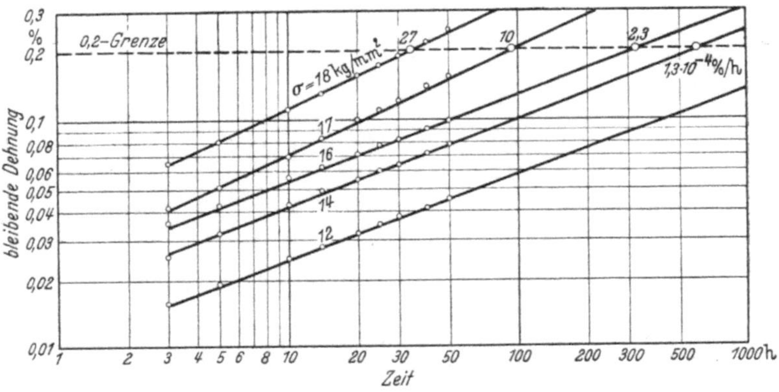

Abb. 4. Linien der bleibenden Dehnung im doppellogarithmischen Netz für einen CrNiWo-Stahl bei 600° C. [Aus SIEBEL u. ULRICH: Z. VDI Bd. 76 (1932) Nr. 27, S. 662.]

dar[1]. Langzeitversuche haben gezeigt, daß bei höheren Temperaturen die DVM-Kriechgrenze keine ausreichende Sicherheit gegen Bruch bietet und auch die bleibenden Dehnungen unzulässig hohe Werte erreichen.

Aus diesen Erkenntnissen heraus wurde der Begriff der „Zeitdehngrenze“ und der „Zeitstandfestigkeit“ entwickelt.

Die *Zeitdehngrenze* stellt nach Übereinkunft diejenige Belastung dar, bei der eine Dehnung von 1% in einer bestimmten Zeit erreicht wird. Demgemäß unterscheidet man

$\sigma_{1\%/10000\,\text{h}}$ = Zeitdehngrenze für 1% bleibende Dehnung in 10000 h

und

$\sigma_{1\%/100000\,\text{h}}$ = Zeitdehngrenze für 1% bleibende Dehnung in 100000 h.

Je nach der Art des Bauteils muß entschieden werden, welche bleibende Dehnung innerhalb der genannten Zeiträume zugelassen

[1] THUM, A., u. K. RICHARD: Verformung und Festigkeit metallischer Werkstoffe bei Dauerstandbeanspruchung, Z. VDI Bd. 87 (1943) H. 33/34, S. 513.

werden kann, um entweder den ersten oder den zweiten Wert für die Beurteilung der Belastbarkeit einzusetzen. Im Rohrleitungsbau ist man übereingekommen, die Zeitdehngrenze für 1% in 100000 h als Bezugswert zu verwenden, der nach den bisherigen Erfahrungen ausreichende Sicherheit gewährt.

Dabei muß aber noch geprüft werden, ob bei dieser Belastung eine genügende Sicherheit gegen Langzeitbruch gewahrt ist. Hierzu dient die „Zeitstandfestigkeit".

Die *Zeitstandfestigkeit* ist diejenige Belastung, bei der im Langzeitversuch der Bruch nicht vor Ablauf einer bestimmten Zeit erfolgt.

Man unterscheidet auch hier zwei Werte der Zeitstandfestigkeit, und zwar

$\sigma_{B/\,10\,000\,h}$ = Zeitstandfestigkeit für 10000 h und

$\sigma_{B/100\,000\,h}$ = Zeitstandfestigkeit für 100000 h

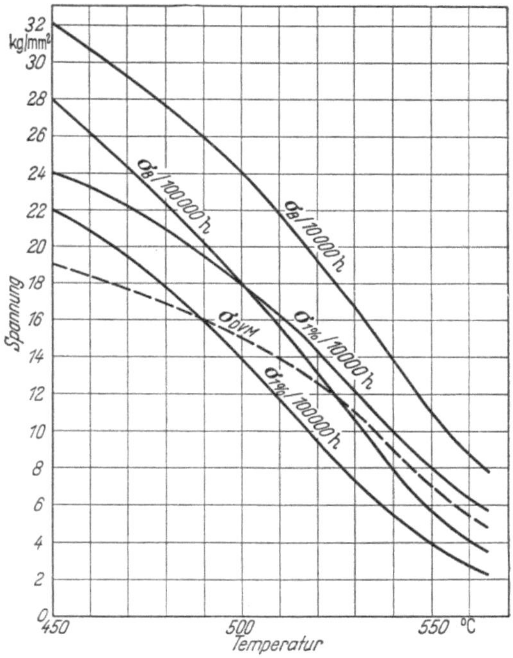

Abb. 5. Zeitdehngrenzen und Zeitstandfestigkeit für den Stahl 13 CrMo 44.

und legt im allgemeinen den zweiten Wert, der einem Zeitraum von $11^1/_2$ Jahren entspricht, der Beurteilung zugrunde.

Es hat sich eingebürgert, für die Rohrberechnung diejenigen Werte zugrunde zu legen, bei denen 1% bleibende Dehnung nach 100000 h nicht überschritten werden und die nicht größer sind als $^2/_3$ der Zeitstandfestigkeit in 100000 h. Also

$$\sigma_{zul} \leqq \sigma_{1\,\%/100\,000\,h} \leqq \tfrac{2}{3} \cdot \sigma_{B/100\,000\,h}\,. \tag{6}$$

In Abb. 5 sind in Abhängigkeit von der Temperatur die Zeitdehngrenzen und Zeitstandfestigkeiten für einen Stahl der Gruppe 13CrMo44 aufgetragen. Wie man daraus erkennt, liegt die Kurve der DVM-Kriechgrenze bei höheren Temperaturen schon über der Zeitdehngrenze und außerdem bedenklich nah an der Zeitstandfestigkeit. Sie würde also in diesem Bereich kein ausreichendes Maß für die Belastbarkeit des Werkstoffes abgeben.

3. Kerbschlagzähigkeit.

Ein weiteres wesentliches Merkmal des Werkstoffes ist die sog. *Kerbschlagzähigkeit* desselben. Sie wird im Kerbschlagversuch ermittelt, indem ein gekerbter Probestab, der mit den Enden auf zwei Widerlagern ruht oder einseitig eingespannt ist, durch einen einzigen Schlag durchgebrochen wird. Die hierzu erforderliche Schlagarbeit in mkg wird auf 1 cm² des gefährdeten Probenquerschnittes im Kerbgrund bezogen und als spezifische *Schlagarbeit* oder *Kerbschlagzähigkeit* häufig auch kurz *Kerbzähigkeit* in mkg/cm² bezeichnet.

Die Kerbschlagzähigkeit ist sehr stark von der Probenform und den Versuchsbedingungen abhängig. Bei Angabe von Kerbschlagwerten müssen daher Form der Probe und Versuchsbedingungen mit angegeben werden, um einen zutreffenden Vergleich mit Werten anderer Werkstoffe zu ermöglichen.

Für einige der gebräuchlichen Rohrstähle sei nachstehend eine Zusammenstellung von Werten für die Kerbschlagzähigkeit gegeben. Die Versuchswerte wurden sämtlich an der DVMR-Probe $10 \times 10 \times 55$ mm mit Rundkerb gewonnen; sie gelten nur für Raumtemperatur.

Zahlentafel 1. *Kerbschlagzähigkeit.*

Werkstoff	Kerbschlag-zähigkeit in mkg/cm²	Bemerkung
St 35.8	12	
St 45.8	9	
MoSt 45.25	12	im Anlieferungszustand
MoSt 45.25	9	gealtert
CrMoSt 45.25	9	im Anlieferungszustand
CrMoSt 45.25	7	gealtert

II. Rohrwerkstoffe und deren Eigenschaften.

1. Unlegierte und legierte Rohrstähle.

Im Abschnitt I/2 wurde gezeigt, daß die Temperatur des Werkstoffes einen maßgebenden Einfluß auf seine Festigkeitseigenschaften ausübt. Man muß also bei der Festlegung der Rohrabmessungen darauf Rücksicht nehmen, indem der bei der Betriebstemperatur geltende Festigkeitswert in die Rechnung eingesetzt wird. Eine Überbeanspruchung durch den Innendruck führt besonders bei hohen Temperaturen zu einer fortlaufend zunehmenden Aufweitung des Rohres, womit die Wanddicke abnimmt und die spezifische Beanspruchung weiter ansteigt, so daß schließlich der Bruch erfolgt. Der Gefahr einer Aufweitung durch Innendruck kann durch eine Vergrößerung der Wanddicke begegnet werden.

Die durch Wärmedehnung zwischen zwei Festpunkten bedingten Spannungen lassen sich aber auf diese Weise nicht meistern. Eine Wanddickenvergrößerung im Hinblick auf die Wärmedehnung bedeutet keinen Vorteil, sondern führt im Gegenteil nur zu einer weiteren Erhöhung der Zwangskräfte. Es ist daher nur sinnvoll, die Wanddicke auf Innendruck zu bemessen und dafür zu sorgen, daß die durch Wärmedehnung bedingten Zwangskräfte mittels einer elastischen Rohrführung (oder durch Einbau besonderer Dehnungsausgleicher) klein gehalten werden.

Außerdem führt eine Wanddickenvergrößerung zu unzulässig hohen Festpunktkräften auf die angeschlossenen Maschinen und Apparate, erhöht das Gewicht und somit die Frachtkosten der Rohre und beeinflußt auch den Anschaffungspreis im ungünstigen Sinne.

Man hat daher die Warmfestigkeitseigenschaften der Werkstoffe durch geeignete Legierungszusätze zu verbessern gesucht, und es wurde von der deutschen Stahlindustrie eine große Anzahl von Sonderstählen entwickelt, die allen in den verschiedenen Verwendungsgebieten an sie zu stellenden Anforderungen gerecht werden.

Die im Rohrleitungsbau bisher verwandten Stähle lassen sich in folgende Gruppe einteilen:

a) unlegierte C-Stähle für normale Betriebsverhältnisse, die gewöhnlich bis zu einer Temperatur von 400 °C vorgesehen werden und an die keine hohen Anforderungen in bezug auf mechanische, thermische oder chemische Einflüsse gestellt werden;

b) legierte Stähle für hohe Beanspruchungen durch den Innendruck, insbesondere im Zusammenhang mit Temperaturen über 400 ° C;

c) legierte Stähle für Sonderfälle, wo neben der mechanischen und Wärmebeanspruchung auch die chemische Beeinflussung des Werkstoffes durch das Strömungsmittel eine Rolle spielt. Es sei in diesem Zusammenhang nur kurz auf das Problem der Dampfspaltung bei Temperaturen über 600 °, ferner Ausscheidungshärtung und die sog. Koagulation, d. h. Veränderung der Stabilität der Korngrenzen, und nicht zuletzt auf die Zunderbeständigkeit hingewiesen.

Über die Entwicklung der verschiedenen Stahlsorten und die maßgebenden Gesichtspunkte für ihre Zusammensetzung sind im Fachschrifttum inzwischen sehr ausführliche Arbeiten veröffentlicht.

Es soll daher im folgenden lediglich eine Zusammenstellung der im Rohrleitungsbau gebräuchlichsten Stähle für normale und Sonderzwecke gegeben werden. Die für die Berechnung der Rohrleitungen maßgebenden Eigenschaften der Werkstoffe sollen gleichfalls angegeben werden. Die stahlerzeugende Industrie hat die für verschiedene Zwecke

Zahlentafel 2. *Röhrenstähle.*

Stahlart	DIN-Bezeichnung	Zusammensetzung Richtwerte in %						
		C	Si	Mn	Cr	Mo	V	Ni
C	St 35 St 45	0,17 0,25	0,35 0,35	0,40 0,40	— —	— —	— —	— —
Mn	14 Mn 4	0,10 bis 0,18	0,20 bis 0,50	0,90 bis 1,2	—	—	—	—
Mo	15 Mo 3	0,12 bis 0,20	0,15 bis 0,35	0,50 bis 0,80	—	0,25 bis 0,35	—	—
CrMo	15 Cr Mo 3	0,10 bis 0,18	0,15 bis 0,35	0,60 bis 0,90	0,60 bis 0,90	0,10 bis 0,20	—	—
	13 CrMo 44	0,10 bis 0,18	0,15 bis 0,35	0,40 bis 0,70	0,70 bis 1,0	0,40 bis 0,50	—	—
	10 CrMo 10	0,15	0,50	0,30 bis 0,60	2,0 bis 2,5	0,9 bis 1,1	—	—
CrMoV	13 CrMoV 42	0,10 bis 0,18	0,15 bis 0,35	0,40 bis 0,70	0,9 bis 1,2	0,20 bis 0,30	0,15 bis 0,25	—
	8 CrMoV 9	0,15	1,5	—	2,2	+V 0,45		—
CrSiAl	z. B. Sicromal 8	0,10	+Al 1,5	—	7,0	1,6	—	—
CrNi austenit.	10 CrNiNb 7238	0,10	—	—	16,0	—	—	13
CrNiMo austenit.	z. B. Marwedur AN 21	0,10			16,0	+Nb 2 bis 3,0	—	13

entwickelten Sonderstähle im wesentlichen vereinheitlicht, so daß für bestimmte Stahlgruppen unabhängig von ihrer Markenbezeichnung annähernd die gleichen Festigkeitsmerkmale Geltung haben.

In der Zahlentafel 2 sind die wesentlichen Eigenschaften für die gebräuchlichsten Werkstoffgruppen — im Kurzzeitversuch ermittelt — zusammengestellt, während die Zahlentafel 3 die Langzeitwerte, und zwar Zeitdehngrenze und Zeitstandfestigkeit für 100000 h enthält.

Die normalen, am häufigsten verwendeten Stähle sind in der Gruppe der *Kohlenstoff-(C)-Stähle* zusammengefaßt. Der Kohlenstoffgehalt dieser Stähle schwankt je nach der geforderten Festigkeit zwischen 0,1 und 0,3%. Außerdem enthält diese Stahlgruppe Si und Mn. Man

Eigenschaften aus Kurzzeit-Versuch.

Zugfestigkeit	Dehnung $l = 5\,d$	Warmstreckgrenze in kg/mm² bei °C						DVM-Kriechgrenze in kg/mm² bei °C					
kg/mm²	%	20	200	250	300	350	400	400	450	500	525	550	600
35/45 45/55	25 21	23 26	19 21	17 19	15 17	13 15	11 13	9 10	5 6	3 3	— —	— —	— —
45/58	21	29	25		22	20	19	17	13	(6)	—	—	—
45/55	22	29	26	25	24	22	19	17	15	12	9	(5)	—
45/58	22	29	26	25	24	22	19	17	15	12		(5)	—
45/58	22	30	28	27	26	24	22	21	19	15		7	(3)
50/60	20	27								13		11	5
50/65	20	30	28	27	26	24	22	21	19	15		7	—
45/60	20	27	23		22		21			10		7	4,5
45/60	20	25			24		21	21	19	13		6	2
55/75	35	25			16		15			14		12.5	11
60/75	35	27			18		17			17		15	13

wird sie überall dort verwenden, wo keine hohen Anforderungen an die Warmfestigkeitseigenschaften gestellt werden, d. h. vorwiegend für mittlere Drücke bis 25 atü und bis 400 °C Betriebstemperatur.

Die gebräuchlichsten unlegierten Rohrstähle im Rohrleitungsbau sind:

Stahl St 35.29 nach DIN 1629 bzw. St 35.25 nach DIN 17175 mit 35 bis 45 kg/mm² Festigkeit und 25% Dehnung, die in der Gruppe St 35.8 zusammengefaßt sind. Ferner der mittelharte Stahl St 45.29 nach DIN 1629 bzw. St 45.25 nach DIN 17175 mit 45 bis 55 kg/mm² Festigkeit und 21% Dehnung, die zu der Gruppe St 45.8 gehören. DIN 17175 schreibt die zu gewährleistenden Warmfestigkeitseigenschaften vor, während nach DIN 1629 nur die Versuchswerte bei Raumtemperatur festgelegt sind.

Die Gruppe der legierten Stähle umfaßt eine ganze Anzahl von Arten mit verschiedenen Legierungsbestandteilen und in verschiedener Zusammensetzung derselben. Die früher häufig verwendeten warmfesten Nickelstähle wurden in neuerer Zeit von den hochwertigeren *Molybdän-* und *Chrom-Molybdän-Stählen* verdrängt. Diese beiden letztgenannten Legierungsbestandteile eignen sich in ganz hervorragendem Maße dazu, die Warmfestigkeitseigenschaften des Stahls zu verbessern. Der Mo-

Zahlentafel 3. *Röhrenstähle. Eigenschaften aus Langzeit-Versuch.*

Stahlart	DIN-Bezeichnung	Zeitdehngrenze in kg/mm² für 1% Dehnung in 100000 h							Zeitstandfestigkeit in 100000 h [kg/mm²]						
		400°	450°	500°	550°	600°	650°	700°	400°	450°	500°	550°	600°	650°	700°
C	St 35.8 St 45.8	11,5	4	2	—	—	—	—	16,5	6	3	—	—	—	—
Mo	15 Mo 3		15	8	2,2	—	—	—		22	10	2,7	—	—	—
	13 CrMo 44		22	14	4	1,5	—	—		28	18	5,5	2,2	—	—
CrMo	10 CrMo 10				4	2,5	1,5	—				6	3,7	2,5	—
	15 CrMo 3	Versuche noch nicht abgeschlossen													
CrMoV	13 CrMoV 42	Nach bisherigen Versuchsergebnissen ähnlich 13 CrMo 44													
	8 CrMoV 9				4	3	1,5	—	liegen nicht vor						
CrNi austenit.	10 CrNiNb 7238			16	10	6	4	2,5			25	15	8,5	5,5	4
CrNiMo austenit.	z. B. Marwedur AN 21				10	6.5	5	3,5				16	9	6	4,5

Zusatz schwankt zwischen 0,3 bis 0,5% und der Cr-Zusatz zwischen 0,7 und 0,85% je nach Stahlsorte. Auch Kupferzusatz wird bei manchen Markenstählen in Höhe von 0,15 bis 3% verwandt.

Die dritte Gruppe umfaßt die für Sonderzwecke vorgesehenen Rohrwerkstoffe; z. B. gewinnt bei sehr hohen Temperaturen von 550 °C und darüber die *Zunderbeständigkeit* der Rohrstähle an Bedeutung. Hierfür eignen sich beispielsweise die *Sicromalstähle* oder Stähle ähnlicher Zusammensetzung. Auch besonders hohe Korrosionsbeständigkeit und Alterungsbeständigkeit spielen hier eine große Rolle. Bei hoher Beanspruchung in diesem Temperaturgebiet müssen die sog. austenitischen Stähle der Gruppe 10 CrNiNb (z. B. Marwedur AN 11) wegen ihrer guten Langzeiteigenschaften verwendet werden.

In den Zahlentafeln 2 u. 3 wurden nur die für Rohre verwendeten Stahlarten aufgeführt. Werkstoffe für Flanschen, Schrauben und Muttern sowie Dichtungen werden im Abschnitt C I 4 besonders behandelt.

Für die Auswahl der geeigneten Stahlart sind nach dem oben Gesagten die gegebenen Betriebsverhältnisse, vor allen Dingen die Temperatur maßgebend. Jedoch dürfen nicht nur festigkeitstechnische Gesichtspunkte berücksichtigt werden, sondern es muß auch die Wirtschaftlichkeit in Betracht gezogen werden. Man wird z. B. häufig feststellen, daß bei bestimmten Betriebsverhältnissen rein rechnerisch noch ein normaler unlegierter Stahl ausreichen würde. Vergleicht man aber die Abmessungen bei Verwendung eines warmfesten Sonderstahls, so ergibt sich unter Umständen ein so großer Unterschied in der Wanddicke zugunsten des letzteren, daß der Mehrpreis des an sich teuereren Sonderstahls durch die kleineren Abmessungen mehr als ausgeglichen wird. Außerdem kann gegebenenfalls infolge der geringeren Wanddicke auch der nächst kleinere Außendurchmesser gewählt werden, wodurch sich eine weitere Ersparnis ergibt. Dadurch wird auch noch der Vorteil größerer Elastizität des schwächeren Rohres erreicht, die wiederum die Festpunkte einfacher und daher billiger gestalten läßt. Auch die Frachtkosten fallen dadurch niedriger aus.

Das wird an einem Beispiel am besten klar: Für 40 atü 425° C könnte man bei NW 150 noch den Stahl St 45.25 wählen, der ein Rohr von 165 mm ä. Dmr. und 7 mm Wand bedingt. Bei Verwendung eines Mo-Stahls würde ein Rohr von 159 mm ä. Dmr. und 5 mm Wandstärke genügen. In dem ersten Fall hat das Rohr 151 mm, im zweiten 149 mm lichte Weite; die Rohre sind also strömungstechnisch einander praktisch gleichwertig. Das zweite Rohr ist aber ungeachtet des an sich teuereren Werkstoffes etwa 5% billiger als das erste und außerdem noch um rd. 33% elastischer. Die Gewichtsersparnis beträgt hierbei etwa 26%.

Allgemeingültige Regeln für die Werkstoffauswahl gibt es nicht. Langjährige Erfahrungen, unter Beachtung der theoretischen und praktischen Erfordernisse, ermöglichen dem planenden Ingenieur das jeweils Richtige zu wählen. Dieses Buch soll ihm ebenfalls helfen, indem die weiteren Abschnitte ihm Wege weisen, um mit einfachsten Mitteln die festigkeitstechnischen Bedingungen einer Rohrleitungsanlage zu erforschen und sich dadurch leichter über die erforderlichen Werkstoffeigenschaften klarzuwerden.

2. Elastizitätsmodul.

Für die Bestimmung der Elastizität einer Rohrleitung und der durch sie bedingten Kräfte und Spannungen ist ferner noch der *Elastizitätsmodul* des Werkstoffes maßgebend. Dieser wird aus der Gl. (2) bestimmt, indem man $\sigma = 1$ kg/cm² einsetzt und dafür den Wert ε bestimmt. Der Elastizitätsmodul E stellt den reziproken Wert von α dar und beträgt für die meisten Stähle bei Raumtemperatur

$$E = \frac{1}{\alpha} = \text{rd. } 2150000 \text{ kg/cm}^2.$$

Dieser ist ebenfalls temperaturabhängig und muß für die jeweils geltende Betriebstemperatur in Rechnung gesetzt werden (s. Abb. 6).

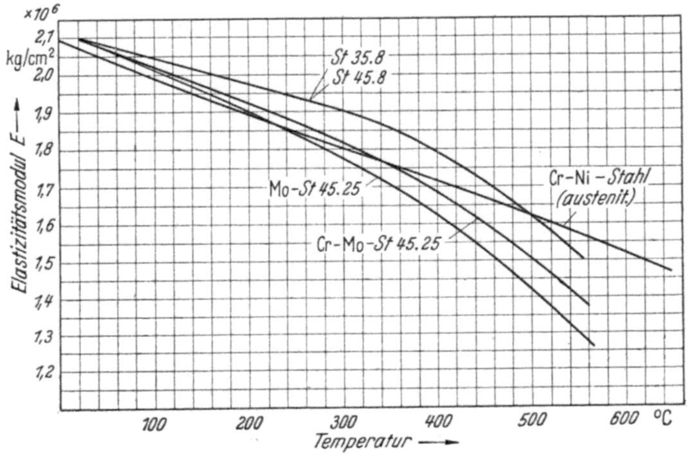

Abb. 6. Elastizitätsmodul einiger Stähle in Abhängigkeit von der Temperatur.

Die amerikanischen Forscher A. McCutchan und S. Crocker[1] geben eine einfache Beziehung für den Elastizitätsmodul E als Funktion der Temperatur an, die mit den Versuchsergebnissen verhältnismäßig gut übereinstimmt.

$$E_t = E_0 \left[1 - \left(\frac{t}{945}\right)^2\right] \text{ in kg/cm}^2 * . \qquad (7)$$

E_0 = Elastizitätsmodul bei Raumtemperatur kg/cm²,
E_t = Elastizitätsmodul bei der Temperatur $t°$ C.

Für Überschlagsrechnungen genügt diese Formel vollkommen.

In der Abb. 6 ist der aus Versuchen ermittelte Elastizitätsmodul für verschiedene Werkstoffe in Abhängigkeit von der Temperatur angegeben.

Eine Analogie zum Elastizitätsmodul E stellt der Gleitmodul $G = 1 : \beta$ dar, der bei Schubbeanspruchung eine Rolle spielt und daher für die Berechnung räumlicher Rohrsysteme wichtig ist.

---

[1] McCutchan, A., u. C. Crocker: Piping Handbook.

* Die Formel wurde vom Verfasser von englischen auf deutsche Maßeinheiten umgerechnet.

Auf Grund der POISSONschen Zahl stehen G und E in folgender Beziehung zueinander:

$$G = \frac{m}{2(m+1)} E = 0{,}385\, E \text{ kg/cm}^2. \tag{8}$$

3. Begriff der Sicherheit.

Wenn es möglich wäre, die in Wirklichkeit auftretenden Kräfte und Spannungen nicht nur ihrer Größe nach, sondern auch in bezug auf ihre Verteilung absolut genau zu ermitteln, könnte man die Abmessungen so knapp halten, daß die höchsten Beanspruchungen bis an die äußerste Grenze der zulässigen Spannung heranreichen. Die Festigkeitslehre, deren Aufgabe es ist, die durch die Betriebsbedingungen hervorgerufenen Kräfte und Beanspruchungen zu ermitteln, ist jedoch auf bestimmten vereinfachenden Annahmen aufgebaut, so daß die Ergebnisse der Rechnung von dem tatsächlichen Spannungszustand abweichen. Auch die Betriebsbedingungen lassen sich nicht immer so genau voraussehen, weshalb mit zusätzlichen Beanspruchungen gerechnet werden muß, deren Größe und Richtung von zahlreichen, nicht genau erfaßbaren Umständen abhängen. Zuletzt ist auch die Beschaffenheit des Werkstoffes nicht immer die gleiche.

Außerdem stellt der im Zugversuch gewonnene Spannungswert einen einachsigen Spannungszustand dar, während bei der Beanspruchung von mehr oder weniger komplizierten Bauteilen fast immer ein mehrachsiger Spannungszustand vorliegt. Auch im Rohr treten drei senkrecht zueinander stehende Spannungskomponenten auf, deren Einfluß auf die Belastbarkeit in ihrem Zusammenwirken anders ist als bei einachsiger Belastung.

Aus allen diesen Gründen ist es notwendig, die Abmessungen des beanspruchten Teils so festzulegen, daß die als maßgebend ermittelte Höchstspannung σ max noch um einen gewissen Betrag unterhalb des jeweiligen Werkstoff-Kennwertes K liegt. Das Verhältnis

$$S = \frac{\sigma_{\max}}{K}$$

nennt man die *Sicherheit* und bezeichnet sie mit S.

Die Sicherheit wird nur selten und dann höchstens bei der Beanspruchung im kalten Zustande auf die Bruchfestigkeit des Werkstoffes bezogen. Normalerweise wird im Rohrleitungsbau je nach der Betriebstemperatur die Streckgrenze (Warmstreckgrenze), DVM-Kriechgrenze, Zeitdehngrenze oder die Zeitstandfestigkeit (s. Abschn. I/1 u. 2) als Bezugswert für die Sicherheit, d. h. als Werkstoff-Kennwert gewählt. Es muß also

$$S_1 = \frac{\sigma_{\max}}{K} \geqq 1$$

sein. Für die tatsächliche Größe der erforderlichen Sicherheit gibt es keine allgemeingültigen Normen. Nur die Erfahrung kann dem aufmerksam beobachtenden Ingenieur gewisse Richtlinien für die zweckmäßige Wahl der Sicherheitszahl vermitteln. Sie richtet sich in gleicher Weise nach der Bedeutung des zu untersuchenden Anlageteils, wie nach den Betriebsverhältnissen und dem Genauigkeitsgrad der Spannungsermittlung.

Es ist aber häufig nicht nur die Größe der auftretenden Beanspruchungen für die erforderliche Sicherheit ausschlaggebend. In vielen Fällen, z. B. bei der Bemessung der Schrauben für Höchstdruck-Flanschverbindungen, spielt die infolge der Beanspruchung auftretende Formänderung eine bedeutsame Rolle. In diesem Falle könnte die Sicherheit gegen Bruch mehr als ausreichend sein, und trotzdem wäre die Bemessung der Schrauben zu knapp, da durch die Verlängerung der Schrauben ein Nachlassen der Dichtpressung und somit ein Undichtwerden der Flanschverbindung die Folge wäre.

In den weiteren Abschnitten, die sich mit der Berechnung der einzelnen Rohrleitungsteile befassen, wird an Hand von Berechnungsbeispielen auf die jeweilige Größe der Sicherheit eingegangen.

Es ist bei der Berechnung von Rohrleitungsanlagen nicht immer möglich, von vornherein die gewünschte Sicherheit in Rechnung zu setzen. In den meisten Fällen wird man zuerst einen Entwurf machen müssen, um aus den hiermit gegebenen Abmessungen die durch die Betriebsverhältnisse bedingten Kräfte und Spannungen zu berechnen. Erst am Schluß der Festigkeitsberechnung ersieht man, welche Sicherheit bei den im vorläufigen Entwurf gemachten Annahmen noch vorhanden ist. Dann ist man in der Lage, den Entwurf nach dem Ergebnis der Rechnung entsprechend zu verbessern. Notfalls wird es sich nicht umgehen lassen, in besonders wichtigen Fällen die Rechnung zu wiederholen, um die tatsächliche Sicherheit festzustellen.

III. Einfluß von Druck und Temperatur auf die Rohrwand.

Im Rohrleitungsbau wird die Beanspruchung eines Rohres in erster Linie durch den Innendruck bedingt. Nachdem bei der ersten Planung die Rohrdurchmesser auf Grund der durchfließenden Mengen bestimmt sind, ist es die erste Aufgabe des Ingenieurs, die Wanddicke der Rohre auf Grund der zu erwartenden Spannungen zu bestimmen. Diese Spannungen werden in erster Linie unmittelbar durch den Innendruck (Betriebsdruck) und mittelbar durch die Temperatur hervorgerufen.

Zuerst betrachten wir die Wirkung des Innendruckes.

1. Ermittlung der Wanddicke für einfache Fälle.

Der Innendruck ruft in der Rohrwand drei Arten von Beanspruchungen hervor:

a) tangentiale, d. h. in Umfangsrichtung wirkende Spannungen;
b) axiale, d. h. in Längsrichtung des Rohres wirkende Spannungen;
c) radiale, d. h. in Richtung des Halbmessers wirkende Spannungen.

Setzt man der Einfachheit halber zunächst eine ganz gleichmäßige Spannungsverteilung in der Rohrwand voraus, so lassen sich folgende Beanspruchungen ermitteln:

a) Wir schneiden ein Rohrstück von der Länge L und den Abmessungen d und D, welches durch den Innendruck p beansprucht ist, der Länge nach entlang der Rohrachse durch. Mit Rücksicht auf das Gleichgewicht müssen an der Schnittfläche die Tangentialspannungen σ_t wirkend gedacht werden.

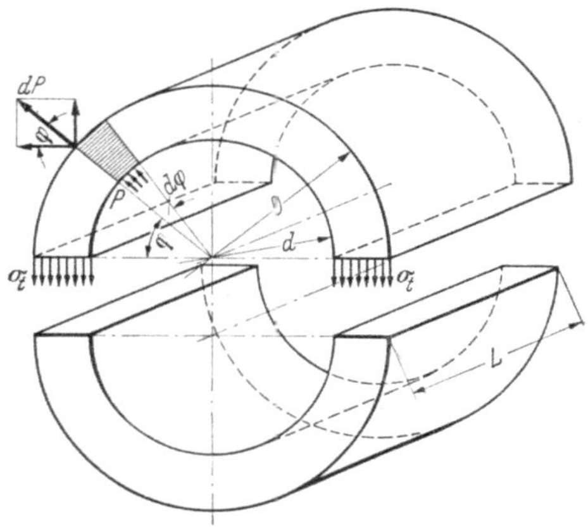

Abb. 7. Tangentialspannungen in der Rohrwand.

Auf das Flächenteilchen $\frac{d}{2}\, d\varphi\, L$ wirkt die Kraft

$$dP = p \frac{d}{2}\, d\varphi\, L,$$

wie aus Abb. 7 hervorgeht.

Die senkrecht zur Schnittfläche wirkende Komponente von dP ist $dP \sin\varphi$, so daß man daraus die auf die untere Rohrhälfte wirkende resultierende Gesamtkraft P ermitteln kann

$$P = \int_0^\pi dP \sin\varphi = \int_0^\pi p \frac{d}{2}\, d\varphi\, L \sin\varphi = p \frac{d}{2} L \int_0^\pi \sin\varphi\, d\varphi$$

$$= p \frac{d}{2} L \left[-\cos\varphi\right]_0^\pi = p\, d\, L.$$

Dieser Kraft steht ein tragender Querschnitt von $(D - d)L$ gegenüber, so daß die in Umfangsrichtung wirkende Spannung

$$\sigma_t = \frac{p\,d\,L}{(D-d)\,L} = \frac{p\,d}{2s} \tag{9}$$

beträgt.

Im Rohrleitungsbau werden die Abmessungen in mm, der Druck in atü (kg/cm²) und die Spannungen in kg/mm² eingesetzt. Die Gl. (9) müßte also für diese Abmessungen lauten

$$\sigma_t = \frac{p\,d}{200\,s} \text{ in kg/mm}^2. \tag{10}$$

Darin bedeuten

p = Betriebsdruck in atü,
d = innerer Rohrdurchmesser in mm,
s = Rohrwanddicke in mm.

Die Spannung σ_t darf je nach Rohrwerkstoff und Betriebstemperatur einen bestimmten Betrag nicht überschreiten, d. h.

$$\sigma_t \leqq k_z\,.$$

Außerdem wird mit Rücksicht auf Herstellungsungenauigkeiten und zum Ausgleich etwaigen Abrostens ein gewisser Zuschlag c zu der rechnerisch ermittelten Mindestwanddicke gemacht.

Damit ergibt sich aus der Gl. (10) unter Berücksichtigung der vorhin erwähnten Abmessungen folgende umgewandelte Form *für nahtlose Rohre* („Kesselformel"):

$$s = \frac{p\,d\,S}{200\,K} + c \quad \text{in mm}. \tag{11}$$

Diese Formel dient nach dem neuen Normblatt DIN 2413 als Berechnungsgrundlage für Rohre bis zu einem Druck $p = 100$ atü, jedoch nur für Temperaturen bis 120 °C. Als Werkstoffkennwert K wird die Streckgrenze des Rohrwerkstoffes bei 20 °C eingesetzt und als Sicherheitsbeiwert

$S_1 = 2{,}1$ (bis ND 25 unter Vernachlässigung des Zuschlages c)

oder

$$S_1 = 1{,}8 \text{ (über ND 25)}.$$

Im Hinblick darauf, daß die Formel (11) nur bis zu einem Durchmesserverhältnis $D : d \leqq 1{,}1$ angewendet werden soll, ist in der Formel DIN 2413 statt d (innerer Durchmesser) der Wert D = äußerer Durchmesser eingesetzt und die Formel lautet dann

$$s = \frac{p\,D\,S_1}{200\,v\,K} + c \text{ in mm}, \tag{12}$$

wobei v den Beiwert der eventuellen Längsschweißung darstellt (für nahtlose Rohre $v = 1$).

Beispiel 1. Es sind die Abmessungen für ein Rohr NW 300 bei $p = 50$ atü und $t = 100$ °C zu ermitteln. Es soll der Werkstoff St 35.8 gewählt werden.

$\sigma_{0,2} = 23$ kg/mm² bei 20 °C, $S_1 = 1{,}8$. Nach der Formel (12) ist:

$$s = \frac{50 \cdot 318 \cdot 1{,}8}{200 \cdot 1 \cdot 23} + 1 = 6{,}2 + 1 = \text{rd. } 7{,}5 \text{ mm}.$$

Das normale Rohr nach DIN 2448 hat auch die gleichen Abmessungen, also 318 mm ä. Dmr. und 7,5 mm Wanddicke.

Es muß gleich an dieser Stelle besonders betont werden, daß die vorhin abgeleitete Hauptgleichung (12) für die Wanddicke des Rohres auf der Annahme aufgebaut ist, daß die Verteilung der Spannungen innerhalb der Wand gleichmäßig ist. Diese Voraussetzung trifft für σ_t nicht zu, wie im Abschnitt III/2 nachgewiesen wird. Man darf also die Gl. (12) nur bei genügend kleinem Verhältnis von Wanddicke zum Innendurchmesser $s/d < 0{,}05$, d. h. wenn die Wanddicke weniger als $^1/_{20}$ des Innendurchmessers ausmacht, anwenden. Bei einem Verhältnis $s : d = 0{,}1$ ergibt die Gl. (12) rd. 12% zu kleine Wanddicke, was verhängnisvoll werden kann, weil dieses Verhältnis bei starkwandigen Hochdruckrohren, also bei entsprechend hohen Betriebsverhältnissen, Bedeutung erlangt.

Auf diesen Umstand wurde erstmalig vom Verfasser in einer an die Vereinigung der Großkesselbesitzer e. V. (VGB) gerichteten Mitteilung im April 1938 hingewiesen. Im Abschnitt III/2 soll darauf näher eingegangen werden.

b) Die *axiale* oder längsgerichtete Beanspruchung in der Rohrwand, hervorgerufen durch den Innendruck, ist folgende.

Man muß sich die Rohrleitung als einen sehr langen, geschlossenen Behälter vorstellen. Schneidet man ein Rohr quer zur Achse durch, so muß man an der Schnittfläche Kräfte anbringen, die den durchschnittenen Zusammenhang des Werkstoffes ersetzen und den durch den Innendruck hervorgerufenen längsgerichteten Kräften das Gleichgewicht halten. Diese durch den Innendruck p bedingte Kraft P ist

$$P = \frac{\pi}{4} d^2 p .$$

Dieser Kraft steht ein Querschnitt des Rohres von

$$F = \frac{\pi}{4} (D^2 - d^2)$$

gegenüber.

Die axiale Beanspruchung im Rohrquerschnitt beträgt folglich

$$\sigma_a = \frac{\pi\, d^2\, p\, 4}{4\, \pi\, (D^2 - d^2)} = \frac{p\, d^2}{D^2 - d^2} .$$

Da $D^2 - d^2 = (D + d)\,(D - d) = (2d + 2s)\, 2s$ ist, geht vorstehende Gleichung in

$$\sigma_a = \frac{p\, d^2}{4\,(d + s)\, s} \tag{13}$$

über. Wenn die Abmessungen in mm, p in atü und die Spannung in kg/mm^2 ausgedrückt werden soll, lautet diese Gleichung

$$\underline{\sigma_a = \frac{p\, d^2}{400\,(d + s)\, s} \text{ in } kg/mm^2 .} \tag{14}$$

Bei kleiner Wanddicke gegenüber dem Innendurchmesser kann man Gl. (13) näherungsweise auch schreiben

$$\sigma_a \approx \frac{p\,d^2}{4\,d\,s} = \frac{p\,d}{4\,s}.$$

Daraus sieht man, daß die axialgerichteten Beanspruchungen in der Rohrwand nur ungefähr halb so groß sind wie die Tangentialspannungen nach Gl. (13). Für die Berechnung der Rohrwanddicke haben also die Axialspannungen keine Bedeutung. Sie spielen aber eine Rolle bei der Betrachtung der im Rohr herrschenden Gesamtspannungen einschließlich der Biegungsspannung durch die Wärmedehnung. Daher ist es wichtig, daß man diese Axialspannung für einen zu untersuchenden Fall ebenfalls berechnet.

c) In *radialer* Richtung entspricht die Beanspruchung dem Innendruck p, der ja in der gleichen Richtung wirkt. Diese Spannung ist aber nur an der Innenwand dem Werte nach so groß wie p. Nach der Mitte der Wanddicke zu nimmt die Radialspannung mehr und mehr ab und sinkt an der Außenfaser des Rohres auf Null herab.

Diese Beanspruchung stellt eine Druckspannung dar und wird daher negativ ausgedrückt

$$\sigma_r = -p \qquad \text{in kg/cm}^2$$

oder

$$\sigma_r = -\frac{p}{100} \text{ in kg/mm}^2. \tag{15}$$

Auf der Außenseite des Rohres ist nach dem oben Gesagten $\sigma_r = 0$. Wie die Spannungsverteilung zwischen r_i und r_a verläuft, soll im nächsten Abschnitt behandelt werden.

Es seien nachstehend die vorhin ermittelten Spannungen nochmals zusammengefaßt, da sie bei der weiteren Behandlung des Stoffes von Wichtigkeit sind.

Die durch den Innendruck hervorgerufenen Beanspruchungen in der Rohrwand sind also folgende:

In tangentialer Richtung (mittlere Spannung)

$$\sigma_t = \frac{p\,d}{200\,s} \quad \text{in kg/mm}^2. \tag{10}$$

In axialer Richtung

$$\sigma_a = \frac{p\,d^2}{400\,(d+s)\,s} \quad \text{in kg/mm}^2. \tag{14}$$

In radialer Richtung (nur an der Innenfaser!)

$$\sigma_r = -\frac{p}{100} \quad \text{in kg/mm}^2. \tag{15}$$

2. Wanddickenberechnung für starkwandige Rohre.

Im Abschnitt III/1 wurde schon darauf hingewiesen, daß die dort angegebene Spannungsermittlung auf der Annahme aufgebaut ist, daß die Spannungen sich vollkommen gleichmäßig auf den tragenden Querschnitt verteilen.

Das ist jedoch, wie man sehen wird, nicht der Fall. Bei kleinem Verhältnis $s : d$ ist der durch diese Annahme gemachte Fehler unwesentlich. Er gewinnt jedoch an Bedeutung, je größer die Wanddicke s gegenüber dem Innendurchmesser d wird.

Nachstehend soll die ausführliche Entwicklung der genauen Beziehungen für die Spannungsgröße und Verteilung gegeben werden.

Nach Abb. 8 ist

$2\,r_i$ = Innendurchmesser des Rohres,

$2\,r_a$ = Außendurchmesser des Rohres,

p = Innendruck.

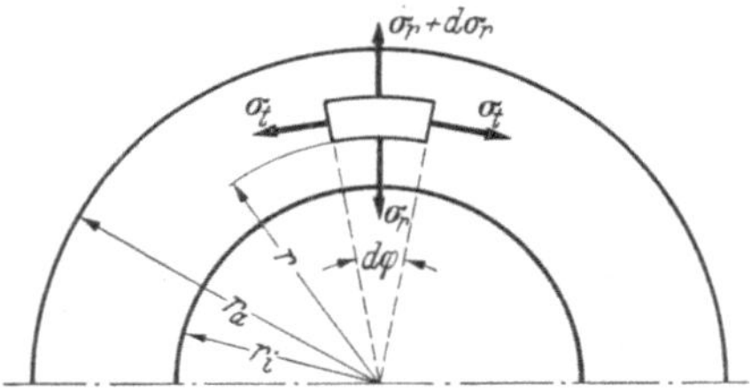

Abb. 8. Spannungen im Rohrquerschnitt.

Man denke sich aus der Wandstärke des Rohres ein Wandteilchen mit dem beliebigen Halbmesser r, der Stärke dr und der Länge dl herausgeschnitten, welches von zwei Radialebenen mit dem Öffnungswinkel $d\varphi$ begrenzt wird. An diesem Teilchen wirken folgende Spannungen (Abb. 8):

σ_t in tangentialer Richtung, $\quad\sigma_r$ in radialer Richtung.

In axialer Richtung mögen zunächst keine Spannungen vorliegen.

Nach den Gleichgewichtsbedingungen muß die Summe aller Kräfte in radialer Richtung gleich Null sein, d. h.

$$\sigma_r \cdot r \cdot d\varphi \cdot dl - (\sigma_r + d\sigma_r)(r + dr) \cdot d\varphi \cdot dl + 2 \cdot \sigma_t \cdot dr \cdot dl \cdot \sin\frac{d\varphi}{2} = 0.$$

Da der Winkel $d\varphi$ sehr klein ist, kann man setzen

$$2 \sin\frac{d\varphi}{2} \approx d\varphi$$

und bekommt

$$\frac{d\sigma_r}{dr}\, r + d\sigma_r + \sigma_r - \sigma_t = 0.$$

Der unendlich kleine Wert $d\sigma_r$ kann ebenfalls vernachlässigt werden, daher

$$\frac{d\sigma_r}{dr}\, r + \sigma_r - \sigma_t = 0. \qquad \text{(I)}$$

Auch die Betrachtung der Formänderung im elastischen Gebiet ergibt eine Beziehung zwischen σ_t und σ_r. Eine Verschiebung des Teilchens kann aus Symmetriegründen nur radial erfolgen und diese Verschiebung in radialer Richtung sei y. Dann ist die tangentiale Dehnung

$$\varepsilon_t = \frac{(r + y) \cdot d\varphi - r \cdot d\varphi}{r \cdot d\varphi} = \frac{y}{r}. \tag{II}$$

Nach der Verschiebung geht der Abstand der inneren Faser r in $r + y$ über. Der Abstand der äußeren Faser vergrößert sich von $r + dr$ auf $r + dr + y + dy$, so daß die radiale Stärke des Teilchens nach der Formänderung

$$(r + dr + y + dy) - (r + y) = dr + dy$$

wird. Somit ergibt sich als radiale Dehnung

$$\varepsilon_r = \frac{dr + dy - dr}{dr} = \frac{dy}{dr}. \tag{III}$$

Mit Rücksicht darauf, daß es sich hier um einen zweiachsigen Spannungszustand handelt, gilt:

$$\varepsilon_t = \frac{\sigma_t}{E} - \frac{\sigma_r}{m\,E}, \tag{IV}$$

$$\varepsilon_r = \frac{\sigma_r}{E} - \frac{\sigma_t}{m\,E}. \tag{V}$$

Diese beiden Beziehungen nach σ_t bzw. σ_r aufgelöst

$$\sigma_t = \frac{m^2}{m^2 - 1} E \left[\varepsilon_t + \frac{\varepsilon_r}{m}\right],$$

$$\sigma_r = \frac{m^2}{m^2 - 1} E \left[\varepsilon_r + \frac{\varepsilon_t}{m}\right]$$

und die Ausdrücke (IV) und (V) eingesetzt, erhält man

$$\sigma_t = \frac{m^2}{m^2 - 1} E \left[\frac{y}{r} + \frac{1}{m} \frac{dy}{dr}\right], \tag{VI}$$

$$\sigma_r = \frac{m^2}{m^2 - 1} E \left[\frac{dy}{dr} + \frac{1}{m} \frac{dy}{dr}\right]. \tag{VII}$$

Man bildet jetzt den Differentialquotient

$$\frac{d\sigma_r}{dr} = \frac{m^2}{m^2 - 1} E \left[\frac{d^2 y}{dr^2} + \frac{1}{m} \frac{\frac{dy}{dr} r - y}{r^2}\right]. \tag{VIII}$$

Die Beziehungen (VI), (VII) und (VIII) in (I) eingesetzt

$$\frac{m^2}{m^2 - 1} \left[\frac{d^2 y}{dr^2} r + \frac{1}{m} \frac{dy}{dr} - \frac{1}{m} \frac{y}{r} + \frac{dy}{dr} + \frac{1}{m} \frac{y}{r} - \frac{y}{r} - \frac{1}{m} \frac{dy}{dr}\right] = 0$$

und gekürzt

$$\frac{d^2 y}{dr^2} r + \frac{dy}{dr} - \frac{y}{r} = 0. \tag{IX}$$

Die Lösung dieser homogenen Differentialgleichung zweiter Ordnung ist nach Hütte (26. Aufl., S. 101)

$$y = C_1 r + C_2 \frac{1}{r}. \tag{X}$$

Diese Lösung in den Ausdruck (VII) eingesetzt

$$\left.\begin{aligned} \sigma_r &= \frac{m^2}{m^2-1} E\left[C_1 - \frac{C_2}{r^2} + \frac{1}{m} C_1 + \frac{1}{m} C_2 \frac{1}{r^2}\right] \\ &= \frac{m^2}{m^2-1} E\left[C_1 \frac{m+1}{m} - \frac{C_2}{r^2}\frac{m-1}{m}\right]. \end{aligned}\right\} \tag{XI}$$

Die Festwerte C_1 und C_2 lassen sich durch die bekannten Randbedingungen ermitteln, und zwar muß

für $\quad r = r_i \quad \sigma_r = -p$

und für $\quad r = r_a \quad \sigma_r = 0$

sein, also

$$\sigma_{r_i} = \frac{m^2}{m^2-1} E\left[C_1 \frac{m+1}{m} - \frac{C_2}{r_i^2}\frac{m-1}{m}\right] = -p,$$

$$\sigma_{r_a} = \frac{m^2}{m^2-1} E\left[C_1 \frac{m+1}{m} - \frac{C_2}{r_a^2}\frac{m-1}{m}\right] = 0;$$

daraus ergeben sich

$$C_1 = \frac{m+1}{m E} p \frac{r_a^2 r_i^2}{r_a^2 - r_i^2},$$

$$C_2 = \frac{m-1}{m E} p \frac{r_i^2}{r_a^2 - r_i^2}.$$

Diese Werte in Gl. (XI) eingesetzt, bekommt man

$$\sigma_r = \frac{m^2}{m^2-1} E\left[\frac{m^2-1}{m^2 E} p \frac{r_i^2}{r_a^2 - r_i^2} - \frac{m^2-1}{m^2 E} p \frac{r_a^2 r_i^2}{r_a^2 - r_i^2}\frac{1}{r^2}\right],$$

$$\sigma_r = p\left[\frac{r_i^2}{r_a^2 - r_i^2} - \frac{r_a^2 r_i^2}{r_a^2 - r_i^2}\frac{1}{r^2}\right] \tag{16}$$

und ebenso aus Gl. (I)

$$\sigma_t = p\left[\frac{r_i^2}{r_a^2 - r_i^2} + \frac{r_a^2 r_i^2}{r_a^2 - r_i^2}\frac{1}{r^2}\right]. \tag{17}$$

Die Radialspannung σ_r bewegt sich, wie es schon durch die Randbedingungen festgelegt wurde, in den Grenzen zwischen $-p$ und 0, ist also relativ klein. Wo liegt aber der Höchstwert der Umfangsspannung σ_t?

Setzen wir zunächst $r = r_t$

$$\sigma_{t_i} = p \frac{r_a^2 + r_i^2}{r_a^2 - r_i^2} \text{ kg/cm}^2 \tag{18}$$

und dann $r = r_a$

$$\sigma_{t_a} = p \frac{2 r_i^2}{r_a^2 - r_i^2} \text{ kg/cm}^2 . \tag{19}$$

Es ist also sowohl σ_{t_i} als auch σ_{t_a} positiv, d. h. es handelt sich bei σ_t um eine Zugspannung.

Zieht man σ_{t_a} von σ_{t_i} ab, so wird

$$\sigma_{t_i} - \sigma_{t_a} = p \left[\frac{r_a^2 + r_i^2 - 2 r_i^2}{r_a^2 - r_i^2} \right] = p .$$

σ_{t_i} ist also der Höchstwert der Umfangsspannung, wobei der Unterschied zwischen σ_{t_i} und σ_{t_a} genau gleich p ist.

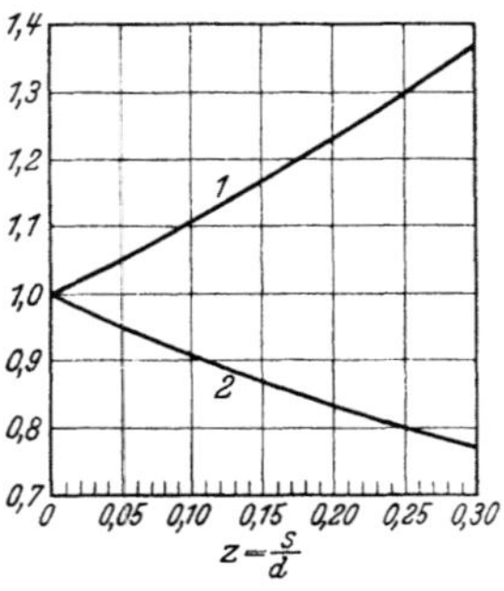

Abb. 9. Verhältnis der wirklichen tangentialen Randspannung zur mittleren Umfangsspannung.

Daraus erkennt man, daß die Umfangsspannung, die wir im Abschnitt III/1 als gleichmäßig verteilt angenommen haben, in Wirklichkeit auf der Innenseite des Rohres ihren Höchstwert besitzt und nach der Außenfaser zu abfällt.

Wie groß der Fehler ist, den man bei der Annahme gleichmäßig verteilter Spannung macht, zeigt Abb. 9. Darin stellt die Linie *1* das Verhältnis der Umfangsspannung σ_{t_i} an der Innenfaser und die Linie *2* das Verhältnis der Umfangsspannung σ_{t_a} an der Außenfaser zu der mittleren Tangentialspannung σ_{t_m} [nach Gl. (9)] in Abhängigkeit vom Verhältnis $s : d$ dar. Je größer danach die Wanddicke im Vergleich zum Innendurchmesser ist, was bei dickwandigen Hochdruckrohren besonders in Erscheinung tritt, um so größer ist die Ungenauigkeit der Gl. (9) für die Beurteilung der tatsächlichen Spannungsverteilung.

Auf Grund der vom Verfasser gegebenen Anregung wurde von Prof. E. Siebel, MPA Stuttgart, in der Erkenntnis, daß die Kesselformel bei starkwandigen Rohren tatsächlich zu geringe Werte ergibt, ein neuer Vorschlag gemacht.

Die mittlere Umfangsspannung ist nach der Kesselformel [Gl. (9)]

$$\sigma_{t_m} = \frac{p\,d}{2s} .$$

Die Radialspannung ist, wie gezeigt wurde, an der Innenseite des Rohres gleich $-p$ und an der Außenseite gleich Null. Als mittlere Radialspannung erhält man also

$$\sigma_{r_m} = -\tfrac{1}{2} p .$$

Unter Zugrundelegung der *Schubspannungshypothese* (s. S. 305), die den Einfluß der Querspannungen in genügender Weise berücksichtigt, wird die maßgebende Spannung

$$\left.\begin{aligned} \sigma_{v_{\text{Siebel}}} &= \sigma_{t_m} - \sigma_{r_m} = \frac{p\,(d+s)}{2\,s} \quad \text{kg/cm}^2 \\ &= \frac{p\,(d+s)}{200\,s} \quad \text{in kg/mm}^2. \end{aligned}\right\} \tag{20}$$

Man sieht, daß im Zähler an Stelle des Innendurchmessers d der *mittlere Rohrdurchmesser* $d+s$ eingesetzt wird.

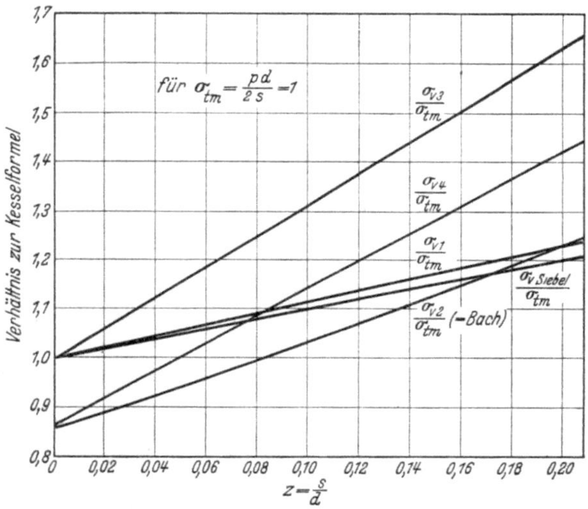

Abb. 10. Vergleich der Bezugsspannungen mit der mittleren Umfangsspannung σ_{t_m}.

Diese Formel lautet nach s aufgelöst

$$s = \frac{p\,d}{200\,\sigma_{\text{zul}} - p} \quad \text{in mm,} \tag{21}$$

bzw. unter Benutzung des Außendurchmessers D

$$s = \frac{p\,D}{200\,\sigma_{\text{zul}} + p} \quad \text{in mm,} \tag{22}$$

Um sich ein besseres Bild von den Unterschieden in der Berechnungsweise machen zu können, wurden in Abb. 10 die Linien für das Verhältnis der einzelnen Bezugsspannungen zur mittleren Umfangsspannung als Funktion von $s:d$ aufgetragen.

Darin bedeuten:

die Linie $\sigma_{v_1}/\sigma_{t_m}$ = Verhältnis der Bezugsspannung nach der *Größtspannungshypothese* (s. S. 304);

die Linie $\sigma_{v_2}/\sigma_{t_m}$ = Verhältnis der Bezugsspannung nach der *Größtdehnungshypothese* (von BACH) (s, S. 304);

die Linie $\sigma_{v_3}/\sigma_{t_m}$ = Verhältnis der Bezugsspannung nach der Schubspannungshypothese;

die Linie $\sigma_{v_4}/\sigma_{t_m}$ = das Verhältnis der Bezugsspannung nach der *Gestaltsänderungs-Energiehypothese* (s. S. 306);

die Linie $\sigma_{v_{\text{Siebel}}}/\sigma_{t_m}$ = das Verhältnis der Bezugsspannung nach dem Vorschlag von SIEBEL.

Sämtliche Linien sind auf die mittlere Umfangsspannung

$$\sigma_{t_m} = \frac{p\,d}{2\,s} = 1$$

bezogen.

Die nähere Erläuterung der verschiedenen Hypothesen erfolgt im Abschnitt B IV/2.

Aus der Abb. 10 sieht man, daß die nach dem Vorschlag von SIEBEL errechnete Bezugsspannung sich kaum merklich von der Bezugsspannung nach der *Größtspannungshypothese* unterscheidet. Letztere besagt aber, daß die *größte* auftretende Spannung als Bezugswert dient. Die größte durch den Innendruck im Rohr hervorgerufene Spannung ist aber die Tangentialspannung σ_{t_i} am Innenrand.

Es sei an dieser Stelle darauf hingewiesen, daß bei der Berechnung der Rohrwanddicke auf die Wanddickentoleranz, die durch die Abweichungen bei der Herstellung bedingt ist, Rücksicht genommen werden muß. Während im Bereich der normalen und mittleren Wanddicken der in Gl. (11) angegebene Zuschlag c diese Toleranzen in genügender Weise berücksichtigt, ist bei dickwandigen Rohren für Höchstdruckdampfleitungen der Zuschlag c nicht mehr ausreichend. Die zulässigen Herstellungsabweichungen sind im Normblatt DIN 1629 und 17175 festgelegt und betragen:

für Rohrwandungen über 50% größer als Normalwand

bis 133 mm Außendurchmesser $\pm$ 13% Toleranz,
über 133 bis 318 mm Außendurchmesser $\pm$ 15% Toleranz,
über 318 mm Außendurchmesser $\pm$ 18% Toleranz.

Um diesen Abweichungen Rechnung zu tragen, muß also — je nach den ermittelten Abmessungen — zu der nach den Gl. (22) oder (23) berechneten *Mindestwanddicke* ein entsprechender Zuschlag gemacht werden. Ein weiterer Zuschlag c für Abrosten usw. braucht dann nicht mehr zu erfolgen.

Auf diese Weise erhält man die sog. *Mittelwanddicke*, die auch bei Inanspruchnahme der größten nach DIN zulässigen Minustoleranz nicht unter den Wert der Mindestwanddicke absinken kann.

Unter Auswertung vorgenannter Erkenntnisse wurden vom Normenausschuß in Zusammenarbeit mit den maßgebenden Fachkreisen im Normblatt DIN 2413 auch für hochbeanspruchte Heißdampfleitungen die Berechnungsformeln für die Wanddicke vorgeschlagen, und zwar:

$$s = \frac{D}{\left[\frac{200\,v\,K}{p\,S} + 1\right] a} \quad \text{in mm.} \tag{23}$$

Darin bedeuten:

s = mittlere Wanddicke in mm,
D = Außendurchmesser in mm (nach DIN 2448),
p = max Betriebsdruck in atü,
v = Güteverhältnis einer Längsnaht zur vollen Wand bei geschweißten Rohren,

$$a = \frac{100 - \text{Wanddickentoleranz}}{100}.$$

Für die Werte K und S gilt nachstehende Zahlentafel.

Zahlentafel 4. *Werkstoffkennwerte und Sicherheitsbeiwerte.*

<table>
<tr><th colspan="2">Geltungsbereich</th><th rowspan="2">Werkstoffkennwert K</th><th rowspan="2">Sicherheitsbeiwert S</th></tr>
<tr><th>p</th><th>t</th></tr>
<tr><td>atü</td><td>°C</td><td>kg/mm²</td><td>—</td></tr>
<tr><td rowspan="4">ohne Begrenzung</td><td>120 bis 350</td><td>Warmstreckgrenze</td><td>1,6 bzw. 1,8[1]</td></tr>
<tr><td>400 bis 500</td><td>DVM-Kriechgrenze</td><td>1,6</td></tr>
<tr><td rowspan="2">500 bis 525</td><td rowspan="2">1% in 100000 h Dehngrenze
oder
Zeitstandfestigkeit für 100000 h
= Bruchgrenze nach 100000 h</td><td>1,0</td></tr>
<tr><td>1,5</td></tr>
<tr><td colspan="2">Übergangsgebiet</td><td colspan="2">Lineare Interpolation zwischen</td></tr>
<tr><td colspan="2">120 bis 200°</td><td colspan="2">Streckgrenze bei Raumtemperatur und Warmstreckgrenze bei 200°</td></tr>
<tr><td colspan="2">350 bis 400°</td><td colspan="2">Warmstreckgrenze bei 350° und DVM-Kriechgrenze bei 400°</td></tr>
<tr><td colspan="2">500 bis 525°</td><td colspan="2">DVM-Kriechgrenze bei 500° Sicherheitsbeiwert S und 1%-100000 h-Dehngrenze bei 525°</td></tr>
</table>

[1] Für Werkstoffe, für die keine Warmstreckgrenzen-Werte gewährleistet werden.

Beispiel 2. Es ist die Wanddicke für ein Rohr NW 150 für 80 atü 475 °C zu bestimmen.

Als Werkstoff käme z. B. der Stahl 15 Mo 3 in Frage, dessen DVM-Kriechgrenze mit 13 kg/mm² bei 475° aus der Zahlentafel 2 interpoliert werden kann.

Nach der Gl. (23) folgt mit $a = \frac{100 - 15}{100} = 0{,}85$

$$s = \frac{D}{\left[\frac{200 \cdot 1 \cdot 13}{80 \cdot 1{,}6} + 1\right] 0{,}85} = \frac{D}{18{,}1}.$$

Mit $D = 171$ aus DIN 2448 folgt $s =$ rd. 9,5 mm.

Nach der Kesselformel (12) würde man mit den gleichen Werten eine Wanddicke $s = 8{,}5$ mm berechnen. Man stellt also fest, daß schon bei einem Verhältnis $s : d = 9{,}5 : 150 = 0{,}0635$ ein Unterschied von 1 mm in der Wanddicke auftritt. Das beweist die Richtigkeit der Behauptung, daß bei dickwandigen Rohren die Anwendung der normalen „Kesselformel" zu geringe Wanddicken ergibt und daher die genauere Berechnungsweise nach Gl. (23) unbedingt ratsam erscheint.

Für das Temperaturgebiet über 500 °C empfiehlt es sich, die Wanddicke vergleichsweise unter Zugrundelegung der Zeitdehngrenze 1%/100000 h mit $S = 1$ und der Bruchgrenze in 100000 h mit $S = 1{,}5$ zu berechnen und den größeren sich ergebenden Wert zugrunde zu legen.

Eine besondere Sicherheit in bezug auf vorübergehende Temperaturüberschreitungen ist in der Formel (23) nicht vorgesehen. Es empfiehlt sich daher, zu prüfen, inwiefern eine solche Sicherheit bei den gewählten Abmessungen gegeben ist. Dafür berechnet man nach der Gleichung

$$\sigma = \frac{p(D - s_{\text{mind}})}{200 s_{\text{mind}}} \qquad (24)$$

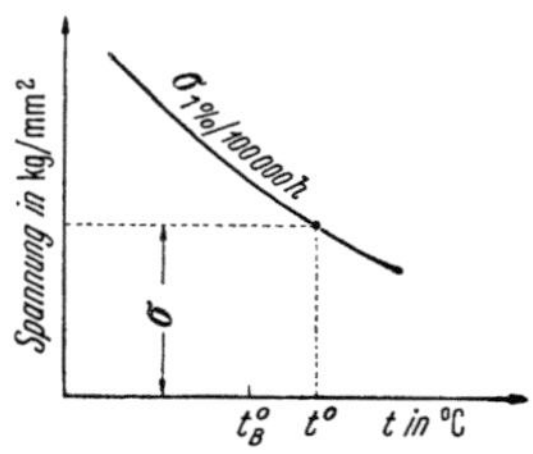

Abb. 11. Prüfung der verbleibenden Temperatursicherheit.

die Beanspruchung σ für den schwächsten Teil des Rohres, d. h. für den Fall, daß die zulässige Minustoleranz nach DIN 17175 voll ausgenutzt ist; $s_{\text{mind}} = s_{\text{mittel}} -$ Toleranz. Diesen Wert σ trägt man in der aus Abb. 11 ersichtlichen Art in das Kurvenblatt für die Zeitdehngrenze ein und bestimmt daraus die Temperaturdifferenz $t - t_B$, worin t_B die Betriebs-Solltemperatur ist. Diese stellt die vorhandene Temperatursicherheit dar, die nach Möglichkeit im Betrieb nicht oder nur ganz kurzzeitig überschritten werden darf.

Beispiel 3. Rohr NW 200 für $p = 130$ atü und $t = 535\,^\circ$C ist unter Zugrundelegung des Stahls 13 CrMo 44 zu berechnen.

Nach dem oben Gesagten muß als Werkstoff-Kennwert die Zeitdehngrenze oder die Zeitstandfestigkeit bei 100000 h zugrunde gelegt werden.

Nach Abb. 5 ist bei $535\,^\circ$C

$$\sigma_{1\%/100\,000\,\mathrm{h}} = 6{,}5\ \mathrm{kg/mm^2},$$
$$\sigma_{\mathrm{B}/100\,000\,\mathrm{h}} = 9{,}1\ \mathrm{kg/mm^2}.$$

Nach Gl. (23) ist mit $S_1 = 1{,}0$ für $\sigma_{1\%/1000\,000\,\mathrm{h}}$ und $a = \frac{100 - 15}{100} = 0{,}85$

$$s_{\text{mittel}} = \frac{D}{\left[\frac{200 \cdot 1 \cdot 6{,}5}{130 \cdot 1{,}0} + 1\right] 0{,}85} = \frac{D}{9{,}35}$$

und mit $S_2 = 1{,}5$ für $\sigma_{\mathrm{B}/100\,000\,\mathrm{h}}$

$$s_{\text{mittel}} = \frac{D}{\left[\frac{200 \cdot 1 \cdot 9{,}1}{130 \cdot 1{,}5} + 1\right] 0{,}85} = \frac{D}{8{,}8}\,.$$

Nach der zweiten Formel ergeben sich höhere Werte für s, also ist die Zeitstandfestigkeit maßgebend.

Bei $D = 267$ mm wird

$$s_{\text{mittel}} = \frac{267}{8{,}8} = 30{,}3 = \text{rd. } 31\ \text{mm}.$$

Übrigens liest man aus Abb. 12 unter den gleichen Voraussetzungen den Wert $s_{\text{mittel}} = 30{,}6$, d. h. rd. 31 mm, ab, also das gleiche Ergebnis.

Es soll bei dieser Gelegenheit auch die vorhandene Temperatursicherheit nachgeprüft werden. Wenn das Rohr mit voller Minustoleranz ausgewalzt wird, so hat es eine Wanddicke $s_{\text{mind}} = 31 \cdot 0{,}85 = 26{,}4$ mm. Dann ist die mittlere Umfangsspannung

$$\sigma_{tm} = \frac{p(D - s_{\text{mind}})}{200\, s_{\text{mind}}} = \frac{130\,(267 - 26{,}4)}{200 \cdot 26{,}4} = 5{,}92\ \mathrm{kg/mm^2}.$$

Trägt man diese Spannung nach den Angaben der Abb. 11 in die Linientafel Abb. 5 ein (am besten einen Ausschnitt vergrößert zeichnen), so zeigt die Kreuzung mit der Kurve $\sigma_{1\%/100000}$ den Temperaturwert $537{,}5\,^\circ$. Es ist also gegenüber der Betriebstemperatur von $535\,^\circ$ nur eine Temperatursicherheit von $2{,}5\,^\circ$C vorhanden. Eine größere Temperaturüberschreitung dürfte daher nur ganz kurzzeitig zugelassen werden.

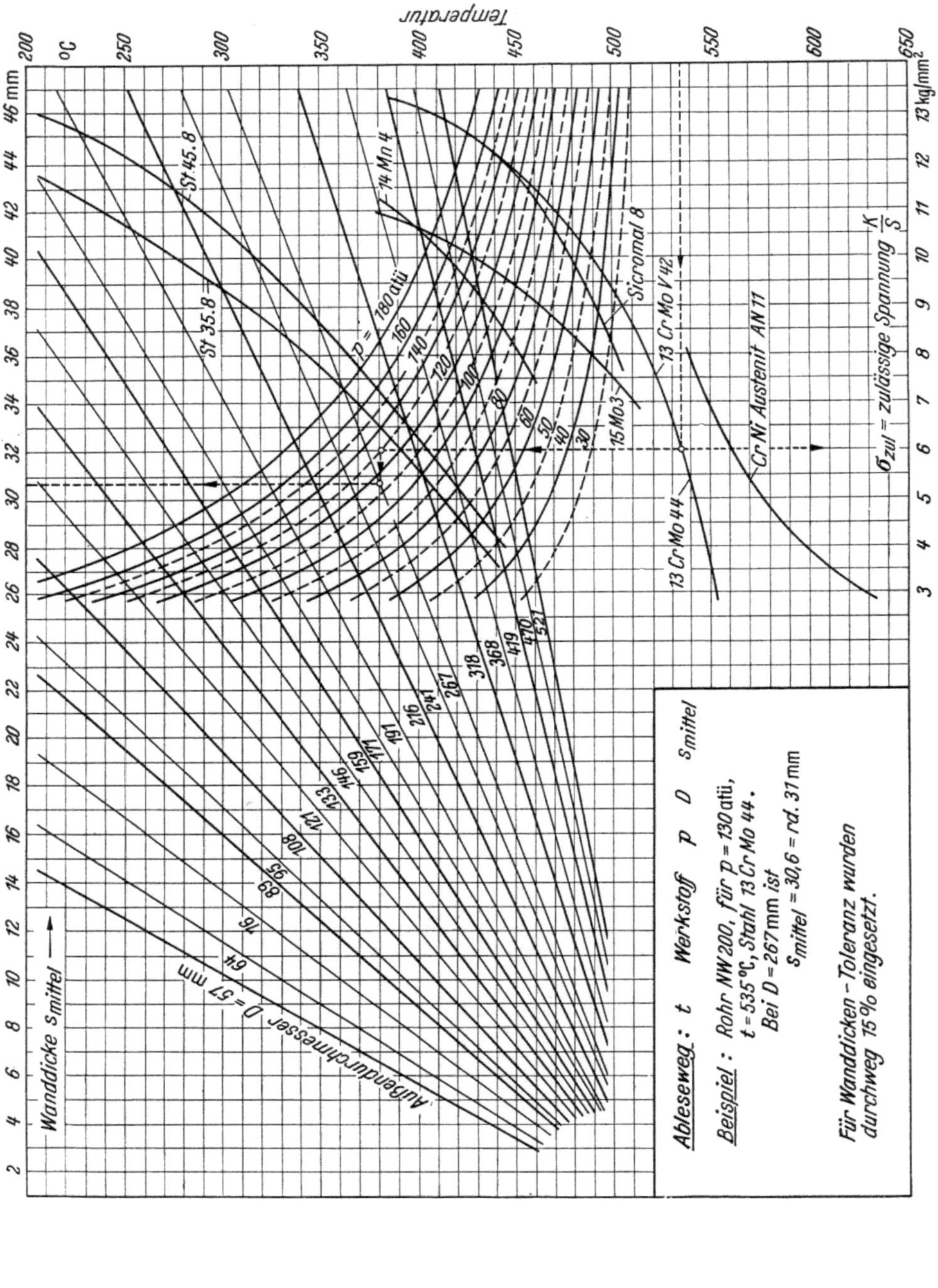

Abb. 12. Linientafel zum Ablesen der Mittelwanddicke nach der Gl. (23.)

3. Die Spannungsverteilung in dickwandigen Rohren unter Innendruck.

Bearbeitet von Dipl.-Ing. R. FRANZL.

Bei der Ermittlung der Spannungsverteilung in dickwandigen Rohren unter Innendruck müssen folgende Fälle streng voneinander unterschieden werden:

1. die elastische Spannungsverteilung,
2. die plastische Spannungsverteilung,
   a) teilweise oder vollständige plastische Verformung des Rohres. Die Anstrengung des Werkstoffes an der Stelle der plastischen Verformung entspricht der Fließgrenze;
   b) vollständige plastische Verformung des Rohres infolge Kriechen des Werkstoffes unter Beanspruchung bei hohen Temperaturen.

Zur Unterscheidung der zwei Arten a) und b) der plastischen Spannungsverteilung wird in den folgenden Ausführungen die unter a) definierte mit „plastischer", die unter b) definierte mit „Kriech-Spannungsverteilung" bezeichnet.

Für jede dieser drei Spannungsverteilungen gelten gewisse Voraussetzungen, die erfüllt sein müssen.

Bekannt und im Schrifttum oft behandelt ist die Spannungsverteilung in dickwandigen Rohren im elastischen und plastischen Spannungsbereich.

Bezeichnet man mit

$u = \frac{r_a}{r_i}$ = Halbmesserverhältnis des Rohres,

$u_x = \frac{x}{r_i}$ = Halbmesserverhältnis an der Stelle $r = x$ in der Rohrwand,

dann kann die Spannungsverteilung im *elastischen* Spannungsbereich, also bei Gültigkeit des HOOKEschen Gesetzes, wie folgt angeschrieben werden:

$$\left.\begin{aligned} \sigma_t &= p\,\frac{1}{u^2-1}\,\frac{u^2+u_x^2}{u_x^2}, \\ \sigma_l &= p\,\frac{1}{u^2-1}, \\ \sigma_r &= -p\,\frac{1}{u^2-1}\,\frac{u^2-u_x^2}{u_x^2}. \end{aligned}\right\} \quad \text{(I)}$$

Die Anstrengung des Werkstoffes bzw. die Vergleichsspannung σ_v des vorliegenden dreiachsigen Spannungszustandes ergibt sich nach der Gestaltänderungsenergie-Hypothese zu

$$\sigma_v = p\,\sqrt{3}\,\frac{1}{u^2-1}\,\frac{u^2}{u_x^2}. \quad \text{(II)}$$

In Abb. 13 sind für zwei Rohrabmessungen mit einem Halbmesserverhältnis von $u = 1{,}5$ und 2 die bezogenen Spannungen $\sigma_{v/p}$, $\sigma_{t/p}$, $\sigma_{l/p}$ und $\sigma_{r/p}$ über der Rohrwand aufgetragen.

Für den vollplastischen Spannungsbereich, unter Annahme einer ausgeprägten Fließgrenze σ_F des Werkstoffes sowie unter Außerachtlassung der Verfestigung des Werkstoffes beim plastischen Verformen, erhält man die Spannungsverteilung nach E. SIEBEL[1]:

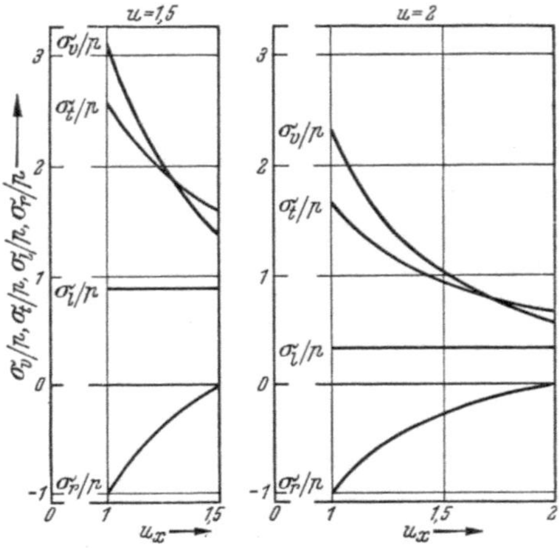

Abb. 13. Bezogene Spannungen für $u = 1{,}5$ und 2 bei elastischer Spannungsverteilung.

$$\left.\begin{aligned} \sigma_t &= \frac{2}{\sqrt{3}}\,\sigma_F\left(1 - \ln\frac{u}{u_x}\right), \\ \sigma_l &= \frac{2}{\sqrt{3}}\,\sigma_F\left(0{,}5 - \ln\frac{u}{u_x}\right), \\ \sigma_r &= -\frac{2}{\sqrt{3}}\,\sigma_F \ln\frac{u}{u_x}\,. \end{aligned}\right\} \quad \text{(III)}$$

Die Vergleichsspannung σ_v entspricht in diesem Fall der Fließgrenze σ_F des Werkstoffes und ist konstant über der Rohrwand. In Abb. 14 sind die bezogenen Spannungen σ_v/σ_F, σ_t/σ_F, σ_l/σ_F und σ_r/σ_F für den vollplastischen Zustand und die gleichen Rohrabmessungen wie in Abb. 13 ($u = 1{,}5$ und 2) aufgetragen.

Bei einem Vergleich von Abb. 13 und 14 erkennt man, daß die Spannungsverteilung im elastischen zu derjenigen im vollplastischen Spannungsbereich grundsätzlich verschieden ist.

Auch für den teilplastischen Spannungszustand, d. h. wenn nur ein Teil der Rohrwand plastisch, der übrige Teil jedoch elastisch verformt ist, kann die Spannungsverteilung formelmäßig angeschrieben werden.

Ist das dickwandige Rohr bis zum Radius $r = x_1$ in der Rohrwand plastisch verformt, also $x_1/r_i = u_1$, dann gilt für $1 \leqq u_x \leqq u_1$ (plastisch verformter Bereich):

$$\left.\begin{aligned} \sigma_t &= \frac{2}{\sqrt{3}}\,\sigma_F\left[\left(1 - \ln\frac{u_1}{u_x}\right) - \frac{u^2 - u_1^2}{2u^2}\right], \\ \sigma_l &= \frac{2}{\sqrt{3}}\,\sigma_F\left[0{,}5\left(1 - \frac{u^2 - u_1^2}{u^2}\right) - \ln\frac{u_1}{u_x}\right], \\ \sigma_r &= -\frac{2}{\sqrt{3}}\,\sigma_F\left[\ln\frac{u_1}{u_x} + \frac{u^2 - u_1^2}{2u^2}\right], \end{aligned}\right\} \quad \text{(IV)}$$

[1] SIEBEL, E.: Die Festigkeit dickwandiger Hohlzylinder. Konstr. Bd. 3 (1951) H. 5, S. 137/41.

für $u_1 \leqq u_x \leqq u$ (elastisch verformter Bereich)

$$\left.\begin{aligned} \sigma_t &= \sigma_F \frac{(u^2 + u_x^2)\, u_1^2}{\sqrt{3}\, u^2\, u_x^2}, \\ \sigma_l &= \sigma_F \frac{1}{\sqrt{3}} \frac{u_1^2}{u^2}, \\ \sigma_r &= -\sigma_F \frac{(u^2 - u_x^2)\, u_1^2}{\sqrt{3}\, u^2\, u_x^2}. \end{aligned}\right\} \quad (\mathrm{V})$$

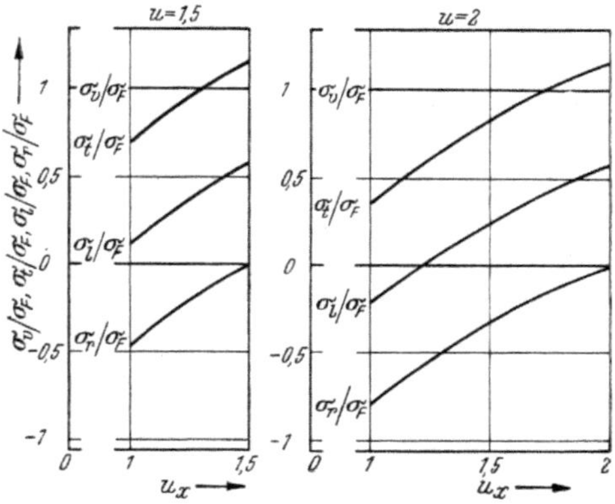

Abb. 14. Bezogene Spannungen für $u = 1{,}5$ und 2 bei vollplastischer Spannungsverteilung.

In Abb. 15 sind die bezogenen Spannungen σ_t/σ_F, σ_l/σ_F und σ_r/σ_F für die zwei Rohrabmessungen mit $u = 1{,}5$ und $u = 2$ aufgetragen, und zwar für den Fall, daß 25, 50 und 75% der Rohrwanddicken plastisch verformt sind.

Was die Anwendung der Gl. (I) bis (V) auf das Gebiet hoher Temperaturen anbetrifft, so kann gesagt werden, daß die auf der Gültigkeit des Hookeschen Gesetzes fußenden Formeln nach Gl. (I) und (II) ohne allen Zweifel nicht mehr zutreffend sind. Bekanntlich weisen die Eisen-

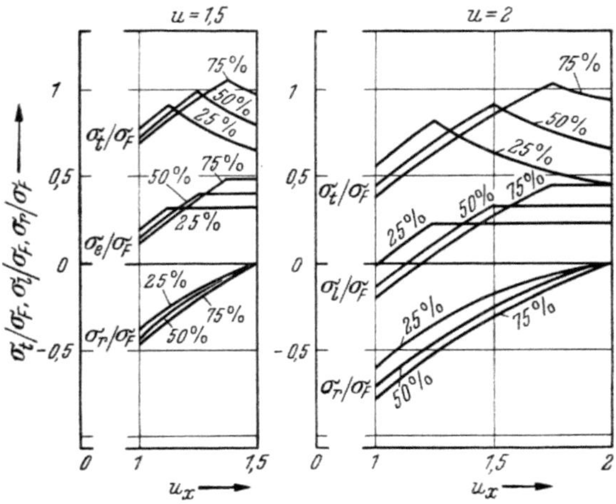

Abb. 15. Bezogene Spannungen für $u = 1{,}5$ und 2 bei teilplastischem Spannungszustand (25%, 50%, 75% der Wanddicke plastisch verformt).

werkstoffe bei hohen Temperaturen ein mit der Zeit fortdauerndes Kriechen bei gleichbleibender Belastung auf. Nur bei Inbetriebsetzung einer Rohrleitung mit hoher Betriebstemperatur wird im ersten Augenblick diese Spannungsverteilung zutreffend sein und wird dann mit dem eintretenden Kriechen des Werkstoffes eine Änderung erfahren.

Ebenso verhält es sich mit den Gl. (III) bis (V). Wie schon erwähnt, ist die grundlegende Voraussetzung für die Gültigkeit dieser Formeln ein Werkstoff mit ausgeprägter Fließgrenze, d. h. das im Zugversuch ermittelte Spannungs-Dehnungs-Diagramm muß entsprechend Abb. 16 aussehen.

Die üblichen Eisenwerkstoffe weisen jedoch ein Spannungs-Dehnungs-Diagramm nach Abb. 17 auf, d. h. daß mit Erreichen der Fließspannung während des Verformens ein weiterer Lastanstieg zu beob-

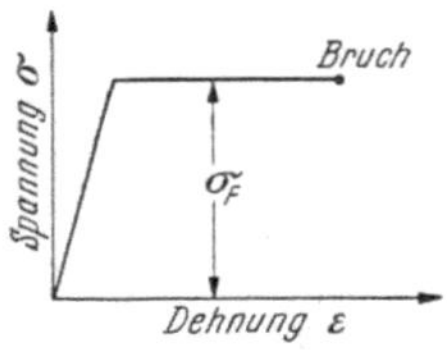

Abb. 16. Spannungs-Dehnungs-Diagramm eines Werkstoffes mit ausgeprägter Fließgrenze, ohne Verfestigung.

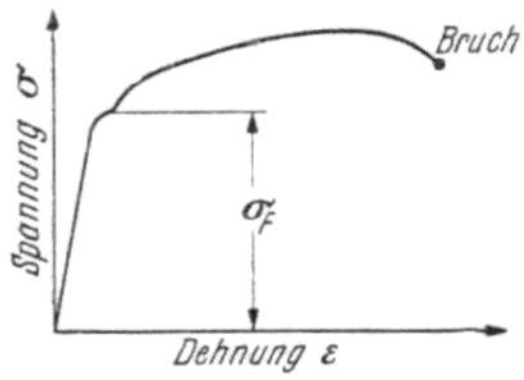

Abb. 17. Spannungs-Dehnungs-Diagramm eines Werkstoffes mit ausgeprägter Fließgrenze, mit Verfestigung.

achten ist. Der Werkstoff erfährt mit steigender Verformung eine der Verformung entsprechende Verfestigung.

In die Formeln für die Spannungsverteilung im voll- bzw. teilplastischen Zustand kann wohl durch entsprechende Umformung die Verfestigung mit einbezogen werden, wie es W. JAMM[1] gezeigt hat, jedoch haben auch diese Formeln nur bis zu mäßig hohen Temperaturen, bei denen das Kriechen noch nicht in Erscheinung tritt, Gültigkeit.

Bringt man nämlich auf die dritte der Gl. (III) die Randbedingung

$$\sigma_r = -p \quad \text{für} \quad u_x = 1$$

in Anwendung, dann erhält man den zur Erreichnung des vollplastischen Zustandes erforderlichen Innendruck zu

$$p = \frac{2}{\sqrt{3}} \sigma_F \ln u \,. \tag{VI}$$

Die Vergleichsspannung

$$\sigma_v = \frac{1}{\sqrt{2}} \sqrt{(\sigma_t - \sigma_l)^2 + (\sigma_l - \sigma_r)^2 + (\sigma_r - \sigma_t)^2} \tag{VII}$$

wird dann

$$\sigma_v = \sigma_F = \text{konst.} \tag{VIII}$$

und unabhängig von u_x.

[1] JAMM, W.: Das Rohr im Apparatebau. Vortrag bei Mannesmann.

Bei einem Innendruck gemäß Gl. (VI) bildet sich also in der Rohrwand eine Spannungsverteilung aus, die unter der Annahme, daß Abb. 16 für den Werkstoff zutrifft, durch die Gl. (III) ausgedrückt wird. Ist dieser Spannungszustand jedoch einmal erreicht, so muß der Bruch des Rohres kurze Zeit darauf folgen.

Ganz anders als der Zusammenhang von Spannung und Dehnung nach Abb. 16 ist der Zusammenhang von Spannung und Kriechen bei hohen Temperaturen. Hier tritt als weitere Einflußgröße die Belastungszeit hinzu, d. h. die Dehnung wächst bei gleichbleibender Belastung mit der Zeit. Während also im Falle des elastischen, teil- und vollplastischen Spannungszustandes die Ausbildung der Spannungsverteilung gleichzeitig mit der Lastaufbringung vor sich geht, ist die Spannungsverteilung im Bereich des zeitabhängigen Kriechens des Werkstoffes ebenfalls zeitabhängig und ist zum Zeitpunkt der Lastaufbringung anders als z. B. nach 1000 oder 10000 h. Die Ermittlung dieser Spannungsverteilung kann nur mit Hilfe der im Dauerstandversuch ermittelten Kriechwerte erfolgen.

Einen Weg zur Ermittlung der bei einer bestimmten Temperatur für beliebige Innendrücke erforderlichen Rohrabmessungen haben E. Siebel und S. Schwaigerer[1] aufgezeigt. Dieser Berechnungsvorschlag, auf den noch später eingegangen werden soll, gestattet es, die für einen bestimmten Innendruck erforderliche Rohrabmessung auf der Grundlage der Zeitdehngrenzen des Werkstoffes richtig zu ermitteln, macht jedoch keine Aussage über die Spannungsverteilung in der Rohrwand. Die Kenntnis der Spannungsverteilung ist aber unbedingt erforderlich, da bei einer Rohrleitung zur Beanspruchung durch den Innendruck zusätzlich Beanspruchungen durch Wärmedehnung, Eigengewicht, Gewicht des Leitungsinhalts und der Isolierung hinzukommen. Erst die aus all diesen verschiedenen Beanspruchungen resultierende Gesamtbeanspruchung ermöglicht es, eine Rohrleitung so zu bemessen, daß sie den Beanspruchungen im Betrieb standhält.

Geht man von der Voraussetzung aus, daß die Grundlagen der plastischen Verformung unter Belastung durch Erhöhung der Temperatur grundsätzlich keine Änderung erfahren, so können die für das Fließen gültigen Gesetze angewandt werden. Damit soll jedoch nicht gesagt sein, daß auch der funktionelle Zusammenhang unverändert bleibt, vielmehr wurde im vorstehenden gezeigt, daß die für normale bzw. mäßig erhöhte Temperaturen gültigen Annahmen für hohe Temperaturen nicht zutreffend sind.

---

[1] Siebel, E., u. S. Schwaigerer: Die Festigkeit von Rohren unter Innendruck bei sehr hohen Temperaturen. BWK Bd. 3 (1951) H. 5, S. 141/43.

Die grundsätzlichen Beziehungen für das plastische Fließen isotroper Werkstoffe können wie folgt angeschrieben werden:

1. Die Richtungen der Hauptdehnungen stimmen mit den Richtungen der Hauptspannungen überein.
2. Das Volumen des Werkstoffes bleibt konstant.
3. Die drei Hauptschubdehnungen sind proportional den drei Hauptschubspannungen
4. Die Fließbedingung folgt dem v. MISES-HENCKY-Kriterium, gemäß welchem die Gestaltänderungsenergie die bestimmende Variable ist.

Für den Fall des kreisrunden Rohres unter Innendruck fallen die Richtungen der Hauptspannungen σ_1, σ_2, und σ_3 (achsensymmetrischer Spannungszustand) mit den Richtungen der Tangentialspannung σ_t, der Längsspannung σ_l und der Radialspannung σ_r zusammen, so daß diese direkt in die Betrachtungen einbezogen werden können. Ebenso verhält es sich mit den Hauptdehnungen ε_1, ε_2, ε_3 und den Dehnungen in tangentialer (ε_t), axialer (ε_l) und radialer (ε_r) Richtung.

Man erhält für die ersten drei Grundsätze die mathematischen Ausdrücke

$$\frac{\varepsilon_t - \varepsilon_l}{\sigma_t - \sigma_l} = \frac{\varepsilon_l - \varepsilon_r}{\sigma_l - \sigma_r} = \frac{\varepsilon_r - \varepsilon_t}{\sigma_r - \sigma_t} = c \tag{IX}$$

$$\varepsilon_t + \varepsilon_l + \varepsilon_r = 0 . \tag{X}$$

Der vierte Grundsatz gibt die Beziehung zwischen Spannung und Fließen bzw. Kriechen, welche den Invarianten

$$\sigma_v = \frac{1}{\sqrt{2}} \sqrt{(\sigma_t - \sigma_l)^2 + (\sigma_l - \sigma_r)^2 + (\sigma_r - \sigma_t)^2}\,, \tag{XI}$$

$$\varepsilon_v = \frac{\sqrt{2}}{3} \sqrt{(\varepsilon_t - \varepsilon_l)^2 + (\varepsilon_l - \varepsilon_r)^2 + (\varepsilon_r - \varepsilon_t)^2} \tag{XII}$$

gehorcht.

Aus den Gl. (IX) und (X) erhält man für die drei Hauptdehnungen die Gleichungen

$$\left.\begin{aligned} \varepsilon_t &= \frac{c}{3}(2\,\sigma_t - \sigma_l - \sigma_r)\,, \\ \varepsilon_l &= \frac{c}{3}(2\,\sigma_l - \sigma_r - \sigma_t)\,, \\ \varepsilon_r &= \frac{c}{3}(2\,\sigma_r - \sigma_t - \sigma_l)\,. \end{aligned}\right\} \tag{XIII}$$

Führt man ferner die Gl. (IX) in Gl. (XII) ein, so erhält man die Beziehung zwischen Vergleichsdehnung und Vergleichsspannung

$$\varepsilon_v = \tfrac{2}{3}\, c\, \sigma_v\,, \tag{XIV}$$

d. h. aber, daß der Proportionalitätsfaktor c gemäß Grundsatz 3 auch für das Verhältnis von Vergleichsdehnung und Vergleichsspannung zutrifft.

Bildet man die Ableitungen von σ_v nach den einzelnen Hauptspannungen σ_t, σ_l und σ_r und setzt für den Proportionalitätsfaktor die Beziehung nach Gl. (XIV) ein, so erhält man

$$\left.\begin{aligned} \frac{\partial \sigma_v}{\partial \sigma_t} &= \frac{2\sigma_t - \sigma_l - \sigma_r}{2\sigma_v}, \\ \frac{\partial \sigma_v}{\partial \sigma_l} &= \frac{2\sigma_l - \sigma_r - \sigma_t}{2\sigma_v}, \\ \frac{\partial \sigma_v}{\partial \sigma_r} &= \frac{2\sigma_r - \sigma_t - \sigma_l}{2\sigma_v}. \end{aligned}\right\} \qquad \text{(XV)}$$

Die Beziehungen für das Kriechen in Richtung der drei Hauptachsen erhält man mit Einführung der Gl. (XV) in die Gl. (XIII), nämlich:

$$\left.\begin{aligned} \varepsilon_t &= \frac{\partial \sigma_v}{\partial \sigma_t}\,\varepsilon_v, \\ \varepsilon_l &= \frac{\partial \sigma_v}{\partial \sigma_l}\,\varepsilon_v, \\ \varepsilon_r &= \frac{\partial \sigma_v}{\partial \sigma_r}\,\varepsilon_v. \end{aligned}\right\} \qquad \text{(XVI)}$$

Wendet man die Gl. (XVI) auf den Fall der einachsigen Zugbeanspruchung an, für welche die im Dauerstandsversuch gefundene Beziehung zwischen Spannung, Dehnung und Zeit vorliegt, so erhält man

$$\sigma_l = \sigma_r = 0; \quad \sigma_v = \sigma_t,$$

$$\frac{\partial \sigma_v}{\partial \sigma_t} = 1; \quad \frac{\partial \sigma_v}{\partial \sigma_l} = \frac{\partial \sigma_v}{\partial \sigma_r} = -\frac{1}{2},$$

$$\varepsilon_v = \varepsilon_t; \quad \varepsilon_l = \varepsilon_r = -\frac{1}{2}\,\varepsilon_t.$$

Das heißt aber, daß der funktionelle Zusammenhang von ε_v und σ_v dem im Dauerstandsversuch gefundenen Zusammenhang von Spannung, Dehnung und Zeit entspricht. Mit den Gl. (XVI) ist es daher möglich, die im Dauerstandsversuch bei einachsiger Zugbeanspruchung gefundenen Beziehungen zwischen Spannung, Dehnung und Zeit auf den allgemeinen dreiachsigen Spannungszustand zu übertragen.

Zu der Betrachtung des Spannungszustandes in einem dickwandigen Rohr unter Innendruck müssen unabhängig von der Belastungszeit und der einsetzenden Formänderung gewisse grundsätzliche Beziehungen immer erfüllt sein. Diese sind:

1. die Gleichgewichtsbedingung der am Rohrelement angreifenden Spannungen

$$r\,\frac{d\sigma_r}{dr} = \sigma_t - \sigma_r. \qquad \text{(XVII)}$$

2. der geometrische Zusammenhang der Dehnungen

$$r \frac{d \varepsilon_t}{d r} = \varepsilon_r - \varepsilon_t, \tag{XVIII}$$

3. die Gleichgewichtsbedingung in axialer Richtung

$$2\pi \int_{r_i}^{r_a} \sigma_l \, r \, dr = r_i^2 \pi \, p. \tag{XIX}$$

Jede Spannungsverteilung im Rohr, gleichgültig ob es sich um eine elastische, plastische oder Kriechspannungsverteilung handelt, muß vorstehende drei Bedingungen erfüllen.

Diese drei Bedingungen in Verbindung mit den bereits in den Gl. (IX) bis (XII) angeschriebenen grundsätzlichen Kriechbeziehungen und den im Dauerstandsversuch ermittelten Beziehungen zwischen Spannung, Dehnung und Zeit gestatten es, die Spannungsverteilung im Rohr im Zustand des Kriechens bei hoher Temperatur zu ermitteln.

Vorher ist es jedoch notwendig, eine weitere, durch zahlreiche Versuche bestätigte Beziehung zu berücksichtigen. Bei Innendruckversuchen an Rohren sowohl bei Raumtemperatur als auch in der Wärme ist festgestellt worden, daß in axialer Richtung keine Dehnung auftritt, d. h.

$$\varepsilon_l = 0. \tag{XX}$$

Die erst bei großen Verformungen in tangentialer und radialer Richtung gemessenen Werte von ε_l sind im Vergleich zu den ersteren verschwindend klein und liegen meistens im Fehlerbereich des Meßgerätes selbst.

Der Nachweis, daß die Beziehungen für das Kriechen gemäß Gl. (XVI) der versuchsmäßig bestätigten Bedingung für den vollplastischen Zustand genügt, kann durch Einführen der Gl. (III) in die zweite der Gl. (XV) leicht erbracht werden. In diesem Fall wird

$$\frac{\partial \sigma_v}{\partial \sigma_l} = 0 \tag{XXI}$$

und somit gemäß der zweiten der Gl. (XVI) auch $\varepsilon_l = 0$.

Mit vorstehender Beziehung erhält man aus Gl. (XIII)

$$\sigma_l = \frac{\sigma_t + \sigma_r}{2}. \tag{XXII}$$

Gl. (XXII) und Gl. (XIV) in die erste und dritte der Gl. (XIII) eingeführt, ergeben für die Dehnungen in tangentialer und radialer Richtung

$$\left.\begin{aligned} \varepsilon_t &= \frac{3}{4}(\sigma_t - \sigma_r)\frac{\varepsilon_v}{\sigma_v}, \\ \varepsilon_r &= -\frac{3}{4}(\sigma_t - \sigma_r)\frac{\varepsilon_v}{\sigma_v}, \end{aligned}\right\} \tag{XXIII}$$

d. h.

$$\varepsilon_t = -\varepsilon_r . \tag{XXIV}$$

Die Beziehung nach Gl. (XXIV) ergibt sich ebenfalls aus Gl. (X) mit

$$\varepsilon_l = 0 .$$

Für die Vergleichsspannung erhält man mit Einführung der Gl. (XXII) in die Gl. (XI)

$$\sigma_v = \frac{\sqrt{3}}{2} (\sigma_t - \sigma_r) \tag{XXV}$$

und für die Vergleichsdehnung aus Gl. (XXIV), (XX) und (XII)

$$\varepsilon_v = \frac{2}{\sqrt{3}} \varepsilon_t . \tag{XXVI}$$

Zur Ermittlung der Spannungsverteilung benutzt man jetzt die Gleichgewichtsbedingung nach Gl. (XVII). Aus Gl. (XXV) und Gl. (XVII) erhält man die Differentialgleichung

$$r \frac{d\sigma_r}{dr} = \frac{2}{\sqrt{3}} \sigma_v . \tag{XXVII}$$

Wäre der Verlauf von σ_v als Funktion von r bekannt, so könnte diese Differentialgleichung gelöst und damit der Verlauf von σ_r über der Rohrwand ermittelt werden. Die Tangentialspannung σ_t könnte dann aus Gl. (XXV) und die Längsspannung aus Gl. (XXII) ermittelt werden, womit die gesuchte Spannungsverteilung gefunden wäre.

Das Problem der Lösung ist also der Verlauf von σ_v als Funktion von r.

Der Rechnungsgang, der zur Auffindung des Verlaufes von σ_v über der Rohrwand führt, ergibt sich wie folgt:

1. Ist das Rohr an der Innenseite ($r = r_i$, $u_x = 1$) in der Zeit t um den Betrag ε_t^* gekrochen, so ist an dieser Stelle nach Gl. (XXVI) die Vergleichsdehnung

$$\varepsilon_v^* = \frac{2}{\sqrt{3}} \varepsilon_t^* . \tag{XXVIII}$$

Die Vergleichsdehnung an einer Stelle $r = x$ bzw. u_x der Rohrwand ist wegen

$$\varepsilon_{t_x} = \frac{\varepsilon_t^*}{u_x^2} , \tag{XXIX}$$

$$\varepsilon_{v_x} = \frac{\varepsilon_v^*}{u_x^2} . \tag{XXX}$$

2. Die Gleichgewichtsbedingung Gl. (XXVII) der am Rohrelement angreifenden Spannungen kann umgeformt angeschrieben werden

$$d\sigma_r = \frac{2}{\sqrt{3}} \sigma_v \frac{dr}{r} \tag{XXXI}$$

oder in Differenzform

$$\Delta \sigma_r = \frac{2}{\sqrt{3}} \sigma_v \frac{\Delta r}{r_m}. \tag{XXXII}$$

Denkt man sich nun die Rohrwand in eine Anzahl n Streifen von der Breite Δr aufgeteilt, so kann für ein genügend großes n die Vergleichsspannung σ_v über Δr als konstanter Mittelwert angenommen werden; r_m ist dann der zur Mitte des Streifens gehörende Halbmesser.

Gl. (XXXII) kann mit Einführung von n auch angeschrieben werden

$$\Delta \sigma_r = \frac{2}{\sqrt{3}} \sigma_v \frac{1}{n} \frac{u-1}{u_x}. \tag{XXXIII}$$

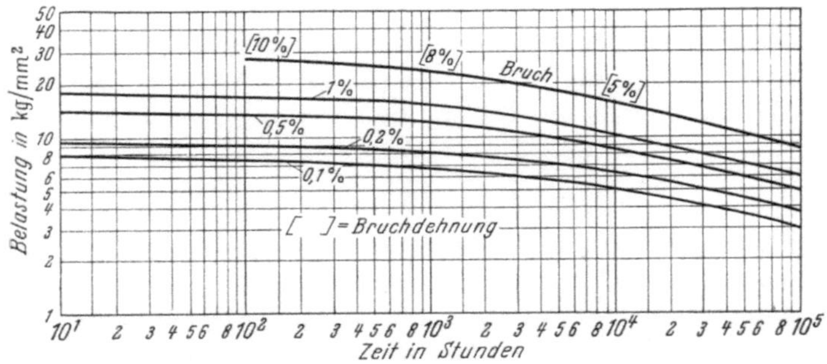

Abb. 18. Zeit-Dehnungs-Diagramm für den Stahl Marwedur AN 11 bei 600° C.

Als Randbedingung gilt für Gl. (XXXII)

$$\sum_{r_i}^{r_a} \Delta \sigma_r = p. \tag{XXXIV}$$

3. Es wird vorausgesetzt, daß für den Rohrwerkstoff das Zeitdehngrenzen-Schaubild (Abb. 18) vorliegt, aus welchem durch Übertragung der entsprechenden Werte das Schaubild für den Formänderungswiderstand (Abb. 19) ermittelt werden kann.

4. Man schätzt nun für eine bestimmte Betriebszeit die Vergleichsdehnung ε_v^*. Die Genauigkeit der Schätzung ist ohne besonderen Einfluß. Bei großen Fehlschätzungen ist höchstens eine wiederholte Korrekturrechnung erforderlich. Aus Gl. (XXX) kann nun der Verlauf von ε_v zwischen $u_x = 1$ und $u_x = u$ bestimmt werden. Die Rohrwand denkt man sich in eine Anzahl n gleicher Teile von der Breite Δr aufgeteilt und bestimmt für den zu jedem Streifen Δr gehörenden mittleren Halbmesser den Wert von ε_v. Aus dem Schaubild für den Formänderungswiderstand des Rohrwerkstoffes ermittelt man nun für die gewählte Betriebszeit die den Werten von ε_v zugeordneten Werte

von σ_v. Aus Gl. (XXXIII) kann nun für jeden Streifen Δr das zugehörige $\Delta\sigma_r$ errechnet werden. Ist die Randbedingung nach Gl. (XXXIV) nicht erfüllt, so werden die errechneten $\Delta\sigma_r$-Werte um den Betrag

$$\frac{\sum\limits_{r_i}^{r_a}{}' \Delta\sigma_r - p}{n}$$

korrigiert und die zugeordneten σ_v-Werte aus der Beziehung

$$\sigma_v = \frac{\sqrt{3}}{2} \Delta\sigma_r \frac{r_m}{\Delta r} = \frac{\sqrt{3}}{2} \Delta\sigma_r\, n \frac{u_x}{u-1} \qquad \text{(XXXV)}$$

ermittelt. Aus dem Schaubild für den Formänderungswiderstand erhält man zu den nun korrigierten σ_v die zugehörigen ε_v.

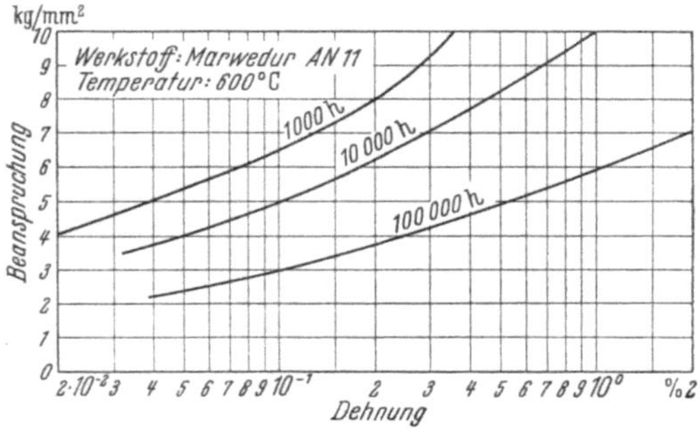

Abb. 19. Formänderungswiderstand entwickelt aus Abb. 18.

Nun muß nachgeprüft werden, ob die gefundenen ε_v der Bedingung nach Gl. (XXX) genügen. Ist dies nicht der Fall, dann müssen die ε_v-Werte entsprechend korrigiert und das Verfahren wiederholt werden. Das Verfahren konvergiert bei richtiger Durchführung der Korrekturen sehr schnell, so daß man im allgemeinen mit nur einer Wiederholung der Rechnung auskommt.

An Hand eines Beispieles soll der Rechnungsgang veranschaulicht werden.

Beispiel 4. Für eine Heißdampfleitung mit einem Betriebszustand von 160 atü, 600° C soll ein Rohr NW 150 bemessen und die Spannungsverteilung im Betrieb nach 1000, 10000 und 100000 h ermittelt werden. Als Rohrwerkstoff wird der Stahl Marwedur AN 11 (X8CrNiNb 1713) gewählt, mit den Festigkeitswerten bei 600° C.

$$\sigma_{1\%/100\,000\,\text{h}} = 6 \text{ kg/mm}^2,$$
$$\sigma_{B/100\,000\,\text{h}} = 8{,}5 \text{ kg/mm}^2.$$

Der äußere Rohrdurchmesser wird mit 216 mm gewählt.

In die Rohrwanddickenformel nach Gl. (23) sind für den Werkstoffkennwert einzuführen:

$$\sigma_{1\%/100\,000\,\text{h}} = 6 \text{ kg/mm}^2$$
$$\text{bzw. } 0{,}65\, \sigma_{B/100\,000\,\text{h}} = 0{,}65 \cdot 8{,}5 = 5{,}52 \text{ kg/mm}^2.$$

Zahlentafel 5. *Berechnungsschema für die Kriech-Spannungsverteilung in dickwandigen Rohren unter Innendruck.*

	Rohrwerkstoff: Marwedur AN 11						Betriebszeit: 1000 h					
	Betriebstemperatur: 600° C						Rohrabmessung: 216 × 27,4 mm					
	Betriebsdruck: 160 atü						$u = 1{,}34$, $n = 5$, Δ [illegible] $= 0{,}068$					
Formel bzw. Abb.	$u_x =$	1,0	1,034	1,068	1,102	1,136	1,170	1,204	1,238	1,272	1,306	1,340
	$u_x^2 =$	1,0	1,069	1,139	1,214	1,290	1,369	1,450	1,533	1,618	1,706	1,796
Gl. (XXX)	ε_v	0,1	0,0936		0,0824		0,0731		0,0652		0,0586	
Abb. 19	σ_v		6,05		5,83		5,6		5,41		5,23	
Gl. (XXXIII)	$\Delta\sigma_r$		0,459		0,415		0,376		0,344		0,314	
korrigiert	$\Delta\sigma_r$		0,401		0,354		0,315		0,281		0,252	
Gl. (XXXV)	σ_v		5,29		4,47		4,70		4,43		4,19	
Abb. 19	ε_v		0,0500		0,0425		0,0360		0,0310		0,0250	
korrigiert	ε_v		0,0461		0,0405		0,0360		0,0321		0,0289	
Abb. 19	σ_v		5,12		4,90		4,70		4,51		4,36	
Gl. (XXXIII)	$\Delta\sigma_r$		0,388		0,349		0,316		0,286		0,262	
Gl. (XXX)	ε_v	0,0492		0,0432		0,0382		0,0340		0,0304		0,0274
Gl. (XXVI)	ε_t	0,0426		0,0375		0,0331		0,0294		0,0264		0,0238
Abb. 19	σ_v	5,25		5,01		4,80		4,60		4,43		4,29
—	σ_r	−1,600		−1,212		−0,864		−0,547		−0,261		0
Gl. (XXV)	σ_t	4,46		4,58		4,68		4,77		4,86		4,95
Gl. (XXII)	σ_l	1,43		1,68		1,91		2,11		2,30		2,47

Da der zweite Wert der kleinere ist, wird er in die Formel eingeführt. Die erforderliche Mindestwanddicke ergibt sich zu:

$$s_{\text{mind}} = \frac{216}{\frac{200 \cdot 5{,}52}{160 \cdot 1} + 1} = \frac{216}{7{,}9} = \mathbf{27{,}4\ mm.}$$

Die Rechnung soll in diesem Beispiel mit der Mindestwanddicke durchgeführt werden. Liegt das fertig gewalzte Rohr vor, so führt man die Rechnung mit der wirklichen, gemessenen Rohrwanddicke aus. Ist dies nicht der Fall, dann empfiehlt es sich mit dem ungünstigsten Fall, d. h. unter Berücksichtigung der Minustoleranz für die nach DIN 2448 gewählte Rohrabmessung zu rechnen.

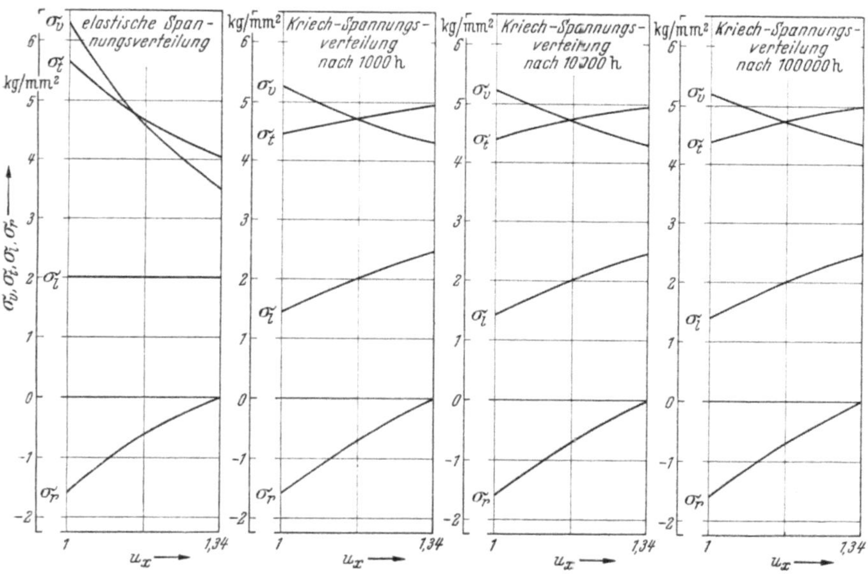

Abb. 20. Spannungsverteilung im dickwandigen Rohr nach verschiedenen Belastungszeiten.

Mit 216 mm ä. Dmr. und 27,4 mm Wanddicke erhält man das Halbmesserverhältnis zu

$$u = \frac{216}{161{,}2} = \mathbf{1{,}34.}$$

Ferner werden für den Rohrwerkstoff Marwedur AN 11 das Zeitdehngrenzen-Schaubild Abb. 18 und das aus diesem ermittelte Schaubild für den Formänderungswiderstand des Rohrwerkstoffes (Abb. 19) der weiteren Rechnung zugrunde gelegt,

Die Ermittlung der Spannungsverteilung soll nun für eine abgelaufene Betriebszeit von 1000 h durchgeführt werden. Zweckmäßig führt man die Rechnung gemäß folgendem Schema durch (Zahlentafel 5). In der ersten Spalte sind die Formeln bzw. Abbildungen angegeben, aus welchen die jeweiligen Werte ermittelt sind. Ermittelt man nun in gleicher Weise die Kriech-Spannungsverteilung nach 10000 und 100000 h Betriebszeit und trägt die einzelnen Spannungen über dem Halbmesserverhältnis u_x auf, dann erhält man Abb. 20. In der Abbildung wurde die elastische Spannungsverteilung nach Gl. (I) für die gewählte Rohrabmessung ebenfalls aufgetragen.

Bei einem Vergleich der vier Spannungsverteilungen erkennt man sofort den grundsätzlichen Unterschied zwischen elastischer und Kriech-Spannungsverteilung. Während die Vergleichsspannung, entsprechend der Vergleichsdehnung, für $u_x = 1$, d. h. an der Rohrinnenseite ihr Maximum hat, steigt die Tangentialspannung von innen nach außen hin an. Die Kriech-Spannungsverteilung ähnelt, mit Ausnahme der Vergleichsspannung, mehr der vollplastischen Spannungsverteilung.

Auffallend ist ferner in Abb. 20 der nur geringfügige Unterschied der Spannungen nach 1000 bzw. 10000 und 100000 h. Dies ist damit zu erklären, daß die Kurven des Formänderungswiderstandes bei den niedrigen Belastungen nahezu parallel verlaufen. Wahrscheinlich geht die Umformung des anfangs vorhandenen elastischen Spannungszustandes zum Kriech-Spannungszustand in relativ kurzer Zeit vor sich. Maßgebend ist jedenfalls das Kriechverhalten des Werkstoffes. Zur Zeit stehen dem Verfasser keine ausreichenden Unterlagen zur Verfügung, um diesen Punkt einer genaueren Prüfung zu unterziehen.

Wesentlich ist jedenfalls, daß die bei der Berechnung des elastischen Verhaltens von Heißdampfleitungen bislang zugrunde gelegte elastische Spannungsverteilung im Betriebszustand nicht vorhanden ist.

Vielmehr bildet sich eine Spannungsverteilung aus, die durch das Kriechen des Werkstoffes bei der Betriebstemperatur bedingt ist.

Der im vorstehenden Rechnungsbeispiel gezeigte Weg ermöglicht es, für eine vorliegende Rohrabmessung die Spannungsverteilung im Kriechzustand nach beliebigen Betriebszeiten anzugeben, vorausgesetzt, daß das Langzeitverhalten des Werkstoffes bekannt ist.

Eine logische Folgerung vorstehender Überlegungen ist der Wunsch nach einem Berechnungsverfahren für die Rohrwanddicke, die es von vornherein gestattet, das Rohr so zu bemessen, daß die Kriechwerte an der Innen- oder Außenseite des Rohres nach einer gewissen Betriebszeit einen bestimmten zulässigen Wert nicht überschreiten. Der zulässige Kriechbetrag selbst wird vom Verwendungszweck des Rohres, der verlangten Lebensdauer und dem Kriechverhalten des Werkstoffes abhängig sein.

Ein Rechnungsverfahren zur Ermittlung der Rohrwanddicke, daß den genannten Forderungen entspricht, wurde von E. Siebel und S. Schwaigerer angegeben.

Der Dimensionierung des Rohres wird zugrunde gelegt, daß an der Stelle der größten Formänderung, das ist an der Innenseite der Rohrwand, diese nach Ablauf einer bestimmten Betriebszeit einen gewissen zulässigen Betrag nicht überschreitet (z. B. 1% in 100000 h).

Der Verlauf der Vergleichsformänderung über der Rohrwand ist bereits in Gl. (XXX) angeschrieben worden. Abb. 21 zeigt den Verlauf derselben für eine Rohrwand von beliebiger Dicke und für eine zulässige Vergleichsformänderung von 1% an der Innenseite der Rohrwand.

Ist die gegebene Betriebstemperatur 600°C und wählt man als Rohrwerkstoff den Stahl Marwedur AN 11, so sind mit Abb. 18 die Zeitdehngrenzen und mit Abb. 19 der Formänderungswiderstand des Rohrwerkstoffes bekannt. Abb. 19 bildet nun die Grundlage der weiteren Festigkeitsberechnung.

Geht man davon aus, daß für den vorliegenden Betriebsfall die zulässige Vergleichsformänderung an der Innenseite der Rohrwand 1% beträgt, dann kann man mit Hilfe von Abb. 21 und 19 für jeden Punkt der Rohrwand die Anstrengung σ_v bestimmen (Abb. 22).

Wie Abb. 22 erkennen läßt, ist an der Rohrinnenseite die Anstrengung am größten, da an dieser Stelle auch die Vergleichsformänderung ihren größten Wert erreicht.

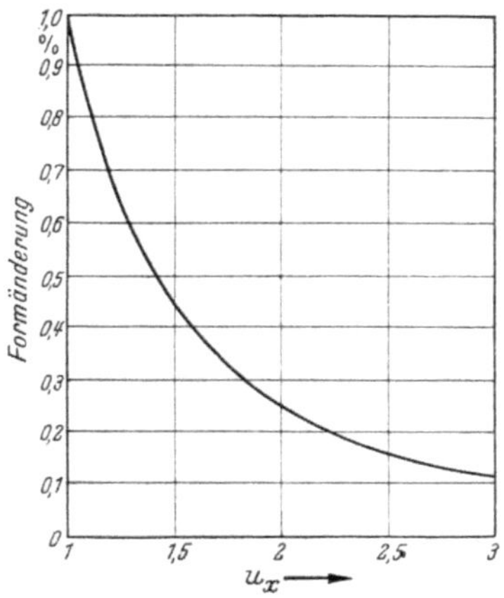

Abb. 21. Verteilung der Formänderung in der Rohrwand bei $\varepsilon_v = 1\%$ nach 100000 h.

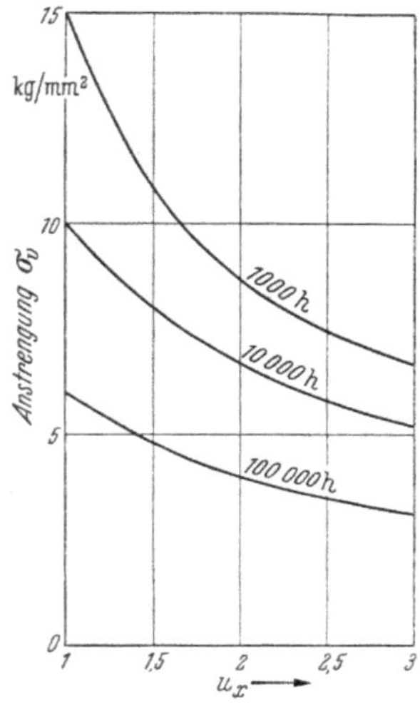

Abb. 22. Verteilung der Anstrengung in der Rohrwand nach verschiedenen Belastungszeiten.

Der zur gefundenen Anstrengungsverteilung gehörende Innendruck kann nun durch Integration der Gl. (XXXI) gefunden werden. Es ist

$$p = \frac{2}{\sqrt{3}} \int_{r_i}^{r_a} \sigma_v \frac{dr}{r} = \frac{2}{\sqrt{3}} \int_{1}^{u} \sigma_v \frac{du_x}{u_x}. \qquad \text{(XXXVI)}$$

In Abb. 23 sind nach Auswertung der Gl. (XXXVI) und Abb. 22 in Abhängigkeit von u_x die Innendrücke aufgetragen, die nach verschiedenen Belastungszeiten zu einer Vergleichsformänderung von 1% an der Innenseite des Rohres führen.

Aus Abb. 23 kann nun für eine Betriebstemperatur von 600° C für jeden beliebigen Innendruck sofort die Rohrabmessung angegeben werden, bei welcher nach einer der angegebenen Betriebszeiten die Vergleichsformänderung an der Innenseite der Rohrwand 1% beträgt. Ist für weitere Rechnungen die Verteilung der einzelnen Spannungen (σ_t, σ_l und σ_r) erforderlich, so kann diese mit Hilfe des angegebenen Verfahrens rasch ermittelt werden.

Während das Rechnungsverfahren von E. Siebel und S. Schwaigerer auf der Grundlage des Langzeitverhaltens des Rohrwerkstoffes die Dimensionierung des Rohres ermöglicht, gibt das eingangs geschilderte Verfahren neben der Ermittlung der Spannungsverteilung auch noch die Möglichkeit, die Formänderungen von nach den üblichen Formeln dimensionierten Rohren nach bestimmten Betriebszeiten zu ermitteln.

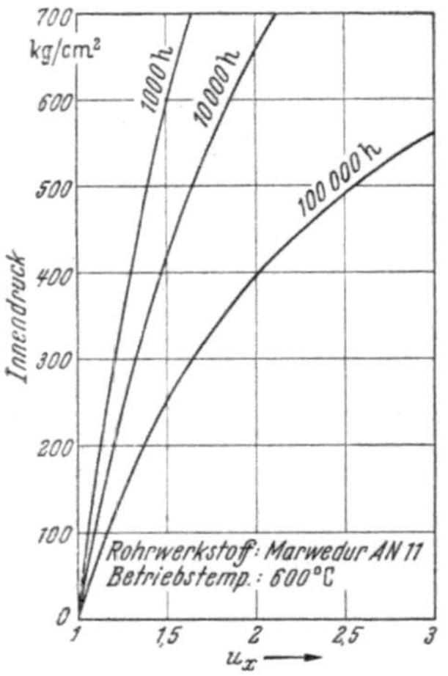

Abb. 23. Ertragbarer Innendruck bei einer Dehnung von 1% an der Rohrinnenseite.

Mit vorstehenden Ausführungen sind die Probleme, die bei Rohrleitungen mit hohen Betriebstemperaturen auftreten, wo also das Kriechen des Werkstoffes Einfluß auf die Spannungsverteilung gewinnt, keineswegs erschöpft, und es wird erforderlich sein, zu überprüfen, wieweit die auf dem Hookeschen Gesetz aufgebauten Berechnungsverfahren für die Elastizität von Rohrleitungen bei hohen Temperaturen ihre Gültigkeit behalten.

Versuche, bei denen die Formänderung von Rohren unter Innendruck bei hohen Temperaturen gemessen wurde, sind nur vereinzelt durchgeführt worden, so daß ein Vergleich der rechnerisch ermittelten mit im Versuch gemessenen Werten nur im beschränkten Umfang möglich ist.

Leider sind die im Schrifttum veröffentlichten Unterlagen nicht ausreichend, um einen einwandfreien Vergleich durchführen zu können[1].

4. Wanddickenberechnung für Sonderfälle.

a) *Rohrabzweigung.* Die bei einer Rohrabzweigung nach Abb. 24 durch den Stutzenausschnitt bedingte Schwächung des Rohrquerschnittes erfordert eine zusätzliche Erhöhung der Wanddicke. Das Maß der Erhöhung richtet sich nach der Größe des Stutzens, d. h. nach dem Verhältnis $d_1 : d_0$ des Stutzendurchmessers zum Durchmesser des Grundrohres.

[1] Norton, F. H.: Creep in tubular pressure vessels. Trans. Amer. Soc. mech. Engrs. April 1939 — Progress report on tubular creep test. Trans. Amer. Soc. mech. Engrs. Nov. 1941.

Nach der behördlichen Vorschrift reicht die Wanddicke aus, wenn sie bei Stutzenausschnitten folgender Bedingung genügt (AD-Merkblatt B 1):

$$s = \frac{D}{\left(\frac{200\,K\,\varphi}{p\,S} + 1\right) a}\,.$$

wobei die Verschwächungszahl φ in Abhängigkeit vom Stutzenverhältnis $d_1 : d_0$ wie folgt gegeben ist:

$d_1 : d_0 =$	0,1	0,2	0,3	0,4	0,5	0,6	0,7	0,8
$\varphi =$	0,81	0,7	0,64	0,6	0,57	0,54	0,53	0,50

Die Bedeutung der übrigen Zeichen ist die gleiche wie für Gl. (23) angegeben. Diese Berechnungsweise setzt einen scharfkantigen Übergang vom Grundrohr zum Stutzen voraus und führt dementsprechend zu sehr ungünstigen φ-Werten, bei denen die Wanddicke außerordentlich stark erhöht werden muß (bei $d_1 : d_0 = 0{,}8$ ist $\varphi = 0{,}5$), und damit ist eine 2fache Wanddicke gegenüber dem ungeschwächten Rohr erforderlich.

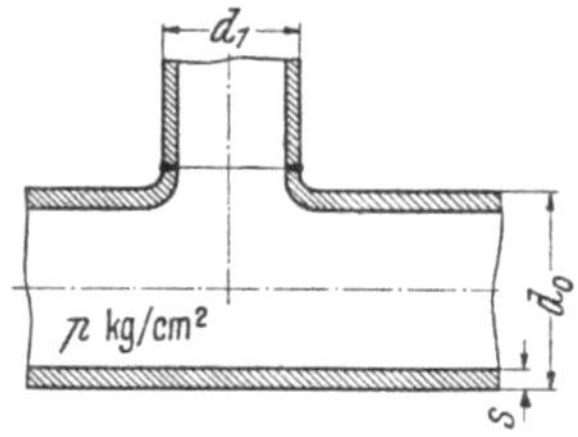

Abb. 24. Rohrabzweigung mittels Aushalsung.

Da es sich — wie später gezeigt wird — bei dieser Art von Beanspruchung hauptsächlich um örtlich engbegrenzte Spannungsspitzen handelt, könnte eine weniger ungünstige Rechnungsart angewandt werden, jedoch unter der Voraussetzung, daß der Übergang zum Stutzen mit guter Abrundung, die so groß wie möglich bemessen werden soll, ausgeführt wird.

Auf Anregung des Verfassers wurde von der Materialprüfungsanstalt Berlin-Dahlem ein aus Rohr mittels Aushalsung der Stutzenöffnung und Anschweißen eines gleich großen Stutzenrohres hergestelltes Rohr-T-Stück, ähnlich Abb. 24, genau untersucht. Das Rohr hatte die Abmessungen 318 mm Außendurchmesser und 24 mm Wanddicke und bestand aus Stahl St 35.8. Die Streckgrenze des Werkstoffes wurde mit 23 kg/mm² festgestellt. Die drei Rohrenden wurden zugekümpelt und der so geschlossene Versuchskörper unter Innendruck gesetzt. Die Verformung bei dem stufenweise gesteigerten Innendruck wurde an Hand von Dehnungsmessungen mittels eines Setzdehnungsmessers verfolgt. Die Messungen erfolgten sowohl in der Längsschnittlinie als auch in der Querschnittlinie des T-Stückes, und zwar in beiden Fällen in Richtung der Schnittebene und senkrecht dazu. Die Ergebnisse sind in den Abb. 25 bis 27 dargestellt.

Die größte Dehnung wurde auf der Querschnittlinie des Versuchskörpers (s. Abb. 25) in Schnittrichtung (Meßstelle 7) mit 0,13% bei

100 atü und 0,35% bei 175 atü und senkrecht zur Schnittebene (Meßstelle 4) mit 0,09% bei 100 atü und 0,175% bei 175 atü. Es handelt sich hier ohne Zweifel um eine Ausbauchung der relativ großen ebenen Wandfläche, die darauf schließen läßt, daß die in beiden Richtungen an der äußeren Oberfläche gemessenen Dehnungen von einer Biegungsbeanspruchung herrühren und man daher mit größter Wahrscheinlichkeit annehmen kann, daß diese im Verlauf über die Wanddicke ihr Vorzeichen wechseln. Es muß sich danach um örtlich begrenzte Spannungsspitzen an der Oberfläche der Wandung handeln.

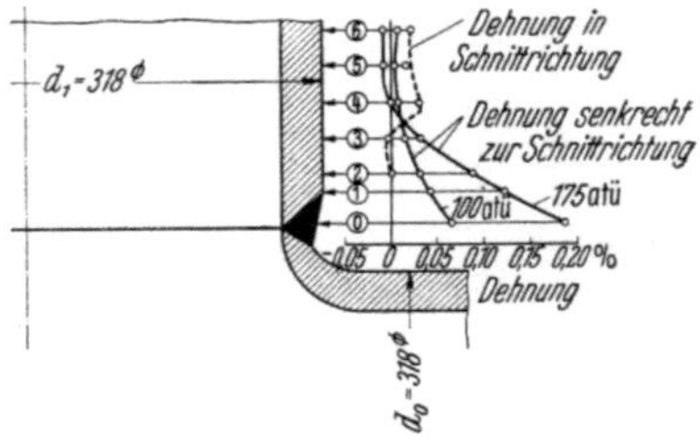

Abb. 26. Gemessene Dehnungen auf der Längsschnittlinie des Abzweigstutzens.

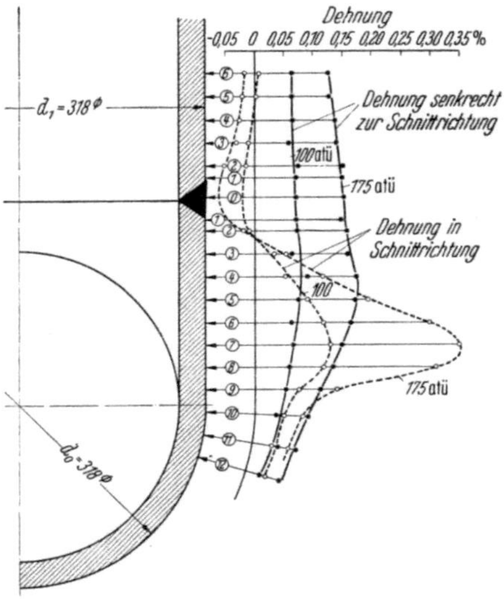

Abb. 25. Gemessene Dehnungen auf der Querschnittslinie.

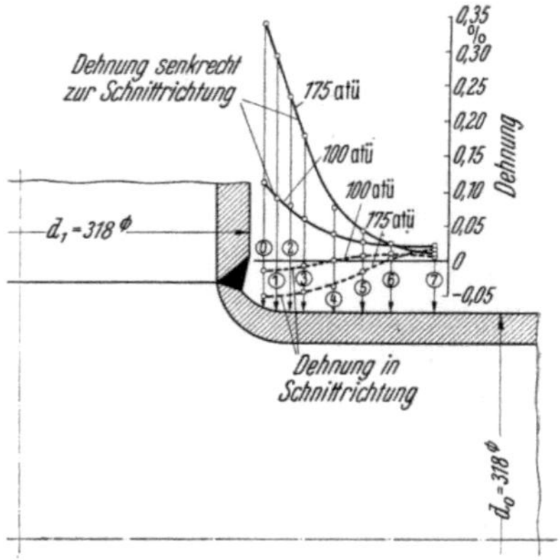

Abb. 27. Gemessene Dehnungen auf der Längsschnittlinie des Grundrohres.

Betrachtet man dagegen die gemessenen Dehnungen auf der Längsschnittlinie (Abb. 27) des Grundrohres, so erkennt man ein starkes Anwachsen der Dehnungen senkrecht zur Schnittrichtung, je näher die Meßstelle an der Aushalsung liegt. Hier wurden folgende Höchstwerte der Dehnung (Meßstelle 0) gemessen.

Druck	in Schnittrichtung	senkrecht zur Schnittrichtung
$p = 100$ atü	$-0{,}02$ %	0,113%
$p = 175$ atü	$-0{,}053$%	0,337%

Es steht außer Frage, daß die Verformungen an dieser Stelle kritischer beurteilt werden müssen als im Querschnitt, weil es sich hier offenbar um Dehnungen handelt, die über die ganze Wanddicke annähernd die gleiche Größe haben und in bezug auf ein Versagen ausschlaggebend sind.

Die auf der Längsschnittlinie unmittelbar an der Aushalsung wirkende Beanspruchung stellt also den kritischen Höchstwert dar, der für die Berechnung maßgebend ist, zumal die Nähe der Schweißnaht mit ihrem geringeren Verformungsvermögen diesen Höchstwert der Beanspruchung besonders gefährlich erscheinen läßt.

In ähnlicher Weise wurden später zwei weitere Rohrabzweigstücke untersucht, und zwar Formstück II aus einem Grundrohr 380×270 mm Durchmesser mit Aushalsung und Stutzen 241 × 205 mm Durchmesser und Formstück III aus einem Grundrohr 318×270 mm Durchmesser mit Aushalsung und Stutzen 146×124 mm. Die Stutzenverhältnisse sind also folgende:

Formstück I	$d_1 : d_0 = 318 : 318 = 1{,}0$,
Formstück II	$d_1 : d_0 = 241 : 318 = 0{,}76$,
Formstück III	$d_1 : d_0 = 146 : 318 = 0{,}46$.

Leider sind die wichtigsten Unterlagen aus diesen Versuchen durch die Kriegseinwirkung vernichtet worden und es konnten aus einer Notiz nur die gemessenen Dehnungshöchstwerte an der Aushalsung (Längsschnitt) rekonstruiert werden, die in Zahlentafel 6 zusammengestellt sind. In der letzten Spalte dieser Zahlentafel ist auch die aus den in beiden Richtungen gemessenen Dehnungskomponenten errechnete Vergleichsdehnung ε_v angegeben, für die nach der Schubspannungshypothese die Beziehung gilt:

$$\varepsilon_v = \frac{\varepsilon_1 - \varepsilon_2}{1 + \mu},$$

worin $\mu = 0{,}3$ die Querzahl bedeutet.

Für die weitere Auswertung dieser Meßergebnisse kann nach dem Vorschlag von

Zahlentafel 6. *Gemessene Dehnungshöchstwerte an Rohraushalsungen.*

Rohr-T-Stück		I		II			III			
Stutzenverhältnis		$d_1 : d_0 = 1{,}0$		$d_1 : d_0 = 0{,}76$			$d_1 : d_0 = 0{,}46$			
Innendruck p	atü	100	175	100	200	300	100	200	300	350
In Schnittrichtung ε_1	%	−0,02	−0,053	−0,005	−0,008	−0,009	−0,002	−0,006	−0,007	−0,008
Senkrecht zur Schnittrichtung ε_2	%	0,113	0,337	0,061	0,129	0,39	0,045	0,089	0,163	0,38
$\varepsilon_1 - \varepsilon_2$	%	0,133	0,39	0,066	0,137	0,399	0,047	0,095	0,17	0,388
Vergleichsdehnung ε_v	%	0,102	0,30	0,051	0,106	0,307	0,036	0,073	0,131	0,30

E. SIEBEL und K. RÜHL[1] von einer Näherungslösung Gebrauch gemacht werden. Diese beruht auf der Annahme, daß bei einer örtlichen Überschreitung der Elastizitätsgrenze die Formänderungen weiterhin den Formänderungen bei rein elastischer Beanspruchung proportional verlaufen. Zunächst trägt man die ermittelte Vergleichsdehnung ε_v in Abhängigkeit vom Innendruck p auf und verbindet die Meßpunkte durch je eine Kurve (Abb. 28). Aus diesen

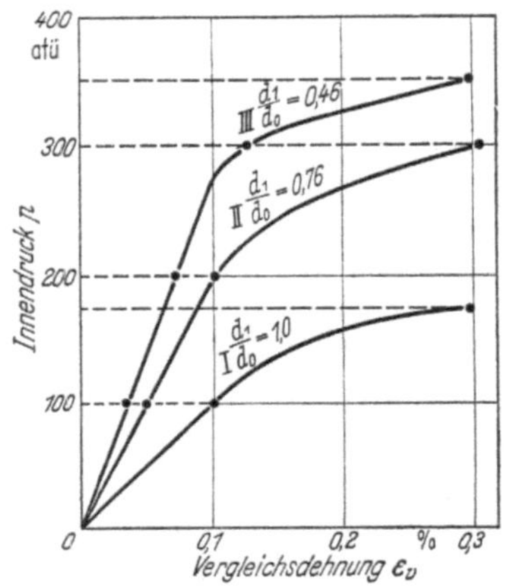

Abb. 28. Vergleichsdehnung der geprüften T-Stücke I bis III.

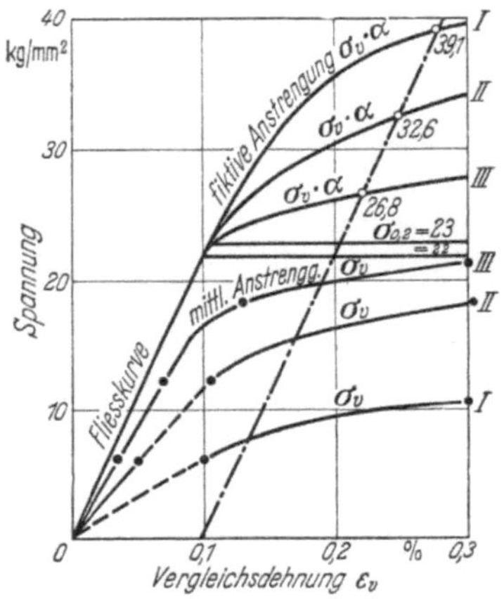

Abb. 29. Anstrengung in den geprüften T-Stücken I bis III.

Kurven wird eine neue Kurvenschar für die mittlere Anstrengung σ_v aus der Beziehung

$$\sigma_v = \frac{p}{100} \frac{d_i + s}{2s} \tag{25}$$

errechnet und über der zugehörigen Vergleichsdehnung aufgetragen.

Es entsteht eine Kurvenschar nach Abb. 29. In dieser Abbildung wurde außerdem die Fließlinie des Werkstoffes eingezeichnet. Aus dem Verhältnis der Neigung dieser Fließlinie zu der Neigung der geraden Kurvenäste σ_v läßt sich nun die für die Berechnung wichtige Formzahl

$$\alpha = \frac{\sigma_v^*}{\sigma_v} \tag{26}$$

für jede Kurve ermitteln, die sich wie folgt ergeben:

für I $\alpha = 3{,}65$,
für II $\alpha = 1{,}87$,
für III $\alpha = 1{,}31$.

[1] SIEBEL, E., u. K. RÜHL: Ermittlung der Formdehngrenzen für die Festigkeitsberechnung bei zügiger Beanspruchung. Technik Bd. 3 (1948) H. 5, S. 218.

Durch Multiplikation der mittleren Anstrengung σ_v mit der zugehörigen Formzahl α erhält man die jeweiligen Kurven für die fiktive Anstrengung

$$\sigma_v^* = \sigma_v \alpha .$$

Die Formzahl α gibt also das Verhältnis der Höchstspannung an der Aushalsung im elastischen Zustand zur mittleren Anstrengung im glatten Rohr an.

Die auf diese Art ermittelten Formzahlen sind in Abb. 30 in Abhängigkeit vom Stutzenverhältnis $d_1 : d_0$ aufgetragen und fügen sich recht gut in eine von Prof. E. SIEBEL, Technische Hochschule Stuttgart, aus ähnlichen Versuchen ermittelte Kurve.

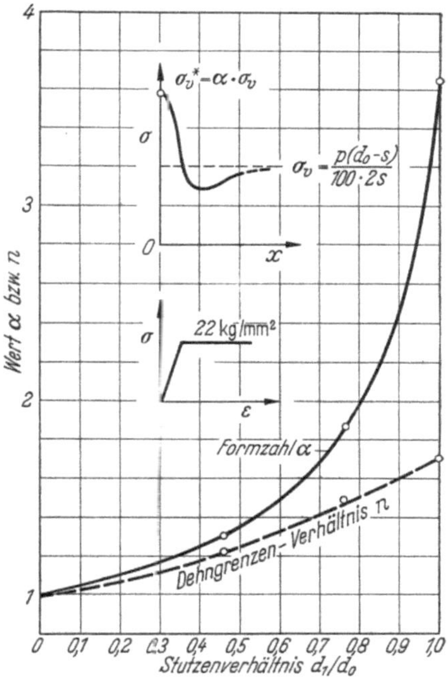

Abb. 30. Formzahl α und Dehngrenzenverhältnis n für Rohr-Abzweigungen.

Aus den Kurven für die fiktive Anstrengung der Abb. 29 können außerdem die Formdehngrenzen für einen als zulässig erachteten Wert der bleibenden Dehnung, im vorliegenden Fall für 0,1% entnommen werden, und zwar

Versuchsstück	I	II	III
$\sigma_{0,1}^* =$	39,1	32,6	26,8 kg/mm².

Durch Division dieser Formdehngrenzen mit der jeweiligen Streckgrenze des Werkstoffes erhält man das Dehngrenzenverhältnis $n_{0,1}$, welches ebenfalls in Abb. 30 als Funktion von Stutzenverhältnis $d_1 : d_0$ aufgetragen wurde. Hierbei gilt als Streckgrenze für das Versuchsstück I $\sigma_{0,2} = 23$ kg/mm² und für die Versuchsstücke II und III $\sigma_{0,2} = 22$ kg/mm². SIEBEL und RÜHL[1] weisen nach, daß dieses Dehngrenzenverhältnis n weitgehend vom Werkstoff unabhängig ist, soweit es sich um Werkstoff mit einer ausgeprägten Fließgrenze handelt.

Aus dem n-Wert kann auch umgekehrt die Formdehngrenze durch Multiplikation mit der jeweiligen Streckgrenze für jeden anderen Werkstoff ähnlicher Charakteristik ermittelt werden.

[1] S. Fußnote auf S. 52.

Die Abb. 30 ermöglicht nun die Berechnung der Verschwächungszahl α/n für Rohrabzweigungen mit beliebigem Stutzenverhältnis, soweit es sich um Werkstoffe mit solchen Eigenschaften handelt, die nicht wesentlich von den zugrunde gelegten abweichen.

Die Berechnung der Wanddicke für das Grundrohr solcher Rohrabzweigungen erfolgt in Anlehnung an die Formel (23) nach folgender Beziehung:

$$s_{\text{T-Stück}} = \frac{D}{\left[\frac{200\, v\, K\, n}{p\, S\, \alpha} + 1\right] a} \quad \text{in mm.} \tag{27}$$

Die Bedeutung der Zeichen ist die gleiche wie für Gl. (23) angegeben. Die Werte α und n können aus Abb. 30 abgelesen werden.

Beispiel 5. Für 50 atü und 100° C soll ein Rohr NW 300 mit Abzweig NW 200 berechnet werden.

Für St 35.8 ist $K = \sigma_{0,2} = 23$ kg/mm², $S = 1{,}8$ und nach Abb. 30 für $d_1 : d_0 = 216 : 318 = 0{,}68$

$$\alpha = 1{,}64, \qquad n = 1{,}4,$$

$$s = \frac{318}{\left[\frac{200 \cdot 1 \cdot 23 \cdot 1{,}4}{50 \cdot 1{,}8 \cdot 1{,}64} + 1\right] 0{,}85} = \frac{318}{38} = \text{rd. } 8{,}5 \text{ mm},$$

also 1 mm mehr als für das glatte Rohr nach Beispiel 1.

Bei einem Stutzenverhältnis $d_1 : d_0 = 1$ würde man dagegen eine Wanddicke von 15 mm benötigen.

Nach dem AD-Merkblatt wäre für das Stutzenverhältnis von 0,68 der Wert $\varphi = 0{,}535$, und somit ergäbe sich eine Wanddicke $s_1 = 13$ mm (gegenüber 8,5 mm).

5. Einfluß der Wärmespannungen im Rohr.

Der Wärmefluß durch die Rohrwand bedingt einen zusätzlichen Spannungszustand in derselben. Bei normalen und mittleren Wanddicken dürfte dieser Umstand kaum eine merkliche Rolle spielen, da der Temperaturunterschied zwischen der inneren und äußeren Wandfaser sehr gering sein wird. Dagegen kann der Temperaturunterschied bei dickwandigen Rohren schon 1 bis 2° betragen, so daß es sich immerhin lohnt, die dadurch bedingten Spannungsverhältnisse genauer zu untersuchen.

Die Entwicklung der Beziehungen für die auftretenden Spannungen wird erst im Abschnitt C III 3 ausführlich behandelt. Hier seien nur die endgültigen Formeln für die Spannungen angegeben und die Wirkung derselben erläutert.

Wie im späteren Abschnitt C III 3 bewiesen wird, treten auf Grund des Temperaturunterschiedes $(t_i - t_a)$ zwischen innen und außen in der Rohrwand sog. *Schrumpfspannungen* auf.

Die Spannungsverteilung ist folgende:

a) Die Tangential- oder Umfangsspannung ist innen negativ (Druckspannung) und außen positiv (Zugspannung). Etwa in der Mitte der Rohrwand ist die Spannung Null. Der Höchstwert der Tangentialspannung ist an der Innenfaser.

b) Die Radialspannung ist durchweg negativ (Druckspannung) und ist sowohl an der Innen- als auch an der Außenfaser gleich Null. Der absolute Wert der Radialspannung ist gegenüber demjenigen der Umfangspannung sehr gering und kann daher im vorliegenden Falle vernachlässigt werden.

Für die Tangentialspannung gelten folgende Beziehungen:
an der Innenfaser (Druckspannung):

$$\sigma_{t_{wi}} = -\frac{E\,\varepsilon\,(t_i - t_a)}{300}\,\frac{1{,}5 + 2z}{1 + z} \quad \text{kg/mm}^2, \tag{28}$$

an der Außenfaser (Zugspannung):

$$\sigma_{t_{wa}} = \frac{E\,\varepsilon\,(t_i - t_a)}{300}\,\frac{1{,}5 + z}{1 + z} \quad \text{kg/mm}^2. \tag{29}$$

Darin bedeuten:

E = Elastizitätsmodul in kg/cm² bei Betriebstemperatur,

$\varepsilon = \frac{\alpha}{100t}$ Wärmedehnung α aus Abb. 44,

$t_i - t_a$ = Temperaturunterschied in °C zwischen Innen- und Außenfaser,

$z = \frac{s}{d}$ = Verhältnis $\frac{\text{Wanddicke}}{\text{Innendurchmesser}}$.

Beispiel 6. Für ein Rohr 200 NW und $s = 20$ mm sollen bei 500° C Betriebstemperatur die Wärmespannungen berechnet werden. Der Temperaturunterschied innerhalb der Rohrwand sei $t_i - t_a = 2°$ C.

$$E = 1{,}51 \cdot 10^6 \text{ kg/cm}^2 \text{ für 13 CrMo 44 aus Abb. 6},$$

$$\varepsilon = \frac{\alpha}{100t} = \frac{0{,}735}{100 \cdot 500} = 14{,}7 \cdot 10^{-6} \quad \text{cm/cm °C},$$

wobei $\alpha = 0{,}735$ cm/m aus Abb. 44 entnommen wird.

$$z = \frac{20}{200} = 0{,}1,$$

$$\sigma_{t_{wi}} = -\frac{1{,}51 \cdot 10^6 \cdot 14{,}7 \cdot 2}{10^6 \cdot 300}\,\frac{(1{,}5 + 0{,}2)}{1 + 0{,}1} = -0{,}23 \text{ kg/mm}^2,$$

$$\sigma_{t_{wa}} = +\frac{1{,}51 \cdot 10^6 \cdot 14{,}7 \cdot 2}{10^6 \cdot 300}\,\frac{(1{,}5 + 0{,}1)}{1 + 0{,}1} = +0{,}22 \text{ kg/mm}^2.$$

Wie man sieht, sind die Wärmespannungen nicht sehr hoch. Außerdem darf nicht unbeachtet bleiben, daß diese Spannungen im Verlauf der Wanddicke ihr Vorzeichen wechseln und folglich nur als Randspannung zu betrachten sind. Ihnen kommt also keineswegs die gleiche Bedeutung zu, wie etwa der Tangentialspannung aus dem Innendruck, die über die ganze Wanddicke fast unverändert wirkt und beim Überschreiten der zulässigen Grenze unbedingt früher oder später zum Bruch des Rohres führt.

IV. Die Wärmedehnung und ihr Ausgleich.

1. Allgemeine Grundlagen.

Während der Innendruck eine unmittelbare Beanspruchung des Rohres hervorruft, wird durch die Wärme des durchströmenden Dampfes eine mittelbar auftretende Spannung erzeugt.

Bekanntlich dehnen sich die Metalle bei der Erwärmung aus. Die Ausdehnung ist verhältnisgleich der Länge und nahezu verhältnisgleich der Temperatur. Für die Wärmeausdehnung gilt allgemein folgende Beziehung

$$\alpha = a\,t + b\,t^2 \text{ (aus Abb. 44)},$$

wobei a und b die dem Werkstoff eigenen Festwerte sind. Für normalen unlegierten Kohlenstoffstahl gilt

$$\alpha = 11{,}18 \cdot 10^{-6}\,t + 0{,}0053 \cdot 10^{-6}\,t^2 \text{ cm/cm}.$$

Die Wärmeausdehnung erfolgt natürlich räumlich, jedoch interessiert uns zunächst nur die lineare Ausdehnung.

Ein gerades Rohr wird sich in der Verlängerung seiner Achse ausdehnen. In welcher Richtung dehnt sich aber unter dem Einfluß der Erwärmung ein irgendwie gebogenes System aus?

Der Bogen AB (Abb. 31) stellt die Achse eines gebogenen Rohres mit dem Halbmesser r und dem Winkel β dar. Das Bogenelement ds kann bei unendlicher Kleinheit des Winkels $d\varphi$ als gerade angesehen werden. Es dehnt sich infolgedessen in seiner Richtung um den Betrag

$$\alpha \cdot ds = \alpha \cdot r \cdot d\varphi$$

aus. Zerlegt man das Bogenelement ds in zwei Komponenten (Abb. 31 rechts), so ergeben sich auch zwei zugehörige Komponenten der Wärmeausdehnung, und zwar

$$\alpha \cdot ds \cdot \sin\varphi = \alpha \cdot r \cdot \sin\varphi \cdot d\varphi \text{ in der } x\text{-Richtung},$$

$$\alpha \cdot ds \cdot \cos\varphi = a \cdot r \cdot \cos\varphi \cdot d\varphi \text{ in der } y\text{-Richtung}.$$

Die Summe der Wärmedehnungen der Komponenten ergibt auch die Gesamtdehnung des Bogens AB.

$$\int_0^\beta \alpha\, r \sin\varphi\, d\varphi = \alpha r\, [-\cos\varphi]_0^\beta = \alpha r\, (1 - \cos\beta),$$

$$\int_0^\beta \alpha\, r \cos\varphi\, d\varphi = \alpha r\, [\sin\varphi]_0^\beta = \alpha r \sin\beta.$$

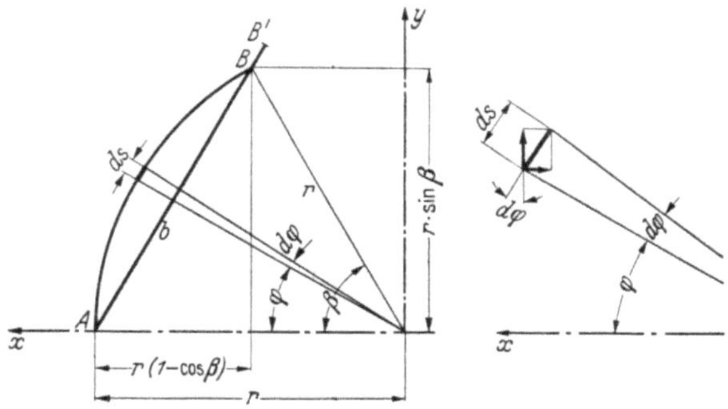

Abb. 31. Richtung und Größe der Wärmeausdehnung.

Beim Vergleich mit der Abb. 31 stellt man fest, daß diese Werte die Wärmedehnungen der Komponenten der Bogensehne b darstellen. Das heißt also, daß das Bogenende B bei der Erwärmung (falls A fest eingespannt gedacht ist) in der Richtung der Bogensehne um den Betrag αb wandern würde, denn

$$\sqrt{[\alpha r\, (1 - \cos\beta)]^2 + [\alpha r \sin\beta]^2} = \alpha b.$$

Das heißt weiter, daß jedes System, ganz gleich wie es geformt ist, sich in der Richtung der Verbindungslinie seiner Endpunkte ausdehnt (*siehe Abb. 32*) *und daß die Größe der Wärmedehnung durch das Produkt aus Wärmedehnungszahl und geradem Abstand der Endpunkte des Systems bestimmt wird.*

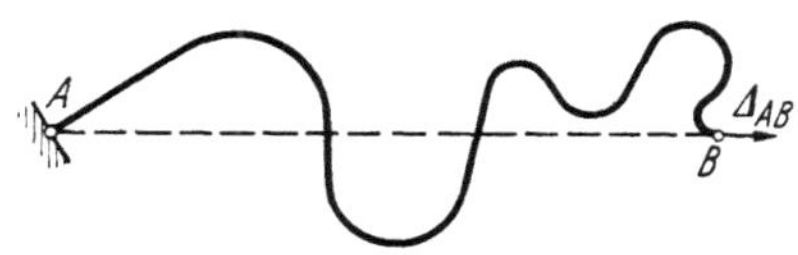

Abb. 32. Beliebiges Rohrsystem.

Im folgenden sind vorwiegend die sog. „verhinderten“ Wärmedehnungen zu berücksichtigen. Die einzelnen Teile eines Rohrleitungssystems (gerade Schenkel und Bogen) dehnen sich unter dem Einfluß der Wärme tatsächlich aus. Die Endpunkte des Systems müssen aber auf ihrem Platz verharren, denn sie sind entweder als Festpunkte durch entsprechende Eisenkonstruktionen an Gebäudemauern usw. gebunden oder durch den Anschluß an Maschinen, Kessel bzw. Apparate in ihrer Lage festgehalten.

Verbindet man zwei an sich festliegende Punkte, z. B. Kesselaustrittstutzen und Turbineneintrittstutzen, mittels einer ganz geraden Leitung, so würden beim Erwärmen der Leitung – falls diese am Ausknicken gehindert ist – außerordentlich hohe Kräfte und Beanspruchungen auftreten.

So würde bei einer Erwärmung auf 100° C schon eine Spannung im Werkstoff von

$$\sigma = \frac{\Delta l}{l} E = \frac{1{,}2}{1000} 2\,000\,000 = 2400 \text{ kg/cm}^2$$

wirken. Ein Rohr von 200 NW = 216 · 8 mm würde eine Kraft von

$$P = 53 \cdot 2400 = 127\,000 \text{ kg}$$

auf die Festpunkte ausüben.

Da weder solche Beanspruchungen noch viel weniger solche Kräfte zugelassen werden können, weil sie die angeschlossenen Maschinen und Apparate gefährden würden, muß der zwischen zwei festen Punkten befindlichen Rohrleitung die Möglichkeit gegeben werden, sich entsprechend auszudehnen.

Man unterscheidet zwei Arten des Dehnungsausgleiches:

a) künstlicher Dehnungsausgleich,

b) natürlicher Dehnungsausgleich.

Diese beiden Arten werden in den nächsten Abschnitten besprochen.

2. Künstlicher Dehnungsausgleich.

Unter künstlichem Dehnungsausgleich versteht man die Einschaltung von besonderen dafür geschaffenen Vorrichtungen — sog. *Dehnungskompensatoren* oder *Dehnungsausgleichern* — in die der Wärmedehnung unterworfene Rohrleitung. Man kennt sehr viele Arten von Dehnungsausgleichern, und zwar:

a) Stopfbüchsausgleicher entlasteter und nichtentlasteter Art,

b) Linsenausgleicher,

c) Metallschlauchausgleicher,

d) Kugelgelenkausgleicher,

e) Lyrabogenausgleicher.

Von diesen Ausgleichern interessieren im Rahmen dieses Buches nur die Lyrabogen, weil sie auf der elastischen Verformung von entsprechend ausgebildeten Rohrbogen aufgebaut sind. Diese Lyraausgleicher werden später genauer behandelt.

Die Bauart und Wirkungsweise der meisten übrigen Arten wird als bekannt vorausgesetzt[1]. Es sollen aber die maßgebenden Gesichtspunkte beim Einbau dieser Ausgleicher besprochen und die durch sie hervorgerufenen Kräfte kurz erläutert werden.

[1] Siehe auch SCHWEDLER-v. JÜRGENSONN: Handbuch der Rohrleitungen 4. Aufl. Berlin/Göttingen/Heidelberg: Springer 1952.

a) Stopfbüchsausgleicher.

Diese werden bei hohen Betriebsdrücken nicht verwendet, erst recht nicht, wenn es sich um die *unentlastete* Bauart handelt (s. Abb. 33). Der Rückdruck durch die Stopfbüchse ist bei unentlasteten Ausgleichern größerer Abmessungen recht beträchtlich. Seine Größe wird durch die lichte Weite d des Stopfbüchsrohres und durch den Innendruck p bestimmt, und zwar:

$$\text{Rückdruck } P = p\,\frac{\pi}{4}\,d^2 \quad \text{in kg},$$

wenn d in cm eingesetzt wird. Bei 15 atü und 350 NW ergibt sich schon die sehr beachtliche Kraft von 14400 kg.

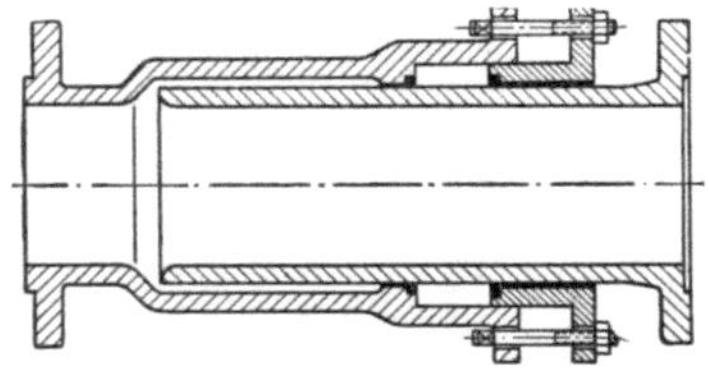

Abb. 33. Stopfbüchsausgleicher ohne Entlastung.

Die Stopfbüchsausgleicher bedingen daher sehr kräftige Festpunkte.

Die *entlastete* Bauart vermeidet diesen Nachteil durch eine besondere Ausführung (Abb. 34 u. 35).

b) Linsenausgleicher.

Diese Art wird nur in Niederdruckleitungen verwendet (Abb. 36). Für sie gilt in bezug auf den Rückdruck das gleiche wie für den Stopfbüchsausgleicher. Nur muß hier für die Berechnung der rückwirkenden Kraft nicht der Rohrdurchmesser, sondern der größte innere Linsendurchmesser eingesetzt werden. Die Aufnahmefähigkeit beträgt je Linse etwa 10 bis 12 mm. Mehrere hintereinandergeschaltete Linsen vergrößern

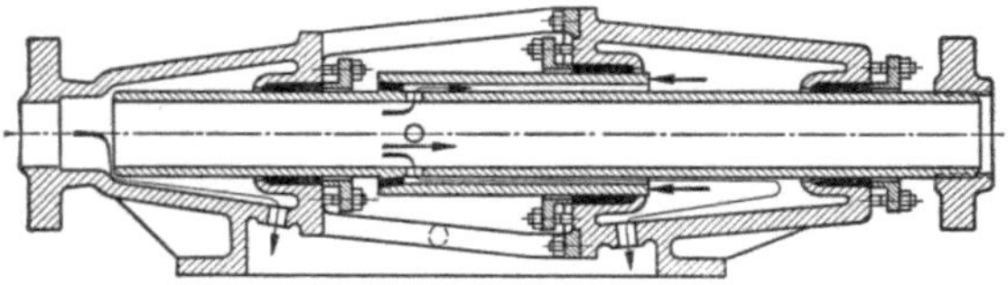

Abb. 34. Entlasteter Stopfbüchsausgleicher, Bauart Seiffert.

die Aufnahmefähigkeit des Ausgleichersystems. Die Anzahl der Linsen spielt für die Größe des Rückdruckes keine Rolle.

c) Metallschlauchausgleicher[1].

Die Metallschlauchausgleicher arbeiten *quer* zu ihrer Achse und haben infolge ihrer Längenbegrenzer keine axiale Aufnahmefähigkeit

[1] Metallschlauchfabrik Pforzheim G.m.b.H.

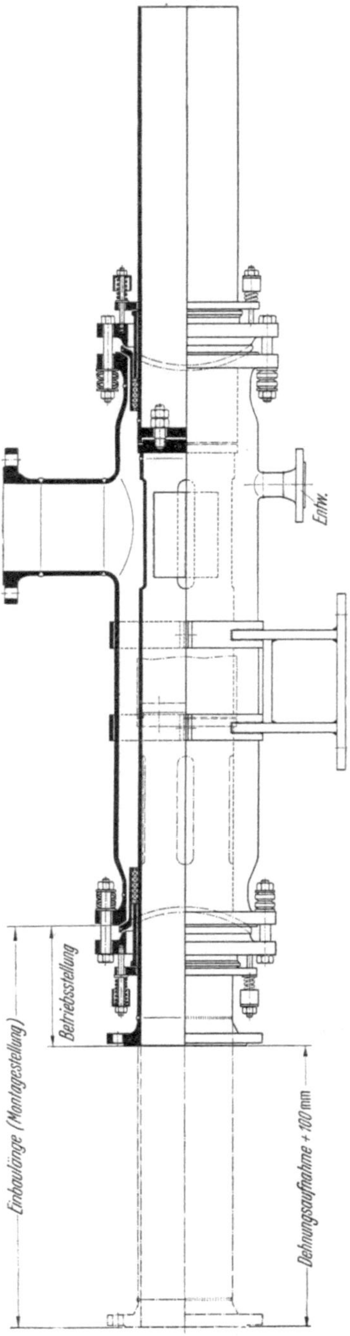

Abb. 35. Entlasteter Stopfbüchsausgleicher Bauart Ges. für Hochdruck-Rohrleitungen, Berlin.

(Abb. 37), was häufig übersehen wird. Sie werden daher unter Zwischenschaltung von Krümmern quer zur Achse der sich dehnenden Rohrleitung eingebaut. Ihre Aufnahmefähigkeit richtet sich nach der Baulänge des Metallschlauches und kann aus der Linientafel (Abb. 38) für verschiedene Nennweiten abgelesen werden.

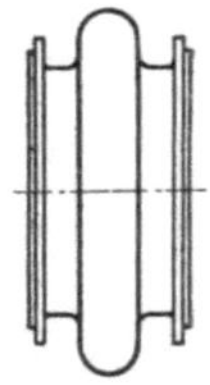

Abb. 36. Linsenausgleicher.

Die der Querbewegung des Ausgleichers entgegenwirkende Kraft kann rechnerisch nicht erfaßt werden und ist versuchsmäßig zu wenig erforscht. Die Herstellerfirma gibt an Hand von Erfahrungswerten die Faustformel

$P =$ etwa 1,5- bis 3mal NW in kg

an bzw. $P =$ etwa 3- bis 5mal NW in kg (bei über 45 atü Betriebsdruck).

a b

Abb. 37a und b. Metallschlauchausgleicher, Bauart Pforzheim. a Type A in einer Ebene beweglich; b Type B in zwei Ebenen beweglich.

Es sei noch erwähnt, daß die Metallschlauchausgleicher auch für Bewegungen in zwei Ebenen ausgeführt werden (Type B). Die Auf-

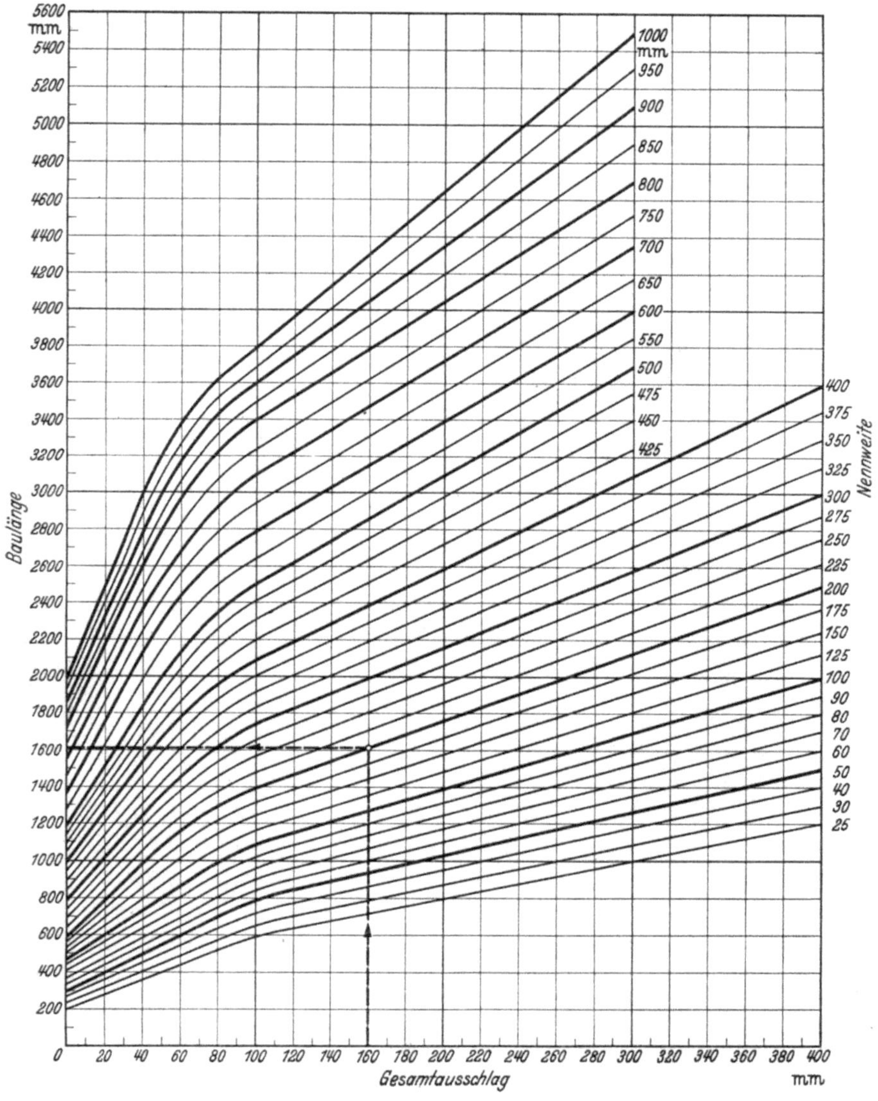

Abb. 38. Baulänge und Aufnahmefähigkeit von Metallschläuchen (bei über 45 at ist nur der halbe Ausschlag zulässig).

nahmefähigkeit in der zweiten Ebene beträgt aber nur $^1/_3$ derjenigen in der Hauptebene.

Diese Art von Ausgleichern sind schon bis zu Drücken von 80 atü und Temperaturen von 500° C ausgeführt worden.

d) Kugelgelenkkompensatoren.

Diese haben zur Zeit nur geringe Bedeutung und werden kaum noch verwendet, da das Dichthalten der Kugelgelenke schwierig ist.

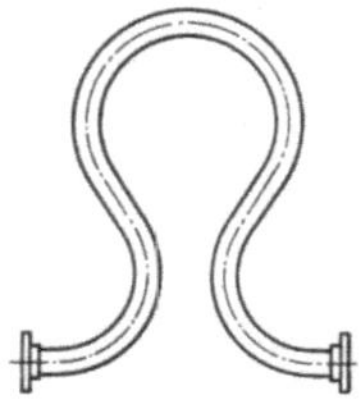

Abb. 39. Lyrabogenausgleicher.

e) Lyrabogenausgleicher.

Diese aus Abb. 39 ersichtliche Ausgleicherform hat auch für hohe Betriebsverhältnisse Bedeutung und ist auch in elastischer und festigkeitstechnischer Hinsicht hier von Interesse. Die rechnerische Behandlung des Lyrabogens erfolgt in Abschnitt B II/3a.

3. Natürlicher Dehnungsausgleich.

Der natürliche Dehnungsausgleich und dessen theoretische Erforschung stellt den eigentlichen Hauptinhalt dieses Buches dar. Die Bezeichnung *natürlicher* Ausgleich wurde deswegen gewählt, weil hierbei keine künstlichen, für den Dehnungsausgleich besonders gebauten Ausgleichsvorrichtungen verwendet werden; es soll vielmehr durch geschickte Ausnützung der natürlichen durch die örtlichen Verhältnisse bedingten Krümmungen, Schenkel und Rohrformen eines Rohrsystems der Ausgleich der auftretenden Wärmedehnungen sichergestellt werden. Die zwischen zwei festen Anschlußpunkten liegende Rohrleitung muß also so geführt werden, daß durch Verbiegen bzw. Verdrehen ihrer natürlichen Schenkel die durch die Wärme bedingten Längenänderungen *elastisch* aufgenommen werden. Der Hinweis, daß diese Formänderungen des Rohrsystems elastisch erfolgen müssen, d. h. ohne bleibende Dehnungen zu hinterlassen, ist besonders wichtig.

Der erfahrene Ingenieur, der diese Zusammenhänge beherrscht, wird bei gegebenen örtlichen Verhältnissen durch zweckmäßige Führung und Anordnung von Festpunkten, durch geschickte Ausnutzung der erforderlichen Richtungswechsel in der Rohrleitung mit einem Mindestmaß an Rohrlänge ein Höchstmaß an Elastizität erzielen. Diese Art des Dehnungsausgleiches stellt bei Höchstdruckdampfleitungen bisher die einzige Möglichkeit dar, die Kräfte und Beanspruchungen, die durch die Wärmedehnung bedingt sind, zu beherrschen und in zulässigen Grenzen zu halten.

Es ist die Aufgabe der nächsten Abschnitte, die Grundlagen für die Ermittlung der Elastizität eines Rohrsystems zu schaffen und die verschiedenen Möglichkeiten für die rechnerische Prüfung derselben zu untersuchen.

Die *Elastizität* eines Rohrsystems ist die Fähigkeit desselben, unter der Einwirkung einer Kraft seine Form zu verändern und nach Aufhören der Kraftwirkung in die alte Form zurückzukehren. Je kleiner die für eine bestimmte Formänderung benötigte Kraft ist, um so größer ist folglich die Elastizität des Systems.

Die Elastizität ist also der reziproke Wert der Steifheit und wird von folgenden Faktoren entscheidend beeinflußt:

a) durch die Form des Rohrsystems;

b) durch die gestreckte Länge desselben;

c) durch die Abmessungen des Rohres, d. h. Außendurchmesser und Wanddicke;

d) durch den Elastizitätsmodul des Rohrwerkstoffes, der seinerseits temperaturabhängig ist.

Unter ***Rohrsystem*** ist hier und im folgenden eine (in einer oder mehreren Ebenen) beliebig gebogene Rohrleitung verstanden, die an den beiden Endpunkten durch Festpunkte (kurz *F.P.*) in ihrer Lage festgehalten wird. Der zwischen den Festpunkten befindliche Teil wird für gewöhnlich gewichtslos und in allen Richtungen frei beweglich angenommen. Für die rechnerische Untersuchung wird im folgenden der Einfachheit halber stets nur die Mittellinie des Rohrsystems dargestellt.

Die *Form* des Rohrsystems ist, wie man später sehen wird, für die Elastizität desselben von ausschlaggebender Bedeutung. Es gibt elastische und weniger elastische Rohrsysteme. Bei der Beurteilung der Form muß aber stets auch die *gestreckte Länge* des Rohrsystems in Betracht gezogen werden. Je größer die gestreckte Länge desselben ist, um so elastischer ist das System. Es ist also auch bei an sich ungünstigen Formen der Rohrsysteme ausreichende Elastizität denkbar, wenn die gestreckte Länge genügend groß ist[1].

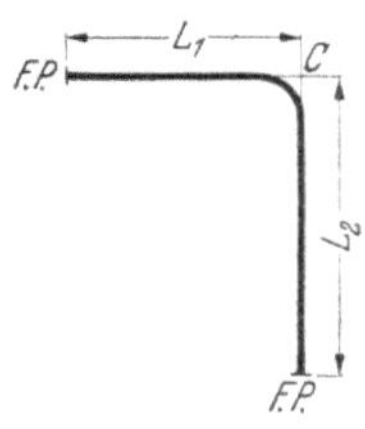

Abb. 40. Normaler Winkelbogen.

Nehmen wir als Beispiel den einfachen Winkelbogen nach Abb. 40. Es herrscht vielfach die irrige Auffassung, daß in jedem Falle ausreichende Elastizität gegeben ist, wenn die beiden Schenkel L_1 und L_2 einander ungefähr gleich sind oder in ihrer Länge nicht allzusehr von einander abweichen. In Abb. 41 ist die durch die Wärmedehnung auf die Festpunkte *F.P.* hervorgerufene Kraft, die ja einen Wertmesser für die Elastizität darstellt, für einen Winkelbogen mit einem Schenkelverhältnis $L_2 : L_1 = 1$ in Abhängigkeit von der gestreckten Länge $L = L_1 + L_2$ aufgetragen. Man sieht, daß trotz des an und für sich

[1] Siehe H. v. JÜRGENSONN: Elastizität von Heißdampfleitungen. Wärme 1933 Nr. 50 S. 809.

günstigen Schenkelverhältnisses die Festpunktkraft bei zu geringer gestreckter Länge sehr hohe Werte annehmen kann. Es ist folglich nicht nur das Schenkelverhältnis, d. h. die Form des Systems, sondern auch seine Länge maßgebend. Das Gesagte gilt selbstverständlich nicht allein für den Winkelbogen.

Endlich haben noch die Abmessungen des Rohres, und zwar Außendurchmesser und Wanddicke, einen wesentlichen Einfluß auf die Elastizität des Rohrsystems. Es ist ohne weiteres einleuchtend, daß ein Rohr mit großem Durchmesser und Wanddicke steifer, d. h. weniger elastisch ist als ein Rohr mit kleineren Abmessungen (Abb. 41). Dieser Einfluß wird durch das *äquatoriale Trägheitsmoment* J des Rohres, vielmehr des Rohrquerschnittes, rechnerisch zum Ausdruck gebracht. Das Trägheitsmoment eines Ringquerschnittes berechnet sich aus

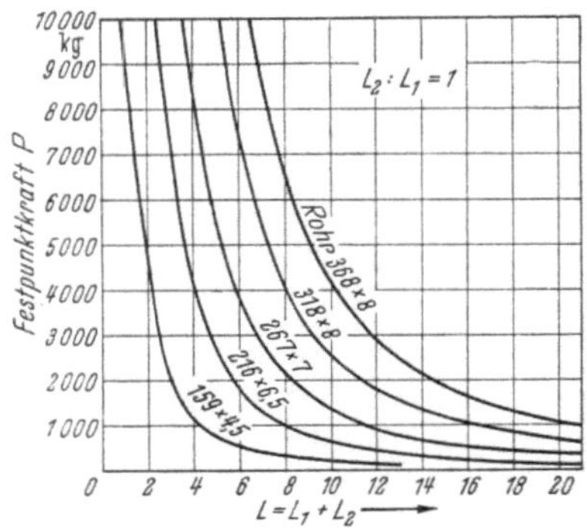

Abb. 41. Festpunktkraft für einen Winkelbogen $L_1 = L_2$.

$$J = \frac{\pi}{64}(D^4 - d^4) \quad \text{in cm}^4, \qquad (30)$$

wobei D = Außendurchmesser des Rohres in cm
und d = Innendurchmesser des Rohres in cm ist.

Aus den Zahlentafeln 35 bis 37 können für die üblichen genormten Außendurchmesser und für verschiedene Wanddicken die bereits ausgerechneten Rohrträgheitsmomente entnommen werden.

Der *Elastizitätsmodul* E des Werkstoffes beeinflußt ebenfalls die Elastizität des Rohrsystems. Da E bei Raumtemperatur für die üblichen Rohrstähle fast den gleichen Wert hat, ist also die Temperatur maßgebend, bei der das Rohrsystem arbeitet, weil der Elastizitätsmodul wie bereits gezeigt wurde, temperaturabhängig ist. Bei höherer Temperatur, d. h. geringerem E-Modul, ist die Elastizität größer und umgekehrt.

Man könnte also zusammenfassend folgende allgemeine Beziehung für die Elastizität eines beliebigen Rohrsystems aufstellen:

$$\text{Elastizität} = C\,\frac{f(L)}{E\,J}.$$

Darin bedeuten:

C = ein durch die Form des Systems gegebener Festwert,
$f(L)$ = eine zunächst noch unbekannte Funktion der Rohrlänge,
E = Elastizitätsmodul des Rohrwerkstoffes,
J = Rohrträgheitsmoment.

Die Wirkung der einzelnen Größen ist durch die Beziehung klar zum Ausdruck gebracht.

4. Rechnerische Grundlagen für die Wärmedehnung.

Die Wärmedehnung, deren Wirkung auf die Rohrleitung in den folgenden Abschnitten untersucht werden soll, wird als eine Verlängerung, d. h. als Länge in die Berechnung eingesetzt. Es wurde im Abschnitt IV/1 gezeigt, daß die Wärmedehnung in die Richtung der Endpunktverbindungslinie fällt und dem *geraden* Abstand der Endpunkte verhältnisgleich ist.

Ist der Abstand der Festpunkte (Endpunkte des Systems) gleich l_0 und die Wärmedehnungszahl α gegeben, so ist die Größe der wirksamen Wärmedehnung durch das Produkt $\alpha\, l_0$ bestimmt, und zwar in Richtung der Verlängerung der Endpunktverbindungslinie.

Es wird in den meisten Fällen zweckmäßiger sein, nicht mit dieser Wärmedehnung, sondern mit ihren Komponenten zu rechnen, indem man sie in ein durch den Endpunkt als Ursprung gelegtes Zweiachsenkreuz zerlegt. Aus Abb. 42 folgt

$$l_0 = \sqrt{a^2 + b^2}$$

und folglich ist auch

$$\alpha\, l_0 = \alpha \sqrt{a^2 + b^2} = \sqrt{\alpha^2\, a^2 + \alpha^2\, b^2}.$$

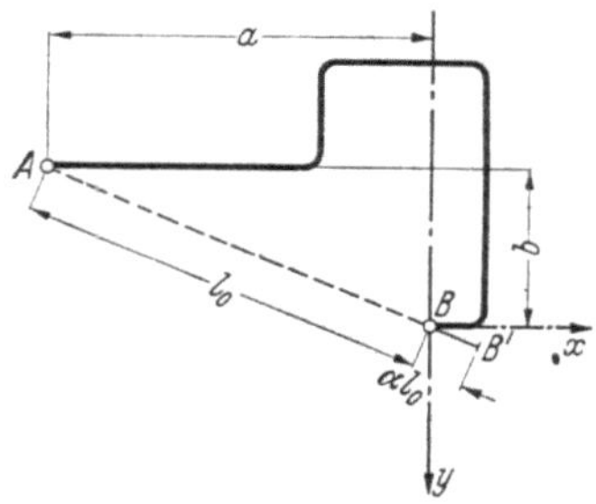

Abb. 42. Wärmedehnung eines Rohrsystems.

Man wird also mit den Komponenten der Wärmedehnung $\alpha\, a$ und $\alpha\, b$ rechnen. Es geht aus der Abbildung deutlich hervor, wie die Komponenten a und b der geraden Festpunktentfernung l_0 zu bestimmen sind. — Für die Durchführung der Berechnung wendet man folgende Überlegung an.

Das eine Festpunktende des zu untersuchenden Rohrsystems wird als festgespannt angesehen. Das andere Ende des Systems denkt man sich zunächst als vom Festpunkt befreit, so daß es sich unter der Wirkung der Wärmedehnung frei bewegen kann. Es wird sich also um den Betrag $\alpha\, l_0$ in der Richtung der Verbindungslinie AB verschieben und befindet sich nach erfolgter Erwärmung im Punkt B' (Abb. 42). Jetzt läßt man auf das Ende B' solche Kräfte und Momente einwirken, daß es in die alte Lage, d. h. nach B verschoben wird. Das sind dann die durch die Wärmedehnung hervorgerufenen Kräfte, welche die Rohrleitung zusätzlich beanspruchen und deren Größe man bestimmen will.

Einige Sonderfälle seien noch erwähnt. Es kann z. B. vorkommen, daß ein (oder auch das andere) Ende des Systems einen sog. *beweglichen Festpunkt* darstellt. Dieses Rohrende ist beispielsweise an irgendeinen Apparat oder eine Maschine angeschlossen, bei welchen der Anschlußstutzen eine besondere Verschiebung erfährt. Das ist häufig beim Anschluß an Turbinen und auch an Kesseln der Fall. Die Turbine hat ihren Festpunkt gewöhnlich an dem zwischen Turbine und Generator befindlichen Lager, so daß der Dampfeintrittsstutzen infolge der Wärmeausdehnung der Turbine eine Verschiebung erfährt, die im Rahmen der Elastizitätsberechnung berücksichtigt werden muß. Beim Kessel, dessen Dampfstutzen normalerweise oben liegt, tritt ebenfalls eine Verschiebung des Stutzens ein, und zwar durch das „Wachsen" des Kesselstahlgerüstes infolge der Feuerungswärme.

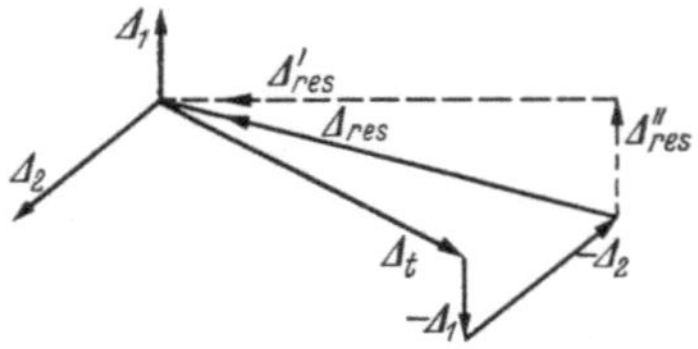

Abb. 43. Zusammensetzung der Wärmedehnung mit anderen Verschiebungen des freien Systemendes.

Es sei Δ_t die durch die Temperatur des Rohrsystems bedingte eigene Wärmeausdehnung (Abb. 43); Δ_1 und Δ_2 seien Verschiebungen des frei gedachten Festpunktendes durch andere äußere Einflüsse. Um diese Verschiebungen zu einer resultierenden Verschiebung Δ_{res} zusammenzusetzen, werden ihre Größen in negativer Richtung zu der Wärmedehnung Δ_t des Rohrsystems *geometrisch* addiert, wie aus Abb. 43

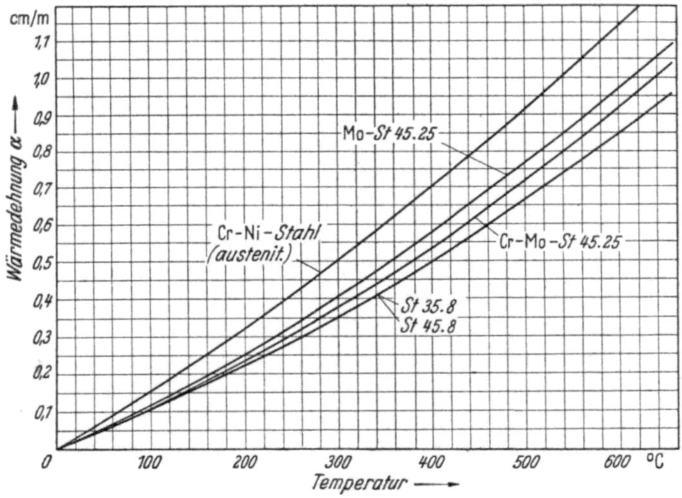

Abb. 44. Wärmedehnung α verschiedener Rohrstähle.

hervorgeht. Umgekehrt, wenn die Verschiebungen Δ_1 und Δ_2 an dem fest gedachten Systemende auftreten, müssen sie in ihrer tatsächlichen Richtung zu der am anderen, frei gedachten Rohrende wirkenden Wärmedehnung — ebenfalls geometrisch — addiert werden. Die resultierende Verschiebung Δ_{res} bzw. ihre Komponenten Δ'_{res} und Δ''_{res} müssen dann für die Berechnung des Rohrsystems zugrunde gelegt werden.

Die Wärmeausdehnungszahl α ist abhängig vom Werkstoff und von der Temperatur. Für einige am häufigsten vorkommende Rohrstähle sind in Abb. 44 die Wärmeausdehnungszahlen α in Abhängigkeit von der Temperatur aufgetragen.

5. Begriff der Vorspannung.

Die Beanspruchung eines Systems ist verhältnisgleich der Wärmedehnung. Betrachten wir z. B. einen Lyrabogen nach Abb. 39 und drücken ihn um den Betrag Δ zusammen. Dazu ist die Druckkraft $-P$ erforderlich, und es entsteht an einer bestimmten Stelle des Lyrabogens die größte Beanspruchung σ (siehe Abb. 45). Der Punkt A stellt die Lage des freien Bogenendes im unbelasteten und der Punkt B die Lage desselben im belasteten Zustand dar. Man sieht, daß sowohl die Kraft P als auch die Spannung σ vom Nullwert im unbelasteten Zustand bis zu ihrem Größtwert im belasteten Zustand nach einer geraden Linie ansteigen.

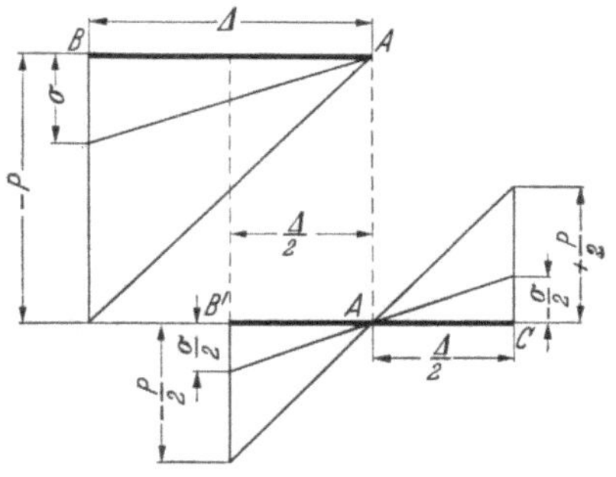
Abb. 45. Wirkung der Vorspannung.

Jetzt werden wir das freie Ende des Lyrabogens aus seiner unbelasteten Lage A zunächst um den Betrag $\Delta/2$ auseinanderziehen. Hierzu ist eine Zugkraft $+P/2$ erforderlich, und es entsteht im Lyrabogen eine entgegengesetzt gerichtete Spannung $-\sigma/2$. Aus dieser Lage — durch den Punkt C gekennzeichnet — drücken wir den Lyrabogen um den Betrag $\Delta/2$ zusammen. Zuerst werden sich die Kraft $P/2$ und Spannung $\sigma/2$ verringern, bis der Punkt A erreicht ist, wo der Bogen vollkommen entlastet ist und folglich weder Kräfte noch Spannungen auf ihn einwirken. Drücken wir den Bogen dann um den weiteren Betrag $\Delta/2$ zusammen, so steigen die Kraft und die Spannung geradlinig an, bis sie im Punkt B' die Größen $-$ $P/2$ bzw. $\sigma/2$ erreicht haben. Auch jetzt hat das freie Ende des Lyrabogens eine Verschiebung von $\frac{\Delta}{2} + \frac{\Delta}{2} = \Delta$ erfahren. Die Kraft und die Beanspruchung erreichten jedoch nur halb so hohe Werte wie im ersten Fall. Man sieht also, daß durch das zuerst erfolgte Auseinanderziehen — *Vorspannen* — des Lyrabogens eine Herabsetzung der Kräfte und Spannungen erreicht wurde. Man nennt dieses Verfahren das *Vorspannen* und den Betrag, um den vorgespannt wird, die *Vorspannung*. Die Vorspannung wird gewöhnlich in Hundertteilen der Wärmedehnung angegeben, z. B. 50% Vorspannung. Der verbleibende Rest bis 100% stellt die den Rohrbogen im Betriebszustand tatsächlich belastende Wärmedehnung dar. Bei

60% Vorspannung sind also 100 — 60 = 40% der gesamten Wärmedehnung im Betriebszustand wirksam und müssen der Berechnung zugrunde gelegt werden.

An dieser Stelle muß den folgenden Erläuterungen der Elastizitätsberechnung vorgegriffen werden, da es der Gliederung gemäß zweckmäßig ist, den Begriff der Vorspannung hier noch etwas ausführlicher zu behandeln. Die Vorspannung eines Rohrsystems besteht — je nach der Form desselben — aus 1 bis 3 Komponenten.

a) Nur *eine* Komponente, und zwar in Richtung der Rohrachse, gibt es nur in einem Sonderfall einer geraden Rohrstrecke zwischen zwei Festpunkten mit einem in der Mitte eingeschalteten Kompensator, z. B. in Lyraform oder in U-Bogenform (s. Abb. 84).

b) Zwei Komponenten, entsprechend den zwei Komponenten der Wärmedehnung, haben normalerweise alle in einer Ebene liegenden Rohrsysteme (z. B. Abb. 80).

c) Drei Komponenten haben alle räumlichen Rohrsysteme.

Grundsätzlich muß durch die Vorspannung ein Vorspann*moment* entstehen, welches dem Betriebsmoment entgegengerichtet ist. Nur dann werden die durch die Wärmedehnung bedingten Betriebsmomente um den Betrag des Vorspannmomentes herabgesetzt, was ja durch die Vorspannung angestrebt wird. Das kann nur in der Weise geschehen, daß bei der Montage nicht nur die Vorspannlängen berücksichtigt werden, sondern auch — und das ist besonders wichtig — eine *parallele* Verschiebung der Rohrachse des für die Vorspannung bestimmten Rohrendes erzwungen wird. Das ist nur dann möglich, wenn die vorzuspannenden Rohrenden Flansche mit *ebenen* Dichtungsflächen besitzen. Bei einer durchweg geschweißten Rohrleitung ist die *richtige* Vorspannung nur an ganz bestimmten Stellen des Rohrsystems zu erzwingen, und zwar dort, wo die Betriebsmomente Null werden, d. h. dort, wo die Achse der resultierenden Reaktionskraft die Schenkel des Rohrsystems schneidet. An dieser Stelle braucht kein Vorspannmoment angewandt werden, weil ja dort auch kein Betriebsmoment vorhanden ist, und so genügt an dieser Stelle die Einhaltung der Vorspannlängen allein. Die Folgen einer falschen bzw. unzulänglichen Vorspannung sind in dem Aufsatz[1] des Verfassers ausführlich behandelt. Diese für die einwandfreie Planung von Heißdampfleitungen unerläßlichen Voraussetzungen werden in der Praxis viel zu wenig beachtet.

Es sei noch darauf hingewiesen, daß etwaige zusätzliche Verschiebungen des Rohrendes, wie im vorigen Abschnitt erläutert (s. Abb. 43), von der Vorspannung unberührt bleiben und mit ihrer vollen Größe in die Rechnung einzusetzen sind.

---

[1] v. Jürgensonn, H.: Die Montage-Vorspannung der Rohrsysteme und Flanschverbindungen in Hochdruck-Rohrleitungen. BWK, Bd. 2 (1950), H. 6, S. 177.

B. Elastizitätsberechnung der Rohrleitungen.

I. Berechnungsgrundlagen.

Wenn von Festigkeitsberechnung im Rohrleitungsbau gesprochen wird, so ist in den weitaus meisten Fällen die Nachprüfung der Elastizität oder Nachgiebigkeit einer Rohrleitung gemeint. In dem Abschnitt A IV/3 wurde bereits angedeutet, was unter dem Begriff der Elastizität eines Rohrsystems zu verstehen ist und welche Größen hierauf Einfluß haben.

Wenn ein zwischen zwei Festpunkten festgelegtes Rohrsystem sich unter dem Einfluß der Erwärmung ausdehnt, so müssen sich seine Schenkel so verformen, daß sie trotz ihrer um die Wärmedehnung vergrößerten Länge die gleiche Gesamtentfernung von Festpunkt bis Festpunkt bewahren. Das Rohrsystem will diese Festpunktentfernung entsprechend seiner Wärmedehnung vergrößern und drückt auf die Festpunkte. Mit der gleichen Kraft drücken die Festpunkte auf das Rohrsystem zurück.

Diese Kräfte sind also die Urheber der im Rohrsystem entstandenen Verformungen, die sich als Biegungsmomente auf die einzelnen Schenkel des Systems auswirken. Die Untersuchung dieser Biegungsmomente und ihre rechnerische Ermittlung ist die Hauptaufgabe der Elastizitätsberechnung der Rohrleitungen.

In räumlichen Rohrsystemen treten außer den Biegungsmomenten auch noch Drehmomente auf.

Es soll daher im nachstehenden die Entstehung und Auswirkung von Biegungs- und Drehmomenten näher untersucht werden. Die Erläuterungen sind — entsprechend dem Gegenstand dieser Arbeit — auf Kreisringquerschnitte beschränkt.

1. Biegungsmoment und Biegungsspannung im Rohr.

Ein Biegungsmoment entsteht, wenn die Richtung der angreifenden Kraft nicht mit der Rohrachse zusammenfällt und wenn andererseits die Rohrachse und die Kraft in der gleichen Ebene liegen. Ist diese letzte Bedingung nicht erfüllt, so treten nicht nur Biegungsmomente, sondern auch noch Drehmomente auf, von denen im nächsten Abschnitt die Rede sein wird.

Aus Abb. 46 erkennt man, daß je nach Größe des Winkels α, der die Richtung der Kraftachse zur Rohrachse bestimmt, der biegende Einfluß der Kraft P größer oder kleiner sein kann. Die irgendwie gerichtete Kraft P läßt sich nämlich in zwei zueinander senkrechte Komponenten zerlegen. Die eine in die Rohrachse fallende Komponente $P\cos\alpha$ erzeugt im Rohr eine Druck- bzw. Zugspannung. Die andere, senkrecht zur Rohrachse gerichtete Komponente ergibt das eigentliche Biegungsmoment

$$M_b = P\sin\alpha\, x.$$

Setzt man dagegen nicht die Komponente, sondern die Hauptkraft P ein, so muß man als Hebelarm die Länge h einführen, d. h.

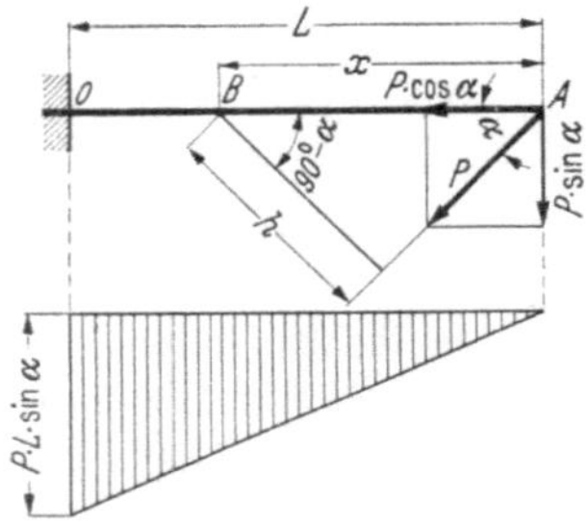

Abb. 46. Biegung am eingespannten Rohr.

$$M_b = Ph.$$

Es ist aber

$$h = x\sin\alpha,$$

d. h.

$$M_b = Px\sin\alpha,$$

also das gleiche wie vorhin entwickelt.

Außerdem erzeugt die Kraft P in jedem Querschnitt des Rohres auch noch Querkräfte von der Größe $P\sin\alpha$. Diese Querkräfte sind jedoch im Vergleich zur Biegungsspannung so klein, daß sie ohne nennenswerten Fehler vernachlässigt werden können.

Das Momentenschaubild würde also für diesen Fall ein Dreieck (Abb. 46 unten) sein, dessen eine Kathete die Rohrlänge L und die andere Kathete das größte Biegungsmoment $PL\sin\alpha$ darstellt.

Der andere Belastungsfall (Abb. 47) stellt die Erzeugung eines gleichbleibenden Biegungsmomentes $M = P\,a =$ konst. dar. Hier ist der Hebelarm der Kraft für alle Rohrquerschnitte gleich und ergibt daher auch ein gleiches Biegungsmoment, für welches das Schaubild (Abb. 47 unten) ein Rechteck von der Höhe Pa und der Länge L zeigt. Greift die Kraft P am Ende des Rohres an einem Hebelarm b an, ist aber nicht parallel zur Rohrachse gerichtet, sondern unter dem Winkel α zur Rohrachse geneigt (Abb. 48), so tritt eine Überlagerung der beiden vorhin untersuchten Belastungsfälle ein. Die parallel zur Rohrachse gerichtete Kraftkomponente $P\cos\alpha$ erzeugt ein gleichbleibendes Biegungsmoment $Pb\cos\alpha$, während die senkrechte Komponente $P\sin\alpha$ ein veränderliches Moment $Px\sin\alpha$ hervorruft.

Diese Überlegungen werden im weiteren eine große Rolle spielen, weshalb es wichtig schien, diese Begriffe klarzulegen.

Durch das Biegungsmoment wird die Rohrachse gekrümmt, d. h. es tritt eine Verbiegung der ursprünglich geraden Rohrachse ein. Das bedingt im Rohrquerschnitt einerseits eine Längung und andererseits eine Verkürzung der Fasern. Dort, wo die Längung in die Verkürzung übergeht, behalten die Fasern ihre ursprüngliche Länge. Diese Faser nennt man die *neutrale Faser*.

Die Versuche haben gezeigt, daß die Annahme vom Ebenbleiben der einzelnen Querschnitte eines auf Biegung beanspruchten geraden Stabes zutrifft. Das heißt, daß die Längung bzw. Verkürzung der einzelnen Faser ihrem Abstand von der neutralen Faser verhältnisgleich ist.

Bei symmetrischen Querschnitten, wie es z. B. der Rohrquerschnitt ist, soll im allgemeinen angenommen werden, daß die neutrale Faser

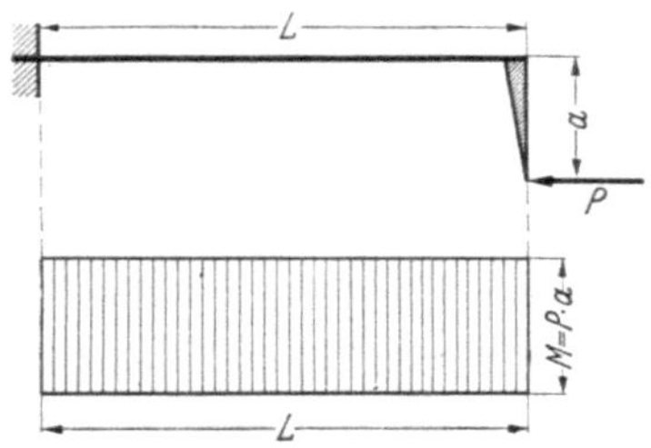

Abb. 47. Biegung $P\,a$ = konst. am eingespannten Rohr.

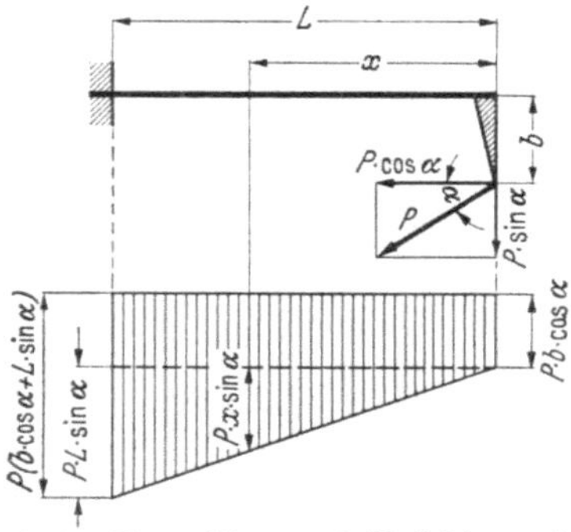

Abb. 48. Ebene Biegung in beliebiger Richtung am eingespannten Rohr.

mit der Rohrmitte zusammenfällt. Wieweit diese Annahme zutrifft, soll später grundsätzlich untersucht werden.

Die Längung bzw. Verkürzung der Faser erzeugt im Rohrquerschnitt einen Spannungszustand, und zwar werden in den der Längung unterworfenen Fasern Zugspannungen, in den verkürzten Fasern Druckspannungen hervorgerufen. Die Biegung ist also dadurch gekennzeichnet, daß Zug- und Druckspannungen in ein und demselben Querschnitt gleichzeitig auftreten. Dort, wo die Fasern ihre ursprüngliche Länge behalten, also in der neutralen Faser, ist die Spannung Null. Diese Faser ist also unbelastet.

Aus der Tatsache, daß die Biegungsspannungen Längenänderungen hervorrufen, geht hervor, daß es sich um *Normalspannungen* handelt. Die Biegungsspannungen stehen also senkrecht auf dem beanspruchten Querschnitt. Da ferner die Längenänderung der einzelnen Fasern ihrem Abstand von der neutralen Faser verhältnisgleich ist, folgt unter Zugrundelegung des HOOKEschen Gesetzes, daß auch die Größe der Biegungsspannungen in dem untersuchten Querschnitt dem jeweiligen Abstand von der neutralen Faser verhältnisgleich ist. Die Verteilung der Spannungen im Rohrquerschnitt ist in Abb. 49 als Schaubild gezeigt. Die räumliche Darstellung ergibt ein Paar einander entgegengesetzt gerichtete „Zylinderringhufe“ (Abb. 50).

Die Biegungsspannungen sind dem Biegungsmoment verhältnisgleich, und es soll nachstehend ihre Größe in Abhängigkeit vom Biegungsmoment untersucht werden.

Wir schneiden ein mit einem Biegungsmoment M belastetes Rohr durch. Dadurch wird das Gleichgewicht, welches vor dem Schnitt bestanden hat, gestört. Dieses Gleichgewicht muß also wiedergewonnen werden, indem man in der Schnittfläche die Spannungen als äußere Kräfte anbringt.

In Abb. 51 ist ein Rohrquerschnitt dargestellt. Das Biegungsmoment M_b wirke in der durch die Rohrachse und y-Achse gehenden

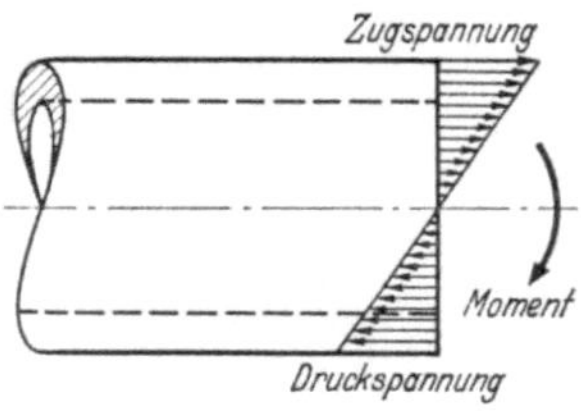

Abb. 49. Biegungsspannungen im Rohrquerschnitt.

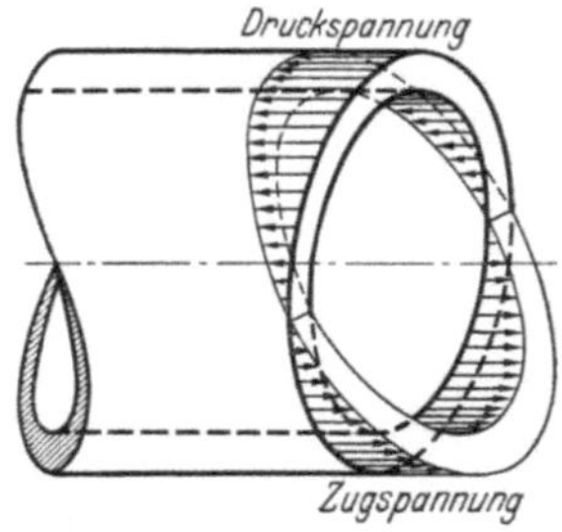

Abb. 50. Räumliches Bild der Biegungsspannungen im Rohrquerschnitt.

Ebene. Dann fällt die neutrale Ebene des Rohres mit der x-Achse und der Rohrachse zusammen. In der Rohrfaser A wirke die größte positive Biegungsspannung (Zugspannung), in der Rohrfaser C die größte negative (Druck-) Spannung. Nach dem oben Gesagten sind beide bis auf die Vorzeichen gleich groß. In der neutralen Ebene BD sind die Spannungen Null.

Diese Biegungsspannungen, die wir uns als äußere Kräfte auf den Querschnitt wirkend denken, bilden ein Moment, da sie in der oberen Rohrhälfte als Zugspannungen (d. h. aus der Bildebene nach vorne) und in der unteren Rohrhälfte als Druckspannungen (also aus der Bildebene nach hinten) wirken. Man kann sich diese Zug- bzw. Druckkräfte zu je einer resultierenden Kraft P zusammengesetzt denken, deren Angriffspunkt im Abstand $a/2$ von der neutralen Ebene liegt. Dann bilden diese beiden resultierenden Kräfte P mit dem gegenseitigen Abstand a ein Moment Pa, welches dem äußeren Biegungsmoment M_b das Gleichgewicht halten muß.

Die Gesamtwirkung der als äußere Kräfte gedachten Biegungsspannungen auf jede Rohrhälfte berechnet sich wie folgt.

Es sei df ein unendlich kleines Flächenelement des Rohrquerschnittes, welches durch den Winkel $d\varphi$ und durch den Halbmesserteil dr gebildet wird

$$df = r \cdot d\varphi \cdot dr.$$

Die Kraft, welche auf dieses Flächenelement wirkt, soll mit dP bezeichnet werden und ist natürlich von der an dieser Stelle wirkenden Spannung σ abhängig

$$dP = \sigma \cdot df = \sigma \cdot r \cdot d\varphi \cdot dr.$$

Die Größe der Spannung σ geht aus dem rechten Teil der Abb. 51 hervor, und zwar

$$\sigma = \sigma_a \frac{y}{r_a} = \frac{r \sin\varphi}{r_a} \sigma_a.$$

Der Abstand y stellt gleichzeitig den Hebelarm der Kraft dP in bezug auf die neutrale Ebene dar.

Es ist also das Moment von dP

$$dM = dP \cdot y.$$

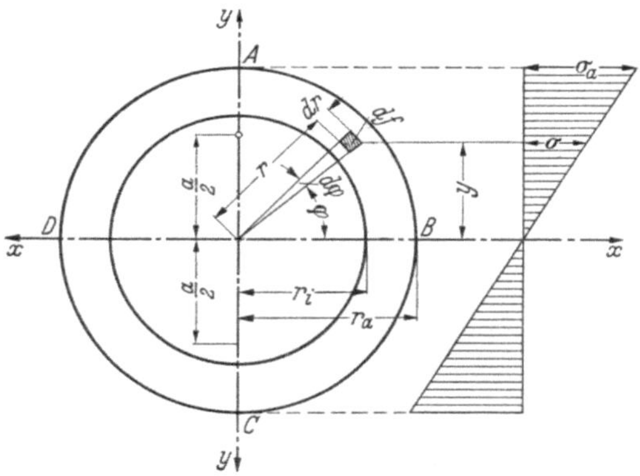

Abb. 51. Biegungsspannungen im Rohrquerschnitt.

Die Summe dieser Momente in bezug auf die neutrale Ebene $x - x$, und zwar für beide Rohrhälften, muß dem äußeren Biegungsmoment M_b gleich sein, d. h.

$$M_b = 2 \sum dM.$$

Eingesetzt folgt

$$\begin{aligned} dM &= dP \cdot y = \sigma \cdot r \cdot d\varphi \cdot dr \cdot r \cdot \sin\varphi \\ &= \frac{r \sin\varphi}{r_a} \cdot \sigma_a \cdot r \cdot d\varphi \cdot dr \cdot r \cdot \sin\varphi \\ &= \frac{\sigma_a}{r_a} \cdot r^3 \cdot dr \cdot \sin^2\varphi \cdot d\varphi, \end{aligned}$$

Integriert man von 0 bis π und von r_i bis r_a

$$\begin{aligned} M_b &= 2\int dM = 2\frac{\sigma_a}{r_a}\int_{r_i}^{r_a} r^3\, dr \int_0^{\pi} \sin^2\varphi\, d\varphi \\ &= 2\frac{\sigma_a}{r_a}\left[\frac{r^4}{4}\right]_{r_i}^{r_a} [-0{,}25 \sin(2\varphi) + 0{,}5\,\varphi]_0^{\pi} \\ &= 2\frac{\sigma_a}{r_a}\frac{r_a^4 - r_i^4}{4}\frac{\pi}{2} = \frac{\pi}{4}\frac{r_a^4 - r_i^4}{r_a}\sigma_a. \end{aligned}$$

Daraus

$$\sigma_a = \frac{M_a}{\frac{\pi}{4}\,\frac{r_a^4 - r_i^4}{r_a}} \quad \text{kg/cm}^2. \tag{31}$$

Den im Nenner stehenden Ausdruck bezeichnet man als das *Widerstandsmoment des Rohrquerschnittes.*

$$W = \frac{\pi}{4}\,\frac{r_a^4 - r_i^4}{r_a} \tag{31a}$$

oder

$$W = \frac{\pi}{32}\,\frac{D^4 - d^4}{D} \quad \text{cm}^3, \tag{32}$$

wenn D = äußerer Rohrdurchmesser in cm
und d = innerer Rohrdurchmesser in cm ist.

Da das äquatoriale Trägheitsmoment für den Rohrquerschnitt nach Gl. (30) lautet

$$J = \frac{\pi}{64}(D^4 - d^4) \quad \text{cm}^4,$$

kann man das Widerstandsmoment W auch durch das Trägheitsmoment J ausdrücken, und zwar

$$W = \frac{2J}{D} \quad \text{cm}^3,$$

daraus folgt:

Die größte an der Außenfaser des Rohres auftretende Biegungsspannung ist

$$\sigma_{b_a} = \frac{M_b}{W} = \frac{M_b\,D}{2J} \quad \text{kg/cm}^2. \tag{33}$$

Will man die Biegungsspannung σ in einer beliebigen anderen Rohrwandfaser ermitteln, so muß man anstatt des äußeren Rohrdurchmessers D den Durchmesser für die betreffende Faser einsetzen. An der Rohrinnenwand mit dem Durchmesser d ist also die Biegungsspannung

$$\sigma_{b_i} = \frac{M_b\,d}{2J} \quad \text{kg/cm}^2. \tag{34}$$

Die Biegungsspannung wird entweder in kg/cm^2 oder meistens in kg/mm^2 angegeben. Im letzten Fall muß man die Gl. (33) und (34) noch durch 100 dividieren.

2. Drehmoment und Drehspannung im Rohr.

Wirkt ein Moment in einer zur Rohrachse senkrechten Ebene, so entsteht ein *Torsions-* oder *Drehmoment* im Rohr (Abb. 52).

Würde man an der Außenhaut des Rohres eine zur Rohrachse parallele gerade Linie ziehen, so wird diese Gerade beim Einwirken eines Drehmoments auf das Rohr in eine Schraubenlinie übergehen. Die einzelnen Querschnitte des Rohres werden also durch ein Drehmoment um einen bestimmten Winkel gegeneinander verdreht. Dieser Verdrehungswinkel ist dem Abstand der Querschnitte verhältnisgleich.

Auch hier besteht eine neutrale Faser, und zwar fällt diese bei einem kreisrunden Rohrquerschnitt mit der Rohrachse zusammen. Da das Rohr einen Hohlzylinder darstellt, hat in diesem Fall die neutrale Faser

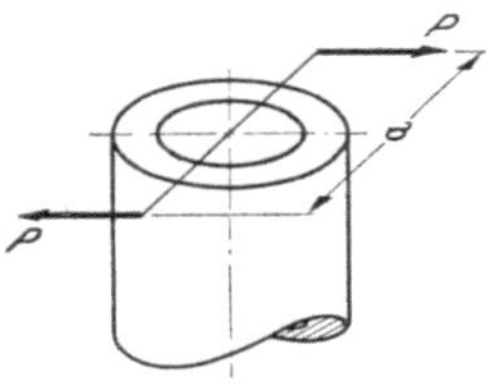

Abb. 52. Drehmoment am Rohr.

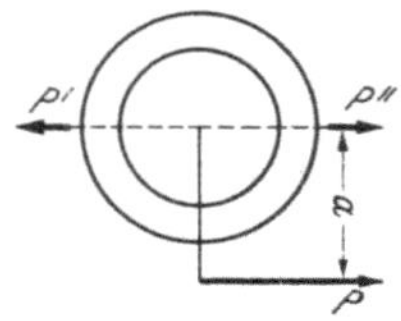

Abb. 53. Gleichzeitige Dreh- und Biegungsbelastung am Rohr.

nur eine theoretische Bedeutung, weil ja in der Rohrachse gar keine Materialfasern vorhanden sind.

Ein Drehmoment ruft im Rohrquerschnitt *Schubspannungen* hervor. Die Größe dieser Spannungen ist dem Verdrehungswinkel und folglich dem Drehmoment verhältnisgleich.

Ein Drehmoment wird ebenso wie das Biegungsmoment durch das Produkt Kraft $\times$ Hebelarm dargestellt. Wirkt ein Kräftepaar, wie in Abb. 52 dargestellt, symmetrisch zur Rohrachse, so liegt der Fall reiner Drehbeanspruchung vor, und es treten also auch nur Schubspannungen im Rohr auf.

Handelt es sich dagegen um eine Kraft P, die in der zur Rohrachse senkrechten Ebene wirkt, jedoch die Rohrachse nicht schneidet, sondern einen Abstand a von ihr besitzt, so liegt der Fall einer gleichzeitigen Dreh- und Biegungsbeanspruchung vor (Abb. 53). Man denke sich durch die Rohrachse, parallel zu P, zwei gleich große, einander entgegengesetzt wirkende Kräfte P' und P'' angebracht. Das Gleichgewicht wird dadurch nicht gestört, wenn

$$P = P' = P''$$

ist. Dann bildet das Kräftepaar P und P' mit dem Hebelarm a ein Drehmoment

$$M_d = P\,a = P'\,a$$

und die zweite Kraft P'' belastet das Rohr auf Biegung.

Die durch die Verdrehung der einzelnen Rohrquerschnitte gegeneinander hervorgerufenen Schubspannungen sind dem Abstand von der Rohrachse (neutrale Achse) verhältnisgleich. Das Spannungsbild sieht also so aus, wie in Abb. 54 dargestellt. Die größte Schubspannung wirkt am Außenrand des Rohrquerschnittes.

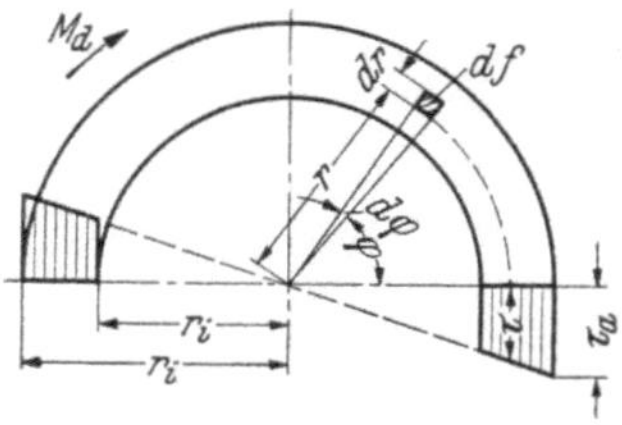

Abb. 54. Torsionsspannungen im Rohrquerschnitt.

Wir denken uns wieder ein durch ein Drehmoment M_d belastetes Rohr zerschnitten. Dann müssen die im Rohrquerschnitt wirkenden Schubspannungen dem äußeren Drehmoment das Gleichgewicht halten.

Auf das unendlich kleine Flächenelement $df = r \cdot d\varphi \cdot dr$ wirkt die Schubkraft

$$dS = \tau \cdot df = \tau \cdot r \cdot d\varphi \cdot dr.$$

Diese Schubkraft dS wirkt am Hebelarm r und erzeugt ein Moment

$$dM = dS \cdot r = \tau \cdot r^2 d\varphi \cdot dr.$$

Aus Abb. 54 erkennt man, daß für die Schubspannung τ folgende Beziehung gilt:

$$\tau = \tau_a \frac{r}{r_a}.$$

Diese eingesetzt

$$dM = \frac{\tau_a}{r_a} \cdot r^3 \cdot dr \cdot d\varphi.$$

Die Summe aller Momente dM, bezogen auf den gesamten Rohrquerschnitt, muß also dem äußeren Drehmoment M_d das Gleichgewicht halten, d. h.

$$M_d = \int dM = \frac{\tau_a}{r_a} \int_{r_i}^{r_a} r^3 \, dr \int_0^{2\pi} d\varphi = \frac{\tau_a}{r_a} \frac{r_a^4 - r_i^4}{4} 2\pi = \frac{r_a^4 - r_i^4}{r_a} \frac{\pi}{2} \tau_a,$$

daraus

$$\tau_a = \frac{M_d}{\frac{\pi}{2} \frac{r_a^4 - r_i^4}{r_a}}. \tag{35}$$

Der im Nenner stehende Ausdruck stellt nach Gl. (31a) das doppelte Widerstandsmoment des Rohrquerschnittes dar

$$\frac{\pi}{2} \frac{r_a^4 - r_i^4}{r_a} = 2W = \frac{4J}{D},$$

d. h.

$$\tau_a = \frac{M_d}{2W} = \frac{M_d D}{4J} \quad \text{kg/cm}^2. \tag{36}$$

Beim Vergleich der Gl. (33) und (36) erkennt man, daß bei gleich großen Momenten $M_b = M_d$ die Biegungsspannung doppelt so groß ausfällt wie die Schubspannung.

Bei ebenen Rohrsystemen treten allgemein nur Biegungsspannungen auf, während bei räumlichen Systemen in jedem Querschnitt sowohl Biegungs- als auch Schubspannungen wirken. Auf diesen Umstand wird bei der Behandlung räumlicher Rohrsysteme noch besonders eingegangen.

II. Berechnung der Elastizität ebener Rohrsysteme.

1. Grundbegriffe der Berechnung.

Die Festigkeitsberechnung eines Rohrleitungssystems setzt sich zusammen:

a) aus der Bestimmung der wirksamen Wärmedehnung (Zusammensetzung der gedachten Wärmedehnung mit etwaigen tatsächlichen Verschiebungen der Festpunktenden);

b) aus der Ermittlung der wirkenden inneren Kräfte des Systems auf die Festpunkte;

c) aus der Berechnung der durch die Kräfte verursachten Biegungsmomente und Biegungsspannungen im Rohrquerschnitt;

d) aus der Ermittlung der durch den Innendruck und durch den Temperaturunterschied in der Rohrwand bedingten Spannungen;

e) aus der Berechnung der resultierenden Gesamtspannung.

Als Grundlage für die weiteren Betrachtungen werden wir *Unverschieblichkeit der Auflager* — in unserem Falle der Festpunkte — voraussetzen, was der Wirklichkeit tatsächlich sehr genau entspricht. (Die im Abschnitt A IV/4 erwähnten Verschiebungen berühren diese Annahme nicht, da diese Voraussetzung lediglich für die Entwicklung der Beziehungen für ein durch Wärmedehnung beanspruchtes Rohrsystem gemacht werden soll.)

Eine geringe elastische Formänderung der Festpunktbauarten ist unter der Wirkung der auftretenden Kräfte natürlich immer vorhanden. Die rechnerische Berücksichtigung dieses Umstandes würde aber die Ableitung der Beziehungen außerordentlich verwickeln. Wenn man dagegen die Unverschieblichkeit und vollkommene Starrheit der Auflager zugrunde legt, so begeht man einen sehr geringen Fehler, der zudem noch das Ergebnis nach der sicheren Seite hin beeinflußt.

Ferner muß man zwei Arten des Auflagers oder Festpunktes unterscheiden:

a) Festpunkt, der zwar *keine Verschiebung* in irgendeiner Richtung, wohl aber eine Drehung bzw. Winkeländerung des Rohrendes zuläßt, im folgenden *Gelenkfestpunkt* genannt;

b) Festpunkt, der weder eine Verschiebung noch eine Drehung oder Winkeländerung des Rohrendes gestattet, im folgenden *Einspannfestpunkt* genannt.

In Wirklichkeit entsprechen die im Rohrleitungsbau vorkommenden Festpunkte keiner der beiden genannten Arten vollkommen genau, denn es ist hier stets eine, wenn auch sehr kleine, elastische Formänderung des Festpunktes selbst zu erwarten. Streng genommen liegt also der *statische Wert* eines wirklichen Festpunktes zwischen den beiden obengenannten Bedingungen. Man wird aber stets auf der sicheren Seite sein, wenn man diese geringe Formänderung vernachlässigt und die Bedingung unter b), d. h. den Einspannfestpunkt als gegeben ansieht.

Der Festpunkt nach Bedingung a) ist zwar ausführbar (Kugelgelenk), hat aber nur geringe praktische Bedeutung und soll hier nur der Vollständigkeit halber und nicht zuletzt zum leichteren Verständnis der Ableitungen berücksichtigt werden.

a) Ebene Rohrsysteme mit Gelenkfestpunkten.

Die Grundgleichung, auf der alle Festigkeits- oder richtiger Elastizitätsberechnungen beruhen, ist die *Gleichung der elastischen Linie*:

$$\frac{d^2 y}{d x^2} = \frac{M_b}{E J}. \tag{37}$$

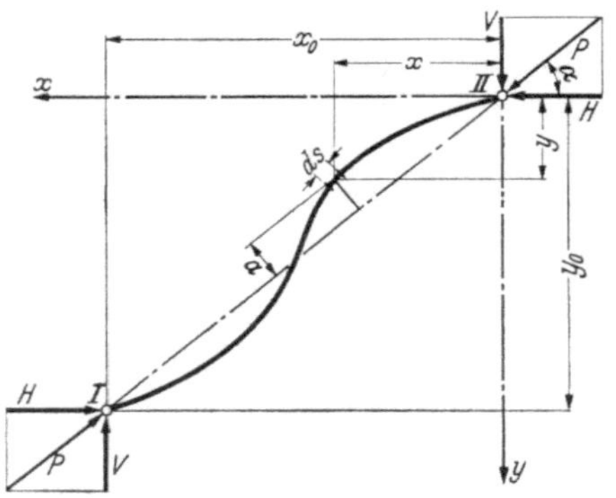

Abb. 55. Rohrsystem mit Gelenkfestpunkten.

Darin bedeuten

M_b = Biegungsmoment,
E = Elastizitätsmodul des Werkstoffes,
J = äquatoriales Trägheitsmoment.

Es sollen zunächst die Zusammenhänge zwischen der Kraft und der zugehörigen Verschiebung für ein beliebig geformtes Rohrsystem gemäß Abb. 55 untersucht werden. Die Enden I und II stellen Gelenkfestpunkte dar.

Da ein Gelenk kein Biegungsmoment übertragen kann, muß folglich die Kraft P in Richtung der beiden Gelenkfestpunkte wirken.

Von den vier Auflagergrößen

2 Kräfte P,
2 Kraftrichtungen (Winkel α)

sind also die beiden letzten durch diese Überlegung bekannt, d. h. der Winkel α läßt sich aus den äußeren Maßen des Systems sofort bestimmen

$$\operatorname{tg}\alpha = \frac{y_0}{x_0}.$$

Zerlegt man die Kraft P in zwei zueinander senkrecht stehende Komponenten

2 waagerechte Komponenten H,
2 senkrechte Komponenten V,

so ist zwar deren gegenseitiges Verhältnis durch die gleiche Beziehung

$$\frac{V}{H} = \operatorname{tg}\alpha = \frac{y_0}{x_0}$$

bekannt, nicht jedoch ihre absolute Größe.

Im folgenden soll mit Δ allgemein eine Verschiebung bezeichnet werden.

In der nachstehenden Entwicklung werden unterschieden:

Δ_{HH} = Verschiebung als Wirkung von H in Richtung von H,
Δ_{HV} = Verschiebung als Wirkung von H in Richtung von V

und genau so für die Komponente V bzw. für die Hauptkraft P mit dem entsprechenden Index,

Δ_{TH} = Verschiebung als Wirkung der Temperatur in Richtung von H usw.

Es ist also z. B.

$$\Delta_{TV} = \varepsilon\, t\, y_0$$

und ebenso

$$\Delta_{TP} = \varepsilon\, t\, L_0 = \varepsilon\, t \sqrt{x_0^2 + y_0^2} = \varepsilon\, t \frac{x_0}{\cos\alpha},$$

wobei εt die Wärmedehnung pro Längeneinheit bedeutet.

Wir denken uns also das System an einem Ende frei und lassen es sich infolge der Wärmedehnung ausdehnen. Das freie Ende *II* würde sich also in der Richtung der Verbindungslinie der Endpunkte um den Betrag Δ_{TP} verschieben.

Jetzt wird die Kraft P zur Wirkung gebracht und so groß gemacht, daß der Endpunkt *II* unter ihrem Einfluß seine ursprüngliche Lage wieder einnimmt, d. h. es muß (abgesehen vom Vorzeichen)

$$\Delta_{PP} = \Delta_{TP}$$

werden.

Die Größe der Kraft P, die dieser Bedingung entspricht, ist zu ermitteln.

In einem beliebigen Punkt des Systems mit den Koordinaten x und y (Abb. 55) herrscht das Moment

$$M = P\,a\,.$$

Der Satz von CASTIGLIANO besagt:

Die Verschiebung des Angriffspunktes einer Kraft ist der partiellen Ableitung der Formänderungsarbeit nach dieser Kraft gleich.

Die Formänderungsarbeit der Längs- und Querkräfte ist im Verhältnis zu derjenigen der Momente so gering, daß sie vernachlässigt werden kann.

Die Formänderungsarbeit des Momentes ist

$$A = \int_0^l \frac{M^2}{2EJ}\,ds\,,$$

worin M ein Moment darstellt. Die partielle Ableitung der Formänderungsarbeit nach der Kraft P ist

$$\frac{\partial A}{\partial P} = \int_0^l \frac{1}{2EJ}\,\frac{\partial M^2}{\partial P}\,ds = \frac{1}{2EJ}\int_0^l 2\,M\,\frac{\partial M}{\partial P}\,ds\,.$$

Die partielle Ableitung des Moments nach der Kraft P ist in diesem Fall

$$\frac{\partial M}{\partial P} = a\,,$$

weil $M = P\,a$ ist, wobei E und J konstant sein sollen.

$$\Delta_{PP} = \frac{\partial A}{\partial P} = \frac{P}{EJ}\int_0^l a^2\,ds\,.$$

Das Integral $\int_0^l a^2\,ds$ stellt das auf die Kraftachse $P - P$ bezogene Linienträgheitsmoment des Systems dar, d. h.

$$\Delta_{PP} = \frac{P}{EJ}\,J_{PP}$$

und daraus

$$P = \frac{E\,J\,\Delta_{PP}}{J_{PP}}\,.$$

Setzt man jetzt nach der festgelegten Bedingung $\Delta_{PP} = \Delta_{TP}$ ein, so bekommt man endgültig

$$P = \frac{E\,J\,\Delta_{TP}}{J_{PP}} = \frac{E\,J\,\varepsilon\,t\sqrt{x_0^2 + y_0^2}}{J_{PP}}\,. \tag{38}$$

Diese Beziehung führt zu folgender wichtigen Erkenntnis.

Die Reaktionskraft eines beliebig geformten Systems beiderseits mit Gelenkfestpunkten wird durch das Produkt aus Elastizitätsmodul E, äqua-

toriales Trägheitsmoment J des Rohrquerschnittes und Wärmedehnung Δ_{TP} in der Kraftrichtung, dividiert durch das auf die Kraftachse $P-P$ bezogene Linienträgheitsmoment J_{PP}, des Systems dargestellt.

Für die Komponenten H und V gilt

$$H = P\cos\alpha = \frac{E\,J\,\Delta_{TP}\cos\alpha}{J_{PP}}$$

und mit $\Delta_{TP}\cos\alpha = \Delta_{TH}$

$$H = \frac{E\,J\,\Delta_{TH}}{J_{PP}} = \frac{E\,J\,\varepsilon\,t\,x_0}{J_{PP}} \qquad (39)$$

und ebenso

$$V = \frac{E\,J\Delta_{TV}}{J_{PP}} = \frac{E\,J\,\varepsilon\,t\,y_0}{J_{PP}}. \qquad (40)$$

Für die praktische Anwendung soll an dieser Stelle eine gewisse Vereinfachung eingeführt werden, die die weitere Entwicklung wesentlich erleichtert.

Die einzelnen geraden Schenkel des Rohrsystems sollen nicht mittels gekrümmter Teile (Bogen), sondern mittels *biegungssteifer Ecken* miteinander verbunden sein. Auf diese Weise soll die Wärmedehnung allein durch die Biegung der geraden Rohrleitungsschenkel aufgenommen werden, und es können die einfachen Biegungsgleichungen gerader Träger angewandt werden.

Das Ergebnis wird durch diese Vereinfachung allerdings im ungünstigen Sinne beeinflußt, d. h. die Rechnung ergibt bei dieser Annahme größere Werte für die Kräfte, als dieses in Wirklichkeit der Fall ist.

In einem späteren Abschnitt wird gezeigt werden, auf welche Weise auch die Rohrbogen rechnungsmäßig berücksichtigt werden, und welchen Einfluß sie auf die Größe der Kräfte und Spannungen ausüben.

Nachstehend soll der Begriff des Linienträgheitsmoments erläutert werden.

Das *Linienträgheitsmoment* stellt die Summe der Produkte aus den einzelnen Linienelementen und dem Quadrat ihres jeweiligen Abstandes von einer irgendwie gewählten Bezugsachse dar. Nach Abb. 56 ist also das auf die Achse $x-x$ bezogene Linienträgheitsmoment eines Systems AB — im folgenden kurz Systemträgheitsmoment genannt —

$$J_x = \sum_A^B ds\,y^2$$

oder anders geschrieben

$$J_x = \int_A^B y^2\,ds. \qquad (41)$$

Für das *statische Moment* gilt — nebenbei bemerkt — die Beziehung (s. Abb. 56)

$$M_{st} = \int_A^B y\,ds. \tag{42}$$

Betrachten wir jetzt eine Gerade AB von der Länge L (Abb. 57) und

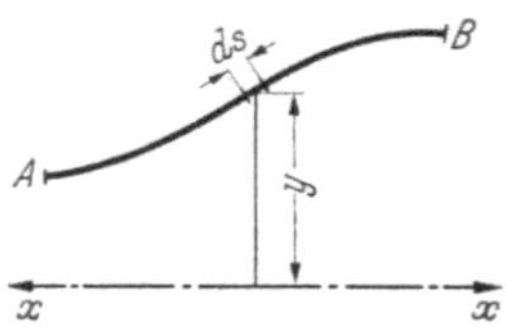

Abb. 56. Linienträgheitsmoment eines beliebigen Systems.

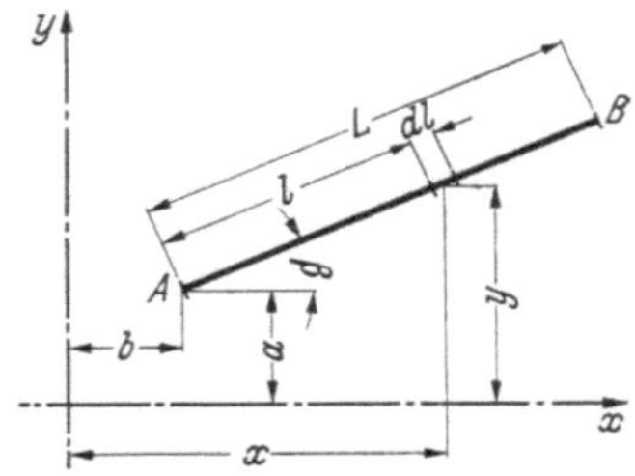

Abb. 57. Linienträgheitsmoment einer Geraden.

ermitteln für diese Gerade das Linienträgheitsmoment in bezug auf die Achse $x-x$.

$$J_x = \int_A^B dl\, y^2,$$

$$y = a + l\sin\beta, \qquad y^2 = a^2 + 2al\sin\beta + l^2\sin^2\beta.$$

eingesetzt

$$J_x = \int_0^L (a^2 + 2al\sin\beta + l^2\sin\beta)\,dl = \left[a^2 l + 2a\frac{l^2}{2}\sin\beta + \frac{l^3}{3}\sin^2\beta\right]_0^L,$$

$$J_x = a^2 L + a L^2 \sin\beta + \frac{L^3}{3}\sin^2\beta. \tag{43}$$

In entsprechender Weise ergibt sich das Linienträgheitsmoment in bezug auf die Achse $y-y$.

$$J_y = b^2 L + b L^2 \cos\beta + \frac{L^3}{3}\cos^2\beta. \tag{44}$$

Hierzu einige Sonderfälle:

a) $\beta = 90°$, d. h. die Gerade AB steht senkrecht zur Achse $x-x$. Dann ist

$$\left.\begin{aligned} J_x &= a^2 L + a L^2 + \frac{L^3}{3}, \\ J_y &= b^2 L. \end{aligned}\right\} \tag{45}$$

b) $\beta = 0°$, d. h. die Gerade AB liegt parallel zur Achse $x-x$ im Abstand a von ihr.

$$\left.\begin{aligned} J_x &= a^2 L \\ J_y &= b^2 L + b L^2 + \frac{L^3}{3}. \end{aligned}\right\} \tag{46}$$

Im Gegensatz zum Linienträgheitsmoment, welches nur auf eine Achse (oder auf eine Ebene) bezogen wird, muß das *Linienzentrifugalmoment* auf zwei zueinander senkrechte Achsen bezogen werden. Es stellt die Summe der Produkte aus den einzelnen Linienelementen mit den beiden Abständen von einem irgendwie gewählten Achsenkreuz dar. Nach Abb. 57 ist also das Linienzentrifugalmoment der Geraden AB, bezogen auf die Achsen $x-x$ und $y-y$

$$J_{xy} = \int_A^B x\, y\, dl,$$

$$x = b + l\cos\beta, \qquad y = a + l\sin\beta,$$

eingesetzt

$$J_{xy} = \int_0^L (b + l\cos\beta)(a + l\sin\beta)\, dl$$

$$= \int_0^L (ab + b\, l\sin\beta + a\, l\cos\beta + l^2 \sin\beta\cos\beta)\, dl$$

$$= \left[a\, b\, l + b\frac{l^2}{2}\sin\beta + a\frac{l^2}{2}\cos\beta + \frac{l^3}{3}\sin\beta\cos\beta\right]_0^L.$$

$$J_{xy} = a\, b\, L + b\frac{L^2}{2}\sin\beta + a\frac{L^2}{2}\cos\beta + \frac{L^3}{3}\sin\beta\cos\beta. \tag{47}$$

Wie man sieht, hat sowohl das Linienträgheitsmoment als auch das Linienzentrifugalmoment die Größe Länge hoch 3, d. h. z. B. cm^3 oder m^3. Im Gegensatz hierzu hat das Trägheitsmoment einer Fläche stets die Größe Länge hoch 4, wie z. B. das Trägheitsmoment des Rohrquerschnittes.

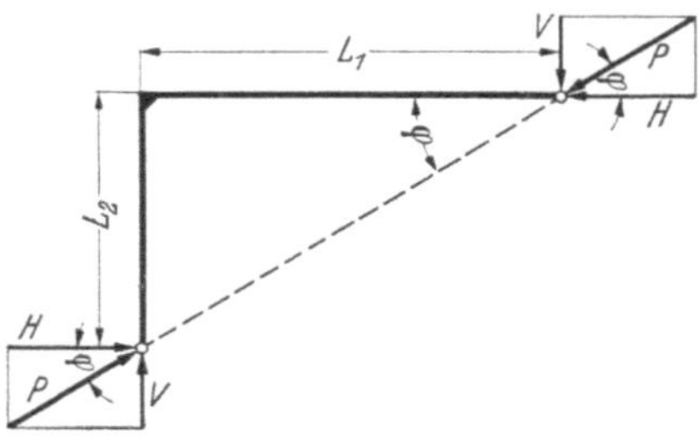

Abb. 58. Winkelbogen mit Gelenkfestpunkten.

Diese Erkenntnisse sollen auf das in Abb. 58 dargestellte Rohrsystem angewandt werden.

Das Linienträgheitsmoment des Systems bezogen auf die Verbindungslinie der Endpunkte, d. h. bezogen auf die Kraftachse, ist unter

Berücksichtigung der Gl. (43) und (44)

$$J_{P-P} = \frac{L_1^3}{3} \sin^2 \varphi + \frac{L_3^2}{3} \cos^2 \varphi .$$

Dann kann man für die gedachte Verschiebung Δ der Endpunkte in Richtung der P-Achse gemäß Gl. (38) schreiben

$$E\,J\,\Delta = P\,J_{P-P} = P\left(\frac{L_1^3}{3} \sin^2 \varphi + \frac{L_2^3}{3} \cos^2 \varphi\right).$$

Die Verschiebung Δ ist identisch mit der Wärmedehnung des Systems in Richtung der Kraftachse, d. h.

$$\Delta = \Delta_t = \alpha \sqrt{L_1^2 + L_2^2}\,.$$

Mit

$$\sin^2 \varphi = \frac{\mathrm{tg}^2 \varphi}{1 + \mathrm{tg}^2 \varphi} \quad \text{und} \quad \cos^2 \varphi = \frac{1}{1 + \mathrm{tg}^2 \varphi}\,,$$

sowie $L_2 = L_1 \,\mathrm{tg}\, \varphi$ wird

$$E\,J\,\alpha\,L_1 \sqrt{1 + \mathrm{tg}^2 \varphi} = P \frac{L_1^3}{3}\left(\frac{\mathrm{tg}^2 \varphi}{1 + \mathrm{tg}^2 \varphi} + \frac{\mathrm{tg}^3 \varphi}{1 + \mathrm{tg}^2 \varphi}\right),$$

daraus

$$P = \frac{3\,E\,J\,\alpha}{L_1^2}\;\frac{(1 + \mathrm{tg}^2 \varphi)\sqrt{1 + \mathrm{tg}^2 \varphi}}{\mathrm{tg}^2 \varphi\,(1 + \mathrm{tg}\, \varphi)}$$

und mit $\mathrm{tg}\, \varphi = L_2 : L_1 = n$

$$P = \frac{3\,E\,J\,\alpha}{L_1^2}\;\frac{(1 + n^2)\sqrt{1 + n^2}}{n^2\,(1 + n)} \quad \mathrm{kg}. \tag{48}$$

Man kann auf dieselbe Art für die verschiedensten Rohrsysteme ähnliche Beziehungen ableiten. Wenn auch die Bedeutung der Rohrsysteme mit Gelenkfestpunkten vom praktischen Standpunkt aus gering ist, sollen nachstehend doch die Beziehungen für einige häufig vorkommende Rohrformen unter Berücksichtigung von biegungssteifen Ecken angegeben werden.

Die allgemeine Beziehung für die Festpunktkraft lautet

$$P = \frac{3\,E\,J\,\alpha}{L_1^2}\,a \quad \mathrm{kg}, \tag{49}$$

und für ihre beiden Komponenten

$$H = \frac{3\,E\,J\,\alpha}{L_1^2}\,b \quad \mathrm{kg} \tag{50}$$

$$V = \frac{3\,E\,J\,\alpha}{L_1^2}\,c \quad \mathrm{kg}. \tag{51}$$

Darin bedeuten:

E = Elastizitätsmodul des Rohrwerkstoffes bei Betriebstemperatur aus Abb. 6 in kg/cm²;

J = äquatoriales Trägheitsmoment des Rohrquerschnittes in cm⁴ aus Zahlentafeln 35 bis 37;

α = Wärmeausdehnung des Rohrwerkstoffes bei Betriebstemperatur t in cm/cm (aus Abb. 44);

L_1, L_2, L_3 usw. = Schenkellängen in cm;
a, b und c = veränderliche, vom Schenkelverhältnis n abhängige Faktoren, die in der Zahlentafel 7 für verschiedene Rohrformen gegeben sind.

In der Zahlentafel 7 ist noch ein Faktor q angegeben. Er dient zur Bestimmung der größten auftretenden Biegungsspannung.

Maßgebend für diese Biegungsspannung ist das größte Biegungsmoment, welches durch die Festpunktkraft P im Rohrsystem hervorgerufen wird. Je größer der senkrechte Abstand der Kraft P von irgendeinem Punkt des Rohrsystems ist, um so größer ist dort das Biegungsmoment und folglich auch die Biegungsspannung.

$$M_{b\,\max} = P\,h_{\max}\,.$$

Bekanntlich ist außerdem

$$M_{b\,\max} = W\,\sigma_{b\,\max},$$

worin W das Widerstandsmoment des Rohrquerschnittes und $\sigma_{b\,\max}$ die größte Biegungsspannung ist.

Für das Widerstandsmoment des Rohrquerschnittes gilt nach Gl. (32) die Beziehung

$$W = \frac{\pi (D^4 - d^4)}{32\,D} = \frac{2\,J}{D},$$

daraus folgt

$$\sigma_{b\,\max} = \frac{M_{b\,\max}}{W} = \frac{P\,h_{\max}\,D}{2\,J}\,.$$

Setzt man hier für P die Gl. (49) ein, so erhält man

$$\sigma_{b\,\max} = \frac{3\,E\,D\,\alpha}{100\,L_1}\,\frac{h_{\max}}{2 \cdot 100\,L_1}\,a \quad \text{kg/mm}^2,$$

worin der Ausdruck

$$\frac{h_{\max}}{200\,L_1}\,a = q$$

gesetzt wurde, so daß für die größte Biegungsspannung in der äußeren Faser des Rohrquerschnittes die Beziehung

$$\sigma_{b\,\max} = \frac{3\,E\,D\,\alpha}{100\,L_1}\,q \quad \text{kg/mm}^2 \tag{52}$$

gilt. D ist der äußere Rohrdurchmesser in cm und q ein Faktor, der aus der Zahlentafel 7 zu entnehmen ist.

Soll die Biegungsspannung an der inneren Rohrwandfaser ermittelt werden, so ist in die Gl. (52) statt des äußeren Durchmessers D der innere Durchmesser d einzusetzen.

Die im Rohrsystem infolge der Wärmedehnung auftretenden Biegungsmomente sind dem senkrechten Abstand der Kraft von dem jeweiligen Punkt des Systems verhältnisgleich. Aus Abb. 59 kann man

Zahlentafel 7. *Reaktionskräfte und Biegungsspannungen für ebene Rohrsysteme mit biegungssteifen Ecken und Gelenkfestpunkten.*

Form des Rohrsystems	Faktoren a, b und c, sowie q
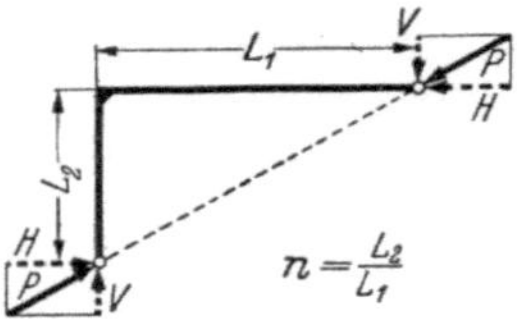	$a = \frac{(1+n^2)\sqrt{1+n^2}}{n^2(1+n)}$ $b = \frac{1+n^2}{n^2(1+n)}$ $c = \frac{1+n^2}{n(1+n)}$ $q = \frac{1+n^2}{200\,n(1-n)}$
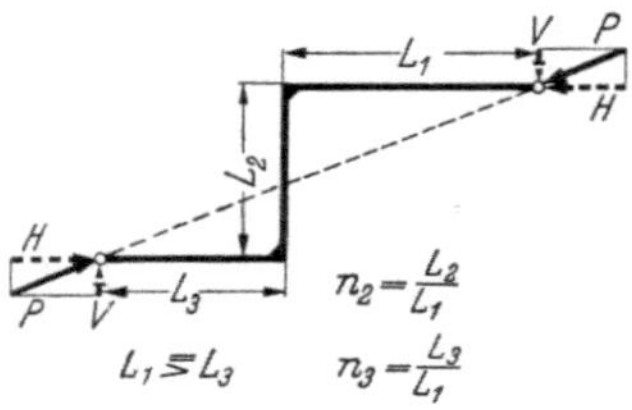	$a = \frac{[n_2^2+(1+n_3)^2]\sqrt{n_2^2+(1+n_3)^2}}{n_2^2(1+n_2-n_2n_3+n_2n_3^2+n_3^3)}$ $b = \frac{n_2^2(1+n_3)+(1+n_3)^3}{n_2^2(1+n_2-n_2n_3+n_2n_3^2+n_3^3)}$ $c = \frac{n_2^2+(1+n_3)^2}{n_2(1+n_2-n_2n_3+n_2n_3^2+n_3^3)}$ $q = \frac{n_2^2+(1+n_3)^2}{200\,n_2(1+n_2-n_2n_3+n_2n_3^2+n_3^3)}$
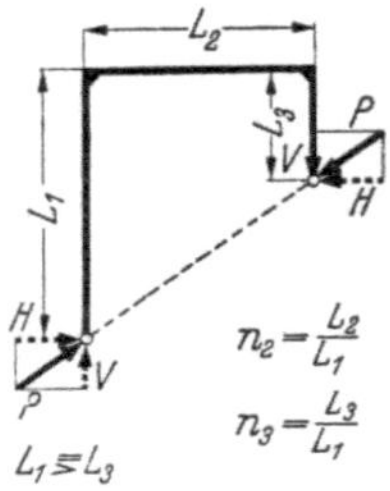	$a = \frac{[n_2^2+(1-n_3)^2]\sqrt{n_2^2+(1-n_3)^2}}{n_2^2(1+n_2+n_2n_3+n_2n_3^2+n_3^3)}$ $b = \frac{n_2^2+(1-n_3)^2}{n_2(1+n_2+n_2n_3+n_2n_3^2+n_3^3)}$ $c = \frac{n_2^2(1-n_3)+(1-n_3)^3}{n_2^2(1+n_2+n_2n_3+n_2n_3^2+n_3^3)}$ $q = \frac{n_2^2+(1-n_3)^2}{200\,n_2(1+n_2+n_2n_3+n_2n_3^2+n_3^3)}$
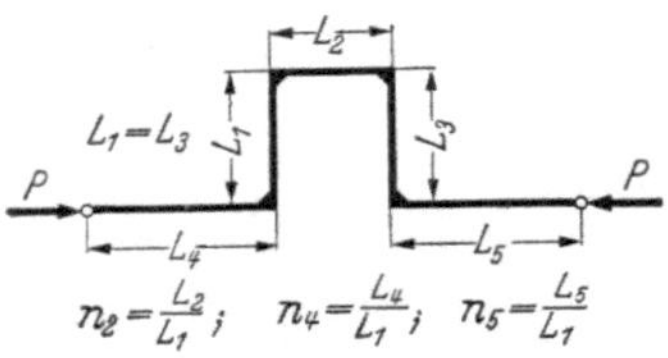	$a = b = \frac{n_2+n_4+n_5}{2+3\cdot n_2}$ $c = 0$ $q = \frac{n_2+n_4+n_5}{200\,(2+3\cdot n_2)}$

entnehmen, daß dieser Abstand h in den Endpunkten des Systems Null ist, da die Kraft P infolge der Annahme von Gelenkfestpunkten durch diese hindurchgehen muß. In den Gelenkpunkten ist also das Biegungsmoment $M = 0$ und folglich auch die Biegungsspannung $\sigma_b = 0$.

Von den Gelenkpunkten ausgehend steigt der senkrechte Abstand der Kraft linear bis zu seinem Höchstwert h_{max} an. Folglich steigen auch die Biegungsmomente und die diesen verhältnisgleichen Biegungsspannungen linear bis zum Höchstwert an.

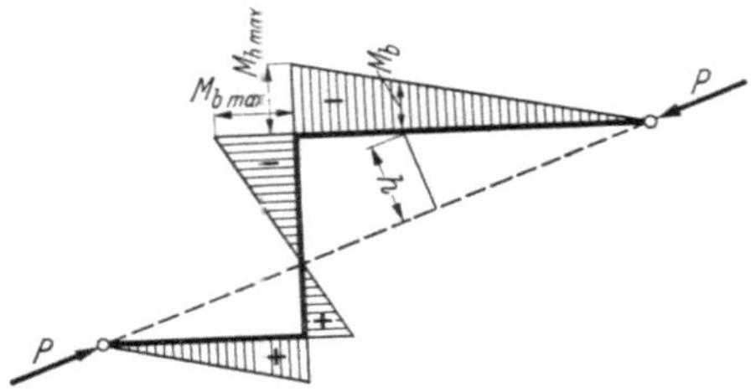

Abb. 59. Biegungsmomente im Rohrsystem mit Gelenkfestpunkten.

Aus Abb. 59 kann man weiter erkennen, daß dort, wo die Kraft P das Rohrsystem schneidet, das Biegungsmoment wieder Null wird. Dort treten also auch keine Biegungsspannungen auf. In Abb. 59 ist die Verteilung der Biegungsmomente für einen Z-Bogen dargestellt. Sinngemäß gilt diese Verteilung auch für die Biegungsspannungen.

Die Annahme von Gelenkfestpunkten hat an sich nur geringe Bedeutung, denn es gibt im Rohrleitungsbau keine Ausführungsbeispiele von Rohranschlüssen, die den Bedingungen eines Gelenkes in vollkommener Weise genügen. Es wurde allerdings an früherer Stelle bereits betont, daß auch die absolute Einspannung praktisch nie erreicht wird, weil eine gewisse Nachgiebigkeit auch bei scheinbar ganz starren Anschlüssen bzw. Festpunktbauarten besteht.

Würde man die verhältnismäßig sehr einfache Berechnung unter Zugrundelegung von Gelenkfestpunkten anwenden, so käme man zu Ergebnissen, die nicht nur zu geringe Kräfte und Spannungen zeigen, sondern — und das ist das Wichtigere — diese Annahme ergibt eine falsche Spannungsverteilung im Rohrsystem. Die Erfahrung lehrt, daß die Endpunkte des Rohrsystems (meistens Flanschanschlüsse) keineswegs frei von Biegungsspannungen sind. Im Gegenteil, viele Erscheinungen und eine große Anzahl praktischer Beobachtungen deuten darauf hin, daß die größten Biegungsspannungen gerade in den Endpunkten des Systems auftreten. Undichtigkeiten an einzelnen in der Nähe der Festpunkte gelegenen Flanschverbindungen zeigen, daß dort zusätzliche Kräfte bzw. Momente auftreten, die — bei zu starren Rohrsystemen — die Flanschenschrauben unzulässig hoch beanspruchen.

Der Rohrleitungsverband (RV), Berlin, erwarb sich das Verdienst, die bei der Belastung von Rohrbogen auftretenden Kräfte an Hand von

Versuchen näher zu prüfen[1]. Diese Arbeiten werden als Vorversuche bezeichnet, denen weitere Versuche folgen sollten. Aus den gewonnenen Erkenntnissen geht jedoch eindeutig hervor, daß der statische Wert eines in der Praxis vorkommenden Festpunktes zwischen dem eines festen Gelenkes und einer festen Einspannung liegt. Die künstlich geschaffenen Versuchsbedingungen werden aber niemals die Verhältnisse in der Praxis so genau berücksichtigen können, wie es notwendig ist, um ein zahlenmäßig auswertbares Urteil zu fällen.

Die vom Verfasser gemachten Erfahrungen beweisen, daß die im Rohrleitungsbau vorkommenden Festpunkte der festen Einspannung wesentlich näher liegen als dem festen Gelenk. Es ist daher auf jeden Fall richtiger, nicht mit dem festen Gelenk zu rechnen, sondern die — vielleicht etwas zu sichere — feste Einspannung zugrunde zu legen.

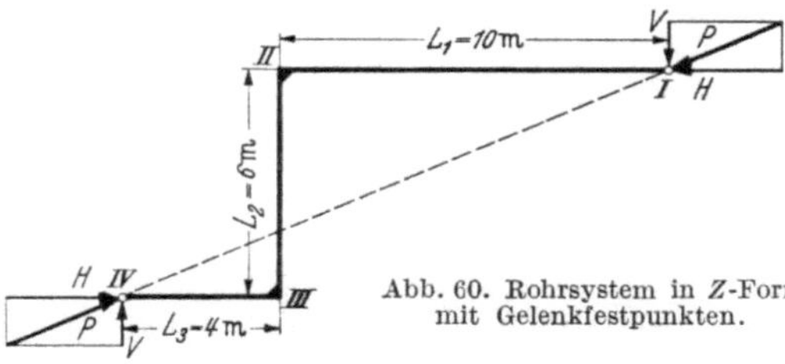

Abb. 60. Rohrsystem in Z-Form mit Gelenkfestpunkten.

In der Praxis treten immer zusätzliche Umstände ein, z. B. Reibungswiderstände in den Auflagern, Rollenlagern usw., welche die idealen Annahmen der statischen Berechnung stören und somit zu weniger günstigen Betriebsbedingungen führen, als sie der Rechnung zugrunde lagen. Die geringe überschüssige Sicherheit, die in der Annahme der festen Einspannung liegen mag, ist dadurch gerechtfertigt.

Bevor wir zu der Untersuchung der Rohrsysteme mit fester Einspannung übergehen, soll noch ein Zahlenbeispiel durchgerechnet werden, welches später zum zahlenmäßigen Vergleich der Ergebnisse beider Rechnungsarten herangezogen werden kann.

Beispiel 7. Das in Abb. 60 dargestellte Rohrsystem (Z-Bogen) arbeitet bei 40 atü 450° C. Rohr $216 \times 7{,}5$ mm aus einem Mo-Stahl. Die Festpunkte seien als feste Gelenke angenommen.

Aus Abb. 6 ist $E = 1{,}52 \cdot 10^6$ kg/cm² und aus Abb. 44 ist $\alpha = 0{,}68$ cm/m für Mo-Stahl 45.25 bei 450° C.

Die Schenkelverhältnisse sind nach Abb. 60

$$n_2 = \frac{L_2}{L_1} = \frac{6}{10} = 0{,}6, \qquad n_3 = \frac{L_3}{L_1} = \frac{4}{10} = 0{,}4.$$

[1] Temperaturänderung und Rohrleitungsbeanspruchung. Arch. Wärmew. Bd. 15 (1934) S. 295.

Aus der Zahlentafel 7 folgt dann für den Z-Bogen

$$a = \frac{(0{,}36 + 1{,}4^2) \cdot \sqrt{0{,}36 + 1{,}4^2}}{0{,}36 \cdot (1 + 0{,}6 - 0{,}24 + 0{,}096 + 0{,}064)} = \frac{2{,}32 \cdot 1{,}524}{0{,}36 \cdot 1{,}52} = 6{,}45,$$

$$b = \frac{0{,}36 \cdot 1{,}4 + 2{,}746}{0{,}36 \cdot 1{,}52} = \frac{3{,}25}{0{,}547} = 5{,}94,$$

$$c = \frac{0{,}36 + 1{,}96}{0{,}6 \cdot 1{,}52} = \frac{2{,}32}{0{,}912} = 2{,}55,$$

$$q = \frac{c}{200} = \frac{2{,}55}{200} = 0{,}01275,$$

$$\frac{3\,E\,J\,\alpha}{100\,L_1^2} = \frac{3 \cdot 1{,}52 \cdot 10^6 \cdot 2660 \cdot 0{,}68}{100 \cdot 100 \cdot 10^4} = 82{,}5.$$

Bei 50% Vorspannung darf also nur die Hälfte eingesetzt werden, d. h. 41,25, daher

$$P = 41{,}25 \cdot 6{,}45 = 266 \text{ kg},$$
$$H = 41{,}25 \cdot 5{,}94 = 245 \text{ kg},$$
$$V = 41{,}25 \cdot 2{,}55 = 105 \text{ kg}$$

und für die größte Biegungsspannung im Punkt II

$$\frac{3\,E\,D\,\alpha}{100\,L_1} = \frac{2 \cdot 1{,}52 \cdot 10^6 \cdot 21{,}6 \cdot 0{,}68}{100 \cdot 1000} = 670$$

oder bei 50% Vorspannung 335, daher

$$\sigma_b = 335 \cdot 0{,}01275 = \underline{4{,}27 \text{ kg/mm}^2}.$$

In einem späteren Abschnitt wird zum Vergleich das gleiche Rohrsystem unter der Annahme von Einspannfestpunkten durchgerechnet.

b) Ebene Rohrsysteme mit Einspannfestpunkten.

Es sei ein beliebig geformtes Rohrsystem nach Abb. 61 gegeben, dessen *beide* Enden fest eingespannt sind. Durch Temperaturänderung sucht das System sich auszudehnen. Die Wärmedehnung sei $\Delta_T = \alpha \sqrt{x_0^2 + y_0^2}$ und somit die Komponenten der Wärmedehnung

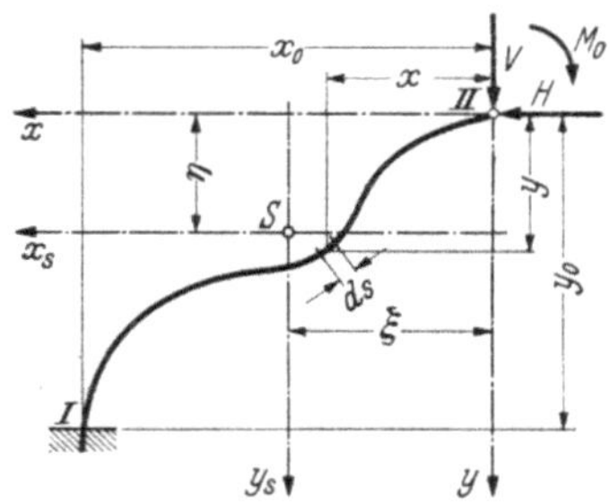

Abb. 61. Rohrsystem mit Einspannfestpunkten.

horizontal $\Delta_{TH} = \alpha\, x_0$, vertikal $\Delta_{TV} = \alpha\, y_0$.

Für die Untersuchung wird ein auf der ganzen Länge gleichbleibendes äquatoriales Trägheitsmoment J zugrunde gelegt.

Die eine der beiden Einspannungen wird ersetzt durch eine horizontale Kraft H, eine vertikale Kraft V und ein Moment M_0 (Einspannmoment).

Dann ist das Biegungsmoment in einem beliebigen Punkt des Systems mit den Koordinaten x und y gegeben durch

$$M = V x - H y + M_0 .$$

Nach dem Satz von CASTIGLIANO ist:

Die Verschiebung des Angriffspunktes einer Kraft gleich der partiellen Ableitung der Formänderungsarbeit nach dieser Kraft.

Die partielle Ableitung des Moments nach der Kraft ist

$$\frac{\partial M}{\partial V} = x ; \qquad \frac{\partial M}{\partial H} = - y ; \qquad \frac{\partial M}{\partial M_0} = 1 .$$

Die Formänderungsarbeit der Längs- und Querkräfte ist im Verhältnis zu derjenigen der Momente so gering, daß sie vernachlässigt werden kann.

Die Formänderungsarbeit ist

$$A = \frac{1}{E J} \int_0^L \frac{M^2}{2} \, ds ,$$

wenn E und J Festwerte sind.

Die Verschiebung in der horizontalen Richtung ist also

$$\varDelta_H = \frac{\partial A}{\partial H} = \frac{1}{E J} \int_0^L M \frac{\partial M}{\partial H} \, ds = \frac{1}{E J} \int_0^L (V x - H y + M_0)(-y) \, ds$$

$$= \frac{1}{E J} \left[H \int_0^L y^2 \, ds - V \int_0^L x y \, ds - M_0 \int_0^L y \, ds \right] .$$

Es bedeuten:

$\int_0^L y^2 \, ds = J_x$ = Trägheitsmoment des Systems bezogen auf die x-Achse,

$\int_0^L x y \, ds = J_{xy}$ = Zentrifugalmoment des Systems bezogen auf die x- und y-Achse,

$\int_0^L y \, ds = M_{sx}$ = statisches Moment des Systems bezogen auf die x-Achse.

In gleicher Weise folgt:

$$\Delta_V = \frac{\partial A}{\partial V} = \frac{1}{EJ}\int_0^L M \frac{\partial M}{\partial V} ds = \frac{1}{EJ}\int_0^L (Vx - Hy + M_0)\, x\, ds$$

$$= \frac{1}{EJ}\left[V\int_0^L x^2 ds - H\int_0^L x\, y\, ds + M_0\int_0^L x\, ds\right].$$

Darin bedeuten:

$\int_0^L x^2 ds = J_y$ = Trägheitsmoment des Systems bezogen auf die y-Achse,

$\int_0^L x\, ds = M_{sy}$ = statisches Moment des Systems bezogen auf die y-Achse.

Die Verschiebung durch das Einspannmoment ist Null, daher

$$0 = \frac{1}{EJ}\int_0^L M \frac{\partial M}{\partial M_0} ds = \frac{1}{EJ}\int_0^L (Vx - Hy + M_0) ds$$

$$= \frac{1}{EJ}\left[V\int_0^L x\, ds - H\int_0^L y\, ds + M_0\int_0^L ds\right].$$

Daraus folgen die drei allgemeinen *Elastizitäts*bedingungen:

$$EJ\Delta_H = HJ_x - VJ_{xy} - M_0 M_{sx}. \quad \text{(I)}$$

$$EJ\Delta_V = VJ_y - HJ_{xy} + M_0 M_{sy}. \quad \text{(II)}$$

$$0 = VM_{sy} - HM_{sx} + M_0 L. \quad \text{(III)}$$

Die wichtigste Erkenntnis der statischen Berechnung geht aus der Gl. (III) hervor, nämlich

$$M_0 = H\frac{M_{sx}}{L} - V\frac{M_{sy}}{L}.$$

Das statische Moment, dividiert durch die Länge des Systems, stellt den Schwerpunktsabstand von der betreffenden Achse dar, d. h.

$$\underline{M_0 = H\eta - V\xi.}$$

Diese Beziehung besagt, daß bei beiderseitiger Einspannung die Kräfte H und V durch den Schwerpunkt des Systems gehen müssen.

Das ist die Grundlage aller weiteren Berechnungen.

Setzt man in den Ausdrücken $M_0 M_{sx}$ und $M_0 M_{sy}$ diese Beziehung für M_0 ein, so bekommt man:

$$M_0 M_{sx} = HM_{sx}\eta - VM_{sx}\xi$$

und

$$M_0 M_{sy} = HM_{sy}\eta - VM_{sy}\xi.$$

Andererseits ist

$$\frac{M_{sx}}{L} = \eta, \quad \text{daher} \quad M_{sx}\eta = \eta^2 L,$$

$$\frac{M_{sy}}{L} = \xi, \quad \text{daher} \quad M_{sy}\xi = \xi^2 L,$$

Aus obigem folgt ferner

$$M_{sx}\,\xi = \eta\,\xi\,L \quad \text{und} \quad M_{sy}\,\eta = \eta\,\xi\,L.$$

Man setzt diese Ausdrücke in die Elastizitätsgleichungen (I) und (II) ein:

$$EJ\Delta_H = HJ_x - VJ_{xy} - H\eta^2 L + V\eta\,\xi\,L,$$

$$EJ\Delta_V = VJ_y - HJ_{xy} - V\xi^2 L + H\eta\,\xi\,L;$$

andererseits ist:

$$HJ_x - H\eta^2 L = H(J_x - \eta^2 L) = HJ_{xs},$$

$$VJ_{xy} - V\eta\,\xi\,L = V(J_{xy} - \eta\,\xi\,L) = VJ_{xys},$$

$$VJ_y - V\xi^2 L = V(J_y - \xi^2 L) = VJ_{ys}.$$

Die Werte J_{xs}, J_{ys} und J_{xys} stellen nichts anderes dar als Trägheits- bzw. Zentrifugalmomente des Rohrsystems bezogen auf die durch den Systemschwerpunkt gehenden Achsen x_s und y_s.

Damit lauten die Elastizitätsgleichungen für ein beiderseits eingespanntes Rohrsystem:

$$\text{(I)} \qquad EJ\Delta_H = HJ_{xs} - VJ_{xys}, \qquad (53)$$

$$\text{(II)} \qquad EJ\Delta_V = VJ_{ys} - HJ_{xys}. \qquad (54)$$

Diese Beziehungen ergeben den wichtigen Satz:

Für die Ermittlung der Festpunktkräfte bei beiderseits eingespannten Rohrsystemen müssen die Systemträgheitsmomente bzw. Zentrifugalmomente auf die Schwerpunktsachsen bezogen werden.

Aus diesen Gleichungen folgt mit $\Delta_H = \alpha\,x_0$ und $\Delta_V = \alpha\,y_0$, wenn man die Schenkellängen in m und somit die Trägheits- bzw. Zentrifugalmomente in m^3 einsetzt

$$H = \frac{EJ}{10^6}\,\frac{\Delta_H J_{ys} + \Delta_V J_{xys}}{J_{xs}J_{ys} - J_{xys}^2} \quad \text{in kg}, \qquad (55)$$

$$V = \frac{EJ}{10^6}\,\frac{\Delta_V J_{xs} + \Delta_H J_{xys}}{J_{xs}J_{ys} - J_{xys}^2} \quad \text{in kg}. \qquad (56)$$

Die Vorzeichen gelten, wenn die Wärmedehnungen Δ_H und Δ_V entgegen den Kraftrichtungen wirkend eingesetzt werden.

Berechnungsbeispiele sind im Abschnitt II/3 gegeben.

c) Ebene Rohrsysteme einerseits eingespannt, andererseits mit Gelenkfestpunkt.

Der Vollständigkeit halber seien auch solche Systeme untersucht, die einerseits einen Einspannfestpunkt und andererseits einen Gelenkfestpunkt haben, wenn sie auch praktisch nicht vorkommen dürften.

Denkt man sich in Abb. 61 das Rohrende *II* als Gelenkfestpunkt ausgebildet, so ist $M_0 = 0$.

Die Elastizitätsgleichungen erhalten somit folgende Form:

$$EJ\Delta_H = HJ_x - VJ_{xy}, \tag{I}$$

$$EJ\Delta_V = VJ_y - HJ_{xy}, \tag{II}$$

$$0 = VM_{sy} - HM_{sx}. \tag{III}$$

Dividiert man die Gl. (III) durch die Länge L des Systems, so wird

$$0 = V\frac{M_{sy}}{L} - H\frac{M_{sx}}{L}$$

oder

$$H\eta = V\xi.$$

Das beweist, daß die Kräfte durch den Gelenkfestpunkt gehen müssen, da dort nur dann kein Moment auftritt und obige Bedingung erfüllt ist.

Aus den Gl. (I) und (II) folgt

$$H = \frac{EJ}{10^6}\,\frac{\Delta_H J_y + \Delta_V J_{xy}}{J_x J_y - J_{xy}^2} \quad \text{in kg}, \tag{57}$$

$$V = \frac{EJ}{10^6}\,\frac{\Delta_V J_x + \Delta_H J_{xy}}{J_x J_y - J_{xy}^2} \quad \text{in kg}, \tag{58}$$

wobei die Schenkellängen in m und somit die Trägheits- bzw. Zentrifugalmomente in m³, alles andere in cm bzw. kg eingesetzt werden.

In diesem Falle, d. h. bei einem einerseits eingespannten, andererseits mit Gelenkfestpunkt versehenen System, werden die Linienträgheitsmomente J_x und J_y und das Zentrifugalmoment J_{xy} des Systems auf die durch den Gelenkpunkt gehenden Kraftachsen bezogen.

Die Gesamtkraft P ist nach Größe und Richtung gegeben durch

$$P = \sqrt{H^2 + V^2}.$$

Sie geht also nicht durch den Schwerpunkt des Systems.

Zum Vergleich lösen wir die Gl. (I) und (II) für das *beiderseits* eingespannte System nach H und V auf. Man erhält nach einigen Umformungen

$$H = \frac{EJ(\Delta_H J_y + \Delta_V J_{xy}) + L(\eta J_y - \zeta J_{xy})M_0}{10^6(J_x J_y - J_{xy}^2)}$$

$$V = \frac{EJ(\Delta_V J_x + \Delta_H J_{xy}) + L(\eta J_{xy} - \xi J_x)M_0}{10^6(J_x J_y - J_{xy}^2)}.$$

Vergleicht man diese Beziehung für ein beiderseits eingespanntes Rohrsystem mit den Gl. (57) und (58) eines nur einerseits eingespannten und andererseits mit Gelenkfestpunkten versehenen Rohrsystems, so stellt man fest, daß sie bis auf einen im Zähler stehenden Summanden miteinander übereinstimmen. Dieses zusätzliche Glied kann nun bei bestimmten Systemformen negativ werden, und zwar wenn

$$\eta\, J_y < \xi\, J_{xy}$$

bzw.

$$\eta\, J_{xy} < \xi\, J_x$$

ist. In diesem Falle werden die Kräfte bei einem beiderseits eingespannten System kleiner sein als bei dem nur einerseits eingespannten.

Es sei nachstehend das Beispiel gemäß Abb. 62 durchgerechnet.

Beispiel 8. Für einen *einerseits* eingespannten Z-Bogen, wie schon im letzten Beispiel 7 durchgerechnet, sollen die gleichen Abmessungen und Betriebsverhältnisse zugrunde gelegt werden.

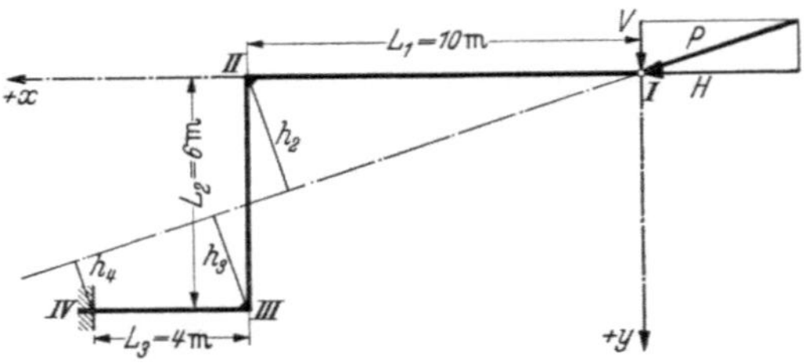

Abb. 62. Z-Bogen einerseits mit Gelenkfestpunkt.

Rohr $216 \times 7{,}5$ mm aus Mo-Stahl für 40 atü 450° C.

Das Trägheitsmoment des Systems bezogen auf die x-Achse ist

$$J_x = \tfrac{1}{3} L_2^3 + L_3 L_2^2 = \tfrac{1}{3} 216 + 4 \cdot 36 = 216 \text{ m}^3$$

und dasselbe auf die y-Achse bezogen

$$\begin{aligned} J_y &= \tfrac{1}{3} L_1^3 + L_2 L_1^2 + \tfrac{1}{3} L_3^3 + L_3^2 L_1 + L_3 L_1^2 \\ &= \tfrac{1}{3} \cdot 1000 + 6 \cdot 100 + \tfrac{1}{3} \cdot 64 + 16 \cdot 10 + 4 \cdot 100 = 1514{,}67 \text{ m}^3. \end{aligned}$$

Das Zentrifugalmoment ist

$$\begin{aligned} J_{xy} &= \tfrac{1}{2} L_2^2 L_1 + L_2 L_1 0 + \tfrac{1}{2} L_3^2 L_2 + L_3 L_2 L_1 \\ &= \tfrac{1}{2} \cdot 36 \cdot 10 + 0 + \tfrac{1}{2} \cdot 16 \cdot 6 + 4 \cdot 6 \cdot 10 = 468 \text{ m}^3. \end{aligned}$$

Bei 50% Vorspannung sind die Dehnungskomponenten

$$\Delta_H = 0{,}5\, \alpha (L_1 + L_3) = 0{,}5 \cdot 0{,}68 \cdot 14 = 4{,}76 \text{ cm},$$

$$\Delta_V = 0{,}5\, \alpha\, L_2 = 0{,}5 \cdot 0{,}68 \cdot 6 = 2{,}04 \text{ cm}.$$

Mit $J = 2660\ \mathrm{cm}^4$ und $E = 1{,}52 \cdot 10^6\ \mathrm{kg/cm}^2$ werden diese Werte in die Gl. (57) und (58) eingesetzt

$$H = \frac{1{,}52 \cdot 10^6 \cdot 2660}{10^6} \frac{4{,}76 \cdot 1514{,}7 + 2{,}04 \cdot 468}{216 \cdot 1514{,}7 - 468^2} = \underline{304\ \mathrm{kg}},$$

$$V = \frac{1{,}52 \cdot 10^6 \cdot 2660}{10^6} \frac{2{,}04 \cdot 216 + 4{,}76 \cdot 468}{216 \cdot 1514{,}7 - 468^2} = \underline{99\ \mathrm{kg}},$$

$$P = \sqrt{H^2 + V^2} = \underline{320\ \mathrm{kg}}.$$

Der Vergleich mit dem für einen beiderseits mit Gelenken ausgeführten Z-Bogen gemäß dem vorigen Beispiel (Abb. 60) zeigt, daß die Kräfte P und H größer sind, V dagegen in diesem Falle um ein geringes kleiner ausfällt.

Jetzt müssen die Kräfte am Gelenkfestpunkt *maßstäblich* aufgetragen werden, um die Richtung von P zu ermitteln.

Die Abstände der einzelnen Punkte des Systems von der Kraftlinie P geben die Größe des dort herrschenden Biegungsmomentes an: Man erkennt sofort, daß im Punkt II der größte Hebelarm h_2 und folglich dort das größte Biegungsmoment vorliegt:

$$M_{b\,2} = P\,h_2 = 320 \cdot 312 = 99\,800\ \mathrm{cmkg}$$

$$\sigma_{b\,\max} = \frac{M_b\,D}{200\,J} = \frac{99\,800 \cdot 21{,}6}{200 \cdot 2660} = \underline{4{,}05\ \mathrm{kg/mm}^2}.$$

Die Biegungsspannung ist hier also, trotz der größeren Kraft P, kleiner als bei dem gleichen Z-Bogen mit beiderseitigen Gelenkfestpunkten. Das kommt daher, daß der Abstand $h_{\max}$ infolge der verlagerten Kraftrichtung kleiner geworden ist. Es kann aber ebensogut auch der umgekehrte Fall eintreten, da die Form des Systems einen wesentlichen Einfluß auf diese Verhältnisse ausübt.

d) Zusammenfassender Vergleich der bisherigen Annahmen.

Wie schon betont wurde, trifft die Annahme von Gelenkfestpunkten im Rohrleitungsbau praktisch nicht zu. Sie führt daher auch zu grundlegend falschen Ergebnissen. Der Fehler in der Größenordnung der Kräfte und Spannungen ist nicht so sehr ausschlaggebend wie die unbedingt irreführende Verteilung der Momente und Spannungen. Gerade letzteres spielt häufig eine wesentliche Rolle bei der Festlegung der Lage der Schweißnähte, die möglichst geringen Biegungsspannungen ausgesetzt werden sollten. Daher ist die Kenntnis der Spannungsverteilung für den entwerfenden und ausführenden Ingenieur von größter Bedeutung. Man sollte sich also nicht durch die etwas bequemere Rechnungsweise dazu verleiten lassen, die Annahme von Gelenkfestpunkten zugrunde zu legen, es sei denn für ganz grobe Überschlagsberechnungen.

Die andere Annahme, und zwar für die beiderseitige feste Einspannung der Enden des Rohrsystems (Einspannfestpunkte), liegt nach den Erfahrungen des Verfassers den tatsächlichen Verhältnissen sehr nahe. Der geringe — wenn überhaupt vorhandene — Fehler beeinflußt das Ergebnis der Berechnung nach der sicheren Seite. Der wichtigste Vorzug dieser Annahme liegt aber in der wirklichkeitsgetreuen Wiedergabe der Spannungsverteilung.

Bei genauen Berechnungen soll man also grundsätzlich nur Einspannfestpunkte zugrunde legen. Der Mehraufwand an Rechenarbeit wird durch die Genauigkeit derselben mehr als wettgemacht, so daß man mit den geringstmöglichen Sicherheitszahlen auskommen kann.

Die dritte Annahme — einerseits Einspannung, andererseits festes Gelenk — hat nur theoretische Bedeutung. Ihr haften die gleichen Mängel an wie der ersten Annahme, wenn auch nicht überall in gleichem Maße. Eine Rechnungserleichterung bringt sie nicht.

Die grundlegenden Auswirkungen der drei Annahmen seien hier nochmals zusammengefaßt.

1. Beiderseitige Gelenkfestpunkte:

Die Reaktionskraft geht durch beide Gelenkfestpunkte; dadurch ist ihre Lage und Richtung gegeben. Ihre Größe ist aus den Gl. (38) bis (40) zu ermitteln.

Das Linienträgheitsmoment des Systems wird auf die Hauptkraftachse (Gelenkverbindungslinie) bezogen.

2. Einerseits festes Gelenk, andererseits feste Einspannung:

Die Reaktionskraft geht durch den Gelenkfestpunkt; ihre Größe und Richtung ist durch die beiden aus Gl. (57) und (58) zu ermittelnden Kraftkomponenten gegeben.

Die Linienträgheits- und Zentrifugalmomente des Systems sind auf die mit den Kraftkomponenten zusammenfallenden Achsen zu beziehen.

3. Beiderseits Einspannfestpunkte:

Die Reaktionskraft geht durch den *Schwerpunkt* des Systems; ihre Größe und Richtung ist durch die beiden aus den Gl. (55) und (56) zu ermittelnden Kraftkomponenten gegeben.

Die Linienträgheits- und Zentrifugalmomente des Systems sind auf ein den Kraftkomponenten paralleles Achsenkreuz mit dem Ursprung im Systemschwerpunkt zu beziehen.

Die im vorausgegangenen Teil der Erläuterungen zugrunde gelegte Annahme von biegungssteifen Ecken bringt tatsächlich eine große Vereinfachung der Berechnung mit sich. Der dadurch begangene Fehler ist um so kleiner, je kleiner das Verhältnis der gebogenen Rohrteile zu der Länge der geraden Schenkel eines Systems ist. Bei normalen Netzleitungen ist dieses Verhältnis zumeist nicht sehr groß, so daß diese Vereinfachung dort ohne große Fehler zulässig ist.

Bei den verhältnismäßig kurzen Verbindungsbogen, z. B. zwischen Wasserabscheider und Turbine, führt diese Annahme aber schon zu sehr erheblichen Fehlern. Dort müßte also der Einfluß der Bogen berücksichtigt werden.

Vollkommen unzulässig ist die Annahme biegungssteifer Ecken bei reinen Dehnungselementen, wie z. B. bei Lyrabogen, die fast nur aus gebogenen Rohrteilen bestehen. Der hier begangene Fehler wird im nächsten Abschnitt an Hand eines auf Versuchsergebnissen aufgebauten Beispiels näher erläutert.

2. Biegungsverhältnisse im gekrümmten Rohr.

In den vorhergehenden Abschnitten wurde bei der Untersuchung der Spannungsverhältnisse in einem durch ein Biegungsmoment belasteten Rohr stets angenommen, daß die neutrale Achse mit der Symmetrieachse des Rohres zusammenfällt. Diese Voraussetzung trifft jedoch nur für gerade Rohre, nicht aber für gebogene Rohre zu.

Infolge der Krümmung des Rohres findet eine Verschiebung der neutralen Achse in Richtung des Krümmungsmittelpunktes statt. Je kleiner der Krümmungshalbmesser R im Vergleich zu den übrigen Abmessungen des Rohres ist, um so größer ist die Verschiebung der neutralen Achse.

Außerdem findet eine Abplattung des Rohrquerschnittes in Richtung des Krümmungshalbmessers statt. Hier muß man zwei Fälle unterscheiden:

Erstens ist schon durch den Herstellungsprozeß des Rohrbogens, der normalerweise mit einer Sandfüllung im Feuer erwärmt und anschließend warm gebogen wird, eine mehr oder weniger starke Abplattung des gebogenen Querschnittes bedingt. Diese ist um so größer, je geringer die Wanddicke und der Krümmungshalbmesser und je größer der Rohrdurchmesser ist. Außerdem dürfte diese Abplattung auch von der Sorgfalt der Sandfüllung abhängen, so daß sie im voraus schlecht zu bestimmen ist.

Zweitens erfolgt — wie nachstehende Untersuchungen darlegen — durch das Biegungsmoment infolge der Wärmedehnung eine kaum meßbare, aber in ihrer Wirkung außerordentlich bedeutungsvolle Querschnittabplattung im gleichen Sinne statt.

Es ist das Verdienst von TH. V. KÁRMÁN, der als erster auf diesen Umstand hingewiesen hat und damit eine Erklärung für die Unterschiede zwischen Messung und Berechnung von Glattrohr-Lyrakompensatoren lieferte.

a) Querschnittsabplattung und Kármánsche Zahl.

Die übliche Biegungstheorie setzt voraus, daß der Querschnitt des gebogenen Körpers unverändert bleibt. Diese Voraussetzung trifft bei Bogenrohren um so weniger zu, je dünner die Wand im Verhältnis zum Durchmesser ist, und je kleiner der Biegungshalbmesser ist. Auf diese Verhältnisse hat als erster Th. v. Kármán[1] hingewiesen und durch seine Untersuchungen die außerordentlich großen Unterschiede zwischen den gemessenen und berechneten Federungen von Lyraausgleichern erklärt.

Zum besseren Verständnis der Zusammenhänge ist es zweckmäßig, die Kármánschen Überlegungen in etwas abgeänderter Form abzuleiten. Aus Abb. 63 erkennt man, daß die parallel zur Achse des Bogenrohres gerichteten Biegungsspannungen radial gerichtete Spannungskomponenten hervorrufen, die bei einem Biegungsmoment, welches die Krümmung zu vergrößern sucht, die äußere und innere Rohrwand gegen die neutrale Achse zusammendrücken und umgekehrt. Es tritt also unter der Einwirkung der Biegungsspannungen eine Abplattung des Rohrquerschnittes ein (s. Abb. 63 rechts). Dieses hat zur Folge, daß dem Verbiegen des Rohres um ein gewisses Maß weit geringere Spannungen und ein kleineres Biegungsmoment entsprechen, als man in der normalen Biegungstheorie voraussetzt.

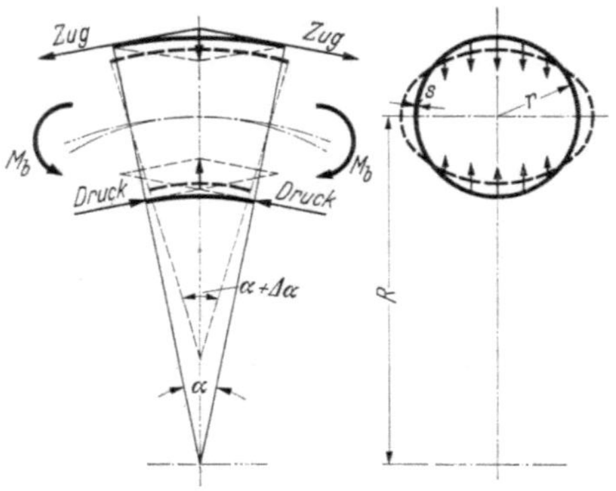

Abb. 63. Formänderung des Querschnittes eines auf Biegung beanspruchten Bogenrohres.

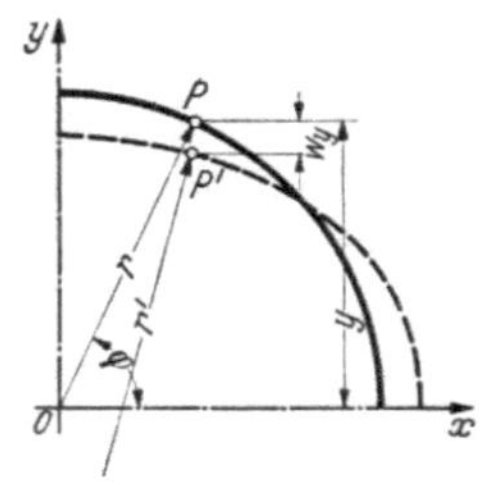

Abb. 64. Querschnittsabplattung eines beanspruchten Bogenrohres.

Bei der Ableitung seiner Beziehungen wendet Kármán nicht die Theorie der dünnen Schalen an, da diese zu sehr verwickelten und für die Praxis wenig brauchbaren Ergebnissen führen würde, sondern er leitet die wahrscheinliche Verzerrung des Rohrquerschnittes aus dem Satz vom Minimum der Formänderungsarbeit ab.

[1] Kármán, Th. v.: Über die Formänderung dünnwandiger Rohre, insbesondere federnder Ausgleichrohre. Z. VDI 1911 Nr. 45 S. 1889.

Es sei ein Bogenrohr mit dem ursprünglichen Winkel α gegeben. Unter der Wirkung eines Biegungsmomentes M_b wird sich der Winkel α um $\Delta\alpha$ vergrößern, so daß der Endwinkel $\alpha + \Delta\alpha$ entsteht. Die Winkeländerung $\Delta\alpha$ umfaßt also sowohl diejenige, die der Längsdehnung der Fasern entspricht als auch die zusätzliche Winkeländerung $\Delta\beta$, die durch das Verzerren des Rohrquerschnittes infolge der Abplattung. bedingt ist.

Dieser Gesamtwinkeländerung $\Delta\alpha$ entspricht eine scheinbare Längsdehnung

$$\varepsilon_1 = \frac{l_2 - l_1}{l_1} = \frac{[(y + R)\,\alpha + y\,\Delta\alpha] - (y + R)\,\alpha}{(y + R)\,\alpha} = \frac{y}{y + R}\,\frac{\Delta\alpha}{\alpha}.$$

Im Verhältnis zu R ist y sehr klein und kann daher im Nenner ohne wesentlichen Fehler vernachlässigt werden, daher

$$\varepsilon_1 = \frac{y}{R}\,\frac{\Delta\alpha}{\alpha}.$$

Die *scheinbare* Gesamtdehnung besteht aus zwei Teilen:

1. Aus der *wirklichen* Längsdehnung ε_1' der Fasern, hervorgerufen durch die Längsspannung

$$\varepsilon_1' = \frac{\sigma}{E}.$$

2. Aus der *scheinbaren* Dehnung ε_1'', die durch die Querschnittsabplattung bedingt ist. Diese ist nach Abb. 64

$$\varepsilon_1'' = \frac{l_3 - l_2}{l_2} = \frac{(y + R)\,\beta - (y + R + w_y)\,\beta}{(y + R + w_y)\,\beta} = \frac{-\,w_y}{y + R + w_y}.$$

Auch hier können y und w_y infolge ihrer Kleinheit gegenüber R vernachlässigt werden, daher

$$\varepsilon_1'' = -\,\frac{w_y}{R}.$$

Da $\varepsilon_1' + \varepsilon_1'' = \varepsilon_1$ ist, folgt

$$\frac{\sigma}{E} - \frac{w_y}{R} = \frac{y}{R}\,\frac{\Delta\alpha}{\alpha},$$

daraus

$$\frac{\sigma}{E} = \frac{y}{R}\,\frac{\Delta\alpha}{\alpha} + \frac{w_y}{R}.$$

Gemäß Abb. 65 ist

$$w_y = w_t \cos\varphi + w_r \sin\varphi$$

und

$$y = r \sin\varphi.$$

Die Querdehnung

$$\varepsilon_2 = \frac{1}{r}\left(\frac{d w_t}{d\varphi} + w_r\right)$$

setzt Kármán gleich Null, da er die Bedingung aufstellt, daß die Abplattung des Rohrquerschnittes durch dehnungslose Verzerrung der Rohrwandmittelfaser vor sich geht. Mit $\varepsilon_2 = 0$ wird

$$w_r = -\frac{d w_t}{d\varphi}.$$

Mit diesen Werten folgt für σ

$$\sigma = \frac{E}{R}\left(r \sin\varphi \frac{\Delta\alpha}{\alpha} + w_t \cos\varphi - \frac{d w_t}{d\varphi}\sin\varphi\right).$$

Für die Querbiegung der Rohrwand infolge der Abplattung des Querschnittes gilt mit Abb. 65

$$\frac{M_q}{E J_q} = \frac{1}{r'} - \frac{1}{r} = -\frac{1}{r^2}\left(\frac{d^2 w_r}{d\varphi^2} + w_r\right),$$

worin r' den Krümmungshalbmesser der Rohrwand nach der Verzerrung darstellt. Mit $w_r = -d w_t/d\varphi$ ist

$$\frac{M_q}{E J_q} = \frac{1}{r^2}\left(\frac{d^3 w_t}{d\varphi^3} + \frac{d w_t}{d\varphi}\right).$$

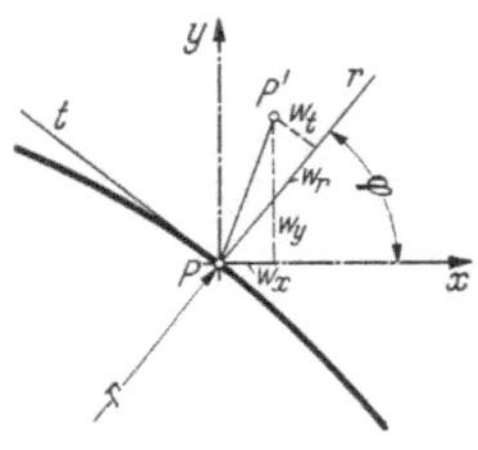

Abb. 65. Faserverschiebung infolge der Querschnittsabplattung

Betrachtet man jetzt die Gesamtformänderungsarbeit, die zum Biegen des Rohrbogens um den Winkel $\Delta\alpha$ notwendig ist, so stellt man fest, daß diese ebenfalls aus zwei Teilen besteht.

$$A = A_1 + A_2.$$

Der erste Teil stellt den zur Längsdehnung der Fasern aufgewendeten Betrag dar. Dieser Anteil ist für ein Raumteilchen $dV = r\,d\varphi \cdot 1 \cdot s$ mit der Stärke s und der Breite 1 entsprechend der Längsspannung σ

$$d A_1 = \frac{\sigma^2}{2E} d V$$

oder

$$A_1 = \int \frac{\sigma^2}{2E} r\,s\,d\varphi = \frac{r\,s}{2E}\int_0^{2\pi} \sigma^2\,d\varphi.$$

Der zweite Teil der Formänderungsarbeit ist durch die Querbiegung der Rohrwand gegeben, und zwar

$$d A_2 = \frac{M_q^2}{2 E J_q} d x,$$

worin $dx = r\,d\varphi$ ist.

Um den ersten Teil der Arbeit zu ermitteln, setzt man für σ die ermittelte Beziehung ein

$$A_1 = \frac{E r s}{2 R^2}\int_0^{2\pi}\left(r \sin\varphi \frac{\Delta\alpha}{\alpha} + w_t \cos\varphi - \frac{d w_t}{d\varphi}\sin\varphi\right)^2 d\varphi.$$

Die Lösung dieses Integrals erreicht KÁRMÁN mit Hilfe eines Näherungsverfahrens, indem er

$$w_t = c_1 \sin(2\varphi) + c_2 \sin(4\varphi) + \cdots + c_n \sin(2n\varphi)$$

setzt. Er weist nach, daß schon das erste Glied dieser endlichen trigonometrischen Reihe zu einem in der Praxis ausreichend genauen Ergebnis führt. Setzt man also in die Gleichung für σ in erster Näherung den Wert

$$w_t = c \sin(2\varphi)$$

ein, so erhält man mit Hilfe des Satzes vom Minimum der Formänderungsarbeit für die beiden Arbeitsanteile

$$A_1 = \frac{r\,s}{2E} \int_0^{2\pi} \sigma^2 \, d\varphi = \text{Anteil für Längsspannung und}$$

$$A_2 = \frac{3}{2} \frac{s^3}{r^3} E\, c^2 \pi = \text{Anteil für Querbiegung},$$

die Konstante c, indem man das Differential $\frac{d(A_1 + A_2)}{d c} = 0$ setzt.

KÁRMÁN erhält nach Ermittlung von

$$c = -r \frac{\Delta\alpha}{\alpha} \frac{3}{5 + 6\lambda^2}$$

die Beziehung für die Biegungsspannung

$$M = \frac{E J}{R} \frac{\Delta\alpha}{\alpha} \frac{1 + 12\lambda^2}{10 + 12\lambda^2}. \tag{59}$$

Der in erster Näherung ermittelte Ausdruck

$$\frac{1 + 12\lambda^2}{10 + 12\lambda^2} = K = (\text{KÁRMÁN-Zahl}) \tag{60}$$

stellt das Verhältnis des unter Berücksichtigung der Querschnittsabplattung berechneten Biegungsmomentes zu dem nach der normalen Biegungstheorie ermittelten Biegungsmoment dar.

Unter Berücksichtigung der Querschnittsabplattung erhält man also gegenüber der normalen Biegungstheorie ein im Verhältnis der KÁRMÁN-*Zahl kleineres Biegungsmoment.*

Die KÁRMÁN-Zahl spielt in der genauen Berechnung von Rohrsystemen eine sehr große Rolle.

Die für die Berechnung der wirkenden Kräfte in Rohrleitungen erforderliche KÁRMÁN-Zahl K ist in Abb. **66** für die erste und dritte Näherung in Abhängigkeit von λ aufgetragen, wobei

$$K_1 = \frac{1 + 12\lambda^2}{10 + 12\lambda^2} = \text{1. Näherung und}$$

$$K_3 = \frac{3 + 3280\lambda^2 + 329376\lambda^4 + 2822400\lambda^6}{252 + 73912\lambda^2 + 2446176\lambda^4 + 2822400\lambda^6} = \text{3. Näherung.}$$

Wie man erkennt, ist die Konvergenz dieser beiden Werte erst für $\lambda > 0{,}3$ befriedigend, weshalb für kleinere λ-Werte die erste Näherung schon sehr ungenaue Werte von K liefert. Das ist besonders für große dünnwandige Rohrbogen zu beachten (s. a. nächsten Abschnitt).

Welch große Bedeutung die KÁRMÁN-Zahl für die Berechnung der Elastizität von Rohrsystemen hat, kann man aus Abb. 67 ersehen. Darin sind die an einem Lyrabogen von 399/419 mm Dmr. mit einer Ausladung $A = 7945$ mm und einem Biegungshalbmesser $R = 1600$ mm vom Verfasser gemessenen Reaktionskräfte P in Abhängigkeit von der Dehnungsaufnahme des Lyrabogens aufgetragen. Der Versuch wurde

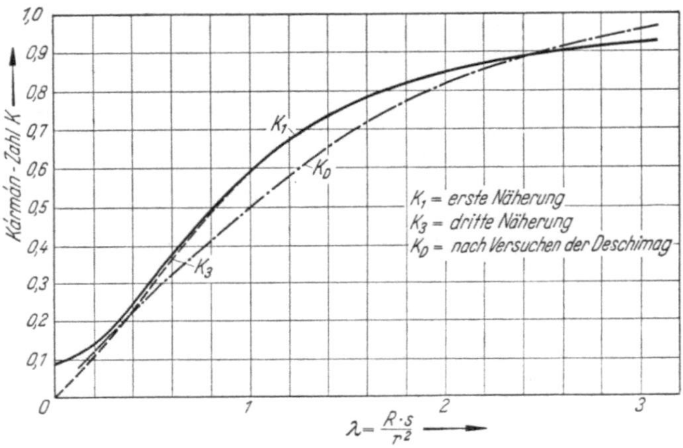

Abb. 66. KÁRMÁN-Zahl.

unter Benutzung eines Kraftmessers (Dynamometer) auf der Baustelle durchgeführt, wobei der Lyrabogen weder an dem einen noch an dem anderen Ende eingespannt, sondern nur beweglich abgestützt war. Außer der Linie für die gemessene Kraft wurden in der Abb. 67 die Linien für die berechnete Kraft aufgetragen, und zwar einmal ohne Berücksichtigung der KÁRMÁN-Zahl (d. h. $K = 1$) und das andere Mal mit Berücksichtigung derselben. $K = 1$ ergibt 4mal größere Werte für P, als sie der Messung entsprechen. Dagegen liegt die zweite Linie (unter Berücksichtigung der entsprechenden KÁRMÁN-Zahl) den Versuchswerten schon wesentlich näher.

Die verbleibende Abweichung dürfte durch folgende Umstände erklärt sein:

a) Abweichungen in der Wanddicke des Rohres, bedingt durch die Herstellungstoleranzen.

b) Schwächung der Wand in der Außenfaser des Bogens, bedingt durch die Reckung derselben bei der Herstellung der Biegung.

c) Gewisse Abflachung des Rohrquerschnittes bei der Herstellung der Biegung.

d) Geringe Wellen- oder Faltenbildung an der Innenfaser des Bogens, bedingt durch die Zusammendrückung derselben während der Biegearbeit.

e) Abweichungen im Wert des Elastizitätsmoduls.

Für den Einfluß der Wellen oder Falten an der Innenseite des Bogens gibt KÁRMÁN folgende Beziehung an:

Der scheinbare Elastizitätsmodul erhält die Form

$$E' = E \frac{1}{1 + 6\left(\frac{\varepsilon}{s}\right)^2},$$

worin ε = halbe Wellentiefe in mm, s = Wandstärke des Rohres in mm bedeuten.

Würde man beim untersuchten Lyrabogen die halbe Wellentiefe $\varepsilon = 1$ mm annehmen, so bekommt man bei $s = 10$ mm

$$E' = E \frac{1}{1 + 6\left(\frac{1}{10}\right)^2} = E \cdot 0{,}943,$$

d. h. eine weitere Angleichung der Rechnungs- und Versuchsergebnisse um rd. 6%.

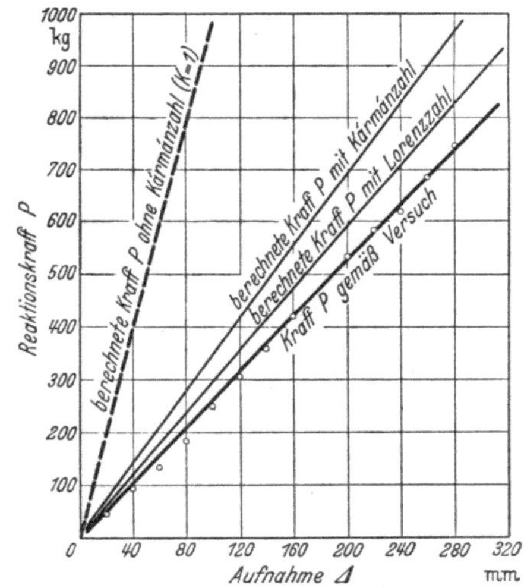

Abb. 67. Reaktionskraft P für einen Lyrabogenausgleicher laut Rechnung und Versuch.

Die beim Herstellen der Bogen entstehende natürliche Abflachung kann zuweilen einen großen Einfluß haben. Dann muß für die gebogenen Teile des Rohres an Stelle des Trägheitsmomentes

$$J = \frac{\pi}{64}(D^4 - d^4)$$

eines Kreisringquerschnittes, dasjenige für einen elliptisch abgeflachten Querschnitt

$$J_{\text{Ellipse}} = \frac{\pi}{64}(D_1 D_2^3 - d_1 d_2^3) \text{ cm}^4 \tag{61}$$

eingesetzt werden.

Darin ist

D_1 = große Achse der Ellipse außen in cm,
d_1 = große Achse der Ellipse innen in cm,
D_2 = kleine Achse der Ellipse außen in cm,
d_2 = kleine Achse der Ellipse innen in cm.

Der untersuchte Lyrabogen hatte in den Bogenteilen eine Abflachung von 10 bis 15 mm. Rechnet man mit Rücksicht auf die unabgeflachten geraden Teile mit einem mittleren Wert von 9 mm, so werden

$$D_1 = 41{,}9\ \text{cm}, \qquad d_1 = 39{,}9\ \text{cm}, \qquad D_2 = 41\ \text{cm}, \qquad d_2 = 39\ \text{cm}$$

und somit

$$J_{\text{Ellipse}} = 25700\ \text{cm}^4$$

gegenüber $J = 26900\ \text{cm}^4$ für einen kreisrunden Querschnitt, womit die theoretische Kurve in Abb. 67 um weitere 4,5% näher an die Versuchskurve heranrückt.

b) Einfluß der KÁRMÁN-Theorie auf die Spannungsverhältnisse in Bogenrohren.

Es war nicht die Absicht von KÁRMÁN, seine Theorie auch auf die Berechnung der Spannungsverhältnisse in gebogenen Rohren anzuwenden. Er wollte lediglich nachweisen, worauf die Abweichungen in der Berechnung und praktischen Messung von Rohrkräften beruhen und für diesen Zweck ist seine Theorie auch vorzüglich geeignet.

Für die Berechnung der Spannungen im Bogenrohr ist der von KÁRMÁN gewählte Ansatz

$$w_t = c_1 \sin 2\varphi \quad \text{(erste Näherung)}$$

nicht gut geeignet und führt im Zusammenwirken mit einigen Vernachlässigungen, die durch die Annahme $r \ll R$ bedingt sind, zu einer doppelten Symmetrie der Querschnittverformung in der Krümmerebene und senkrecht dazu. Diese Symmetrie der Verformung besteht aber in Wirklichkeit nicht, und es ergeben sich bei stark gekrümmten Rohren in bezug auf einige bestimmte Spannungen teilweise sehr erhebliche Abweichungen. Der Grund dafür liegt darin, daß in der Spannungsberechnung die Konvergenz der Reihe für den gewählten Ansatz sehr viel schlechter ist als diejenige für die Berechnung des K-Wertes.

Setzt man nach KÁRMÁN in die entwickelte Beziehung für die Längsbiegespannung

$$\sigma_L = \frac{E}{R}\left[r \sin\varphi \frac{\Delta\alpha}{\alpha} + 2c \sin^3\varphi\right]$$

in erster Näherung den gefundenen Ausdruck

$$c = -r\frac{\Delta\alpha}{\alpha}\,\frac{3}{5+6\lambda^2}$$

ein, so wird

$$\sigma_L = \frac{E}{R}\left[r\sin\varphi\frac{\Delta\alpha}{\alpha} - 2r\frac{\Delta\alpha}{\alpha}\,\frac{3}{5+6\lambda^2}\sin^3\varphi\right]$$

$$= \frac{E}{R}\,\frac{\Delta\alpha}{\alpha}\,y\left[1 - \frac{6}{5+6\lambda^2}\left(\frac{y}{r}\right)^2\right].$$

Diese Beziehung besagt, wie Abb. 68 zeigt, daß der Größtwert der Biegungsspannung in gebogenen Rohren nicht immer in der am weitesten von der neutralen Achse liegenden Faser auftritt, sondern bei bestimmten Werten von λ näher zur Rohrachse liegt.

Da gleichzeitig

$$\frac{E}{R}\,\frac{\Delta\alpha}{\alpha}=\frac{M_b}{JK}$$

ist, wird die Biegungsspannung

$$\sigma_L=\frac{M_b\,y}{JK}\left[1-\frac{6}{5+6\,\lambda^2}\left(\frac{y}{r}\right)^2\right]. \tag{62}$$

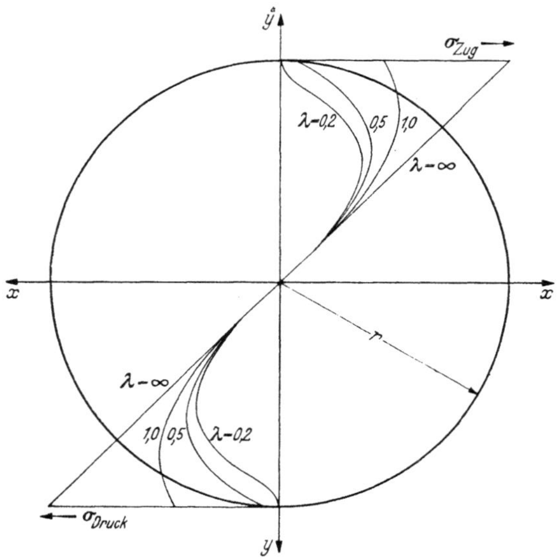

Abb. 68. Biegelängsspannung in Bogenrohren nach KÁRMÁN.

Um den Größtwert dieser Spannung zu ermitteln, setzt man das Differential $d\sigma_L/dy=0$, d. h.

$$\frac{d\sigma_L}{dy}=\frac{M_b}{JK}\left[1-\frac{18}{5+6\,\lambda^2}\left(\frac{y}{r}\right)^2\right]=0$$

daraus

$$\left(\frac{y}{r}\right)^2=\frac{5+6\,\lambda^2}{18}$$

oder

$$y=r\sqrt{\frac{5+6\,\lambda^2}{18}}\,. \tag{63}$$

Bei diesem Wert von y ist also die Längsspannung σ_L im Bogen am größten.

Diese Bedingung gilt aber nur bis zu einem bestimmten Wert von λ. Abb. 68 zeigt, daß mit größer werdendem λ der Größtwert der Längsspannung immer näher an die Außenfaser des Rohrquerschnittes heranrückt. Wenn schließlich σ_L an der Außenfaser am größten wird, ist in der Gl. (63) $y = r$, d. h.

$$y = r\sqrt{\frac{5+6\lambda^2}{18}} = r,$$

daraus $\lambda = 1{,}472$.

Für $\lambda > 1{,}472$ ist also der Größtwert der Längsspannung an der Außenfaser des Bogenquerschnittes.

Setzt man den Wert für y aus Gl. (63) in Gl. (62) für die Längsspannung ein, so erhält man den Größtwert für σ_L

$$\left.\begin{aligned}\sigma_{L\max} &= \frac{M_b D}{200\,J}\,\frac{2}{3\,K}\sqrt{\frac{5+6\lambda^2}{18}}\\ &= \frac{M_b D}{200\,J}\,\beta \text{ kg/mm}^2 \quad \text{für} \quad \lambda < 1{,}472.\end{aligned}\right\} \tag{64}$$

Setzt man dagegen $y = r$ ein, so wird

$$\left.\begin{aligned}\sigma_{L\max} &= \frac{M_b D}{200\,J}\,\frac{12\lambda^2-2}{1+12\lambda^2}\\ &= \frac{M_b D}{200\,J}\,\beta' \text{ kg/mm}^2 \quad \text{für} \quad \lambda > 1{,}472.\end{aligned}\right\} \tag{65}$$

Die Werte sind: D in cm, J in cm^4 und M_b in cmkg einzusetzen.

Die Berichtigungszahlen $\beta = \frac{2}{3\,K}\sqrt{\frac{5+6\lambda^2}{18}}$ bzw. $\beta' = \frac{12\lambda^2-2}{12\lambda^2+1}$, mit denen der nach der normalen Biegungstheorie ermittelte Wert $\sigma_b = \frac{M_b D}{200\,J}$ zu multiplizieren ist, um die nach KÁRMÁN wirksame Längsbiegespannung *im Bogen* zu erhalten, sind in Abb. 69 zusammengefaßt.

Man sieht aus dieser Abbildung, daß die größte Längsspannung unter Umständen ganz wesentlich über dem für gerade Rohre ermittelten Wert der Biegespannung liegen kann.

Für das Zahlenbeispiel 7 wurde die größte Biegungsbeanspruchung mit $\sigma_b = 4{,}27$ kg/mm^2 ermittelt. Das System wurde allerdings unter Zugrundelegung biegungssteifer Ecken berechnet. Nimmt man aber einen Biegungshalbmesser $R = 800$ mm an, d. h. $\varrho = R : d = 4$, so wird mit $z = d : s = 201 : 7{,}5 = 26{,}8$ aus Abb. 69 $\beta = 1{,}20$.

Somit würde sich im *Bogen II* des Systems eine größte Längsbeanspruchung

$$\sigma_{L\max} = 4{,}27 \cdot 1{,}2 = 5{,}13 \text{ kg/mm}^2$$

ergeben.

In bezug auf die Längsbiegespannung ist die Theorie von KÁRMÁN ausreichend genau, da hier die tatsächlich unsymmetrische Querschnittsverformung keine wesentliche Rolle spielt und die Berechnung der Längsbiegespannung nur ganz unwesentlich verfälscht wird.

Die Rohrwand im Bogen wird aber noch durch einen weiteren Umstand nicht unerheblich beansprucht, und zwar durch die Abplattung des Rohrquerschnittes.

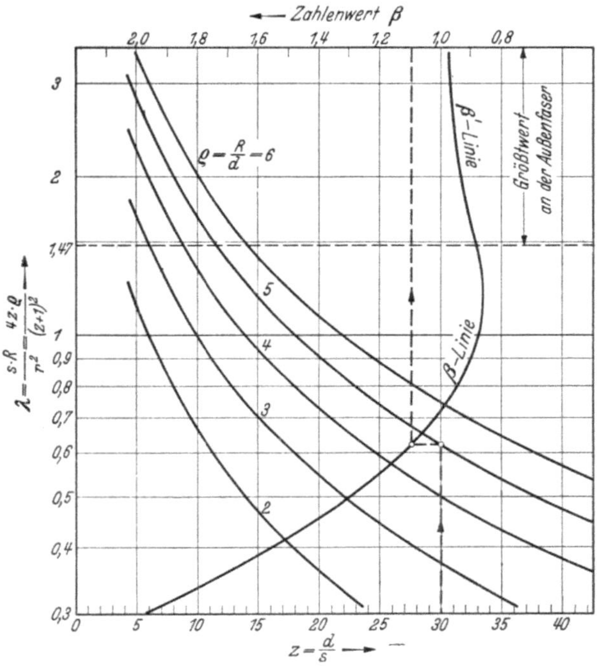

Abb. 69. Berichtungszahl β für die größte Biegelängsspannung in Bogenrohren nach KÁRMÁN.

Es treten hierdurch Querbiegespannungen im Rohrquerschnitt auf, die nach KÁRMÁN die Größe

$$\sigma_q = \sigma_0 \frac{18\,\lambda}{1 + 12\,\lambda^2} \quad \text{mit} \quad \sigma_0 = \frac{M_b\,D}{200\,J} \tag{66}$$

haben.

Und da zeigt es sich, daß der Lösungsansatz von KÁRMÁN in diesem Fall keineswegs zu befriedigenden Ergebnissen führt. Die Konvergenz der Reihe ist für diese Spannung erst für $\lambda > 0{,}8$ ausreichend gut, während bei kleineren Werten von λ die Abweichungen sehr groß werden (für $\lambda = 0{,}1$ weichen die ersten beiden Näherungen um mehr als 300 % voneinander ab).

Berg, Bernhard und Richter[1] weisen auf diesen Umstand hin und zeigen unter Anwendung eines etwas abgeänderten Ansatzes

$$w_t = c_1 \cos\varphi + c_1' \sin 2\varphi + c_2 \cos 3\varphi + c_2' \sin 4\varphi + \cdots$$

daß die Kenngröße K dann nicht mehr von dem Wert λ allein abhängt, in welchem die Wanddicke s und die Krümmung R fälschlicherweise genau den gleichen Einfluß haben.

Die erste Näherung ergibt für K' die Kurven nach Abb. 70, die einerseits vom Querschnittsverhältnis $\varepsilon = s/r$ und andererseits vom Krümmungsverhältnis $\varrho = r/R$ abhängen. Diese sind gegenseitig durch die Beziehung

$$\lambda = \frac{\varepsilon}{\varrho} = \frac{s\,R}{r^2}$$

miteinander verbunden, aus der in einfacher Weise der Vergleich mit den entsprechenden Werten der Kármán-Theorie gezogen werden kann.

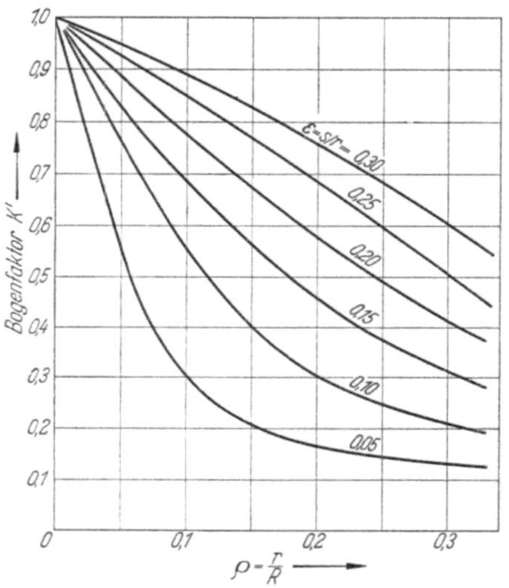

Abb. 70. Bogenfaktor K' nach Berg, Bernhard und Richter[1].

Mit diesem Ansatz ist nachzuweisen, daß im Gegensatz zu der von Kármán gemachten Voraussetzung (dehnungslose Verzerrung der Rohrwandmittelfaser) in dieser eine nicht zu vernachlässigende Normalspannung σ_n sich der durch die Abplattung bedingten Querbiegespannung σ_q in der „scheinbar neutralen" Faser des Rohrbogens überlagert. Diese wechselt ihr Vorzeichen, je nachdem ob der Bogen „zugebogen" oder „aufgebogen" wird. In der Abb. 71 sind die sich überlagernden Spannungen σ_n und σ_q in den einzelnen Schnitten des Rohrquerschnittes sinnfällig für den Fall dargestellt, wenn der Bogen aufgebogen wird. Zu ihnen kommt noch als weitere konstante Komponente die Umfangsspannung $\sigma_p = p/\varepsilon$ hinzu, die vom Innendruck p herrührt.

Man erkennt aus diesem Bild, daß die scheinbar neutrale Faser des Rohrbogens stärker beansprucht ist als die anderen. Es sei noch vermerkt, daß alle Spannungen nach Abb. 71 (mit Ausnahme von σ_p) ihr Vorzeichen wechseln, wenn der Bogen „zugebogen" wird. Das muß bei der Spannungsberechnung unbedingt beachtet werden.

[1] Berg, S., H. Bernhard u. H. Richter: Zur Frage der Elastizität, der Beanspruchung und der Festigkeit warmbetriebener Rohrleitungen, Forschung, Bd. 12 (1941) H. 4, S. 166.

Für die Berechnung dieser Spannungen gelten die Abb. 72 und 73, in welchem das Verhältnis $n = \sigma_n/\sigma_o$ und $\gamma = \sigma_q/\sigma_o$ in Abhängigkeit von ε und ϱ dargestellt ist. Zum Vergleich wurden auch die nach der eigentlichen KÁRMÁN-Theorie aus

$$n = \varrho \frac{2 + 12\lambda^2}{1 + 12\lambda^2} \quad \text{und} \quad \gamma = \frac{18\lambda}{1 + 12\lambda^2}$$

errechneten Werte gestrichelt eingetragen.

Beispiel 9. Die im Beispiel 7 gewonnenen Ergebnisse sollen hier entsprechend dem oben Gesagten weiter ausgewertet werden. Die größte Biegungsspannung im Punkt II des Systems wurde zu $\sigma_b = 4{,}27$ kg/mm², und die durch den Innendruck $p = 40$ atü hervorgerufenen Tangentialspannungen im Rohr aus den Gl. (18) und (19) ergeben sich zu $\sigma_{ti} = 5{,}58$ kg/mm² und $\sigma_{ta} = 5{,}18$ kg/mm². Die Rohrabmessungen sind $D = 216$ mm, $s = 7{,}5$ mm.

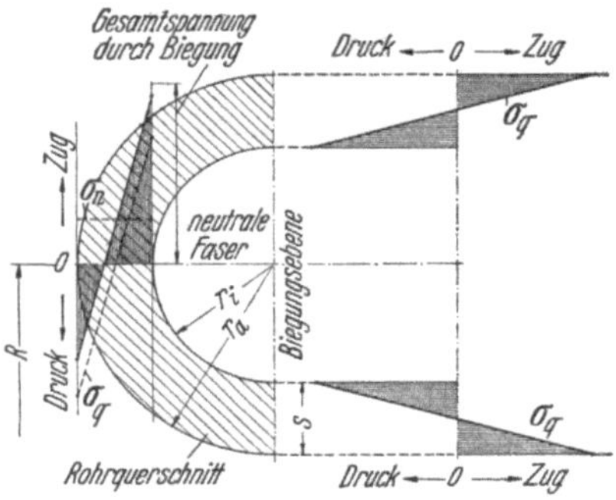

Abb. 71. Gesamtumfangsspannungen in einem auf Biegung beanspruchten Rohrbogen.

Aus Abb. 72 und 73 liest man für $\varepsilon = 7{,}5 : 104 = 0{,}072$ und $\varrho = 104 : 1000 =$ rd. 0,1 die Werte $n = 0{,}14$ und $\gamma = 1{,}65$ ab und berechnet:

$$\begin{aligned}
\sigma_{qa} &= 4{,}27 \cdot 1{,}65 &&= 7{,}04 \text{ kg/mm}^2 \text{ und} \\
\sigma_{qi} &= 4{,}27 \cdot 1{,}65 \frac{201}{216} &&= 6{,}55 \text{ kg/mm}^2, \\
\sigma_n &= 4{,}27 \cdot 0{,}14 &&= 0{,}6 \text{ kg/mm}^2.
\end{aligned}$$

Beim *Zubiegen* ist also im Bogenscheitelpunkt:

$$\begin{aligned}
\text{außen } \sigma_a &= -7{,}04 + 5{,}18 = -\ 1{,}86 \text{ kg/mm}^2, \\
\text{innen } \sigma_i &= +6{,}55 + 5{,}58 = +12{,}13 \text{ kg/mm}^2
\end{aligned}$$

und in der scheinbar neutralen Faser:

$$\begin{aligned}
\text{außen } \sigma_a &= +7{,}04 - 0{,}6 + 5{,}18 = +11{,}62 \text{ kg/mm}^2, \\
\text{innen } \sigma_i &= -6{,}55 - 0{,}6 + 5{,}58 = -\ 2{,}57 \text{ kg/mm}^2.
\end{aligned}$$

Beim *Aufbiegen* ist im Bogenscheitelpunkt:

$$\begin{aligned}
\text{außen } \sigma_a &= +7{,}04 + 5{,}18 = +12{,}22 \text{ kg/mm}^2, \\
\text{innen } \sigma_i &= -6{,}55 + 5{,}58 = -\ 0{,}97 \text{ kg/mm}^2
\end{aligned}$$

und in der scheinbar neutralen Faser:

$$\begin{aligned}
\text{außen } \sigma_a &= -7{,}04 + 0{,}6 + 5{,}18 = -\ 1{,}26 \text{ kg/mm}^2, \\
\text{innen } \sigma_i &= +6{,}55 + 0{,}6 + 5{,}58 = +12{,}73 \text{ kg/mm}^2.
\end{aligned}$$

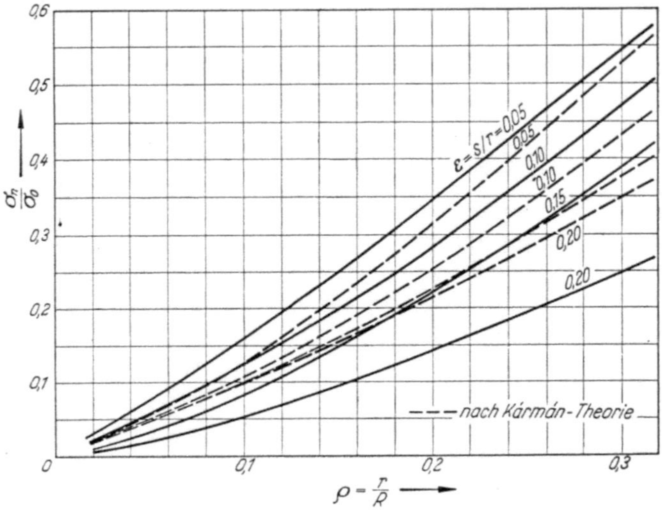

Abb. 72. Biegenormalspannung σ_n in der neutralen Faser des Rohrbogens nach BERG, BERNHARD u. RICHTER.

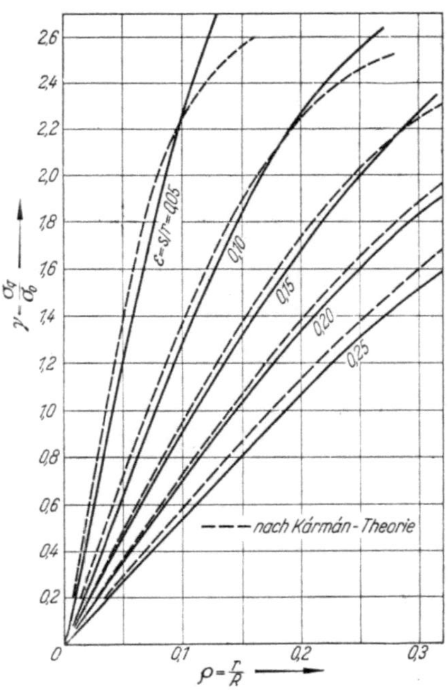

Abb. 73. Querbiegespannung σ_q nach BERG, BERNHARD u. RICHTER.

Die letztgenannte Beanspruchung wäre also beim Aufbiegen immer an der neutralen Faser am größten. Es muß aber beachtet werden, ob im gegebenen Fall unter Betriebsdruckeinwirkung ein *Aufbiegen* überhaupt vorkommen kann. Das ist bei diesem Rohrsystem gemäß Abb. 60 ohne Zweifel nicht der Fall, da im *Z*-Bogen im Betriebszustand alle Bogen zugebogen und nur bei der Vorspannung (kalt und $p = 0$) aufgebogen werden.

Also fällt hier beim Aufbiegen die zusätzliche Beanspruchung durch Innendruck fort.

Aber auch beim *Zubiegen* wäre es nicht angebracht, die Beanspruchungen aus Querbiegung und Druck miteinander zu addieren, denn sie sind ganz verschieden zu bewerten. Die Spannungen durch Innendruck wirken über die ganze Wanddicke im gleichen Sinne und sind daher für das Festigkeitsverhalten sehr bedeutungsvoll. Demgegenüber wechselt die Spannung σ_q im Verlauf der Wanddicke ihr Vorzeichen und hat also nur an der inneren bzw. äußeren Oberfläche des Rohres ihren größten Wert. Beanspruchungen dieser Art sind ungefährlich, da sie beim Überschreiten der zulässigen Grenze nur eine räumlich engbegrenzte Formänderung verursachen können und nach der Mitte zu schnell abgebaut werden.

Man betrachtet sie daher am besten für sich allein, was in dem Abschnitt IV/2 ausführlich geschehen soll.

Demgegenüber stellt der Wert σ_n eine durchgehende Beanspruchung dar und muß daher zu den Spannungen aus dem Innendruck algebraisch addiert werden.

Die größte durchgehende Spannung ist also

$$\sigma_{ti} = +5{,}58 + 0{,}6 = +6{,}18 \text{ kg/mm}^2 \quad \text{(Zug)}$$

und die größte Randspannung

$$\sigma_{qi} = \pm 7{,}04 \text{ kg/mm}^2.$$

Die genannten Verfasser[1] weisen darauf hin, daß der bei Schwingungsversuchen längs der neutralen Faser laufende Bruch stets von der Innenwand ausgeht, wodurch erwiesen ist, daß hier die Spannungen um einen nicht zu vernachlässigenden Betrag höher sind als außen. Biegt man ein gerissenes Rohr auf, so klafft der Riß stark, woraus folgt, daß die das Klaffen verhindernde Normalspannung σ_n im gesunden Rohr einen beachtlichen Wert erreichen kann.

c) LORENZsche Zahl.

Während die von KÁRMÁN entwickelte Berichtigungszahl auf dem Satz vom Minimum der Formänderungsarbeit beruht, ist die Theorie von LORENZ[2] auf dem Gleichgewicht der Kräfte an dem beanspruchten Rohrteilchen aufgebaut.

LORENZ stellte für die Berichtigungszahl auf Grund seiner Theorie die Beziehung

$$K_L = \frac{4\lambda^2}{3 + 4\lambda^2} \tag{67}$$

auf, worin

$$\lambda = \frac{s\,R}{r_m^2}$$

ist.

s = Rohrwanddicke in cm,
R = Biegungshalbmesser in cm,
r_m = mittlerer Rohrhalbmesser in cm.

[1] S. Fußnote S. 108.

[2] LORENZ, H.: Die Biegung krummer Rohre. Dinglers polytechn. J. Bd. 327 (1912) S. 577 — Technische Elastizitätslehre, S. 310. 1913.

In Abb. 74 sind die Berichtigungszahlen von Kármán und von Lorenz in Abhängigkeit von λ aufgetragen. Man sieht, daß die Anschauung von Lorenz zu kleineren Berichtigungszahlen führt. Es ist also anzunehmen, daß diese Werte den verschiedenen zusätzlichen Einflüssen besser Rechnung tragen. In Abb. 67 wurde die Linie für die berechnete Kraft P unter Berücksichtigung der Lorenz-Zahl ebenfalls eingetragen. Diese liegt noch näher an der Versuchslinie und führt daher zu einer noch besseren Übereinstimmung.

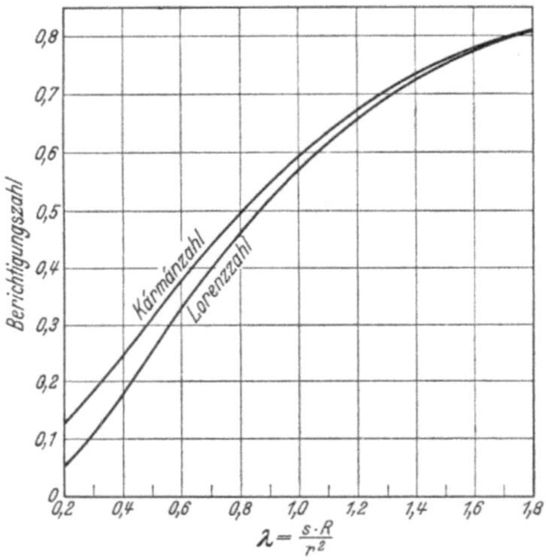

Abb. 74.
Vergleich der Kármán-Zahl und der Lorenz-Zahl.

Die Anwendung der Lorenz- bzw. Kármán-Zahl bei der Berechnung ganzer Rohrsysteme soll in einem späteren Abschnitt gezeigt werden.

d) Berechnungsgrundlagen für Bogenrohre.

Die statische Berechnung von Rohrsystemen beruht, wie gezeigt wurde, auf der Ermittlung ihrer Linienträgheits- und Zentrifugalmomente. Die gleichen Überlegungen gelten selbstverständlich auch für ein gekrümmtes Rohr, im folgenden kurz Bogenrohr genannt.

Um das zu beweisen, soll die Wirkung einer Kraft P auf den einerseits eingespannten Bogen (Abb. 75) untersucht werden. P soll in der Ebene des Bogens wirken.

Die Winkeldrehung $d\beta$ des kleinen Bogenteilchens ds unter dem Einfluß des Biegungsmomentes $M_b = Py$ ist

$$d\beta = \frac{M_b}{E J} ds.$$

Daraus folgt die Durchbiegung des freien Bogenendes in der Richtung der Kraft P, also in der Richtung der x-Achse

$$dx = y \cdot d\beta = \frac{M_b}{E J} \cdot y \cdot ds.$$

Mit $M_b = Py$ folgt für den ganzen Bogen

$$\Delta_x = \int_0^l \frac{P y}{E J} y\, ds = \frac{P}{E J} \int_0^l y^2\, ds.$$

Das Integral $\int_0^l y^2\,ds$ stellt aber nichts anderes dar, als das Linienträgheitsmoment des Bogens, bezogen auf die x-Achse, d. h. auf die Kraftachse.

Der Bogen weicht aber unter der Wirkung der Kraft P auch senkrecht zur Kraftrichtung aus. Diese Durchbiegung ist nach dem Vorhergehenden

$$dy = (R - x)\,d\beta = \frac{M_b}{EJ}(R - x)\,ds$$

und mit $M_b = Py$

$$\Delta_y = \int_0^l \frac{Py}{EJ}(R - x)\,ds = \frac{P}{EJ}\int_0^l y\,(R - x)\,ds.$$

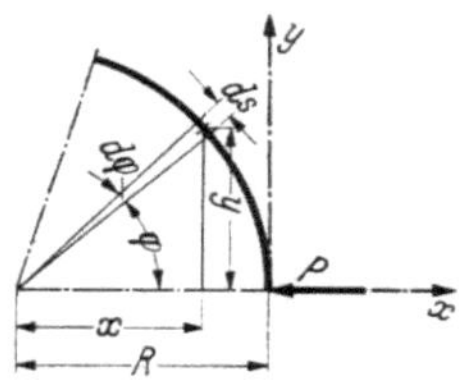

Abb. 75. Bogen mit radialer Kraftbelastung.

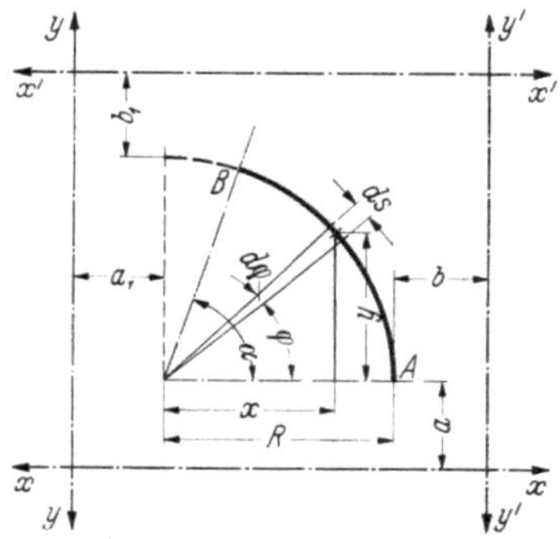

Abb. 76. Beliebiger Bogen.

Das Integral stellt das Linienzentrifugalmoment des Bogens bezogen auf die x- und y-Achse, d. h. auf die Kraftachse und die senkrecht zu ihr gerichtete Achse mit dem Ursprung im Angriffspunkt dar.

Daraus geht hervor, daß es wichtig ist, die Trägheits- und Zentrifugalmomente eines Bogens, bezogen auf beliebige Achsen, zu kennen. Diese sollen nachstehend entwickelt werden.

Für einen beliebigen Bogen (Abb. 76) gelten folgende Beziehungen

$$ds = R\,d\varphi; \qquad y = R\sin\varphi; \qquad x = R\cos\varphi.$$

Trägheitsmoment bezogen auf die Achse x—x.

$$J_x = \int_A^B (y + a)^2\,ds = \int_A^B (y^2 + 2\,a\,y + a^2)\,ds$$

oder

$$J_x = \int_0^\alpha (R^2\sin^2\varphi + 2\,a\,R\sin\varphi + a^2)\,R\,d\varphi$$

$$= \int_0^\alpha R^3\sin^2\varphi\,d\varphi + \int_0^\alpha 2\,a\,R^2\sin\varphi\,d\varphi + \int_0^\alpha a^2\,R\,d\varphi.$$

Daraus für einen beliebigen Bogen mit dem Öffnungswinkel α (Abb. 76)

$$J_x = R^3\,[0{,}5\alpha - 0{,}25\sin(2\alpha)] + 2\,R^2\,a\,(1 - \cos\alpha) + R\,a^2\,\alpha .$$

Für einen 90°-Bogen ist $\alpha = \pi/2$ und $\sin\pi = 0$, $\cos\pi/2 = 0$ und somit

$$\left.\begin{aligned} J_{x\,(90^\circ)} &= \frac{\pi}{4}R^3 + 2R^2 b + \frac{\pi}{2}R\,b^2 \\ &= 0{,}785\,R^3 + 2R^2 b + 1{,}57R\,b^2 . \end{aligned}\right\}$$

In der gleichen Weise wurden die Linienträgheits- bzw. Linien-Zentrifugalmomente, bezogen auf die verschiedenen Achsen nach Abb. 76 berechnet. Es sind nachstehend diese Momente für einen Bogen mit beliebigem Öffnungswinkel α in der Zahlentafel 8 zusammengestellt. Die Auswertung dieser Zahlentafel für die wirkliche Elastizitätsberechnung ebener Rohrsysteme ist in Zahlentafel 9 unter Berücksichtigung der nachstehenden Erläuterungen gegeben.

Zahlentafel 8. *Zusammenstellung der Trägheits- und Zentrifugalmomente für einen beliebigen Bogen nach Abb. 76.*

Bezugsachsen n. Abb. 76	Art des Momentes		Formel für beliebigen Öffnungswinkel α
$x - x$	Trägheitsmomente	J_x	$R^3(0{,}5\,\alpha - 0{,}5\sin\alpha\cos\alpha) + 2\,R^2 a\,(1 - \cos\alpha) + R a^2 b$
$x' - x'$		$J_{x'}$	$R^3(1{,}5\,\alpha - 0{,}5\sin\alpha\cos\alpha - 2 + 2\cos\alpha) + {} + 2\,R^2\,b_1(\alpha - 1 + \cos\alpha) + R b_1^2\,\alpha$
$y - y$		J_y	$R^3(0{,}5\alpha - 0{,}5\sin\alpha\cos\alpha) + 2R^2 a_1 \sin\alpha + R a_1^2 \alpha$
$y' - y'$		$J_{y'}$	$R^3(1{,}5\alpha + 0{,}5\sin\alpha\cos\alpha - 2\sin\alpha) + 2\,R^2 b(\alpha - \sin\alpha) + {} + R b^2\,\alpha$
$x - x$ $y - x$	Zentrifugalmomente	J_{xy}	$R^3(0{,}5\sin^2\alpha) + R^2 a\sin\alpha + R^2 a_1(1 - \cos\alpha) + R a a_1\,\alpha$
$x - x$ $y' - y'$		$J_{xy'}$	$R^3(1 - \cos\alpha - 0{,}5\sin^2\alpha) + R^2 a(\alpha - \sin\alpha) + {} + R^2 b(1 - \cos\alpha) + R a\,b\,\alpha$
$x' - x'$ $y - y$		$J_{x'y}$	$R^3(\sin\alpha - 0{,}5\sin^2\alpha) + R^2 a_1(\alpha - 1 + \cos\alpha) + R^2 b_1 \sin\alpha + {} + R a_1 b_1\,\alpha$
$x' - x'$ $y' - y'$		$J_{x'y'}$	$R^3(\alpha - 1 + \cos\alpha - \sin\alpha + 0{,}5\sin^2\alpha) + {} + R^2 b(\alpha - 1 + \cos\alpha) + R^2 b_1(\alpha - \sin\alpha) + R b b_1\,\alpha$

Damit sind alle in ebenen Rohrsystemen vorkommenden Fälle erfaßt. Berechnungsbeispiele folgen im nächsten Abschnitt.

Jetzt muß die Wirkung der Abflachung des Rohrquerschnittes im Bogenrohr auf das Linienträgheitsmoment untersucht werden.

Es wurde gezeigt, daß durch die Abflachung des Rohrquerschnittes das Biegungsmoment in einem bestimmten von den Rohrabmessungen und vom Krümmungsverhältnis abhängigen Maße vermindert wurde. Die folgenden Betrachtungen seien auf die Theorie von KÁRMÁN abgestellt; grundsätzlich gilt das gleiche auch für die LORENZ-Zahl.

Nach KÁRMÁN ist Gl. (59)

$$M_b = \frac{E\,J}{R}\,\frac{\varDelta\alpha}{\alpha}\,K \quad \text{mit} \quad K = \frac{1 + 12\,\lambda^2}{10 + 12\,\lambda^2}\,.$$

Man sieht daraus, daß das Biegungsmoment der KÁRMÁN-Zahl unmittelbar verhältnisgleich ist.

Andererseits ist das Biegungsmoment gleich Kraft × Hebelarm. Es muß also bei gleichbleibendem Hebelarm die Größe der Kraft der KÁRMÁN-Zahl verhältnisgleich sein.

Ferner wurde nachgewiesen, daß die Durchbiegung eines Systems dem Linienträgheitsmoment verhältnisgleich ist, d. h.

$$\varDelta_P = \frac{P}{E\,J}\int y^2\,ds,$$

daraus

$$P = \frac{\varDelta_P\,E\,J}{\int y^2\,ds}\,.$$

Für ein gekrümmtes Rohr müßte es also nach obigem heißen

$$P_{\text{Bogen}} = \frac{\varDelta_P\,E\,J}{\int y^2\,ds}\,K,$$

um damit die Wirkung der Querschnittsabflachung zu berücksichtigen.

Handelt es sich um ein aus geraden Schenkeln und Bogen zusammengesetztes System, wie es im Rohrleitungsbau zumeist der Fall ist, so muß obige Beziehung offenbar folgendermaßen lauten

$$P = \frac{\varDelta_P\,E\,J}{\frac{1}{K}\int y^2\,ds + \int z^2\,ds}\,.$$

Das Integral $\int y^2\,ds$ stellt das Linienträgheitsmoment aller Bogen im Rohrsystem und das Integral $\int z^2\,ds$ dasjenige aller geraden Schenkel des Rohrsystems dar.

Der die Abflachung des Rohrquerschnittes berücksichtigende Zahlenwert K ist stets kleiner als 1. *Das bedeutet, daß die Abflachung des Rohrquerschnittes sich so auswirkt, als ob man mit einer theoretisch größeren Bogenlänge rechnet.* Hiermit ist der Begriff der *elastischen Länge* gegeben.

Durch die Abflachung des Rohrquerschnittes im Rohrbogen infolge der Biegungsspannungen verhält sich der Bogen so, als ob er ein im Verhältnis $K:1$ kleineres Querschnittsträgheitsmoment oder eine im Verhältnis $1:K$ größere elastische Länge besitzt.

Setzt man in die vorhin entwickelten Beziehungen für das Linienträgheitsmoment des Bogens die Bogenlänge des kleinen Bogenteilchens nicht $ds = R\,d\varphi$, sondern

$$ds = \frac{R}{K}\,d\varphi$$

ein, so wird eine gedachte im Verhältnis $1/K$ größere Bogenlänge für die Ermittlung des Linienträgheitsmomentes eingeführt, die folgende Beziehung ergibt (s. Abb. 76).

Bezogen auf die Achse $x - x$:

$$J_x = \int_0^\alpha (R^2 \sin^2\varphi + 2\,a\,R\sin\varphi + a^2)\,\frac{R}{K}\,d\varphi$$

und, wie gezeigt wurde, von 0 bis α integriert

$$J_x = \frac{1}{K}\{R^3[0{,}5\,\alpha - 0{,}25\sin(2\alpha)] + 2\,R^2 a(1 - \cos\alpha) + R a^2\,\alpha\}.$$

Man erhält also tatsächlich ein im Verhältnis $1/K$ vergrößertes Linienträgheitsmoment. Das gleiche gilt natürlich auch in bezug auf die Linien-Zentrifugalmomente.

Es ist besonders zu beachten, daß der Wert K stets in der ersten Potenz bleibt. Es darf also nicht bei der Berechnung von R^3/K der Wert R/K ermittelt und dann in die dritte Potenz erhoben werden, sondern es muß nur R potenziert und dann jeweils durch K dividiert werden.

Es soll in diesem Zusammenhang noch darauf hingewiesen werden, daß nur die elastische Länge des gebogenen Rohres durch den Zahlenwert K beeinflußt wird. Es darf also bei der Ermittlung von Linienträgheits- oder Zentrifugalmomenten eines ganzen Rohrsystems nicht wahllos jeder Wert R durch K dividiert werden. Dort, wo R als ein Abstandsmaß gewertet werden muß, bleibt seine Größe erhalten und darf also *nicht* durch den Zahlenwert K dividiert werden.

Im folgenden Abschnitt wird an Hand von Beispielen die Berücksichtigung der KÁRMÁN-Zahl K in ganzen Rohrsystemen gezeigt.

3. Verschiedene Berechnungsverfahren ebener Rohrsysteme.

In den bisherigen Abschnitten wurden die für die Berechnung von ebenen Rohrsystemen maßgebenden Gesichtspunkte dargelegt und die wichtigen Beziehungen zwischen der Wärmedehnung und den durch sie hervorgerufenen Kräften mehr oder weniger allgemein entwickelt. Es soll nun im nachstehenden gezeigt werden, wie in praktisch vorkommenden Fällen vorgegangen werden muß.

a) Berechnungsvorschlag des Verfassers.

Die vorgeschlagene Berechnungsart beruht unmittelbar auf dem im Abschnitt B II/1 abgeleiteten Hauptsatz:

Das Produkt $\Delta_P EJ$ ist dem Produkt aus der Kraft P und dem auf die Kraftachse bezogenen Linienträgheitsmoment des Rohrsystems gleich, wobei Δ_P die mit der Richtung der Kraft P zusammenfallende Wärmedehnung darstellt.

Es handelt sich also darum, auf möglichst einfache und sichere Art das Linienträgheitsmoment des Rohrsystems in bezug auf die Kraftachse zu ermitteln.

Für solche Systeme, die beiderseits Gelenkfestpunkte besitzen, ist die Lage und Richtung der Kraft P von vornherein bekannt. Dort besteht also keine Schwierigkeit. Bei einerseits oder beiderseits eingespannten Systemen ist jedoch die Lage und Richtung der Reaktionskraft P zunächst unbekannt. Bei den ersteren, also einerseits eingespannten, andererseits mit Gelenkfestpunkt versehenen Systemen weiß man lediglich, daß die Kraft P durch den Gelenkfestpunkt gehen muß, jedoch liegt die Kraftrichtung zunächst noch nicht fest. Desgleichen muß bei beiderseits eingespannten Systemen die Kraft P durch den Schwerpunkt gehen, jedoch ist auch hier ihre Richtung nicht bekannt.

Es ist daher zweckmäßig, die Kraft P in zwei zueinander senkrechte Komponenten zu zerlegen, und deren Größe einzeln zu bestimmen.

Hierzu muß die stets in der Richtung der Festpunktverbindungslinie wirkende Gesamtwärmedehnung ebenfalls in zwei zu den Kraftkomponenten parallele Dehnungskomponenten zerlegt werden.

Die folgenden Erläuterungen sind auf *beiderseits mit Einspannfestpunkten* versehene Systeme bezogen, da diese die überwiegende Mehrzahl aller in der Praxis vorkommenden Fälle umfassen.

Da die Kraft durch den Schwerpunkt des Systems gehen muß, ist also zunächst der Schwerpunkt desselben zu ermitteln. Dann wird durch den Schwerpunkt ein Achsenkreuz gelegt, dessen Achsen den beiden Kraftkomponenten parallel sind. Auf diese Achsen müssen nun die Trägheits- bzw. Zentrifugalmomente des Rohrsystems bezogen werden. Wenn diese berechnet sind, können die Kraftkomponenten H und V nach den Gl. (55) und (56) ermittelt werden. Mit ihnen ist auch die Richtung der Kraft P bekannt und somit ihre Lage in bezug auf das Rohrsystem eindeutig festgelegt. Jetzt können für jeden Punkt des Rohrsystems auch das Biegungsmoment und die Biegungsbeanspruchung berechnet werden.

Es wird in den meisten Fällen unbequem sein, die Trägheitsmomente unmittelbar auf die Schwerpunktsachsen zu beziehen. In den allermeisten Fällen dürfte es günstiger sein, zunächst ein anderes, zweckmäßig gewähltes Bezugsachsenkreuz zu wählen, dessen Achsen *parallel* zu den Schwerpunktsachsen gelegt werden.

Hierfür gilt dann folgender Satz:

Das Trägheitsmoment, bezogen auf eine beliebige Achse, ist dem Trägheitsmoment für die parallele Schwerpunktsachse plus dem Produkt aus Länge des Systems und dem Quadrat des Abstandes der beiden Achsen gleich, also nach Abb. 77

$$J_x = J_{xs} + L a^2,$$

daraus folgt für das auf die Schwerpunktsachse bezogene Trägheitsmoment

$$J_{xs} = J_x - L a^2.$$

Das gleiche gilt natürlich auch für das Zentrifugalmoment J_{xys}, und zwar

$$J_{xys} = J_{xy} - L a b.$$

Darin bedeuten a und b die Abstände der Bezugsachsen von den Schwerpunktsachsen (s. Abb. 77) und L die gestreckte Länge des Systems AB.

Bezieht man für die Ermittlung der Schwerpunktslage auch die statischen Momente auf die Achsen $x—x$ bzw. $y—y$, so stellen die Werte a und b die Schwerpunktsabstände von den Achsen x und y dar.

Bei der Berechnung der statischen Momente und der Zentrifugalmomente muß stets auch die Richtung der Abstände von den gewählten Bezugsachsen berücksichtigt werden. Legt man willkürlich die eine Richtung als positiv fest, so ist die andere dann negativ, so daß die Abstände jeweils mit den entsprechenden Vorzeichen (+ oder —) eingesetzt werden. Bei den Trägheitsmomenten ist das gleichgültig, weil die Abstände dort stets im Quadrat enthalten sind.

Um das lästige Suchen der entsprechenden Formeln zu vermeiden, sind diese in der Zahlentafel 9 übersichtlich zusammengestellt. Oben in der Zahlentafel sind die Bilder für die Lage der Bogen und der Geraden zu den Bezugsachsen angegeben. Die Geraden L sind im Bild 1 und 5 enthalten, die alle vorkommenden Fälle umfassen.

Im mittleren Teil der Zahlentafel ist zu den Trägheitsmomenten für jedes Bild die Nr. der entsprechenden Formel angegeben, die im unteren Teil zusammengestellt sind. Links sind die Trägheits- bzw. Zentrifugalmomente, rechts die statischen Momente angegeben.

Es soll nachstehend für einen Z-Bogen gemäß Abb. 78 der Entwicklungsgang allgemein, ohne Zahlenwerte gezeigt werden.

Als Bezugsachsen wählt man hier zweckmäßigerweise die mit den Schenkeln L_1 und L_2 zusammenfallenden Achsen, wobei nach links bzw. unten vom Ursprung die positiven Richtungen seien.

Es muß nun zunächst die Lage der Schwerpunktsachsen x_s und y_s ermittelt werden, wofür die Schwerpunktsabstände η und ξ zu berechnen sind.

Die einzelnen Geraden und Bogen des Z-Bogens bezeichnen wir mit den Nummern entsprechend den Bildern der Zahlentafel 9.

Die gestreckte *elastische* Länge des Rohrsystems beträgt

$$L = L_1 + L_2 + L_3 + 2 \cdot 1{,}57 \frac{R}{K} \quad \text{in m.}$$

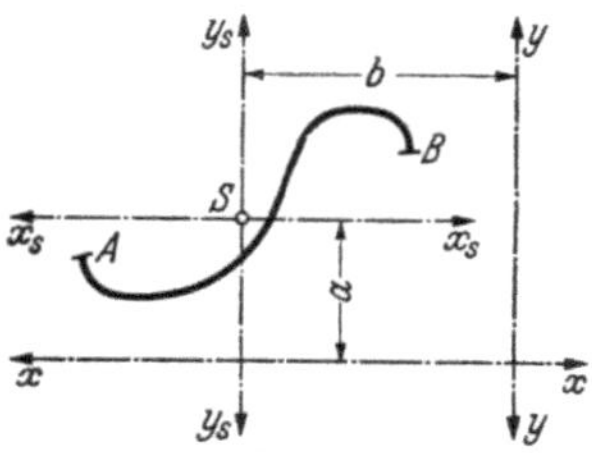

Abb. 77. Bezugsachsen zur Ermittlung der Linienträgheitsmomente.

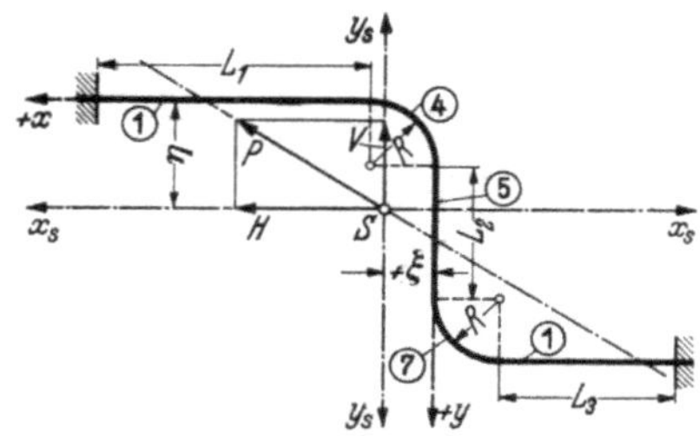

Abb. 78. Z-Bogen mit Einspannfestpunkten.

Wirkung der Kraftkomponente $H (= F_x)$ in der x-Achse. Für den Schenkel L_1 gilt Bild 1, d. h. für das Trägheitsmoment J_x Formel 7

$$J_x = L_1 a^2 = 0,$$

da nach Abb. 78 $a = 0$ ist. Dementsprechend ist auch das statische Moment

$$M_x = L_1 a = 0.$$

Für den folgenden Bogen gilt Bild 4, d. h. für das Trägheitsmoment J_x Formel 2

$$J_x = 0{,}355 \frac{R^3}{K} + 0 + 0 \quad \text{in m}^3,$$

da nach Abb. 78 $b = 0$ ist.

Für das statische Moment M_x

$$M_x = 0{,}57 \frac{R^2}{K} + 0 \quad \text{in m}^2.$$

Für den Schenkel L_2 gilt Bild 5, d. h. für das Trägheitsmoment J_x Formel 6.

$$J_x = \tfrac{1}{3} L_2^3 + L_2^2 R + L_2 R^2 \quad \text{in m}^3,$$

da nach Abb. 78 in diesem Falle $b = R$ ist; und das statische Moment M_x

$$M_x = 0{,}5 L_2^2 + L_2 R \quad \text{in m}^2.$$

Zahlentafel 9. *Formeln der Trägheits- und Zentrifugalmomente für ebene Systeme.*

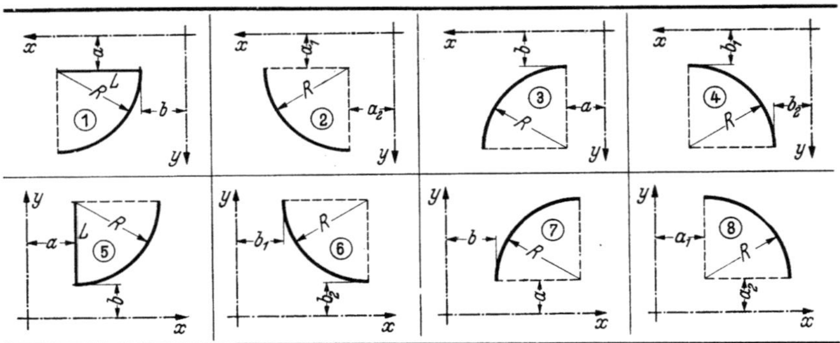

Kraft	in Richtung der Achse	Trägheits- bzw. Zentrifugalmoment	Bild							
			1	2	3	4	5	6	7	8
Für Bogen			Nr. der Formel							
F_x	in X	J_x	1	1	2	2	2	2	1	1
F_y	in Y	J_y	2	1	1	2	1	2	2	1
F_x oder F_y	in XY	J_{xy}	4	3	4	5	4	5	4	3
Für Gerade			Nr. der Formel							
F_x	in X	J_x	7				6			
F_y	in Y	J_y	6				7			
F_x oder F_y	in XY	J_{xy}	8				8			

Nr. der Formel	Für Bogen: Trägheitsmomente	Statische Momente
1	$0{,}785\,\frac{R^3}{K} + 2\,\frac{R^2}{K}\,a + 1{,}57\,\frac{R}{K}\,a^2$	$\frac{R^2}{K} + 1{,}57\,\frac{R}{K}\,a$
2	$0{,}355\,\frac{R^3}{K} + 1{,}14\,\frac{R^2}{K}\,b + 1{,}57\,\frac{R}{K}\,b^2$	$0{,}57\,\frac{R^2}{K} + 1{,}57\,\frac{R}{K}\,b$
	Zentrifugalmomente	
3	$0{,}5\,\frac{R^3}{K} + \frac{R^2}{K}\,a_1 + \frac{R^2}{K}\,a_2 + 1{,}57\,\frac{R}{K}\,a_1\,a_2$	
4	$0{,}5\,\frac{R^3}{K} + 0{,}57\,\frac{R^2}{K}\,a + \frac{R^2}{K}\,b + 1{,}57\,\frac{R}{K}\,a\,b$	
5	$0{,}07\,\frac{R^3}{K} + 0{,}57\,\frac{R^2}{K}\,b_1 + 0{,}57\,\frac{R^2}{K}\,b_2 + 1{,}57\,\frac{R}{K}\,b_1\,b_2$	
	Für Gerade: Trägheitsmomente	**Statische Momente**
6	$\frac{1}{3}\,L^3 + L^2\,b + L\,b^2$	$0{,}5\,L^2 + L\,b$
7	$L\,a^2$	$L\,a$
	Zentrifugalmoment	
8	$0{,}5\,L^2\,a + L\,a\,b$	

Für den folgenden Bogen gilt Bild 7, d. h. für das Trägheitsmoment J_x Formel 1

$$J_x = 0{,}785 \frac{R^3}{K} + 2 \frac{R^2}{K} (R + L_2) + 1{,}57 \frac{R}{K} (R + L_2)^2 \quad \text{in m}^3,$$

da nach Abb. 78 $a = R + L_2$ ist; das statische Moment M_x

$$M_x = \frac{R^2}{K} + 1{,}57 \frac{R}{K} (R + L_2) \quad \text{in m}^2.$$

Für den Schenkel L_3 gilt Bild 1, d. h. für das Trägheitsmoment J_x Formel 7

$$J_x = L_3 (L_2 + 2\,R)^2 \quad \text{in m}^3,$$

da nach Abb. 78 $a = L_2 + 2\,R$ ist; und das statische Moment M_x

$$M_x = L_3\,(L_2 + 2\,R) \quad \text{in m}^2.$$

Die Summe dieser Momente stellt das Gesamtmoment für das ganze Rohrsystem dar

$$J_x = 0{,}355 \frac{R^3}{K} + \frac{1}{3} L_2^3 + L_2^2 R + L_2 R^2 + 0{,}785 \frac{R^3}{K} + \\ + 2 \frac{R^2}{K} (R + L_2) + 1{,}57 \frac{R}{K} (R + L_2)^2 + L_3 (L_2 + 2\,R)^2 \quad \text{in m}^3,$$

oder entsprechend umgeformt

$$J_x = 4{,}71 \frac{R^3}{K} + 5{,}14 \frac{R^2}{K} L_2 + 1{,}57 \frac{R}{K} L_2^2 + \frac{1}{3} L_2^3 + \\ + L_2^2 R + L_2 R^2 + L_2^2 L_3 + 4\,R L_2 L_3 + 4\,R^2 L_3 \quad \text{in m}^3$$

und für das statische Moment

$$M_x = 0{,}57 \frac{R^2}{K} + 0{,}5\,L_2^2 + L_2 R + \frac{R^2}{K} + 1{,}57 \frac{R}{K} (R + L_2) + \\ + L_3\,(L_2 + 2\,R) \quad \text{in m}^2$$

oder entsprechend umgeformt

$$M_x = 3{,}14 \frac{R^2}{K} + 1{,}57 \frac{R}{K} L_2 + 0{,}5\,L_2^2 + L_2 R + L_2 L_3 + 2\,R L_3 \ \text{in m}^2.$$

In gleicher Weise wird die Wirkung der Kraftkomponente $V\,(= F_y)$ in der y-Achse ermittelt.

Für den Schenkel L_1 gilt Bild 1, d. h. Formel 6

$$J_y = \tfrac{1}{3} L_1^3 + L_1^2\,R + L_1\,R^2 \quad \text{m}^3$$

$$M_y = 0{,}5\,L_1^2 + L_1\,R \quad \text{m}^2,$$

da $b = R$ ist.

Für den Bogen gilt Bild 4, d. h. Formel 2

$$J_y = 0{,}355 \frac{R^3}{K} + 0 + 0 \quad \mathrm{m}^3$$

$$M_y = 0{,}57 \frac{R^2}{K} + 0 \quad \mathrm{m}^2,$$

da $b = 0$ ist.

Für den Schenkel L_2 gilt Bild 5, d. h. Formel 7

$$J_y = L_2\, a^2 = 0$$

$$M_y = L_2\, a \;\; = 0,$$

da $a = 0$ ist.

Für den Bogen gilt Bild 7, d. h. Formel 2

$$J_y = 0{,}355 \frac{R^3}{K} + 0 + 0 \quad \mathrm{m}^3$$

$$M_y = -0{,}57 \frac{R^2}{K} - 0 \quad \mathrm{m}^2,$$

da $b = 0$ ist, und zwar in negativer Richtung.

Für den Schenkel L_3 gilt Bild 1, d. h. Formel 6

$$J_y = \tfrac{1}{3} L_3^3 + L_3^2 R + L_3 R^2 \quad \mathrm{m}^3$$

$$M_y = -0{,}5\, L_3^2 - L_3 R \quad \mathrm{m}^2,$$

da $b = -R$ ist, weil in *negativer Richtung.*

Für das gesamte System gilt wieder die Summe der Momente, d. h.

$$J_y = \frac{1}{3} L_1^3 + L_1^2 R + L_1 R^2 + 0{,}355 \frac{R^3}{K} + 0{,}355 \frac{R^3}{K} + $$
$$+ \tfrac{1}{3} L_3^3 + L_3^2 R + L_3 R^2$$
$$= \frac{1}{3} L_1^3 + \frac{1}{3} L_3^3 + R(L_1^2 + L_3^2) + R^2(L_1 + L_3) + 0{,}71 \frac{R^3}{K} \quad \text{in } \mathrm{m}^3$$

$$M_y = 0{,}5\, L_1^2 + L_1 R + 0{,}57 \frac{R^2}{K} - 0{,}57 \frac{R^2}{K} - 0{,}5\, L_3^2 - L_3 R$$
$$= 0{,}5 L_1^2 - 0{,}5 L_3^2 + R\,(L_1 - L_3) \quad \text{in } \mathrm{m}^2.$$

Die Schwerpunktsabstände ermitteln sich hiernach zu

$$\eta = \frac{M_x}{L} \quad \text{und} \quad \pm\xi = \frac{M_y}{L} \quad \text{in m.}$$

Somit werden die auf die Schwerachsen bezogenen Trägheitsmomente

$$J_{xs} = J_x - L\,\eta^2$$

und

$$J_{ys} = J_y - L\,\xi^2.$$

Jetzt wird noch das auf die Achsen x und y bezogene Zentrifugalmoment benötigt.

Für den Schenkel L_1 gilt Bild 1, d. h. Formel 8

$$J_{xy} = 0{,}5\, L_1^2\, a + L_1\, a\, R = 0,$$

da $a = 0$ und $b = R$ ist.

Für den Bogen gilt Bild 4, d. h. Formel 5

$$J_{xy} = 0{,}07\, \frac{R^3}{K} + 0 + 0 + 0 \quad \text{m}^3,$$

da $b_1 = 0$ und $b_2 = 0$ ist.

Für den Schenkel L_2 gilt Bild 5, d. h. Formel 8

$$J_{xy} = 0{,}5\, L_2^2\, a + L_2\, a\, R = 0,$$

da $a = 0$ und $b = R$ ist.

Für den Bogen gilt Bild 7, d. h. Formel 4

$$J_{xy} = -0{,}5\, \frac{R^3}{K} - 0{,}57\, \frac{R^2}{K}(L_2 + R) - 0 - 0 \quad \text{m}^3,$$

da $a = L_2 + R$ und $b = 0$ ist, wobei die Lage im negativen Quadrant zu beachten ist.

Für den Schenkel L_3 gilt Bild 1, d. h. Formel 8

$$J_{xy} = -0{,}5\, L_3^2\, (L_2 + 2\, R) - L_3\, (L_2 + 2 R)\, R \quad \text{m}^3,$$

da $a = L_2 + 2\, R$ und $b = -R$ ist. Auch hier ist die Lage im negativen Quadrant zu beachten.

Die Summe der Zentrifugalmomente gilt für das ganze System, d. h.

$$J_{xy} = 0{,}07\, \frac{R^3}{K} - 0{,}5\, \frac{R^3}{K} - 0{,}57\, \frac{R^2}{K}(L_2 + R) - $$
$$- 0{,}5\, L_3^2\, (L_2 + 2\, R) - L_3\, (L_2 + 2\, R)\, R \quad \text{in m}^3$$

oder entsprechend umgeformt

$$J_{xy} = -\frac{R^3}{K} - 0{,}57\, \frac{R^2}{K}\, L_2 - (L_2 + 2\, R)\,(0{,}5\, L_3^2 + L_3 R) \quad \text{in m}^3$$

und bezogen auf die Schwerachsen

$$J_{x_s y_s} = J_{xy} - L\, \eta \cdot \xi \quad \text{in m}^3.$$

Hier müssen die Vorzeichen genauestens beachtet werden, da J_{xy} in diesem Falle negativ ist, dagegen ξ sowohl positiv ($L_1 > L_3$) als auch negativ ($L_1 < L_3$) sein kann.

Mit diesen Werten ermittelt man die Kraftkomponenten H und V nach folgenden Beziehungen, wobei die Dehnungskomponenten

$$\Delta_H = \alpha\,(L_1 + 2\, R + L_3) \pm C_H$$
$$\Delta_V = \alpha\,(L_2 + 2\, R) \pm C_V$$

in cm einzusetzen sind. Die Werte C_H und C_V stellen etwaige Verschiebungen der Festpunkte dar.

$$H = \frac{EJ}{10^6} \frac{\Delta_H J_{ys} - \Delta_V J_{xys}}{J_{xs} J_{ys} - J_{xys}^2} \quad \text{in kg}$$

$$V = \frac{EJ}{10^6} \frac{\Delta_V J_{xs} - \Delta_H J_{xys}}{J_{xs} J_{ys} - J_{xys}^2} \quad \text{in kg.}$$

Darin bedeuten

E = Elastizitätsmodul des Rohrwerkstoffes bei der Betriebstemperatur in kg/cm² (Abb. 6),

J = äquatoriales Rohrträgheitsmoment nach den Zahlentafeln 35 bis 37 in cm⁴,

Δ_H = Wärmedehnung in horizontaler Richtung in cm, } α aus Abb. 44.

Δ_V = Wärmedehnung in vertikaler Richtung in cm, }

Die Abweichung in diesen beiden Gleichungen für H und V gegenüber den Gl. (55) und (56) ist durch die Wahl der Achsen in Abb. 78 bedingt. Sieht man das linke Ende des Systems als fest an, so erfolgt die Wärmedehnung Δ_H nach rechts, d. h. entgegen der x-Achse und Δ_V nach unten, d. h. in Richtung der y-Achse. Legt man die Richtung der Wärmedehnung entgegen der Achsenrichtung als positiv fest, so sind Δ_H positiv und Δ_V negativ in die Gl. (55) und (56) einzuführen. Dadurch ergibt sich die Kraftkomponente H positiv und die Komponente V negativ. Das stimmt auch gemäß Abb. 78 mit den Achsenrichtungen überein, da die Kraftwirkung in Richtung der Achse positiv sein muß und umgekehrt.

Dieses Beispiel wurde absichtlich so gewählt, um die Bedeutung der Achsenrichtungen zu zeigen.

Mit $P = \sqrt{H^2 + V^2}$ liegt die Reaktionskraft nach Lage, Richtung und Größe fest, indem man sie durch den Schwerpunkt S des Systems legt.

Die vorstehenden Erläuterungen werden vielleicht den Eindruck erwecken, daß dieses Verfahren sehr umständlich und langwierig ist. Das ist jedoch nicht der Fall, da man die Trägheits-, Zentrifugal- und statischen Momente normalerweise nicht für jeden Schenkel und Bogen einzeln ausrechnen wird, sondern unter Zuhilfenahme der Zahlentafel 9 die Werte gleich nach den dort angegebenen Formeln hintereinander schreibt und durch entsprechende Umformung vereinfacht. Es empfiehlt sich in jedem Falle, die nach Zahlentafel 9 ermittelten Bildnummern — wie in Abb. 78 gezeigt — an die einzelnen Schenkel und Bogen des Systems anzuschreiben, um Versehen auszuschließen.

Außerdem wurden vom Verfasser für verschiedene häufig vorkommende Rohrsysteme nach diesem Verfahren die Beziehungen für die Schwerpunktsabstände und die Trägheits- bzw. Zentrifugalmomente bereits ermittelt, so daß gleich die Zahlenwerte für die Schenkel und Biegungshalbmesser eingesetzt werden können.

Diese Beziehungen sind nachstehend für einen L-Bogen, Z-Bogen, unsymmetrische Umbogen, symmetrische (gleichschenkligen) Umbogen, Schwanenhalsbogen und U-Bogen-Ausgleicher aufgeführt.

Es war jedoch nötig, den ausführlichen Gang der Entwicklung an Hand des Z-Bogens zu zeigen, um dem Leser die Möglichkeit zu geben, für ein anderes etwa in Frage kommendes System sich die Beziehungen selbst zu entwickeln.

L-Bogen (Abb. 79).

Elastische Rohrlänge ist $L = L_1 + L_2 + 1{,}57\,\frac{R}{K}$ in m.

Schwerpunktsabstände:

$$\eta = \frac{0{,}57\,\frac{R^2}{K} + 0{,}5\,L_2^2 + L_2 R}{L} \quad \text{in m},$$

$$\xi = \frac{0{,}5\,L_1^2 + L_1 R + 0{,}57\,\frac{R^2}{K}}{L} \quad \text{in m}.$$

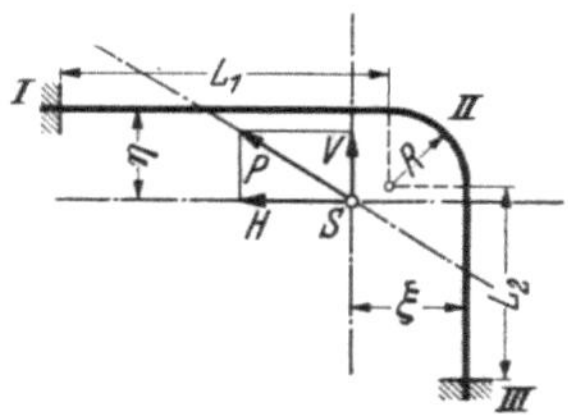

Abb. 79. L-Bogen mit Einspannfestpunkten.

Trägheits- und Zentrifugalmomente, bezogen auf die Schwerachsen:

$$J_{xs} = 0{,}355\,\frac{R^3}{K} + \frac{1}{3}\,L_2^3 + L_2^2 R + L_2 R^2 - L\,\eta^2 \quad \text{in m}^3,$$

$$J_{ys} = \frac{1}{3}\,L_1^3 + L_1^2 R + L_1 R^2 + 0{,}355\,\frac{R^3}{K} - L\,\xi^2 \quad \text{in m}^3,$$

$$J_{xys} = 0{,}07\,\frac{R^3}{K} - L\,\eta\,\xi \quad \text{in m}^3.$$

Komponenten der Wärmedehnung:

$$\Delta_H = \alpha\,(L_1 + R) \pm C_H \quad \text{in cm},$$

$$\Delta_V = \alpha\,(L_2 + R) \pm C_V \quad \text{in cm}.$$

Die Werte C_H bzw. C_V stellen etwaige zusätzliche Verschiebungen des Festpunktes in der entsprechenden Richtung dar. (Vgl. Abschn. IV/5.)

Kraftkomponenten:

$$H = \frac{EJ}{10^3}\,\frac{\Delta_H J_{ys} - \Delta_V J_{xys}}{J_{xs} J_{ys} - J_{xys}^2} \quad \text{in kg},$$

$$V = \frac{EJ}{10^3}\,\frac{\Delta_V J_{xs} - \Delta_H J_{xys}}{J_{xs} J_{ys} - J_{xys}^2} \quad \text{in kg}.$$

Z-Bogen (Abb. 80).

Elastische Rohrlänge $L = L_1 + L_2 + L_3 + 3{,}14\,\frac{R}{K}$ in m.

Schwerpunktsabstände:

$$\eta = \frac{3{,}14\,\frac{R^2}{K} + 1{,}57\,\frac{R}{K}\,L_2 + 0{,}5\,L_2^2 + L_2 R + L_2 L_3 + 2\,R L_3}{L} \quad \text{in m},$$

$$\pm\,\xi = \frac{0{,}5\,L_1^2 - 0{,}5\,L_3^2 + R(L_1 - L_3)}{L} \quad \text{in m}.$$

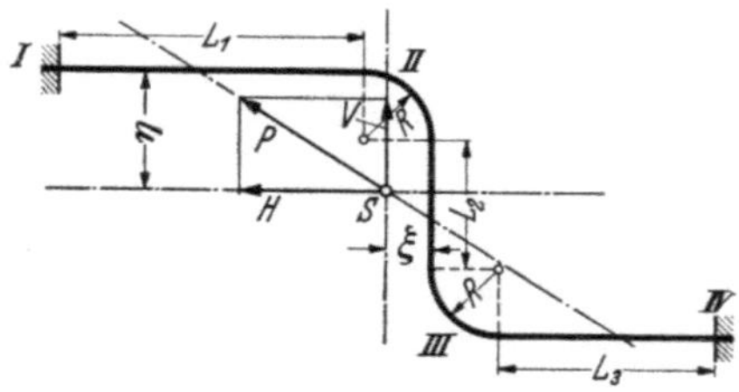

Abb. 80. Z-Bogen mit Einspannfestpunkten.

(In Abb. 80 ist die Lage des Schwerpunktes für einen positiven ξ-Wert gezeigt.)

Trägheits- und Zentrifugalmomente bezogen auf die Schwerachsen:

$$J_{xs} = 4{,}71\,\frac{R^3}{K} + 5{,}14\,\frac{R^2}{K}\,L_2 + 1{,}57\,\frac{R}{K}\,L_2^2 + \frac{1}{3}\,L_2^3 + $$
$$+ L_2^2 R + L_2 R^2 + L_2^2 L_3 + 4\,R\,L_2 L_3 + 4\,R^2 L_3 - L\,\eta^2 \quad \text{in m}^3,$$

$$J_{ys} = \tfrac{1}{3}\,L_1^3 + \tfrac{1}{3}\,L_3^3 + R L_1^2 + R L_3^2 + R^2(L_1 + L_3)$$
$$+ 0{,}71\,\frac{R^3}{K} - L\,\xi^2 \quad \text{in m}^3,$$

$$J_{xys} = -\frac{R^3}{K} - 0{,}57\,\frac{R^2}{K}\,L_2 - (L_2 + 2\,R)\,(0{,}5\,L_3^2 + L_3 R) - L\,\eta\,\xi.$$

Die Komponenten der Wärmedehnung:

$$\Delta_H = \alpha\,(L_1 + L_3 + 2\,R) \pm C_H \quad \text{in cm},$$

$$\Delta_V = \alpha\,(L_2 + 2\,R) \pm C_V \quad \text{in cm}.$$

Kraftkomponenten: wie für L-Bogen angegeben.

Unsymmetrischer Umbogen (Abb. 81).

$(L_1 > L_3.)$

Elastische Rohrlänge $L = L_1 + L_2 + L_3 + 3{,}14\,\frac{R}{K}$ in m.

Schwerpunktsabstände:

$$\eta = \frac{3{,}14\,\frac{R^2}{K} + 1{,}57\,\frac{R}{K}\,L_2 + 0{,}5\,L_2^2 + L_2 R + L_2 L_3 + 2\,R L_3}{L} \quad \text{in m},$$

$$\xi = \frac{1{,}14\,\frac{R^2}{K} + 0{,}5\,L_1^2 + 0{,}5\,L_3^2 + R\,(L_1 + L_3)}{L} \quad \text{in m}.$$

Trägheits- und Zentrifugalmomente, bezogen auf die Schwerachsen:

$$J_{xs} = 4{,}71\,\frac{R^3}{K} + 5{,}15\,\frac{R^2}{K}\,L_2 + 1{,}57\,\frac{R}{K}\,L_2^2 + \frac{1}{3}\,L_2^3 + $$
$$+ L_2^2 R + L_2 R^2 + L_2^2 L_3 + 4\,R L_2 L_3 + 4\,R^2 L_3 - L\,\eta^2 \quad \text{in m}^3,$$

$$J_{ys} = \tfrac{1}{3}\,L_1^3 + \tfrac{1}{3}\,L_3^3 + L_1^2 R + R^2\,(L_1 + L_3) + L_3^2 R +$$
$$+ 0{,}71\,\frac{R^3}{K} - L\,\xi^2 \quad \text{in m}^3,$$

$$J_{xys} = 1{,}14\,\frac{R^3}{K} + 0{,}57\,\frac{R^2}{K}\,L_2 + (L_2 + 2\,R)\,(0{,}5\,L_3^2 + L_3 R) -$$
$$- L\,\eta\,\xi \quad \text{in m}^3.$$

Komponenten der Wärmedehnung:

$$\Delta_H = \alpha\,(L_1 - L_3) \pm C_H \quad \text{cm},$$
$$\Delta_V = \alpha\,(L_2 + 2\,R) \pm C_V \quad \text{cm}.$$

Kraftkomponenten: wie für L-Bogen S. 125.

Ist dagegen $L_1 < L_3$, so wird Δ_H *negativ*, da $L_1 - L_3$ negativ ist. Dadurch erhält man für die Kraftkomponente H ebenfalls einen negativen Wert, der in Abb. 81 in umgekehrter Richtung aufzutragen ist.

Es können also die gleichen Beziehungen auch für den Fall $L_1 < L_3$ verwendet werden.

Wenn $L_1 = L_3$ ist, so handelt es sich um einen symmetrischen Umbogen, bei dem die Beziehungen sich wesentlich vereinfachen lassen. Das Zentrifugalmoment J_{xys} wird wegen der Symmetrie Null. Hierfür folgen die entsprechenden Beziehungen.

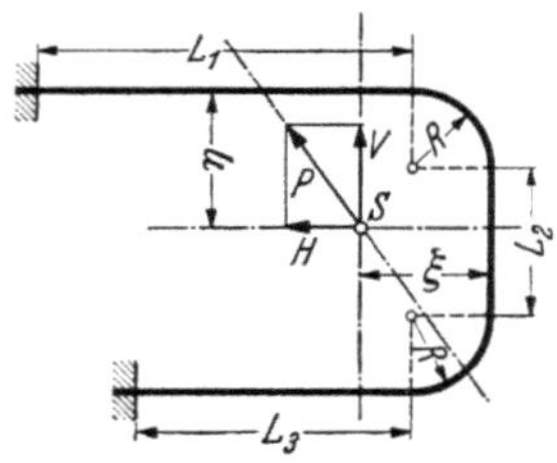

Abb. 81. Unsymmetrischer Umbogen mit Einspannfestpunkten.

Symmetrischer Umbogen (Abb. 82).

$(L_1 = L_3.)$

Elastische Rohrlänge $L = 2\,L_1 + L_2 + 3{,}14\,\frac{R}{K}$ in m.

Schwerpunktsabstände:

$$\eta = 0{,}5\,L_2 + R \quad \text{in m},$$

$$\xi = \frac{1{,}14\,\frac{R^2}{K} + L_1^2 + 2\,L_1 R}{L} \quad \text{in m}.$$

Trägheits- und Zentrifugalmomente, bezogen auf die Schwerachsen:

J_{xs} hat hier keine Bedeutung,

$$J_{ys} = \frac{2}{3}\,L_1^3 + 2\,L_1^2 R + 2\,L_1 R^2 + 0{,}71\,\frac{R^3}{K} - L\,\xi^2 \quad \text{in m}^3.$$

$$J_{xys} = 0.$$

Komponenten der Wärmedehnung:

$$\Delta_V = \alpha\,(L_2 + 2\,R) \pm C_V \quad \text{in cm},$$

$$\Delta_H = 0.$$

Kraftkomponenten:

$$H = 0,$$

$$V = \frac{E\,J}{10^6}\,\frac{\Delta_V}{J_{ys}} = P \quad \text{in kg}.$$

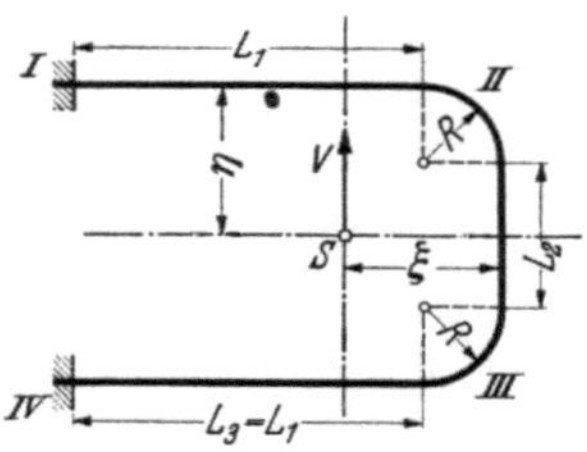

Abb. 82. Symmetrischer Umbogen mit Einspannfestpunkten.

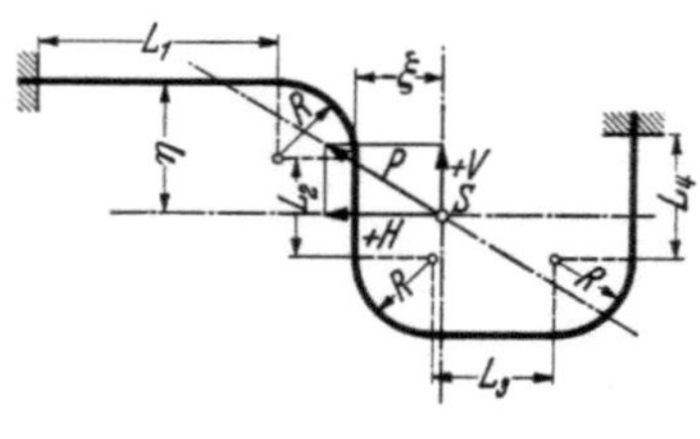

Abb. 83. Schwanenhalsbogen mit Einspannfestpunkten.

Schwanenhalsbogen (Abb. 83).

Elastische Rohrlänge:

$$L = L_1 + L_2 + L_3 + L_4 + 4{,}71\,\frac{R}{K} \quad \text{in m}.$$

Schwerpunktsabstände:

$$\pm\eta = \frac{5{,}71\,\frac{R^2}{K} + 3{,}14\,\frac{R}{K}\,L_2 + 0{,}5\,L_2^2 + L_2 R + L_2 L_3 + 2\,L_3 R + L_2 R_4 + L_4 R - 0{,}5\,L_4^2}{L} \text{ in m},$$

$$\pm\xi = \frac{0{,}5\,L_1^2 + L_1 R - 0{,}5\,L_3^2 - L_3 R - 2{,}57\,\frac{R^2}{K} - 1{,}57\,\frac{R}{K}\,L_3 - L_3 L_4 - 2\,L_4 R}{L} \text{ in m}.$$

Trägheits- und Zentrifugalmomente, bezogen auf die Schwerachsen:

$$J_{xs} = 9{,}065\,\frac{R^3}{K} + 10{,}28\,\frac{R^2}{K}\,L_2 + 3{,}14\,\frac{R}{K}\,L_2^2 + \frac{1}{3}\,L_2^3 + L_2^2 R + L_2 R^2 + \\ + L_3\,(L_2 + 2\,R)^2 + \tfrac{1}{3}\,L_4^3 + (L_2 + R - L_4)\,(L_2 + R)\,L_4 - L\,\eta^2 \quad \text{in m}^3.$$

$$J_{ys} = \frac{1}{3}\,L_1^3 + L_1^2 R + L_1 R^2 + 5{,}065\,\frac{R^3}{K} + 5{,}14\,\frac{R^2}{K}\,L_3 + 1{,}57\,\frac{R}{K}\,L_3^2 + \\ + \tfrac{1}{3}\,L_3^3 + L_3^2 R + L_3 R^2 + L_4\,(L_3 + 2\,R)^2 - L\,\xi^2 \quad \text{in m}^3.$$

$$J_{xys} = -5{,}07\,\frac{R^3}{K} - 3{,}14\,\frac{R^2}{K}\,L_2 - 2{,}57\,\frac{R^2}{K}\,L_3 - 1{,}57\,\frac{R}{K}\,L_2 L_3 - \\ - (L_2 + 2\,R)\,(0{,}5\,L_3^2 + L_3 R) - (L_3 + 2\,R)\,(L_2 L_4 + L_4 R - 0{,}5\,L_4^2) - \\ - L\,\eta\,\xi \quad \text{in m}^3.$$

Komponenten der Wärmedehnung:

$$\Delta_H = \alpha\,(L_1 + L_3 + 3\,R) \pm C_H \quad \text{in cm},$$

$$\pm\Delta_V = \alpha\,(L_2 + R - L_4) \pm C_V \quad \text{in cm}.$$

Kraftkomponenten: wie für L-Bogen S. 125 angegeben.

Bei diesem Rohrsystem ist ganz besonders auf die Vorzeichen von ξ und Δ_V zu achten. Wenn L_1 gegenüber den anderen Schenkeln sehr groß ist, so wird ξ positiv und muß dann links von L_2 aufgetragen werden. Die in Abb. 83 dargestellte Richtung der Kraftkomponenten ist positiv. Wenn L_4 größer wird als $L_2 + R$, so wird Δ_V negativ. Dabei bleibt aber die Richtung der Kraftkomponenten noch bis zu einer bestimmten Größe von L_4 positiv. Wenn L_4 noch größer wird, dann dreht sich die Richtung von V um (V wird negativ) und muß in der anderen Richtung aufgetragen werden.

Auch der Schwerpunktsabstand η kann bei genügend großem L_4 negativ werden, so daß der Schwerpunkt dann oberhalb der Linie von L_1 zu liegen kommt.

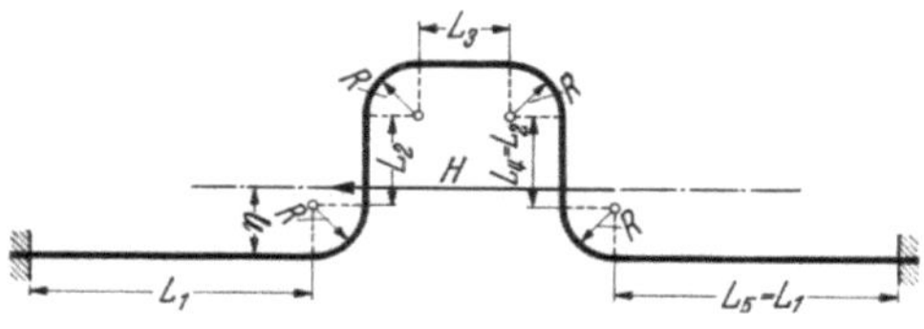

Abb. 84. U-Bogen-Ausgleicher mit Einspannfestpunkten.

U-Bogen-Ausgleicher (Abb. 84).

Elastische Rohrlänge:

$$L = 2\,L_1 + 2\,L_2 + L_3 + 6{,}28\,\frac{R}{K} \quad \text{in m}.$$

Schwerpunktsabstand:

$$\eta = \frac{6{,}28\,\frac{R^2}{K} + 3{,}14\,\frac{R}{K}\,L_2 + L_2^2 + 2\,L_2 R + L_2 L_3 + 2\,L_3 R}{L} \quad \text{in m}.$$

Trägheitsmoment, bezogen auf die Schwerachse:

$$J_{xs} = 9{,}42\,\frac{R^3}{K} + 10{,}28\,\frac{R^2}{K}\,L_2 + 3{,}14\,\frac{R}{K}\,L_2^2 + \frac{2}{3}\,L_2^3 +$$

$$+ 2\,L_2^2 R + 2\,L_2 R^2 + L_2^2 L_3 + 4\,L_2 L_3 R + 4\,L_3 R^2 - L\,\eta^2 \quad \text{in m}^3.$$

Wärmedehnung:

$$\Delta_H = \alpha\,(2\,L_1 + L_3 + 4\,R) \pm C_H \quad \text{in cm.}$$

Kraft:

$$P = H = \frac{E\,J}{10^6}\,\frac{\Delta_H}{J_{xs}} \quad \text{in kg.}$$

Wenn die Schenkel L_1 sehr lang sind, wie es normalerweise der Fall ist, darf man sie nicht mit der ganzen Länge in die Rechnung einsetzen. Die statische Berechnung von Rohrsystemen setzt voraus, daß die einzelnen Schenkel und Bogen eines Systems sich zwischen den Festpunkten vollkommen ungehindert bewegen können, und zwar nach allen Richtungen. Bei langer Rohrleitung (großes L_1) wird man schon mit Rücksicht auf die Ausknickgefahr die geraden Schenkel L_1 in gewissen Abständen mit Führungen versehen. Dadurch ist ihnen die freie Bewegungsmöglichkeit quer zu ihrer Richtung nicht mehr in dem Maße möglich, wie es den Voraussetzungen der Berechnung entspricht. Aus diesem Grunde wird man für die Berechnung von η und J_{xs} die gestreckte Rohrlänge kürzer einsetzen, und zwar so, als ob L_1 etwa der 32fachen NW des U-Bogen-Ausgleichers entspricht. Für die Berechnung der Wärmedehnung muß natürlich die tatsächliche ungekürzte Entfernung der Festpunkte eingesetzt werden.

Auf dieser Grundlage ist die Linientafel Abb. 85 entworfen. Nach dem oben Gesagten wurde $L_1 = 32$ NW in Rechnung gesetzt, wobei A die Ausladung des Ausgleichers darstellt, d. h. $A = L_2 + 2\,R$.

Zur Verringerung der Anzahl der Veränderlichen ist ferner $L_3 = 2$ NW zugrunde gelegt worden.

Der aus Abb. 85 in Abhängigkeit vom Wert $\lambda = \frac{s\,R}{r^2}$ und dem Verhältnis A : NW abgelesenen Wert C_2 ist in die Gleichung

$$H = \frac{E\,J}{10^6}\,\frac{\Delta_H}{A^3\,C_2} \quad \text{in kg} \tag{68}$$

einzusetzen.

Δ_H = Wärmedehnung in cm,
A = Ausladung des Ausgleichers in m,
J = Rohrträgheitsmoment in cm^4,
E = Elastizitätsmodul in kg/cm^2.

Es darf nicht übersehen werden, daß für Δ_H die Wärmedehnung unter Berücksichtigung der Vorspannung einzusetzen ist.

Bei der Ausrechnung der Linientafel Abb. 85 wurde entsprechend dem im Abschnitt B II 2a) Gesagten die KÁRMÁN-Zahl in der *dritten* Näherung eingesetzt, so daß auch bei großen, dünnwandigen Rohren mit kleinem λ eine ausreichende Genauigkeit gewährleistet ist.

Desgleichen kann aus Abb. 86 unter den gleichen Voraussetzungen die größte Biegungsspannung im Scheitel (L_3) des *U*-Ausgleichers leicht

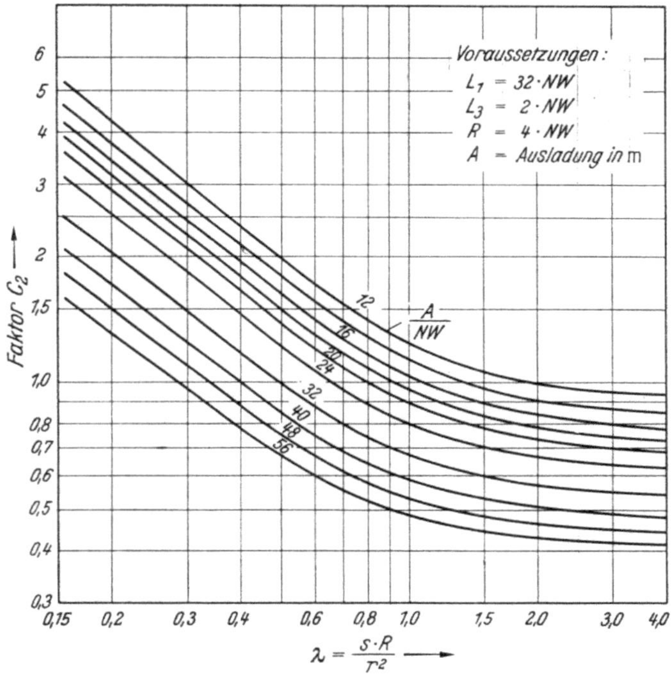

Abb. 85. Berechnung der Reaktionskraft für *U*-Bogen-Ausgleicher nach Abb. 84.

berechnet werden. Der in der gleichen Art abgelesene Wert C_1 wird in die Gleichung

$$\sigma_b = \frac{E D}{10^6} \frac{\Delta_H}{A^2 C_1} \quad \text{in kg/mm}^2 \tag{69}$$

eingesetzt, wobei D den äußeren Rohrdurchmesser in cm darstellt. Die übrigen Werte sind wie oben einzusetzen.

Es ist zu beachten, daß die Biegungsspannung nach Gl. (69) die Beanspruchung im *geraden* Rohr des Ausgleicherscheitels wiedergibt. Will man die Spannungen im *gebogenen* Scheitelrohr berechnen, so muß σ_b aus Gl. (69) mit den jeweiligen Faktoren β (aus Abb. 69) bzw. n (aus Abb. 72) oder γ (aus Abb. 73) multipliziert werden.

Aus diesen beiden Abbildungen kann der sehr häufig vorkommende U-Bogen-Ausgleicher mit äußerster Genauigkeit ohne große Mühe leicht berechnet werden. Dabei ist es besonders wichtig, daß in den Abb. 85 und 86 der Einfluß der Bogenabflachung ebenfalls berücksichtigt ist. Diese Linientafeln gelten jedoch nicht für Faltenrohrbogen.

Beispiel 10. Für eine gerade Hochdruckfernleitung von 140 m Länge und NW 300 ist die Anzahl der erforderlichen Ausgleicher zu ermitteln.

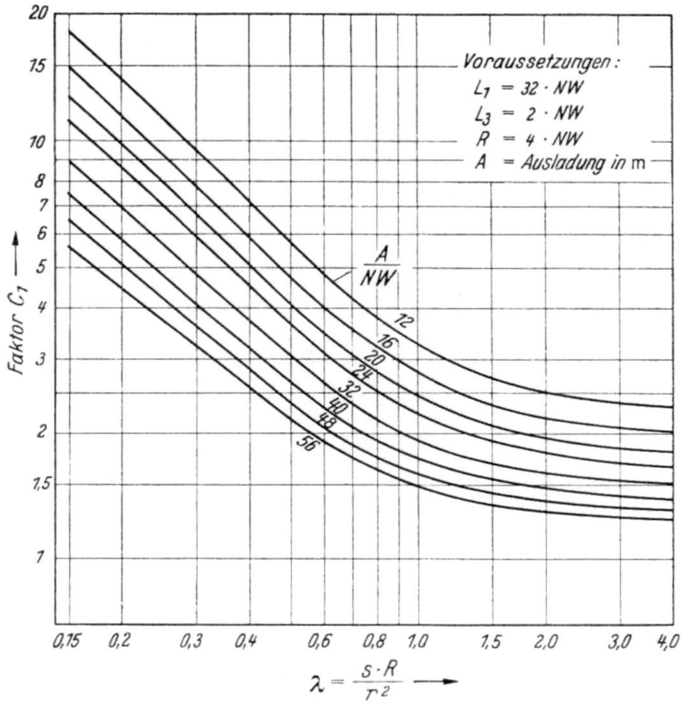

Abb. 86. Berechnung der größten Biegungsspannung im U-Bogen-Ausgleicher nach Abb. 84.

Die Ausladung der Ausgleicher soll nicht größer als 4,5 m sein. Betriebsverhältnisse sind 40 atü 450° C. Rohrwerkstoff 15 Mo 3.

Aus Abb. 12 ermittelt man $D = 318$ mm, $s = 8$ mm,
aus Abb. 6 $E = 1{,}52 \cdot 10^6$ kg/cm²,
aus Abb. 44 $\alpha = 0{,}68$ cm/m bei 450° C. Die Gesamtwärmedehnung der Fernstrecke beträgt $\alpha L = 95$ cm $= 950$ mm. Der Werkstoffkennwert für 15 Mo 3 aus Zahlentafel 2 ist bei 450° $\sigma_{DVM} = 15$ kg/mm². Die zulässige Beanspruchung kann in diesem Fall mit $\sigma_{\text{zul}} = 15 : 1{,}1$ $=$ rd. $13{,}5$ kg/mm² angesetzt werden, da die durch Biegung hervor-

gerufenen Randspannungen eine geringe Sicherheit verantworten lassen.

Mit $\lambda = \frac{8 \cdot 1500}{155^2} = 0{,}5$, $\varepsilon = \frac{8}{155} = 0{,}052$ und $\varrho = \frac{155}{1500} = 0{,}103$

ist $\beta = 1{,}33$ [nach Gl. (64)] und $\gamma = 2{,}2$ (aus Abb. 73).

Folglich ist die Querbiegespannung σ_q in diesem Fall die maßgebende Beanspruchung. Die aus Abb. 86 zu ermittelnde Biegespannung σ_b darf also den Wert

$$13{,}5 : \gamma = 13{,}5 : 2{,}2 = 6{,}15 \text{ kg/mm}^2$$

nicht überschreiten. Für $A = 4{,}5$ m ist $A : \text{NW} = 15$.

Damit folgt aus Abb. 86 mit $\lambda = 0{,}5$ der Wert $C_1 = 4{,}95$.

Die Gl. (69) nach Δ_H aufgelöst ergibt:

$$\Delta_H = \frac{\sigma_b A^2 C_1 10^6}{E D} = \frac{6{,}15 \cdot 4{,}5^2 \cdot 4{,}95 \cdot 10^6}{1{,}52 \cdot 10^6 \cdot 31{,}8} = 12{,}7 \text{ cm}.$$

Bei 50% Vorspannung nimmt also jeder Ausgleicher $2 \cdot 127 = 254$ mm Wärmedehnung auf. Für die Gesamtwärmedehnung der Fernstrecke werden also $980 : 254 = 4$ U-Bogen-Ausgleicher benötigt. Die vom Ausgleicher ausgeübte Festpunktkraft beträgt bei $C_2 = 1{,}7$ (aus Abb. 85) bei 50 % Vorspannung, d. h. $\Delta_H = 254 : 2 = 127$ mm

$$H = \frac{1{,}52 \cdot 10^6 \cdot 9390}{10^6} \cdot \frac{12{,}7}{4{,}5^3 \cdot 1{,}7} = 1130 \text{ kg}.$$

Das gleiche Ergebnis hätte man auch bei unmittelbarer Berechnung ohne Benutzung der Abb. 85 und 86 nach den Formeln erhalten, wenn man $L_1 = 32$ NW $= 9{,}6$ m eingesetzt hätte. Nur wäre dann die Berechnung wesentlich umständlicher.

In vielen Fällen ist es beim Entwurf von Rohrleitungsanlagen wichtig, ein kritisch erscheinendes Bogensystem schnell und ohne mühselige Rechenarbeit nachzuprüfen. In solchen Fällen genügt es zunächst, wenn die Wirkung der Bogenabflachung unberücksichtigt gelassen wird, da man ja nur die ungefähre Größenordnung der auftretenden Biegungsbeanspruchungen wissen will. Die Berechnung nach Zahlentafel 7 wäre nicht zweckmäßig, da die Zugrundelegung von Gelenkfestpunkten zu einem falschen Bild über die Spannungsverteilung führt und auch durch die zahlenmäßige Höhe der Beanspruchung leicht täuscht.

Zu diesem Zweck dienen nachstehende Linientafeln, die es erlauben, die Reaktionskräfte und maßgebenden Biegungsspannungen für einige häufig vorkommende Rohrsysteme unter der vereinfachenden Voraussetzung von *biegungssteifen Ecken* leicht zu ermitteln, wobei Einspannfestpunkte zugrunde gelegt sind.

Die Abb. 87 gilt für einen *L-Bogen* (Winkelbogen) nach Abb. 88. Die Berechnung erfolgt nach folgenden Gleichungen:

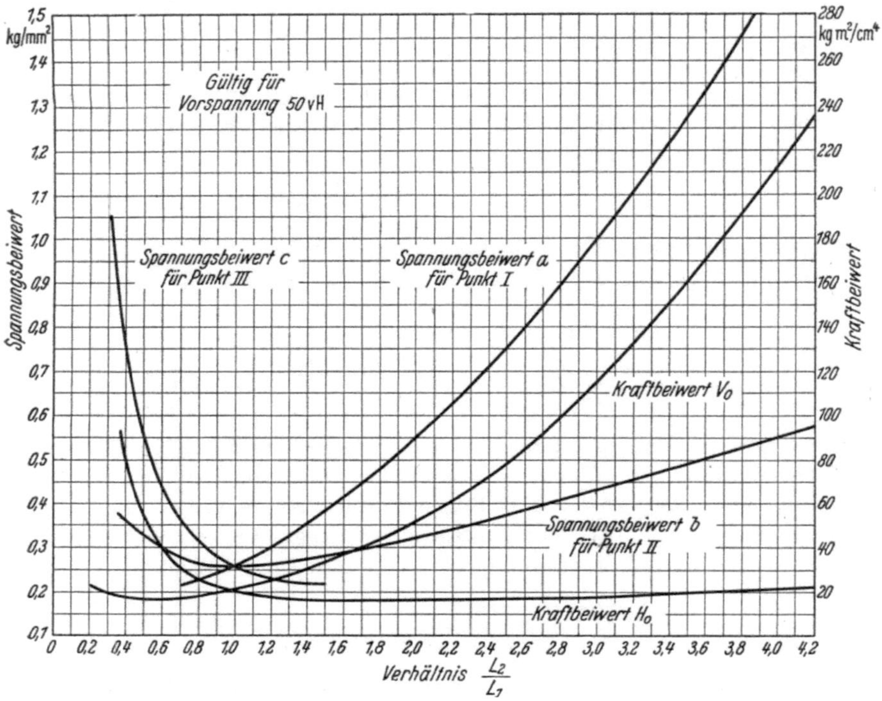

Abb. 87. Berechnung des *L*-Bogens.

Biegungsspannung:

im Punkt I $\sigma_b = a \frac{L}{D} W$ kg/mm²,

im Punkt II $\sigma_b = b \frac{L}{D} W$ kg/mm²,

wobei im **Punkt II** gegebenenfalls noch die Beiwerte β aus Abb. 69 oder γ aus Abb. 73 mit zu berücksichtigen sind;

im Punkt III $\sigma_b = c \frac{L}{D} W$ kg/mm².

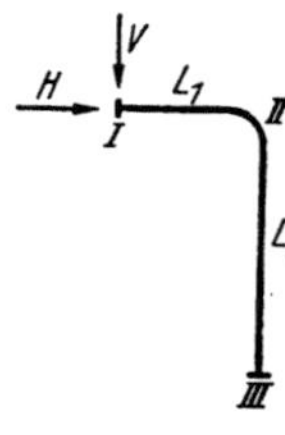

Abb. 88. *L*-Bogen (Winkelbogen).

Reaktionskräfte:

in Richtung von L_1 $H = H_0 \frac{J}{L^2} W$ in kg,

in Richtung von L_2 $V = V_0 \frac{J}{L^2} W$ in kg.

Hierin bedeuten:

D = Rohraußendurchmesser in mm,
$L = L_1 + L_2$ = gestreckte Rohrlänge in m,
a, b bzw. c = Spannungsbeiwerte aus Abb. 87 (linke Ordinate),
J = äquatoriales Rohrträgheitsmoment in cm^4 aus Zahlentafeln 35 bis 37,
H_0 bzw. V_0 = Kraftbeiwerte aus Abb. 87 (rechte Ordinate!),
W = Hilfszahl aus Abb. 89.

Da die Linientafeln Abb. 87, 91 bis 96 und 98 bis 103 nur auf einer bestimmten Grundlage ausgerechnet werden konnten, muß zwecks Berücksichtigung der jeweiligen Betriebstemperatur und des Werkstoffes der Beiwert W aus Abb. 89 in die entsprechenden Formeln eingesetzt werden. Diese Linientafeln sind für 50% Vorspannung entworfen. Will man eine andere Vorspannung V berücksichtigen, dann muß man die ermittelten Werte mit $(100 - V) : 50$ multiplizieren.

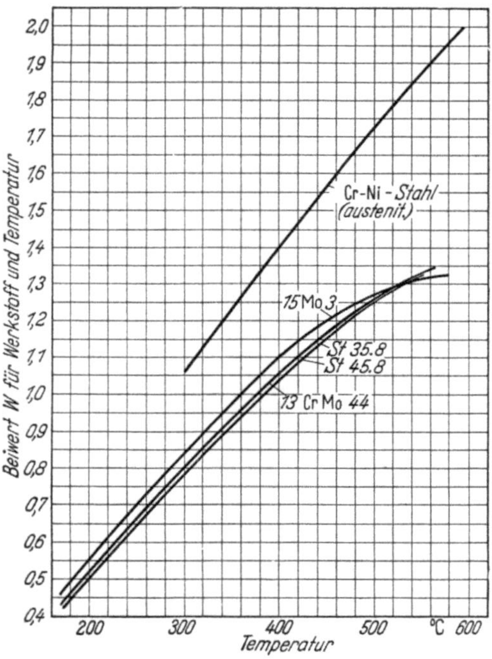

Abb. 89. Umrechnungszahlen für verschiedene Werkstoffe und Temperaturen.

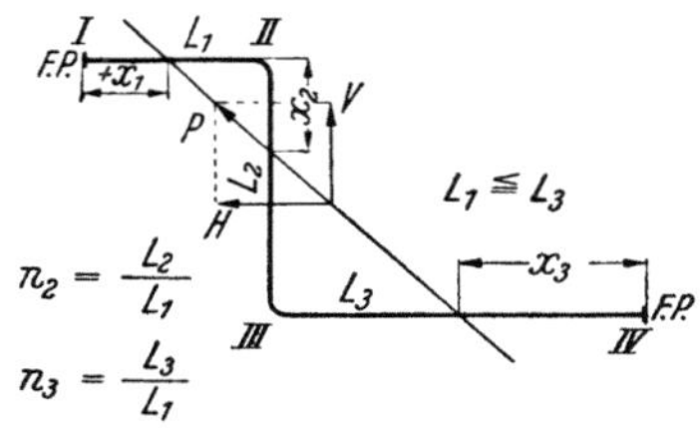

Abb. 90. Unsymmetrischer Z-Bogen.

Beispiel 11. Winkelbogen $L_1 = 6$ m, $L_2 = 12$ m, $D = 267$ mm, $s = 7$ mm, $J = 4830\ cm^4$ soll für eine Temperatur von 350°C geprüft werden.

Es ist $L_2 : L_1 = 12 : 6 = 2$ und $L_1 + L_2 = 18$ m und somit aus Abb. 87

$$a = 0{,}555\ kg/mm^2, \qquad b = 0{,}325\ kg/mm^2,$$
$$H_0 = 16{,}0, \qquad V_0 = 52{,}5$$

und aus Abb. 89 $W = 0{,}92$ (für St 35.29 bei 350°C).

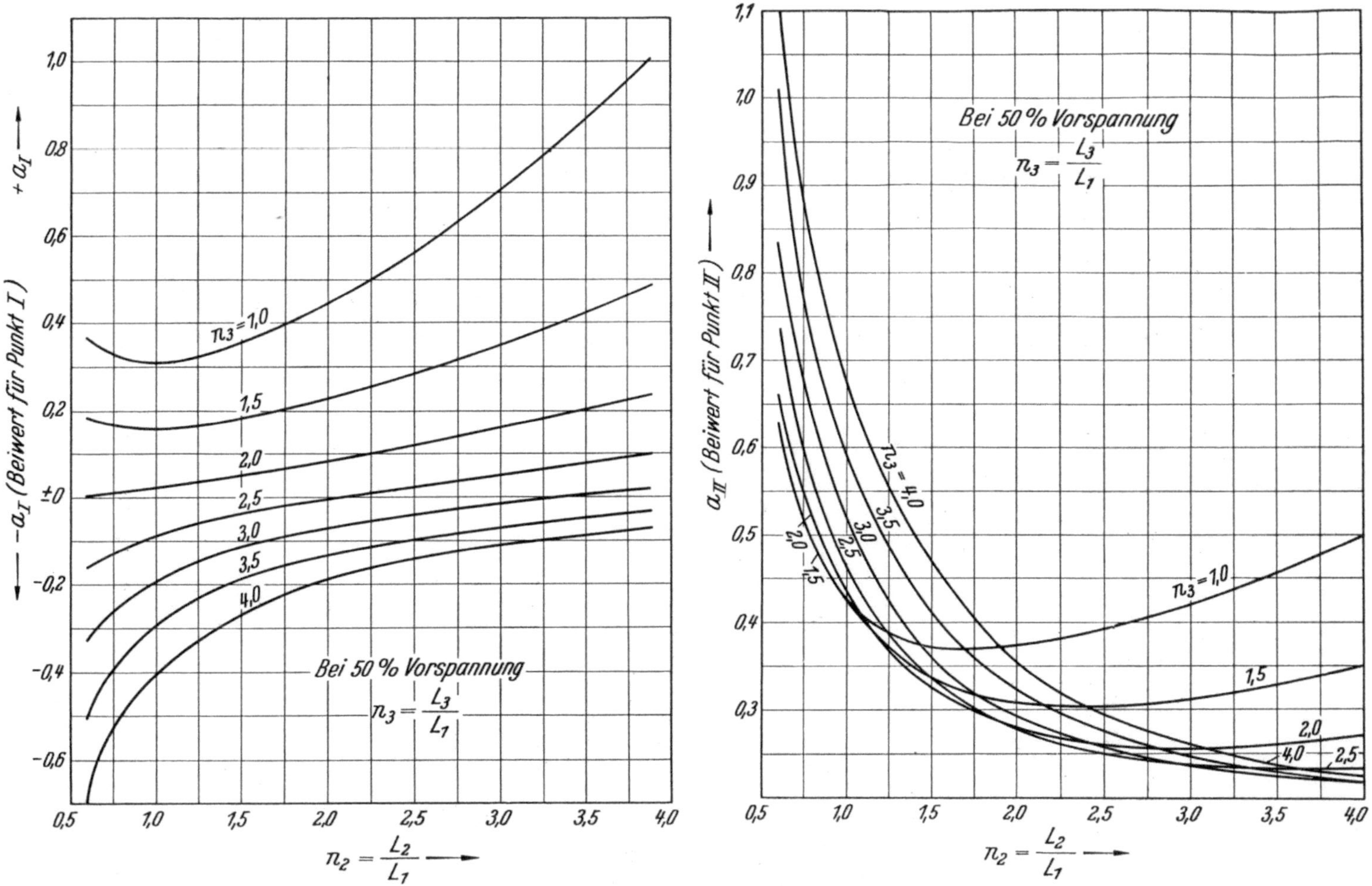

Abb. 91 u. 92. Berechnung des unsymmetrischen Z-Bogens, gültig für: Rohrmaterial St 35.29, Temperatur 400° C, Vorspannung 50%.

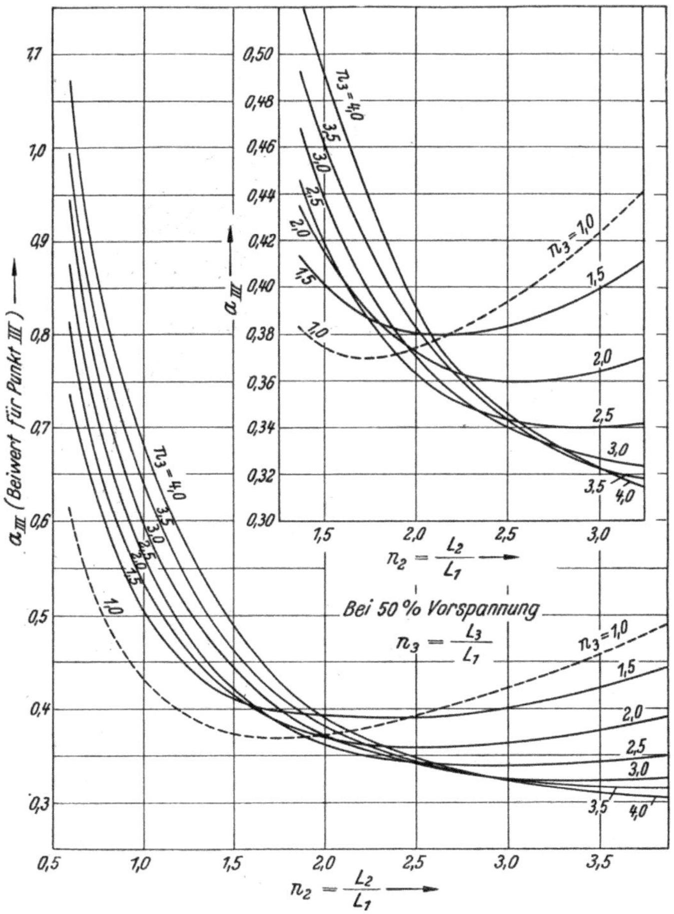

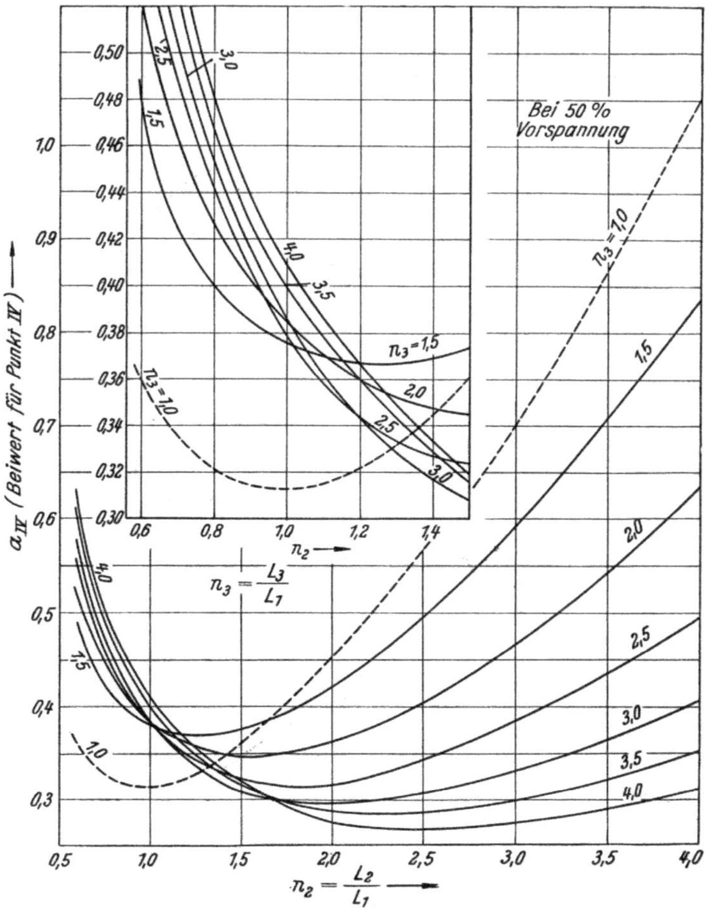

Abb. 93 u. 94. Berechnung des unsymmetrischen **Z**-Bogens, gültig für: Rohrmaterial St 35.29, Temperatur 400° C, Vorspannung 50%.

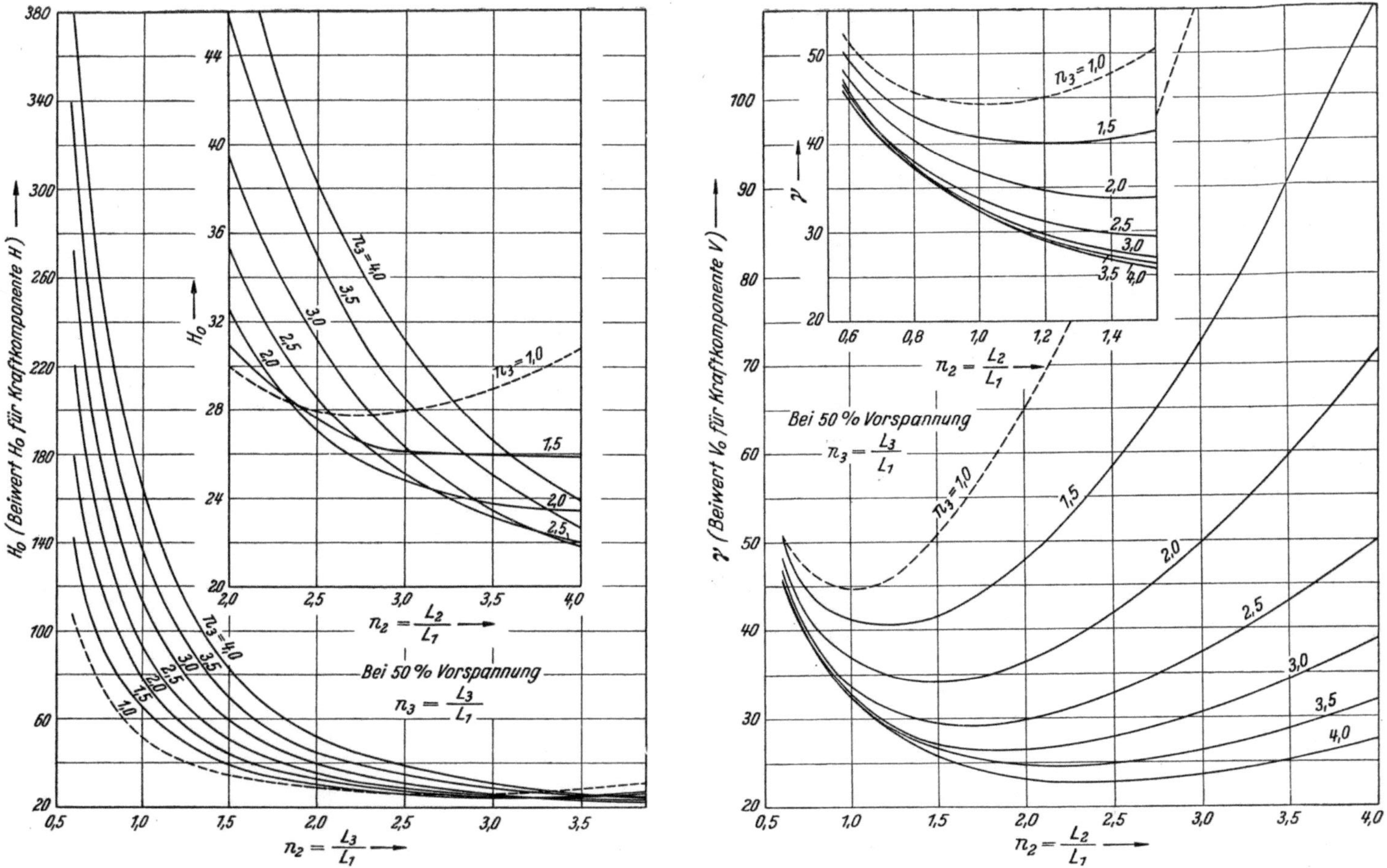

Abb. 95 u. 96. Berechnung des unsymmetrischen Z-Bogens, gültig für: Rohrmaterial St 35.29, Temperatur 400° C, Vorspannung 50%.

Daraus berechnen sich

$$\sigma_b = 0{,}555 \frac{267}{18} 0{,}92 = 7{,}55 \text{ kg/mm}^2 \text{ (für Punkt I)},$$

$$\sigma_b = 0{,}325 \frac{267}{18} 0{,}92 = 4{,}44 \text{ kg/mm}^2 \text{ (für Punkt II)}.$$

Im Punkt III ist σ_b kleiner als die vorgenannten.

$$H = 16{,}0 \frac{4830}{18^2} 0{,}92 = 220 \text{ kg},$$

$$V = 52{,}5 \frac{4830}{18^2} 0{,}92 = 720 \text{ kg}$$

bei einer Vorspannung von 50%.

Will man statt dessen z. B. eine Vorspannung von 60% berücksichtigen, so rechnet man sämtliche Werte im Verhältnis

$$v = \frac{100 - 60}{50} = \frac{40}{50} = 0{,}8$$

um.

Wie man sieht, ist die Rechnung äußerst einfach und trotzdem sehr genau. Die größte Beanspruchung tritt stets an der Einspannstelle des kürzeren Schenkels auf.

Für einen Z-Bogen lassen sich in gleicher Weise Kurven für die Berechnungswerte entwerfen, nur sind wesentlich mehr Linientafeln erforderlich, da der Z-Bogen (Abb. 90) zwei veränderliche Schenkelverhältnisse $n_2 = L_2 : L_1$ und $n_3 = L_3 : L_1$ hat. Im übrigen sind die Berechnungsgleichungen grundsätzlich dieselben wie für den L-Bogen. Auch hier hat der Beiwert W die gleiche Bedeutung.

Biegungsspannungen:

$$\sigma_{b\,\mathrm{I}} = a_{\mathrm{I}} \frac{D}{L} W \quad \text{in kg/mm}^2 \text{ für Punkt I},$$

$$\sigma_{b\,\mathrm{II}} = a_{\mathrm{II}} \frac{D}{L} W \quad \text{in kg/mm}^2 \text{ für Punkt II usw.}$$

Reaktionskräfte:

$$H = H_0 \frac{J}{L^2} W \quad \text{in kg (in Richtung von } L_1\text{)},$$

$$V = V_0 \frac{J}{L^2} W \quad \text{in kg (in Richtung von } L_2\text{)},$$

wobei $L = L_1 + L_2 + L_3$ in m ist.

a_{I}, a_{II}, a_{III} und a_{IV} sind die Spannungsbeiwerte, die aus den Abb. 91 bis 94 in Abhängigkeit vom Schenkelverhältnis n_2 und n_3 abgelesen werden und

H_0 und V_0 die Kraftbeiwerte aus den Abb. 95 und 96. Die übrigen Werte haben die gleiche Bedeutung wie beim L-Bogen. Die genannten Abbildungen sind für 50% Vorspannung errechnet.

Will man die *genaue* Lage der resultierenden Reaktionskraft $P = \sqrt{H^2 + V^2}$ ermitteln, so müssen die Abstände der Schnittpunkte dieser Kraft P mit den Schenkeln des Z-Bogens wie folgt berechnet werden (s. Abb. 90):

$$x_1 = L_1 \frac{a_{\mathrm{I}}}{a_{\mathrm{I}} + a_{\mathrm{II}}} \quad \text{in m (Vorzeichen beachten!)},$$

$$x_2 = L_2 \frac{a_{\mathrm{II}}}{a_{\mathrm{II}} + a_{\mathrm{III}}} \quad \text{in m},$$

$$x_3 = L_1 \frac{a_{\mathrm{IV}}}{a_{\mathrm{I}} + a_{\mathrm{II}}} \quad \text{in m (Vorzeichen beachten!)}.$$

Zeichnet man in die maßstäbliche Skizze des Z-Bogens die Lage der Kraft P genau ein, so kann für jeden Punkt das Biegungsmoment aus dem Produkt $P \times$Hebelarm berechnet werden.

Für den gleichschenkligen Z-Bogen $L_1 = L_3$ werden die entsprechenden Spannungs- und Kraftbeiwerte mit $n_3 = \frac{L_3}{L_1} = 1$ abgelesen.

Die Berechnung soll an einem Zahlenbeispiel erläutert werden.

Beispiel 12. Unsymmetrischer Z-Bogen $L_3 > L_1$, und zwar $D = 159$ mm

$$L_1 = 3 \text{ m}, \quad L_2 = 3{,}6 \text{ m}, \quad L_3 = 9 \text{ m},$$
$$L = 3 + 3{,}6 + 9 = 15{,}6 \text{ m}.$$

Vorspannung = 60%, d. h. Umrechnungszahl $v = 0{,}8$,
Werkstoff Mo-Stahl für 450° C, daher
Umrechnungszahl $W = 1{,}2$ aus Abb. 89.

Die Spannungsbeiwerte aus Abb. 91 bis 94 sind für $n_2 = 1{,}2$ und $n_3 = 3$ folgende:

$$a_{\mathrm{I}} = -0{,}155, \qquad a_{\mathrm{III}} = 0{,}517,$$
$$a_{\mathrm{II}} = 0{,}437, \qquad a_{\mathrm{IV}} = 0{,}344.$$

Dann sind die Biegungsspannungen

$$\text{in I} \quad \sigma_b = -0{,}155 \frac{159}{15{,}6} 1{,}2 \cdot 0{,}8 = -1{,}52 \text{ kg/mm}^2,$$

$$\text{in II} \quad \sigma_b = 0{,}437 \frac{159}{15{,}6} 1{,}2 \cdot 0{,}8 = 4{,}28 \text{ kg/mm}^2,$$

$$\text{in III} \quad \sigma_b = 0{,}517 \frac{159}{15{,}6} 1{,}2 \cdot 0{,}8 = 5{,}06 \text{ kg/mm}^2,$$

$$\text{in IV} \quad \sigma_b = 0{,}344 \frac{159}{15{,}6} 1{,}2 \cdot 0{,}8 = 3{,}36 \text{ kg/mm}^2.$$

Die Spannung im Punkt I ist stets am kleinsten, wenn $L_3 > L_1$ ist. Die größte Spannung ist hier im Punkt III.

Für das Rohr 159×5 mm ist $J = 720\ \text{cm}^4$ und die Reaktionskräfte

$$H = 84 \frac{720}{15{,}6^2} \cdot 1{,}2 \cdot 0{,}8 = 239\ \text{kg}.$$

$$V = 30 \frac{720}{15{,}6^2} \cdot 1{,}2 \cdot 0{,}8 = 85\ \text{kg},$$

$$P = \sqrt{239^2 + 85^2} = 254\ \text{kg}.$$

Für die Ermittlung der genauen Lage der Kraft P berechnet man

$$x_1 = 3 \frac{-0{,}155}{-0{,}155 + 0{,}437} = -1{,}65\ \text{m},$$

$$x_2 = 3{,}6 \frac{0{,}437}{0{,}437 + 0{,}517} = 1{,}65\ \text{m},$$

$$x_3 = 3 \frac{0{,}344}{-0{,}155 + 0{,}437} = 3{,}66\ \text{m}.$$

Das Minuszeichen bei x_1 bedeutet, daß P nicht den eigentlichen Schenkel L_1, sondern die Verlängerung desselben schneidet.

Für einen *unsymmetrischen Umbogen* nach Abb. 97 gelten in gleicher Weise die Abb. 98 bis 101 für die Spannungsbeiwerte und Abb. 102 und 103 für die Kraftbeiwerte. Die Berechnungsformeln sind genau die gleichen, wie für den Z-Bogen angegeben war. Auch die Formeln für die Lage der resultierenden Kraft P sind mit der aus Abb. 97 hervorgehenden Bedeutung die gleichen wie für den Z-Bogen.

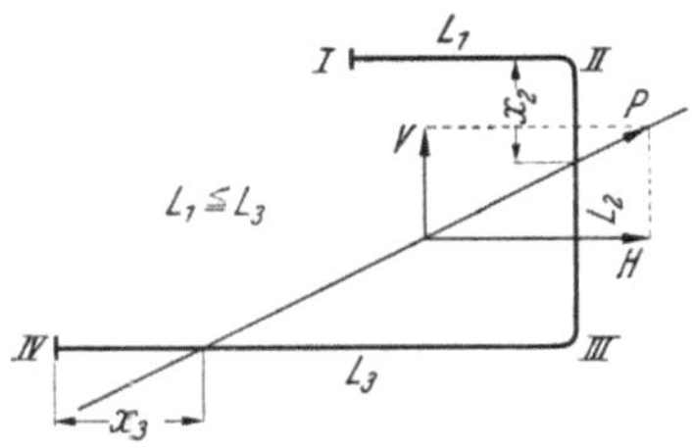

Abb. 97. Unsymmetrischer Umbogen.

Alle diese Linientafeln sind hauptsächlich für die schnelle Prüfung des Entwurfes gedacht. Die genaue Ermittlung der Kräfte und Biegungsspannungen erfolgt zweckmäßigerweise unter Benutzung des am Anfang dieses Abschnittes angegebenen Berechnungsverfahrens oder der ausgewerteten Formeln für das entsprechende Rohrsystem.

Es soll nun an Hand von Zahlenbeispielen die Berechnungsart erläutert werden. Hierbei wird auch ein Vergleich mit der vereinfachten Rechnung mittels der vorhin erwähnten Linientafeln gezogen werden können. Außerdem sollen bei dieser Gelegenheit auch einige Sonderfälle Berücksichtigung finden.

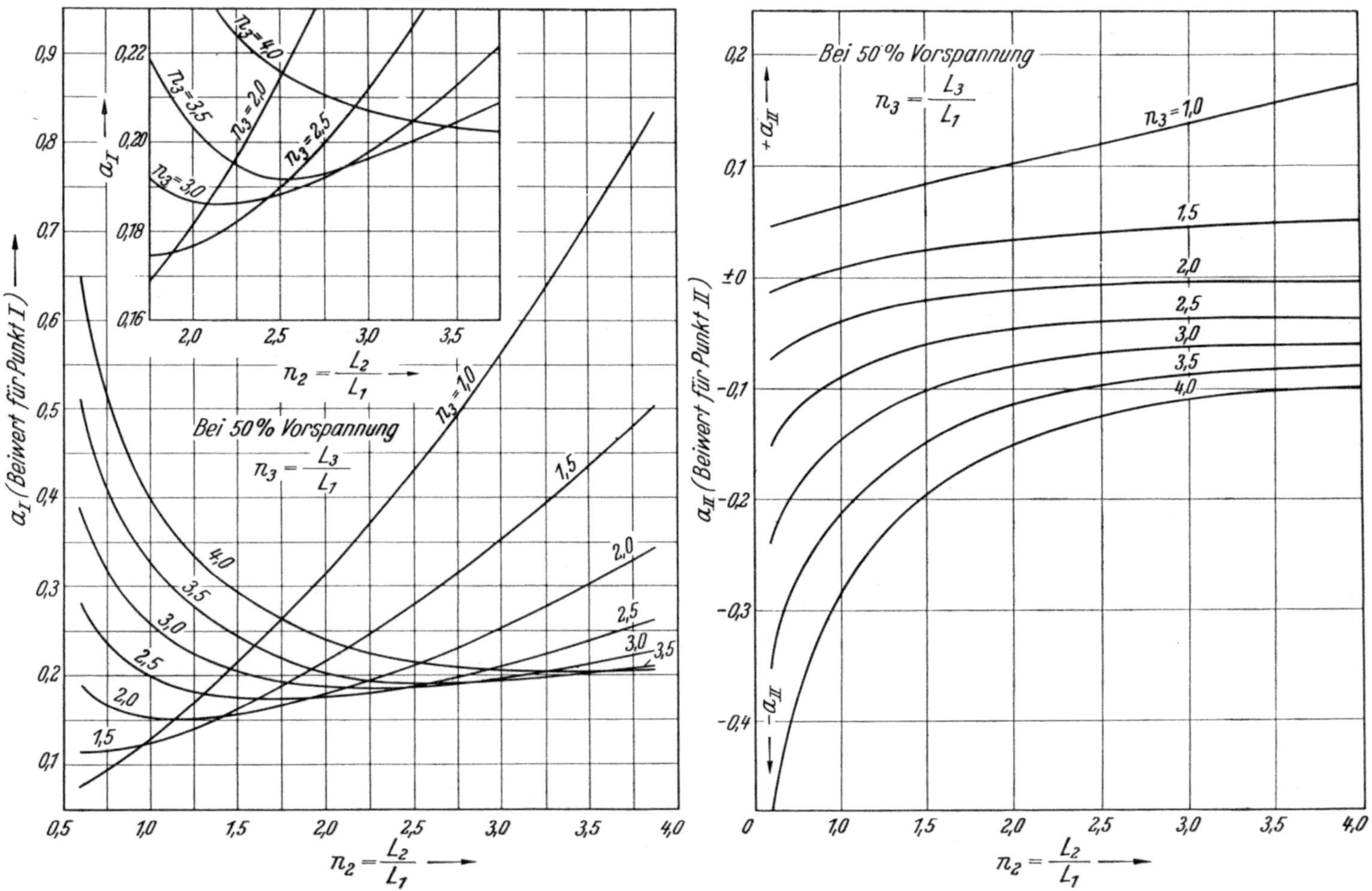

Abb. 98 u. 99. Berechnung des unsymmetrischen Umbogens, gültig für St 35.29, Temperatur 400° C, Vorspannung 50%.

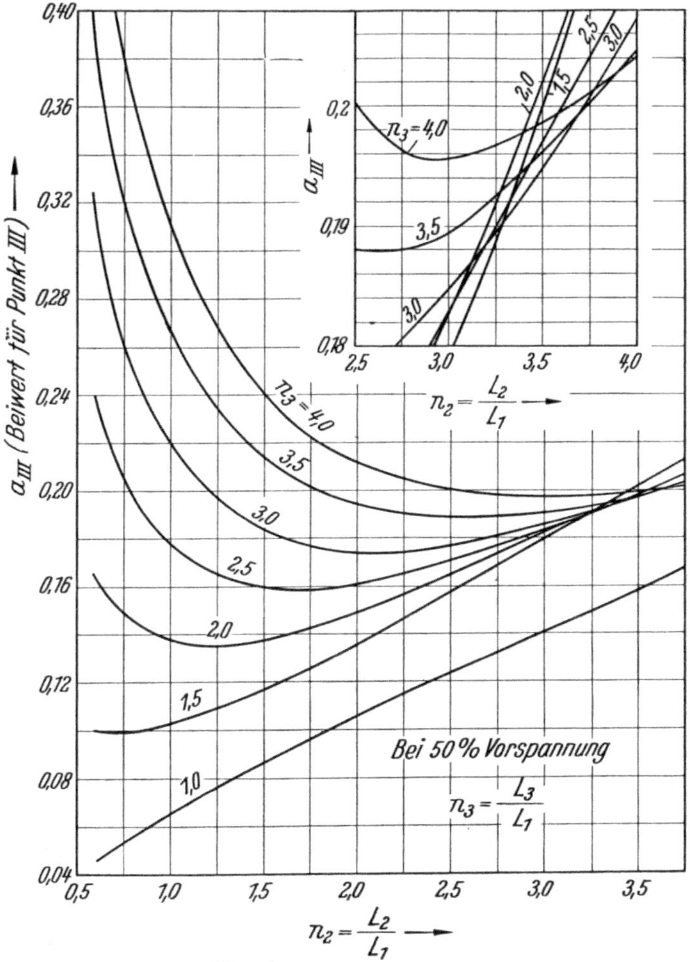

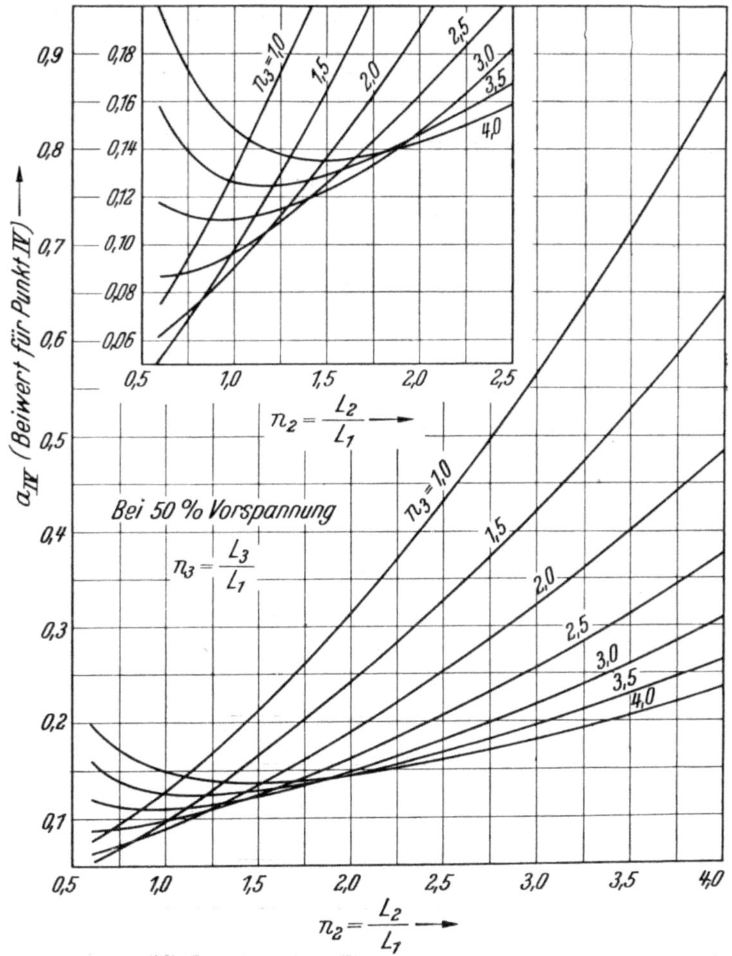

Abb. 100 u. 101. Berechnung des unsymmetrischen Umbogens, gültig für St 35.29, Temperatur 400° C, Vorspannung 50%.

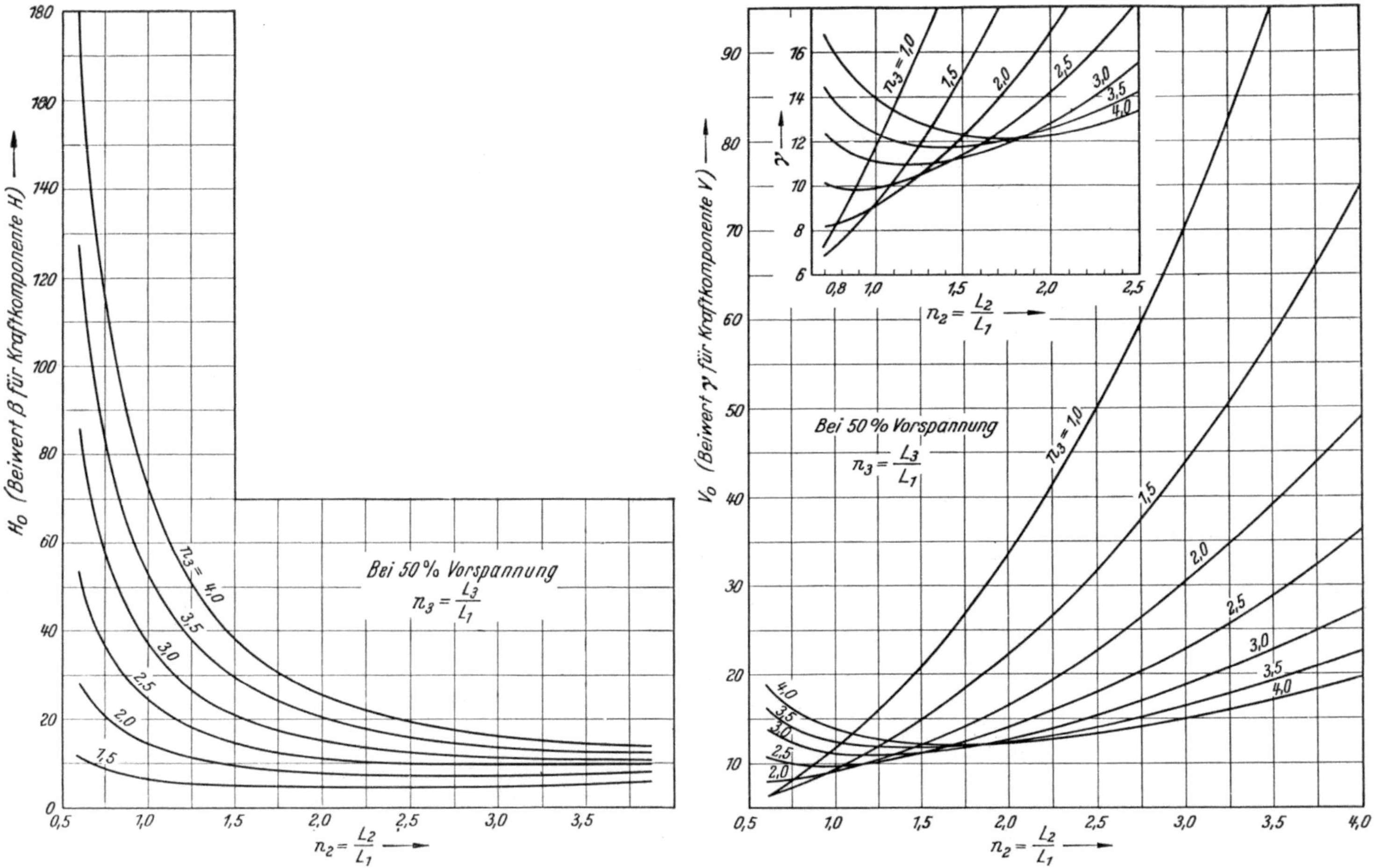

Abb. 102 u. 103. Berechnung des unsymmetrischen Umbogens, gültig für St 35.29, Temperatur 400° C, Vorspannung 50%.

Beispiel 13. Der im Beispiel 7 durchgerechnete Z-Bogen soll nunmehr unter Berücksichtigung der Bogenteile und für beiderseitige Einspannung (Einspannfestpunkte) geprüft werden (Abb. 104).

Bei einem Biegungshalbmesser $R = 5d = 5 \cdot 200 = 1000$ mm sind die einzelnen geraden Schenkel

$$L_1 = 9 \text{ m},$$
$$L_2 = 4 \text{ m},$$
$$L_3 = 3 \text{ m}.$$

Für das Rohr $216 \times 7{,}0$ folgt aus Abb. 66 die KÁRMÁN-Zahl entsprechend $\lambda = 0{,}7$, $K = 0{,}425$.

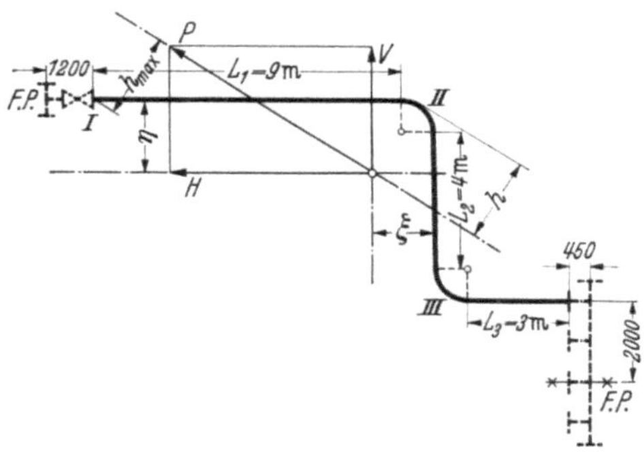

Abb. 104. Z-Bogen mit Einspannfestpunkten für Beispiel 13.

Für die gewählten Betriebsverhältnisse $p = 40$ atü und $t = 450\,°$C ist

$$E = 1{,}52 \cdot 10^6 \text{ kg/cm}^2,$$
$$\alpha = 0{,}68 \text{ cm/m}.$$

Nun können die Schwerpunktsabstände sowie die Trägheits- und Zentrifugalmomente nach den für den Z-Bogen angegebenen Formeln berechnet werden. Zur Vereinfachung ermittelt man

$L_1 = 9$	$L_1^2 = 81$	$L_1^3 = 729$
$L_2 = 4$	$L_2^2 = 16$	$L_2^3 = 64$
$L_3 = 3$	$R_3^2 = 9$	$L_3^3 = 27$
$R = 1$	$R^2 = 1$	$R^3 = 1$
$R/K = 2{,}35$	$R^2/K = 2{,}35$	$R^3/K = 2{,}35$

$$L = 9 + 4 + 3 + 3{,}14 \cdot 2{,}35 = 23{,}38 \text{ m},$$

$$\eta = \frac{3{,}14 \cdot 2{,}35 + 1{,}57 \cdot 2{,}35 \cdot 4 + 0{,}5 \cdot 16 + 4 + 4 \cdot 3 + 2 \cdot 3}{23{,}38} = 2{,}23 \text{ m},$$

$$\xi = \frac{0{,}5 \cdot 81 - 0{,}5 \cdot 9 + 9 - 3}{23{,}38} = +1{,}8 \text{ m}.$$

$$J_{xs} = 4{,}71 \cdot 2{,}35 + 5{,}14 \cdot 2{,}35 \cdot 4 + 1{,}57 \cdot 2{,}35 \cdot 16 + \tfrac{1}{3} \cdot 64 + 16 + 4 + $$
$$+ 16 \cdot 3 + 4 \cdot 4 \cdot 3 + 4 \cdot 3 - 23{,}38 \cdot 4{,}97 = 267{,}72 - 116{,}22 = 151{,}5\,\mathrm{m}^3,$$

$$J_{ys} = \tfrac{1}{3} \cdot 729 + \tfrac{1}{3} \cdot 27 + 81 + 9 + 12 + 0{,}71 \cdot 2{,}35 - 23{,}38 \cdot 3{,}24$$
$$= 355{,}67 - 75{,}67 = 280{,}0\,\mathrm{m}^3,$$

$$J_{xys} = -2{,}35 - 0{,}57 \cdot 2{,}35 \cdot 4 - (4 + 2)\,(0{,}5 \cdot 9 + 3) -$$
$$- 23{,}38 \cdot 2{,}23 \cdot 1{,}8 = -146{,}5\,\mathrm{m}^3,$$

$$J_{xs} J_{ys} - J_{xys}^2 = 151{,}5 \cdot 280 - 146{,}5^2 = 20930\,\mathrm{m}^6.$$

Die Komponenten der Wärmedehnung sind bei 50% Vorspannung

$$\Delta_H = 0{,}68\,(9 + 3 + 2) \cdot 0{,}5 = 4{,}76\,\mathrm{cm},$$
$$\Delta_V = 0{,}68\,(4 + 2) \cdot 0{,}5 = 2{,}04\,\mathrm{cm}.$$

Kraftkomponenten:

$$H = \frac{1{,}52 \cdot 10^6 \cdot 2495}{10^6} \; \frac{4{,}76 \cdot 280 + 2{,}04 \cdot 146{,}5}{20930} = 295\,\mathrm{kg},$$

$$V = \frac{1{,}52 \cdot 10^6 \cdot 2495}{10^6} \; \frac{2{,}04 \cdot 151{,}5 + 4{,}76 \cdot 146{,}5}{20930} = 182\,\mathrm{kg},$$

$$P = \sqrt{295^2 + 182^2} = \underline{346\,\mathrm{kg}.}$$

Nach Abb. 104 ist der größte Abstand der Rohrachse (Punkt I) von der Kraftachse $h_{\max} = 245$ cm (Bogen maßstäblich aufzeichnen!).

Dort ist die größte Biegungsspannung

$$\sigma_b = \frac{P\,h_{\max}\,D}{200\,J} = \frac{346 \cdot 245 \cdot 21{,}6}{200 \cdot 2495} = \underline{3{,}67\,\mathrm{kg/mm^2}.}$$

Fast die gleiche Biegungsspannung herrscht auch im Punkt II, da dort der Abstand von der Kraftachse ebenfalls ungefähr so groß ist, d. h. $h_{\mathrm{II}} = 240$ cm.

Diese Berechnung zeigt, daß gegenüber dem Beispiel 7 die Kräfte höher, die Biegungsspannungen jedoch kleiner sind. Vor allen Dingen ersieht man, welchen Irrtum man begeht, wenn Gelenkfestpunkte angenommen werden, weil dann an den Festpunkten gar keine Biegungsmomente auftreten dürften, während in Wirklichkeit mit sehr erheblichen Spannungen an den Festpunktenden zu rechnen ist.

Nimmt man an, daß der Z-Bogen im Punkt I an ein T-Stück unter Zwischenschaltung eines Absperrschiebers und andererseits im Punkt IV an einen Verteiler anschließt, wobei das T-Stück und der Verteiler in diesem Falle Festpunkte darstellen wie in der Abb. 104 gestrichelt angedeutet, so ändern sich die Komponenten der Wärmedehnung wie folgt:

$$\Delta_H = 0{,}68\,(9 + 3 + 2) \cdot 0{,}5 + 0{,}68\,(1{,}2 + 0{,}45) = 5{,}88\,\mathrm{cm},$$
$$\Delta_V = 0{,}68\,(4 + 2)\,0{,}5 + 0{,}68 \cdot 2 = 3{,}4\,\mathrm{cm}.$$

Dann treten folgende Kraftkomponenten auf:

$$H = \frac{1{,}52 \cdot 10^6 \cdot 2495}{10^6} \; \frac{5{,}88 \cdot 280 + 3{,}4 \cdot 146{,}5}{20930} = 388 \text{ kg.}$$

$$V = \frac{1{,}52 \cdot 10^6 \cdot 2495}{10^6} \; \frac{3{,}4 \cdot 151{,}5 + 5{,}88 \cdot 146{,}5}{20930} = 250 \text{ kg.}$$

$$P = \sqrt{388^2 + 250^2} = \underline{461 \text{ kg.}}$$

Die größte Biegungsspannung tritt in Punkt I auf und beträgt bei $h_{\max} = 255$ cm.

$$\sigma_b = \frac{461 \cdot 255 \cdot 21{,}6}{200 \cdot 2495} = \underline{5{,}1 \text{ kg/mm}^2.}$$

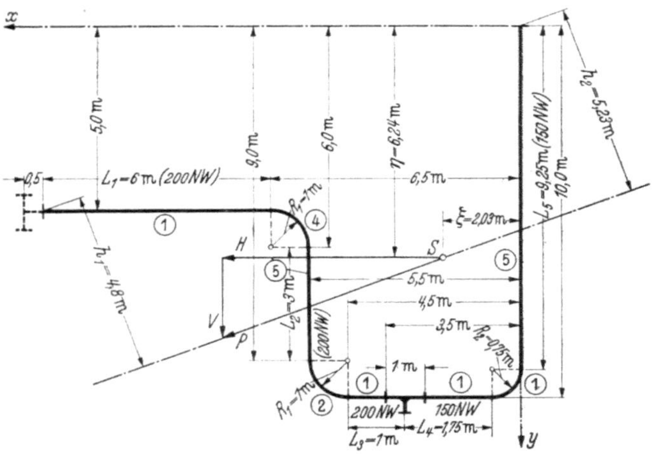

Abb. 105. Rohrsystem mit verschiedenen Nennweiten zu Beispiel 14.

Man sieht daraus, daß es wesentlich ist, die Wärmedehnung der anschließenden Armaturen, Formstücke usw. zu berücksichtigen, da diese den entsprechenden Dehnungsbetrag vergrößern, ohne selbst an der elastischen Verformung des Rohrsystems infolge ihrer Steifheit teilnehmen zu können.

Darin liegt auch die Erklärung, warum die vereinfachte Berechnung mit Hilfe der Abb. 87 bis 103 nur für überschlägige Prüfungen angewendet werden soll. Diese Abbildungen berücksichtigen nur die Wärmedehnung des Rohrsystems selbst und nicht die häufig noch zusätzlich wirkende Wärmedehnung der Anschlußteile, die als Festpunkt dienen.

Beispiel 14. Das in Abb. 105 dargestellte Rohrsystem besteht zu einem Teil aus Rohr 229 × 13 mm und zu einem anderen Teil aus Rohr

171 × 9,5 mm. Betriebsverhältnisse 90 atü 480° C; Rohrwerkstoff Cr-Mo-Stahl.

Aus Abb. 6 $E = 1{,}46 \cdot 10^6$ kg/cm²,

aus Abb. 44 $\alpha = 0{,}685$ cm/m bei 480° C,

für Rohr 200 NW $R_1 = 1000$ mm, $K_1 = 0{,}65$,

für Rohr 150 NW $R_2 = 750$ mm, $K_2 = 0{,}64$.

Wie gesagt, besteht das Rohrsystem nach Abb. 105 aus zwei Teilen verschiedener Rohrdurchmesser und dementsprechend verschiedener Elastizität. Das zwischen den beiden Teilen befindliche Stahlguß-T-Stück ist infolge seiner gegenüber dem Rohr sehr großen Gußwandstärke so steif, daß man vollkommene Starrheit des Formstückes mit Sicherheit annehmen kann. Es hat also an der elastischen Verformung des Systems keinen Anteil. Demzufolge muß seine Länge bei der Berechnung der Trägheits- und Zentrifugalmomente des Systems unberücksichtigt bleiben.

Wohlverstanden, nur seine *elastische Länge* ist Null, nicht aber seine Länge, soweit diese ein Abstandsmaß darstellt.

Diesen Begriff der *elastischen Länge* haben wir schon bei der Erläuterung der Anwendung der Kármán-Zahl kennengelernt. Man muß also für die elastische Länge des T-Stückes setzen

$$L_{\text{elast}} = 0 .$$

Jetzt müssen noch die beiden Teile des Systems verschiedener Durchmesser aufeinander abgestimmt werden. Grundsätzlich wäre es möglich, beide Teile getrennt für sich zu behandeln und die elastischen Verformungen beider Teile, die in ihrer Summe durch die Wärmedehnung des ganzen Systems gegeben sind, so aufeinander abzustimmen, daß die gegeneinander wirkenden Kraftkomponenten beider Teile in horizontaler und vertikaler Richtung gleich sind und auch die Einspannmomente der am T-Stück anschließenden Rohrenden einander gleich sind. Das würde zu einer sehr umständlichen und mühseligen Rechnung führen, da zunächst sehr viele Unbekannte vorliegen.

Es gibt aber noch einen anderen Weg, um dieses System zu berechnen. Im Abschnitt A IV 3 wurde gezeigt, daß für die Elastizität eines Systems folgende allgemeine Beziehung gilt

$$\text{Elastizität} = C \frac{f(L)}{E J} .$$

Daraus geht hervor, daß, je größer das Querschnittsträgheitsmoment J des Rohres ist, um so geringer die Elastizität des Systems wird, mit anderen Worten, um so größere Kräfte sind nötig, um eine elastische Verformung herbeizuführen. Die linke Hälfte des Systems mit NW 200 hat ein Trägheitsmoment $J_1 = 5165\ \text{cm}^4$, für die rechte Hälfte mit NW 150 ist $J_2 = 1580\ \text{cm}^4$.

Nimmt man nun für das ganze System ein und dieselbe Nennweite, z. B. NW 200, an, so wird es sich theoretisch steifer erweisen, als es in Wirklichkeit ist. Um die gleiche Elastizität des ganzen Systems mit der NW 200 wie vorher zu erhalten, müssen offenbar die elastischen Längen derjenigen Teile, die an sich 150 NW besitzen, im Verhältnis der Querschnittsträgheitsmomente $J_1 : J_2 = 5165 : 1580 = 3{,}27$ vergrößert werden. Man führt also in die Rechnung die elastischen Längen der Teile 150 NW $3{,}27 = 1/0{,}306$ mal größer ein und kann dann so verfahren, als ob das ganze System die NW 200 besitzt. Die Schenkel $L_4 = 1{,}75$ m und $L_5 = 9{,}25$ m müssen also in die Rechnung mit einer elastischen Länge

$$L_{4e} = 1{,}75\ \frac{1}{0{,}306} = 5{,}72\ \text{m},$$

$$L_{5e} = 9{,}25\ \frac{1}{0{,}306} = 30{,}25\ \text{m}$$

eingeführt werden.

Der Biegungshalbmesser R_2 erhält die elastische Länge

$$R_{2e} = 0{,}75\ \frac{1}{0{,}306} = 2{,}45\ \text{m}.$$

Es ist also

$$L_1 = 6\ \text{m} \qquad L_1^2 = 36\ \text{m}^2 \qquad L_1^3 = 216\ \text{m}^3$$

$$L_2 = 3\ \text{m} \qquad L_2^2 = 9 \qquad L_2^3 = 27$$

$$L_3 = 1\ \text{m} \qquad L_3^2 = 1 \qquad L_3^3 = 1$$

$$R_1 = 1\ \text{m} \qquad R_1^2 = 1 \qquad R_1^3 = 1$$

$$R_1/K_1 = 1{,}54\ \text{m} \qquad R_1^2/K_1 = 1{,}54 \qquad R_1^3/K_1 = 1{,}54$$

$$L_4 = 1{,}75\ \text{m} \qquad L_4^2 = 3{,}06 \qquad L_4^3 = 5{,}36$$

$$\frac{L_4}{0{,}306} = 5{,}72\ \text{m} \qquad \frac{L_4^2}{0{,}306} = 10 \qquad \frac{L_4^3}{0{,}306} = 17{,}53$$

$$L_5 = 9{,}25\ \text{m} \qquad L_5^2 = 85{,}5 \qquad L_5^3 = 791$$

$$\frac{L_5}{0{,}306} = 30{,}25\ \text{m} \qquad \frac{L_5^2}{0{,}306} = 279{,}5 \qquad \frac{L_5^3}{0{,}306} = 2585$$

$$R_2 = 0{,}75\ \text{m} \qquad R_2^2 = 0{,}563 \qquad R_2^3 = 0{,}422$$

$$\frac{R_2}{0{,}306\,K_2} = 3{,}83\ \text{m} \qquad \frac{R_2^2}{0{,}306\,K_2} = 2{,}87 \qquad \frac{R_2^3}{0{,}306\,K_2} = 2{,}15$$

Unter Zuhilfenahme der Zahlentafel 9 sollen jetzt die statischen Momente, die Schwerpunktsabstände und die Linien-Trägheits- bzw. Zentrifugalmomente für das ganze System ermittelt werden.

Die gestreckte elastische Länge:

$$L = 6 + 3 + 3{,}14 \cdot 1{,}54 + 1 + 5{,}72 + 30{,}25 + 1{,}57 \cdot 3{,}83 = 56{,}76 \text{ m}.$$

Das statische Moment, bezogen auf die x-Achse:

$$M_x = 6 \cdot 5 + 0{,}57 \cdot 1{,}54 + 1{,}57 \cdot 1{,}54 \cdot 5 + 0{,}5 \cdot 9 + 3 \cdot 6 + 1{,}54 + \\ + 1{,}57 \cdot 1{,}54 \cdot 9 + 1 \cdot 10 + 5{,}72 \cdot 10 + 2{,}87 + 1{,}57 \cdot 3{,}83 \cdot 9{,}25 + \\ + 0{,}5 \cdot 279{,}5 + 0 = 354{,}188 \text{ m}^2,$$

$$\eta = \frac{354{,}188}{56{,}76} = 6{,}24 \text{ m}.$$

Das statische Moment, bezogen auf die y-Achse:

$$M_y = 0{,}5 \cdot 36 + 6 \cdot 6{,}5 + 0{,}57 \cdot 1{,}54 + 1{,}57 \cdot 1{,}54 \cdot 5{,}5 + 3 \cdot 5{,}5 + 1{,}54 + \\ + 1{,}57 \cdot 1{,}54 \cdot 4{,}5 + 0{,}5 \cdot 1 + 1 \cdot 3{,}5 + 0{,}5 \cdot 10 + 5{,}72 \cdot 0{,}75 + \\ + 0{,}57 \cdot 2{,}87 + 1{,}57 \cdot 3{,}83 \cdot 0 + 0 = 115{,}023 \text{ m}^2.$$

$$\xi = \frac{115{,}023}{56{,}76} = 2{,}03 \text{ m}.$$

Trägheitsmoment, bezogen auf die Schwerachse x':

$$J_{xs} = 6 \cdot 25 + 0{,}355 \cdot 1{,}54 + 1{,}14 \cdot 1{,}54 \cdot 5 + 1{,}57 \cdot 1{,}54 \cdot 25 + \tfrac{1}{3} \cdot 27 + \\ + 9 \cdot 6 + 3 \cdot 36 + 0{,}785 \cdot 1{,}54 + 2 \cdot 1{,}54 \cdot 9 + 1{.}57 \cdot 1{,}54 \cdot 81 + \\ + 1 \cdot 100 + 5{,}72 \cdot 100 + 0{,}785 \cdot 2{,}15 + 2 \cdot 2{,}87 \cdot 9{,}25 + \\ + 1{,}57 \cdot 3{,}83 \cdot 85{,}5 + \tfrac{1}{3} \cdot 2585 + 0 - 56{,}76 \cdot 6{,}24^2 = 2718{,}52 - 2210 =$$

$$J_{xs} = 508{,}52 \text{ m}^3.$$

Trägheitsmoment, bezogen auf die Schwerachse y':

$$J_{ys} = \tfrac{1}{3} \cdot 216 + 36 \cdot 6{,}5 + 6 \cdot 42{,}25 + 0{,}355 \cdot 1{,}54 + 1{,}14 \cdot 1{,}54 \cdot 5{,}5 + \\ + 1{,}57 \cdot 1{,}54 \cdot 30{,}25 + 3 \cdot 30{,}25 + 0{,}785 \cdot 1{,}54 + 2 \cdot 1{,}54 \cdot 4{,}5 + \\ + 1{,}57 \cdot 1{,}54 \cdot 20{,}25 + \tfrac{1}{3} \cdot 1 + 1 \cdot 3{,}5 + 1 \cdot 12{,}25 + \tfrac{1}{3} \cdot 17{,}53 + \\ + 10 \cdot 0{,}75 + 5{,}72 \cdot 0{,}5625 + 0{,}355 \cdot 2{,}15 + 1{,}14 \cdot 2{,}87 \cdot 0 - \\ - 56{,}76 \cdot 2{,}03^2 = 830{,}94 - 234 =$$

$$J_{ys} = 596{,}94 \text{ m}^3.$$

Zentrifugalmoment, bezogen auf beide Schwerachsen:

$$J_{xys} = 0{,}5 \cdot 36 \cdot 5 + 6 \cdot 5 \cdot 6{,}5 + 0{,}07 \cdot 1{,}54 + 0{,}57 \cdot 1{,}54 \cdot 5 + \\ + 0{,}57 \cdot 1{,}54 \cdot 5{,}5 + 1{,}57 \cdot 1{,}54 \cdot 5 \cdot 5{,}5 + 0{,}5 \cdot 9 \cdot 5{,}5 + 3 \cdot 5{,}5 \cdot 6 + \\ + 0{,}5 \cdot 1{,}54 + 1{,}54 \cdot 9 + 1{,}54 \cdot 4{,}5 + 1{,}57 \cdot 1{,}54 \cdot 9 \cdot 4{,}5 + 0{,}5 \cdot 1 \cdot 10 + \\ + 1 \cdot 10 \cdot 3{,}5 + 0{,}5 \cdot 10 \cdot 10 + 5{,}72 \cdot 10 \cdot 0{,}75 + 0{,}5 \cdot 2{,}15 + \\ + 0{,}57 \cdot 2{,}87 \cdot 9{,}25 + 0 + 0 + 0 - 56{,}76 \cdot 6{,}24 \cdot 2{,}03 = 753{,}233 - 719 =$$

$$J_{xys} = 34{,}23 \text{ m}^3,$$

$$J_{xs} J_{ys} - J_{xys}^2 = 508{,}52 \cdot 596{,}94 - 34{,}23^2 = 302\,330 \text{ m}^6.$$

Komponenten der Wärmedehnung:

$$\left.\begin{aligned} \Delta_H &= \frac{0{,}685}{2}\,12{,}5 + 0{,}685 \cdot 0{,}5 = 4{,}62 \text{ cm} \\ \Delta_V &= \frac{0{,}685}{2} \cdot 5 = 1{,}71 \text{ cm} \end{aligned}\right\} \text{bei } 50\,\% \text{ Vorspannung.}$$

Kraftkomponenten nach Gl. (55) und (56):

$$H = \frac{1{,}46 \cdot 10^6 \cdot 5165}{10^6} \cdot \frac{4{,}62 \cdot 597 + 1{,}71 \cdot 34{,}23}{302\,330} = 70 \text{ kg},$$

$$V = \frac{1{,}46 \cdot 10^6 \cdot 5165}{10^6} \cdot \frac{1{,}71 \cdot 508{,}5 + 4{,}62 \cdot 34{,}23}{302\,330} = \text{rd. } 26 \text{ kg},$$

$$P = \sqrt{70^2 + 26^2} = \underline{\text{rd. } 75 \text{ kg.}}$$

Die Richtung der Kraftkomponenten ist entgegen der Richtung der Wärmedehnungskomponenten.

Die größten Biegungsmomente treten an beiden Festpunktenden auf, und zwar sind die Hebelarme:

$$h_1 = 480 \text{ cm} \quad \text{und} \quad h_2 = 523 \text{ cm}.$$

Biegungsspannungen:

$$\sigma_{b1} = \frac{P\,h_1\,D_1}{200\,J_1} = \frac{75 \cdot 480 \cdot 22{,}9}{200 \cdot 5165} = 0{,}8 \quad \text{kg/mm}^2,$$

$$\sigma_{b2} = \frac{P\,h_2\,D_2}{200\,J_2} = \frac{75 \cdot 523 \cdot 17{,}1}{200 \cdot 1580} = 2{,}13 \text{ kg/mm}^2.$$

Die größte Biegungsspannung herrscht also am rechten Festpunktende. Das war auch zu erwarten, da die Wärmeausdehnung des viel steiferen linken Teils des Systems NW 200 im wesentlichen von dem Schenkel L_3 aufgenommen werden muß.

Man sieht, daß dieses System so elastisch ist, daß die Biegungsspannung für die Beurteilung der Sicherheit keine Bedeutung hat, denn die zusammengesetzte Längsspannung $\sigma_a + \sigma_{b2}$ ist immer noch kleiner als die Tangentialspannung σ_{t_i} im Rohr infolge des Innendruckes.

Mit diesem Beispiel soll die Behandlung dieses so vielseitig verwendbaren Berechnungsverfahrens abgeschlossen werden. Es wird in einem späteren Abschnitt gezeigt, daß die gleiche Berechnungsart sich auch auf räumliche Rohrsysteme mit großem Erfolg anwenden läßt, und daß es sich hierbei sogar um eines der kürzesten und einfachsten Berechnungsverfahren räumlicher Bogen handelt.

Der Vollständigkeit halber muß noch auf folgende wichtigen Beziehungen hingewiesen werden:

Wenn ein an einem Ende eingespanntes System durch ein Moment M am freien Ende belastet ist, dann ist die Verschiebung des freien Endes in einer beliebigen Achse dem auf diese Achse bezogenen statischen Moment des Systems verhältnisgleich.

Für das in Abb. 106 dargestellte System gelten also für die beiden Verschiebungen in der x- und y-Achse folgende Beziehungen:

$$\Delta_x = \frac{M\,M_x}{E\,J} \tag{70}$$

und

$$\Delta_y = \frac{M\,M_y}{E\,J}, \tag{71}$$

worin M_x = statisches Moment, bezogen auf x-Achse und M_y = statisches Moment, bezogen auf y-Achse, darstellen.

In einem beliebigen Teil ds des Systems herrscht nämlich das Biegungsmoment

$$M_b = M = \text{konst.}$$

Aus der Gleichung der elastischen Linie

$$\frac{d^2 y}{d x^2} = \frac{M_b}{E\,J}$$

folgt

$$\frac{d y}{d x} = \int \frac{M\,d x}{E\,J}$$

und weiter

$$\Delta_y = d y = \int \frac{M x\,d x}{E\,J} = \frac{M}{E\,J} \int_0^L x\,d x = \frac{M\,M_y}{E\,J}.$$

In gleicher Weise kann auch die Beziehung für Δ_x abgeleitet werden. Übrigens folgt aus dem Ausdruck

$$\frac{d y}{d x} = \int \frac{M\,d s}{E\,J} = \frac{M}{E\,J} \int_0^L d s = \frac{1}{E\,J}\,M\,L,$$

daß die Winkeländerung am freien Ende des durch ein Moment M belasteten Systems (Abb. 106) dem Produkt aus Moment M und gestreckter elastischer Länge L des Systems verhältnisgleich ist, d. h.

$$\operatorname{tg}\beta \approx \beta = \frac{1}{E\,J}\,M\,L. \tag{72}$$

Das statische Moment eines Systems kann sehr leicht mit Hilfe der Zahlentafel 9 berechnet werden.

Ist ein einerseits eingespanntes System durch eine beliebige Kraft P im Abstand a vom freien Ende belastet (s. Abb. 107), so gelten folgende Beziehungen:

Die Winkeländerung β am freien Ende des Systems ist dem Produkt aus gestreckter elastischer Länge und dem Moment der Kraft P in bezug auf den Schwerpunkt S des Systems verhältnisgleich, d. h.

$$\operatorname{tg}\beta \approx \beta = \frac{1}{EJ} M_0 L, \tag{73}$$

Darin ist $M_0 = P h_0$ = Moment der Kraft, bezogen auf den Schwerpunkt des Systems.

Um die Verschiebung des freien Endes zu ermitteln, verlegen wir die Kraft P parallel zu sich selbst an das freie Ende des Systems und

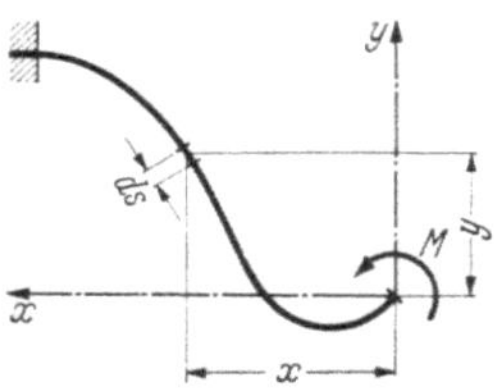

Abb. 106. Belastung durch ein Moment am freien Ende.

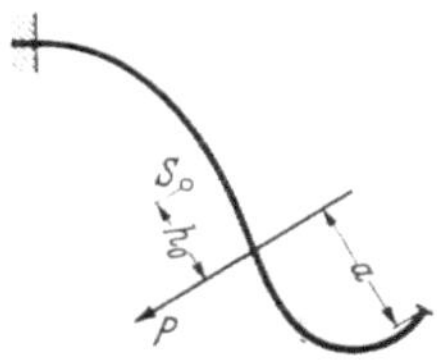

Abb. 107. Belastung durch eine beliebige Kraft.

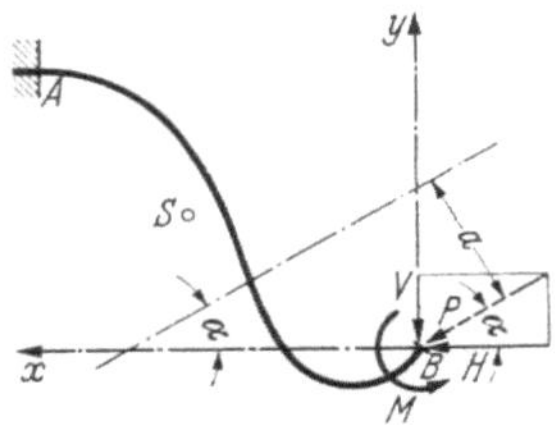

Abb. 108. Belastung durch eine beliebige Kraft.

zerlegen sie in die Komponenten $H = P\cos\alpha$ und $V = P\sin\alpha$ (siehe Abb. 108).

Zweifellos muß zur Erhaltung des gleichen Belastungszustandes am freien Ende noch ein Moment $M = P\,a$ angebracht werden.

Dann sind die Verschiebungen von B nach dem oben Gesagten

$$\Delta_x = \frac{1}{EJ}\left[H J_x - V J_{xy} - M M_x\right], \tag{74}$$

$$\Delta_y = \frac{1}{EJ}\left[V J_y - H J_{xy} + M M_y\right]. \tag{75}$$

Darin bedeuten:

J_x = Trägheitsmoment des Systems, bezogen auf die x-Achse,
J_y = Trägheitsmoment des Systems, bezogen auf die y-Achse,
J_{xy} = Zentrifugalmoment, bezogen auf beide Achsen,
M_x und M_y = statische Momente, bezogen auf die x- bzw. y-Achse.

Dabei müssen die Achsen durch den Angriffspunkt der Kraftkomponenten, also mit dem Ursprung im freien Ende des Systems gelegt werden.

Mit Hilfe dieser Überlegungen lassen sich die vielseitigsten Aufgaben der statischen Berechnungen einfach und ohne umständliche Entwicklungen lösen.

b) Berechnungsverfahren von Marbec.

Ein sehr brauchbares Verfahren wurde von M. Marbec[1] vorgeschlagen, welches im wesentlichen auf ähnlichen Grundlagen aufgebaut ist. Marbec führt jedoch einige neue Sonderbegriffe ein, die der ausführlichen Behandlung wert sind. Es sollen nachstehend die Grundlagen dieser Berechnungsart erläutert werden.

Marbec legt den Begriff der *Trägheitsellipse* seinen Berechnungen zugrunde.

Es ist z. B. S der Schwerpunkt des beliebigen Bogens AB nach Abb. 109. Bestimmt man nun das Trägheitsmoment J_{xs} des Bogens AB in bezug auf die Achse SX, die durch den Schwerpunkt geht, so ist dieses Trägheitsmoment kleiner als jedes Trägheitsmoment, bezogen auf eine andere der Geraden SX parallele Achse.

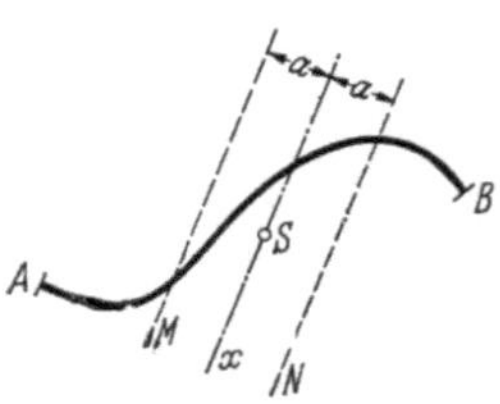

Abb. 109. Trägheitshalbmesser für ein beliebiges System.

Schreibt man für J_{xs} die Beziehung

$$J_{xs} = L\,a^2,$$

worin L die Länge des Bogens AB darstellt, so nennt man a den *Trägheitshalbmesser*.

Jetzt zieht man im Abstand a von SX zwei parallele Gerade M und N; dann ist die Trägheit des Systems in bezug auf die Achse SX die gleiche wie diejenige einer Masse L, welche in irgendeinem Punkt der Geraden M oder N konzentriert ist.

Gibt man der Geraden SX verschiedene Richtungen, jedoch stets so, daß sie durch den Schwerpunkt S des Systems geht, und bestimmt für jede neue Richtung den Trägheitshalbmesser a, so umhüllen die beiden Geraden M und N im Abstand a von der jeweiligen Achse SX eine Ellipse. Diese heißt dann *Trägheitsellipse* des Bogens AB. Der Mittelpunkt der Ellipse ist der Schwerpunkt S des Bogens. Die Hauptachsen dieser Ellipse heißen die *Hauptträgheitsachsen* (Abb. 110).

Die Gleichung der Trägheitsellipse, bezogen auf ein rechtwinkliges Achsenkreuz mit dem Ursprung S im Schwerpunkt des Bogens, lautet worin x und y die Koordinaten eines beliebigen Punktes der Ellipse sind und

$$J_{xs}\,x^2 - 2\,J_{xys}\,x\,y + J_{ys}\,y^2 = \frac{J_{xs}J_{ys} - J_{xys}^2}{L}, \tag{76}$$

$J_{xs} = \int y^2\,ds$ = Trägheitsmoment des Bogens AB, bezogen auf die Achse SX,

$J_{ys} = \int x^2\,ds$ = Trägheitsmoment des Bogens AB, bezogen auf die Achse SY,

$J_{xys} = \int xy\,ds$ = Zentrifugalmoment des Bogens AB, bezogen auf beide Achsen SX und SY.

[1] Marbec, M.: Flexibilité des Tubes. Bull. Ass. techn. Maritime 1911 S. 441.

Fällt das Achsenkreuz SX und SY mit den Hauptachsen der Ellipse zusammen, so ist $J_{xys} = 0$ und die Gleichung lautet dann

$$J_{xs} x^2 + J_{ys} y^2 = \frac{J_{xs} J_{ys}}{L}.$$

In diesem Zusammenhang sind noch folgende Begriffe zu erläutern:

Gegeben sei irgendein Punkt p auf einem beliebigen Durchmesser pp' der Trägheitsellipse gemäß Abb. 111. Diesem Punkt p ist eine *Polare* P zugeordnet; zwischen ihnen bestehen folgende Beziehungen:

1. Die Polare P hat eine zum Durchmesser pp' *konjugierte* Richtung.

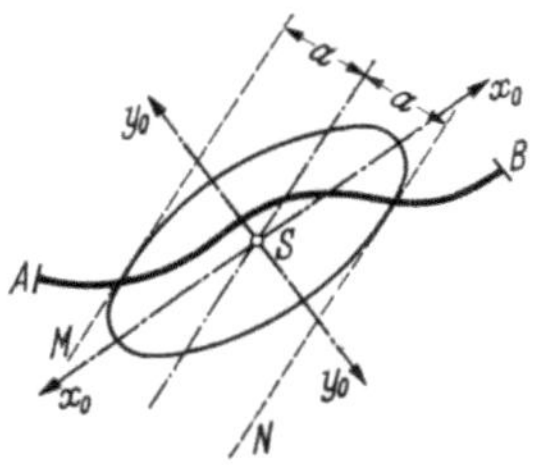

Abb. 110. Trägheitsellipse nach MARBEC.

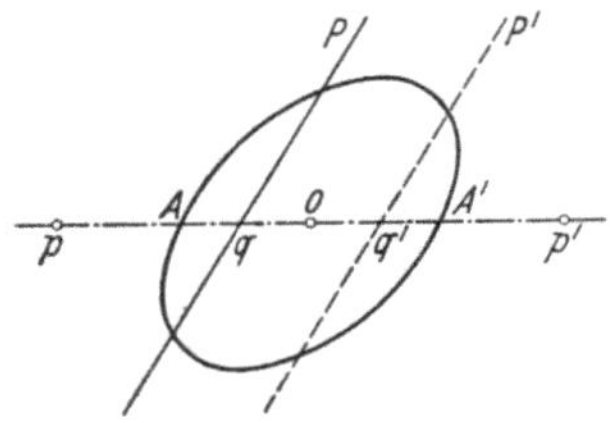

Abb. 111. Pol und Polare der Trägheitsellipse.

2. Die Entfernung der Polaren P vom Mittelpunkt der Ellipse ist so, daß folgende Gleichung erfüllt ist (s. Abb. 111):

$$\overline{op} \cdot \overline{oq} = (\overline{oA})^2.$$

3. Jede Gerade, die durch p geht, hat ihren *Pol* auf der Polaren P.

4. Jeder Punkt von P besitzt seine Polare, die durch p geht.

Der in Abb. 111 in bezug auf den Ellipsenmittelpunkt O symmetrisch zu p gelegene Punkt p' soll der *falsche Pol* der Geraden P sein. Dementsprechend ist die Gerade P' die *falsche Polare* des Punktes p und die wahre Polare des Punktes p'. Die gleichen Beziehungen wie oben bestehen auch zwischen dem falschen Pol p' und der falschen Polaren P'.

Die konjugierten (zugeordneten) Durchmesser einer Trägheitsellipse sind solche Durchmesser, von denen der eine alle Sehnen halbiert, die zu dem anderen parallel sind.

Die allgemeine Beziehung für die Winkel φ und ψ von zwei konjugierten Durchmessern zu einem gegebenen Achsenkreuz Ox und Oy lautet

$$J_x - J_{xy}(\operatorname{tg}\psi + \operatorname{tg}\varphi) + J_y \operatorname{tg}\psi \operatorname{tg}\varphi = 0,$$

worin J_x, J_y und J_{xy} die entsprechenden Trägheits- bzw. Zentrifugalmomente, bezogen auf das Achsenkreuz Ox und Oy, darstellen.

Hieraus folgt

$$\operatorname{tg}\varphi = \frac{J_x - J_{xy}\operatorname{tg}\psi}{J_{xy} - J_y\operatorname{tg}\psi}. \tag{77}$$

In Anlehnung an den Trägheitskreis von MOHR-LAND baut sich die zeichnerische Bestimmung der konjugierten oder zugeordneten Durchmesser wie folgt auf.

Sind für zwei rechtwinklige Achsen Ox und Oy (Abb. 112) die Trägheitsmomente J_x und J_y sowie das Zentrifugalmoment J_{xy} des Systems gegeben, so wird über der Strecke $J_x + J_y$ als Durchmesser ein Kreis, der sog. Trägheitskreis, geschlagen. Am Ende der Strecke J_x und senkrecht dazu wird die Strecke J_{xy} aufgetragen. Der Punkt T ist der Trägheitshauptpunkt. Der durch T gehende Durchmesser DE liefert die Länge der beiden Trägheitshauptachsen, und zwar die Strecken OD und OE; die beiden Strecken TD und TE ergeben die Trägheitsmomente $J_{\max}$ und $J_{\min}$, bezogen auf die Trägheitshauptachsen.

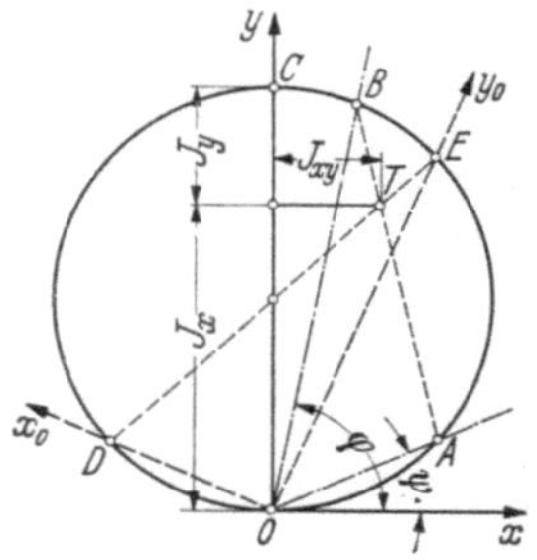

Abb. 112. Trägheitskreis von MOHR-LAND.

Es sei der eine der konjugierten Durchmesser in seiner Richtung mit der Linie OA gegeben. Man verbindet den Schnittpunkt A des konjugierten Durchmessers und des Kreises mit dem Trägheitshauptpunkt T, verlängert die Linie AT weiter bis zum Schnittpunkt B mit dem Kreis und verbindet B mit O. Es läßt sich leicht nachweisen, daß OB die konjugierte Richtung zu OA darstellt.

Fällt die Linie OA mit der Achse Ox zusammen (Abb. 112), so gibt es keinen Schnittpunkt, sondern nur einen Tangentenpunkt der Linie Ox an den Kreis. In diesem Falle ist OT die zu Ox konjugierte Richtung.

Beweis: In der Gl. (77) für $\operatorname{tg}\varphi$ wird $\psi = 0$ und also auch $\operatorname{tg}\psi = 0$ und somit

$$\operatorname{tg}\varphi = \frac{J_x}{J_{xy}},$$

was auch durch die Abb. 113 gegeben ist.

MARBEC beweist die Gültigkeit folgender zwei Grundregeln:

1. Die Biegung, d. h. die Winkeldrehung des Systemendpunktes, ist

$$\operatorname{tg}\beta = \frac{L M_0}{E J}, \tag{73}$$

darin bedeuten

L = gestreckte Länge des Systems;
M_0 = Moment der Kraft in bezug auf den Schwerpunkt des Systems;
J = Querschnittsträgheitsmoment;
E = Elastizitätsmodul.

2. Der Biegungsmittelpunkt ist der falsche Pol der Kraft, bezogen auf die Trägheitsellipse des Systems.

Aus dem ersten Satz geht unmittelbar hervor, daß bei beiderseits eingespannten Systemen die Kraft durch den Schwerpunkt des Systems gehen muß, da nur dann $M_0 = 0$ und folglich auch $\operatorname{tg}\beta = 0$ ist, d. h. keine Winkeldrehung des Endpunktes eintreten kann (Einspannung!).

Gemäß Abb. 114 besteht also zwischen der Größe der Kraft P und der Winkeldrehung β des Endpunktes folgende Beziehung

$$\operatorname{tg}\beta = \frac{L M_0}{E J} = \frac{L P f \sin\alpha}{E J},$$

worin $f \sin\alpha$ den Abstand der Kraft P vom Schwerpunkt S des Systems darstellt. Dieser ist gleichzeitig auch der Mittelpunkt der Trägheitsellipse.

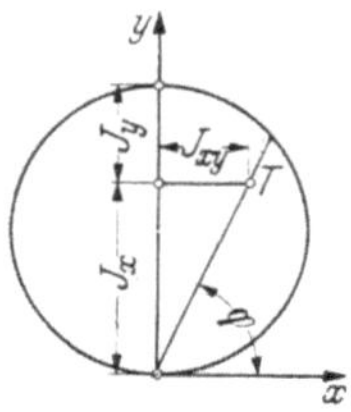

Abb. 113. Trägheitskreis mit konjugierten Durchmessern.

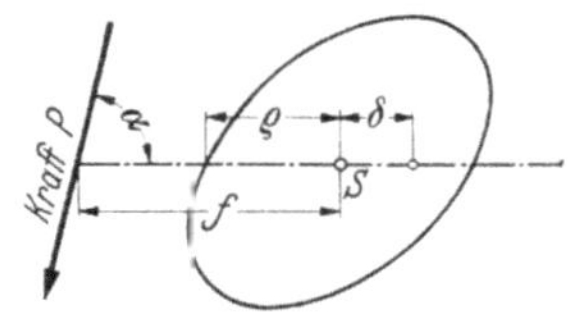

Abb. 114. Kraftwirkung mit Trägheitsellipse.

Entsprechend dem zweiten Satz besteht zwischen den Richtungen der Kraft P und der durch sie erzeugten Verschiebung Δ des Systemendes folgende Abhängigkeit:

Die Senkrechte zur Verschiebung und die Kraftrichtung bilden zwei konjugierte (zugeordnete) Richtungen, bezogen auf die Trägheitsellipse des Systems.

Nimmt man jetzt ein beiderseits eingespanntes System AB an, so muß das eine frei gedachte Ende infolge der Wirkung der Kraft P sich ohne Winkeldrehung verschieben, da die Einspannung eine Winkeldrehung nicht zuläßt.

Für die Kraft P gelten dann folgende Bedingungen:

a) Die Kraft geht durch den Schwerpunkt des Systems.

b) Ihre Richtung und die Senkrechte zur Verschiebung stellen zwei konjugierte Richtungen dar.

c) Die Projektion der Kraft auf die Richtung der Verschiebung Δ hat den Wert

$$\frac{E J \Delta}{L \varrho^2}.$$

Dieses beweist MARBEC an Hand der Abb. 115 wie folgt:

Die Verschiebung $\varDelta$ des Punktes B ist offenbar

$$\varDelta = \operatorname{tg}\beta\,\overline{BI},$$

wobei I den Biegungsmittelpunkt und die Strecke $\overline{BI}$ den Halbmesser der Biegung darstellen.

Gleichzeitig ist nach dem vorher Gesagten

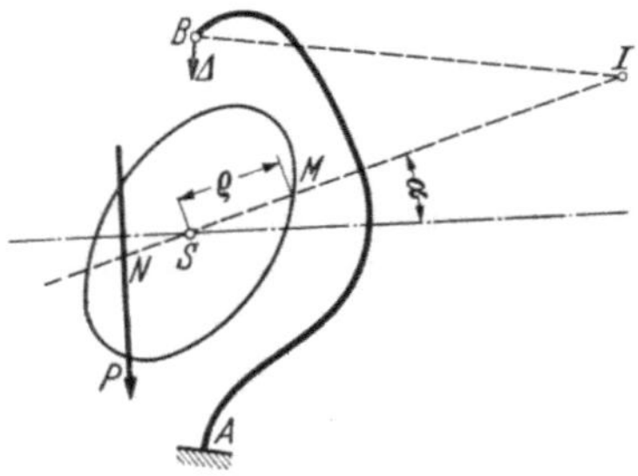

Abb. 115. System AB mit Trägheitsellipse.

$$\operatorname{tg}\beta = \frac{L M_0}{E J} = \frac{L P \overline{SN} \cos\alpha}{E J}.$$

Außerdem gilt der Biegungsmittelpunkt I als der falsche Pol der Kraft P. Folglich ist

$$(\overline{SN})\,(\overline{SI}) = (\overline{SM})^2 = \varrho^2.$$

In dem betrachteten Grenzfall ist der Biegungsmittelpunkt unendlich weit entfernt, da es sich um eine reine Verschiebung ohne Winkeldrehung handelt, so daß $\overline{SI}$ und $\overline{BI}$ gleich und einander parallel sein müssen. Eliminiert man $\operatorname{tg}\beta$ und $\overline{SN}$ aus diesen Gleichungen, so folgt im Grenzfall

$$\overline{SI} = \overline{BI} = \frac{\varDelta}{\operatorname{tg}\beta},$$

$$\overline{SN} = \frac{\varrho^2}{\overline{SI}} = \frac{\varrho^2 \operatorname{tg}\beta}{\varDelta},$$

ferner

$$\overline{SN} = \frac{\operatorname{tg}\beta\, E J}{L P \cos\alpha},$$

daher

$$\frac{\varrho^2 \operatorname{tg}\beta}{\varDelta} = \frac{\operatorname{tg}\beta\, E J}{L P \cos\alpha}$$

und somit

$$P \cos\alpha = \frac{E J \varDelta}{L \varrho^2},$$

d. h. das, was zu beweisen war, denn $P\cos\alpha$ stellt die Projektion der Kraft auf die Richtung der Verschiebung $\varDelta$ dar.

Legt man das Achsenkreuz Ox und Oy durch den Schwerpunkt so, daß die Achse Ox mit der Senkrechten zur Verschiebung $\varDelta$ zusammenfällt, so fällt ϱ in die Ox-Richtung. Somit stellt ϱ die Koordinate x der Trägheitsellipse für $y = 0$ dar. Aus der Gleichung für die Trägheitsellipse folgt dann

$$x^2 = \varrho^2 = \frac{J_{xs} J_{ys} - J_{xys}^2}{J_{xs} L}.$$

Damit erhält man die Beziehung für die Größe der Kraftprojektion

$$P\cos\alpha = EJ\Delta\frac{J_{xs}}{J_{xs}J_{ys}-J_{xys}^2}. \tag{78}$$

Die tatsächliche Richtung von P geht aus folgendem hervor. Die Richtung der Kraft und die Senkrechte zur Verschiebung sind einander zugeordnet. Da die Senkrechte zur Verschiebung aber mit der Ox-Achse zusammenfällt, so folgt gemäß Abb. 113

$$\operatorname{tg}\varphi = \frac{J_{xs}}{J_{xys}}, \tag{79}$$

wobei φ den Winkel der Kraftrichtung zur *positiven* Ox-Achse darstellt.

Will man nicht die in Richtung der Verschiebung Δ fallende Kraftkomponente, sondern die Kraft selbst ermitteln, so gilt die Beziehung

$$P = EJ\Delta\frac{\sqrt{J_{xs}^2+J_{xys}^2}}{J_{xs}J_{ys}-J_{xys}^2}. \tag{80}$$

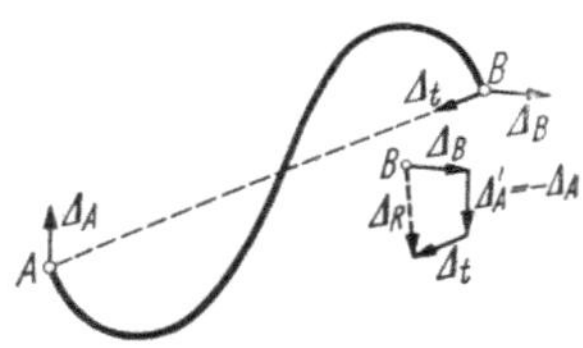

Abb. 116. Zusammensetzung der Verschiebungen.

Bei der Bestimmung von Δ müssen außer der unmittelbaren Wärmedehnung des Systems auch die zusätzlichen Verschiebungen der Festpunktenden des Systems infolge äußerer Einflüsse nach Größe und Richtung berücksichtigt werden. Die Zusammensetzung erfolgt geometrisch. In die Berechnung wird die endgültig zusammengesetzte Verschiebung Δ nach Größe und Richtung eingeführt.

Das System AB sei am Ende A einer Verschiebung Δ_A und am Ende B einer Verschiebung Δ_B unterworfen, wie in Abb. 116 gezeigt. Die Wärmedehnung des Systems sei Δ_t. Dann müssen diese drei Verschiebungen geometrisch summiert werden, wobei Δ_A entgegengesetzt gerichtet einzuführen ist, d. h. $\Delta'_A = -\Delta_A$. Man erhält auf diese Weise die zusammengesetzte Verschiebung Δ_R, die nach Größe und Richtung bestimmt ist.

Für die Bestimmung der Linienträgheitsmomente und Zentrifugalmomente macht MARBEC ebenfalls einen neuartigen Vorschlag. Statt diese Momente nach den früher abgeleiteten Formeln zu berechnen, konzentriert er die Länge jeder Geraden und Bogenstrecke in bestimmten Punkten und weist nach, daß für die Gerade dieses Verfahren vollkommen richtig ist. Für den 90°-Bogen ist der Fehler so gering, daß er noch innerhalb der Rechenschiebergenauigkeit bleibt.

Dieses Verfahren beruht darauf, daß die Länge einer Geraden L in drei Punkten konzentriert wird, und zwar je $\frac{1}{6}$ an jedem Ende von L und $\frac{4}{6}L$ in der Mitte — also im Schwerpunkt — von L.

In gleicher Weise wird für einen Bogen mit einem Halbmesser R und einem Winkel α (in Bogenmaß!), d. h. mit einer gestreckten Länge $R\,\alpha$ diese Länge in drei Punkten konzentriert: an jedem Bogenende je $\frac{1}{6}\,R\,\alpha$ und in der Bogenmitte $\frac{4}{6}\,R\,\alpha$. Bei einem 90°-Bogen ist $\alpha = \pi/2 = 1{,}57$, d. h.

$$\frac{1}{6}\,R\,\alpha = \frac{1{,}57}{6}\,R = 0{,}262\,R$$

und

$$\frac{4}{6}\,R\,\alpha = \frac{4}{6}\cdot 1{,}57\,R = 1{,}047\,R.$$

Die Abb. 117 veranschaulicht dieses Verfahren.

Die Wirkung der Bogenabflachung wird in gleicher Weise durch die Kármán- oder Lorenz-Zahl berücksichtigt, indem man die elastische Länge des Bogens im Verhältnis $1/K$ vergrößert. Es ist also dann an Stelle von R der Wert R/K in Rechnung zu setzen.

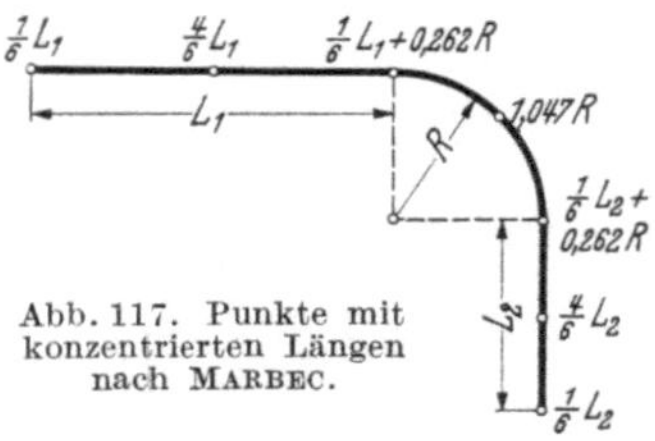

Abb. 117. Punkte mit konzentrierten Längen nach Marbec.

Für die Bestimmung des Schwerpunktes des Systems werden die gleichen in den einzelnen Punkten konzentrierten Längen benutzt. Es wird der Abstand jedes dieser Punkte von der gewählten Bezugsachse gemessen und mit dem Wert der konzentrierten Länge multipliziert. Die Summe aller dieser Produkte stellt das statische Moment des Systems, bezogen auf die betreffende Achse, dar. Dieses statische Moment, dividiert durch die gestreckte Gesamtlänge des Systems, ergibt den Schwerpunktsabstand.

Für die Trägheitsmomente werden die ins Quadrat erhobenen Abstände jedes Punktes von der gewählten Achse mit dem Längenwert des betreffenden Punktes multipliziert. Man wird aber zweckmäßigerweise diese Abstände gleich von den Schwerpunktsachsen aus messen, um die Trägheitsmomente, bezogen auf die Schwerachsen, zu erhalten.

Der Gang der Berechnung nach Marbec ist also folgender:

1. Man zeichnet das zu untersuchende Rohrsystem maßstäblich auf.

2. Die Längen der geraden Teile und der Bogen werden nach der vorhin gezeigten Regel in je drei Punkten konzentriert, indem man die Lage dieser Punkte maßstäblich angibt und die entsprechenden konzentrierten Längen jeweils dazuschreibt.

3. Man wählt ein beliebiges rechtwinkliges Achsenkreuz und bestimmt die statischen Momente aller Massenpunkte in bezug auf diese Achsen. Daraus berechnen sich die Schwerpunktsabstände des Systems durch Division mit der gestreckten Länge. Den Schwerpunkt trägt man maßstäblich ein.

4. Jetzt muß die zusammengesetzte Verschiebung aus der Wärmedehnung des Systems und etwaigen zusätzlichen Verschiebungen der Endpunkte infolge äußerer Einflüsse ermittelt und nach Lage und Richtung in die Zeichnung eingetragen werden.

5. Durch den Schwerpunkt des Systems als Ursprung wird ein neues rechtwinkliges Achsenkreuz gelegt, und zwar so, daß die positive Y-Achse parallel zur zusammengesetzten Verschiebung liegt. Mit einer Drehung um 90° in Richtung des Uhrzeigers liegt dann die positive X-Achse. Auf die Vorzeichen dieser Achsen ist besonders zu achten, da sie für die Ermittlung des Zentrifugalmomentes eine wesentliche Rolle spielen.

6. In bezug auf diese Achsen werden nun die Trägheits- bzw. Zentrifugalmomente berechnet, indem man den Längenwert jedes Punktes mit dem Quadrat seines Abstandes multipliziert.

Man erhält dann als Summe

$$J_{xs} = \sum l\, y^2 \quad \text{in m}^3,$$
$$J_{ys} = \sum l\, x^2 \quad \text{in m}^3,$$
$$J_{xys} = \sum l\, x\, y \quad \text{in m}^3.$$

Darin bedeuten l den jeweiligen im Punkt konzentrierten Längenwert und x und y die Abstände von den entsprechenden Achsen.

Für die Berechnung der Trägheitsmomente kann unter Umständen ein entsprechend unterteilter Maßstab verwendet werden, dessen Teilung das Quadrat des Abstandes angibt.

7. Mit diesen Werten kann die Größe und Richtung der wirkenden Kraft aus Gl. (80) bzw. (79) ermittelt werden.

Die Werte sind wie folgt einzusetzen:

E = Elastizitätsmodul in kg/cm² (aus Abb. 6);
J = Querschnittsträgheitsmoment in cm⁴ aus Zahlentafel 35 bis 37;
Δ = zusammengesetzte Verschiebung in cm unter Berücksichtigung der Vorspannung für die Wärmedehnung.
J_{xs}, J_{ys} und J_{xys} in m³; dazu müssen sowohl die Längen als auch die Abstände in m gemessen werden.

Beispiel 15. Das in Beispiel 12 durchgerechnete System soll jetzt zum Vergleich auch nach dem Verfahren von MARBEC berechnet werden. Damit wird diese Rechnungsweise am deutlichsten erläutert.

Die Abmessungen sowie die Betriebsverhältnisse sind die gleichen. In Abb. 118 ist dieses System (Z-Bogen) nochmals maßstäblich dargestellt.

Die Länge der einzelnen Schenkel und Bogen ist: $L_1 = 9$ m, $L_2 = 4$ m, $L_3 = 3$ m. Biegungshalbmesser $R = 1$ m, KÁRMÁN-Zahl $K = 0{,}425$.

Die *elastische* Länge eines Bogens ist also

$$\frac{1{,}57\,R}{K} = 3{,}69 \text{ m}.$$

Jetzt soll die Länge jedes Teiles, wie es schon gezeigt wurde, in einzelnen Punkten konzentriert werden. Man erhält dann folgende Längen für die einzelnen Punkte des Systems, die auch in der Abbildung angedeutet sind.

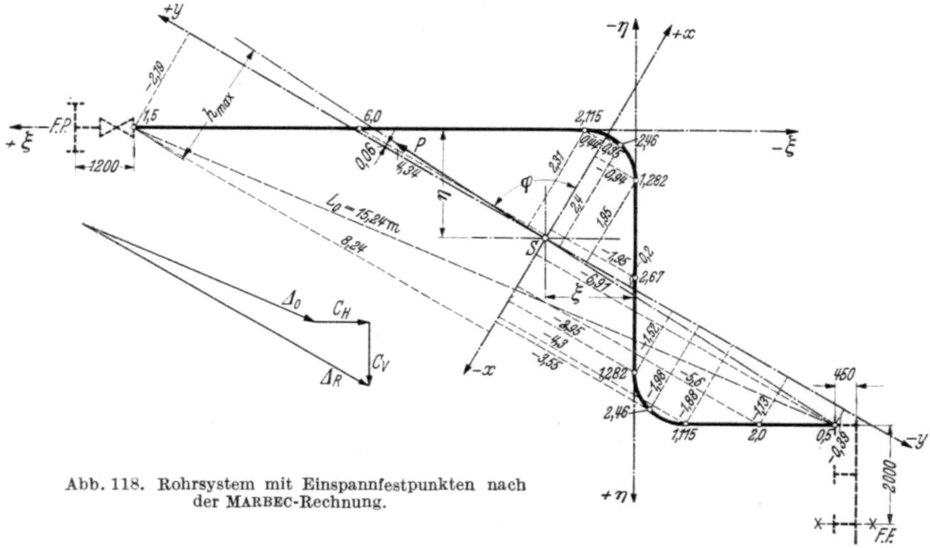

Abb. 118. Rohrsystem mit Einspannfestpunkten nach der MARBEC-Rechnung.

$$\begin{aligned}
&\text{Punkt } 1 = \tfrac{1}{6}\cdot 9 &&= 1{,}5 \text{ m}\\
&\text{Punkt } 2 = \tfrac{4}{6}\cdot 9 &&= 6{,}0 \text{ m}\\
&\text{Punkt } 3 = \tfrac{1}{6}\cdot 9 + \tfrac{1}{6}\cdot 3{,}69 &&= 2{,}115 \text{ m}\\
&\text{Punkt } 4 = \tfrac{4}{6}\cdot 3{,}69 &&= 2{,}46 \text{ m}\\
&\text{Punkt } 5 = \tfrac{1}{6}\cdot 3{,}69 + \tfrac{1}{6}\cdot 4 &&= 1{,}282 \text{ m}\\
&\text{Punkt } 6 = \tfrac{4}{6}\cdot 4 &&= 2{,}67 \text{ m}\\
&\text{Punkt } 7 = \tfrac{1}{6}\cdot 4 + \tfrac{1}{6}\cdot 3{,}69 &&= 1{,}282 \text{ m}\\
&\text{Punkt } 8 = \tfrac{4}{6}\cdot 3{,}69 &&= 2{,}46 \text{ m}\\
&\text{Punkt } 9 = \tfrac{1}{6}\cdot 3{,}69 + \tfrac{1}{6}\cdot 3 &&= 1{,}115 \text{ m}\\
&\text{Punkt } 10 = \tfrac{4}{6}\cdot 3 &&= 2{,}0 \text{ m}\\
&\text{Punkt } 11 = \tfrac{1}{6}\cdot 3 &&= 0{,}5 \text{ m}\\
\hline
&\text{elastische Gesamtlänge } L &&= 23{,}383 \text{ m}.
\end{aligned}$$

Für die Ermittlung der Schwerpunktsabstände werden zunächst zwei beliebige rechtwinklige Achsen ξ und η angenommen. Dann erhält man folgende Werte.

Statisches Moment, bezogen auf ξ-Achse:

$$M_\xi = 0{,}32 \cdot 2{,}46 + 1{,}282 \cdot 1 + 2{,}67 \cdot 3 + 1{,}282 \cdot 5 + 2{,}46 \cdot 5{,}74 + \\ + (1{,}115 + 2 + 0{,}5) \cdot 6 = 52{,}249 \text{ m}^2.$$

Schwerpunktsabstand von der ξ-Achse:

$$\eta = \frac{M_\xi}{L} = \frac{52{,}249}{23{,}383} = 2{,}235 \text{ m}.$$

Statisches Moment, bezogen auf die η-Achse:

$$M_\eta = 1{,}5 \cdot 10 + 6 \cdot 5{,}5 + 2{,}115 \cdot 1 + 2{,}46 \cdot 0{,}32 - \\ - 2{,}46 \cdot 0{,}32 - 1{,}115 \cdot 1 - 2 \cdot 2{,}5 + 0{,}5 \cdot 4 = +42 \text{ m}^2.$$

In diesem Falle muß auf die Vorzeichen geachtet werden! Schwerpunktsabstand von der η-Achse:

$$\xi = \frac{M_\eta}{L} = \frac{42}{23{,}383} = +1{,}8 \text{ m}.$$

Der Schwerpunkt S wird maßstäblich eingetragen. Jetzt muß die Größe und Richtung der zusammengesetzten Verschiebung Δ_R ermittelt werden.

Die Wärmedehnung Δ_0 des Systems erfolgt in der Richtung der Endpunktverbindungslinie L_0, und ihre Größe ist bei 50% Vorspannung:

$$\Delta_0 = 0{,}5\, L_0\, \alpha = 0{,}5 \cdot 15{,}24 \cdot 0{,}68 = 5{,}19 \text{ cm}.$$

Die zusätzliche Wärmedehnung der anschließenden Armaturen und Formstücke ist:

$$\begin{aligned} &\text{waagerecht} \quad C_H = (1{,}2 + 0{,}45) \cdot 0{,}68 = 1{,}12 \text{ cm},\\ &\text{senkrecht} \quad C_V = 2{,}0 \cdot 0{,}68 \qquad\quad = 1{,}36 \text{ cm}. \end{aligned}$$

Diese Verschiebungen werden, wie in Abb. 118 links gezeigt, geometrisch addiert, und zwar Δ_0 parallel L_0, C_H parallel L_1 und C_V parallel L_2. Daraus erhält man die zusammengesetzte Verschiebung Δ_R nach Größe und Richtung, und zwar

$$\Delta_R = 6{,}8 \text{ cm}.$$

Jetzt wird ein neues Achsenkreuz, und zwar mit dem Ursprung im Schwerpunkt S, gelegt. Die positive Y-Achse wird parallel zu Δ_R gezogen, die positive X-Achse um 90° im Uhrzeigersinn dazu gedreht angeordnet. Auf dieses Achsenkreuz bezogen, werden nunmehr die Abstände der einzelnen Systempunkte gemessen und daraus die Trägheits- sowie das Zentrifugalmoment errechnet. Bei letzterem sind wieder die Vorzeichen der Achsen zu beachten.

$$\begin{aligned} J_{xs} &= 1{,}5 \cdot 8{,}24^2 + 6 \cdot 4{,}34^2 + 2{,}115 \cdot 0{,}44^2 + 2{,}46 \cdot 0{,}35^2 + \\ &+ 1{,}282 \cdot 0{,}94^2 + 2{,}67 \cdot 1{,}95^2 + 1{,}282 \cdot 2{,}95^2 + 2{,}46 \cdot 3{,}55^2 + \\ &+ 1{,}115 \cdot 4{,}3^2 + 2{,}0 \cdot 5{,}6^2 + 0{,}5 \cdot 6{,}91^2 = 376{,}084 \text{ m}^3, \end{aligned}$$

$$J_{ys} = 1{,}5 \cdot 2{,}19^2 + 6 \cdot 0{,}06^2 + 2{,}115 \cdot 2{,}31^2 + 2{,}46 \cdot 2{,}4^2 + 1{,}282 \cdot 1{,}95^2 + \\ + 2{,}67 \cdot 0{,}2^2 + 1{,}282 \cdot 1{,}52^2 + 2{,}46 \cdot 1{,}98^2 + 1{,}115 \cdot 1{,}88^2 + \\ + 2{,}0 \cdot 1{,}13^2 + 0{,}5 \cdot 0{,}39^2 = 56{,}7994 \text{ m}^3,$$

$$J_{xys} = 1{,}5 \cdot 8{,}24\,(-2{,}19) + 6 \cdot 4{,}34 \cdot 0{,}06 + 2{,}115 \cdot 0{,}44 \cdot 2{,}31 + \\ + 2{,}46\,(-0{,}35) \cdot 2{,}4 + 1{,}282\,(-0{,}94) \cdot 1{,}95 + 2{,}67\,(-1{,}95) \cdot 0{,}2 + \\ + 1{,}282\,(-2{,}95)\,(-1{,}52) + 2{,}46\,(-3{,}55)\,(-1{,}98) + \\ + 1{,}115\,(-4{,}3)\,(-1{,}88) + 2{,}0\,(-5{,}6)\,(-1{,}13) + \\ + 0{,}5\,(-6{,}91)\,(-0{,}39) = +17{,}204 \text{ m}^3.$$

Daraus läßt sich schon die Richtung der wirkenden Kraft berechnen, und zwar

$$\operatorname{tg}\varphi = \frac{J_{xs}}{J_{xys}} = \frac{376{,}084}{17{,}204} = 21{,}9 .$$

Das entspricht einem Winkel $\varphi = 87^\circ\, 22'$. Die Kraft P wird also mit einer Neigung φ zur positiven X-Achse aufgetragen, wie in der Abbildung gezeigt ist. (Man beachte, daß, wenn das Zentrifugalmoment J_{xys} negativ wird, auch $\operatorname{tg}\varphi$ negativ ist, d. h. φ größer als 90° ist.)

Die Größe der Kraft P ermittelt sich aus

$$P = \frac{E\,J\,\Delta_R}{10^6}\,\frac{\sqrt{J_{xs}^2 + J_{xys}^2}}{J_{xs}\,J_{ys} - J_{xys}^2}$$

$$= \frac{1{,}52 \cdot 10^6 \cdot 2495 \cdot 6{,}8}{10^6}\,\frac{\sqrt{376{,}1^2 + 17{,}20^2}}{376{,}1 \cdot 56{,}8 - 17{,}2^2} = 25\,800\,\frac{376{,}1}{21\,054} = \underline{461 \text{ kg.}}$$

Man sieht aus diesem Zahlenbeispiel, daß die vom Verfasser vorgeschlagene Rechnungsweise wesentlich einfacher ist und trotzdem genau das gleiche Ergebnis liefert, wie das ebenso genaue und wirklichkeitsgetreue Verfahren von MARBEC.

Der größte Abstand eines Punktes des Systems von der Kraftlinie ist $h_{\max} = 2{,}55$ m; somit wird dort die größte Biegungsbeanspruchung auftreten, und zwar

$$\sigma_b = \frac{P\,h_{\max}\,D}{200\,J} = \frac{461 \cdot 255 \cdot 21{,}6}{200 \cdot 2495} = \underline{5{,}1 \text{ kg/mm}^2.}$$

Also auch in bezug auf die Beanspruchung liefert das Verfahren von MARBEC die gleichen Werte.

Es muß jedoch darauf hingewiesen werden, daß der zu berechnende Rohrbogen genau maßstäblich aufgezeichnet und sowohl die Schwerpunktsabstände als auch die Abstände für die Berechnung der Trägheitsmomente sehr genau abgemessen werden müssen, was etwas lästig und umständlich ist.

Die aus den Überlegungen von MARBEC abgeleiteten Folgerungen sind die gleichen, wie sie schon im vorigen Abschnitt 3a auf S. 152 erläutert wurden [vgl. Gl. (70) bis (75)]. Zusätzlich sei noch folgendes erwähnt:

Wirkt auf das freie Ende B eines einerseits eingespannten Systems AB eine Kraft P (s. Abb. 119), so ist P die resultierende Reaktionskraft. Die Biegung erfolgt um den falschen Pol von P und ist wiederum gegeben durch

$$\operatorname{tg}\beta = \frac{M_0 L}{E J}.$$

In diesem Falle ist aber M_0 das Moment der Kraft P in bezug auf den Schwerpunkt S des Systems. Es wird also stets, solange die Kraft P nicht durch den Schwerpunkt geht, eine Winkeländerung am freien Ende B erfolgen. Diese Winkeländerung verschwindet nur, wenn $M_0 = 0$ ist, d. h. wenn P durch den Schwerpunkt geht. Die Verschiebung erfolgt aber auch dann nicht in Richtung der Kraft, sondern entsprechend der Normalen zur konjugierten Richtung der Kraft P, d. h. schräg zu ihr. Die Verschiebung würde nur dann in Richtung von P erfolgen, wenn die Kraftrichtung außerdem noch mit einer Hauptträgheitsachse der Ellipse zusammenfiele.

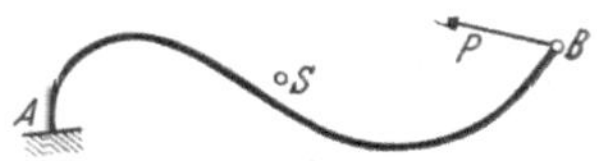

Abb. 119. Kraft am freien Ende des eingespannten Systems.

Wirkt auf ein solches System am freien Ende eine Kraft P und gleichzeitig ein Moment M, so ist die resultierende Kraft R gleich und parallel P und in einem derartigen Abstand h von B gelegen, daß $R h = M$ ist. Geht in diesem Falle R durch den Schwerpunkt S des Systems, so erfolgt am freien Ende B *keine Winkel*änderung, sondern nur eine Verschiebung, und zwar ebenfalls gemäß der Normalen zur konjugierten Richtung der Kraft R. Der Biegungsmittelpunkt liegt im falschen Pol von R.

Fällt an einem einerseits eingespannten System der Biegungsmittelpunkt mit dem freien Ende B zusammen, so führt das freie Ende *keine Verschiebung*, sondern lediglich eine einfache Winkeldrehung an seinem Platze aus. Es wäre ein Irrtum, anzunehmen, daß hierzu ein Kräftepaar am freien Ende erforderlich ist. Diese Art der Beanspruchung wird nur durch eine Kraft erzeugt, die gemäß der falschen Polaren von B wirkt. Nur wenn B gleichzeitig im Schwerpunkt S des Systems liegt, wandelt sich die Kraft in ein Kräftepaar um.

Diese Betrachtungen sind wichtig, um in einzelnen Sonderfällen die richtigen Bedingungen besser überblicken zu können.

c) Berechnungsart nach M. CUTCHAN und S. CROCKER[1].

Das nachstehende Berechnungsverfahren ist sehr umständlich und erfordert nicht nur sehr viele und zeitraubende Rechnungen, sondern

[1] CUTCHAN, M., u. S. CROCKER: Piping Handbook, Expansion and Flexibility. 2. Ausg., S. 498. New York u. London: McGraw-Hill Book Company, Inc 1931.

auch ein erhebliches Maß an Zeichenarbeit. Trotzdem ist die Erläuterung dieser Berechnungsart wichtig, weil es das erste Verfahren war, welches auch die statische Berechnung von räumlichen Rohrsystemen ermöglichte. Letztere werden in einem späteren Abschnitt behandelt, und es sollen zunächst die Grundlagen für ebene Systeme entwickelt werden.

Das Verfahren beruht auf der Überlagerung von elastischen Durchbiegungen und Winkeländerung der einzelnen Teile eines Rohrsystems, wie gerade Rohre, 90°-Bogen usw. Hierzu werden die einzelnen Teile als selbständige Träger behandelt, d. h. das eine Ende wird als eingespannt angesehen, während an dem anderen Ende gewisse Kräfte und Momente angreifen. Durch dieses Hilfsmittel werden die elastischen Eigenschaften eines ganzen Systems bestimmt, indem man einen der

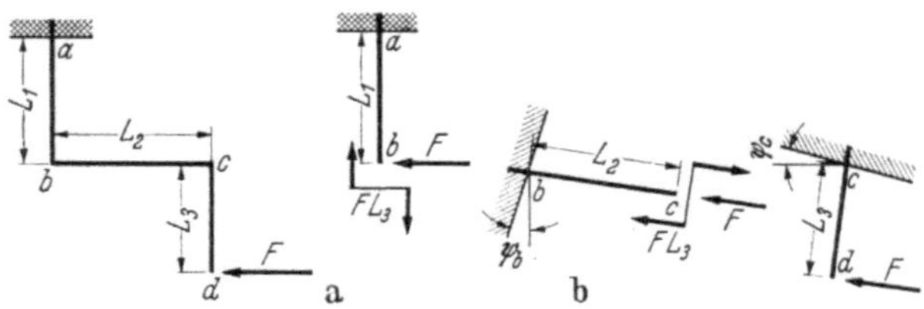

Abb. 120 a u. b. Wirkung der Kraft auf die Einzelschenkel.

beiden Festpunkte des Systems durch entsprechende Kräfte und Einspannmomente ersetzt denkt und diese auf jeden einzelnen Teil des Systems einwirken läßt. Die algebraische Summe dieser Wirkungen ergibt dann das elastische Verhalten des ganzen Systems.

Es werden also die Durchbiegungen jedes einzelnen Teils bestimmt, und zwar:

a) infolge unmittelbarer Einwirkung der Kräfte und Momente;

b) infolge der Winkeländerung der zwischen dem betrachteten Teil und dem Festpunkt liegenden Teile.

Ein Beispiel soll diesen Vorgang erläutern. In Abb. 120 ist ein Z-Bogen durch eine Kraft F am freien Ende belastet. Man zerlegt den Z-Bogen in seine Bestandteile, und zwar zwei vertikale und einen horizontalen Schenkel und betrachtet die Wirkung der Kraft F auf jeden Teil getrennt.

Der Schenkel L_1 ist ein einerseits eingespannter Träger mit einer Kraft F und einem Moment $F L_3$ an seinem freien Ende. Durch deren Wirkung biegt sich der Schenkel L_1 nach links durch. Die Abbiegung des freien Endes sei $+\Delta_{1H}$. Das $+$-Zeichen bedeutet, daß die Durchbiegung in Richtung der Kraftwirkung erfolgt, während das Zeichen H darauf deutet, daß die Verschiebung horizontal erfolgt. Da sämtliche

Verschiebungen im Verhältnis zu der Schenkellänge sehr klein sind, kann die Durchbiegung stets senkrecht zur Schenkelachse angenommen werden, wobei die Abweichung in der vertikalen Richtung vernachlässigt wird.

Der Winkel, um den sich die Tangente des freien Endes von L_1 gegenüber dem unbelasteten Zustand gedreht hat, sei ψ_b.

Jetzt betrachtet man die Verschiebungen an dem Ende c des Schenkels L_2. Infolge der Winkeldrehung ψ_b des freien Endes von L_1 wird der Schenkel L_2 um den gleichen Winkel ψ_b gedreht. Das ergibt am freien Ende c dieses Schenkels offensichtlich eine vertikale Verschiebung $+\Delta_{1V} = L_2\,\psi_b$. Außerdem wird der Schenkel L_2 an seinem Ende c durch eine axial wirkende Kraft F und ein Moment $F L_3$ belastet. Die axiale Kraft F ruft keine Verschiebungen hervor, wohl aber das Moment FL_3, welches eine Verschiebung $+\Delta_{2V}$ am Ende c von L_2 nach unten erzeugt. Die Winkeldrehung am freien Ende c des Schenkels L_2 zusammen mit der bereits erwähnten Winkeldrehung ψ_b sei ψ_c. Durch diese Winkeldrehung wird am freien Ende d des Schenkels L_3 eine horizontale Verschiebung $+\Delta_{2H} = L_3\,\psi_c$ hervorgerufen. Die Kraft F am freien Ende d des Schenkels L_3 erzeugt eine weitere Verschiebung $+\Delta_{3H}$. Somit sind sämtliche Wirkungen der Kraft F auf die einzelnen Teile des Z-Bogens berücksichtigt. Die Summe der Einzelverschiebungen ergibt die Gesamtverschiebung, und zwar:

$$\text{in horizontaler Richtung} \quad \Delta_H = +\Delta_{1H} + \Delta_{2H} + \Delta_{3H},$$

$$\text{in vertikaler Richtung} \quad \Delta_V = +\Delta_{1V} + \Delta_{2V}.$$

Mit Hilfe der Momentenflächen lassen sich die einzelnen Verschiebungen errechnen. Hierzu seien die Momentenflächen für verschiedene Belastungsfälle erläutert.

Für einen einerseits eingespannten und am freien Ende durch eine Kraft F belasteten Träger L (Abb. 121) gilt die Beziehung für das Biegungsmoment

$$M_b = F\,x.$$

Die Momentenfläche ist dann

$$\int M_b\,dx = \int_0^L F\,x\,dx = F\,\frac{1}{2}\,L^2 = F\,L\,\frac{L}{2}.$$

Das ist aber nichts anderes als die Fläche eines rechtwinkligen Dreiecks mit der Grundlänge L und der Höhe FL, wie es in Abb. 121 dargestellt ist.

Bei einem Träger L mit einem am freien Ende wirkenden Moment M ist das Biegungsmoment über die ganze Länge gleichbleibend (Abb. 122).

Die Momentenfläche ist also

$$\int M_b\,dx = \int_0^L M\,dx = M\,L.$$

Das ist die Fläche eines Rechtecks mit der Grundlänge L und der Höhe M.

Überträgt man diese Erkenntnisse auf den in Abb. 120 dargestellten Z-Bogen, so kann man folgendes Momentenflächenbild aufbauen.

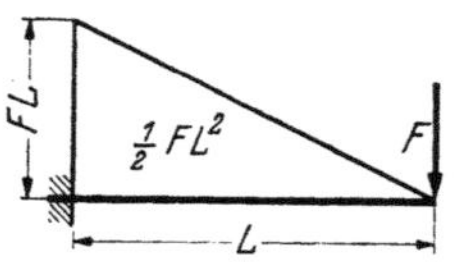

Abb. 121. Momentenbild für Kraft am freien Trägerende.

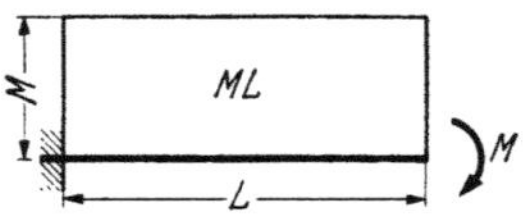

Abb. 122. Momentenbild für Moment am freien Trägerende.

Am Schenkel L_1 wirken eine Kraft F und ein Moment FL_3. Man wird also über der Schenkellänge L_1 erst ein Rechteck mit der Höhe FL_3 und darüber ein Dreieck mit der Höhe FL_1 aufzeichnen (s. Abb. 123). Der Schenkel L_2 wird nur durch ein Moment $F L_3$ beansprucht, da die axiale Kraft F keine Verschiebungen des freien Endes c hervorruft. Über der Schenkellänge L_2 muß also ein Rechteck mit der Höhe $F L_3$ aufgezeichnet werden. Am Schenkel L_1 wirkt nur eine Kraft F. Das Momentenflächenbild wird also durch ein Dreieck über der Länge L_1 und mit einer Höhe $F L_3$ dargestellt. Die Gesamtlänge des Z-Bogens ist auf einer Grundlinie abgewickelt worden, indem die Schenkel L_1, L_2 und L_3 aneinandergereiht sind.

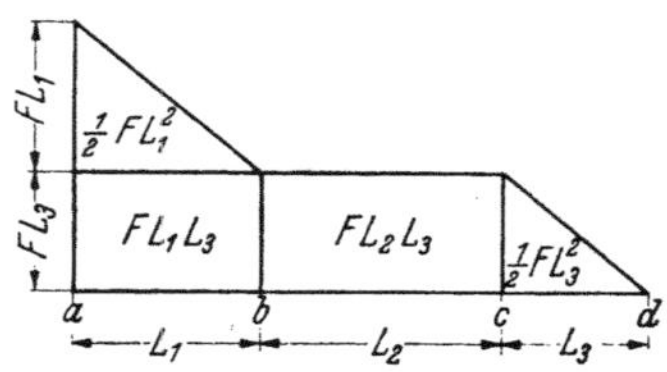

Abb. 123. Momentenbild für Abb. 120.

Der Aufbau des Momentenflächenbildes ist aus der Abb. 123 klar zu erkennen.

Jetzt soll der Zusammenhang zwischen Momentenfläche und der Durchbiegung Δ des Trägers bzw. der Winkeländerung ψ seines freien Endes untersucht werden.

Die Differentialgleichung der elastischen Linie lautet allgemein

$$\frac{d^2 y}{d x^2} = -\frac{M_b}{EJ}.$$

Durch Integration erhält man die Winkeländerung

$$\operatorname{tg}\psi = \frac{dy}{dx} = \int \frac{M_b\,dx}{EJ}$$

und da E und J normalerweise unveränderlich sind

$$\operatorname{tg}\psi = \frac{1}{EJ}\int M_b\,dx.$$

Wie oben gezeigt wurde, ist aber das $\int M_b\,dx$ nichts anderes als die Momentenfläche; somit ist also

$$\operatorname{tg}\psi \approx \psi = \frac{\text{Momentfläche}}{E J}. \tag{81}$$

Da ψ gewöhnlich nur sehr klein ist, kann der Tangens des Winkels durch den Winkel selbst ersetzt werden. Das bedeutet, daß die Winkeländerung am freien Ende durch die Momentenfläche, dividiert durch $E J$, ausgedrückt werden kann.

Die Durchbiegung des belasteten Trägers stellt die Summe der Produkte der Verdrehungen jedes einzelnen Längenteilchens mit dessen Abstand von dem freien Ende dar.

$$y = \sum \psi_x x = \int \frac{M_b\,dx}{E J} x.$$

Das ist aber nichts anderes als das Produkt der Momentenfläche und des Schwerpunktsabstandes dieser Fläche von dem freien Ende (Abb. 124).

In Abb. 124 ist ein Träger L durch eine Kraft F am freien Ende belastet. Aus der Differentialgleichung der elastischen Linie wurde bereits ermittelt:

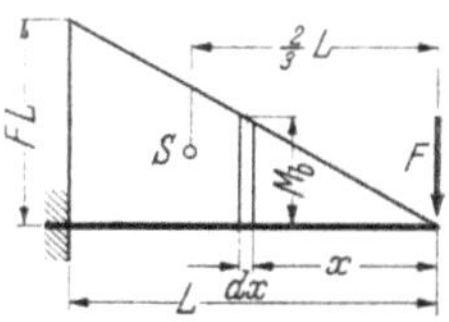

Abb. 124. Momentenfläche für eine Belastung durch eine Kraft.

$$\operatorname{tg}\psi = \frac{dy}{dx} = \int \frac{M_b\,dx}{E J}.$$

$M_b = F x$ eingesetzt und integriert, bekommt man

$$y = \int \frac{F x^2}{2 E J} dx = \frac{F\,2\,x^3}{2 \cdot 3\,E J}$$

und für den ganzen Träger, d. h. von $x = 0$ bis $x = L$

$$\Delta = y = \frac{F\,2\,L^3}{2 \cdot 3\,E J}.$$

Schreibt man diese Beziehung wie folgt

$$\Delta = \frac{F L^2}{2 E J} \frac{2}{3} L,$$

so erkennt man ohne weiteres, daß der erste Ausdruck

$$\frac{F L^2}{2 E J} = \frac{\text{Momentenfläche}}{E J} = \psi$$

ist und der zweite $\frac{2}{3} L$ der Schwerpunktsabstand der Momentenfläche vom Angriffspunkt der Kraft darstellt. Somit ist der vorhin ausgesprochene Satz bewiesen. Es gilt also allgemein für die Durchbiegung

$$\Delta = \psi\, \xi_{M b}$$

oder

$$\Delta = \frac{\text{Momentenfläche}}{E J} \times \text{Schwerpunktsabstand der Fläche.} \tag{82}$$

Für einen am freien Ende durch ein Moment M belasteten Träger gilt genau dasselbe (Abb. 125).

$$\operatorname{tg}\psi = \frac{dy}{dx} = \int_0^L \frac{M\,dx}{EJ} = \left[\frac{Mx}{EJ}\right]_0^L = \frac{ML}{EJ}$$

und für die Durchbiegung

$$y = \int_{x_1}^{x_2} \frac{M\,x\,dx}{EJ} = \left[\frac{Mx^2}{2EJ}\right]_{x_1}^{x_2}.$$

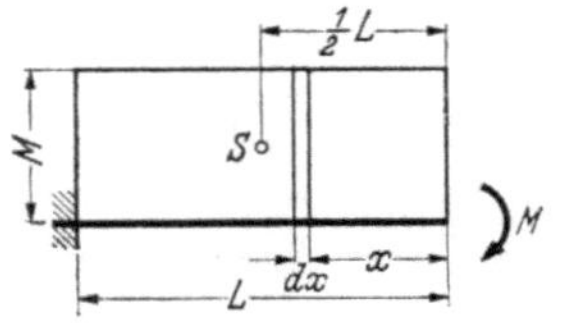

Abb. 125. Momentenfläche für eine Belastung durch ein Moment.

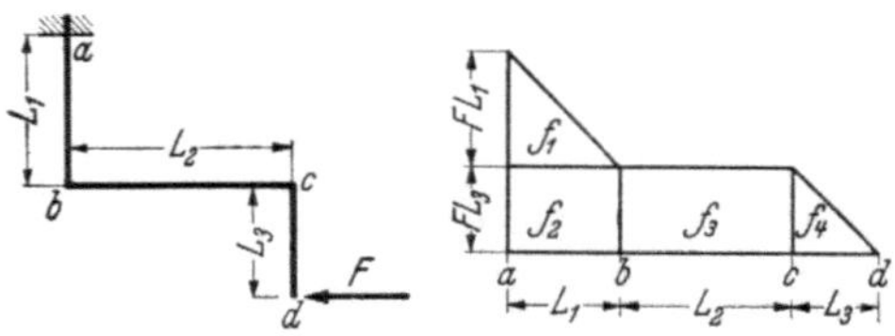

Abb. 126. Belasteter Z-Bogen mit Momentenbild.

Für die Grenzen $x_1 = 0$ bis $x_2 = L$ wird

$$\Delta = y = \frac{ML^2}{2EJ}$$

oder

$$= \frac{ML}{EJ}\,\frac{L}{2}.$$

Der erste Ausdruck stellt die durch EJ dividierte Momentenfläche und der zweite den Schwerpunktsabstand von dem Angriffspunkt des Moments dar. Also auch für diesen Fall ist die Gültigkeit des Satzes bewiesen.

Man muß sich also folgenden allgemeinen Grundsatz merken:

a) Die Winkeländerung ψ eines einerseits eingespannten, am anderen Ende durch eine Kraft F oder ein Moment M belasteten Trägers wird durch das Produkt aus Momentenfläche und $\frac{1}{EJ}$ *bestimmt.*

b) Die Durchbiegung Δ des freien Trägerendes, das — wie oben angegeben — belastet ist, wird durch das Produkt aus der Winkeländerung ψ und dem Schwerpunktsabstand der Momentenfläche vom Angriffspunkt der Belastung bestimmt.

Man kann also vier Belastungsfälle angeben, die in Zahlentafel 10 aufgeführt sind.

Zurückkommend auf den anfangs betrachteten Z-Bogen, der in Abb. 126 nochmals dargestellt ist, sollen diese Erkenntnisse unter Zuhilfenahme der für diese Belastungsfälle entwickelten Beziehungen nachstehend angewandt werden.

Zahlentafel 10. *Formeln für verschiedene Belastungen eines einerseits eingespannten Trägers (Gerades Rohr).*

Fall	Belastung des Trägers	Moment in beliebigem Punkt	Winkeländerungen ψ am freien Ende	Verschiebung Δ am freien Ende
I	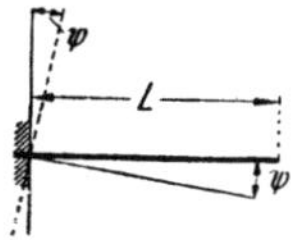	$M = 0$	$\psi =$ gegebene Winkeländerung des eingespannten Endes	$\Delta = \psi L$
II	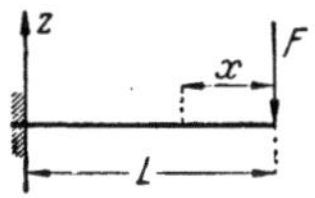	$M_b = F x$	$\psi = \frac{\text{Momentenfläche}}{E J} = \frac{1}{2} \frac{F L^2}{E J}$	$\Delta_z = \frac{\text{Momentenfläche}}{E J} \frac{2}{3} L = \frac{1}{3} \frac{F L^3}{E J}$
III	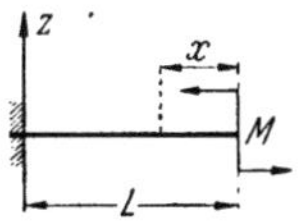	$M_b = M = \text{const}$	$\psi = \frac{\text{Momentenfläche}}{E J} = \frac{M L}{E J}$	$\Delta_z = \frac{\text{Momentenfläche}}{E J} \frac{1}{2} L = \frac{1}{2} \frac{M L^2}{E J}$
IV	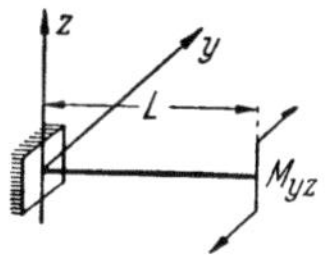	$M_d = M_{yz} = \text{const}$	$\psi = \frac{M_d L}{G J_0} = 1{,}3 \frac{\text{Momentenfläche}}{E J}$	$\Delta = 0$
IV a	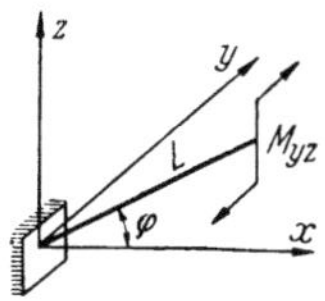	$M_b = M_{yz} \sin\varphi$ $M_d = M_{yz} \cos\varphi$	$\psi_{xy} = \frac{M_{yz} L}{E J} 0{,}3 \sin\varphi \cos\varphi$ $\psi_{yz} = \frac{M_{yz} L}{E J} [\sin^2\varphi + 1{,}3 \cos^2\varphi]$	$\Delta_{xy} = \frac{M_{yz} L^2}{2 E J} [0{,}3 \sin\varphi \cos^2\varphi]$ $\Delta_{yz} = \frac{M_{yz} L^2}{2 E J} [\sin\varphi + 0{,}3 \sin\varphi \cos^2\varphi]$ $\Delta_y = \Delta_{yz} - \Delta_{xy} = \frac{M_{yz} L^2}{2 E J} \sin\varphi$

Aus dem Momentenflächenbild in Abb. 126 werden die Verformungen für jeden Schenkel einzeln berechnet.

Die einzelnen Momentenflächen haben folgende Größe:

$$\begin{aligned} &\text{Fläche } f_1 = \tfrac{1}{2} F L_1^2, && \text{(Fall II)}\\ &\text{Fläche } f_2 = F L_1 L_3, && \text{(Fall III)}\\ &\text{Fläche } f_3 = F L_2 L_3, && \text{(Fall III)}\\ &\text{Fläche } f_4 = \tfrac{1}{2} F L_3^2. && \text{(Fall II)} \end{aligned}$$

Die Durchbiegungen werden wie folgt ermittelt.

Wirkung von F auf den Schenkel L_1:

Fall II: $E\,J\,\Delta_{xb} = \psi_F \tfrac{2}{3} L_1 = f_1 \tfrac{2}{3} L_1$ (nach links).

Wirkung des Moments $F L_3$ auf den Schenkel L_1:

Fall III: $E\,J\,\Delta_{xb} = \psi_M \tfrac{1}{2} L_1 = f_2 \tfrac{1}{2} L_1$ (nach links).

Wirkung der Winkeländerung in b auf den Schenkel L_2:

Fall I: $E\,J\,\Delta_{yc} = \sum \psi_b L_2 = (f_1 + f_2) L_2$ (nach unten).

Wirkung des Moments $F L_3$ auf den Schenkel L_2:

Fall III: $E\,J\,\Delta_{yc} = \psi_M \tfrac{1}{2} L_2 = f_3 \cdot \tfrac{1}{2} L_2$ (nach unten).

Wirkung der Winkeländerung in b und c auf den Schenkel L_3:

Fall I: $E\,J\,\Delta_{xd} = \sum \psi_c L_3 = (f_1 + f_2 + f_3) L_3$ (nach links).

Wirkung der Kraft F auf den Schenkel L_3:

Fall II: $E\,J\,\Delta_{xd} = \psi_F \tfrac{2}{3} L_3 = f_4 \cdot \tfrac{2}{3} L_3$ (nach links).

Bildet man die algebraische Summe aller Verschiebungsanteile, so bekommt man

$$E\,J\,\Delta_x = f_1 \tfrac{2}{3} L_1 + f_2 \cdot \tfrac{1}{2} L_1 + (f_1 + f_2 + f_3) L_3 + f_4 \cdot \tfrac{2}{3} L_3 \text{ (nach links)},$$
$$E\,J\,\Delta_x = (f_1 + f_2) L_2 + f_3 \tfrac{1}{2} L_2 \text{ (nach unten)}.$$

Setzt man hier die Werte für die Momentenflächen f_1, f_2, f_3 usw. ein, so können die Verschiebungen Δ_x und Δ_y des Endpunktes d in horizontaler und vertikaler Richtung genau berechnet werden.

Übrigens zeigt dieses Beispiel, daß außer einer horizontalen Verschiebung von d nach links auch noch eine vertikale Verschiebung nach unten auftritt, obwohl nur eine horizontale Kraft wirkt.

Es sei ein beiderseits eingespanntes System, z. B. ein Winkelbogen nach Abb. 127 betrachtet, der infolge der Erwärmung einer Wärmedehnung unterworfen ist. Die horizontale Wärmedehnung ist $\Delta_H = L_1 \alpha$ und die vertikale $\Delta_V = L_2 \alpha$, wobei α die Wärmedehnungszahl darstellt.

Eine der Einspannungen soll durch entsprechende Kraftkomponenten H und V und durch ein Einspannmoment M_0 ersetzt werden.

Das Momentenbild der Komponente H ist in Abb. 128 und dasjenige der Komponente V in Abb. 129 gezeigt. Die Momentenflächen stellen nichts anderes dar als die Winkeländerungen der einzelnen Schenkel. Die Summe der Momentenflächen $f_1 + f_2$ ist also gleichwertig mit der Winkeländerung des frei gedachten Endes c. Infolge der Einspannung darf aber keine Winkeländerung eintreten. Man muß also am Ende c jeweils ein Moment angreifen lassen, dessen Wirkung die durch die Kraft hervorgerufene Winkeländerung wieder aufhebt.

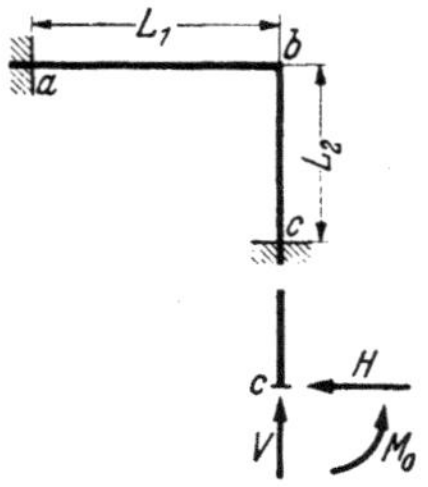

Abb. 127. Winkelbogen mit Einspannfestpunkten.

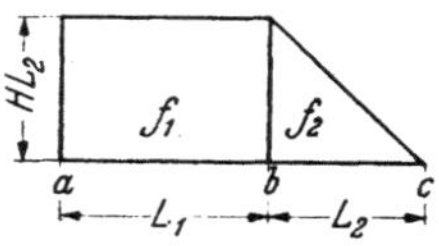

Abb. 128. Momentenbild der Kraft H.

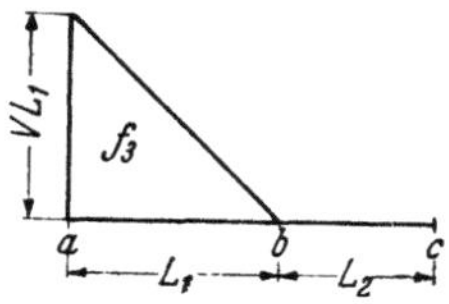

Abb. 129. Momentenbild der Kraft V.

Dieses Moment wird auch durch eine Fläche, und zwar durch ein Rechteck (Fall III) dargestellt und unterhalb der Nullinie gezeichnet (Abb. 130). Es ist offensichtlich, daß die Summe der Momentenflächen oberhalb der Nullinie mit derjenigen unterhalb derselben flächengleich sein muß, damit deren Wirkung, d. h. die Winkeländerung des Endes c gleich Null wird.

In gleicher Weise zeichnet man auch für die Wirkung der vertikalen Komponente V das entsprechende Momentenbild, wobei ebenfalls die

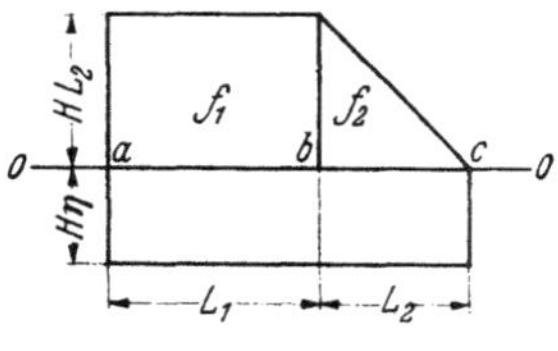

Abb. 130. Momentenbild für H und M_0.

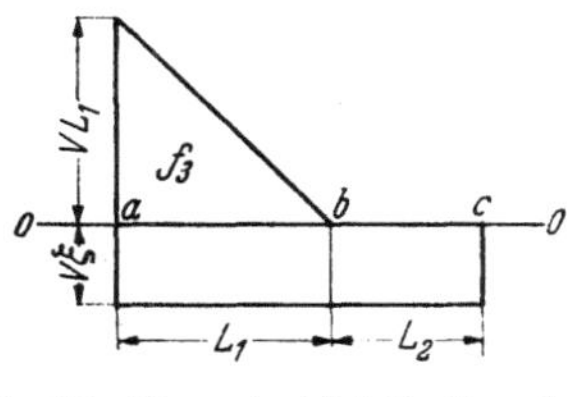

Abb. 131. Momentenbild für V und M_0.

Flächen ober- und unterhalb der Nullinie einander gleich sein müssen (Abb. 131). Diese unterhalb der Nullinie befindlichen Momentenflächen stellen also in ihrer algebraischen Summe die Wirkung des Einspannmomentes M_0 dar.

Die Höhe der unterhalb der Nullinie befindlichen Momentenflächen ermittelt sich aus der Flächengleichheit.

Bei Abb. 130

$$H\eta = \frac{f_1 + f_2}{L_1 + L_2} = \frac{H L_1 L_2 + \frac{1}{2} H L_2^2}{L_1 + L_2},$$

bei Abb. 131

$$V\xi = \frac{f_3}{L_1 + L_2} = \frac{\frac{1}{2} V L_1^2}{L_1 + L_2}.$$

An Hand eines Zahlenbeispiels soll die Rechnungsart erläutert werden.

Beispiel 16. Der im Beispiel 11 durchgerechnete Winkelbogen (L-Bogen) mit $L_1 = 6$ m und $L_2 = 12$ m sowie $D = 267$ mm, $s = 7$ mm, $J = 4830\ \text{cm}^4$ soll für eine Temperatur von 350°C geprüft werden (Abb. 132).

Man zeichnet die Biegungsmomentenbilder gemäß Abb. 133 und Abb. 134 auf der gestreckten Länge $L_1 + L_2$ des Winkelbogens.

Es sei zunächst die Wirkung der Komponente H betrachtet. Die Größe des Einspannmomentes wird dargestellt durch

$$H\,\eta = \frac{H\,L_1\,L_2 + \frac{1}{2}\,H\,L_2^2}{L_1 + L_2} = H\,\frac{6 \cdot 12 + 0{,}5 \cdot 12^2}{6 + 12} = H\,8\ \text{mkg}.$$

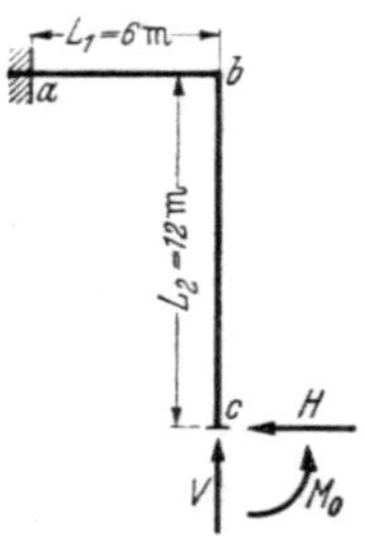

Abb. 132.
Winkelbogen mit Einspannfestpunkten.

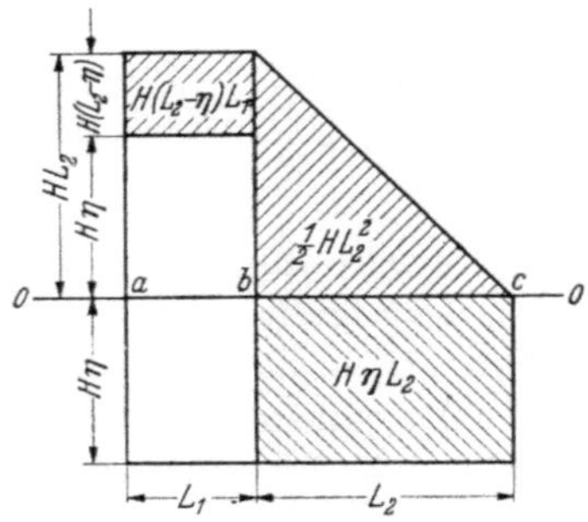

Abb. 133.
Momentenbild der Kraft H (Beispiel 16).

Die in Abb. 133 weiß gelassenen Momentenflächen heben sich gegenseitig auf. Es bleibt die schraffierte Fläche

$$H\,(L_2 - \eta)\,L_1 = H\,(12 - 8) \cdot 6 = H\,24\ \text{m}^2\,\text{kg}$$

übrig. Die Dreiecksfläche ist

$$\tfrac{1}{2}\,H\,L_2^2 = 0{,}5\,H\,12^2 = H\,72\ \text{m}^2\,\text{kg}$$

und die Gegenmomentenfläche

$$H\,\eta\,L_2 = H\,8 \cdot 12 = H\,96\ \text{m}^2\,\text{kg}.$$

Zur Kontrolle: $H\,24 + H\,72 = H\,96$.

Man ermittelt jetzt, wie bereits gezeigt, die Wirkung der Komponente H auf die einzelnen Schenkel.

Fall III: $E\,J\,\Delta_{Vb} = \psi_M\,\frac{1}{2}\,L_1 = H\,24 \cdot 0{,}5 \cdot 6 = 72\,H$ (nach unten),

Fall I: $E\,J\,\Delta_{Hc} = \sum \psi_b\,L_2 = H\,24 \cdot 12 = 288\,H$ (nach links),

Fall II: $E\,J\,\Delta_{Hc} = \psi_F\,\frac{2}{3}\,L_2 = H\,72 \cdot \frac{2}{3} \cdot 12 = 576\,H$ (nach links),

Fall III: $E\,J\,\Delta_{Hc} = \psi_M\,\frac{1}{2}\,L_2 = H\,96 \cdot 0{,}5 \cdot 12 = 576\,H$ (nach rechts).

Damit ist die Wirkung der Komponente H erschöpft.

Die Größe des Einspannmoments nach Abb. 134 für die Wirkung der Kraft V ist

$$V\xi = \frac{\frac{1}{2} V L_1^2}{L_1 + L_2} = V \frac{0{,}5 \cdot 6^2}{6 + 12} = V \,\mathrm{m\,kg}.$$

Die schraffierten Flächen sind:

$$\tfrac{1}{2} V L_1^2 = 0{,}5\ V\ 6^2 = V\ 18\ \mathrm{m^2\,kg},$$
$$V \xi L_1 = V\ 6\ \mathrm{m^2\,kg},$$
$$V \xi L_2 = V\ 12\ \mathrm{m^2\,kg}.$$

Kontrolle: $V\,18 = V\,6 + V\,12$.

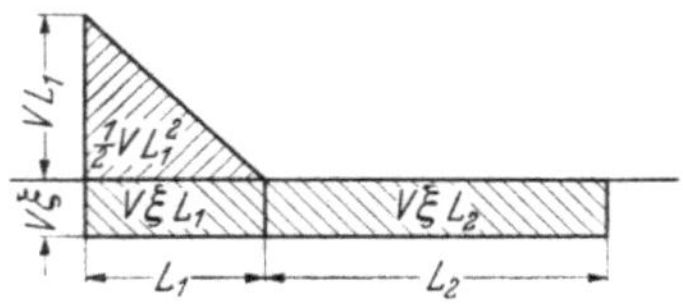

Abb. 134. Momentenbild der Kraft V (Beispiel 16).

Daraus werden in gleicher Weise die Wirkungen der Komponente V auf die Schenkel berechnet.

Fall II: $E\,J\,\Delta_{Vb} = \psi_F \tfrac{2}{3} L_1 = V\,18 \cdot \tfrac{2}{3} \cdot 6 = 72\,V$ (nach oben),

Fall III: $E\,J\,\Delta_{Vb} = \psi_M \tfrac{1}{2} L_1 = V\,6 \cdot 0{,}5 \cdot 6 = 18\,V$ (nach unten),

Fall I: $E\,J\,\Delta_{Hc} = \sum \psi_b\, L_2 = (V\,18 - V\,6) \cdot 12$
$= 144\,V$ (nach rechts),

Fall III: $E\,J\,\Delta_{Hc} = \psi_M \tfrac{1}{2} L_2 = V\,12 \cdot 0{,}5 \cdot 12 = 72\,V$ (nach links).

Damit ist die Wirkung der Komponente V erschöpft.

Die Summe der einzelnen Verschiebungen in horizontaler und vertikaler Richtung entspricht den wirksamen Komponenten der Wärmedehnung.

$$\begin{aligned} E\,J\,\Delta_H &= 288\,H + 576\,H - 576\,H - 144\,V + 72\,V \\ &= 288\,H - 72\,V. \end{aligned}$$

$$\begin{aligned} E\,J\,\Delta_V &= -72\,H + 72\,V - 18\,V \\ &= -72\,H + 54\,V. \end{aligned}$$

Für den Stahl St 35.29 ist bei 350° C

$$E = 1{,}85 \cdot 10^6\ \mathrm{kg/cm^2} \text{ (aus Abb. 6)},$$
$$\alpha = 0{,}422\ \mathrm{cm/m} \text{ (aus Abb. 44)}.$$

Die Komponenten der Wärmedehnung sind also bei 50% Vorspannung

$$\Delta_H = 0{,}5 \cdot 6 \cdot 0{,}422 = 1{,}335\ \mathrm{cm},$$
$$\Delta_V = 0{,}5 \cdot 12 \cdot 0{,}422 = 2{,}67\ \mathrm{cm},$$

daher

$$E J \Delta_H = \frac{1{,}85 \cdot 10^6 \cdot 4830 \cdot 1{,}335}{10^6} = 11500,$$

$$E J \Delta_V = \frac{1{,}85 \cdot 10^6 \cdot 4830 \cdot 2{,}67}{10^6} = 23000.$$

Man bekommt also folgende zwei Gleichungen

$$11500 = 288\,H - 72\,V,$$
$$23000 = -72\,H + 54\,V.$$

Daraus ermitteln sich die Kraftkomponenten

$$\underline{H = 220\text{ kg},}$$
$$\underline{V = 719\text{ kg}.}$$

Diese Berechnungsart führt also genau zum gleichen Ergebnis wie die einfache Ermittlung der Kraftkomponenten mit Hilfe der Linientafel Abb. 87 im Beispiel 11.

Das größte Biegungsmoment wirkt, wie man sich leicht überzeugen kann, im Punkt *a*.

Aus den Momentenbildern kann man die Momente leicht bestimmen, und zwar

Im Punkt *a*:

$$M_{b_a} = H(L_2 - \eta) - V(L_1 - \xi)$$
$$= 220(12 - 8) - 719(6 - 1) = -2710\text{ mkg}.$$

Das negative Vorzeichen hat keine Bedeutung.

Daraus die größte Biegungsspannung

$$\sigma_b = \frac{2710 \cdot 100 \cdot 26{,}7}{200 \cdot 4830} \underline{= 7{,}5\text{ kg/mm}^2.}$$

Also auch die Biegungsspannung stimmt mit derjenigen aus Beispiel 11 sehr gut überein.

Jetzt soll diese Berechnungsart auch auf gekrümmte Rohre (Rohrbogen) angewandt werden.

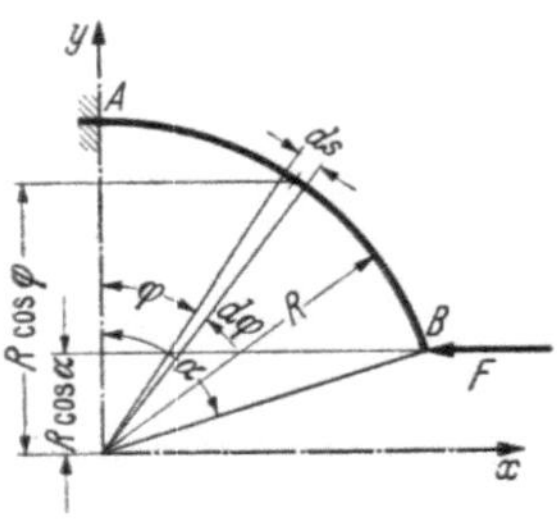

Abb. 135.
Bogen mit seitlicher Kraft.

Belastungsfall V.

In Abb. 135 ist ein Bogen AB dargestellt, der durch eine Kraft F parallel zu der x-Achse belastet ist.

Das Biegungsmoment im Bogenteilchen ds ist

$$M_b = F_x R(\cos\varphi - \cos\alpha).$$

Aus der Differentialgleichung der elastischen Linie findet man für die dem Biegungsmoment entsprechende Winkeländerung

$$\psi = \int_0^\alpha \frac{M_b\,ds}{K E J},$$

wobei $ds = R\,d\varphi$ ist. Eingesetzt und von 0 bis α integriert

$$\psi = \frac{F_x R^2}{K E J} \int_0^\alpha (\cos\varphi - \cos\alpha)\,d\varphi = \frac{F_x R^2}{K E J} (\sin\alpha - \alpha\cos\alpha).$$

Die Durchbiegung des Bogens in der x-Richtung ergibt sich durch die Summe der Produkte aus der Winkeländerung des Teilchens ds und seines senkrechten Abstandes von der Kraftachse.

Dieser Abstand ist $R(\cos\varphi - \cos\alpha)$, daher

$$\Delta_x = \sum \psi\, R(\cos\varphi - \cos\alpha) = \frac{F_x R^3}{K E J} \int_0^\alpha (\cos\varphi - \cos\alpha)^2\,d\varphi$$

$$= \frac{F_x R^3}{K E J} [\alpha(0{,}5 + \cos^2\alpha) - 1{,}5 \sin\alpha\cos\alpha].$$

Der Wert K im Nenner berücksichtigt die Abflachung des Bogenquerschnittes durch die Biegungsspannungen. Hierüber siehe Abschnitt B II/2b (KÁRMÁN-Zahl).

Die Durchbiegung des Bogens in der y-Richtung ergibt sich durch die Summe der Produkte aus der Winkeländerung des Teilchens ds und des jeweiligen horizontalen Abstandes vom freien Ende.

Dieser horizontale Abstand ist $R(\sin\alpha - \sin\varphi)$, daher

$$\Delta_y = \sum \psi\, R(\sin\alpha - \sin\varphi) = \frac{F_x R^3}{K E J} \int_0^\alpha (\cos\varphi - \cos\alpha)(\sin\alpha - \sin\varphi)\,d\varphi$$

$$= \frac{F_x R^3}{K E J} [0{,}5 \sin^2\alpha - \alpha \sin\alpha\cos\alpha + \cos\alpha - \cos^2\alpha].$$

Für den 90°-Bogen ist $\alpha = \pi/2$ und damit $\cos\alpha = 0$ und $\sin\alpha = 1$. Die vorstehenden Gleichungen erhalten daher folgende Form (s. auch Zahlentafel 11)

$$\psi_F = \frac{F_x R^2}{K E J},$$

$$\Delta_x = \Delta_F = 0{,}7854 \frac{F_x R^3}{K E J} = 0{,}7854\, \psi_F R$$

(in Kraftrichtung)

$$\Delta_y = \Delta_{\perp F} = 0{,}5 \frac{F_x R^3}{K E J} = 0{,}5\, \psi_F R$$

(senkrecht zur Kraft).

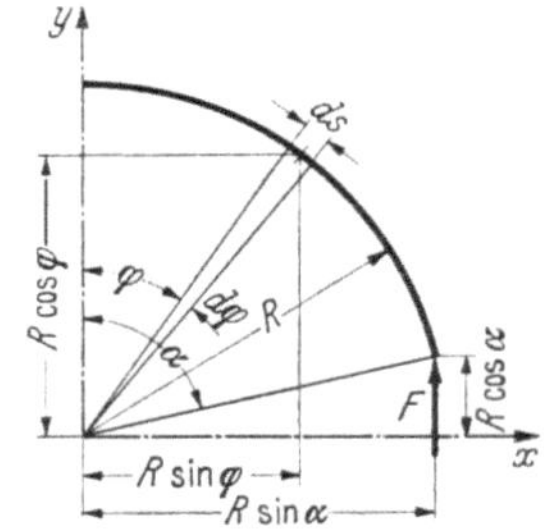

Abb. 136. Bogen mit Kraft in y-Richtung.

Belastungsfall VI.

In ähnlicher Weise werden die Beziehungen für einen in der anderen Richtung belasteten Bogen entwickelt (Abb. 136).

Im Bogenteilchen ds wirkt das Biegungsmoment:

$$M_b = F_y R(\sin\alpha - \sin\varphi), \qquad ds = R\,d\varphi,$$

$$\psi_F = \int \frac{M_b\,ds}{K E J} = \frac{F_y R^2}{K E J}\int_0^\alpha (\sin\alpha - \sin\varphi)\,d\varphi$$

$$= \frac{F_y R^2}{K E J}(\alpha\sin\alpha + \cos\alpha - 1),$$

$$\Delta_y = \sum \psi\, R\,(\sin\alpha - \sin\varphi)$$

$$= \frac{F_y R^3}{K E J}\int_0^\alpha (\sin\alpha - \sin\varphi)^2\,d\varphi$$

$$= \frac{F_y R^3}{K E J}\left[\alpha\,(0{,}5 + \sin^2\alpha) + 1{,}5\sin\alpha\cos\alpha - 2\sin\alpha\right],$$

$$\Delta_x = \sum \psi\, R\,(\cos\varphi - \cos\alpha)$$

$$= \frac{F_y R^3}{K E J}\int_0^\alpha (\sin\alpha - \sin\varphi)(\cos\varphi - \cos\alpha)\,d\varphi$$

$$= \frac{F_y R^3}{K E J}\left[1{,}5\sin^2\alpha - \alpha\sin\alpha\cos\alpha + \cos\alpha - 1\right].$$

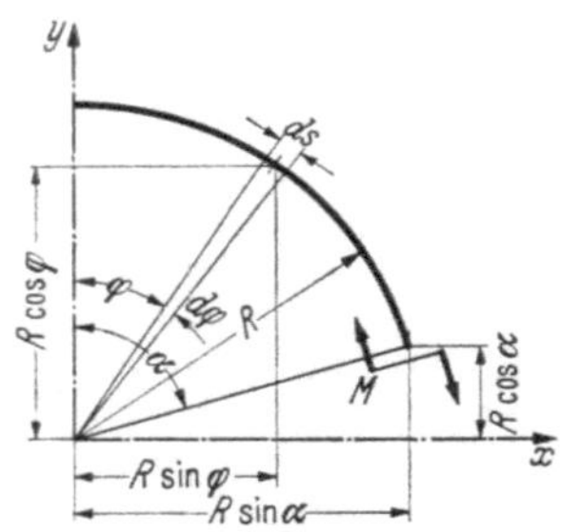

Abb. 137.
Bogen mit Momentenbelastung.

Bei einem 90°-Bogen ist $\alpha = \pi/2$. Damit ergeben sich folgende Beziehungen (siehe auch Zahlentafel 11).

$$\psi_F = 0{,}57\,\frac{F_y R^2}{K E J},$$

$$\Delta_y = \Delta_F = 0{,}3554\,\frac{F_y R^3}{K E J} = 0{,}624\,\psi_F R$$

(in Kraftrichtung),

$$\Delta_x = \Delta_{\perp F} = 0{,}5\,\frac{F_y R^3}{K E J} = 0{,}876\,\psi_F R$$

(senkrecht zur Kraft).

Belastungsfall VII.

Für einen durch ein Moment M belasteten Bogen (Abb. 137) ergeben sich folgende Beziehungen:

Im Bogenteilchen ds wirkt das Biegungsmoment:

$$M_b = M = \text{konst.}, \qquad ds = R\,d\varphi,$$

$$\psi_F = \int \frac{M_b\,ds}{K E J} = \frac{M R}{K E J}\int_0^\alpha d\varphi$$

$$= \frac{M R}{K E J}\,\alpha,$$

$$\Delta_y = \sum \psi\, R(\sin\alpha - \sin\varphi)$$

$$= \frac{M R^2}{K E J}\int_0^{\alpha}(\sin\alpha - \sin\varphi)\, d\varphi = \frac{M R^2}{K E J}\,[\alpha \sin\alpha + \cos\alpha - 1]\,,$$

$$\Delta_x = \sum \psi R\, (\cos\varphi - \cos\alpha)$$

$$= \frac{M R^2}{K E J}\int_0^{\alpha}(\cos\varphi - \cos\alpha)\, d\varphi = \frac{M R^2}{K E J}\,[\sin\alpha - \alpha\cos\alpha]\,.$$

Bei einem 90°-Bogen ist $\alpha = \pi/2$ (s. auch Zahlentafel 11), daher:

$$\psi_M = 1.57\,\frac{M R}{K E J}\,,$$

$$\Delta_x = \Delta_{AM} = \frac{M R^2}{K E J} = 0{,}637\,\psi_M R \text{ (in Richtung des Momentenarmes)},$$

$$\Delta_y = \Delta_{\perp AM} = 0{,}57\,\frac{M R^2}{K E J} = 0{,}363\,\psi_M R \text{ (senkrecht zum Momentenarm)}.$$

Damit sind sämtliche für ebene Rohrsysteme in Frage kommenden Belastungsfälle erfaßt. Es ist im Abschnitt B III/3c für räumliche Systeme zur besseren Übersicht eine Gesamtzusammenstellung (Zahlentafel 11) aller Belastungsfälle mit den dazugehörigen Formeln gegeben, um bei der praktischen Berechnung nicht lange suchen zu müssen (s. auch Zahlentafel 10).

Zum besseren Verständnis soll noch ein Beispiel aus der Praxis durchgerechnet werden:

Beispiel 17. Ein Turbinenanschlußbogen nach Abb. 138 mit 400 NW = 419 mm ä. Dmr. und 10,5 mm Wand ist in bezug auf die durch Wärmedehnung hervorgerufenen Kräfte und Spannungen zu untersuchen.

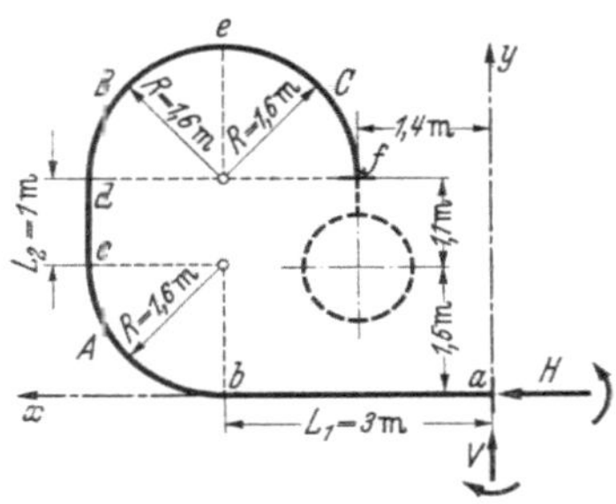

Abb. 138. Turbinen-Anschlußbogen (zu Beispiel 17).

Betriebsverhältnisse 18 atü, 350 °C. Rohrwerkstoff St 35.29 und hierfür

$$E = 1{,}85 \cdot 10^6 \text{ kg/cm}^2, \qquad \alpha = 0{,}422 \text{ cm/m}.$$

KÁRMÁN-Zahl für $\lambda = 0{,}42$ aus Abb. 66

$$K = 0{,}24.$$

Die gestreckte *elastische* Länge eines Bogens 90° ist also

$$\frac{1{,}57\,R}{K} = \frac{1{,}57 \cdot 1{,}6}{0{,}24} = 10{,}5 \text{ m}.$$

Der Aufbau der Momentenflächenbilder erfolgt in nachstehender Weise.

Die Wirkung der Kraftkomponente H (s. Abb. 139) auf den Schenkel L_1 ist Null. Es wirkt aber am Schenkel L_1 ein Einspannmoment, dessen Größe zu bestimmen ist. Man zeichne also nach Belastungsfall III ein Rechteck von der Länge $L_1 = 3$ m und der zunächst noch unbekannten Höhe $\eta\, H$ unterhalb der Nullinie. Dieses Einspannmoment wirkt über die ganze Länge des Systems. Es ist also die gestreckte Länge auf der Nullinie aufzutragen, was nicht maßstäblich zu erfolgen braucht. Für die gestreckte Länge des Bogens ist dessen *elastische* Länge, also nach Division mit der KÁRMÁN-Zahl K, wie oben bereits ausgerechnet, aufzutragen. Das Rechteck des unbekannten Einspannmomentes ist mit der Höhe $\eta\, H$ bis zum Endpunkt f des Systems zu verlängern.

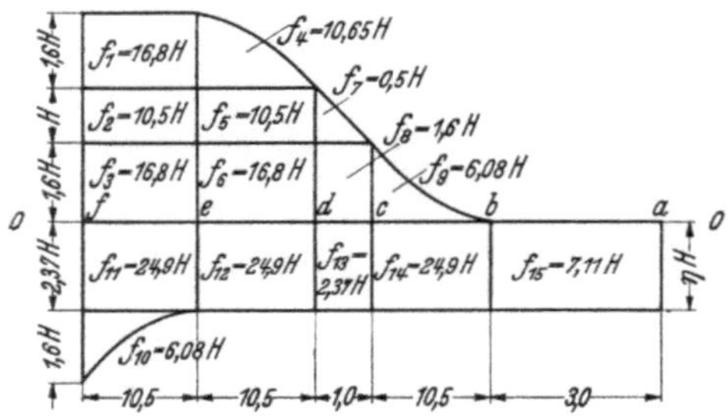

Abb. 139. Momentenbild für die Kraft H.

Die Wirkung von H auf den Bogen A entspricht dem Belastungsfall VI. Man zeichnet also zwischen den Punkten b und c das entsprechende Momentenflächenbild oberhalb der Nullinie. Das im Punkt c durch H erzeugte Biegungsmoment entspricht dem Produkt $RH = 1{,}6\ H$ mkg. Auch dieses Moment setzt sich bis zum Endpunkt f fort, muß also als Rechteck über der entsprechenden Länge der Grundlinie (Nullinie) gezeichnet werden.

Die Wirkung von H auf den Schenkel L_2 entspricht dem Belastungsfall II. Die Momentenfläche ist also ein Dreieck mit der einen Kathete $= L_2 = 1$ m und der anderen Kathete = Moment $H L_2 = H$ mkg. Auch dieses Moment setzt sich weiter fort bis f und es wird durch das entsprechende Rechteck bis f dargestellt.

Die Wirkung von H auf den Bogen B entspricht dem Belastungsfall V. Die entsprechende Momentenfläche wird zwischen den Punkten d und e aufgetragen, und zwar wieder mit der Höhe $RH = 1{,}6\ H$ mkg entsprechend dem wirkenden Biegungsmoment. Dieses Moment überlagert sich ebenfalls bis zum Punkt f.

Die Wirkung von H auf den Bogen C entspricht dem Belastungsfall VI. Im Punkt e kehrt sich die Richtung des Bogens gegenüber der Kraftrichtung H um. Die Momentenfläche muß also unterhalb der Nullinie, wie in Abb. 139 gezeigt, aufgetragen werden.

Die Größe der Flächen ermittelt man aus den Angaben für die entsprechenden Belastungsfälle. Bei den Rechtecken ergeben sich die

Flächen durch Multiplikation der Länge mit der Höhe. Da die Höhen Momente darstellen, erscheint also die zu berechnende Kraftkomponente H auch jedesmal in dem Wert der Momentenfläche.

Nachdem sämtliche Momentenflächen bestimmt sind, bildet man deren Summe und zieht die unterhalb der Nullinie liegende Momentenfläche f_{10} von dieser Summe ab.

$$\sum (f_1 \text{ bis } f_9) = 90{,}23\,H,$$

$$\sum (f_1 \text{ bis } f_9) - f_{10} = 90{,}23\,H - 6{,}08\,H = 84{,}15\,H.$$

Dieser Wert ergibt nach Division durch die gestreckte *elastische* Länge des Systems die Größe des Einspannmomentes $\eta\,H$

$$\sum L = 10{,}5 + 10{,}5 + 1 + {}$$
$$+ 10{,}5 + 3 = 35{,}5 \text{ m},$$
$$\eta\,H = \frac{84{,}15\,H}{35{,}5}$$
$$= 2{,}37\,H \text{ mkg},$$

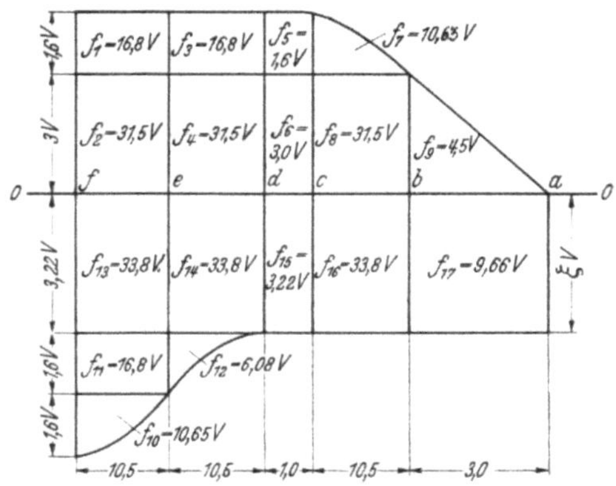

Abb. 140. Momentenbild für Kraft V.

Das ergibt die Höhe der dem Einspannmoment entsprechenden Momentenfläche.

In der Bezeichnung $\eta\,H$ ist absichtlich der Buchstabe η gewählt worden, mit dem bisher der Schwerpunktsabstand bezeichnet wurde. Auch in diesem Fall stellt der Wert η nichts anderes dar als den Schwerpunktsabstand des Systems, bezogen auf die Kraftlinie H. Die Komponente H der wirkenden Gesamtkraft muß, wie schon früher bewiesen wurde, durch den Schwerpunkt des Systems gehen, weil es sich um ein beiderseits eingespanntes System handelt.

Mit Hilfe der nunmehr bekannten Größe des Einspannmoments $\eta\,H = 2{,}37\,H$ mkg können auch die entsprechenden Momentenflächen f_{11} bis f_{15} bestimmt werden.

Zur Sicherheit prüfe man nochmals, ob die Summen aller Flächen ober- und unterhalb der Nullinie einander gleich sind.

In entsprechender Weise werden die Momentenbilder für die Wirkung der Kraftkomponente V entwickelt (s. Abb. 140) und ihre Größe berechnet. Auch hier findet im Punkt d eine Umkehrung der Richtung der Systemform in bezug auf die Kraftlinie V statt. Es sind daher die den Bogen B und C entsprechenden Momentenflächen unterhalb der Nullinie aufzutragen.

Die Größe des Einspannmoments ξV ergibt sich aus

$$\xi V = \frac{\Sigma(f_1 \text{ bis } f_9) - \Sigma(f_{10} \text{ bis } f_{12})}{\Sigma L} = \frac{147{,}85 - 33{,}53}{35{,}5} V$$
$$= 3{,}22 \, V \text{ mkg}.$$

Aus diesen Momentenbildern sollen mit Hilfe der vorhin entwickelten Belastungsfälle die einzelnen Wirkungen auf die Schenkel und Bogen des Systems berechnet werden.

Zunächst sei die Wirkung der Komponente H gemäß Momentenbild Abb. 139 betrachtet.

Die Summen der Winkeländerungen am Ende eines jeden Teiles des Systems werden durch die algebraischen Summen der Momentenflächen bestimmt:

$$\sum \psi_e = \sum f_e = f_1 + f_2 + f_3 - f_{10} - f_{11} = 13{,}12 \, H,$$
$$\sum \psi_d = \sum f_e + f_4 + f_5 + f_6 - f_{12} = 26{,}17 \, H,$$
$$\sum \psi_c = \sum f_d + f_7 + f_8 - f_{13} = 25{,}9 \, H,$$
$$\sum \psi_b = \sum f_c + f_9 - f_{14} = 7{,}08 \, H,$$
$$\sum \psi_a = \sum f_b - f_{15} = \sim 0.$$

Fall VII: $E\,J\,\Delta_{Ve} = \psi_M \, 0{,}637 \, R = (f_1 + f_2 + f_3 - f_{11}) \, 0{,}637 \, R$
$= 19{,}2 \, H \, 0{,}637 \cdot 1{,}6 = 19{,}55 \, H$ (nach oben),

$E\,J\,\Delta_{He} = \psi_M \, 0{,}363 \, R = 19{,}2 \, H \, 0{,}363 \cdot 1{,}6 = 11{,}15 \, H$ (nach rechts).

Fall VI: $E\,J\,\Delta_{He} = \psi_F \, 0{,}624 \, R = f_{10} \, 0{,}624 \, R$
$= 6{,}08 \, H \, 0{,}624 \cdot 1{,}6 = 6{,}07 \, H$ (nach links),

$E\,J\,\Delta_{Ve} = \psi_F \, 0{,}876 \, R = f_{10} \cdot 0{,}876 \, R$
$= 6{,}08 \, H \, 0{,}876 \cdot 1{,}6 = 8{,}52 \, H$ (nach unten).

Fall I: $E\,J\,\Delta_{Hd} = \sum \psi_e \, R = \sum f_e \, R = (f_1 + f_2 + f_3 - f_{10} - f_{11}) \, R$
$= 13{,}12 \, H \, 1{,}6 = 21{,}0 \, H$ (nach links),

$E\,J\,\Delta_{Vd} = \sum \psi_e \, R = \sum f_e \, R$
$= 13{,}12 \, H \, 1{,}6 = 21{,}0 \, H$ (nach oben).

Fall V: $E\,J\,\Delta_{Hd} = \psi_F \, 0{,}7854 \, R = f_4 \cdot 0{,}7854 \, R$
$= 10{,}65 \, H \, 0{,}7854 \cdot 1{,}6 = 13{,}38 \, H$ (nach links).

$E\,J\,\Delta_{Vd} = \psi_F \, 0{,}5 \, R = f_4 \cdot 0{,}5 \, R$
$= 10{,}65 \, H \, 0{,}5 \cdot 1{,}6 = 8{,}55 \, H$ (nach oben).

Fall VII: $E\,J\,\Delta_{Hd} = \psi_M \, 0{,}637 \, R = (f_5 + f_6 - f_{12}) \cdot 0{,}637 \, R$
$= 2{,}4 \, H \, 0{,}637 \cdot 1{,}6 = 2{,}445 \, H$ (nach links),

$E\,J\,\Delta_{Vd} = \psi_M \, 0{,}363 \, R = (f_5 + f_6 - f_{12}) \cdot 0{,}363 \, R$
$= 2{,}4 \, H \, 0{,}363 \cdot 1{,}6 = 1{,}393 \, H$ (nach oben).

Fall I: $E\,J\,\Delta_{H\,c} = \sum \psi_d\, L_2 = \sum f_d\, L_2$
$= 26{,}17\,H\,1{,}0 = 26{,}17\,H$ (nach links).

Fall II: $E\,J\,\Delta_{H\,c} = \psi_F\,\frac{2}{3}\,L_2 = 0{,}5\,H\,\frac{2}{3}\cdot 1 = 0{,}333\,H$ (nach links).

Fall III: $E\,J\,\Delta_{H\,c} = \psi_M\,\frac{1}{2}\,L_2 = (f_8 - f_{13})\,\frac{1}{2}\,L_2$
$= (-)\,0{,}77\,H\,0{,}5\cdot 1 = 0{,}385\,H$ (nach rechts).

Fall I: $E\,J\,\Delta_{H\,b} = \sum \psi_c\, R = \sum f_c\, R$
$= 25{,}9\,H\,1{,}6 = 41{,}4\,H$ (nach links),

$E\,J\,\Delta_{V\,b} = \sum \psi_c\, R = \sum f_c\, R$
$= 25{,}9\,H\,1{,}6 = 41{,}4\,H$ (nach unten).

Fall VI: $E\,J\,\Delta_{H\,b} = \psi_F\,0{,}624\,R = f_9\cdot 0{,}624\,R$
$= 6{,}08\,H\,0{,}624\cdot 1{,}6 = 6{,}07\,H$ (nach links),

$E\,J\,\Delta_{V\,b} = \psi_F\,0{,}876\,R = f_9\cdot 0{,}876\,R$
$= 6{,}08\,H\,0{,}876\cdot 1{,}6 = 8{,}52\,H$ (nach unten).

Fall VII: $E\,J\,\Delta_{V\,b} = \psi_M\,0{,}637\,R = f_{14}\cdot 0{,}637\,R$
$= 24{,}9\,H\,0{,}637\cdot 1{,}6 = 25{,}4\,H$ (nach oben),

$E\,J\,\Delta_{H\,b} = \psi_M\,0{,}363\,R = f_{14}\cdot 0{,}363\,R$
$= 24{,}9\,H\,0{,}363\cdot 1{,}6 = 14{,}44\,H$ (nach rechts).

Fall I: $E\,J\,\Delta_{V\,a} = \sum \psi_b\, L_1 = \sum f_b\, L_1$
$= 7{,}08\,H\,3 = 21{,}24\,H$ (nach unten).

Fall III: $E\,J\,\Delta_{V\,a} = \psi_M\,\frac{1}{2}\,L_1 = f_{15}\cdot 0{,}5\,L_1$
$= 7{,}11\,H\,0{,}5\cdot 3 = 10{,}66\,H$ (nach oben).

Damit ist die Wirkung der Komponente H erschöpft. Es muß jetzt die algebraische Summe aller dieser Verschiebungen gebildet werden. Dabei werden die in Richtung der Komponenten H und V erfolgenden Verschiebungen (also nach links und nach oben) als positiv und die in entgegengesetzter Richtung als negativ betrachtet.

$$E\,J\,\Delta_H = H\,(-11{,}15 + 6{,}07 + 21{,}0 + 13{,}38 + 2{,}445 + 26{,}17 + 0{,}333 - 0{,}385 + 41{,}4 + 6{,}07 - 14{,}44) = \underline{H\,90{,}893\ \mathrm{m}^3\,\mathrm{kg}},$$

$$E\,J\,\Delta_V = H\,(19{,}55 - 8{,}52 + 21 + 8{,}525 + 1{,}393 - 41{,}4 - 8{,}52 + 25{,}4 - 21{,}24 + 10{,}66) = \underline{H\,6{,}848\ \mathrm{m}^3\,\mathrm{kg}}.$$

In gleicher Weise soll die Wirkung der Kraftkomponente V auf die einzelnen Teile des Systems untersucht werden (s. Abb. 140).

$$\begin{aligned}
\sum \psi_e &= \sum f_e = f_1 + f_2 - f_{10} - f_{11} - f_{13} &&= -12{,}95\,V,\\
\sum \psi_d &= \sum f_e + f_3 + f_4 - f_{12} - f_{14} &&= -\ \,4{,}53\,V,\\
\sum \psi_c &= \sum f_d + f_5 + f_6 - f_{15} &&= -\ \,3{,}15\,V,\\
\sum \psi_b &= \sum f_c + f_7 + f_8 - f_{16} &&= +\ \,5{,}20\,V,\\
\sum \psi_a &= \sum f_b + f_9 - f_{17} &&= \sim 0.
\end{aligned}$$

Fall VII: $E\,J\,\Delta_{He} = \psi_M\, 0{,}363\, R = (f_1 + f_2 - f_{11} - f_{13})\, 0{,}363\, R$
$= (-)\, 2{,}3\, V\, 0{,}363 \cdot 1{,}6 = 1{,}335\, V$ (nach rechts),

$E\,J\,\Delta_{Ve} = \psi_M\, 0{,}637\, R = (-)\, 2{,}3\, V\, 0{,}637 \cdot 1{,}6$
$= 2{,}345\, V$ (nach oben).

Fall V: $E\,J\,\Delta_{Ve} = \psi_F\, 0{,}7854\, R = f_{10} \cdot 0{,}7854\, R$
$= 10{,}65\, V\, 0{,}7854 \cdot 1{,}6 = 13{,}38\, V$ (nach oben).

$E\,J\,\Delta_{He} = \psi_F\, 0{,}5\, R = f_{10} \cdot 0{,}5\, R$
$= 10{,}65\, V\, 0{,}5 \cdot 1{,}6 = 8{,}55\, V$ (nach rechts).

Fall I: $E\,J\,\Delta_{Hd} = \sum \psi_e\, R = (-)\, 12{,}95\, V R$
$= (-)\, 12{,}95\, V\, 1{,}6 = 20{,}73\, V$ (nach links),

$E\,J\,\Delta_{Vd} = \sum \psi_e\, R = (-)\, 12{,}95\, V R$
$= (-)\, 12{,}95\, V\, 1{,}6 = 20{,}73\, V$ (nach oben).

Fall VII: $E\,J\,\Delta_{Hd} = \psi_M\, 0{,}637\, R = (f_3 + f_4 - f_{14})\, 0{,}637\, R$
$= 14{,}5\, V\, 0{,}637 \cdot 1{,}6 = 14{,}78\, V$ (nach rechts),

$E\,J\,\Delta_{Vd} = \psi_M\, 0{,}363\, R = 14{,}5\, V\, 0{,}363 \cdot 1{,}6$
$= 8{,}42\, V$ (nach unten).

Fall VI: $E\,J\,\Delta_{Vd} = \psi_F\, 0{,}624\, R = f_{12} \cdot 0{,}624\, R$
$= 6{,}08\, V\, 0{,}624 \cdot 1{,}6 = 6{,}07\, V$ (nach oben),

$E\,J\,\Delta_{Hd} = \psi_F\, 0{,}876\, R$
$= 6{,}08\, V\, 0{,}876 \cdot 1{,}6 = 8{,}52\, V$ (nach links).

Fall I: $E\,J\,\Delta_{Hc} = \sum \psi_d\, L_2 = \sum f_d\, L_2$
$= (-)\, 4{,}53\, V\, 1 = 4{,}53\, V$ (nach links).

Fall III: $E\,J\,\Delta_{Hc} = \psi_M\, 0{,}5\, L_2 = (f_5 + f_6 - f_{15}) \cdot 0{,}5\, L_2$
$= 1{,}38\, V\, 0{,}5 \cdot 1 = 0{,}69\, V$ (nach rechts).

Fall I: $E\,J\,\Delta_{Hb} = \sum \psi_c\, R = \sum f_c\, R$
$= (-)\, 3{,}15\, V\, 1{,}6 = 5{,}04\, V$ (nach links),

$E\,J\,\Delta_{Vb} = \sum \psi_c\, R$
$= (-)\, 3{,}15\, V\, 1{,}6 = 5{,}04\, V$ (nach unten).

Fall V: $E\,J\,\Delta_{Vb} = \psi_F\, 0{,}7854\, R = f_7 \cdot 0{,}7854\, R$
$= 10{,}65\, V\, 0{,}7854 \cdot 1{,}6 = 13{,}38\, V$ (nach oben),

$E\,J\,\Delta_{Hb} = \psi_F\, 0{,}5\, R$
$= 10{,}65\, V\, 0{,}5 \cdot 1{,}6 = 8{,}55\, V$ (nach rechts).

Fall I: $E\,J\,\Delta_{Va} = \sum \psi_b\, L_1 = \sum f_b\, L_1$
$= 5{,}2\, V\, 3{,}0 = 15{,}6\, V$ (nach oben).

Fall II: $E\,J\,\Delta_{Va} = \psi_F\, \frac{2}{3}\, L_1 = f_9\, \frac{2}{3}\, L_1$
$= 4{,}5\, V\, 0{,}666 \cdot 3 = 9\, V$ (nach oben).

Fall III: $E\,J\,\Delta_{Va} = \psi_M\, \frac{1}{2}\, L_1 = f_9 \cdot 0{,}5\, L_1$
$= (-)\, 9{,}66\, V\, 0{,}5 \cdot 3 = 14{,}49\, V$ (nach unten).

Damit ist die Wirkung der Komponente V erschöpft. Die algebraische Summe der Verschiebungen aller Teile gibt die Endverschiebung des frei gedachten Endes a. Die positiven und negativen Richtungen werden wie vorher bestimmt.

$$\begin{aligned} E\,J\,\Delta_H &= V\,(-1{,}335 - 8{,}55 + 20{,}73 - 14{,}78 + 8{,}52 + 4{,}53 - 0{,}69 + \\ &\qquad + 5{,}04 - 8{,}55) \\ &= \underline{V\,4{,}915\ \mathrm{m^3\,kg}}, \end{aligned}$$

$$\begin{aligned} E\,J\,\Delta_V &= V\,(2{,}345 + 13{,}38 + 20{,}73 - 8{,}42 + 6{,}07 - 5{,}04 + 13{,}38 + \\ &\qquad + 15{,}6 + 9 - 14{,}49) \\ &= \underline{V\,52{,}555\ \mathrm{m^3\,kg}}. \end{aligned}$$

Die umständliche und umfangreiche Rechenarbeit bedingt gewisse Ungenauigkeiten. Es muß an sich der Faktor der Komponente V bei der horizontalen Verschiebung Δ_H mit dem vorher ausgerechneten Faktor der Komponente H bei der vertikalen Verschiebung Δ_V genau übereinstimmen. Der durch diese Ungenauigkeit bedingte Fehler dürfte aber in diesem Falle ohne große Bedeutung sein und stellt mehr oder weniger einen Schönheitsfehler dar, da durch die Übereinstimmung dieser Werte die Richtigkeit der Berechnung am besten zu überprüfen ist.

Die Komponenten der Wärmedehnung ermitteln sich aus der Abbildung des Systems, und zwar

$$\left.\begin{aligned} \Delta_H &= 1{,}4 \cdot 0{,}422 \cdot 0{,}5 &&= 0{,}295\ \mathrm{cm} \\ \Delta_V &= (1{,}5 \cdot 0{,}5 + 1{,}1)\,0{,}422 &&= 0{,}78\ \ \mathrm{cm} \end{aligned}\right\}\ \text{bei 50\% Vorspannung,}$$

Das Rohrträgheitsmoment ist $J = 28300\ \mathrm{cm^4}$. Somit

$$\begin{aligned} E\,J\,\Delta_H &= 1{,}85 \cdot 28300 \cdot 0{,}295 = 15430 \cdot 10^6\ \mathrm{cm^3\,kg}, \\ E\,J\,\Delta_V &= 1{,}85 \cdot 28300 \cdot 0{,}78 \ \ = 40800 \cdot 10^6\ \mathrm{cm^3\,kg}. \end{aligned}$$

Man erhält also folgende zwei Gleichungen

$$\begin{aligned} 15430 \cdot 10^6 &= (H\,90{,}893 + V\ \ 4{,}915) \cdot 10^6\ \mathrm{cm^3\,kg}, \\ 40800 \cdot 10^6 &= (H\ \ 6{,}848 + V\,52{,}555) \cdot 10^6\ \mathrm{cm^3\,kg}, \end{aligned}$$

daraus in bekannter Weise die beiden Kraftkomponenten:

$$\begin{aligned} H &= 118\ \mathrm{kg}, \\ V &= 762\ \mathrm{kg}. \end{aligned}$$

Die wesentlich einfachere und daher genauere Rechnung nach dem Vorschlag des Verfassers (Abschnitt B II 3a) ergibt für den gleichen Bogen die Kräfte $H = 108$ kg und $V = 775$ kg. An sich müßten genau die gleichen Werte errechnet werden. Der Unterschied muß jedoch auf die sehr umständliche und daher viele Ungenauigkeiten enthaltende Rechnungsweise nach CUTCHAN zurückzuführen sein.

Bevor auf die weitere Ermittlung der Biegungsmomente und Spannungen eingegangen wird, soll die Bedeutung der Zahlenwerte in den obengenannten Gleichungen für die Kräfte gezeigt werden. Diese stellen nämlich nichts anderes dar als die Linienträgheits- und Zentrifugalmomente des untersuchten Systems.

In der oberen Gleichung ist der Zahlenwert der Kraftkomponente H das Trägheitsmoment des Systems, bezogen auf die x-Achse, d. h.

$$J_x = 90{,}893 \text{ m}^3.$$

Der Zahlenwert der Komponente V ist das Zentrifugalmoment des Systems, bezogen auf die beiden Achsen x und y, und zwar ist es in diesem Falle negativ

$$J_{xy} = -4{,}915 \text{ m}^3.$$

In der zweiten Gleichung ist der Zahlenwert der Komponente H ebenfalls das Zentrifugalmoment. Aus diesem Grunde wurde vorhin betont, daß diese beiden Werte miteinander übereinstimmen müßten, weil das Zentrifugalmoment des Systems nur einen vollkommen eindeutigen Wert haben kann. Der richtige Wert ist

$$J_{xy} = -6{,}848 \text{ m}^3,$$

während der andere Wert ungenau ermittelt war.

Der Zahlenwert der Komponente V stellt das Trägheitsmoment des Systems, bezogen auf die y-Achse, dar, und zwar

$$J_y = 52{,}555 \text{ m}^3.$$

Die auftretenden Biegungsmomente können jetzt auf verschiedene Art ermittelt werden.

Am einfachsten ist es, das System maßstäblich aufzuzeichnen, den Schwerpunkt desselben einzutragen (die Schwerpunktsabstände η und ξ waren schon berechnet) und die beiden Kraftkomponenten H und V durch den Schwerpunkt gehend miteinander geometrisch zu addieren. Die sich dann ergebende Gesamtkraft $P = \sqrt{H^2 + V^2}$ zeigt dann auch ohne weiteres den größten Abstand irgendeines Punktes des Systems von der Kraftlinie, womit das größte Biegungsmoment bestimmt ist.

Die Berechnungsweise von CUTCHAN ermöglicht aber noch einen anderen Weg zur Bestimmung der Momente. Dieser ist zwar wesentlich umständlicher, soll aber hier der Vollständigkeit halber erläutert werden.

Man setzt in den Ordinaten der Momentenbilder Abb. 139 und 140 die errechneten Werte für H und V ein und erhält:

Nach Abb. 139 mit $H = 118$ kg

$$\begin{aligned}
&\text{für Punkt } f\colon\ H\,(1{,}6 + 1 + 1{,}6 - 2{,}37 - 1{,}6) &&= 27{,}2 \text{ mkg},\\
&\text{für Punkt } e\colon\ H\,(1{,}6 + 1 + 1{,}6 - 2{,}37) &&= 216{,}0 \text{ mkg},\\
&\text{für Punkt } d\colon\ H\,(1 + 1{,}6 - 2{,}37) &&= 27{,}2 \text{ mkg},\\
&\text{für Punkt } c\colon\ H\,(1{,}6 - 2{,}37) &&= -\ 91{,}0 \text{ mkg},\\
&\text{für Punkt } b\colon\ H\,(-2{,}37) &&= -280{,}0 \text{ mkg},\\
&\text{für Punkt } a\colon\ H\,(-2{,}37) &&= -280{,}0 \text{ mkg}.
\end{aligned}$$

Nach Abb. 140 mit $V = 762$ kg

$$\begin{aligned}
&\text{für Punkt } f\colon\ V\,(1{,}6 + 3 - 3{,}22 - 1{,}6 - 1{,}6) &&= -1386 \text{ mkg},\\
&\text{für Punkt } e\colon\ V\,(1{,}6 + 3 - 3{,}22 - 1{,}6) &&= -167{,}5 \text{ mkg},\\
&\text{für Punkt } d\colon\ V\,(1{,}6 + 3 - 3{,}22) &&= 1052 \text{ mkg},\\
&\text{für Punkt } c\colon\ V\,(1{,}6 + 3 - 3{,}22) &&= 1052 \text{ mkg},\\
&\text{für Punkt } b\colon\ V\,(3 - 3{,}22) &&= -167{,}5 \text{ mkg},\\
&\text{für Punkt } a\colon\ V\,(-3{,}22) &&= -2455 \text{ mkg}.
\end{aligned}$$

Diese Momente, hervorgerufen durch die Komponenten H und V, wirken teilweise im gleichen Sinne und teilweise einander entgegen. Wir haben bei der Ermittlung der Momente diejenigen über der Nulllinie als positiv und diejenigen unter der Nullinie als negativ angenommen. Andererseits wirken die Einspannmomente (unter der Nullinie) in den beiden Momentenbildern, wie man aus Abb. 138 ersehen kann, einander entgegen. Es muß also bei der Zusammensetzung der Momente wie folgt vorgegangen werden.

Wenn das Moment durch H und dasjenige durch V gleiche Vorzeichen haben, so wirken sie also einander entgegen und müssen voneinander abgezogen werden. Bei ungleichem Vorzeichen wirken sie in diesem Falle im gleichen Sinne und summieren sich folglich

$$\begin{aligned}
&\text{für Punkt } f\colon\ M_f = 1386 + 27{,}2 = 1413{,}2 \text{ mkg},\\
&\text{für Punkt } e\colon\ M_e = 216 + 167{,}5 = 383{,}5 \text{ mkg},\\
&\text{für Punkt } d\colon\ M_d = 1052 - 27{,}2 = 1024{,}8 \text{ mkg},\\
&\text{für Punkt } c\colon\ M_c = 1052 + 91 = 961{,}0 \text{ mkg},\\
&\text{für Punkt } b\colon\ M_b = 280 - 167{,}5 = 112{,}5 \text{ mkg},\\
&\text{für Punkt } a\colon\ M_a = 2455 - 280 = 2175 \text{ mkg}.
\end{aligned}$$

Wie man sieht, herrscht das größte Biegungsmoment im Punkt a, und zwar

$$M_a = M_{\max} = 2175 \text{ mkg}.$$

Daraus die größte Biegungsspannung im Punkt a

$$\sigma_{b\,\max} = \frac{M_{\max} D}{200\,J} = \frac{217\,500 \cdot 41{,}9}{200 \cdot 28\,300}$$

$$= \underline{1{,}61 \text{ kg/mm}^2.}$$

Diese Beanspruchung ist niedrig und liegt daher in zulässigen Grenzen.

Der Wert für die größte Biegungsspannung nach dem Verfahren des Verfassers würde 1,75 kg/mm² betragen.

Es soll besonders betont werden, daß sowohl die Kräfte als auch die Biegungsmomente und Spannungen nach beiden Verfahren einander genau gleich sein müssen, wenn die zahlenmäßige Ausrechnung ohne jede Ungenauigkeit durchgeführt wird. Das ist aber bei dem von CUTCHAN vorgeschlagenen Verfahren äußerst schwierig. Dieses erfordert, wie man sieht, eine sehr umfangreiche und mühselige Rechenarbeit und ein hohes Maß an Aufmerksamkeit und Überlegung, besonders in bezug auf die Bestimmung der Richtung der Verschiebungen. Dort liegt auch meist die Fehlerquelle, da man sich die Wirkung der einzelnen Momente und Kräfte auf jeden Schenkel genau im Geiste vorstellen muß, um die Verschiebungen und Verdrehungswinkel richtig zu bewerten.

d) Verfahren nach C. T. MITCHELL[1].

Es soll hier gleich vorweggenommen werden, daß es sich um ein Näherungsverfahren handelt, welches weder die Größe noch die Lage der wirkenden Kräfte streng richtig angibt. Die Größe des Fehlers hängt von der Form des Systems ab und soll weiter unten näher behandelt werden.

Diese Rechnungsweise stellt ein zeichnerisches Verfahren dar, für welches nur wenige und einfache Formeln notwendig sind. Es läßt sich sowohl auf ebene als auch auf räumliche Systeme anwenden. Außerdem wird bei diesem Verfahren der Einfluß der Bogenabflachung vernachlässigt, was, wie gezeigt wurde, zu erheblichen Abweichungen führen kann.

Nachstehend sollen die Voraussetzungen dieser Rechnungsweise behandelt werden.

MITCHELL geht von der Annahme aus, daß die Richtung der wirkenden Gesamtkraft parallel zur Festpunktverbindungslinie ist. Diese Voraussetzung trifft nur in wenigen Einzelfällen zu, z. B. bei Lyra- und U-Bogenausgleichern. In fast allen anderen Fällen führt das zu mehr oder weniger erheblichen Fehlern. Beispielsweise würde diese Annahme bei einem symmetrischen Z-Bogen ($L_1 = L_3$) zu dem Ergebnis führen, daß die Gesamtkraft durch die Endpunkte des Z-Bogens geht, was, wie wir wissen, nicht zutrifft. In anderen Fällen ergeben sich dort, wo gerade die größten Beanspruchungen vorliegen, nach diesem Verfahren wesentlich kleinere Biegungsmomente. Dadurch verschiebt sich das Bild der Spannungsverteilung, und das kann leicht zu Fehlschlüssen führen.

[1] MITCHELL, C. T.: A Graphical Method for Determining Expansion Stresses in Pipe Lines, Fuels & Steam Power 1930. Trans. Amer. Soc. mech. Engrs. Bd. 52 S. 167 FSP 25.

Im übrigen hat das Verfahren von MITCHELL eine gewisse Ähnlichkeit mit dem vorhin behandelten Verfahren von CUTCHAN, da es auch die Momentenflächen einführt. Nur ist die Auswertung der Momentenbilder wesentlich einfacher und anschaulicher.

An Hand der Abb. 141 soll der Berechnungsvorgang erläutert werden.

Man zeichnet das System maßstäblich auf und ersetzt die Bogen durch biegungssteife Ecken. Dann wird für jeden Schenkel sein Schwerpunkt, der auf halber Länge desselben liegt, angedeutet. Nun können die Abstände d_1, d_2, d_3 usw. der Schwerpunkte jedes Schenkels von der Verbindungslinie der Festpunkte gemessen werden. Mit diesen Abständen wird der Abstand n der

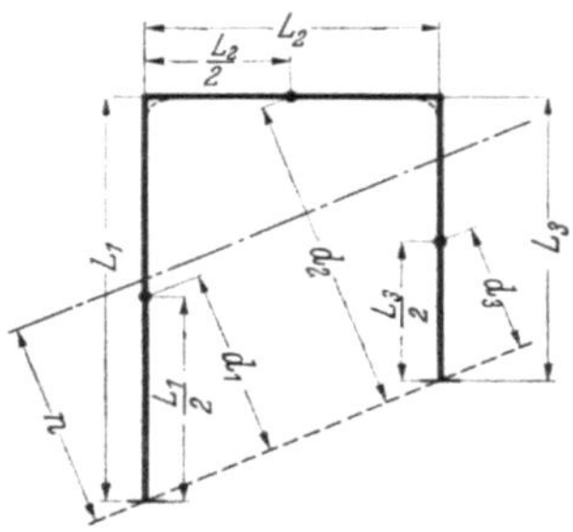

Abb. 141. Rechnungsverfahren nach MITCHELL.

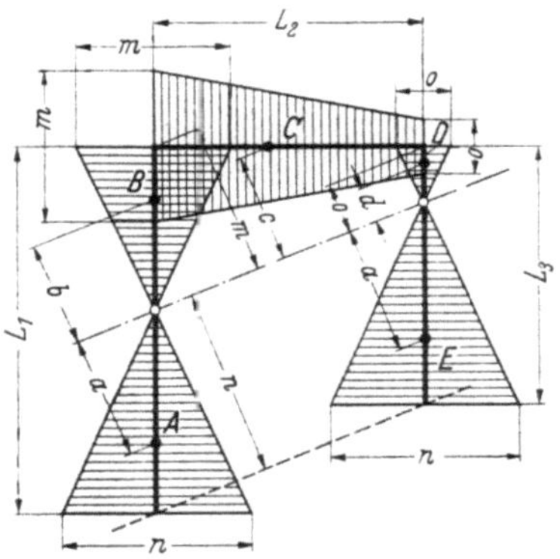

Abb. 142. Momentenflächen nach MITCHELL.

neutralen Achse von der Festpunktverbindungslinie nach der Formel

$$n = \frac{L_1 d_1 + L_2 d_2 + L_3 d_3 + \cdots}{L_1 + L_2 + L_3 + \cdots}$$

errechnet, und die neutrale Achse parallel zur Festpunktverbindungslinie gezeichnet.

Diese neutrale Achse stellt nach der Annahme von MITCHELL gleichzeitig die Lage der wirkenden Gesamtkraft dar. Der Abstand irgendeines Punktes des Systems von der neutralen Achse ist also danach gleichzeitig auch der Hebelarm des dort wirkenden Biegungsmomentes.

Jetzt müssen die Momentenflächen dargestellt werden. Diese werden unmittelbar auf dem betreffenden Schenkel gezeichnet, und zwar so, daß der Schenkel die Momentenfläche halbiert (s. Abb. 142). Die Höhe der Momentenfläche entspricht dem Abstand des betreffenden Punktes von der neutralen Achse, die Länge der Fläche ist gleich der Schenkellänge. Dort, wo die neutrale Achse das System schneidet, muß das Moment natürlich gleich Null sein, und somit ergeben sich als Momentenflächen zum Teil Trapeze (oder Rechtecke) und zum Teil Dreiecke.

Nachdem die Momentenflächen gezeichnet sind, werden ihre Flächen nach folgenden Grundformeln berechnet:

Fläche eines Dreiecks

$$F = 0{,}5\,h\,b,$$

d. h. Produkt aus halber Höhe und Grundfläche

Fläche eines Trapezes

$$F = 0{,}5\,h\,(b_1 + b_2),$$

d. h. Produkt aus halber Höhe und der Summe der beiden parallelen Seiten.

Die Flächen werden in m² bestimmt und mit A, B, C, D usw. bezeichnet.

Ferner müssen die Schwerpunkte jeder Momentenfläche ermittelt werden. Da die Flächen symmetrisch zu den jeweiligen Schenkeln liegen, wird der Flächenschwerpunkt auf der Schenkelachse sein. Bei einem Dreieck befindet sich der Flächenschwerpunkt im Abstand von einem Drittel der Dreieckhöhe von der Grundlinie oder zwei Drittel von seiner Spitze. Für die Bestimmung des Schwerpunktes eines Trapezes dient die Abb. 143 als Erläuterung.

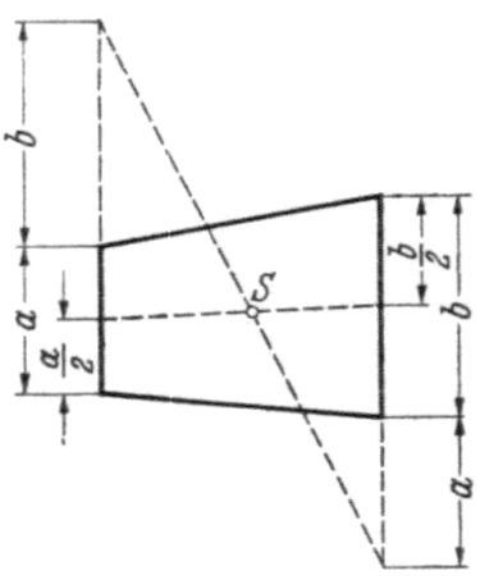

Abb. 143. Schwerpunkt eines Trapezes.

Nachher werden die Abstände a, b, c, d usw. der Flächenschwerpunkte von der neutralen Achse in m gemessen.

Um die Richtigkeit des bisherigen Rechnungsganges zu prüfen, bildet man die Summe aller Momentenflächen über und unter der neutralen Achse. Diese beiden Summen müssen einander gleich sein.

Aus den Flächen A, B, C, D usw. sowie deren Schwerpunktsabständen a, b, c, d usw. bildet man den Wert

$$M = A\,a + B\,b + C\,c + D\,d \quad \text{usw. in m}^3.$$

Mit diesem Wert kann nun die wirkende Gesamtkraft P ermittelt werden, und zwar nach der Gleichung

$$P = \frac{E\,J\,\Delta}{M\,10^6} \quad \text{in kg.}$$

Darin bedeuten:

E = Elastizitätsmodul in kg/cm²;
J = Querschnittsträgheitsmoment des Rohres in cm⁴;
Δ = Wärmedehnung in cm unter Berücksichtigung der Vorspannung.

Hierfür wird als wirksame Länge der unmittelbare Abstand zwischen den beiden Festpunktenden des Systems eingesetzt.

Damit ist die Größe und Lage der Kraft P bestimmt, und es kann aus dem größten Abstand eines Rohrleitungspunktes von der neutralen Achse das größte Biegungsmoment und aus diesem die größte dort wirkende Biegungsspannung berechnet werden.

Der Wert M stellt nichts anderes dar als das Linienträgheitsmoment des Systems, bezogen auf die neutrale Achse.

Diese Berechnungsweise soll an Hand eines Rechnungsbeispiels kurz erläutert werden. Es wird hierfür das in Beispiel 13 durchgerechnete System gewählt, um einen Vergleich zwischen dieser und der genauen Rechnungsweise zu ermöglichen.

Beispiel 18. Das System (Z-Bogen nach Abb. 144) sei mit biegungssteifen Ecken angenommen. Die Schenkel sind $L_1 = 10$ m, $L_2 = 6$ m, $L_3 = 4$ m; Rohr 200 NW = 216 mm ä. Dmr., 7 mm Wand, $J = 2495$ cm^4

Die Betriebsverhältnisse sind gemäß Beispiel 13: $p = 40$ atü, $t = 450°$ C; hierfür

$$\left.\begin{aligned} \alpha &= 0{,}68 \text{ cm/m} \\ E &= 1{,}52 \cdot 10^6 \text{ kg/cm}^2 \end{aligned}\right\} \text{ bei } 450° \text{C}.$$

Aus den Schwerpunkten der einzelnen Schenkel wird gemäß Abb. 144 der Abstand n der neutralen Achse ermittelt.

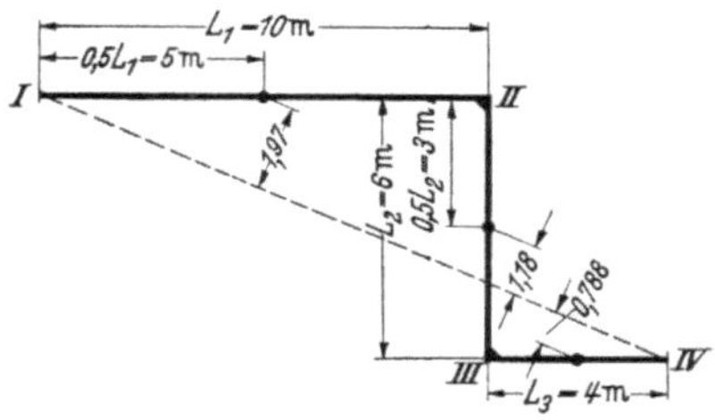

Abb. 144. Z-Bogen für Beispiel 18.

$$n = \frac{10 \cdot 1{,}97 + 6 \cdot 1{,}18 - 4 \cdot 0{,}788}{10 + 6 + 4} = \frac{23{,}63}{20}$$
$$= 1{,}182 \text{ m}$$

und diese parallel zur Verbindungslinie der Systemendpunkte gezeichnet.

Die Abstände der Schenkelendpunkte von der neutralen Achse werden abgemessen und als Ordinaten der Momentenflächen für jeden Schenkel so aufgetragen, daß die Schenkel ihre Momentenflächen halbieren (Abb. 145).

Es ergeben sich dann als Momentenflächen vier Dreiecke A, B, C und D, sowie ein Trapez E. In bekannter Art werden zuerst die Flächen berechnet.

$$\begin{aligned}
A &= 0{,}5 \cdot 3 \cdot 1{,}182 &&= 1{,}772 \text{ m}^2, \\
B &= 0{,}5 \cdot 7 \cdot 2{,}76 &&= 9{,}656 \text{ m}^2, \\
C &= 0{,}5 \cdot 3 \cdot 2{,}76 &&= 4{,}14 \text{ m}^2, \\
D &= 0{,}5 \cdot 3 \cdot 2{,}76 &&= 4{,}14 \text{ m}^2, \\
E &= 0{,}5 \cdot 4\,(2{,}76 + 1{,}182) &&= 7{,}884 \text{ m}^2.
\end{aligned}$$

Die Summe der Flächen A, D und E unter der neutralen Achse und diejenige der Flächen B und C über der neutralen Achse muß gleich sein

$$1{,}772 + 4{,}14 + 7{,}884 = 13{,}796 \text{ m}^2,$$
$$9{,}656 + 4{,}14 = 13{,}796 \text{ m}^2.$$

Also ist die Rechnung bisher richtig.

Jetzt werden die Schwerpunkte der Flächen festgelegt und deren Abstände von der neutralen Achse gemessen.

$$a = 0{,}788 \text{ m}; \quad b = 1{,}84 \text{ m}; \quad c = 1{,}84 \text{ m}; \quad d = 1{,}84 \text{ m}; \quad e = 2{,}075 \text{ m}.$$

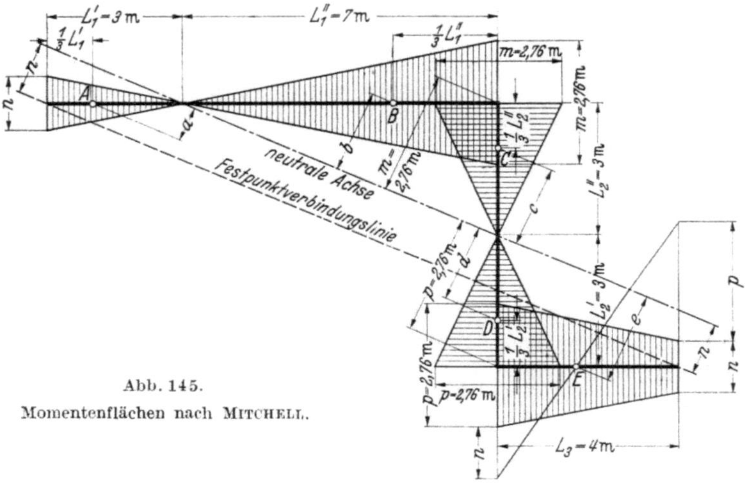

Abb. 145. Momentenflächen nach MITCHELL.

Daraus folgt das Linienträgheitsmoment M, bezogen auf die neutrale Achse

$$M = 1{,}772 \cdot 0{,}788 + 9{,}656 \cdot 1{,}84 + 4{,}14 \cdot 1{,}84 + \\ + 4{,}14 \cdot 1{,}84 + 7{,}884 \cdot 2{,}075 = 50{,}777 \text{ m}^3.$$

Die Wärmedehnung der Rohrleitung (ohne Berücksichtigung der Wärmedehnung der angeschlossenen Formstücke) beträgt

$$\Delta = L_0 \alpha = 15{,}23 \cdot 0{,}68 \cdot 0{,}5 = 5{,}18 \text{ cm bei } 50\% \text{ Vorspannung.}$$

Somit

$$P = \frac{1{,}52 \cdot 10^6 \cdot 2495 \cdot 5{,}18}{50{,}777 \cdot 10^6} = \underline{387 \text{ kg.}}$$

Im Beispiel 13 wurde die Kraft für die gleichen Verhältnisse mit $P = 346$ kg, also um 10% geringer ermittelt. Teilweise wird der Unterschied durch die biegungssteifen Ecken, zum größten Teil aber durch die der Wirklichkeit nicht entsprechende Annahme der neutralen Achse parallel zur Festpunktverbindungslinie bedingt.

Die größte Biegungsspannung tritt nach dieser Methode in den Eckpunkten II und III auf, und zwar

$$\sigma_{b\,\max} = \frac{387 \cdot 245 \cdot 21{,}6}{200 \cdot 2495} = \underline{4{,}1 \text{ kg/mm}^2}.$$

Für den Abstand von der Kraftlinie wurde hier wieder ein Bogen $R = 1$ m statt der biegungssteifen Ecken angenommen, um keine zu ungünstige Beanspruchung zu erhalten.

Bei dem gewählten Beispiel sind, wie man sieht, die Unterschiede in den Ergebnissen nicht besonders groß und auch die Verteilung der Biegungsmomente stimmt mit der Wirklichkeit verhältnismäßig gut überein.

Anders ist es dagegen, wenn man beispielsweise einen symmetrischen Z-Bogen annimmt. Dann ergeben sich nach dem Verfahren von Mitchell

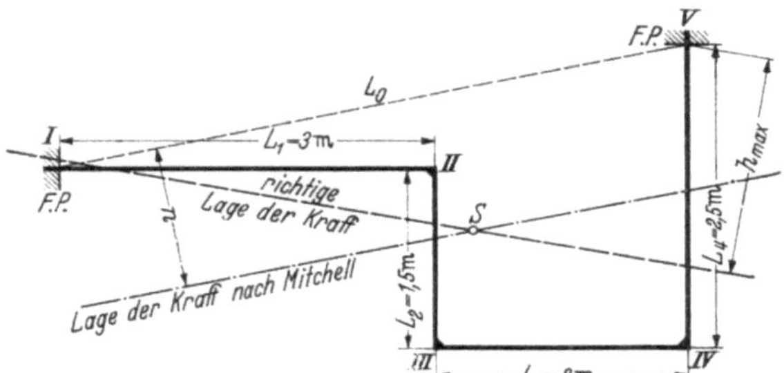

Abb. 146. Vergleich der genauen Rechnung mit dem Verfahren von Mitchell.

an den Endpunkten des Z-Bogens gar keine Beanspruchungen, da infolge der Symmetrie die Kraftachse (neutrale Achse) mit der Festpunktverbindungslinie zusammenfällt.

In Wirklichkeit treten gerade an den Endpunkten die größten Biegungsspannungen auf, und zwar beispielsweise für einen symmetrischen Z-Bogen mit $L_1 = L_3 = 5$ m und $L_2 = 9$ m und die gleichen übrigen Verhältnisse wie im Beispiel 18 angegeben;

im Punkt I und IV, also an den Endpunkten,

$$\sigma_{b\,\max} = 5{,}1 \text{ kg/mm}^2$$

und in den Punkten II und III

$$\sigma_b = 4{,}6 \text{ kg/mm}^2.$$

Bei symmetrischen Z-Bogen darf also dieses Verfahren nicht angewandt werden.

Ganz besonders kraß ist der Fehler bei dem recht häufig vorkommenden System gemäß Abb. 146. Schon die Richtung der Kraft P ist nach Mitchell eine ganz andere, als sie nach einem der anderen beschriebenen Verfahren ermittelt wird. Die Abbildung zeigt deutlich, welch großer Unterschied in der Richtung der Kraft bei dem angegebenen System auftritt. Die Unstimmigkeit täuscht natürlich auch über die Stelle der höchsten Biegungsbeanspruchung, die unbedingt im Punkt V vorliegt, während im Punkt I fast kein Moment vorhanden ist. Dagegen wären nach MITCHELL die Biegungsspannungen in I und V gleich groß, am größten jedoch in IV.

Zahlenmäßig ergibt sich nach MITCHELL in den Punkten I und V die gleich große Biegungsspannung $\sigma_b = 5{,}1$ kg/mm². In Wirklichkeit beträgt aber die Beanspruchung im Punkt V $\sigma_b = 12{,}2$ kg/mm², also weit mehr, als zulässig wäre.

Es erscheint unter diesen Umständen sehr bedenklich, ein Verfahren anzuwenden, das zu solchen fehlerhaften Ergebnissen führen kann.

Auch der Unterschied von 55% in der Größe der Reaktionskraft ist sehr bedeutend; die Kraft ergibt sich nach dem Verfahren von MITCHELL zu 805 kg, während der richtige Wert unter Zugrundelegung biegungssteifer Ecken $P = 1250$ kg beträgt.

Im übrigen hat es noch den Nachteil, daß für einigermaßen zuverlässige Rechnungsergebnisse ein hohes Maß an Zeichengenauigkeit beim Entwurf der Momentenflächen und der Bestimmung ihrer Schwerpunktsabstände erforderlich ist.

Dieses Verfahren dürfte daher, abgesehen von der nicht zutreffenden Annahme der Kraftrichtung, schon allein infolge des erforderlichen Arbeitsaufwandes für die Praxis nur geringe Bedeutung haben.

Es läßt sich aber eine sehr wesentliche Vereinfachung auf der gleichen Grundlage vornehmen, so daß die Zeichenarbeit sich auf die Festlegung der neutralen Achse beschränkt.

Es ist nämlich, wie nachstehend bewiesen wird, weder das Aufzeichnen der Momentenflächen noch die Bestimmung ihrer Fläche, ihres Schwerpunktes und seines Abstandes von der neutralen Achse erforderlich. Vorausgesetzt, daß die gleiche Annahme der Kraftrichtung parallel zur Festpunktverbindungslinie zugrunde gelegt werden soll, genügt es, den Schwerpunkt des ganzen Systems zu bestimmen und die neutrale Achse zu zeichnen. Alle übrigen Werte können dann unmittelbar aus der Zeichnung abgelesen werden.

Es wurde bereits erwähnt, daß der Wert M das auf die neutrale Achse bezogene Linienträgheitsmoment des Systems darstellt. M setzt sich also aus der Summe der Trägheitsmomente der einzelnen Schenkel bzw. ihrer Teile zusammen.

Für eine unter dem Winkel α zur Achse geneigte Gerade L (s. Abb. 147) gilt die Beziehung für das Trägheitsmoment, wie bereits früher gezeigt wurde

$$J_x = \tfrac{1}{3} L^3 \sin^2 \alpha + L^2 a \sin\alpha + L a^2.$$

Gemäß der Abbildung ist

$$\sin\alpha = \frac{b}{L} = \frac{h-a}{L}$$

und

$$\sin^2\alpha = \frac{h^2 - 2\,h\,a + a^2}{L^2}.$$

Eingesetzt

$$J_x = \frac{1}{3}\,L^3\,\frac{h^2 - 2\,h a + a^2}{L^2} + L^2\,a\,\frac{h-a}{L} + L\,a^2$$

$$= \tfrac{1}{3}\,L(h^2 + h\,a + a^2)\,. \tag{83}$$

Dasselbe Ergebnis erhält man auch, wenn man nach dem Vorschlag von MITCHELL die Momentenfläche eines Trapezes mit den Seiten h

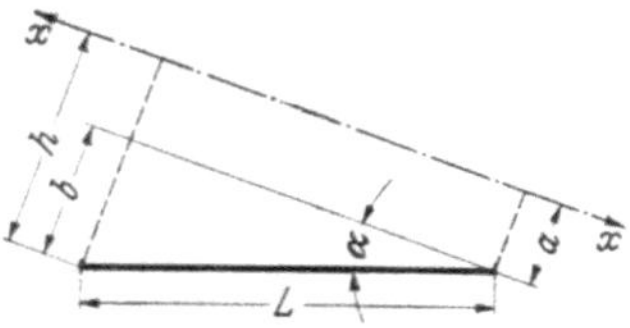

Abb. 147. Gerade L mit beliebiger Bezugsachse x.

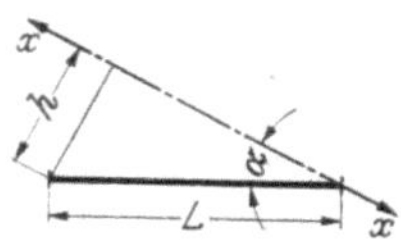

Abb. 148. Gerade L mit Bezugsachse x.

und a und der Höhe L einsetzt und mit dem Schwerpunktsabstand c der Trapezfläche von der neutralen Achse multipliziert, was leicht zu beweisen ist.

Ist $a = 0$, d. h. die Gerade L liegt mit einem ihrer Enden an der x-Achse an (Abb. 148), so vereinfacht sich die Gleichung zu

$$J_x = \tfrac{1}{3}\,L\,h^2. \tag{84}$$

Es genügt also, die Abstände der Schenkelendpunkte oder ihrer Teile (falls der Schenkel von der neutralen Achse geschnitten wird) zu messen und in die vorstehenden Gl. (83) und (84) für J_x einzusetzen. Die Summe dieser Einzelträgheitsmomente ergibt dann den Wert M.

Die mühselige und umständliche Ermittlung der Momentenflächen, die Bestimmung ihrer Flächengröße und ihrer Schwerpunkte ist also gar nicht nötig, was den Arbeitsaufwand ganz bedeutend herabsetzt.

Damit kommt man aber von selbst auf das im nächsten Abschnitt behandelte Verfahren von F. PEITER und M. J. FISH.

e) Verfahren nach F. PEITER und M. J. FISH[1].

Über dieses Verfahren berichtet E. SCHWENK[2], ohne allerdings eine kritische Betrachtung anzuschließen. Es ist nämlich im Grunde ge-

[1] PEITER, F., u. M. J. FISH: A Method for Determination of Reactions and Stresses in Expansion Pipe Bends. Combustion Bd. 10 (1938/39) Nr. 6, S. 26/31.

[2] SCHWENK, E.: Ermittlung von Spannungen in Rohrbogen-Ausgleichern. Arch. Wärmew. Bd. 20 (1939) H. 6, S. 159.

nommen genau dasselbe Verfahren, wie das von MITCHELL, und es weist daher auch die gleichen Mängel auf wie dieses.

Die Verfasser gehen ebenfalls von der Annahme aus, daß die Richtung der Hauptkraft und somit die neutrale Achse parallel zur Festpunktverbindungslinie des Systems liegt. Daß diese Voraussetzung nicht zutrifft, wurde im vorigen Abschnitt bereits gezeigt.

Der einzige Unterschied zwischen diesem und dem von MITCHELL vorgeschlagenen Weg liegt also nur in der Rechnungsweise selbst. Es werden nicht die Momentenflächen entworfen, sondern das Linienträgheitsmoment des Systems wird aus den Abständen der Enden der einzelnen Schenkel bzw. ihrer Teile von der neutralen Achse mit Hilfe der im letzten Abschnitt zum Schluß angegebenen Gl. (83) und (84) errechnet.

Der Wert M stellt die Summe der Einzelträgheitsmomente dar

$$M = J_{1x} + J_{2x} + J_{3x} + J_{4x} + \cdots \quad \text{in m}^3,$$

und mit diesem wird wie vorhin die Hauptkraft P errechnet.

Die neutrale Achse wird, genau wie bei dem MITCHELLschen Verfahren, durch den Schwerpunkt des Systems und parallel zur Festpunktverbindungsstelle gezeichnet.

Beispiel 19. Der im vorigen Beispiel nach dem Verfahren von MITCHELL berechnete Z-Bogen (Abb. 144) soll nach dem Vorschlag von PEITER und FISH geprüft werden.

Die Lage des Schwerpunktes, d. h. der Abstand n der neutralen Achse von der Festpunktverbindungslinie, war schon bestimmt, und zwar

$$n = 1{,}182 \text{ m}.$$

Es werden jetzt aus der maßstäblichen Zeichnung (Abb. 145) des Bogens die Abstände n, m und p gemessen; $n = 1{,}182$ m; $m = 2{,}76$ m; $p = 2{,}76$ m. Die einzelnen von der neutralen Achse abgetrennten Schenkelteile sind

$$L_1' = 3 \text{ m}; \quad L_1'' = 7 \text{ m}; \quad L_2' = 3 \text{ m}; \quad L_2'' = 3 \text{ m}; \quad L_3 = 4 \text{ m}.$$

Mit der Gl. (84) erhält man:

$$\begin{aligned}
J_{1x} &= \tfrac{1}{3} L_1' n^2 = \tfrac{1}{3} \cdot 3 \cdot 1{,}182^2 &&= 1{,}397 \text{ m}^3\\
J_{2x} &= \tfrac{1}{3} L_1'' m^2 = \tfrac{1}{3} \cdot 7 \cdot 2{,}76^2 &&= 17{,}77 \text{ m}^3\\
J_{3x} &= \tfrac{1}{3} L_2' m^2 = \tfrac{1}{3} \cdot 3 \cdot 2{,}76^2 &&= 7{,}62 \text{ m}^3\\
J_{4x} &= \tfrac{1}{3} L_2'' p^2 = \tfrac{1}{3} \cdot 3 \cdot 2{,}76^2 &&= 7{,}62 \text{ m}^3
\end{aligned}$$

und nach Gl. (83)

$$\begin{aligned}
J_{5x} &= \tfrac{1}{3} L_4 (p^2 + p\,n + n^2)\\
&= \tfrac{1}{3} \cdot 4 \cdot (2{,}76^2 + 2{,}76 \cdot 1{,}182 + 1{,}182^2) = \underline{16{,}37 \text{ m}^3}\\
&\qquad \textstyle\sum J_x = M = 50{,}777 \text{ m}^3
\end{aligned}$$

Auch aus der zahlenmäßigen Übereinstimmung der Rechnungsergebnisse der Beispiele 18 und 19 erkennt man, daß dieses Verfahren demjenigen von MITCHELL vollkommen gleichwertig ist.

Es müssen also auch die gleichen Vorbehalte in bezug auf seine Anwendungsmöglichkeit für die Praxis beachtet werden. In jedem Falle ist dieses Verfahren bedeutend einfacher als dasjenige von MITCHELL, und es dürfte sich daher — mit entsprechender Einschränkung — bei rohen Überschlagsrechnungen eher in der Praxis bewähren.

Übrigens führen die Verfasser an Stelle der biegungssteifen Ecken eine unter 45° zu den Anschlußschenkeln liegende Tangente an den Bogen ein.

Wenn man die Länge dieser Tangente bei der Berechnung der Schwerpunktsabstände und Trägheitsmomente durch die KÁRMÁN-Zahl K dividieren würde, so wäre damit eine weitere Annäherung an die tatsächlichen Verhältnisse gegeben. Die Verfasser verzichten jedoch bewußt auf die Berücksichtigung der Querschnittsabflachung in den gebogenen Rohrteilen mit dem Hinweis, daß hierdurch eine zusätzliche Sicherheit gegeben ist.

f) Berechnung von Sonderfällen.

Es soll nachstehend die Berechnung eines Sonderfalles gezeigt werden, die zwar in der Praxis nur selten angewandt werden dürfte, jedoch das Verständnis für die erläuterten Berechnungen vertiefen wird.

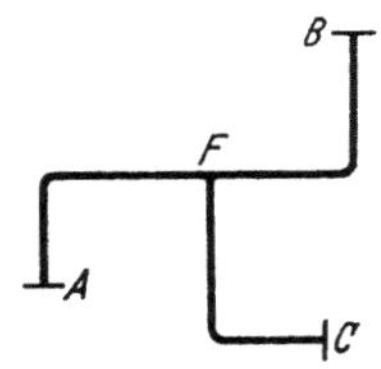

Abb. 149. Zusammengesetztes System.

Die zusammengesetzten Systeme, wie z. B. in Abb. 149 gezeigt, sind im Rohrleitungsbau recht häufig. Es wird aber gewöhnlich der Verbindungspunkt F für die Berechnung der Einfachheit halber als Festpunkt (evtl. als verschiebbarer Festpunkt) angesehen, und die Bogen AF, BF und CF als drei getrennte statisch unbestimmte Systeme behandelt. Das trifft jedoch nicht zu, denn der Punkt F ist unter der Wirkung der Kräfte sowohl gewissen Verschiebungen als auch einer bestimmten Winkeldrehung ausgesetzt.

Würde man diese kennen, so könnte man die drei genannten Einzelbogen für sich berechnen. Man weiß aber, daß diese drei Bogen auf den Verbindungspunkt F bestimmte, ihrer Elastizität entsprechende Kräfte ausüben. Diese Kräfte müssen unter sich im Gleichgewicht sein. Außerdem muß auch Momentengleichgewicht bestehen, so daß die Aufgabe auf Grund dieser Bedingungen gelöst werden kann.

Man geht also so vor, als ob die Verschiebungen und die Winkeldrehung des Verbindungspunktes F bekannt wären, indem man ihre Richtung zunächst annimmt. Das Ergebnis zeigt nachher durch das Vorzeichen von selbst, ob die angenommene Richtung richtig war.

An Hand folgenden Zahlenbeispiels wird der Rechnungsgang verständlich.

Beispiel 20. Das in Abb. 150 dargestellte zusammengesetzte Rohrsystem hat $D = 216$ mm, $s = 8$ mm, $J = 2825\ \text{cm}^4$ und soll für

$$E = 1{,}7 \cdot 10^6\ \text{kg/cm}^2, \qquad \alpha = 0{,}51\ \text{cm/m}$$

berechnet werden.

Der Einfachheit halber sind biegungssteife Ecken angenommen, was jedoch die grundsätzlichen Überlegungen nicht beeinflußt.

Der Verbindungspunkt C mache auf Grund der Krafteinwirkungen eine zunächst unbekannte Verschiebung und eine Winkeldrehung. Diese nehmen wir wie folgt an:

Verschiebung dx horizontal nach rechts,
Verschiebung dy vertikal nach unten,
Winkeldrehung $d\varphi$ im Uhrzeigersinn.

Wenn die angenommenen Richtungen stimmen, werden die Verschiebungen positiv herauskommen. Ergeben sie sich mit negativem Vorzeichen, so ist die Richtung entgegengesetzt.

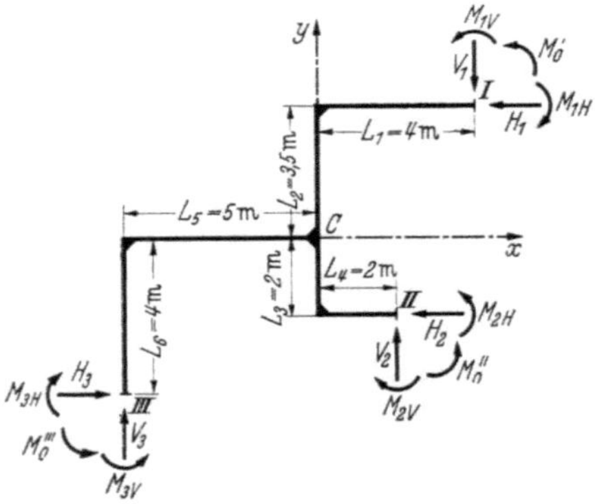

Abb. 150. Zusammengesetztes Rohrsystem für Beispiel 20.

Die in unbekannter Richtung wirkenden Hauptkräfte der drei Bogen müssen einander das Gleichgewicht halten. Sie werden je in eine horizontale und vertikale Komponente zerlegt und an den Enden I, II und III wirkend angenommen. Außerdem wirken dort noch die Einspannmomente M_1, M_2 und M_3, die aus den elastischen Eigenschaften der drei Einzelsysteme, ebenso wie die Kraftkomponenten, ermittelt werden.

Nachdem der Punkt C unter der Wirkung der inneren Kräfte und Momente die vorhin angegebenen, zunächst angenommenen Verschiebungen dx und dy sowie die Winkeldrehung $d\varphi$ ausgeführt hat, halten wir ihn in dieser Lage fest und denken uns die drei Endpunkte des Systems vollkommen frei. Zweifellos werden dann die Verschiebungen dx und dy des Punktes C sowie die Winkeldrehung desselben sich in gleicher Größe auch auf die Endpunkte I, II und III des Systems auswirken. Gleichzeitig verschieben sich die Endpunkte unter der Wirkung der Wärmedehnung um die entsprechenden Dehnungskomponenten Δ_{WH} bzw. Δ_{WV} in horizontaler und vertikaler Richtung.

Unter dem Einfluß dieser Bedingungen ergeben sich folgende Verschiebungen der Endpunkte.

Punkt I:

horizontale Verschiebung $\Delta'_H = +L_2\,d\varphi + dx + \Delta'_{WH}$
$= +350\,d\varphi + dx + 1{,}02$ cm,

vertikale Verschiebung $\Delta'_V = -L_1\,d\varphi - dy + \Delta'_{WV}$
$= -400\,d\varphi - dy + 0{,}8925$ cm,

eine Winkeldrehung $d\varphi$.

Punkt II:

horizontale Verschiebung $\Delta''_H = -L_3\,d\varphi + dx + \Delta''_{WH}$
$= -200\,d\varphi + dx + 0{,}51$ cm,

vertikale Verschiebung $\Delta''_V = +L_4\,d\varphi + dy + \Delta''_{WV}$
$= +200\,d\varphi + dy + 0{,}51$ cm,

eine Winkeldrehung $d\varphi$.

Punkt III:

horizontale Verschiebung $\Delta'''_H = +L_6\,d\varphi - dx + \Delta'''_{WH}$
$= +400\,d\varphi - dx + 1{,}275$ cm,

vertikale Verschiebung $\Delta'''_V = -L_5\,d\varphi + dy + \Delta'''_{WV}$
$= -500\,d\varphi + dy + 1{,}02$ cm,

eine Winkeldrehung $d\varphi$.

Die Wärmedehnungen wurden hierbei aus den entsprechenden Schenkellängen und der Wärmedehnungszahl $\alpha = 0{,}51$ cm/m unter Berücksichtigung von 50% Vorspannung errechnet.

Die Vorzeichen wurden in Abhängigkeit von der Richtung der Wärmedehnung mit dem Ausgangspunkt C gewählt. Verschiebungen gleicher Richtung mit der Wärmedehnung des entsprechenden Bogens wurden also mit positivem Vorzeichen versehen. Die Winkeldrehung $d\varphi$ des Punktes C wirkt sich in gleicher Größe auch auf die Endpunkte I, II und III des Systems aus. Diese Winkeldrehung muß durch ein entsprechendes zusätzliches Moment M_0 ausgeglichen werden. Man wird also an den Endpunkten die Momente M'_0, M''_0 und M'''_0 entgegen dem Uhrzeigersinn wirkend annehmen.

Für diese Momente gilt die Beziehung entsprechend Gl. (73)

$$\frac{E\,J\,d\varphi}{10^6} = M'_0(L_1 + L_2) = M''_0(L_3 + L_4) = M'''_0(L_5 + L_6) \quad \text{m}^2\,\text{kg}$$

oder

$$M'_0 \cdot (4 + 3{,}5) = M''_0 \cdot (2 + 2) = M'''_0\,(5 + 4) \quad \text{m}^2\,\text{kg},$$

daraus

$$M''_0 = M'_0\,\frac{7{,}5}{4} = 1{,}875\;M'_0 \quad \text{mkg},$$

$$M'''_0 = M'_0\,\frac{7{,}5}{9} = 0{,}8333\,M'_0 \quad \text{mkg}.$$

Es soll jetzt der Bogen I berechnet werden. Hierzu wird das Verfahren von CUTCHAN angewandt.

Es ist offensichtlich, daß die Summe der Momentenflächen über und unter der Nullinie nicht mehr gleich sein kann (Abb. 151), da noch eine Winkeldrehung $d\varphi$ des Punktes I durch das zusätzliche Moment M_0' ausgeglichen werden muß. Sieht man aber von der dem Moment M_0' zugehörigen Fläche $L_2 M_0' + L_1 M_0'$ ab, so muß wieder die Summe der restlichen Momentenflächen über und unter der Nullinie gleich sein, woraus sich die Größe des Einspannmomentes ergibt

$$M_{1H} = \frac{0{,}5 \cdot L_2^2 \cdot H_1}{L_1 + L_2} = \frac{0{,}5 \cdot 12{,}25}{7{,}5} H_1 = 0{,}816 H_1 \quad \text{mkg.}$$

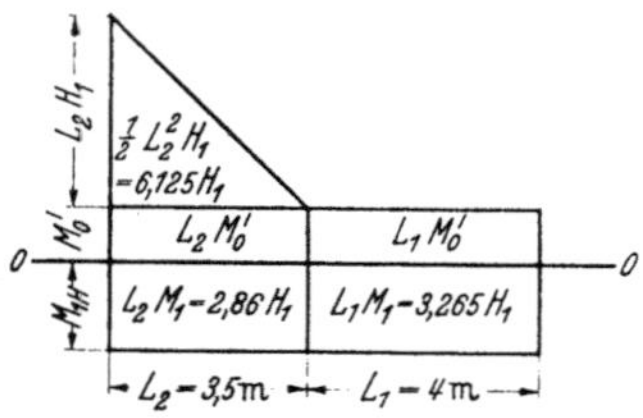

Abb. 151. Momentenbild für H_1.

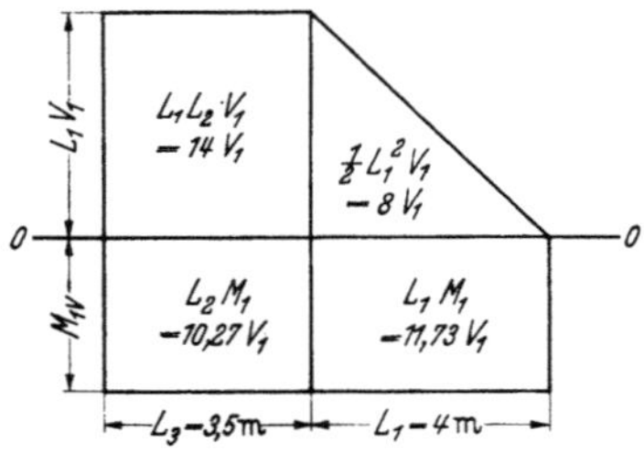

Abb. 152. Momentenbild für V_1.

Die Lage der Momentenfläche für M_0' ergibt sich daraus, daß M_0' im gleichen Sinne wirkt wie die Kraftkomponente H_1. Die Fläche wird also über der Nullinie liegen.

Aus der Abb. 151 werden die Verschiebungen, wie im Abschnitt B II 3c gezeigt, ermittelt.

Fall II: $E J \Delta_H = 6{,}125 H_1 \cdot \frac{2}{3} \cdot 3{,}5 = 14{,}3 H_1$ links,

Fall III: $E J \Delta_H = 3{,}5 M_0' \cdot 0{,}5 \cdot 3{,}5 = 6{,}125 M_0'$ links,

Fall III: $= 2{,}86 H_1 \cdot 0{,}5 \cdot 3{,}5 = 5{,}0 H_1$ rechts,

Fall I: $E J \Delta_V = 3{,}265 H_1 \cdot 4 = 13{,}05 H_1$ oben,

Fall I: $= 3{,}5 M_0' 4 = 14{,}0 M_0'$ oben,

Fall III: $E J \Delta_V = 3{,}265 H_1 \cdot 0{,}5 \cdot 4 = 6{,}53 H_1$ unten,

Fall III: $= 4 M_0' \cdot 0{,}5 \cdot 4 = 8{,}0 M_0'$ oben,

daraus

$$\frac{E J \Delta_H}{10^6} = 14{,}3 H_1 + 6{,}125 M_0' - 5{,}0 H_1$$
$$= 9{,}3 H_1 + 6{,}125 M_0' \quad \text{kg m}^3,$$
$$\frac{E J \Delta_V}{10^6} = -13{,}05 H_1 - 14 M_0' + 6{,}53 H_1 - 8 M_0'$$
$$= -6{,}52 H_1 - 22 M_0' \quad \text{kg m}^3.$$

Aus dem Momentenflächenbild (Abb. 152) für die Kraftkomponente V_1 werden in gleicher Weise die Verschiebungen ermittelt. Hier ist das zusätzliche Moment M_0' nicht berücksichtigt, da seine Wirkung bereits im Momentenbild der Kraft H_1 in Rechnung gesetzt wurde. Man kann natürlich das Moment M_0' auch bei beiden Kraftkomponenten H_1 und V_1 berücksichtigen, indem man in jedem der entsprechenden Momentenbilder $\frac{1}{2} M_0'$ einsetzt.

Aus Abb. 152 folgt

$$M_{1V} = \frac{L_1 L_2 + 0{,}5 L_1^2}{L_1 + L_2} V_1 = \frac{14 + 8}{7{,}5} V_1 = 2{,}935 V_1 \quad \text{mkg.}$$

$$\begin{aligned}
&\text{Fall III:} \quad E\,J\,\varDelta_H = 3{,}73\ V_1 \cdot 0{,}5 \cdot 3{,}5 = \ \ 6{,}52\ V_1 \quad \text{rechts,}\\
&\text{Fall I:} \quad E\,J\,\varDelta_V = 3{,}73\ V_1 \cdot 4 \qquad\quad = 14{,}92\ V_1 \quad \text{unten,}\\
&\text{Fall II:} \quad E\,J\,\varDelta_V = 8\ V_1 \cdot \tfrac{2}{3} \cdot 4 \qquad\ = 21{,}333\ V_1 \quad \text{unten,}\\
&\text{Fall III:} \quad E\,J\,\varDelta_V = 11{,}73\ V_1 \cdot 2 \qquad = 23{,}46\ V_1 \quad \text{oben,}
\end{aligned}$$

daraus

$$\frac{E\,J\,\varDelta_H}{10^6} = -6{,}52\,V_1 \quad \text{kg m}^3,$$

$$\frac{E\,J\,\varDelta_V}{10^6} = 14{,}92\,V_1 + 21{,}333\,V_1 - 23{,}46\,V_1 = 12{,}793\,V_1 \quad \text{kg m}^3,$$

daraus folgen die gesamten Verschiebungen für den Punkt I

$$\frac{E\,J\,\varDelta_H'}{10^6} = 9{,}3\,H_1 - 6{,}52\,V_1 + 6{,}125\,M_0' \quad \text{kg m}^3,$$

$$\frac{E\,J\,\varDelta_V'}{10^6} = 12{,}793\,V_1 - 6{,}52\,H_1 - 22\,M_0' \quad \text{kg m}^3.$$

Mit den vorher ausgerechneten Werten für $\varDelta_H'$ und $\varDelta_V'$ ist

$$\begin{aligned}
\frac{E\,J\,\varDelta_H'}{10^6} &= \frac{1{,}7 \cdot 10^6 \cdot 2825}{10^6}(350\,d\varphi + dx + 1{,}02)\\
&= M_0'\,(L_1 + L_2) \cdot 350 + 4800\,dx + 4895\\
&= 2625\,M_0' + 4800\,dx + 4895 \quad \text{kg m}^3,
\end{aligned}$$

und

$$\begin{aligned}
\frac{E\,J\,\varDelta_V'}{10^6} &= \frac{1{,}7 \cdot 10^6 \cdot 2825}{10^6}(-400\,d\varphi - dy + 0{,}8925)\\
&= -M_0'\,(L_1 + L_2) \cdot 400 - 4800\,dy + 4280\\
&= -3000\,M_0' - 4800\,dy + 4280 \quad \text{kg m}^3.
\end{aligned}$$

Damit lauten die Gleichungen

$$2625\,M_0' + 4800\,dx + 4895 = 9{,}3\,H_1 - 6{,}52\,V_1 + 6{,}125\,M_0'$$

$$-3000\,M_0' - 4800\,dy + 4280 = 12{,}793\,V_1 - 6{,}52\,H_1 - 22\,M_0'$$

und somit

[1] $\quad 4800\,dx + 4895 = 9{,}3\,H_1 - 6{,}52\,V_1 - 2619\,M_0',$

[2] $\quad -4800\,dy + 4280 = 12{,}793\,V_1 - 6{,}52\,H_1 + 2978\,M_0'.$

Man kann leicht feststellen, daß die Zahlenwerte vor den Komponenten H_1 und V_1 die Linienträgheits- bzw. Zentrifugalmomente des Bogens I, bezogen auf die entsprechenden Schwerpunktsachsen, darstellen.

Die Zahlenwerte 6,125 und 22 des Moments M_0' stellen die statischen Momente des Bogens, bezogen auf die Achsen der Komponenten H_1 und V_1, dar. Das Vorzeichen ergibt sich aus der Drehrichtung des Moments M_0' in bezug auf die Drehrichtung des entsprechenden Kraftmoments. Das Kraftmoment von H_1 ist linksdrehend, d. h. mit M_0'

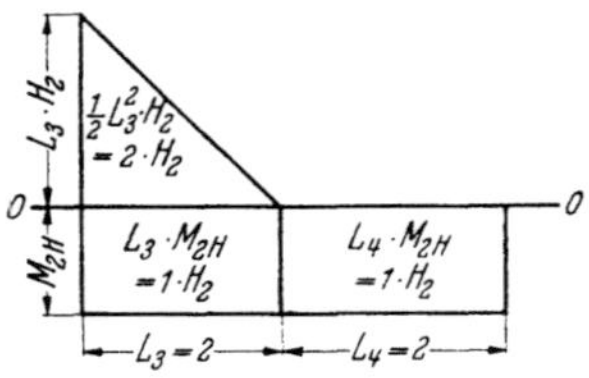

Abb. 153. Momentenbild für H_2.

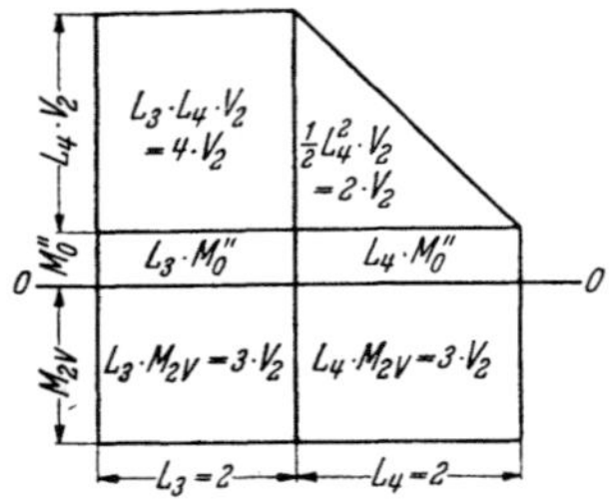

Abb. 154. Momentenbild für V_2.

gleichgerichtet, daher das Pluszeichen. Das Kraftmoment von V_1 ist rechtsdrehend, d. h. entgegengesetzt von M_0' gerichtet, daher das Minuszeichen.

Unter den gleichen Gesichtspunkten ergeben sich für den Bogen II folgende Gleichungen (s. Abb. 153 u. 154)

$$\frac{E\,J\,\Delta_H''}{10^6} = 1{,}667\,H_2 - V_2 - 2\,M_0'' \quad \text{kg m}^3,$$

$$\frac{E\,J\,\Delta_V''}{10^6} = 1{,}667\,V_2 - H_2 + 6\,M_0'' \quad \text{kg m}^3,$$

mit

$$\frac{E\,J\,d\varphi}{10^6} = M_0''\,(L_3 + L_4) = 4\,M_0'' \quad \text{kg m}^3$$

wird

$$\frac{E\,J\,\Delta_H''}{10^6} = \frac{1{.}7 \cdot 10^6 \cdot 2825}{10^6}\,(-\,200\,d\varphi + d\,x + 0{,}51)$$

$$= -M_0''\,(L_3 + L_4) \cdot 200 + 4800\,d\,x + 2450$$
$$= -800\,M_0'' + 4800\,d\,x + 2450 \quad \text{kg m}^3,$$

$$\frac{E\,J\,\Delta_V''}{10^6} = \frac{1{,}7 \cdot 10^6 \cdot 2825}{10^6}\,(200\,d\varphi + d\,y + 0{,}51)$$

$$= M_0''(L_3 + L_4) \cdot 200 + 4800\,d\,y + 2450$$
$$= 800\,M_0'' + 4800\,d\,y + 2450 \quad \text{kg m}^3.$$

Damit lauten die Gleichungen

$$-800\,M_0'' + 4800\,dx + 2450 = 1{,}667\,H_2 - V_2 - 2\,M_0'',$$
$$800\,M_0'' + 4800\,dy + 2450 = 1{,}667\,V_2 - H_2 + 6\,M_0''$$

oder

[3] $$4800\,dx + 2450 = 1{,}667\,H_2 - V_2 + 798\,M_0'',$$

[4] $$4800\,dy + 2450 = 1{,}667\,V_2 - H_2 - 794\,M_0''.$$

In gleicher Weise ergeben sich die Elastizitätsgleichungen für den Bogen III (s. Abb. 155 u. 156)

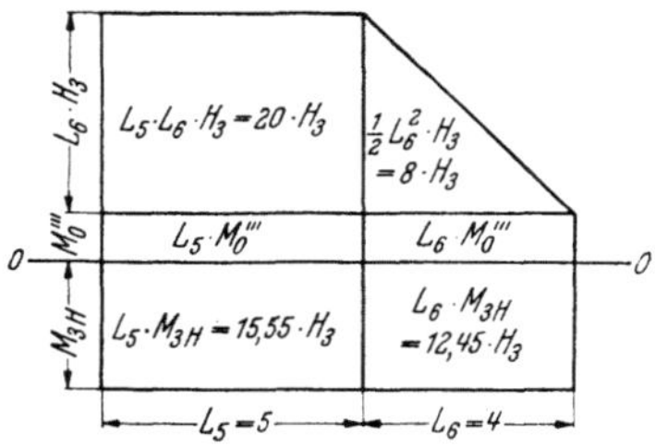

Abb. 155. Momentenbild für H_3.

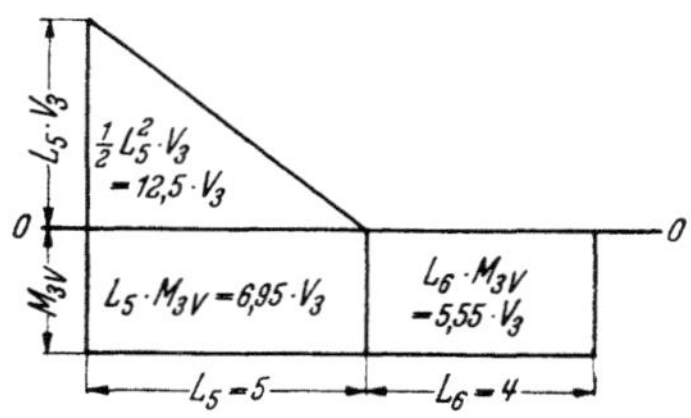

Abb. 156. Momentenbild für V_3.

$$\frac{EJ\Delta_H'''}{10^6} = 14{,}233\,H_3 - 11{,}12\,V_3 + 28\,M_0''' \quad \text{kg m}^3,$$

$$\frac{EJ\Delta_V'''}{10^6} = 24{,}316\,V_3 - 11{,}12\,H_3 - 12{,}5\,M_0''' \quad \text{kg m}^3,$$

mit

$$\frac{EJ\,d\varphi}{10^6} = M_0'''(L_5 + L_6) = 9\,M_0''' \quad \text{kg m}^3$$

wird

$$\frac{EJ\Delta_H'''}{10^6} = \frac{1{,}7 \cdot 10^6 \cdot 2825}{10^6}(400\,d\varphi - dx + 1{,}275)$$
$$= M_0'''(L_5 + L_6) \cdot 400 - 4800\,dx + 6120$$
$$= 3600\,M_0''' - 4800\,dx + 6120 \quad \text{kg m}^3,$$

$$\frac{EJ\Delta_V'''}{10^6} = \frac{1{,}7 \cdot 10^6 \cdot 2825}{10^6}(-500\,d\varphi + dy + 1{,}02)$$
$$= -M_0'''(L_5 + L_6) \cdot 500 + 4800\,dy + 4895$$
$$= -4500\,M_0''' + 4800\,dy + 4895 \quad \text{kg m}^3.$$

Damit lauten die Gleichungen

$$3600\,M_0''' - 4800\,dx + 6120 = 14{,}233\,H_3 - 11{,}12\,V_3 + 28\,M_0''$$
$$-4500\,M_0''' + 4800\,dy + 4895 = 24{,}316\,V_3 - 11{,}12 \cdot H_3 - 12{,}5\,M_0'''$$

oder

[5] $$-4800\,dx + 6120 = 14{,}233\,H_3 - 11{,}12\,V_3 - 3572\,M_0''' \quad \text{kg m}^3,$$

[6] $$+4800\,dy + 4895 = 24{,}316\,V_3 - 11{,}12\,H_3 + 4487\,M_0''' \quad \text{kg m}^3.$$

Damit sind die elastischen Eigenschaften des Systems erschöpft. Es sind in den erhaltenen 6 Gleichungen 3 unbekannte Horizontalkomponenten, 3 unbekannte Vertikalkomponenten, 2 unbekannte Verschiebungen dx und dy und 3 unbekannte Momente M_0, also insgesamt 11 Unbekannte.

Zur Lösung der Aufgabe müssen also auch 11 Gleichungen zur Verfügung stehen.

Weitere Gleichungen sind wie bereits gezeigt:

$$[7] \qquad M_0'' = 1{,}875\, M_0',$$

$$[8] \qquad M_0''' = 0{,}8333\, M_0'.$$

Ferner die beiden Gleichgewichtsbedingungen für die Kraftkomponenten:

$$[9] \qquad H_1 + H_2 - H_3 = 0,$$

$$[10] \qquad V_2 + V_3 - V_1 = 0,$$

sowie die Gleichgewichtsbedingung für die Momente, bezogen auf Punkt III.

$$[11] \qquad M_{1H} - M_{1V} - M_{2H} + M_{2V} + M_{3H} - M_{3V} - M_0' - M_0'' - M_0''' - \\ -7{,}5\, H_1 + 9\, V_1 - 2\, H_2 - 7\, V_2 = 0.$$

Die Einspannmomente ergeben sich aus den Schwerpunktsabständen der drei Systeme, und zwar

$$M_{1H} = 0{,}816\, H_1 \quad \text{und} \quad M_{1V} = 2{,}935\, V_1 \quad \text{mkg},$$

wie bereits angegeben war.

$$M_{2H} = \frac{0{,}5\, L_3^2}{L_3 + L_4} H_2 = \frac{2}{4} H_2 = 0{,}5\, H_2 \quad \text{mkg},$$

$$M_{2V} = \frac{L_3 L_4 + 0{,}5\, L_4^2}{L_3 + L_4} V_2 = \frac{4+2}{4} V_2 = 1{,}5\, V_2 \quad \text{mkg},$$

$$M_{3H} = \frac{L_5 L_6 + 0{,}5\, L_6^2}{L_5 + L_6} H_3 = \frac{20+8}{9} H_3 = 3{,}11\, H_3 \quad \text{mkg},$$

$$M_{3V} = \frac{0{,}5\, L_5^2}{L_5 + L_6} V_3 = \frac{12{,}5}{9} V_3 = 1{,}39\, V_3 \quad \text{mkg}.$$

Aus den Gl. [1] bis [6] ermittelt man in bekannter Weise unter Beachtung der Gl. [7] und [8]

$$\begin{aligned}
H_1 &= 803\, dx - 410\, dy + 1184 + 184{,}5\, M_0' \quad \text{kg},\\
V_1 &= 410\, dx - 585\, dy + 940 + 139\, M_0' \quad \text{kg},\\
H_2 &= 4500\, dx + 2700\, dy + 3675 - 564\, M_0' \quad \text{kg},\\
V_2 &= 2700\, dx + 4500\, dy + 3675 + 556\, M_0' \quad \text{kg},\\
H_3 &= -525\, dx + 240{,}5\, dy + 914 - 138{,}2\, M_0' \quad \text{kg},\\
V_3 &= -240\, dx + 307{,}5\, dy + 620 - 90{,}6\, M_0' \quad \text{kg}.
\end{aligned}$$

Diese Beziehungen werden ebenfalls in die Gl. [11] eingesetzt und es können dann, wenn auch recht umständlich, die 11 Unbekannten aus den genannten Gleichungen errechnet werden. Hier soll lediglich das Ergebnis angegeben werden, da die Lösung solcher Aufgaben an sich als bekannt vorausgesetzt werden muß.

Man erhält die Kraftkomponenten:

$$H_1 = 902\text{ kg}, \qquad V_1 = 966\text{ kg},$$
$$H_2 = 187\text{ kg}, \qquad V_2 = 336\text{ kg},$$
$$H_3 = 1089\text{ kg}, \qquad V_3 = 630\text{ kg},$$

die Verschiebungen:

$$dx = -0{,}539\text{ cm},$$
$$dy = -0{,}408\text{ cm}$$

und die zusätzlichen Momente

$$M_0' = -0{,}0765\text{ mkg},$$
$$M_0'' = -0{,}1433\text{ mkg},$$
$$M_0''' = -0{,}0637\text{ mkg}.$$

Sowohl die Richtung der Verschiebungen dx und dy als auch diejenige der Winkeldrehung $d\varphi$ wurde also falsch angenommen, da alle diese Werte negativ erscheinen. Die Verschiebung dx erfolgt also nach links, dy nach oben und die Winkeländerung $d\varphi$ entgegen dem Uhrzeigersinn.

Die Momente an den Endpunkten I, II und III ergeben sich aus den Schwerpunktsabständen unter Berücksichtigung der Zusatzmomente M_0. Daraus kann man die Koordinaten des Punktes bestimmen, durch den die Hauptkraft jedes Bogens gehen muß.

$$\eta_1 = \frac{M_{1H} - M_0'}{H_1} = 0{,}816 + \frac{0{,}0765}{902} \approx 0{,}8161\text{ m},$$

$$\xi_1 = \frac{M_{1V}}{V_1} = 2{,}935\text{ m},$$

$$\eta_2 = \frac{M_{2H}}{H_2} = 0{,}5\text{ m},$$

$$\xi_2 = \frac{M_{2V} - M_0''}{V_2} = 1{,}5 + \frac{0{,}1433}{336} \approx 1{,}5\text{ m},$$

$$\eta_3 = \frac{M_{3H} - M_0'''}{H_3} = 3{,}11 + \frac{0{,}0637}{1089} \approx 3{,}11\text{ m},$$

$$\xi_3 = \frac{M_{3V}}{V_3} = 139\text{ m}.$$

Diese Koordinaten gelten von der entsprechenden Kraftachse aus gerechnet.

Zeichnet man das System maßstäblich auf und bestimmt an Hand vorgenannter Werte die genaue Lage und Richtung aller Kräfte, so wird man feststellen, daß die Hauptkräfte P_1, P_2 und P_3 sich alle in einem Punkt schneiden. Das stellt eine weitere Prüfung für die Richtigkeit der Rechnung dar (s. Abb. 157).

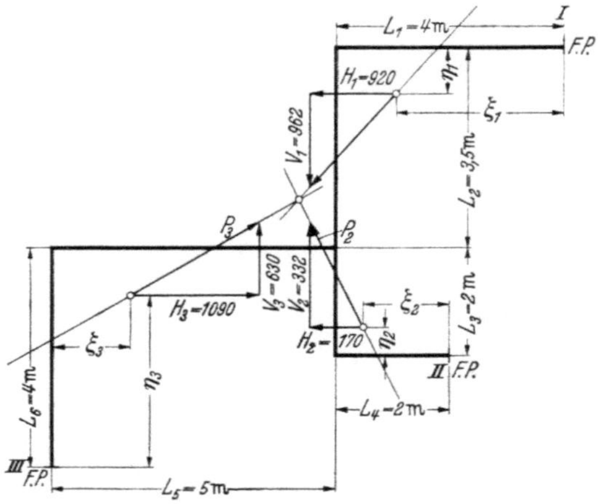

Abb. 157. Kraftwirkung im Rohrsystem nach Beispiel 20.

Mit diesem Beispiel soll die Behandlung der bei ebenen Systemen vorkommenden Sonderfälle abgeschlossen werden.

Man kann mit Hilfe dieser Hinweise auch andere ähnliche Aufgaben lösen.

g) Kritischer Vergleich der behandelten Berechnungsverfahren.

Es liegen im Schrifttum noch einige weitere Versuche vor, die Berechnung von statisch unbestimmten Rohrsystemen in eine einfache und möglichst mühesparende Form zu bringen. Die besondere Behandlung dieser Verfahren lohnt sich hier nicht, da sie entweder auf ähnlichen Grundlagen aufgebaut wurden, wie in den vorigen Abschnitten gezeigt, oder es wurden bei ihrer Entwicklung derartige Vereinfachungen und sogar falsche Voraussetzungen zugrunde gelegt, daß der praktische Wert solcher Verfahren natürlich mehr oder weniger in Frage gestellt ist.

In diesem Zusammenhang müssen solche Verfahren wie beispielsweise das von G. Bertling[1] vorgeschlagene mit größter Vorsicht angewandt, wenn nicht ganz abgelehnt werden. Der Vorschlag wurde auf

[1] Bertling, G.: Auslegung von Schenkelrohr-Längenausgleichern für Heißdampfleitungen. Arch. Wärmew. Bd. 18 (1937) H. 9, S. 251 — s. auch Wärme Nr. 39 (1938) S. 709.

so primitiver Grundlage aufgebaut, daß eine Gewähr für die Richtigkeit nicht einmal für rohe Überschlagsrechnungen gegeben ist.

Es muß überhaupt vor verdächtig einfachen Formeln, sei es zur Bestimmung der Festpunktkräfte oder Biegungsspannungen, sei es zur Festlegung der erforderlichen Abmessungen der Längenausgleicher dringend gewarnt werden. Die Aufgabe ist nun einmal nicht so einfach, als daß sie mit einigen wenigen Rechenschieberzügen auf Grund primitiver Formeln gelöst werden könnte.

Bei Anwendung jedes vereinfachten Verfahrens muß man sich über die Grundlagen desselben und die Grenzen seiner Gültigkeit und Genauigkeit stets im klaren sein. Anderenfalls kann man in der Praxis sehr unangenehme Überraschungen erleben.

Es soll daher nachstehend der praktische Wert der erläuterten Berechnungsverfahren nicht nur in bezug auf den erforderlichen Arbeitsaufwand, sondern vor allen Dingen im Hinblick auf die zu erwartende Genauigkeit kurz zusammenfassend beleuchtet werden.

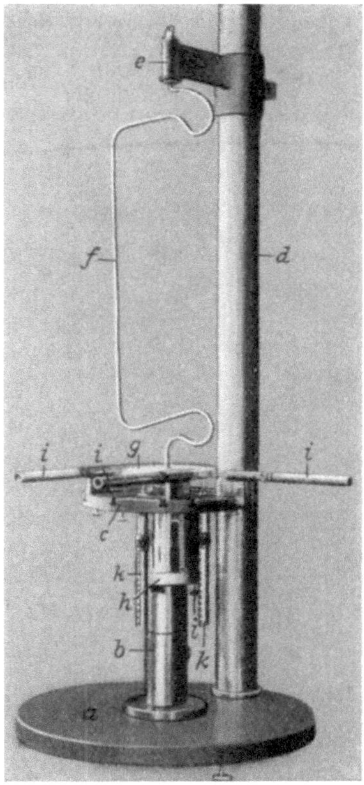

Abb. 158. Ansicht der Modellwaage mit eingespanntem Rohrmodell. *a* Grundplatte; *b* Ständer; *c* verstellbarer Meßtisch; *d* Säule; *e* Ausleger; *f* Rohrmodell; *g* Einspannteller; *h* Mikrometerschraube zum Verstellen des Meßtisches in senkrechter Richtung; *i* Meßfedern zum Messen der Verformungskräfte X_m, Y_{1m} und Y_{2m} in waagerechter Richtung, *k* Meßfedern zum Messen der Verformungskräfte Z_{1m}, Z_{2m} und Z_{3m} in senkrechter Richtung (das dritte Meßrohr ist durch den Ständer des Meßtisches verdeckt); *l* Lampe zur Anzeige des Abhebvorganges beim Einregeln der Meßvorrichtung.

Die vom Verfasser vorgeschlagene Rechnungsweise (Abschnitt B II/3a) und die Verfahren von Marbec (3b) sowie M. Cutchan (3c) sind in der Genauigkeit ihrer Rechnungsergebnisse und mit Bezug auf die Exaktheit ihrer Grundlagen einander vollkommen gleichwertig. Die Notwendigkeit, die Abflachung des Rohrquerschnittes in den gebogenen Rohrteilen zu berücksichtigen, wurde an Hand einer praktischen Versuchsmessung an einem Lyrabogen nachgewiesen. Je geringer der Anteil der Bogen an der Gesamtlänge des Systems ist, um so weniger wird das Ergebnis durch die Bogenabflachung beeinflußt. Für Überschlagsrechnungen braucht sie gar nicht berücksichtigt zu werden, soweit es sich nicht um ausgesprochene Längenausgleicher, wie Lyrabogen u. ä., handelt, die fast nur aus Bogenrohren bestehen. Für diese können zweckmäßig die angegebenen Linientafeln zur Verringerung der Rechenarbeit angewandt werden.

Die durchgerechneten Zahlenbeispiele dürften ohne weiteres zeigen, daß das erstgenannte Verfahren in bezug auf Einfachheit der Rechnung

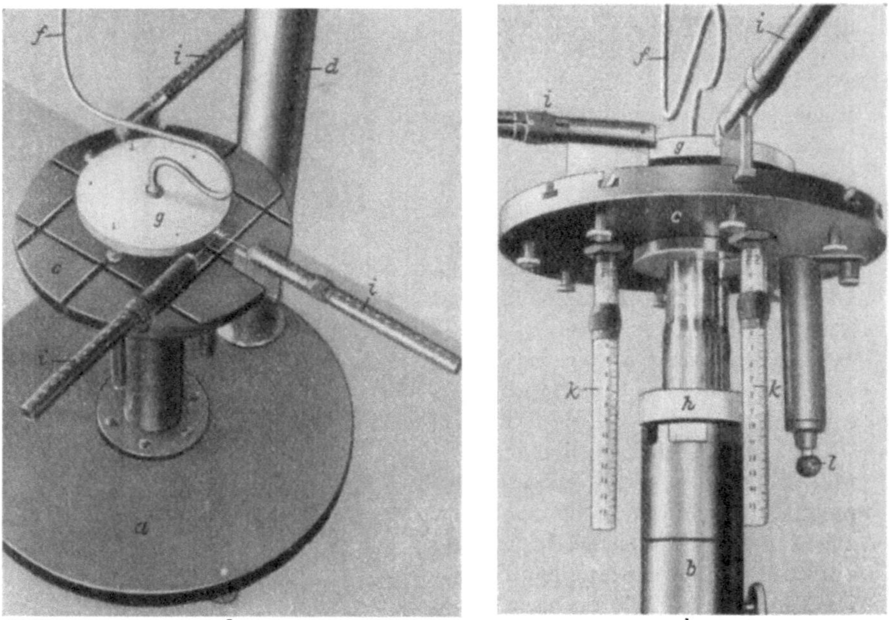

a b

Abb. 159 a u. b. Meßtisch der Modellwaage. a Ansicht von oben; b Ansicht von unten. Erklärung der Einzelteile s. Abb. 158.

den beiden anderen überlegen ist. Der Vorschlag von Marbec ist außerdem sehr stark von der Zeichengenauigkeit abhängig, da die Maße aus der Zeichnung abgegriffen werden müssen. Das Höchstmaß an Arbeitsaufwand erfordert das Verfahren von Cutchan, wodurch es für die Praxis wohl kaum in Betracht kommt.

Die Anwendung der etwas einfacheren Berechnungsformeln für Systeme mit Gelenkfestpunkten ist im Hinblick auf das sich ergebende falsche Bild der Spannungsverteilung nicht empfehlenswert, zumal der Unterschied im Arbeitsaufwand nicht erheblich ist.

Die beiden weiteren Verfahren von Mitchell sowie Peiter und Fish bedingen ebenfalls einen Fehler in der Spannungsverteilung, der bei einigen Formen der Systeme (z. B. bei symmetrischen Z-Bogen) sehr groß werden kann. Im allgemeinen sind aber diese Verfahren nicht schlecht und jedenfalls der Rechnungsweise mit Gelenkfestpunkten vorzuziehen. Man muß sich nur stets darüber klar sein, ob die zugrunde liegende Annahme nicht zu übermäßiger Verzerrung der Ergebnisse führt.

Zum Schluß verdient noch ein Verfahren besonderer Erwähnung. BERG, BERNHARD und SIPPEL[1] machen den originellen Vorschlag, die rechnerische Ermittlung der auftretenden Kräfte durch ein besonders entwickeltes Modellverfahren zu ersetzen, um den Aufwand an Zeit und Mühe für die statische Berechnung auf ein Mindestmaß herabzusetzen. Hierfür wird eine sinnreich entworfene Modellwaage gemäß Abb. 159[2] angewandt, mit Hilfe deren die wirkenden Kräfte und Momente gemessen werden können. Das Modell wird aus nahtlosem dünnwandigem *Messingrohr* in entsprechend verkleinertem Maßstab angefertigt und in die Meßwaage eingespannt.

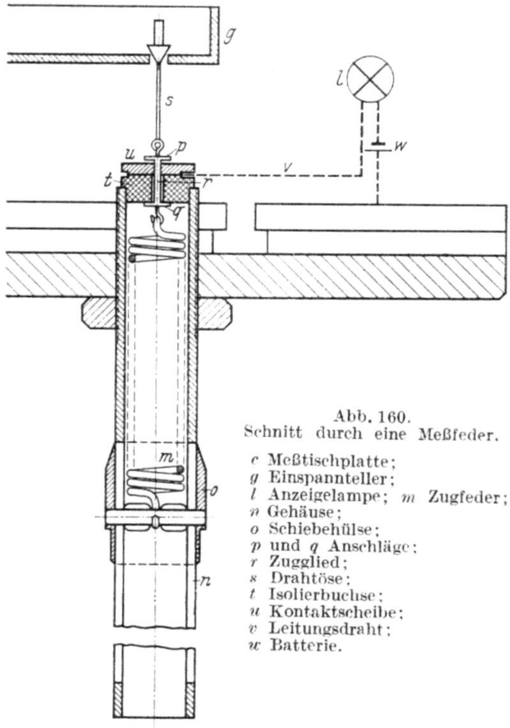

Abb. 160.
Schnitt durch eine Meßfeder.

c Meßtischplatte; *g* Einspannteller; *l* Anzeigelampe; *m* Zugfeder; *n* Gehäuse; *o* Schiebehülse; *p* und *q* Anschläge; *r* Zugglied; *s* Drahtöse; *t* Isolierbuchse; *u* Kontaktscheibe; *v* Leitungsdraht; *w* Batterie.

Die Beanspruchung des Modells soll nicht durch Erwärmung erfolgen, sondern dadurch, daß das eine der eingespannten Rohrmodellenden um den der Wärmedehnung entsprechenden Betrag dem festen Ende genähert wird. Die dadurch bedingten Kraft- und Momentreaktionen werden mit Hilfe von sorgfältig geeichten Meßfedern mit Mikrometerteilung gemessen. Die Anordnung der Federn am Meßtisch zeigen die Abb. 159a und b, während die Abb. 160 einen Schnitt durch eine Meßfeder darstellt.

---

[1] BERG, S., H. BERNHARD u. K. TH. SIPPEL: Ermittlung der Auflagerreaktionen warmbetriebener Rohrleitungen durch Modellversuche. Z. VDI Bd. 83 (1939) Nr. 9, S. 281.

[2] Die Abb. 158 bis 160 sind dem vorerwähnten Aufsatz entnommen.

Wenn es möglich wäre, ein der Hauptausführung des Rohrsystems geometrisch vollständig ähnliches Modell herzustellen, so würden die durch elastische Verformungen hervorgerufenen Momente M und M_m sich wie

$$\frac{M}{M_m} = \frac{E\,J\,r_m}{E_m\,J_m r} = \frac{\varphi_E\,\varphi_L^4}{\varphi_L} = \varphi_E\,\varphi_L^3$$

und die Kräfte wie

$$\frac{P}{P_m} = \frac{M\,L_m}{L\,M_m} = \varphi_E\,\varphi_L^2$$

verhalten. Hierin bedeuten:

Modell	Hauptausführung	Bedeutung der Größe
P_m	$P = \varphi_P\,\varphi_x\,P_m$	Reaktionskraft
M_m	$M = \varphi_M\,\varphi_x\,M_m$	Reaktionsmoment
J_m	$J = \varphi_J\,J_m$	Trägheitsmoment
E_m	$E = \varphi_E\,E_m$	Elastizitätsmodul
L_m	$L = \varphi_L\,L_m$	Irgendeine Länge, ausgenommen Durchmesser und Wanddicke
d_m	$d = \varphi_d\,d_m$	Rohraußendurchmesser
r_m	$r = \varphi_r\,r_m$	Mittlerer Rohrhalbmesser
s_m	$s = \varphi_s\,s_m$	Wanddicke
Δx_m	$\Delta x = \varphi_x\,\Delta x_m$	Verformungsweg durch Wärmedehnung
K_m	K	Kármánsche Zahl

Mit φ ist also ganz allgemein der Ähnlichkeitsmaßstab bezeichnet, wobei der Zeigerbuchstabe auf die Bedeutung desselben hinweist.

Um nun in der Wahl des Modellrohres möglichst unabhängig zu sein[1] und, soweit es geht, handelsübliche Abmessungen verwerten zu können, entwickeln die Verfasser eine gewisse Abhängigkeit zwischen den Abmessungen der Hauptausführung und des Modells. Sie weisen nach, daß der Längenmaßstab φ_L durch die Kármán-Zahlen für die Hauptausführung und das Modell gegeben ist, und zwar müssen die Kármán-Zahlen in beiden Fällen einander gleich sein, d. h.

$$K = K_m$$

und somit

$$\lambda = \lambda_m,$$

wobei

$$\lambda = \frac{R\,s}{r^2}$$

ist. Dadurch ist der Längenmaßstab bestimmt zu

$$\varphi_L = \frac{R}{R_m} = \frac{r^2\,s_m}{r_m^2\,s} = \frac{\varphi_r^2}{\varphi_s}\,.$$

[1] Die Wanddicke des Modellrohres muß so klein wie möglich sein, da die Kármán-Zahlen nur für kleine Verhältnisse s/r Gültigkeit haben.

Unter dieser Voraussetzung gelten folgende Ähnlichkeitsmaßstäbe: Für die Reaktionskraft

$$\varphi_P = \frac{\varphi_E\,\varphi_s^4}{\varphi_r^3}$$

und für das Reaktionsmoment

$$\varphi_M = \frac{\varphi_E\,\varphi_s^3}{\varphi_r}\,.$$

Mit Hilfe dieser Beziehungen können aus den mit der Modellwaage gemessenen Kräften und Momenten die tatsächlichen Größen derselben für die Hauptausführung in einfachster Weise errechnet werden.

Wird das mit dem obengenannten Längenmaßstab hergestellte Modell um den Betrag

$$\Delta x_m = \varphi_x\,\Delta x$$

verformt, dann stehen die Spannungen im Modell zu denjenigen der Hauptausführung im Verhältnis

$$\frac{\sigma_m}{\sigma} = \frac{\varphi_L^2}{\varphi_x\,\varphi_E\,\varphi_d}\,.$$

Durch geeignete Wahl von φ_x muß ein übermäßiges Anwachsen der Modellbeanspruchung σ_m vermieden werden, da sonst eine Fälschung des Vergleichs durch Überstrecken des Modells eintreten kann.

An einem Zahlenbeispiel erläutern die Verfasser den Rechnungsgang und weisen tatsächlich eine gute Übereinstimmung zwischen statischer Berechnung und Versuchsauswertung nach.

Der Gedanke der Modellprüfung ist zweifellos originell. Es muß jedoch berücksichtigt werden, daß die Ersparnis an Rechenarbeit durch die erforderliche Anfertigung des Modells mehr als wettgemacht werden dürfte. Die Modellherstellung muß äußerst genau und sorgfältig unter Beachtung verschiedener Vorsichtsmaßnahmen erfolgen und erfordert daher ebenfalls besonders geschulte Fachkräfte; andernfalls ist die Übereinstimmung der Versuchsergebnisse mit den tatsächlich zu erwartenden Kräften in Frage gestellt.

Die in diesem Buch gegebenen Richtlinien für die statische Berechnung von Rohrsystemen dürften die Arbeit bereits wesentlich erleichtern, so daß der hierfür erforderliche Aufwand an Zeit und Mühe höchstens bei sehr schwierigen räumlichen Rohrsystemen eine Modellanwendung rechtfertigen würde.

III. Berechnung der Elastizität von räumlichen Rohrsystemen.

Die Grundsätze und Bedingungen für die Berechnung räumlicher Systeme sind an sich die gleichen, wie sie in mehreren Abwandlungen für ebene Rohrsysteme abgeleitet wurden. Nur ist die Lösung der Aufgabe nicht mehr so einfach, weil die Anzahl der Unbekannten größer wird.

Während bei ebenen Rohrsystemen auch sämtliche Kräfte in der gleichen Ebene wirken, tritt bei räumlichen Systemen eine irgendwie im Raum liegende Kraft P auf. Diese ist also zu allen Schenkeln des Systems windschief gerichtet (Abb. 161). An keiner Stelle schneidet diese Kraft irgendeinen Schenkel.

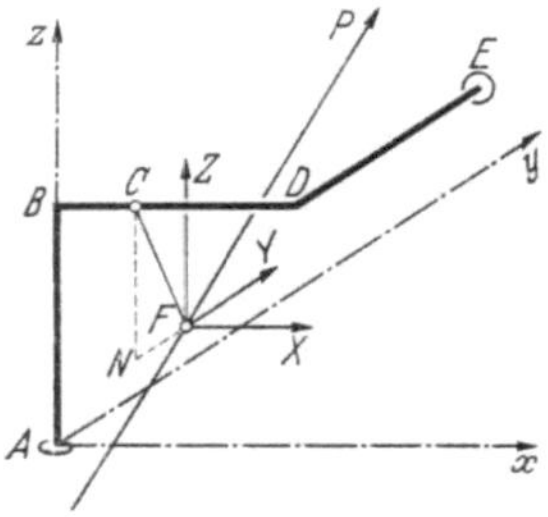

Abb. 161. Kraftwirkung im räumlichen System.

Wählt man einen beliebigen Punkt C des Systems und legt durch diesen Punkt senkrecht zu dem betreffenden Schenkel BD eine Ebene, so wird diese in einem bestimmten Punkt F die Kraftlinie schneiden. Die Verbindungslinie CF liegt also in dieser Ebene. Jetzt wird die Kraft P in drei Komponenten X, Y und Z zerlegt, die jeweils parallel zu dem gewählten Achsenkreuz Ax, Ay und Az sind und ihren Ursprung im Punkt F haben. Es leuchtet ohne weiteres ein, daß die Komponenten Y und Z mit der Hilfsebene zusammenfallen, während die Komponente X senkrecht zu ihr steht.

Das Produkt X mit der Verbindungslinie CF bildet ein Biegungsmoment M_b in bezug auf den Punkt C.

Zerlegt man die Verbindungslinie CF ebenfalls in ihre Komponenten, und zwar CN parallel zur z-Achse und NF parallel zur y-Achse, so ist CN senkrecht zur Kraftkomponente Y und NF senkrecht zur Komponente Z.

Dadurch erhält man in bezug auf den Punkt C noch zwei Drehmomente

$$M_d' = Y \cdot \overline{CN} \quad \text{und} \quad M_d'' = Z \cdot \overline{NF}.$$

Die Größe des Biegungsmoments wechselt für jeden Punkt des Systems, diejenige der Drehmomente bleibt über die Länge des jeweiligen Schenkels gleich. Es treten aber — und das ist für die weiteren Betrachtungen sehr wichtig — in jedem Punkt des räumlichen Systems stets sowohl Biegungs- wie Drehmomente gleichzeitig auf.

Die Darstellung der räumlichen Systeme erfolgt, um sie plastisch erscheinen zu lassen, zweckmäßig in Parallelperspektive. Es sollen im folgenden nur solche Systeme betrachtet werden, deren Schenkel jeweils aufeinander senkrecht stehen.

1. Berechnungsgrundlagen.

Die Grundlagen der Berechnung sind für räumliche Systeme, wie schon gesagt war, die gleichen wie bei ebenen Systemen. Man muß sich aber stets den räumlichen Charakter des Systems vergegenwärtigen und dementsprechend die räumlichen Wirkungen der Kräfte berücksichtigen.

In Abb. 162 ist ein ebener Winkelbogen AB dargestellt, der durch eine senkrecht zu der Bogenebene stehende Kraft Z beansprucht ist. Im Angriffspunkt B der Kraft denken wir uns ein Dreiachsenkreuz x, y und z gelegt und betrachten die Wirkung der Kraft Z in den verschiedenen Richtungen.

Die Kraft Z bildet den Schnittpunkt der beiden Ebenen xz und yz und wirkt folglich auch in diesen beiden Ebenen.

Zuerst soll die Wirkung der Kraft Z in der xz-Ebene betrachtet werden. Der Schenkel L_1 steht senkrecht zu dieser Ebene und wird auf Verdrehung beansprucht. Das Drehmoment ist

$$M_d = Z\,L_2\,.$$

Die hierdurch im Schenkel L_1 hervorgerufene Verdrehung ist

$$\psi = \int_0^{L_1} \frac{M_d\,dl}{G J_0}\ *,$$

wobei

dl = Längenteilchen von L_1,

G = Gleitmodul $= \frac{m}{2(m+1)}\,E = 0{,}385\,E$,

J_0 = Polares Querschnitts-Trägheitsmoment des Rohres $= 2\,J$ ist.

Die Ausdrücke für G und J_0 eingesetzt und integriert von 0 bis L_1

$$\psi = \frac{M_d\,L_1}{0{,}385\,E\,2\,J} = \frac{M_d\,L_1}{0{,}77\,E\,J}$$

$$= 1{,}3\,\frac{M_d\,L_1}{E\,J}\,.$$

Man sieht daraus, daß es nötig ist, die Länge des auf Verdrehung beanspruchten Schenkels mit dem Zahlenwert 1,3 zu multiplizieren, um die Wirkung von Biegungs- und Drehmomenten unmittelbar miteinander vergleichen zu können.

$M_d = Z\,L_2$ eingesetzt
$$\psi = \frac{Z\,L_2\,1{,}3\,L_1}{E\,J}\,.$$

Der Verdrehungswinkel φ am Ende des Schenkels L_1 wirkt sich auf den anschließenden Schenkel L_2 in Form einer Winkelverdrehung nach unten aus. In der Abb. 162 ist es übertrieben groß dargestellt.

* Der Einfachheit halber ist der Tangens durch den Winkel ersetzt.

Die entsprechende Verschiebung des Punktes B nach unten ist

$$\Delta_1 = \psi L_2 = \frac{1{,}3\,L_1 L_2^2}{EJ} Z.$$

Der Wert über dem Bruchstrich stellt nichts anderes dar als das Trägheitsmoment des um 30% verlängerten Schenkels L_1, bezogen auf die yz-Ebene.

$$J'_{yz} = 1{,}3\,L_1 L_2^2.$$

Die Wirkung von Z auf den Schenkel L_2 (immer noch in der xz-Ebene

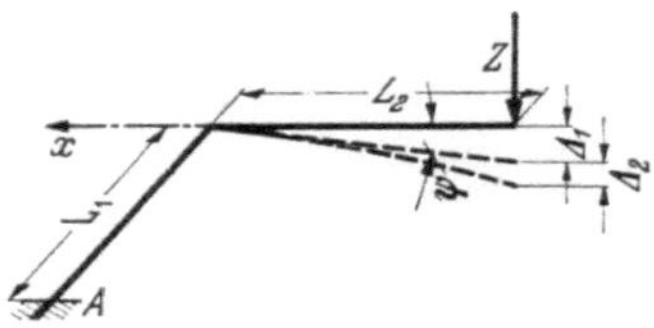

Abb. 162. Kraftwirkung in der xz-Ebene.

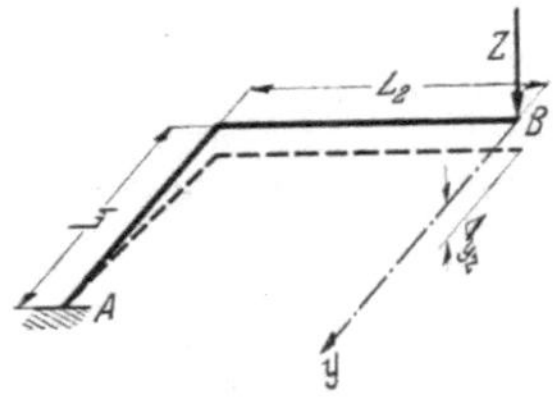

Abb. 163. Kraftwirkung in der yz-Ebene.

betrachtet) stellt eine gewöhnliche Biegung dar. Die Durchbiegung beträgt bekanntlich

$$\Delta_2 = \frac{Z}{EJ} \frac{1}{3} L_2^3.$$

Der Wert $\frac{1}{3} L_2^3$ stellt das Trägheitsmoment des Schenkels L_2, bezogen auf die yz-Ebene, dar. Die Gesamtwirkung von Z in der xz-Ebene ist also

$$\Delta_{xz} = \Delta_1 + \Delta_2 = \frac{Z}{EJ}\left(1{,}3\,L_1 L_2^2 + \frac{1}{3} L_2^3\right) = \frac{Z}{EJ}(J'_{yz} + J''_{yz}).$$

Jetzt soll die Wirkung von Z in der anderen, der yz-Ebene untersucht werden.

Der Schenkel L_1 ist parallel zur yz-Ebene, wird also auf Biegung beansprucht. Die Durchbiegung ist (Abb. 163)

$$\Delta_{yz} = \frac{Z}{EJ} \frac{1}{3} L_1^3 = \frac{Z}{EJ} J'_{xz}.$$

Das Ende von L_1 zeigt infolge der Durchbiegung eine Neigung

$$\psi_2 = \frac{Z L_1^2}{2EJ}.$$

Um denselben Winkel wird auch der anschließende Schenkel L_2 um seine Längsachse gedreht (nicht verdreht), was aber keine weiteren Wirkungen verursacht.

Damit ist erwiesen, daß auch bei räumlicher Kraftwirkung die elastischen Eigenschaften des Systems sich durch Linienträgheitsmomente ausdrücken lassen.

Das Linienträgheitsmoment wird stets auf diejenige der beiden der Kraft gemeinsamen Ebenen bezogen, die senkrecht zur jeweils untersuchten Wirkungsebene steht. Dabei müssen diejenigen Schenkel, die senkrecht zur Wirkungsebene gerichtet sind, mit 1,3 multipliziert werden.

Den Zusammenhang zwischen den Linienträgheitsmomenten bzw. Zentrifugalmomenten und dem elastischen Verhalten räumlicher Systeme hat TH. ABEL[1] nachgewiesen.

Da die Berechnung räumlicher Systeme infolge der erforderlichen räumlichen Vorstellung noch mehr Aufmerksamkeit und Mühe als bei ebenen Systemen erfordert, ist hier erst recht die Aufstellung einfachster, leicht einprägsamer Regeln, die in gewissem Sinne ein mechanisches Rechnen ohne umständliche Überlegungen gestatten, erforderlich. Diese sollen im Abschnitt **B III b** gebracht werden.

Im übrigen gelten für die räumlichen Systeme die gleichen Erkenntnisse. Beiderseits mit Gelenkfestpunkten ausgerüstete Systeme besitzen eine durch die Gelenke führende Reaktionskraft.

Bei beiderseitiger Einspannung (Einspannfestpunkte) geht die Hauptkraft durch den Schwerpunkt des Systems. Hier muß aber auf einen besonderen Umstand hingewiesen werden.

Der Schwerpunkt hat bei räumlichen Systemen nur theoretische Bedeutung und ist nur durch die Form der entsprechenden Beziehungen mit dem Begriff des Schwerpunktes verwandt.

Für die statischen Momente gelten nämlich infolge des Zusammenwirkens von Biegung und Verdrehung genau dieselben Regeln, wie für die vorhin erläuterte Bestimmung der Linienträgheitsmomente, indem diejenigen Schenkel, die senkrecht zur jeweiligen Wirkungsebene stehen, mit 1,3 zu multiplizieren sind. Auch für die gestreckte Rohrlänge gilt das gleiche.

Da für jede Richtung zwei Wirkungsebenen vorhanden sind, ergeben sich entsprechend den drei Richtungen auch drei Paar Schwerpunktsabstände, die untereinander auch paarweise nicht gleich sind.

Diese Verhältnisse werden später bei der praktischen Durchrechnung klar.

2. Berücksichtigung der Bogen in räumlichen Systemen.

Ein Bogenrohr wird in räumlichen Systemen ebenfalls gleichzeitig auf Biegung und Verdrehung beansprucht.

Es läßt sich unter Anwendung des Arbeitssatzes ableiten, daß die Verdrehung zweier um ds entfernter Bogenquerschnitte durch ein Drehmoment M_d gleich

$$d\varphi = \frac{M_d\,ds}{G J_0} = 1{,}3\,\frac{M_d\,ds}{E J}$$

[1] ABEL, Th.: Beitrag zur statischen Untersuchung von räumlichen Hochdruckrohrleitungen bei Temperaturänderungen. Diss. T. H. Aachen 1933.

ist, wobei $G = 0{,}385\,E$ der Gleitmodul und $J_0 = 2\,J$ das polare Trägheitsmoment bedeutet. Versuche haben gezeigt, daß ein der KÁRMÁN-Zahl gleichwertiger Beiwert bei der Verdrehung annähernd gleich Eins ist.

Die KÁRMÁN-Zahl tritt also nur bei Biegungsbeanspruchung von Rohrbogen in Erscheinung.

In Abb. 164 ist ein einerseits eingespannter Bogen AB perspektivisch dargestellt, der am Ende B durch eine senkrecht zur Bogenebene stehende, also parallel zur y-Achse gerichtete Kraft P beansprucht ist.

Aus dem Grundriß des Bogens nach Abb. 165 folgt für das Bogenteilchen ds

$$\text{Biegungsmoment } M_b = P\,b = P\,R \sin\varphi$$
$$\text{Drehmoment } M_d = P\,a = P\,R\,(1 - \cos\varphi).$$

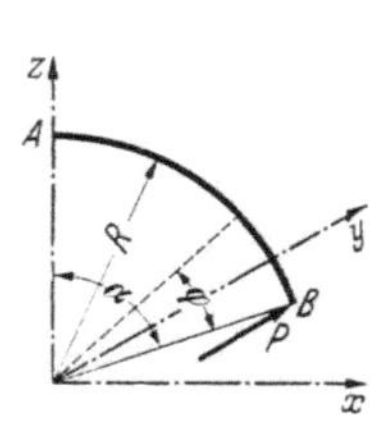

Abb. 164.
Kraftwirkung senkrecht zur Bogenebene.

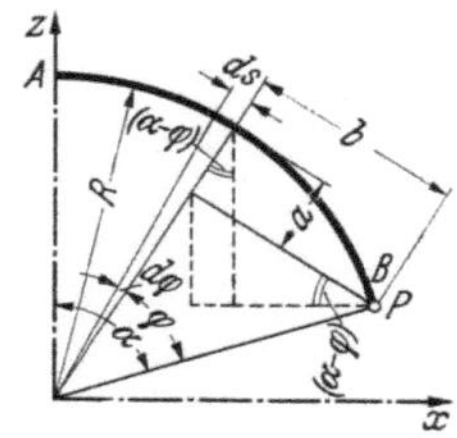

Abb. 165.
Momente im Bogen durch die Kraft P.

Bezieht man die wirkenden Momente auf eine der xy-Ebene parallele Ebene, so folgt ohne weiteres aus der Abb. 165

$$M_{b(xy)} = P\,b \cos(\alpha - \varphi) = P\,R \sin\varphi \cos(\alpha - \varphi),$$
$$M_{d(xy)} = P\,a \sin(\alpha - \varphi) = P\,R\,(1 - \cos\varphi) \sin(\alpha - \varphi).$$

Der Verdrehungswinkel im Punkt B in bezug auf die xy-Ebene ist also danach

$$\psi_{xy} = \int_A^B \frac{M_{b(xy)}\,ds}{EJ} - \int_A^B \frac{M_{d(xy)}\,ds}{GJ_0}.$$

Entsprechend

$$\frac{1}{GJ_0} = \frac{1{,}3}{EJ},$$

wird

$$\psi_{xy} = \frac{1}{EJ}\left[\int_A^B M_{b(xy)}\,ds - \int_A^B M_{d(xy)}\,1{,}3\,ds\right].$$

Nach Einsetzen der Ausdrücke für M_b und M_d und $ds = R\,d\varphi$ sowie nach Umformung mit

$$\cos(\alpha - \varphi) = \cos\alpha \cos\varphi + \sin\alpha \sin\varphi,$$
$$\sin(\alpha - \varphi) = \sin\alpha \cos\varphi - \cos\alpha \sin\varphi$$

erhält man

$$\psi_{xy} = \frac{PR^2}{EJ}\int_0^\alpha (\sin\alpha\,\sin^2\varphi - 0{,}3\cos\alpha\,\sin\varphi\,\cos\varphi -$$
$$-1{,}3\sin\alpha\cos\varphi + 1{,}3\sin\alpha\cos^2\varphi + 1{,}3\cos\alpha\sin\varphi)\,d\varphi$$

und nach Integration in den Grenzen $\varphi = 0$ bis $\varphi = \alpha$

$$\psi_{xy} = \frac{PR^2}{EJ}\,[1{,}15\,\alpha\sin\alpha - 1{,}3\,(1 - \cos\alpha)],$$

Für einen 90° *Bogen* ist $\alpha = \pi/2$ und daher mit $\sin\alpha = 1$, $\cos\alpha = 0$

$$\psi_{xy} = 0{,}5064\,\frac{PR^2}{EJ}.$$

Die Gesamtdurchbiegung des Bogens in Kraftrichtung errechnet sich in ähnlicher Weise aus der Abb. 165:

$$\Delta_y = \frac{1}{EJ}\left[\int_0^\alpha M_b\,b\,ds + 1{,}3\int_0^\alpha M_d\,a\,ds\right]$$
$$= \frac{PR^3}{EJ}\int_0^\alpha [\sin^2\varphi + 1{,}3\,(1 - \cos\varphi)^2]\,d\varphi.$$

Nach Integration in den Grenzen von $\varphi = 0$ bis $\varphi = \alpha$ wird

$$\Delta_y = \frac{PR^3}{EJ}\,(2{,}45\,\alpha + 0{,}15\sin\alpha\,\cos\alpha - 2{,}6\sin\alpha).$$

Für einen 90°-*Bogen* ist wieder $\alpha = \pi/2$ und somit

$$\Delta_y = 1{,}249\,\frac{PR^3}{EJ}.$$

In entsprechender Weise wird der Verdrehungswinkel im Punkt B in bezug auf die yz-Ebene ermittelt.

Für die Momente gelten die Beziehungen aus Abb. 165

$$M_{b(yz)} = P\,b\sin(\alpha - \varphi) = P\,R\sin\varphi\,\sin(\alpha - \varphi),$$
$$M_{d(yz)} = P\,a\cos(\alpha - \varphi) = P\,R\,(1 - \cos\varphi)\,\cos(\alpha - \varphi),$$

daraus

$$\psi_{yz} = \frac{1}{EJ}\left[\int_A^B M_{b(yz)}\,ds + \int_A^B M_{d(yz)}\,1{,}3\,ds\right]$$

und somit

$$\psi_{yz} = \frac{PR^2}{EJ}\int_0^\alpha (-\,0{,}3\sin\alpha\,\sin\varphi\,\cos\varphi - \cos\alpha\,\sin^2\varphi +$$
$$+ 1{,}3\cos\alpha\,\cos\varphi - 1{,}3\cos\alpha\,\cos^2\varphi + 1{,}3\sin\alpha\,\sin\varphi)\,d\varphi.$$

Integriert erhält man

$$\psi_{yz} = \frac{P R^2}{E J} (1{,}15 \sin\alpha - 1{,}15\, \alpha \cos\alpha) .$$

Für einen 90°-*Bogen* ist $\alpha = \pi/2$ und daher

$$\psi_{yz} = 1{,}15 \frac{P R^2}{E J} .$$

Es ist in manchen Fällen für die Berechnung vorteilhaft, die Gesamtdurchbiegung Δ des Bogens zu unterteilen, und zwar

$$\Delta_{xy} = \psi_{xy}\, 0{,}754\, R = 0{,}382 \frac{P R^3}{E J}$$

als Anteil entsprechend der Verdrehung des Bogens senkrecht zur Ebene des freien Bogenendes, und

$$\Delta_{yz} = \psi_{yz}\, 0{,}754\, R = 0{,}867 \frac{P R^3}{E J}$$

als Anteil entsprechend der Verdrehung des Bogens in der Ebene tangential zum freien Bogenende.

Dann ist wieder die Gesamtdurchbiegung

$$\Delta = \Delta_{xy} + \Delta_{yz} = 1{,}249 \frac{P R^3}{E J}$$

wie bereits entwickelt war.

Für die weiter vorkommenden räumlichen Belastungsfälle von Bogen erfolgt die Entwicklung der Beziehungen in ähnlicher Weise.

Alle diese Belastungsfälle sind in der Zahlentafel 11 bildlich und mit den dafür geltenden Beziehungen übersichtlich zusammengestellt. Die Zahlentafel 11 stellt die Fortsetzung der Zahlentafel 10 dar. Während die Zahlentafel 10 die vier normal vorkommenden Belastungen eines geraden Rohres enthält, sind in der Zahlentafel 11 die sechs vorkommenden Belastungsfälle eines Rohrbogens zusammengestellt. Die letztgenannte Zahlentafel enthält nicht nur die Formeln für einen 90°-Bogen (die beiden letzten Spalten rechts), sondern es sind auch die allgemeinen Formeln für einen beliebigen Öffnungswinkel α des Rohrbogens in den ersten drei Spalten angegeben. Damit können also auch solche Systeme berechnet werden, deren Bogenwinkel größer oder kleiner als 90° sind.

Mit Hilfe der Zahlentafeln 10 und 11 können also alle normal vorkommenden räumlichen Rohrsysteme berechnet werden, deren Schenkel normalerweise senkrecht zueinander stehen. Wie das im praktischen Fall geschieht, ist im Abschnitt III/3b) ausführlich und auch an Beispielen erläutert.

Für seltener vorkommende Rohrsysteme mit schiefwinkligen Schenkeln werden die Formeln in der Zahlentafel 12 gute Dienste leisten, die die Belastung in beliebig gestalteten und beliebig gelagerten Rohrbogen behandelt. Der damit verbundene Arbeitsaufwand ist aber so enorm, daß es sich im allgemeinen nicht lohnt, diese Spezialfälle anzuwenden. Man kann in den meisten Fällen, ohne einen übermäßigen Fehler zu begehen, die Form des zu berechnenden Systems abändern und an ein rechtwinkliges System angleichen.

3. Verschiedene Berechnungsverfahren für räumliche Rohrsysteme.

Es liegt auch für räumliche Rohrsysteme eine Anzahl mehr oder weniger geeigneter Berechnungsvorschläge vor. Diese lassen sich auch wieder in solche unterteilen, die mit großer Genauigkeit das tatsächliche elastische Verhalten des Systems berücksichtigen, und in andere, die gewisse Vereinfachungen anwenden und dadurch an Exaktheit des Aufbaues einbüßen.

Andererseits ist gerade bei der Berechnung räumlicher Systeme jede irgendwie vertretbare Erleichterung der ungeheuren Rechenarbeit unbedingt zu begrüßen. Es wird auch mit Rücksicht auf die an sich wesentlich größere Elastizität der räumlichen Systeme eine brauchbare Vereinfachung der Berechnung nicht so streng zu verurteilen sein, wenn sie nicht zu grundsätzlich falschen Ergebnissen führt. Erst recht sind solche Lösungen zu bevorzugen, die bei gleicher Genauigkeit ein Mindestmaß an Mühe erfordern und an die Aufmerksamkeit des berechnenden Ingenieurs möglichst geringe Anforderungen stellen, indem der Rechnungsgang in einen gewissen Rahmen eingefügt wird, der die einzelnen Rechnungshandlungen selbsttätig festlegt.

Ein solches Berechnungsverfahren wurde vom Verfasser entwickelt und hat sich in der Praxis sehr gut bewährt (s. Abschnitt B III/3b). Zunächst soll jedoch ein von ABEL[1] entwickeltes Verfahren besprochen werden, da es gewissermaßen die Grundlage für die statische Berechnung von räumlichen Rohrleitungssystemen darstellt.

a) Berechnungsverfahren nach ABEL[1].

Bei beiderseitiger Einspannung hat ein räumliches System 12 unbekannte Auflagergrößen, und zwar

6 Auflagerkräfte,
6 Einspannungsmomente,

denen nur sechs Gleichgewichtsbedingungen gegenüberstehen. Es ist folglich sechsfach statisch unbestimmt.

[1] ABEL, TH.: Beitrag zur statischen Untersuchung von räumlichen Hochdruckrohrleitungen bei Temperaturänderungen. Diss. T.H. Aachen 1933.

Zahlentafel 11. *Normal vorkommende Rohrbogen-Belastungen im rechtwinkligen System.*

Fall	Belastung des Bogens	Moment in beliebigem Punkt des Bogens	Für Bogen mit beliebigem Öffnungswinkel α: Winkeländerung am freien Ende	Für Bogen mit beliebigem Öffnungswinkel α: Verschiebung des freien Endes	Für Bogen mit $\alpha = 90°$: Winkeländerung am freien Ende	Für Bogen mit $\alpha = 90°$: Verschiebung am freien Ende
V	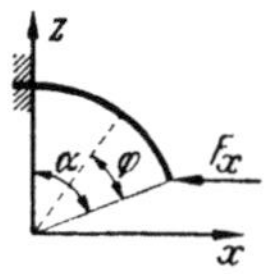	$M_b = FR\,[\cos(\alpha-\varphi) - \cos\alpha]$	$\psi = \frac{FR^2}{KEJ}[\sin\alpha - \alpha\cos\alpha]$	$\Delta_x = \frac{FR^3}{KEJ}[\alpha(0{,}5+\cos^2\alpha) - 1{,}5\sin\alpha\cos\alpha]$ $\Delta_z = \frac{FR^3}{KEJ}[0{,}5\sin^2\alpha - \alpha\sin\alpha\cos\alpha + \cos\alpha - \cos^2\alpha]$	$\psi = \frac{FR^2}{KEJ}$	$\Delta_x = \psi\, 0{,}7854\, R$ $\Delta_z = \psi\, 0{,}50\, R$
VI	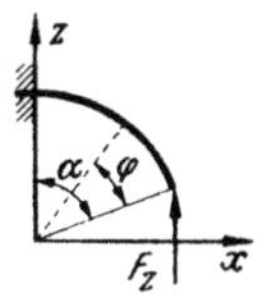	$M_b = FR[\sin\alpha - \sin(\alpha-\varphi)]$	$\psi = \frac{FR^2}{KEJ}[\alpha\sin\alpha + \cos\alpha - 1]$	$\Delta_x = \frac{FR^3}{KEJ}[1{,}5\sin^2\alpha - \alpha\sin\alpha\cos\alpha + \cos\alpha - 1]$ $\Delta_z = \frac{FR^3}{KEJ}[\alpha(0{,}5+\sin^2\alpha) + 1{,}5\sin\alpha\cos\alpha - 2\sin\alpha]$	$\psi = 0{,}5708\,\frac{FR^2}{KEJ}$	$\Delta_x = \psi\, 0{,}876\, R$ $\Delta_z = \psi\, 0{,}624\, R$
VII	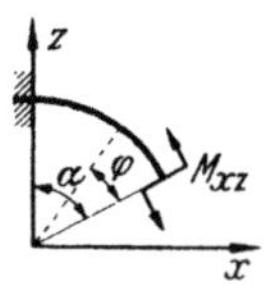	$M_b = M = \text{const.}$	$\psi = \frac{MR}{KEJ}\cdot\alpha$	$\Delta_x = \frac{MR^2}{KEJ}[\sin\alpha - \alpha\cos\alpha]$ $\Delta_z = \frac{MR^2}{KEJ}[\alpha\sin\alpha + \cos\alpha - 1]$	$\psi = 1{,}5708\,\frac{MR}{KEJ}$	$\Delta_x = \psi\, 0{,}637\, R$ $\Delta_z = \psi\, 0{,}363\, R$

Zahlentafel 11. *Normal vorkommende Rohrbogen-Belastungen im rechtwinkligen System.* (Forts.)

VIII	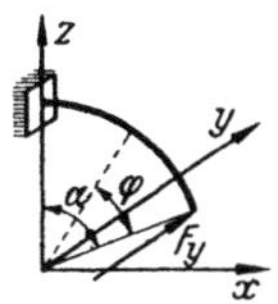	$M_{xy} = FR \sin\varphi$ $M_{yz} =$ $= FR(1 - \cos\varphi)$	$\psi_{xy} =$ $= \frac{FR^2}{EJ}[1{,}15\,\alpha\sin\alpha -$ $- 1{,}3 + 1{,}3\cos\alpha]$ $\psi_{yz} =$ $= \frac{FR^2}{EJ}[1{,}15\sin\alpha -$ $- \alpha\cos\alpha]$	$\Delta_y = \frac{FR^3}{EJ}[2{,}45\,\alpha +$ $+ 0{,}15\sin\alpha\cos\alpha - 2{,}6\sin\alpha]$	$\psi_{xy} =$ $= 0{,}5064\,\frac{FR^2}{EJ}$ $\psi_{yz} = 1{,}15\,\frac{FR^2}{EJ}$	$\Delta_y = 1{,}249\,\frac{FR^3}{EJ}$
IX	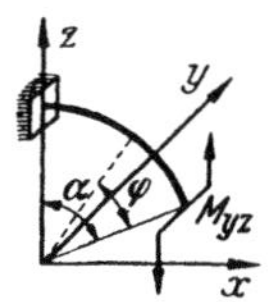	$M_{xy} =$ $= M\sin(\alpha - \varphi)$ $M_{yz} =$ $= M\cos(\alpha - \varphi)$	$\psi_{xy} =$ $= - \frac{MR}{EJ}\,0{,}15\sin^2\alpha$ $\psi_{yz} = + \frac{MR}{EJ}[1{,}15\,\alpha +$ $+ 0{,}15\sin\alpha\cos\alpha]$	$\Delta_y = \frac{MR^2}{EJ}[1{,}15(\sin\alpha -$ $- \alpha\cos\alpha)]$	$\varphi_{xy} =$ $= - \frac{0{,}15\,MR}{EJ}$ $\psi_{yz} =$ $= + \frac{1{,}806\,MR}{EJ}$	$\Delta_y = \frac{1{,}15\,MR^2}{EJ}$
X	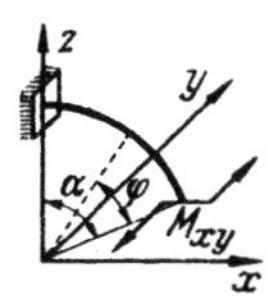	$M_{xy} =$ $= M\cos(\alpha - \varphi)$ $M_{yz} =$ $= M\sin(\alpha - \varphi)$	$\psi_{xy} = + \frac{MR}{EJ}[1{,}15\,\alpha -$ $- 0{,}15\sin\alpha\cos\alpha]$ $\psi_{yz} =$ $= - \frac{MR}{EJ}\,0{,}15\sin^2\alpha$	$\Delta_y = \frac{MR^2}{EJ}[1{,}15\,\alpha\sin\alpha -$ $- 1{,}3 + 1{,}3\cos\alpha]$	$\psi_{xy} =$ $= + \frac{1{,}806\,MR}{EJ}$ $\psi_{yz} =$ $= - \frac{0{,}15\,MR}{EJ}$	$\Delta_y = \frac{0{,}5064\,MR^2}{EJ}$

Zahlentafel 12. *Schiefwinklige Rohrbogen-Belastungen.*

Fall	Belastung des Bogens	Moment in beliebigem Punkt des Bogens	Für Bogen mit beliebigem Öffnungswinkel α	
			Winkeländerung am freien Ende	Verschiebung des freien Endes
A	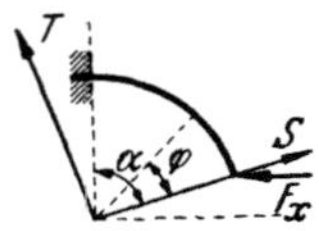	$M_b = FR[\cos(\alpha-\varphi) - \cos\alpha]$	$\psi = \frac{FR^2}{KEJ} \times [\sin\alpha - \alpha\cos\alpha]$	$\Delta_S = \frac{FR^3}{KEJ}[0{,}5\,\alpha\sin\alpha - \cos\alpha + \cos^2\alpha]$ $\Delta_T = \frac{FR^3}{KEJ}[-1{,}5\,\alpha\cos\alpha + \sin\alpha\cos\alpha + 0{,}5\sin\alpha]$
B	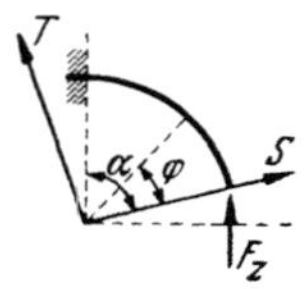	$M_b = FR[\sin\alpha - \sin(\alpha-\varphi)]$	$\psi = \frac{FR^2}{KEJ} \times [\alpha\sin\alpha + \cos\alpha - 1]$	$\Delta_S = \frac{FR^3}{KEJ}[0{,}5\,\alpha\cos\alpha + 0{,}5\sin\alpha - \sin\alpha\cos\alpha]$ $\Delta_T = \frac{FR^3}{KEJ}[1{,}5\,\alpha\sin\alpha - \sin^2\alpha + \cos\alpha - 1]$
C	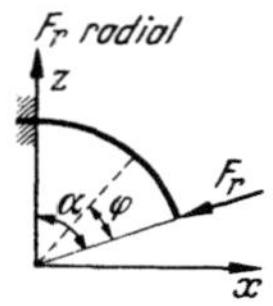	$M_b = FR\sin\varphi$	$\psi = \frac{FR^2}{KEJ} \times [1 - \cos\alpha]$	$\Delta_x = \frac{FR^3}{KEJ}[0{,}5\,\alpha\sin\alpha - \cos\alpha\,(1 - \cos\alpha)]$ $\Delta_z = \frac{FR^3}{KEJ}[0{,}5\,\alpha\cos\alpha + \sin\alpha\,(0{,}5 - \cos\alpha)]$
D	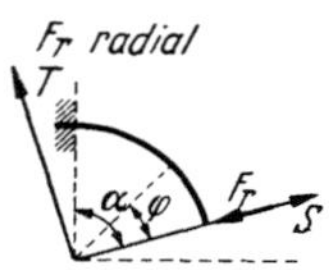	$M_b = FR\sin\varphi$	$\psi = \frac{FR^2}{KEJ} \times [1 - \cos\alpha]$	$\Delta_S = \frac{FR^3}{KEJ}[0{,}5\,\alpha - 0{,}5\sin\alpha\cos\alpha]$ $\Delta_T = \frac{FR^3}{KEJ}[1 - \cos\alpha - 0{,}5\sin^2\alpha]$
E	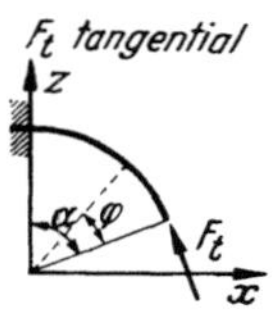	$M_b = FR(1 - \cos\varphi)$	$\psi = \frac{FR^2}{KEJ} \times [\alpha - \sin\alpha]$	$\Delta_x = \frac{FR^3}{KEJ}[-1{,}5\,\alpha\cos\alpha + \sin\alpha\cos\alpha + 0{,}5\sin\alpha]$ $\Delta_z = \frac{FR^3}{KEJ}[1{,}5\,\alpha\sin\alpha - \sin^2\alpha + \cos\alpha - 1]$
F	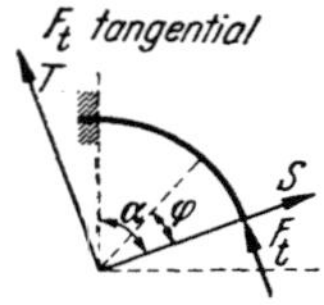	$M_b = FR(1 - \cos\varphi)$	$\psi = \frac{FR^2}{KEJ} \times [\alpha - \sin\alpha]$	$\Delta_S = \frac{FR^3}{KEJ}[1 - \cos\alpha - 0{,}5\sin^2\alpha]$ $\Delta_T = \frac{FR^3}{KEJ}[1{,}5\,\alpha - 2\sin\alpha + 0{,}5\sin\alpha\cos\alpha]$
G	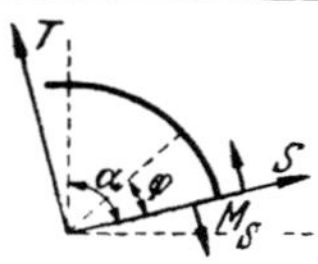	$M_b = M = \text{const.}$	$\psi = \frac{MR}{KEJ}\,\alpha$	$\Delta_S = \frac{MR^2}{KEJ}[1 - \cos\alpha]$ $\Delta_T = \frac{MR^2}{KEJ}[\alpha - \sin\alpha]$

Zahlentafel 12. *Schiefwinklige Rohrbogen-Belastungen.* (Forts.)

Fall	Belastung des Bogens	Moment in beliebigem Punkt des Bogens	Für Bogen mit beliebigem Öffnungswinkel α	
			Winkeländerung am freien Ende	Verschiebung des freien Endes
H	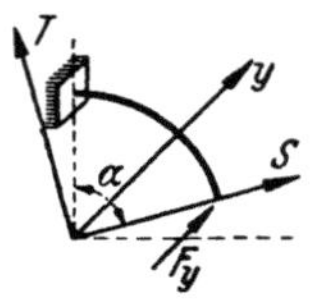	$M_{xy} = FR\sin\varphi$ $M_{yz} = FR(1-\cos\varphi)$	$\psi_{yT} = \frac{FR^2}{EJ}[1{,}3(1-\cos\alpha) - 0{,}15\sin^2\alpha]$ $\psi_{yS} = \frac{FR^2}{EJ}[1{,}15\,\alpha - 1{,}3\sin\alpha + 0{,}15\sin\alpha\cos\alpha]$	$\Delta_y = \frac{FR^3}{EJ}[2{,}45\,\alpha + 0{,}15\sin\alpha\cos\alpha - 2{,}6\sin\alpha]$
I	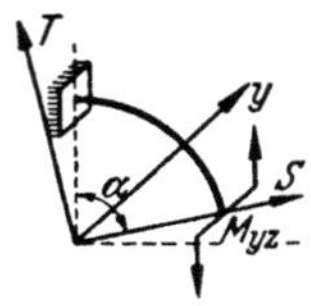	$M_{xy} = M\sin(\alpha-\varphi)$ $M_{yz} = M\cos(\alpha-\varphi)$	$\psi_{yT} = +\frac{MR}{EJ}\,1{,}15\,\alpha\sin\alpha$ $\psi_{yS} = -\frac{MR}{EJ}[0{,}15\sin\alpha + 1{,}15\,\alpha\cos\alpha]$	$\Delta_y = \frac{MR^2}{EJ} \times [1{,}15(\sin\alpha - \alpha\cos\alpha)]$
K	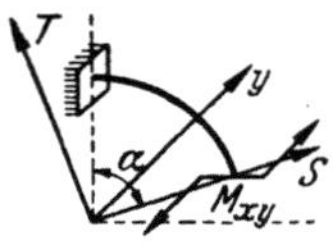	$M_{xy} = M\cos(\alpha-\varphi)$ $M_{yz} = M\sin(\alpha-\varphi)$	$\psi_{yT} = \frac{MR}{EJ}[1{,}15\,\alpha\cos\alpha - 0{,}15\sin\alpha]$ $\psi_{yS} = \frac{MR}{EJ}\,1{,}15\,\alpha\sin\alpha$	$\Delta_y = \frac{MR^2}{EJ} \times [1{,}15\,\alpha\sin\alpha - 1{,}3(1-\cos\alpha)]$
L	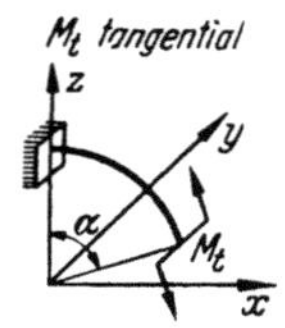	$M_{xy} = M\cos\varphi$ $M_{yz} = M\sin\varphi$	$\psi_{yz} = \frac{MR}{EJ}\,1{,}15\,\alpha\sin\alpha$ $\psi_{xy} = \frac{MR}{EJ}[1{,}15\,\alpha\cos\alpha - 0{,}15\sin\alpha]$	$\Delta_y = \frac{MR^2}{EJ} \times [1{,}3(1-\cos\alpha) - 0{,}15\sin^2\alpha]$
M	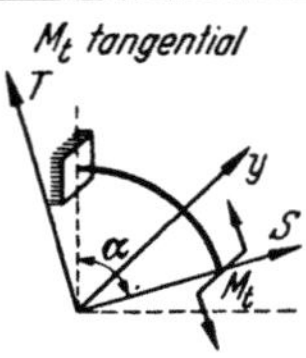	$M_{xy} = M\cos\varphi$ $M_{yz} = M\sin\varphi$	$\psi_{yT} = +\frac{MR}{EJ}[1{,}15\,\alpha - 0{,}15\sin\alpha\cos\alpha]$ $\psi_{yS} = -\frac{MR}{EJ}\,0{,}15\sin^2\alpha$	$\Delta_y = \frac{MR^2}{EJ} \times [1{,}3(1-\cos\alpha) - 0{,}15\sin^2\alpha]$
N	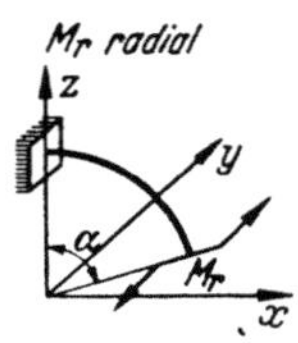	$M_{xy} = M\sin\varphi$ $M_{yz} = M\cos\varphi$	$\psi_{yz} = -\frac{MR}{EJ} \times [1{,}15\,\alpha\cos\alpha + 0{,}15\sin\alpha]$ $\psi_{xy} = +\frac{MR}{EJ}\,1{,}15\,\alpha\sin\alpha$	$\Delta_y = \frac{MR^2}{EJ} \times [1{,}15(\alpha - \sin)\,\alpha - 0{,}15\sin\alpha(1-\cos\alpha)]$
O	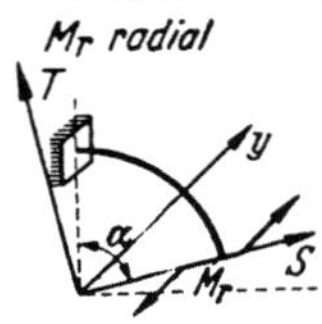	$M_{xy} = M\sin\varphi$ $M_{yz} = M\cos\varphi$	$\psi_{yT} = -\frac{MR}{EJ}\,0{,}15\sin^2\alpha$ $\psi_{yS} = +\frac{MR}{EJ}[1{,}15\,\alpha + 0{,}15\sin\alpha\cos\alpha]$	$\Delta_y = \frac{MR^2}{EJ} \times [1{,}15(\alpha - \sin\alpha) - 0{,}15\sin\alpha(1-\cos\alpha)]$

In seiner Arbeit weist ABEL nach, daß der Angriffspunkt der Reaktionskräfte auch bei räumlichen Systemen mit beiderseitiger Einspannung im Schwerpunkt des Systems liegt. Dadurch und durch die Anwendung der in der Baustatik eingeführten Theorie der starren Ergänzungsstäbe gelingt es ABEL, die Aufgabe erfolgreich zu lösen, indem der Ansatz auf ein System von drei Gleichungen mit drei Unbekannten zurückgeführt wird.

Zu diesem Zweck wird eine der beiden Einspannungen entfernt und durch drei Kräfte und drei Einspannmomente ersetzt gedacht, in ähnlicher Weise, wie es schon für ebene Systeme angewandt worden ist.

Durch Verlegung des Kräfteangriffs in den Schwerpunkt des Systems werden die drei Einspannmomente ausgeschaltet, und man erhält, wie gesagt, drei Gleichungen mit den drei unbekannten Kräften.

ABEL führt seine Betrachtungen nur für Systeme mit senkrecht aufeinanderstehenden Schenkeln durch, ohne die verbindenden Bogen zu berücksichtigen. Er führt also zur Vereinfachung der Lösung *biegungssteife Ecken* ein. Diese Einschränkung ist nach seiner Meinung zulässig, da es sich zumeist um die Untersuchung von Netzleitungen handelt, bei denen das Verhältnis der geraden Längen zu den Bogenlängen groß ist.

Diese Begründung ist nach meiner Auffassung nicht richtig, da man räumliche Netzleitungen äußerst selten berechnen wird. Sie besitzen schon infolge ihrer Länge naturgemäß eine ausreichende Elastizität und dürften daher selten unzulässige Beanspruchungen ergeben. Dagegen sind die Fälle sehr häufig, daß ziemlich kurze räumlich gestaltete Verbindungsbogen, z. B. zwischen Wasserabscheider und Kraftmaschine, einer Prüfung unterzogen werden müssen, weil sie wegen ihrer geringen gestreckten Länge verhältnismäßig steif sind. In solchen Fällen ist aber auch das Verhältnis der geraden zu den gebogenen Längen klein, und man begeht dadurch einen nicht unwesentlichen Fehler, wenn man biegungssteife Ecken zugrunde legt und den die Elastizität vergrößernden Einfluß der Bogen und damit auch der Bogenabflachung vernachlässigt.

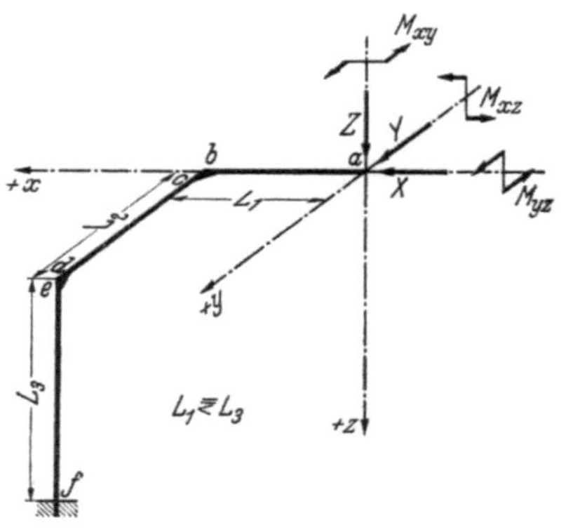

Abb. 166. Räumliches System mit 3 Schenkeln.

Eines der von ABEL untersuchten Rohrsysteme ist in Abb. 166 dargestellt. Die rechte Einspannung ist durch die Kräfte X, Y und Z und durch die Einspannmomente M_{yz}, M_{xz} und M_{xy} ersetzt. Das gewählte

Achsenkreuz x, y und z ist jeweils den Schenkeln L_1, L_2 und L_3 parallel gerichtet mit dem Ursprung im frei gemachten Ende.

Mit Rücksicht auf die bereits behandelten Beziehungen zwischen dem polaren und äquatorialen Rohrträgheitsmoment sowie zwischen dem Gleit- und dem Elastizitätsmodul ist der bei Torsionsbeanspruchung maßgebende Quotient

$$\frac{1}{G J_0} = \frac{1,3}{E J}.$$

ABEL führt infolgedessen für seine Betrachtungen drei sog. Ersatzsysteme ein, und zwar

Ersatzsystem I:	$1,3\,L_1$	L_2	L_3
Ersatzsystem II:	L_1	$1,3\,L_2$	L_3
Ersatzsystem III:	L_1	L_2	$1,3\,L_3$

ohne allerdings näher zu erläutern, wie und wann diese Systeme bei der praktischen Anwendung jeweils einzusetzen sind. Hierauf wird im nächsten Abschnitt näher eingegangen. Es ist also jeweils derjenige Schenkel, der auf Verdrehung durch die betreffende Kraftkomponente beansprucht wird, mit 1,3 zu multiplizieren.

Die Entwicklung führt zu einem System von drei Gleichungen in der Form

[1] $$E J \Delta_x = A X + B Y + C Z, \tag{85}$$

[2] $$E J \Delta_y = D X + E Y + F Z, \tag{86}$$

[3] $$E J \Delta_z = G X + H Y + K Z. \tag{87}$$

Die Werte Δ_x, Δ_y und Δ_z stellen die Komponenten der Wärmedehnung in Richtung der jeweiligen Achsen dar, und zwar:

$$\Delta_x = \alpha L_1 q,$$
$$\Delta_y = \alpha L_2 q,$$
$$\Delta_z = \alpha L_3 q,$$

worin

α = Wärmedehnung in cm/cm,

L = Schenkellänge in cm,

q = Vorspannung

bedeuten.

Die Zahlenwerte A, B, C, D usw. bis K sind Funktionen der Form des Rohrsystems und seiner Schenkellängen und sind aus nachstehender Zahlentafel 13 für ein räumliches System, bestehend aus drei zueinander senkrechten Schenkeln L_1, L_2 und L_3 gemäß Abb. 166, zu ersehen, wobei $n_2 = L_2 : L_1$ und $n_3 = L_3 : L_1$ ist.

Zahlentafel 13. *Beiwerte A, B, C, D, E, F, G, H, K für räumliches System nach Abb. 166.*

Gleichung	cm^3 kg	Beiwerte für Kaft x cm^3	Beiwerte für Kraft y cm^3	Beiwerte für Kraft z cm^3
[1]	$+EJ\alpha L_1$	$A = L_1^3\left[\frac{n_2^3}{3} + 1{,}3\,n_2^2 n_3 + \frac{n_3^3}{3} - \frac{0{,}25\,n_3^4}{1+1{,}3\,n_2+n_3} - \frac{(0{,}5\,n_2^2+1{,}3\,n_2 n_3)^2}{1+n_2+1{,}3\,n_3}\right]$	$B = -L_1^3\left[\frac{0{,}5\,n_2(0{,}5\,n_2+1{,}3\,n_3)}{1+n_2+1{,}3\,n_3}\right]$	$C = -L_1^3\left[\frac{0{,}25\,n_3^2}{1+1{,}3\,n_2+n_3}\right]$
[2]	$+EJ\alpha L_2$	$D = B = -L_1^3\left[\frac{0{,}5\,n_2(0{,}5\,n_2+1{,}3\,n_3)}{1+n_2+1{,}3\,n_3}\right]$	$E = L_1^3\left[\frac{1}{3} + n_2 + 1{,}3\,n_3 + \frac{n_3^3}{3} - \frac{(0{,}5+n_2+1{,}3\,n_3)^2}{1+n_2+1{,}3\,n_3} - \frac{0{,}25\,n_3^4}{1{,}3+n_2+n_3}\right]$	$F = -L_1^3\left[\frac{0{,}25\,n_2^2 n_3^2 + 0{,}65\,n_2 n_3^2}{1{,}3+n_2+n_3}\right]$
[3]	$+EJ\alpha L_3$	$G = C = -L_1^3\left[\frac{0{,}25\,n_3^2}{1+1{,}3\,n_2+n_3}\right]$	$H = F = -L_1^3\left[\frac{0{,}25\,n_2^2 n_3^2+0{,}65\,n_2 n_3^2}{1{,}3+n_2+n_3}\right]$	$K = L_1^3\left[\frac{1}{3} + 1{,}3\,n_2 + n_3 + \frac{n_2^3}{3} + n_2^2 n_3 - \frac{(0{,}5+1{,}3\,n_2+n_3)^2}{1+1{,}3\,n_2+n_3} - \frac{(0{,}5\,n_2^2+n_2 n_3)^2}{1{,}3+n_2+n_3}\right]$

Die am frei gedachten Ende wirkenden Einspannmomente sind

$$M_{yz} = \frac{L_1}{1{,}3 + n_2 + n_3} \left[-Y\,0{,}5\,n_3^2 + Z(0{,}5\,n_2^2 + n_2 n_3)\right] \quad \text{cm kg},$$

$$M_{xz} = \frac{L_1}{1 + 1{,}3\,n_2 + n_3} \left[-X\,0{,}5\,n_3^2 + Z(0{,}5 + n_3 + 1{,}3\,n_2)\right] \quad \text{cm kg},$$

$$M_{xy} = \frac{L_1}{1 + n_2 + 1{,}3\,n_3} \left[-X(0{,}5 n_2^2 + 1{,}3 n_2 n_3) + Y(0{,}5 + n_2 + 1{,}3 n_3)\right] \quad \text{cm kg}.$$

Der Index des Einspannmoments zeigt an, in welcher Ebene dasselbe wirkt.

Es ist häufig zweckmäßiger, nicht mit den Schenkellängen selbst, sondern mit ihren Verhältnissen zu einer bestimmten Schenkellänge zu arbeiten, d. h. dimensionslos zu rechnen. Das bietet den praktischen Vorteil, daß man für eine Reihe häufig vorkommender Schenkelverhältnisse die Kraftkomponenten und Einspannmomente für das System nach Abb. 166 in einfachster Weise aus folgenden Gleichungen berechnen kann.

Kraftkomponenten:

$$X = \frac{E J \alpha}{L_1^2} a, \qquad Y = \frac{E J \alpha}{L_1^2} b, \qquad Z = \frac{E J \alpha}{L_1^2} c \quad \text{in kg}.$$

Resultierende Hauptkraft:

$$P = \frac{E J \alpha}{L_1^2} \sqrt{a^2 + b^2 + c^2} = \sqrt{X^2 + Y^2 + Z^2} \quad \text{in kg}.$$

Einspannmomente im Punkt a:

$$M_{yz} = \frac{E J \alpha}{L_1} u, \qquad M_{xz} = \frac{E J \alpha}{L_1} v, \qquad M_{xy} = \frac{E J \alpha}{L_1} w \quad \text{in cm kg}.$$

Darin bedeuten:

L_1, L_2 und L_3 = Schenkellängen in cm;
E = Elastizitätsmodul in kg/cm² bei t °C;
α = Wärmedehnungszahl in cm/cm bei t °C;
J = Rohrträgheitsmoment in cm⁴;

a, b, c, u, v, w = Zahlenwerte aus nachfolgenden Linientafeln Abb. 167 bis 172[1].

Hierfür sind die Schenkelverhältnisse n_2 und n_3 wie folgt gewählt

$$n_2 = \frac{L_2}{L_1}, \qquad n_3 = \frac{L_3}{L_1},$$

wobei L_1 kleiner als L_3 ist.

Diese Linientafeln ermöglichen ein sehr schnelles und bequemes Berechnen des einfachsten vorkommenden räumlichen Rohrsystems

[1] Diese Linientafeln wurden unter Auswertung und Erweiterung der von ABEL errechneten Tabellen entworfen.

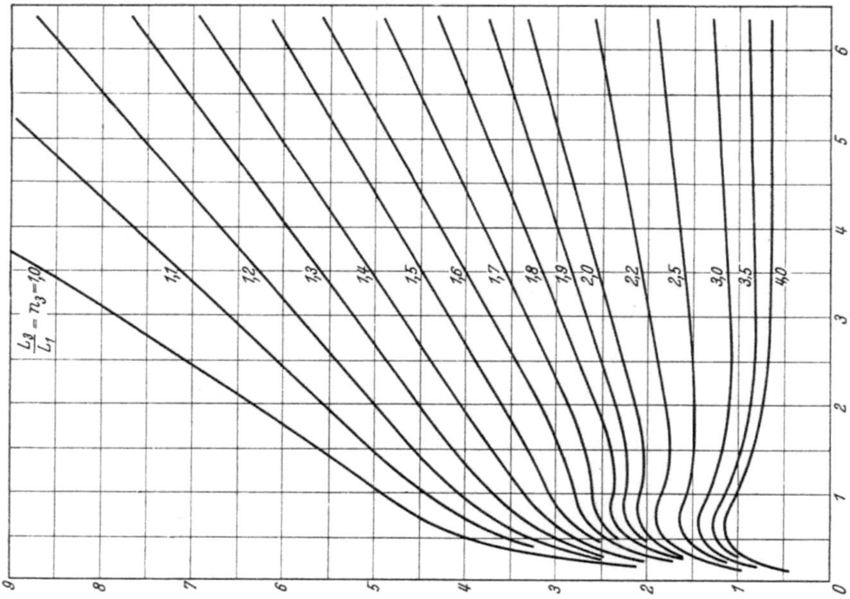

Abb. 168. Beiwert b für die Kraftkomponente Y.

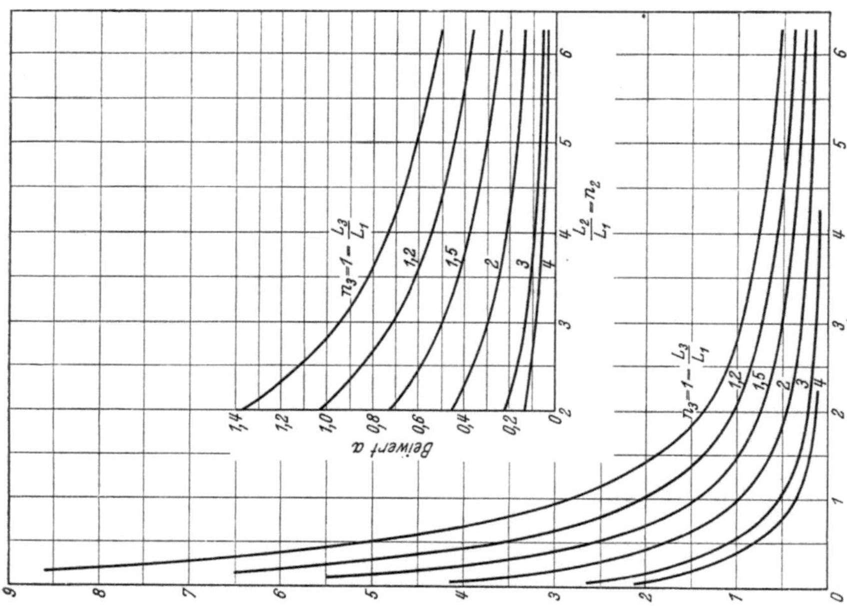

Abb. 167. Beiwert a für die Kraftkomponente X.

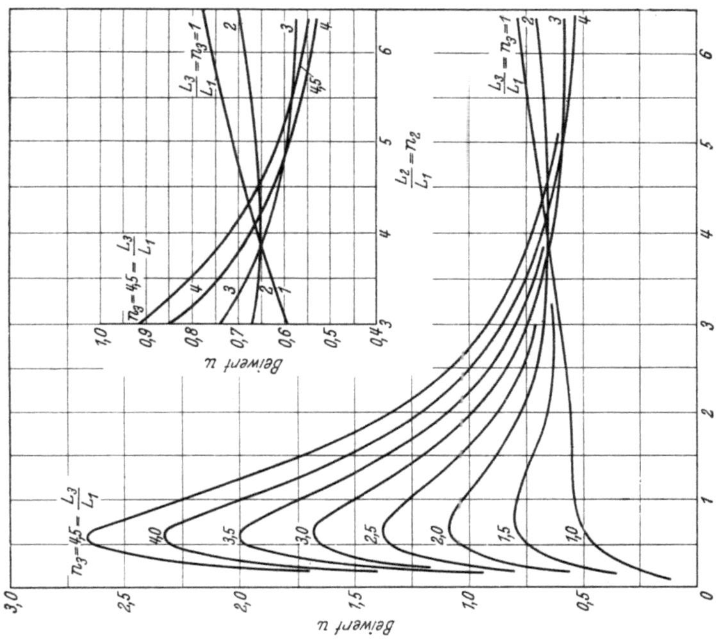

Abb. 170. Beiwert u für das Einspannmoment M_{yz}.

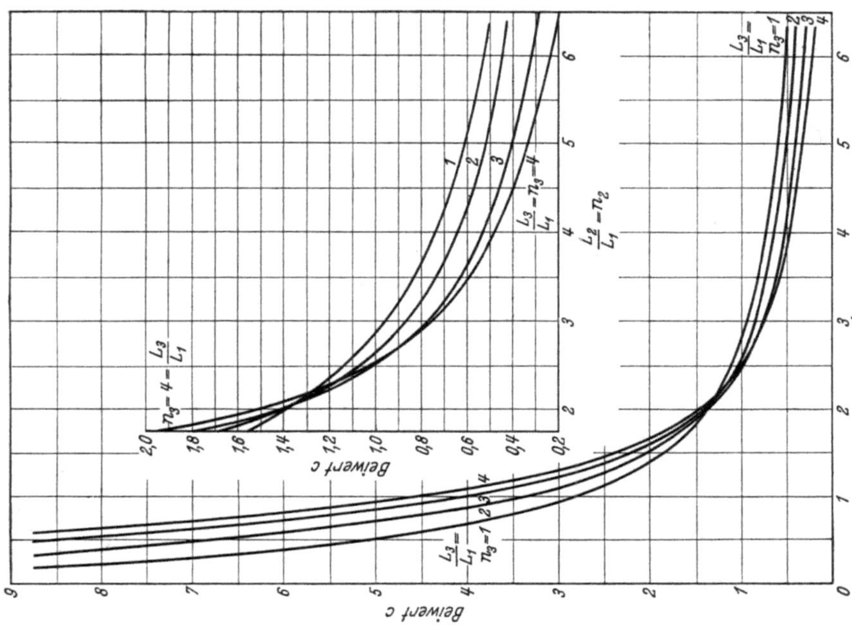

Abb. 169. Beiwert c für die Kraftkomponente Z.

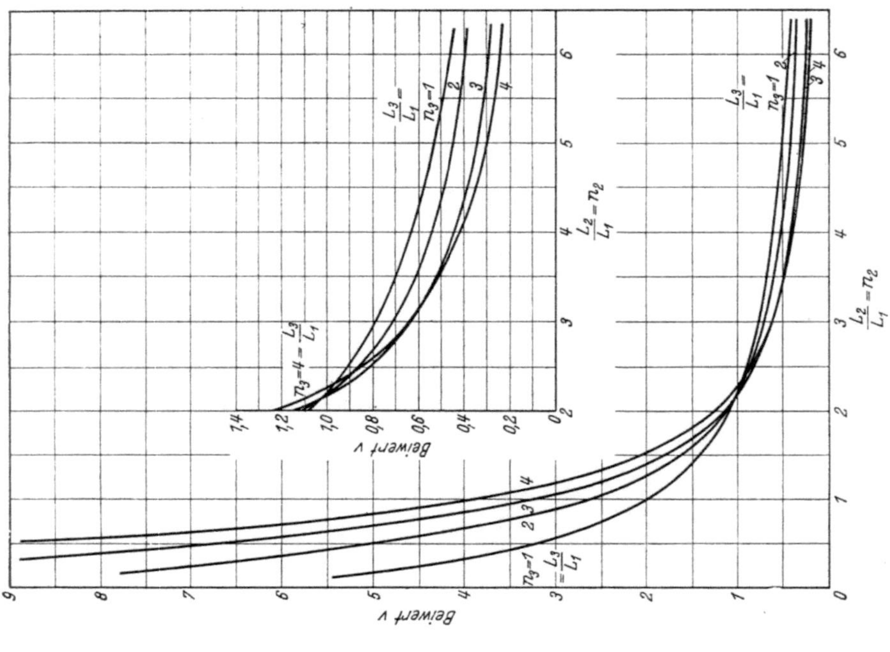

Abb. 171. Beiwert v für das Einspannmoment M_{xz}.

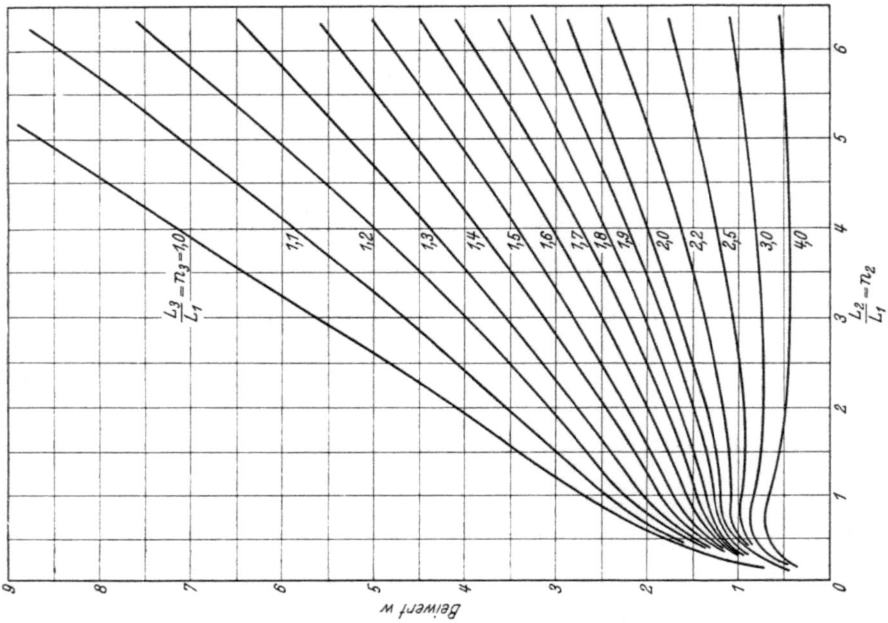

Abb. 172. Beiwert w für das Einspannmoment M_{xy}.

gemäß Abb. 166. Sie berücksichtigen allerdings, wie schon gesagt wurde, den Einfluß der Biegungen nicht, sondern sind unter Zugrundelegung von biegungssteifen Ecken entworfen.

Will man die Biegungs- und Drehmomente für alle anderen Punkte des Systems nach Abb. 166 ermitteln, um daraus das größte Moment und somit die größte Beanspruchung zu errechnen, so können hierfür folgende Beziehungen dienen.

Schenkel L_1. Punkt a.

$$\left.\begin{aligned} M_{b(xy)} &= M_{xy} \\ M_{b(xz)} &= M_{xz} \\ M_{d(yz)} &= M_{yz} \end{aligned}\right\} \text{aus den vorhin genannten Gleichungen für die Einspannmomente.}$$

Schenkel L_1. Punkt b.

$$M_{b(xy)} = Y L_1 - M_{xy},$$
$$M_{b(xz)} = Z L_1 - M_{xz},$$
$$M_{d(yz)} = M_{yz}.$$

Schenkel L_2.

Punkt c.

$$M_{b(xy)} = Y L_1 - M_{xy},$$
$$M_{b(yz)} = M_{yz},$$
$$M_{d(xz)} = Z L_1 - M_{xz},$$

Punkt d.

$$M_{b(xy)} = X L_2 - Y L_1 + M_{xy},$$
$$M_{b(yz)} = Z L_2 - M_{yz},$$
$$M_{d(xz)} = Z L_1 - M_{xz}.$$

Schenkel L_3.

Punkt e.

$$M_{b(xz)} = Z L_1 - M_{xz},$$
$$M_{b(yz)} = Z L_2 - M_{yz},$$
$$M_{d(xy)} = X L_2 - Y L_1 + M_{xy},$$

Punkt f.

$$M_{b(xz)} = Z L_1 - X L_3 - M_{xz},$$
$$M_{b(yz)} = Z L_2 - Y L_3 - M_{yz},$$
$$M_{d(xy)} = X L_2 - Y L_1 + M_{xy},$$

Der Vollständigkeit halber sei auch das *vierschenklige* von ABEL untersuchte System gemäß Abb. 173 erwähnt, da es in ähnlichen Fällen eine vereinfachte Nachprüfung der auftretenden Kräfte und Momente gestattet.

Dieses System mit den Schenkeln L_1, L_2, L_3 und L_4 ist ebenfalls beiderseits mit Einspannfestpunkten versehen, von denen einer durch die Kraftkomponenten X, Y und Z und die Einspannmomente M_{yz}, M_{xz} und M_{xy} ersetzt gedacht wird.

Für die drei Kraftkomponenten gelten wieder die Gl. (85) bis (87).

Für die Zahlenwerte A, B, C, D usw. bis K gelten nachstehende Beziehungen, die für die Schenkelverhältnisse

$$n_2 = \frac{L_2}{L_1}, \qquad n_3 = \frac{L_3}{L_1}, \qquad n_4 = \frac{L_4}{L_1}$$

angegeben sind.

$$A = +L_1^3\left\{\frac{1}{3}(1+n_4)^3 + n_2 + 1{,}3\,n_3 + \frac{1}{3}n_3^3 + 1{,}3\,n_3^2 n_4 - \right.$$
$$\left. - \frac{[0{,}5(1+n_4)^2 + n_2 + 1{,}3\,n_3]^2}{1 + n_2 + 1{,}3\,n_3 + n_4} - \frac{[0{,}5\,n_3^2 + 1{,}3\,n_3 n_4]^2}{1{,}3 + n_2 + n_3 + 1{,}3\,n_4}\right\},$$

$$B = -L_1^3\,\frac{(0{,}5\,n_2^2 + 1{,}3\,n_2)\,n_3(0{,}5\,n_3 + 1{,}3\,n_4)}{1{,}3 + n_2 + n_3 + 1{,}3\,n_4},$$

$$C = -L_1^3\,\frac{n_2[0{,}5(1+n_4)^2 + 0{,}5\,n_2 + 0{,}65\,n_3 - 0{,}5(1+n_4)]}{1 + n_2 + 1{,}3\,n_3 + n_4} -$$
$$- L_1^3\,\frac{0{,}5\,n_2^2[0{,}5(1+n_4)^2 - (1+n_4)]}{1 + n_2 + 1{,}3\,n_3 + n_4},$$

$$D = B,$$

$$E = +L_1^3\left\{\frac{1}{3}(1+n_4)^3 + 1{,}3\,n_2 + n_3 + \frac{1}{3}n_2^3 + n_2^2 n_3 + 1{,}3\,n_2^2 n_4 - \right.$$
$$\left. - \frac{[0{,}5(1+n_4)^2 + 1{,}3\,n_2 + n_3]^2}{1 + 1{,}3\,n_2 + n_3 + n_4} - \frac{[0{,}5\,n_2^2 + n_2 n_3 + 1{,}3\,n_2 n_4]^2}{1{,}3 + n_2 + n_3 + 1{,}3\,n_4}\right\},$$

$$F = -L_1^3\,\frac{n_3[0{,}5(1+n_4)^2 + 0{,}65\,n_2 + 0{,}5\,n_3 - 0{,}5(1+n_4)]}{1 + 1{,}3\,n_2 + n_3 + n_4} -$$
$$- L_1^3\,\frac{[1{,}3\,n_2 + 0{,}5\,n_3]\,n_3[0{,}5(1+n_4)^2 - (1+n_4)]}{1 + 1{,}3\,n_2 + n_3 + n_4},$$

$$G = C,$$

$$H = F,$$

$$K = +L_1^3\left\{\frac{1}{3}n_2^3 + 1{,}3\,n_2^2 n_3 + n_2^2 n_4 + \frac{1}{3}n_3^3 + n_3^2 n_4 - \right.$$
$$\left. - \frac{[0{,}5\,n_3^2 + n_3 n_4]^2}{1 + 1{,}3\,n_2 + n_3 + n_4} - \frac{[0{,}5\,n_2^2 + 1{,}3\,n_2 n_3 + n_2 n_4]^2}{1 + n_2 + 1{,}3\,n_3 + n_4}\right\}.$$

Die Lösung der drei Gleichungen für die drei Kraftkomponenten kann entweder durch aufeinanderfolgendes Ausschalten der Unbekannten erfolgen oder unter Zuhilfenahme von Determinanten. Die erstgenannte Art ist einfacher und führt schneller zum Ziel.

Die Beziehungen für die Einspannmomente dieses Rohrsystems lauten

$$M_{yz} = L_1\,\frac{Z[0{,}5\,n_3^2 + n_3 n_4] - Y[0{,}5(1+n_4)^2 + 1{,}3\,n_2 + n_3]}{1 + 1{,}3\,n_2 + n_3 + n_4},$$

$$M_{xz} = L_1\,\frac{Z[0{,}5\,n_2^2 + 1{,}3\,n_2 n_3 + n_2 n_4] - X[0{,}5(1+n_4)^2 + n_2 + 1{,}3\,n_3]}{1 + n_2 + 1{,}3\,n_3 + n_4},$$

$$M_{xy} = L_1\,\frac{Y[0{,}5\,n_2^2 + n_2 n_3 + 1{,}3\,n_2 n_4] - X[0{,}5\,n_3^2 + 1{,}3\,n_3 n_4]}{1{,}3 + n_2 + n_3 + 1{,}3\,n_4}.$$

Die Biegungs- und Drehmomente in den übrigen Punkten des vierschenkligen räumlichen Rohrsystems nach Abb. 173 werden sinngemäß in gleicher Weise ermittelt, wie das für die dreischenklige Form des Systems nach Abb. 166 gezeigt war.

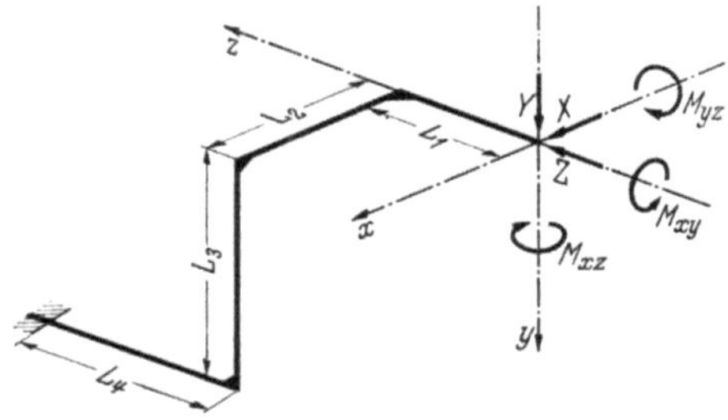

Abb. 173. Räumliches System mit 4 Schenkeln.

Es muß besonders betont werden, daß bei der Berechnung ähnlicher Systeme nach den vorstehenden Gleichungen die Lage der Achsen und der Kraftkomponenten zu den Schenkeln des Systems genau den in Abb. 166 bzw. 173 festgelegten Richtungen entsprechen muß, da man andernfalls zu vollkommen falschen Ergebnissen kommt. — Das nachstehende Zahlenbeispiel zeigt die Anwendung der genannten Berechnungsart.

Beispiel 21. Gegeben ist das in Abb. 174 dargestellte dreischenklige räumliche System mit $L_1 = 200$ cm, $L_2 = 300$ cm und $L_3 = 600$ cm Rohrabmessungen $D = 191$ mm, $s = 6$ mm, $J = 1493$ cm^4. Rohrtemperatur 400° C. Das entspricht einer Wärmedehnungszahl

$$\alpha = 0{,}5 \cdot 10^{-2} \text{ cm/cm}$$
(aus Abb. 44)

und

$$E = 1{,}79 \cdot 10^6 \text{ kg/cm}^2$$
(aus Abb. 6).

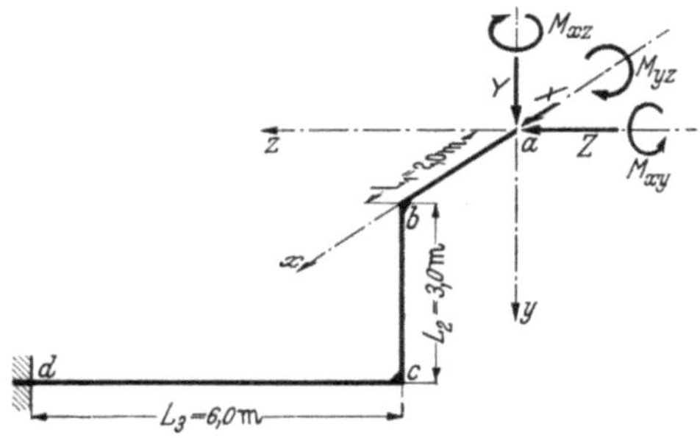

Abb. 174. Räumliches System mit 3 Schenkeln.

Entsprechend der Form des Systems und der Lage der Schenkel wird das Achsenkreuz mit Bezug auf Abb. 166 festgelegt, und zwar die x-Achse parallel L_1, die y-Achse parallel L_2 und die z-Achse parallel L_3.

Die rechte Einspannung wird durch drei Kraftkomponenten X, Y und Z und drei Einspannmomente M_{yz}, M_{xz} und M_{xy} ersetzt.

Zwecks bequemerer Rechnung werden die Schenkelverhältnisse eingeführt

$$n_2 = \frac{L_2}{L_1} = \frac{300}{200} = 1{,}5,$$

$$n_3 = \frac{L_3}{L_2} = \frac{600}{200} = 3.$$

Nach Zahlentafel 13 ist:

$$A = 8\cdot 10^6\left\{0{,}333\cdot 3{,}375 + 1{,}3\cdot 2{,}25\cdot 3 + 9 - \frac{0{,}25\cdot 81}{5{,}95} - \frac{(0{,}5\cdot 2{,}25 + 1{,}3\cdot 1{,}5\cdot 3)^2}{6{,}4}\right\}$$

$$= 8\cdot 10^6\cdot 7{,}895 = \underline{63{,}2\cdot 10^6\ \text{cm}^3},$$

$$B = 8\cdot 10^6\left\{-\frac{0{,}5\cdot 1{,}5\,(0{,}5\cdot 1{,}5 + 1{,}3\cdot 3)}{6{,}4}\right\} = 8\cdot 10^6(-0{,}545) = \underline{-4{,}36\cdot 10^6\ \text{cm}^3},$$

$$C = 8\cdot 10^6\left\{-\frac{0{,}25\cdot 9}{5{,}95}\right\} = \underline{-3{,}027\cdot 10^6}\ \text{cm}^3,$$

$$D = B = \underline{-4{,}36\cdot 10^6}\ \text{cm}^3,$$

$$E = 8\cdot 10^6\left\{0{,}3333 + 1{,}5 + 3{,}9 + 9 - \frac{(0{,}5 + 1{,}5 + 3{,}9)^2}{6{,}4} - \frac{0{,}25\cdot 81}{5{,}8}\right\}$$

$$= 8\cdot 10^6\cdot 5{,}9033 = \underline{47{,}24\cdot 10^6}\ \text{cm}^3,$$

$$F = 8\cdot 10^6\left\{-\frac{0{,}25\cdot 2{,}25\cdot 9 + 0{,}65\cdot 1{,}5\cdot 9}{5{,}8}\right\} = \underline{-19{,}83\cdot 10^6}\ \text{cm}^3,$$

$$G = C = \underline{-3{,}027\cdot 10^6}\ \text{cm}^3,$$

$$H = F = \underline{-19{,}83\cdot 10^6}\ \text{cm}^3,$$

$$K = 8\cdot 10^6\left\{0{,}333 + 1{,}3\cdot 1{,}5 + 3 + 1{,}125 + 2{,}25\cdot 3 - \frac{(0{,}5 + 1{,}3\cdot 1{,}5 + 3)^2}{5{,}95} - \frac{(0{,}5\cdot 2{,}25 + 1{,}5\cdot 3)^2}{5{,}8}\right\}$$

$$= 8\cdot 10^6\cdot 2{,}7183 = \underline{21{,}75\cdot 10^6}\ \text{cm}^3.$$

Diese Werte setzt man in die Gl. (85) bis (87) ein. Die Komponenten der Wärmedehnung sind mit $\alpha = 0{,}5$ cm/cm und 50% Vorspannung:

$$\Delta_x = \alpha L_1\cdot 0{,}5 = 0{,}005\cdot 200\cdot 0{,}5 = 0{,}5\ \text{cm},$$
$$\Delta_y = \alpha L_2\cdot 0{,}5 = 0{,}005\cdot 300\cdot 0{,}5 = 0{,}75\ \text{cm},$$
$$\Delta_z = \alpha L_3\cdot 0{,}5 = 0{,}005\cdot 600\cdot 0{,}5 = 1{,}50\ \text{cm}.$$

Damit wird

$$E\,J\,\Delta_x = 1{,}79\cdot 10^6\cdot 1493\cdot 0{,}5 = 1337\cdot 10^6\ \text{cm}^3/\text{kg},$$
$$E\,J\,\Delta_y = 1{,}79\cdot 10^6\cdot 1493\cdot 0{,}75 = 2005\cdot 10^6\ \text{cm}^3/\text{kg},$$
$$E\,J\,\Delta_z = 1{,}79\cdot 10^6\cdot 1493\cdot 1{,}5 = 4010\cdot 10^6\ \text{cm}^3/\text{kg}.$$

Die Zahlenwerte 10^6 kürzen sich auf beiden Seiten der Gleichungen fort und man erhält:

[1] $$1337 = 63{,}2\,X - 4{,}36\,Y - 3{,}027\,Z,$$

[2] $$2005 = -4{,}36\,X + 47{,}24\,Y - 19{,}83\,Z,$$

[3] $$4010 = -3{,}027\,X - 19{,}83\,Y + 21{,}75\,Z.$$

Da die Lösung der drei Gleichungen mittels Determinanten langwierig ist, sollen die Kraftkomponenten durch aufeinanderfolgendes Ausschalten der Unbekannten bestimmt werden.

Hierzu wird die Gl. [1] mit (—6,55) multipliziert und mit der Gl. [2] addiert:

$$\begin{array}{rl} -8755 = & -414{,}0\ X + 28{,}55\ Y + 19{,}83\ Z \\ +2005 = & -\ \ 4{,}36\ X + 47{,}24\ Y - 19{,}83\ Z \\ \hline \end{array}$$

$$\text{(A)} \qquad -6750 = -418{,}36\ X + 75{,}79\ Y + 0$$

Die Gl. [2] wird mit (+1,097) multipliziert und mit der Gl. [3] addiert:

$$\begin{array}{rl} +2200 = & -4{,}78\ X + 51{,}8\ Y - 21{,}75\ Z \\ +4010 = & -3{,}027\ X - 19{,}83\ Y + 21{,}75\ Z \\ \hline \end{array}$$

$$\text{(B)} \qquad +6210 = -7{,}807\ X + 31{,}97\ Y + 0$$

Gl. (B) wird mit (—2,37) multipliziert und mit Gl. (A) addiert

$$\begin{array}{rl} -\ 6750 = & -418{,}36\ X + 75{,}79\, Y \\ -14710 = & +\ 18{,}50\ X - 75{,}79\, Y \\ \hline -21460 = & -399{,}86\ X + 0 \end{array}$$

Daraus

$$X = \frac{-21460}{-399{,}86} = \underline{+53{,}5 \text{ kg}}$$

in Gl. (B) eingesetzt:

$$6210 = -420 + 31{,}97\, Y,$$

daraus

$$Y = \frac{6210 + 420}{31{,}97} = \underline{207 \text{ kg.}}$$

In Gl. [3] eingesetzt:

$$4010 = -162{,}5 - 4105 + 21{,}75\, Z,$$

daraus

$$\underline{Z = 381 \text{ kg.}}$$

Mit diesen Werten lassen sich die Einspannmomente nach den Formeln auf S. 231 berechnen, und zwar:

$M_{yz} = \underline{41650 \text{ cmkg.}}$ $\qquad M_{xz} = \underline{61600 \text{ cmkg.}}$ $\qquad M_{xy} = \underline{26500 \text{ cmkg.}}$

Zum Vergleich sollen die Kraftkomponenten und Einspannmomente auch unter Benutzung der Linientafeln Abb. 167 bis 172 berechnet werden.

Für $n_2 = 1{,}5$ und $n_3 = 3$ werden aus diesen Abbildungen die Beiwerte

$$a = 0{,}34, \quad b = 1{,}18, \quad c = 2{,}25,$$
$$u = 1{,}21, \quad v = 1{,}8, \quad w = 0{,}75$$

abgelesen und in die Gleichungen für die Kraftkomponenten bzw. Einspannmomente eingesetzt.

$$X = \frac{1{,}79 \cdot 10^6 \cdot 1493 \cdot 0{,}005 \cdot 0{,}5}{4 \cdot 10^4} 0{,}34 = 167 \cdot 0{,}34 = 57 \text{ kg},$$

$$Y = 167 \cdot 1{,}18 = 197 \text{ kg},$$

$$Z = 167 \cdot 2{,}25 = 376 \text{ kg};$$

desgleichen die Einspannmomente

$$M_{yz} = \frac{1{,}79 \cdot 10^6 \cdot 1493 \cdot 0{,}005 \cdot 05}{200} 1{,}21 = 33400 \cdot 1{,}21 = 40400 \text{ cmkg},$$

$$M_{xz} = 33400 \cdot 1{,}8 \quad = 60200 \text{ cmkg},$$

$$M_{xy} = 33400 \cdot 0{,}75 = 25050 \text{ cmkg}.$$

Wie man sieht, erhält man mit Hilfe der Linientafeln diese Werte sehr schnell und mühelos, wobei die Übereinstimmung als gut bezeichnet werden kann. Die Abweichungen sind auf die Linientafeln zurückzuführen, deren Ablesegenauigkeit naturgemäß nur eine beschränkte ist.

Trotzdem sind für solche Zwecke Linientafeln vorteilhafter als Tabellen, da erstere eine sicherere Interpolation gestatten.

Die Arbeit von ABEL ist zweifellos für die Entwicklung der Berechnung räumlicher Systeme richtungweisend gewesen. Sie gibt aber kein abschließendes Bild über die Anwendung der entwickelten Grundlagen auf räumliche Systeme *beliebiger* Form. Es sind gewisse zusammenfassende Beziehungen für zwei ganz bestimmte Systemformen angegeben, die jedoch für den Praktiker keinen Hinweis enthalten, wie er diese Beziehungen in allgemeingültiger Weise auswerten soll.

Außerdem wurde bereits darauf hingewiesen, daß die Vernachlässigung der Biegungen (Anwendung biegungssteifer Ecken) nur für solche Systeme zulässig ist, bei denen das Verhältnis der geraden Längen zu den Längen der Bogen groß ist.

Im allgemeinen wird man aber die kurzschenkligen Systeme mit großem Anteil der Bogen an der Gesamtlänge viel häufiger genau nachrechnen müssen, weil gerade bei solchen Systemen die Kräfte und Beanspruchungen meistens die kritische Grenze erreichen.

Im nächsten Abschnitt wird daher ein vom Verfasser ausgearbeitetes Verfahren ausführlich behandelt, das sich auf Systeme beliebiger Form anwenden läßt und welches die Bogen und deren Einfluß auf die Kräfte und Spannungen genau berücksichtigt und trotzdem ein erträgliches Maß an Rechenarbeit erfordert.

b) Berechnungsvorschlag des Verfassers.

Nach mehrfach geäußerter, übereinstimmender Ansicht zahlreicher Leser stellt das nachstehend geschilderte, vom Verfasser entwickelte

Verfahren die *einfachste* und sicherste Berechnungsgrundlage für räumliche Rohrsysteme beliebiger Form dar.

Um den Leser nicht durch langatmige Erläuterungen und Ableitungen von vornherein zu verwirren und abzuschrecken, soll das Verfahren als solches zunächst in seiner übersichtlichen praktischen Anwendung beschrieben werden und die zur Vertiefung des Verständnisses notwendigen Erklärungen hinterher gegeben werden.

Die im vorangegangenen Abschnitt angegebenen drei Gl. (85) bis (87) für die Kraftkomponenten eines beliebig geformten, an beiden Enden mit Einspannfestpunkten versehenen räumlichen Systems können wie folgt angeschrieben werden:

$$E\,J\,\Delta_x = +(J_{(xy)} + J_{(xz)})\,X - J_{(xz)(yz)}\,Y - J_{(xy)(yz)}\,Z, \tag{88}$$

$$E\,J\,\Delta_y = -J_{(xz)(yz)}\,X + (J_{(xy)} + J_{(yz)})\,Y - J_{(xy)(xz)}\,Z, \tag{89}$$

$$E\,J\,\Delta_z = -J_{(xy)(yz)}\,X - J_{(xy)(xz)}\,Y + (J_{(xz)} + J_{(yz)})\,Z. \tag{90}$$

$J_{(xy)}$, $J_{(xz)}$ und $J_{(yz)}$ stellen die Trägheitsmomente des ganzen Systems, bezogen auf die durch den Schwerpunkt gehende, dem Index entsprechende Bezugsebene dar.

$J_{(xy)(xz)}$, $J_{(xy)(yz)}$ und $J_{(xz)(yz)}$ sind die Zentrifugalmomente des Systems, bezogen auf jeweils zwei Ebenen entsprechend den Indexangaben, die ebenfalls durch den Schwerpunkt gehen.

Um an die Überlegung des Rechnenden möglichst geringe Anforderungen zu stellen und damit leicht entstehende Fehler auszuschließen, wurden die in den früheren Abschnitten entwickelten Beziehungen für die Trägheits- und Zentrifugalmomente von Geraden und Bogen in der folgenden Zahlentafel 14 sinnvoll zusammengestellt.

Gleichzeitig sind darin die Formeln für die zugehörigen statischen Momente $M_{(xy)}$, $M_{(xz)}$ und $M_{(yz)}$ sowie die entsprechenden *elastischen* Längen L angegeben, die zur Berechnung der jeweiligen Schwerpunktsabstände $\eta_{(xy)}$, $\eta_{(xz)}$ und $\eta_{(yz)}$ des betreffenden Systems dienen.

Auf der zugehörigen Bildtafel zu Zahlentafel 14 (s. umseitig) sind oben die Bilder der geraden Schenkel L und darunter die Bilder der Rohrbogen mit dem Biegungshalbmesser R in allen vorkommenden Stellungen zum gewählten Achsenkreuz x, y und z dargestellt. Die entsprechenden Abstände vom Achsenkreuz sind einheitlich und leicht einprägsam festgelegt; a ist stets der Abstand der Geraden oder der *offenen* Seite des Bogens von der gegenüberstehenden Ebene, während b den Abstand des *Endpunktes* der Geraden bzw. der *geschlossenen* Bogenseite von der entsprechenden Ebene darstellt. Der Wert c gibt den Abstand der *Bogenebene* von der gegenüberliegenden Achsenebene wieder.

In der Zahlentafel 14 und der zugehörigen Bildtafel wird man feststellen, daß die Bilder der Bogen nicht nur eine Nummer aufweisen,

Zahlentafel 14. *Formelzusammenstellung*

Kraft	Wirkungsebene	Trägheits- bzw. Zentrifugalmomente	Bild der Geraden 1	2	3	4 A	4 B	5 A	5 B	6 A	6 B
X	xy	J_{xz}	1	2	3	6		12		10	11
X	xz	J_{xy}	3	2	1	12		6		8	9
Y	xy	J_{yz}	2	1	3	6		11	10	12	
Y	yz	J_{xy}	2	3	1	12		9	8	6	
Z	yz	J_{xz}	1	3	2	8	9	12		7	
Z	xz	J_{yz}	3	1	2	9	8	7		12	
X oder Y	xy	$J_{(xz)(yz)}$	4	4	5	13		19	18	18	19
X oder Z	xz	$J_{(xy)(yz)}$	5	4	4	17	16	14		16	17
Y oder Z	yz	$J_{(xy)(xz)}$	4	5	4	16	17	17	16	14	

Nr. der Formel	Trägheits- bzw. Zentrifugalmomente
	Formeln für Gerade
1	$\frac{1}{3} L^3 + L^2 b + L b^2$
2	$L a^2$
3	$1{,}3 \, L a^2$
4	$0{,}5 \, L^2 a + L a b$
5	$1{,}3 \, L a_1 a_2$
	Formeln für Bogen
6	$0{,}785 \frac{R^3}{K} + 2 \frac{R^2}{K} a + 1{,}57 \frac{R}{K} a^2$
7	$0{,}355 \frac{R^3}{K} + 1{,}14 \frac{R^2}{K} b + 1{,}57 \frac{R}{K} b^2$
8	$1{,}176 \, R^3 + 2{,}6 \, R^2 a + 1{,}805 \, R a^2$
9	$0{,}867 \, R^3 + 2{,}3 \, R^2 a + 1{,}805 \, R a^2$
10	$0{,}372 \, R^3 + 1{,}31 \, R^2 b + 1{,}805 \, R b^2$
11	$0{,}381 \, R^3 + 1{,}01 \, R^2 b + 1{,}805 \, R b^2$
12	$1{,}805 \, R c^2$
13	$0{,}5 \frac{R^3}{K} + \frac{R^2}{K} a_1 + \frac{R^2}{K} a_2 + 1{,}57 \frac{R}{K} a_1 a_2$
14	$0{,}5 \frac{R^3}{K} + 0{,}57 \frac{R^2}{K} a + \frac{R^2}{K} b + 1{,}57 \frac{R}{K} a b$
15	$0{,}07 \frac{R^3}{K} + 0{,}57 \frac{R_2}{K} b_1 + 0{,}57 \frac{R^2}{K} b_2 + 1{,}57 \frac{R}{K} b_1 b_2$
16	$1{,}3 \, R^2 c + 1{,}805 \, R a c$
17	$1{,}15 \, R^2 c + 1{,}805 \, R a c$
18	$0{,}655 \, R^2 c + 1{,}805 \, R b c$
19	$0{,}506 \, R^2 c + 1{,}805 \, R b c$

für räumliche Rohrsysteme.

<table>
<tr><td colspan="18">Bild des Bogens</td></tr>
<tr><td colspan="2">7</td><td colspan="2">8</td><td colspan="2">9</td><td colspan="2">10</td><td colspan="2">11</td><td colspan="2">12</td><td colspan="2">13</td><td colspan="2">14</td><td colspan="2">15</td></tr>
<tr><td colspan="18">Bogenende, das an den festen Teil des Systems anschließt</td></tr>
<tr><td>A</td><td>B</td><td>A</td><td>B</td><td>A</td><td>B</td><td>A</td><td>B</td><td>A</td><td>B</td><td>A</td><td>B</td><td>A</td><td>B</td><td>A</td><td>B</td><td>A</td><td>B</td></tr>
<tr><td colspan="2">6</td><td colspan="2">12</td><td>8</td><td>9</td><td colspan="2">7</td><td colspan="2">12</td><td>8</td><td>9</td><td colspan="2">7</td><td colspan="2">12</td><td>10</td><td>11</td></tr>
<tr><td colspan="2">12</td><td colspan="2">7</td><td>9</td><td>8</td><td colspan="2">12</td><td colspan="2">7</td><td>10</td><td>11</td><td colspan="2">12</td><td colspan="2">6</td><td>11</td><td>10</td></tr>
<tr><td colspan="2">7</td><td>11</td><td>10</td><td colspan="2">12</td><td colspan="2">7</td><td>9</td><td>8</td><td colspan="2">12</td><td colspan="2">6</td><td>9</td><td>8</td><td colspan="2">12</td></tr>
<tr><td colspan="2">12</td><td>10</td><td>11</td><td colspan="2">6</td><td colspan="2">12</td><td>11</td><td>10</td><td colspan="2">7</td><td colspan="2">12</td><td>8</td><td>9</td><td colspan="2">7</td></tr>
<tr><td>9</td><td>8</td><td colspan="2">12</td><td colspan="2">6</td><td>10</td><td>11</td><td colspan="2">12</td><td colspan="2">6</td><td>11</td><td>10</td><td colspan="2">12</td><td colspan="2">7</td></tr>
<tr><td>11</td><td>10</td><td colspan="2">7</td><td colspan="2">12</td><td>11</td><td>10</td><td colspan="2">6</td><td colspan="2">12</td><td>9</td><td>8</td><td colspan="2">6</td><td colspan="2">12</td></tr>
<tr><td colspan="2">14</td><td>19</td><td>18</td><td>16</td><td>17</td><td colspan="2">15</td><td>17</td><td>16</td><td>16</td><td>17</td><td colspan="2">14</td><td>17</td><td>16</td><td>18</td><td>19</td></tr>
<tr><td>19</td><td>18</td><td colspan="2">15</td><td>17</td><td>16</td><td>19</td><td>18</td><td colspan="2">14</td><td>18</td><td>19</td><td>17</td><td>16</td><td colspan="2">13</td><td>19</td><td>18</td></tr>
<tr><td>17</td><td>16</td><td>18</td><td>19</td><td colspan="2">13</td><td>18</td><td>19</td><td>19</td><td>18</td><td colspan="2">14</td><td>19</td><td>18</td><td>16</td><td>17</td><td colspan="2">15</td></tr>
</table>

Statische Momente	Längen	Nr. der Formel
Formeln für Gerade		
$0{,}5\,L^2 + L\,b$	L	1
$L\,a$	L	2
$1{,}3\,L\,a$	$1{,}3\,L$	3
Die statischen Momente und Längen wie bei den Trägheitsmomenten mit gleichem Index		4
		5
Formeln für Bogen		
$\frac{R^2}{K} + 1{,}57\,\frac{R}{R}\,a$	$1{,}57\,\frac{R}{K}$	6
$0{,}57\,\frac{R^2}{K} + 1{,}57\,\frac{R}{K}\,b$	$1{,}57\,\frac{R}{K}$	7
$1{,}3\,R^2 + 1{,}805\,R\,a$	$1{,}805\,R$	8
$1{,}15\,R^2 + 1{,}805\,R\,a$	$1{,}805\,R$	9
$0{,}655\,R^2 + 1{,}805\,R\,b$	$1{,}805\,R$	10
$0{,}506\,R^2 + 1{,}805\,R\,b$	$1{,}805\,R$	11
$1{,}805\,R\,c$	$1{,}805\,R$	12
		13
Hier werden die gleichen statischen Momente und Längen eingesetzt wie für die Trägheitsmomente mit gleichem Index		14
		15
		16
		17
		18
		19

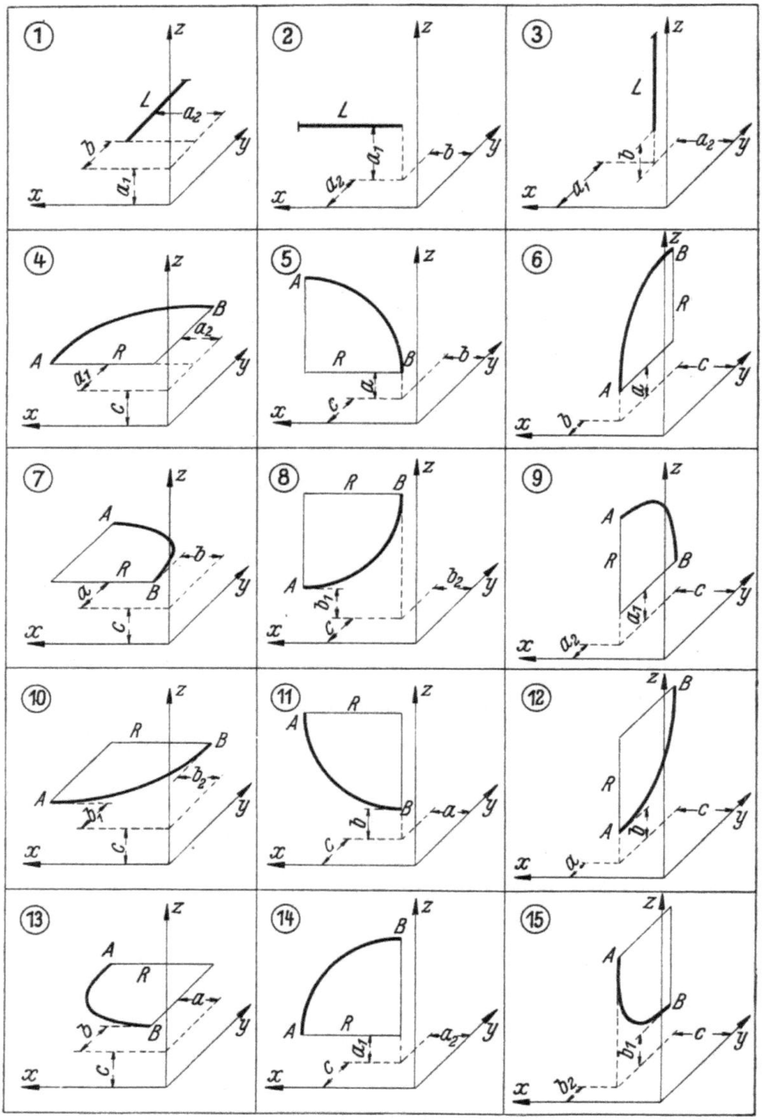

$$\text{I. } EJ\Delta_x = +(J_{xy} + J_{xz})\,X - J_{(xz)(yz)}\,Y - J_{(xy)(yz)}\,Z \quad [88]$$

$$\text{II. } EJ\Delta_y = -J_{(xz)(yz)}\,X + (J_{xy} + J_{yz})\,Y - J_{(xy)(xz)}\,Z \quad [89]$$

$$\text{III. } EJ\Delta_z = -J_{(xy)(yz)}\,X - J_{(xy)(xz)}\,Y + (J_{xz} + J_{yz})\,Z \quad [90]$$

sondern daß außerdem das eine Bogenende mit A und das andere mit B bezeichnet ist. Diese Unterscheidung soll dazu dienen (die Begründung wird weiter folgend gegeben), dasjenige Bogenende zu kennzeichnen, welches an den mit der festen Einspannung verbundenen Teil des Systems anschließt. Aus Abb. 175 erkennt man diesen Unterschied an dem Bogen mit der Bild-Nr. 15. An sich ist die Lage dieses Bogen in bezug auf das Achsenkreuz in beiden Systemen der Abb. 175 vollkommen gleich; auch die Abstände von allen Achsenebenen sind die gleichen. Trotzdem besteht der Unterschied darin, daß im linken System das Ende A des Bogen 15 und im rechten System das Ende B desselben Bogens näher zur festen Einspannung des Systems liegt. Dementsprechend greifen die Kraftkomponenten und Momente an verschiedenen Enden dieses Bogens an und ergeben dadurch auch unterschiedliche Wirkungen.

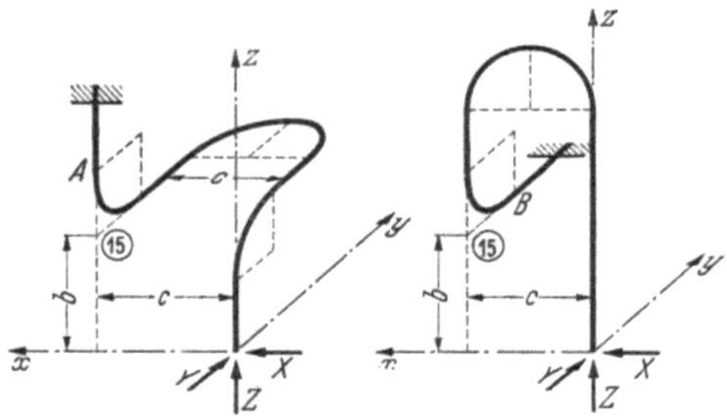

Abb. 175. Vergleich zweier räumlicher Systeme.

Würde man aber ohne Berücksichtigung dieses Umstandes die Trägheits- und Zentrifugalmomente nur aus den Abständen dieses Bogens von den entsprechenden Achsenebenen berechnen, so bekäme man natürlich auch die gleichen Werte, da die Abstände in beiden Fällen gleich sind.

Die bei räumlichen Systemen gleichzeitig auftretende Biegungs- und Verdrehungswirkung in jedem Bogenteilchen verursacht aber — je nach dem Angriffspunkt der Kräfte — verschieden große Wirkungen, da in dem einen Fall das feste Bogenende z. B. einer Verdrehung und in dem anderen Fall einer Biegung durch ein und dieselbe Kraftkomponente ausgesetzt ist. Die schon erwähnte Umrechnung der elastischen Längen der auf Verdrehung beanspruchten Teile bedingt hier also den erläuterten Unterschied in den Werten der Trägheits- bzw. Zentrifugalmomente.

Das zu untersuchende räumliche System wird nun in Parallelperspektive so gezeichnet (braucht nicht maßstäblich zu sein), daß das von der Einspannung befreit gedachte Systemende rechts vorn entsprechend dem Ursprung des Achsenkreuzes in der Zahlentafel 14 liegt. Dort, wo die wirkenden Kräfte X, Y und Z angreifen, wird der Ursprung des Achsenkreuzes angeordnet und die Achsen in ihren Richtungen genau entsprechend den Bildern in der Zahlentafel 14 festgelegt, d. h. die x-Achse nach links, die y-Achse schräg nach rechts hinten und die z-Achse nach oben.

Die Kraftkomponenten X, Y und Z werden parallel zu den entsprechenden Achsen angeordnet.

Hat man das räumliche System, so wie oben gesagt, gezeichnet, so wird man beim Vergleich mit der Bildtafel 14 (beachte Fortsetzung!) feststellen, daß jeder Geraden und jedem Bogen des Systems ein ganz bestimmtes Bild entspricht. Die entsprechenden Bildnummern werden an die einzelnen Geraden und Bogen jeweils angeschrieben, unter Angabe des Kennzeichens A bzw. B entsprechend demjenigen Ende des Bogens, welches an den mit der festen Einspannung verbundenen Teil des aufgezeichneten Rohrsystems anschließt.

Außerdem sollten zum bequemeren Rechnen alle Abstände der einzelnen Bogen und Geraden von den Bezugsachsen, so wie es in den Bildern der Zahlentafel gezeigt ist, in der Zeichnung zahlenmäßig eingetragen werden. Daraufhin kann mit der Berechnung der Trägheits- und Zentrifugalmomente sowie der entsprechenden statischen Momente und gestreckten Längen begonnen werden.

Die Reihenfolge ist in der Zahlentafel links oben angegeben. Man beginnt also mit der Wirkung der Kraft X in der xy-Ebene (Wirkungsebene), wofür das Trägheitsmoment $J'_{(xz)}$, das statische Moment M_{xz} und die Länge L_{xz} für jeden einzelnen Bogen und jeden geraden Schenkel zu ermitteln sind. Man liest entsprechend der auf der Zeichnung eingetragenen Bildnummer aus der Zahlentafel in der zugehörigen Zeile die Nummer der Gleichung ab. Die Gleichungen für die Trägheits- und statischen Momente sowie die Längen sind unten links auf der Zahlentafel mit den zugehörigen Nummern angegeben. Die Rechnung erfolgt gleich durch Einsetzen der entsprechenden Zahlenwerte. Die einzelnen ausgerechneten Werte für jeden Teil des räumlichen Systems werden untereinandergeschrieben und, wenn alle Teile des Systems erfaßt sind, addiert.

Man erhält damit das Trägheitsmoment, bezogen auf die entsprechende Ebene, die durch den Angriffspunkt der Kräfte geht. Da aber das Trägheitsmoment auf die Schwerpunktsebene benötigt wird, muß noch eine Umrechnung erfolgen.

Hat man also auf diese Weise die für die erste Spalte der Zahlentafel geltenden Werte $J'_{(xz)}$, M_x und L_{xz} ermittelt, so folgt das auf die Schwerpunktsebene bezogene Trägheitsmoment bekanntlich aus

$$J_{(xz)} = J'_{(xz)} - \frac{M^2_{xz}}{L_{xz}} \quad \text{in m}^3.$$

Die Längen werden zweckmäßig in m eingesetzt, so daß sich die Trägheits- und Zentrifugalmomente in m³ ergeben.

In der gleichen Weise verfährt man für die in der nächsten Spalte der Zahlentafel angegebene Wirkung der Kraft X in der xz-Ebene, wofür $J'_{(xy)}$, M_{xy} und L_{xy} in der beschriebenen Weise zu berechnen sind.

Nachdem alle sechs Trägheitsmomente berechnet sind, wird man feststellen, daß die gestreckten Längen des ganzen Systems sich für gleiche Wirkungsebenen in gleicher Größe ergeben.

Jetzt müssen noch die drei Zentrifugalmomente berechnet werden. Hierfür sind in der Zahlentafel nur die Formeln der Zentrifugalmomente angegeben und keine solchen für die statischen Momente. Die besondere Berechnung derselben, ebenso wie der Längen, ist hierfür nicht notwendig. Es können die gleichen, bereits im Zusammenhang mit der Ermittlung der Trägheitsmomente berechneten statischen Momente und Längen *für die gleiche Wirkungsebene* eingesetzt werden. Dabei muß aber beachtet werden, daß bei gleichen Wirkungsebenen die Längen gleich sind, nicht aber die statischen Momente.

In der siebenten Spalte der Zahlentafel ist z. B. für die Wirkung der Kräfte X oder Y in der xy-Ebene (Wirkungsebene) das Zentrifugalmoment $J_{(xz)(yz)}$ angegeben. Dieses, auf die beiden Schwerpunktsebenen bezogen, muß also heißen

$$J_{(xz)(yz)} = J_{(xz)(yz)} - \frac{M_{xz} M_{yz}}{L_{xz}} \quad \text{in m}^3.$$

Man sieht also, daß außerdem auch der Index der beiden statischen Momente mit demjenigen des Zentrifugalmomentes übereinstimmen muß. Übrigens stammen diese statischen Momente auch aus der Wirkung der gleichen Kräfte, also in diesem Falle X und Y. Um ein Versehen auszuschließen, achte man am besten auf die Übereinstimmung der Wirkungsebenen.

Hat man auf diese Weise alle sechs Trägheits- und drei Zentrifugalmomente berechnet, so setzt man sie in die drei Gl. (88) bis (90) ein.

Für den Elastizitätsmodul E wird der Wert für den betriebswarmen Rohrwerkstoff aus der Linientafel Abb. 6 eingesetzt. Es war vorher angegeben worden, daß für die Berechnung der Trägheits- und Zentrifugalmomente alle Längen in m einzusetzen sind. Wird also der Elastizitätsmodul E in kg/cm^2 angegeben, so müssen alle Summanden auf der rechten Seite der drei Gleichungen mit 10^6 multipliziert werden. Es ist jedoch zweckmäßiger, um nicht mit zu großen Zahlen rechnen zu müssen, die Trägheitsmomente auf der rechten Seite in m beizubehalten und die linke Seite der Gleichungen durch 10^6 zu dividieren, d. h.

$$\frac{E J \Delta_x}{10^6} = \text{usw.}$$

J stellt das Rohrträgheitsmoment in cm^4 dar. Für Δ_x, Δ_y und Δ_z als Komponenten der Wärmedehnung sind die Werte in cm, und zwar nach Abzug der gewählten Vorspannung einzusetzen. Etwaige zusätzliche, von außen bedingte Verschiebungen der Systemfestpunkte sind in gleicher Weise zu berücksichtigen, wie es für ebene Systeme bereits angegeben war. Die zusätzlichen Verschiebungen in den entsprechenden Achsenrichtungen sind also *algebraisch* zu den jeweiligen Wärmedehnungen Δ_x, Δ_y oder Δ_z hinzuzuzählen. Damit können die drei Kraftkomponenten X, Y und Z aus den Gl. (88) bis (90) berechnet werden.

Die Einspannmomente an dem frei gedachten Ende werden entsprechend dem gewählten Achsenkreuz durch das Produkt aus Kraft mal Schwerpunktsabstand in der jeweiligen Wirkungsebene bestimmt. Es ergeben sich infolgedessen sechs Einspannmomente, die sich paarweise zu je einem Moment zusammensetzen lassen und so die drei resultierenden Einspannmomente M_{yz}, M_{xz} und M_{xy} bilden. Das erstgenannte Moment M_{yz} ist an dem freien Ende gemäß Abb. 166 ein Drehmoment, während die beiden anderen Biegungsmomente darstellen.

Die sechs Biegungs- bzw. Drehmomente lauten wie folgt (s. Abb. 166)

in der xy-Ebene:

$$M'_{xy} = Y\,\eta_{yz} \quad \text{und} \quad M''_{xy} = X\,\eta_{xz};$$

in der xz-Ebene:

$$M'_{xz} = Z\,\eta_{yz} \quad \text{und} \quad M''_{xz} = X\,\eta_{xy};$$

in der yz-Ebene:

$$M'_{yz} = Z\,\eta_{xz} \quad \text{und} \quad M''_{yz} = Y\,\eta_{xy}.$$

Beim aufmerksamen Vergleich dieser Momentenzusammenstellung mit der in Zahlentafel 15 gezeigten Zusammengehörigkeit der Kräfte und Wirkungsebenen wird man leicht den Zusammenhang für die Ermittlung der sechs Momente feststellen.

Aus diesen ergeben sich dann durch algebraische Zusammensetzung die endgültigen drei Einspannmomente

$$\begin{aligned} M_{xy} &= M'_{xy} - M''_{xy} = Y\,\eta_{yz} - X\,\eta_{xz}, \\ M_{xz} &= M'_{xz} - M''_{xz} = Z\,\eta_{yz} - X\,\eta_{xy}, \\ M_{yz} &= M'_{yz} - M''_{yz} = Z\,\eta_{xz} - Y\,\eta_{xy}. \end{aligned}$$

Die Einspannmomente sowie die durch die Kräfte hervorgerufenen Momente setzen sich in ihrer Wirkung — jedoch immer in der gleichen Ebene — über das ganze Rohrsystem bis zum Festpunktende fort. Aus der Überlagerung dieser Momentenwirkungen läßt sich für jeden Punkt des Systems der dort herrschende Spannungszustand ermitteln.

Ein richtiges Urteil über die Einfachheit dieses Berechnungsverfahrens im Vergleich zu anderen läßt sich am besten an Hand eines Zahlenbeispiels gewinnen.

Beispiel 22. Das in Abb. 176 dargestellte räumliche System stellt einen äußerst kurzen Verbindungsbogen zwischen Wasserabscheider und Turbine für eine Höchstdruckanlage dar.

Betriebsverhältnisse $p = 120$ atü, $\quad t = 510\,°$C.

Rohrmaterial: 13 CrMo 44:

Wärmedehnungszahl $\alpha = 0{,}74$ cm/m.

Elastizitätsmodul $E = 1{,}48 \cdot 10^6\ \mathrm{kg/cm^2}$.

Rohrabmessungen aus Abb. 12 für Rohr NW 150:

$D = 171\ \mathrm{mm}$, $s = 13\ \mathrm{mm}$, $d = 145\ \mathrm{mm}$, $J = 2030\ \mathrm{cm^4}$.

KÁRMÁN-Zahl für $R = 5\,d = 750\ \mathrm{mm}$ mit

$\lambda = 1{,}65$ aus Abb. 66: $K = 0{,}79$.

Das System wird zunächst vorschriftsgemäß so gezeichnet, daß das Achsenkreuz x, y, z die in Zahlentafel 14 dargestellten Richtungen hat, wobei L_1 in die Richtung der y-Achse fällt.

Die Kraftkomponenten X, Y und Z können jetzt mit Hilfe dieser Zahlentafel berechnet werden. Dafür werden die einzelnen Schenkel und

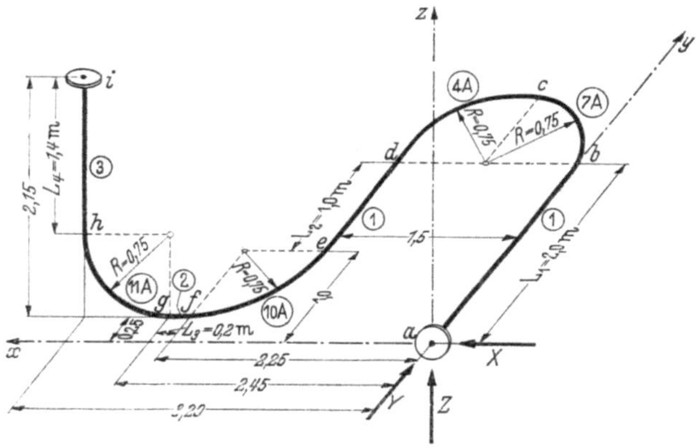

Abb. 176. Räumliches System für Beispiel 22.

Bogen des Systems, wie in Abb. 176 gezeigt, mit den jeweiligen Bildnummern gemäß Zahlentafel 14 versehen. Die Nummern sind mit Kreisen eingerahmt.

In der folgenden Ausrechnung werden in der ersten Spalte die Formelnummern, die an Hand der Zahlentafel festzulegen sind, in der zweiten Spalte die Trägheitsmomente, in der dritten Spalte die statischen Momente und in der vierten Spalte die Längen eingetragen. Zur leichteren Ausrechnung dient:

	L^2	L^3	$1{,}3\,L$
$L_1 = 2$	4	8	2,6
$L_2 = 1$	1	1	1,3
$L_3 = 0{,}2$	0,04	0,008	0,26
$L_4 = 1{,}4$	1,96	2,744	1,82
$R = 0{,}75$	0,5625	0,422	
$R/K = 0{,}95$	0,712	0,535	

$$1{,}57\,\frac{R}{K} = 1{,}493\,, \qquad 1{,}805\,R = 1{,}355\,.$$

Wirkung der Kraft X in der xy-Ebene.

Nr.	$J'_{(xz)}$	M_{xz}	L_{xz}
1	$\frac{1}{3} \cdot 8 = 2{,}667$	$0{,}5 \cdot 4 = 2{,}0$	2,0
6	$0{,}785 \cdot 0{,}535 = 0{,}42$	$0{,}712 = 0{,}712$	1,493
	$2 \cdot 0{,}712 \cdot 2 = 2{,}85$	$1{,}57 \cdot 0{,}95 \cdot 2 = 2{,}985$	
	$1{,}57 \cdot 0{,}95 \cdot 4 = 5{,}97$		
6	$0{,}785 \cdot 0{,}535 = 0{,}42$	$0{,}712 = 0{,}712$	1,493
	$2 \cdot 0{,}712 \cdot 2 = 2{,}85$	$1{,}57 \cdot 0{,}95 \cdot 2 = 2{,}985$	
	$1{,}57 \cdot 0{,}95 \cdot 4 = 5{,}97$		
1	$\frac{1}{3} \cdot 1 = 0{,}333$	$0{,}5 \cdot 1 = 0{,}5$	1,0
	$1 \cdot 1 = 1{,}0$	$1 \cdot 1 = 1{,}0$	
	$1 \cdot 1 = 1{,}0$		
7	$0{,}355 \cdot 0{,}535 = 0{,}19$	$0{,}57 \cdot 0{,}712 = 0{,}406$	1,493
	$1{,}14 \cdot 0{,}712 \cdot 0{,}25 = 0{,}203$	$1{,}57 \cdot 0{,}95 \cdot 0{,}25 = 0{,}373$	
	$1{,}57 \cdot 0{,}95 \cdot 0{,}0625 = 0{,}093$		
2	$0{,}2 \cdot 0{,}0625 = 0{,}0125$	$0{,}2 \cdot 0{,}25 = 0{,}05$	0,2
12	$1{,}805 \cdot 0{,}75 \cdot 0{,}0625 = 0{,}0847$	$1{,}805 \cdot 0{,}75 \cdot 0{,}25 = 0{,}338$	1,355
3	$1{,}82 \cdot 0{,}0625 = 0{,}1137$	$1{,}82 \cdot 0{,}25 = 0{,}455$	1,82
	$J'_{(xz)} = 24{,}1769$	$M_{xz} = 12{,}516$	10,854

$$J_{(xz)} = J'_{(xz)} - \frac{M_{xz}^2}{L_{xz}} = 24{,}177 - \frac{12{,}516^2}{10{,}854}$$

$$= 9{,}736 \text{ m}^3,$$

$$\eta_{xz} = \frac{M_{xz}}{L_{xz}} = \frac{12{,}516}{10{,}854} = 1{,}154 \text{ m}.$$

Wirkung der Kraft X in der xz-Ebene.

Nr.	$J'_{(xy)}$	M_{xy}	L_{xy}
3	0	0	2,6
12	0	0	1,355
12	0	0	1,355
3	0	0	1,3
12	0	0	1,355
2	0	0	0,2
7	$0{,}355 \cdot 0{,}535 = 0{,}19$	$0{,}57 \cdot 0{,}712 = 0{,}406$	1,493
1	$\frac{1}{3} \cdot 2{,}744 = 0{,}915$	$0{,}5 \cdot 1{,}96 = 0{,}98$	1,4
	$1{,}96 \cdot 0{,}75 = 1{,}47$	$1{,}4 \cdot 0{,}75 = 1{,}05$	
	$1{,}4 \cdot 0{,}5625 = 0{,}788$		
	$J'_{(xy)} = 3{,}363$	$M_{xy} = 2{,}436$	11,058

$$J_{xy} = 3{,}363 - \frac{2{,}436^2}{11{,}058} = 2{,}827 \text{ m}^3,$$

$$\eta_{xy} = \frac{2{,}436}{11{,}058} = 0{,}22 \text{ m}.$$

Wirkung der Kraft Y in der xy-Ebene.

Nr.	$J'_{(yz)}$	M_{yz}	L_{yz}
2	0	0	2,0
7	$0{,}355 \cdot 0{,}535 = 0{,}19$	$0{,}57 \cdot 0{,}712 = 0{,}406$	1,493
6	$0{,}785 \cdot 0{,}535 = 0{,}42$	$0{,}712 = 0{,}712$	1,493
	$2 \cdot 0{,}712 \cdot 0{,}75 = 1{,}068$	$1{,}57 \cdot 0{,}95 \cdot 0{,}75 = 1{,}120$	
	$1{,}57 \cdot 0{,}95 \cdot 0{,}5625 = 0{,}840$		
2	$1 \cdot 2{,}25 = 2{,}25$	$1 \cdot 1{,}5 = 1{,}5$	1,0
7	$0{,}355 \cdot 0{,}535 = 0{,}19$	$0{,}57 \cdot 0{,}712 = 0{,}406$	1,493
	$1{,}14 \cdot 0{,}712 \cdot 1{,}5 = 1{,}218$	$1{,}57 \cdot 0{,}95 \cdot 1{,}5 = 2{,}240$	
	$1{,}57 \cdot 0{,}95 \cdot 2{,}25 = 3{,}355$		
1	$\frac{1}{3} \cdot 0{,}008 = 0{,}003$	$0{,}5 \cdot 0{,}04 = 0{,}02$	0,2
	$0{,}04 \cdot 2{,}25 = 0{,}09$	$0{,}2 \cdot 2{,}25 = 0{,}45$	
	$0{,}2 \cdot 5{,}06 = 1{,}012$		
9	$0{,}867 \cdot 0{,}422 = 0{,}366$	$1{,}15 \cdot 0{,}5625 = 0{,}647$	1,355
	$2{,}3 \cdot 0{,}5625 \cdot 2{,}45 = 3{,}17$	$1{,}805 \cdot 0{,}75 \cdot 2{,}45 = 3{,}315$	
	$1{,}805 \cdot 0{,}75 \cdot 6 = 8{,}125$		
3	$1{,}3 \cdot 1{,}4 \cdot 10{,}24 = 18{,}65$	$1{,}3 \cdot 1{,}4 \cdot 3{,}2 = 5{,}82$	1,82
	$J'_{(yz)} = 40{,}947$	$M_{yz} = 16{,}636$	10,854

$$J_{(yz)} = 40{,}947 - \frac{16{,}636^2}{10{,}854} = 15{,}447 \text{ m}^3,$$

$$\eta_{yz} = \frac{16{,}636}{10{,}854} = 1{,}532 \text{ m}.$$

Wirkung der Kraft Y in der yz-Ebene.

Nr.	$J'_{(xy)}$	M_{xy}	L_{xy}
2	0	0	2,0
12	0	0	1,355
12	0	0	1,355
2	0	0	1,0
12	0	0	1,355
3	0	0	0,26
11	$0{,}381 \cdot 0{,}422 = 0{,}161$	$0{,}506 \cdot 0{,}5625 = 0{,}285$	1,355
1	$\frac{1}{3} \cdot 2{,}744 = 0{,}915$	$0{,}5 \cdot 1{,}96 = 0{,}98$	1,4
	$1{,}96 \cdot 0{,}75 = 1{,}47$	$1{,}4 \cdot 0{,}75 = 1{,}05$	
	$1{,}4 \cdot 0{,}5625 = 0{,}788$		
	$J'_{(xy)} = 3{,}334$	$M_{xy} = 2{,}315$	10,080

$$J_{(xy)} = 3{,}334 - \frac{2{,}315^2}{10{,}08} = 2{,}8025 \text{ m}^3,$$

$$\eta_{xy} = \frac{2{,}315}{10{,}08} = 0{,}2295 \text{ m}.$$

Wirkung der Kraft Z in der yz-Ebene.

Nr.	$J'_{(xz)}$		M_{xz}		L_{xz}
1	$\frac{1}{3} \cdot 8$	= 2,667	$0{,}5 \cdot 4$	= 2,0	2,0
9	$0{,}867 \cdot 0{,}422$	= 0,366	$1{,}15 \cdot 0{,}5625$	= 0,647	1,355
	$2{,}3 \cdot 0{,}5625 \cdot 2$	= 2,59	$1{,}805 \cdot 0{,}75 \cdot 2$	= 2,71	
	$1{,}805 \cdot 0{,}75 \cdot 4$	= 5,420			
8	$1{,}176 \cdot 0{,}422$	= 0,496	$1{,}3 \cdot 0{,}5625$	= 0,732	1,355
	$2{,}6 \cdot 0{,}5625 \cdot 2$	= 2,925	$1{,}805 \cdot 0{,}75 \cdot 2$	= 2,71	
	$1{,}805 \cdot 0{,}75 \cdot 4$	= 5,420			
1	$\frac{1}{3} \cdot 1$	= 0,333	$0{,}5 \cdot 1$	= 0,5	1,0
	$1 \cdot 1$	= 1,0	$1 \cdot 1$	= 1,0	
	$1 \cdot 1$	= 1,0			
10	$0{,}372 \cdot 0{,}422$	= 0,157	$0{,}655 \cdot 0{,}5625$	= 0,368	1,355
	$1{,}31 \cdot 0{,}5625 \cdot 0{,}25$	= 0,184	$1{,}805 \cdot 0{,}75 \cdot 0{,}25$	= 0,339	
	$1{,}805 \cdot 0{,}75 \cdot 0{,}0625$	= 0,085			
3	$1{,}3 \cdot 0{,}2 \cdot 0{,}0625$	= 0,016	$1{,}3 \cdot 0{,}2 \cdot 0{,}25$	= 0,065	0,26
12	$1{,}805 \cdot 0{,}75 \cdot 0{,}0625$	= 0,085	$1{,}805 \cdot 0{,}75 \cdot 0{,}25$	= 0,339	1,355
2	$1{,}4 \cdot 0{,}0625$	= 0,088	$1{,}4 \cdot 0{,}25$	= 0,35	1,4
	$J'_{(xz)}$	= 22,832	M_{xz}	= 11,780	10,008

$$J_{(xz)} = 22{,}832 - \frac{11{,}78^2}{10{,}08} = 9{,}062 \text{ m}^3,$$

$$\eta_{xz} = \frac{11{,}78}{10{,}08} = 1{,}168 \text{ m}.$$

Wirkung der Kraft Z in der xz-Ebene.

Nr.	$J'_{(yz)}$		M_{yz}		L_{yz}
3		0		0	2,6
11	$0{,}381 \cdot 0{,}422$	= 0,161	$0{,}506 \cdot 0{,}5625$	= 0,285	1,355
9	$0{,}867 \cdot 0{,}422$	= 0,366	$1{,}15 \cdot 0{,}5625$	= 0,646	1,355
	$2{,}3 \cdot 0{,}5625 \cdot 0{,}75$	= 0,97	$1{,}805 \cdot 0{,}75 \cdot 0{,}75$	= 1,016	
	$1{,}805 \cdot 0{,}75 \cdot 0{,}5625$	= 0,762			
3	$1{,}3 \cdot 1 \cdot 2{,}25$	= 2,925	$1{,}3 \cdot 1 \cdot 1{,}5$	= 1,95	1,3
11	$0{,}381 \cdot 0{,}422$	= 0,161	$0{,}506 \cdot 0{,}5625$	= 0,285	1,355
	$1{,}01 \cdot 0{,}5625 \cdot 1{,}5$	= 0,853	$1{,}805 \cdot 0{,}75 \cdot 1{,}5$	= 2,03	
	$1{,}805 \cdot 0{,}75 \cdot 2{,}25$	= 3,050			
1	$\frac{1}{3} \cdot 0{,}008$	= 0,003	$0{,}5 \cdot 0{,}04$	= 0,02	0,2
	$0{,}04 \cdot 2{,}25$	= 0,09	$0{,}2 \cdot 2{,}25$	= 0,45	
	$0{,}2 \cdot 5{,}06$	= 1,012			
6	$0{,}785 \cdot 0{,}535$	= 0,42	$0{,}712$	= 0,712	1,493
	$2 \cdot 0{,}712 \cdot 2{,}45$	= 3,49	$1{,}57 \cdot 0{,}95 \cdot 2{,}45$	= 3,65	
	$1{,}57 \cdot 0{,}95 \cdot 6$	= 8,95			
2	$1{,}4 \cdot 10{,}24$	= 14,34	$1{,}4 \cdot 3{,}2$	= 4,48	1,4
	$J'_{(yz)}$	= 37,553	M_{yz}	= 15,524	11,058

$$J_{(yz)} = 37{,}553 - \frac{15{,}524^2}{11{,}058} = 15{,}753 \text{ m}^3,$$

$$\eta_{yz} = \frac{15{,}524}{11{,}058} = 1{,}404 \text{ m}.$$

Jetzt sollen die drei Zentrifugalmomente ermittelt werden, wofür jedoch die Bestimmung der statischen Momente und Längen nicht notwendig ist, da diese gleich denjenigen sind, die für die Trägheitsmomente mit gleicher Wirkungsebene berechnet wurden.

Die gestreckte Länge und die Schwerpunktsabstände der gleichen Wirkungsebene (xy) sind:

$$L_{(xz)(yz)} = 10{,}854 \text{ m},$$
$$\eta_{xz} = 1{,}154 \text{ m},$$
$$\eta_{yz} = 1{,}532 \text{ m},$$
$$J_{(xz)(yz)} = J'_{(xz)(yz)} - L_{(xz)(yz)}\, \eta_{xz}\, \eta_{yz},$$
$$J_{(xz)(yz)} = 11{,}676 - 10{,}854 \cdot 1{,}154 \cdot 1{,}532 = -7{,}524 \text{ m}^3.$$

Wirkung der Kräfte X oder Y in der xy-Ebene.

Nr.	$J'_{(xz)(yz)}$	
4		0
14	$0{,}5 \cdot 0{,}535$	$= 0{,}268$
	$0{,}57 \cdot 0{,}712 \cdot 2$	$= 0{,}812$
13	$0{,}5 \cdot 0{,}535$	$= 0{,}268$
	$0{,}712 \cdot 2$	$= 1{,}424$
	$0{,}712 \cdot 0{,}75$	$= 0{,}534$
	$1{,}57 \cdot 0{,}95 \cdot 2 \cdot 0{,}75$	$= 2{,}240$
4	$0{,}5 \cdot 1 \cdot 1{,}5$	$= 0{,}75$
	$1 \cdot 1{,}5 \cdot 1$	$= 1{,}5$
15	$0{,}07 \cdot 0{,}535$	$= 0{,}037$
	$0{,}57 \cdot 0{,}712 \cdot 1{,}5$	$= 0{,}609$
	$0{,}57 \cdot 0{,}712 \cdot 0{,}25$	$= 0{,}110$
	$1{,}57 \cdot 0{,}95 \cdot 1{,}5 \cdot 0{,}25$	$= 0{,}559$
4	$0{,}5 \cdot 0{,}04 \cdot 0{,}25$	$= 0{,}005$
	$0{,}2 \cdot 0{,}25 \cdot 2{,}25$	$= 0{,}113$
17	$1{,}15 \cdot 0{,}5625 \cdot 0{,}25$	$= 0{,}162$
	$1{,}805 \cdot 0{,}75 \cdot 2{,}45 \cdot 0{,}25$	$= 0{,}829$
5	$1{,}3 \cdot 1{,}4 \cdot 3{,}2 \cdot 0{,}25$	$= 1{,}456$
	$J'_{(xz)(yz)}$	$= 11{,}676$

Wirkung der Kräfte X oder Z in der xz-Ebene.

Nr.	$J'_{(xy)(yz)}$	
5		0
19		0
17		0
5		0
19		0
4		0
14	$0{,}5 \cdot 0{,}535$	$= 0{,}268$
	$0{,}57 \cdot 0{,}712 \cdot 2{,}45$	$= 0{,}995$
4	$0\ 5 \cdot 1{,}96 \cdot 3{,}2$	$= 3{,}135$
	$1{,}4 \cdot 3{,}2 \cdot 0{,}75$	$= 3{,}36$
	$J'_{(xy)(yz)}$	$= 7{,}758$

$$L_{(xy)(yz)} = 11{,}058 \text{ m},$$
$$\eta_{xy} = 0{,}22 \text{ m},$$
$$\eta_{yz} = 1{,}404 \text{ m},$$
$$J_{(xy)(yz)} = 7{,}758 - 11{,}058 \cdot 0{,}22 \cdot 1{,}404 = 4{,}303 \text{ m}^3.$$

Wirkung der Kräfte Y oder Z in der yz-Ebene

Nr.	$J'_{(xy)(xz)}$	
4		0
17		0
16		0
4		0
18		0
5		0
19	$0{,}506 \cdot 0{,}5625 \cdot 0{,}25$	$= 0{,}071$
4	$0{,}5 \cdot 1{,}96 \cdot 0{,}25$	$= 0{,}245$
	$1{,}4 \cdot 0{,}25 \cdot 0{,}75$	$= 0{,}262$
	$J'_{(xy)(xz)}$	$= 0{,}578$

$$L_{(xy)(xz)} = 10{,}08 \text{ m},$$
$$\eta_{xy} = 0{,}2295 \text{ m},$$
$$\eta_{xz} = 1{,}168 \text{ m},$$
$$J_{(xy)(xz)} = 0{,}578 - 10{,}08 \cdot 0{,}2295 \cdot 1{,}168 = -2{,}127 \text{ m}^3.$$

Der Festpunkt i führe infolge Wärmedehnung des Turbinengehäuses in der negativen x-Achsenrichtung eine Verschiebung von 6 mm aus. Diese Bewegung muß also zu der Wärmedehnung des Systems hinzugezählt werden.

Bei 50% Vorspannung ist:

$$\Delta_x = 3{,}2 \cdot 0{,}74 \cdot 0{,}5 + 0{,}6 = 1{,}785 \text{ cm},$$
$$\Delta_y = 0{,}25 \cdot 0{,}74 \cdot 0{,}5 = 0{,}093 \text{ cm},$$
$$\Delta_z = 2{,}15 \cdot 0{,}74 \cdot 0{,}5 = 0{,}795 \text{ cm},$$
$$E\,J\,\Delta_x = 1{,}48 \cdot 10^6 \cdot 2030 \cdot 1{,}785 = 5365 \cdot 10^6 \text{ cm}^3\text{ kg},$$
$$E\,J\,\Delta_y = 1{,}48 \cdot 10^6 \cdot 2030 \cdot 0{,}093 = 279 \cdot 10^6 \text{ cm}^3\text{ kg},$$
$$E\,J\,\Delta_z = 1{,}48 \cdot 10^6 \cdot 2030 \cdot 0{,}795 = 2390 \cdot 10^6 \text{ cm}^3\text{ kg}.$$

Der Faktor 10^6 kürzt sich weg, wenn diese Werte in die Gl. (88) bis (90) eingesetzt und die Trägheitsmomente auf der rechten Seite in cm^3 eingeführt werden.

Somit erhält man

$$5365 = (2{,}827 + 9{,}736)\,X - (-7{,}524)\,Y - 4{,}303\,Z,$$
$$279 = -(-7{,}524)\,X + (2{,}8025 + 15{,}447)\,Y - (-2{,}127)\,Z,$$
$$2390 = -4{,}303\,X - (-2{,}127)\,Y + (9{,}062 + 15{,}753)\,Z$$

oder

$$5365 = +12{,}563\,X + 7{,}524\,Y - 4{,}303\,Z,$$
$$279 = +\ 7{,}524\,X + 18{,}25\,Y + 2{,}127\,Z,$$
$$2390 = -\ 4{,}303\,X + 2{,}127\,Y + 24{,}815\,Z.$$

In bekannter Weise werden durch aufeinanderfolgendes Ausschalten die drei Unbekannten X, Y und Z ermittelt, und zwar

$$\underline{X = 683{,}5 \text{ kg},}$$
$$\underline{Y = -295 \text{ kg},}$$
$$\underline{Z = 233{,}5 \text{ kg}.}$$

Zur Prüfung in die erste Gleichung eingesetzt

$$5365 = 12{,}563 \cdot 683{,}5 + 7{,}524\,(-295) - 4{,}303 \cdot 233{,}5$$
$$= 8590 - 2220 - 1005 = 5365.$$

Also stimmt die Ausrechnung der Kraftkomponenten.

Bei dem gewählten Raumsystem liegt übrigens der Fall vor, daß für die y-Achse die Wärmedehnung und die entsprechende Kraftkomponente gleichgerichtet sind. In dieser Richtung wird also auf den Festpunkt keine Druckkraft, sondern eine Zugkraft ausgeübt.

Würde man den Schenkel L_1 länger machen, so würde der absolute Betrag der negativen Komponente Y kleiner werden, bis er — bei genügend großem L_1 — auf 0 herabsinkt. Macht man dann L_1 noch größer, so dreht sich die Kraftrichtung um und Y wird von da ab positiv.

Jetzt müssen die Einspannmomente in a und daraus die Biegungsmomente für die übrigen Punkte des Systems berechnet werden.

Hierzu müssen die Momente der in gleichen Wirkungsebenen wirkenden Komponenten zusammengefaßt werden.

Wirkungsebene xz.

Komponente X = rd. 684 kg.
Schwerpunktsabstand $\eta_{xy} = 0{,}22$ m.
Einspannmoment $M_{xz} = 684 \cdot 0{,}22 = 150{,}5$ mkg.

Für die übrigen Punkte des Systems ermitteln sich die Momente als Produkt der Komponente X und des Abstandes von der entsprechenden Schwerpunktsebene (xy), d. h. für die Punkte $a - g$ beträgt dieser Abstand immer $\eta_{xy} = 0{,}22$ m, für Punkt h ist $\xi_h = R - \eta_{xy} = 0{,}75 - 0{,}22 = 0{,}53$ m und für Punkt i ist $\xi_i = R + L_1 - \eta_{xy} = 2{,}15 - 0{,}22 = 1{,}93$ m.

Die Momente sind also

Punkt	a	b	c	d	e	f	g	h	i
M_x	—150,5	—150,5	—150,5	—150,5	—150,5	—150,5	—150,5	+363	+1320

Die Vorzeichen werden folgendermaßen festgelegt:

Sieht man in der Richtung der zur Wirkungsebene senkrechten Achse, also in diesem Falle der positiven y-Achse, so sind die im Uhrzeigersinne drehenden Momente positiv und umgekehrt negativ. Hierbei muß die betreffende Kraftkomponente in der jeweiligen Schwerpunktsebene wirkend gedacht werden.

Wirkungsebene xz.

Komponente Z = rd. 234 kg.
Schwerpunktsabstand $\eta_{yz} = 1{,}404$ m.

Daraus werden in gleicher Weise die Abstände von der yz-Schwerpunktsebene für die einzelnen Punkte des Systems berechnet und die Momente durch Multiplikation mit der Kraft ermittelt.

Punkt	a	b	c	d	e	f	g	h	i
Abstand	1,404	1,404	0,654	0,096	0,096	0,846	1,046	1,796	1,796
M_z	+329	+329	+153	—22,5	—22,5	—198	—245	—420	—420

Die algebraische Summe dieser beiden Momente in jedem Punkt stellt das in der xz-Ebene wirkende Moment dar, also

Punkt	*a*	*b*	*c*	*d*	*e*	*f*	*g*	*h*	*i*
M_x	−150,5	−150,5	−150,5	−150,5	−150,5	−150,5	−150,5	+363	+1320
M_z	+329	+329	+153	− 22,5	− 22,5	−198	−245	−420	− 420
M_{xz}	+178,5	+178,5	+ 2,5	−173,0	−173,0	−348,5	−395,5	− 57	+ 900

Im weiteren sollen die entsprechenden Abstände ξ und die Momente für die gleiche Wirkungsebene in einer Tabelle für beide Kraftkomponenten zusammengefaßt werden.

Wirkungsebene yz.

Für die Kraft $Y = -295$ kg ist

$$\eta_{xy} = 0{,}23 \text{ m}.$$

Für die Kraft $Z = 234$ kg ist

$$\eta_{xz} = 1{,}168 \text{ m}.$$

Punkt	*a*	*b*	*c*	*d*	*e*	*f*	*g*	*h*	*i*
ξ_{xy}	0,23	0,23	0,23	0,23	0,23	0,23	0,23	0,52	1,92
ξ_{xz}	1,168	0,832	1,582	0,832	0,168	0,918	0,918	0,918	0,918
M_y	− 68	− 68	− 68	− 68	− 68	− 68	− 68	+154	+567
M_z	−273	+195	+370	+195	− 39	−215	−215	−215	−215
M_{yz}	−341	+127	+302	+127	−107	−283	−283	− 61	+352

Wirkungsebene xy.

Für die Kraft $X = 684$ kg ist

$$\eta_{xz} = 1{,}154 \text{ m}.$$

Für die Kraft $Y = -295$ kg ist

$$\eta_{yz} = 1{,}532 \text{ m}.$$

Punkt	*a*	*b*	*c*	*d*	*e*	*f*	*g*	*h*	*i*
ξ_{xz}	1,154	0,846	1,596	0,846	0,154	0,904	0,904	0,904	0,904
ξ_{yz}	1,532	1,532	0,782	0,032	0,032	0,718	0,918	1,668	1,668
M_x	+ 790	−579	−1091	− 579	+ 105	+618	+618	+618	+618
M_y	+ 452	+452	+ 231	+ 9,5	+ 9,5	−212	−271	−492	−492
M_{xy}	+1242	−127	−860	−569,5	+114,5	+406	+347	+126	+126

In jedem Punkt des Systems treten also drei Momente, und zwar zwei Biegungsmomente und ein Drehmoment auf. Das Drehmoment wirkt jeweils in der zum betreffenden Rohrschenkel senkrechten Ebene. Die beiden anderen Momente liegen in der Ebene des Schenkels. Ihre Zusammensetzung erfolgt geometrisch.

Im Punkt a sind folgende Momente:

$$\begin{aligned} \text{Drehmoment } M_{d(xz)} &= +\ 178{,}5 \text{ mkg},\\ \text{Biegungsmoment } M_{b(yz)} &= -\ 341 \text{ mkg},\\ \text{Biegungsmoment } M_{b(xy)} &= +1242 \text{ mkg}. \end{aligned}$$

Das resultierende Biegungsmoment ist folglich

$$M_{b\,\text{res}} = \sqrt{M_{yz}^2 + M_{xy}^2} = 1287 \text{ mkg}.$$

In nachstehender Zahlentafel sind in gleicher Weise für die übrigen Punkte des Systems die Momente ausgerechnet. Die Vorzeichen bei den Momenten haben keine Bedeutung mehr und sind daher fortgelassen.

Punkt	a	b	c	d	e	f	g	h	i
M_{b1}	341	127	2,5	127	107	348,5	395,5	57	900
M_{b2}	1242	127	860	569,5	114,5	406	347	61	352
$M_{b\,\text{res}}$	1287	180	860,5	584	156,5	535	526	83,5	966
M_d	178,5	178,5	302	173	173	283	283	126	126

Das größte Biegungsmoment tritt im Punkt a auf. Wenn auch dort das Drehmoment kleiner als im Punkt c ist, so wird die größte Gesamtbeanspruchung zweifellos doch im Punkt a vorliegen.

In den meisten Fällen kann man, wie auch in diesem Beispiel, schon aus den einzelnen Momenten die Stelle der größten Beanspruchung beurteilen. Dann genügt die Ausrechnung des resultierenden Biegungsmoments für den am meisten beanspruchten Punkt des Systems.

Im Punkt a wirken also folgende Beanspruchungen:

Biegungsspannung nach Gl. (33)

$$\sigma_b = \frac{128700 \cdot 17{,}1}{200 \cdot 2030} = \underline{5{,}42 \text{ kg/mm}^2};$$

Verdrehungsspannung nach Gl. (36)

$$\tau = \frac{17850 \cdot 17{,}1}{400 \cdot 2030} = 0{,}38 \text{ kg/mm}^2.$$

Man sieht hieraus, daß die Verdrehungsspannung gegenüber der Biegungsbeanspruchung vollkommen ohne Bedeutung ist.

Die Ermittlung der Vergleichsspannung und der entsprechenden Sicherheit für diesen Fall siehe Beispiel 26, S. 310.

Die weitere Zusammensetzung der Beanspruchungen unter Berücksichtigung der übrigen Spannungen soll in einem späteren Abschnitt behandelt werden.

An Hand dieses Beispiels ist der vom Verfasser vorgeschlagene Rechnungsgang in ausreichender Weise erläutert. Absichtlich wurde ein nicht ganz einfacher Fall gewählt, um die Vorteile des Verfahrens recht deutlich zum Ausdruck zu bringen. Von allen dem Verfasser bekannten Berechnungsarten für statisch unbestimmte räumliche Rohrsysteme dürfte dieser Weg den geringsten Arbeitsaufwand erfordern, wobei eine hohe Genauigkeit des Ergebnisses gewährleistet ist. Vor allen Dingen stellt dieses Verfahren die geringsten Anforderungen an die Konzentrationsfähigkeit des Rechnenden, da alle Rechnungsgänge für die Ermittlung der elastischen Eigenschaften des Systems durch die Zahlentafel 14 in eine feste Norm gebracht sind. Der Rechnungsgang wird also dadurch ohne weitere Überlegungen in gewissem Sinne selbsttätig vorgeschrieben.

Im Anschluß an die praktische Anwendung dieses Verfahrens müssen zum besseren Verständnis noch einige Erläuterungen angefügt werden.

Man wird bei der Anwendung dieses Verfahrens feststellen, daß der Schwerpunktsabstand z. B. von der xy-Ebene bei der Betrachtung der Wirkung der Komponente X zahlenmäßig von demjenigen der Kraftwirkung der Komponente Y abweicht, obwohl die statischen Momente in beiden Fällen auf die gleiche Ebene xy bezogen werden. Das ist auch bei allen anderen Kraftkomponenten der Fall. Man wird also nicht drei verschiedene Schwerpunktsabstände errechnen, wie es bei einem rein geometrischen Schwerpunkt der Fall wäre, sondern sechs. Dabei weichen die paarweise ermittelten Schwerpunktsabstände mit dem gleichen Index mehr oder weniger voneinander ab.

Dieser Umstand hängt mit der sog. *Wirkungsebene* und dem von ihr bestimmten *Ersatzsystem* zusammen.

Jede Kraftrichtung stellt die Schnittlinie von zwei Ebenen dar, und es muß folglich die Wirkung der Kraft sowohl in der einen als auch in der anderen Ebene betrachtet werden. Zum Beispiel hat die Kraftkomponente X die Wirkungsebenen xz und xy, die Kraftkomponente Y die Wirkungsebenen yz und xy und die Kraftkomponente Z die Wirkungsebenen yz und xz.

Die Wirkungsebene bei den Trägheitsmomenten des Systems steht (unter Beachtung der jeweiligen Kraftkomponente) senkrecht zur Indexebene des jeweiligen Trägheitsmoments.

Die Wirkungsebene bei den Zentrifugalmomenten steht senkrecht zu beiden Indexebenen des betreffenden Zentrifugalmoments.

Aus nachstehender Zahlentafel sind die jeweils zugehörigen Wirkungsebenen ersichtlich.

Die äußerst wichtige Bedeutung der Wirkungsebene besteht darin, daß alle Schenkel, die senkrecht zu ihr stehen, durch die zugehörige Kraftkomponente auf Verdrehung beansprucht werden. Infolge des Zusammenhanges zwischen polarem und äquatorialem Trägheitsmoment

$$J_0 = 2\,J$$

Zahlentafel 15. *Zuordnung der Momente und Wirkungsebenen.*

Gleichung für	Kraft X		Kraft Y		Kraft Z	
$E\,J\,\Delta_x$	$J_{(xy)}$	$J_{(xz)}$	$J_{(xz)(yz)}$		$J_{(xy)(yz)}$	
Wirkungsebene	xz	xy	xy		xz	
$E\,J\,\Delta_y$	$J_{(xz)(yz)}$		$J_{(xy)}$	$J_{(yz)}$	$J_{(xy)(xz)}$	
Wirkungsebene	xy		yz	xy	yz	
$E\,J\,\Delta_z$	$J_{(xy)(yz)}$		$J_{(xy)(xz)}$		$J_{(xz)}$	$J_{(yz)}$
Wirkungsebene	xz		yz		yz	xz

und zwischen Gleitmodul und Elastizitätsmodul

$$G = \frac{m}{2(m+1)} E = 0{,}385\,E$$

folgt

$$\frac{1}{G J_0} = \frac{1{,}3}{E J}\,.$$

Daher müssen also sämtliche geraden Schenkel, die senkrecht zur Wirkungsebene stehen, mit 1,3 multipliziert werden. Es entstehen also entsprechend den drei Wirkungsebenen auch drei verschiedene *Ersatzsysteme,* die sich in ihren einzelnen *elastischen* Längen voneinander unterscheiden.

Bei der Berechnung des räumlichen Systems wird also nicht seine wirkliche geometrische Form in Betracht gezogen, sondern für jede der drei Wirkungsebenen werden die zugehörigen *Ersatzsysteme* mit ihren entsprechend veränderten elastischen Längen betrachtet. Daraus können die Wirkung von jeweils zwei Kraftkomponenten in ihrer Wirkungsebene untersucht und dafür die Trägheits- bzw. Zentrifugalmomente (s. Zahlentafel 14) die statischen Momente und die *elastischen* Gesamtlängen berechnet werden.

Wohlgemerkt, diese Beeinflussung durch die Wirkungsebene gilt nur für die *elastischen Längen* der Schenkel und Bogen, *nicht* aber für irgendwelche zur Berechnung der statischen Momente, Trägheitsmomente usw. einzusetzenden Abstände.

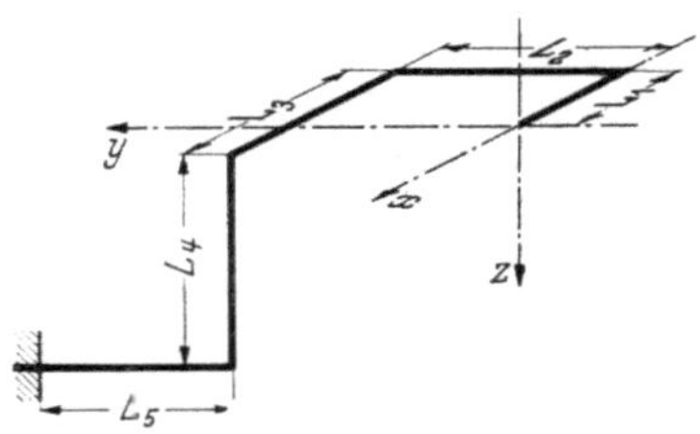

Abb. 177. Räumliches System mit 5 Schenkeln.

Betrachtet man das in Abb. 177 dargestellte räumliche System mit den fünf Schenkeln L_1, L_2, L_3, L_4 und L_5, so ergeben sich in bezug auf die drei Wirkungsebenen xy, yz und xz folgende drei Ersatzsysteme.

Für die Wirkungsebene xy:

Ersatzsystem L_1, L_2, L_3, 1,3 L_4, L_5.

Für die Wirkungsebene yz:

Ersatzsystem 1,3 L_1, L_2, 1,3 L_3, L_4, L_5.

Für die Wirkungsebene xz:

Ersatzsystem L_1, 1,3 L_2, L_3, L_4, 1,3 L_5.

Man merkt also, daß alle Schenkel, die zur jeweiligen Wirkungsebene senkrecht stehen, im entsprechenden Ersatzsystem mit 1,3 multipliziert werden müssen. Dadurch entstehen also insgesamt drei Ersatzsysteme und bei je zwei Schwerpunktsabständen insgesamt sechs *verschiedene* Schwerpunktsabstände. Diese stellen also den genauen geometrischen Schwerpunktsabstand für das jeweilige Ersatzsystem, nicht aber für das wirkliche Rohrsystem dar und unterscheiden sich daher paarweise voneinander, auch bei Bezugnahme auf ein und dieselbe Ebene.

Die Bestimmung der gestreckten Länge des Systems, die Berechnung der statischen Momente, der Trägheits- und Zentrifugalmomente erfolgt also für jede Wirkungsebene so, als ob man jeweils nur das dazugehörige Ersatzsystem betrachtet.

Die vorstehenden Erläuterungen dürfen den Leser nicht verwirren, da sie nur zur Vertiefung des Verständnisses gegeben wurden. Die Zahlentafel 14 ist so aufgestellt, daß bei deren Anwendung und bei richtiger Berücksichtigung der zugehörigen Bildtafel alle komplizierten Überlegungen fortfallen und die daraus entnommenen Formeln ganz selbsttätig den geschilderten Einfluß der drei Wirkungsebenen berücksichtigen. Dieses Verfahren faßt die einzelnen Rechnungsgänge in einem fest umrissenen Rahmen zusammen, und es werden selbsttätig die richtigen Formeln für alle zu ermittelnden Werte vorgeschrieben.

An Hand eines Beispiels soll zunächst die Übereinstimmung vorstehender Überlegungen mit den von Abel entwickelten Beziehungen gezeigt werden.

Für das in Abb. 166 dargestellte räumliche System werden auf Grund der vorstehenden Erläuterungen die Trägheitsmomente bestimmt. Dieses System entspricht genau dem von Abel behandelten dreischenkligen System.

Die Kraft X besitzt die zwei Wirkungsebenen xz und xy. Aus der Zahlentafel 15 ersieht man, daß zu der Wirkungsebene xz das Trägheitsmoment J_{xy} gehört.

Der Wirkungsebene xz entsprechend kommt hier das Ersatzsystem II $= (L_1, 1{,}3\,L_2, L_3)$ in Frage, da L_2 senkrecht zu xz steht.

Das auf die xy-Ebene bezogene Trägheitsmoment ist

$$J'_{xy} = \tfrac{1}{3} L_3^3.$$

Das auf die xy-Ebene bezogene statische Moment ist

$$M_{xy} = 0{,}5\, L_3^2$$

und die gestreckte Länge des Ersatzsystems II

$$L_{xy} = L_1 + 1{,}3\, L_2 + L_3.$$

Folglich beträgt das auf die parallele xy-Schwerpunktsebene bezogene Trägheitsmoment des Systems

$$J_{(xy)} = J'_{xy} - L_{xy}\, \eta_{xy}^2.$$

Der Schwerpunktsabstand ist

$$\eta_{xy} = \frac{M_{xy}}{L_{xy}}$$

und somit der Ausdruck

$$L_{xy}\, \eta_{xy}^2 = L_{xy} \frac{M_{xy}^2}{L_{xy}^2} = \frac{M_{xy}^2}{L_{xy}}.$$

Also ist das Trägheitsmoment in bezug auf die Schwerpunktsebene

$$J_{(xy)} = \frac{1}{3} L_3^3 - \frac{0{,}25\, L_3^4}{L_1 + 1{,}3\, L_2 + L_3}.$$

In gleicher Weise berechnet man das Trägheitsmoment J_{xz}.

Für dieses ist die Wirkungsebene xy und folglich muß das Ersatzsystem III $= (L_1, L_2, 1{,}3\, L_3)$ in Betracht gezogen werden.

Das auf die xz-Ebene bezogene Trägheitsmoment ist

$$J'_{xz} = 1{,}3\, L_3\, L_2^2 + \tfrac{1}{3} L_2^3.$$

Das auf die xz-Ebene bezogene statische Moment ist

$$M_{xz} = 1{,}3\, L_3\, L_2 + 0{,}5\, L_2^2$$

und die gestreckte Länge des Ersatzsystems III

$$L_{xz} = L_1 + L_2 + 1{,}3\, L_3.$$

Damit erhält man das Trägheitsmoment des Systems, bezogen auf die parallele xz-Schwerpunktsebene

$$J_{(xz)} = J'_{xz} - \frac{M_{xz}^2}{L_{xz}} = 1{,}3\, L_3\, L_2^2 + \frac{1}{3} L_2^3 - \frac{(1{,}3\, L_3\, L_2 + 0{,}5\, L_2^2)^2}{L_1 + L_2 + 1{,}3\, L_3}.$$

Die Summe der beiden Trägheitsmomente ist also

$$J_{(xz)} + J_{(xy)} = \frac{1}{3} L_2^3 + L_2^2\, 1{,}3\, L_3 + \frac{1}{3} L_3^3 -$$

$$- \frac{0{,}25\, L_3^4}{L_1 + 1{,}3\, L_2 + L_3} - \frac{0{,}5\, (L_2^2 + 1{,}3\, L_2 L_3)^2}{L_1 + L_2 + 1{,}3\, L_3}.$$

Der Vergleich dieses Ausdruckes mit dem in der Zahlentafel 13 oben zweite Spalte von links stehenden zeigt die vollkommene Übereinstimmung derselben.

Der Vollständigkeit halber sei noch für die Komponente Y das Zentrifugalmoment $J_{(xz)(yx)}$ ermittelt.

Die Wirkungsebene muß zu den beiden Indexebenen xz und yz des Zentrifugalmoments senkrecht stehen. Es ist also xy in diesem Falle die Wirkungsebene. Danach folgt hierfür das Ersatzsystem III $= (L_1, L_2, 1{,}3\,L_3)$.

Das Zentrifugalmoment, bezogen auf die xz- und yz-Ebene, ist:

$$J'_{(xz)(yz)} = 1{,}3\,L_3\,L_1\,L_2 + 0{,}5\,L_2^2\,L_1\,.$$

Das statische Moment, bezogen auf die xz-Ebene, ist

$$M_{xz} = 1{,}3\,L_3\,L_2 + 0{,}5\,L_2^2$$

und das statische Moment, bezogen auf die yz-Ebene

$$M_{yz} = 0{,}5\,L_1^2 + L_1\,L_2 + L_1 \cdot 1{,}3\,L_3\,.$$

Das Zentrifugalmoment, bezogen auf die durch den Schwerpunkt des Ersatzsystems III gehenden Ebenen xz und yz, ist

$$J_{(xz)(yz)} = J'_{(xz)(yz)} - \frac{M_{xz}\,M_{yz}}{L_{xz}}$$

Es ist hier gleichgültig, ob man L_{xz} oder L_{yz} einsetzt, weil beide Längen sich auf das Ersatzsystem III beziehen. Folglich ist

$$J_{(xz)(yz)} = 1{,}3\,L_1 L_2 L_3 + 0{,}5\,L_1 L_2^2 - \\ - \frac{(1{,}3\,L_2 L_3 + 0{,}5\,L_2^2)\,(0{,}5\,L_1^2 + L_1 L_2 + 1{,}3\,L_1 L_3)}{L_1 + L_2 + 1{,}3\,L_3}\,.$$

Die Klammern ausmultipliziert und auf einen Nenner gebracht ergibt

$$J_{(xz)(yz)} = \frac{0{,}5\,L_1^2 L_2\,(0{,}5\,L_2 + 1{,}3\,L_3)}{L_1 + L_2 + 1{,}3\,L_3}\,.$$

Auch dieser Ausdruck entspricht genau dem von ABEL entwickelten Wert, und zwar in der Zahlentafel 13 oben zweite Spalte von rechts.

In der gleichen Weise könnte man auch die genaue Übereinstimmung der übrigen Werte nachweisen.

Bei der Berechnung der Längen, der statischen Momente sowie der Trägheits- und Zentrifugalmomente der *gebogenen Teile* eines Systems ist es notwendig, das gleichzeitige Auftreten von Biegung und Verdrehung in jedem Bogenteilchen zu berücksichtigen. Diese Tatsache bedingt gewisse Unterschiede in dem Wert des statischen Moments bzw. Trägheitsmoments, je nachdem, welches Ende des Bogens eingespannt und welches durch die die zweite Einspannung ersetzenden Kraftkomponenten und Momente belastet ist.

Der Begriff des Trägheits- bzw. Zentrifugalmoments verliert hier gewissermaßen seine Bedeutung, denn für diesen ist die Lage der Bogeneinspannung an sich gleichgültig und nur die Lage des Bogens zur Kraftangriffsebene allein maßgebend. Demgegenüber ist zu beachten, daß das gleichzeitige Auftreten von Biegungs- und Drehmomenten in einem räumlich belasteten Bogen eine unterschiedliche Wirkung hervorruft, je nachdem, an welchem Bogenende die Kraft oder der Momentenhebelarm angreift und welches Ende als eingespannt betrachtet wird.

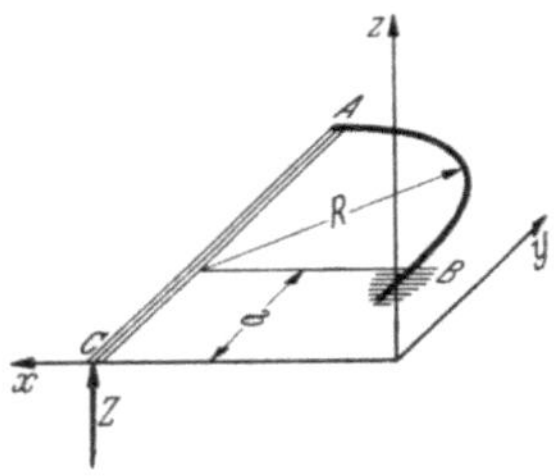

Abb. 178.
Bogen mit räumlicher Kraftwirkung in A.

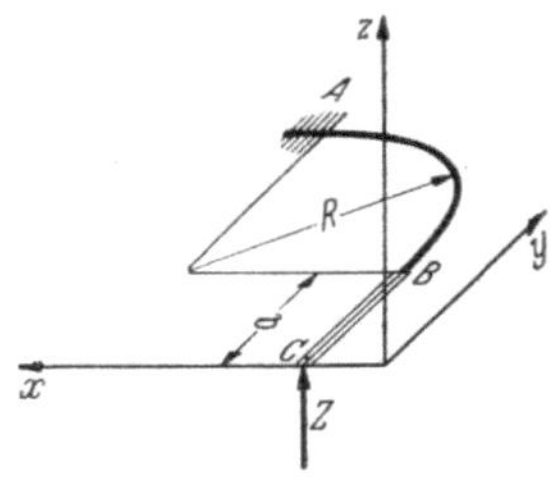

Abb. 179.
Bogen mit räumlicher Kraftwirkung in B.

In Abb. 178 und 179 ist ein Bogen AB dargestellt, der durch eine Kraft Z senkrecht zu seiner Ebene belastet ist. In Abb. 178 ist der Bogen in B eingespannt; am Ende A greift ein *starrer* Hebel $\overline{AC} = R + a$ an, an dessen Ende C die Kraft Z wirkt. Dagegen ist der Bogen in Abb. 179 in A eingespannt, während in B ebenfalls ein *starrer* Hebel $\overline{CB} = a$ befestigt ist, an dessen Ende C die gleiche Kraft Z wirkt. In beiden Abbildungen ist die Lage des Bogens zur xz-Ebene vollkommen gleich, und es soll die Verschiebung des Angriffspunktes C in Kraftrichtung ermittelt werden, wobei als Wirkungsebene der Kraft die yz-Ebene gelten soll.

Man erkennt, daß in Abb. 178 das eingespannte Ende B des Bogens mit Bezug auf die gewählte Wirkungsebene auf Biegung und das freie Ende A auf Drehung beansprucht wird. Der Bogen nach Abb. 179 wird dagegen umgekehrt belastet: Biegung am freien Ende B und Verdrehung am eingespannten Ende A.

Abb. 178 zeigt ohne weiteres, daß hier eine Überlagerung von zwei Wirkungen stattfindet. Einmal wird der Bogen durch die Kraft Z beansprucht, als ob sie unmittelbar in A wirken würde. Ferner greift in A ein Moment von der Größe $Z(R + a)$ an. Beide Wirkungen überlagern sich.

Aus dem Abschnitt B II/12 können die Verschiebungen ermittelt werden, und zwar:

Durch die seitliche Kraft Z erfolgt eine Verschiebung von A um

$$\Delta_1 = 0{,}382 \frac{Z R^3}{E J} \quad \text{nach oben.}$$

Die gleiche Verschiebung Δ_1 erfolgt also auch in C. Die Verdrehung von A ist

$$\psi'_{yz} = 0{,}5064 \frac{Z R^2}{E J}.$$

Dadurch wird der Punkt C um den Betrag Δ_2 nach unten verschoben

$$\Delta_2 = (R + a)\,\psi'_{yz} = 0{,}5064 \frac{Z R^3}{E J} + 0{,}5064 \frac{Z R^2 a}{E J} \quad \text{nach unten.}$$

Das Moment $Z(R + a)$ bewirkt eine Verdrehung des Endes A um

$$\psi''_{xz} = 1{,}806 \frac{Z (R + a) R}{E J}.$$

Dadurch erfolgt ebenfalls eine Verschiebung des Punktes C nach oben um

$$\Delta_3 = (R + a)\,\psi''_{yz} = 1{,}806 \frac{Z (R + a)^2 R}{E J} \quad \text{nach oben.}$$

Die unmittelbare Wirkung dieses Moments auf das Ende A bewirkt eine Verschiebung desselben um

$$\Delta_4 = 0{,}5064 \frac{Z (R + a) R^2}{E J} \quad \text{nach unten.}$$

Die Zusammenfassung aller dieser Verschiebungen für den Punkt C ergibt

$$\Delta_{yz} = \frac{Z}{E J} [1{,}176\, R^3 + 2{,}6\, R^2 a + 1{,}806\, R a^2].$$

Führt man die gleiche Untersuchung auch für den Punkt C des Bogens nach Abb. 179 durch, so erhält man

durch die Kraft Z

$$\Delta_1 = 0{,}867 \frac{Z R^3}{E J} \quad \text{nach oben}$$

und den Biegungswinkel in B

$$\psi'_{yz} = 1{,}15 \frac{Z R^2}{E J},$$

daher eine weitere Verschiebung von C um

$$\Delta_2 = a\,\psi'_{yz} = 1{,}15 \frac{Z R^2 a}{E J} \quad \text{nach oben;}$$

durch das Moment $Z a$

$$\Delta_3 = a\,\psi''_{yz} = 1{,}806 \frac{Z R a^2}{E J} \quad \text{nach oben}$$

und

$$\Delta_4 = 1{,}15 \frac{Z R^2 a}{E J} \quad \text{nach oben},$$

d. h. insgesamt

$$\Delta_{yz} = \frac{Z}{E J} [0{,}867 R^3 + 2{,}3 R^2 a + 1{,}806 R a^2].$$

Man erkennt also, daß die Ausdrücke in der eckigen Klammer einander nicht gleich sind, während man aus der Berechnung der Trägheitsmomente in bezug auf die xz-Ebene infolge derselben Lage des Bogens zu dieser Ebene gleiche Werte erhalten würde.

Ähnlich liegen die Verhältnisse auch für die statischen und Zentrifugalmomente.

Aus diesem Grunde wurden in der Zahlentafel 14 einschließlich der zugehörigen Bildtafel die Beziehungen A und B für die Bogenenden eingeführt. Man wird also die Nummer des Bogenbildes stets noch mit dem Buchstaben A oder B kennzeichnen, je nachdem, welches Bogenende an den mit der festen Einspannung verbundenen Teil des Rohrsystems anschließt (im Gegensatz zu demjenigen Bogenende, welches an den frei gedachten Systemteil anschließt).

Strenggenommen dürfte man also bei der Untersuchung räumlicher Systeme unter Berücksichtigung von Bogen (an Stelle biegungssteifer Ecken) nicht mehr von Trägheits-, Zentrifugal- oder statischen Momenten sprechen. Trotzdem wurde mit Rücksicht auf bessere Anschaulichkeit diese Begriffsbezeichnung beibehalten, wenn auch die darunter zu verstehenden Werte zahlenmäßig mit den geometrischen Trägheits- bzw. Zentrifugalmomenten nicht mehr genau übereinstimmen.

Die angegebenen, für den praktischen Fall zu benutzenden Formeln wurden auf dieser Grundlage ermittelt und in der Zahlentafel 14 zusammengestellt.

c) Berechnungsverfahren nach A. M. CUTCHAN und S. CROCKER[1].

Auf der gleichen Grundlage, wie es bereits für ebene Systeme im Abschnitt B II/3c entwickelt wurde, sind nachstehend auch die Beziehungen für räumliche Systeme zusammengestellt.

Die Entwicklung der für räumliche Systeme erforderlichen Belastungsfälle von Bogen ist bereits in Abschnitt B III/2 gegeben.

Diese und die im Abschnitt B II/3c entwickelten Beziehungen lassen sich für die Berechnung von räumlichen Systemen in zehn normale

[1] Piping Handbook, New York and London: McGraw-Hill Book Company, Inc. 1931.

Zahlentafel 16. *Zusammenstellung der Belastungsfälle für ebene und räumliche Rohrsysteme.*

Fall	Belastung	Momentenfläche	Winkeländerung ψ am freien Ende	Verschiebung Δ am freien Ende
I	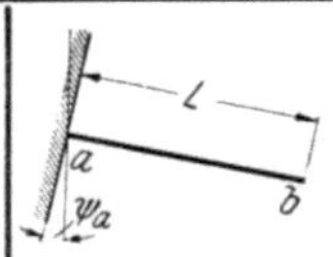	0	$\psi_b = \psi_a$	$\Delta = \psi_b L$
II	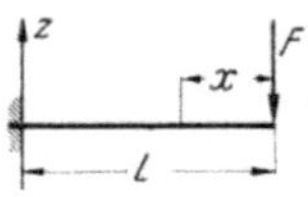		$\psi = \frac{1}{2}\frac{F L^2}{E J} = \frac{\text{Momentenfläche}}{E J}$	$\Delta = \psi \frac{2}{3} L$
III	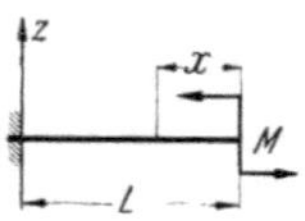	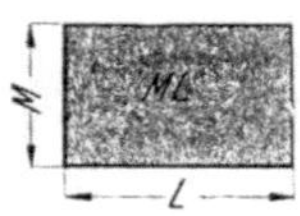	$\psi = \frac{M L}{E J} = \frac{\text{Momentenfläche}}{E J}$	$\Delta = \psi \frac{1}{2} L$
IV	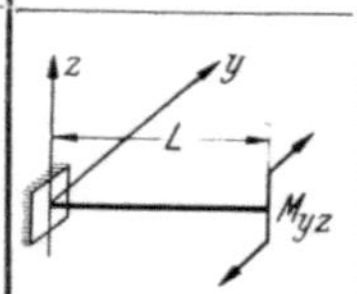	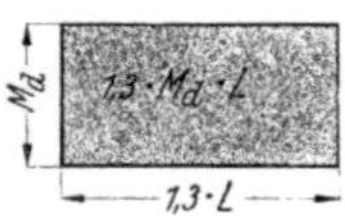	$\psi = 1{,}3\,\frac{M_d L}{E J} = \frac{\text{Momentenfläche}}{E J}$	$\Delta = 0$
V	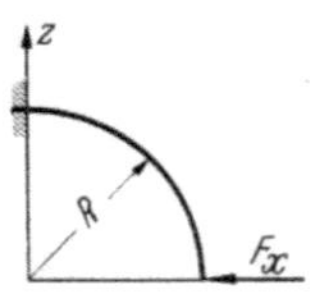	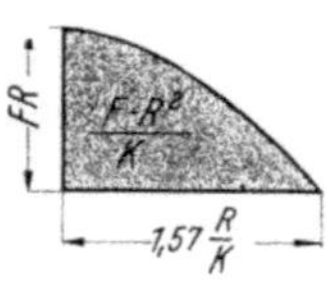	$\psi = \frac{F R^2}{K E J} = \frac{\text{Momentenfläche}}{E J}$	a) $\Delta_x = \psi\, 0{,}7854\, R$ b) $\Delta_z = \psi\, 0{,}5\, R$
VI	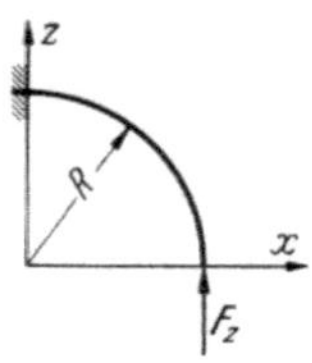	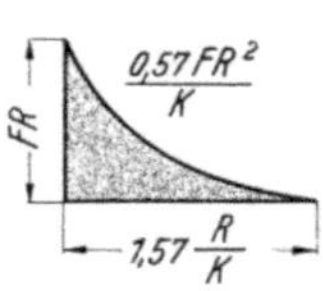	$\psi = \frac{0{,}5708\, F R^2}{K E J} = \frac{\text{Momentenfläche}}{E J}$	a) $\Delta_z = \psi\, 0{,}624\, R$ b) $\Delta_x = \psi\, 0{,}876\, R$

Belastungsfälle zusammenfassen. Obwohl ein Teil dieser Belastungsfälle schon für die Berechnung von ebenen Systemen angegeben war, sollen der besseren Übersicht wegen auch die früher schon genannten nochmals übersichtlich geordnet hier zusammengestellt werden (s. Zahlentafel 16).

Zahlentafel 16. (Fortsetzung.)

Fall	Belastung	Momentenfläche	Winkeländerung ψ am freien Ende	Verschiebung Δ am freien Ende
VII	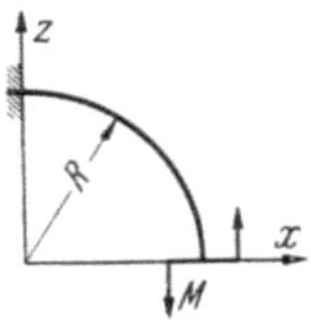	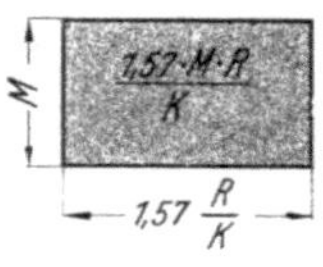	$\psi = \frac{1{,}5708\, M\, R}{K\, E\, J}$ $= \frac{\text{Momentenfläche}}{E\, J}$	a) $\Delta_x = \psi\, 0{,}637\, R$ b) $\Delta_z = \psi\, 0{,}363\, R$
VIII	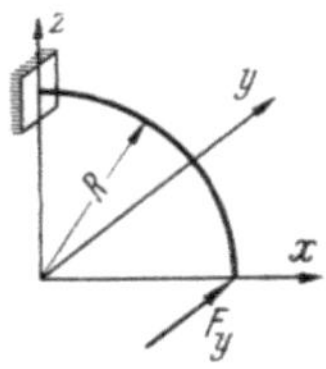	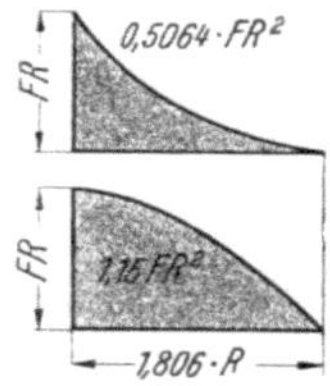	$\psi_{xy} = \frac{0{,}5064\, F\, R^2}{E\, J}$ $= \frac{\text{Momentenfläche}}{E\, J}$ $\psi_{yz} = \frac{1{,}15\, F\, R^2}{E\, J}$ $= \frac{\text{Momentenfläche}}{E\, J}$	a) $\Delta_{xy} = \psi_{xy}\, 0{,}754 R$ b) $\Delta_{yz} = \psi_{yz}\, 0{,}754 R$ c) $\Delta_y = \Delta_{xy} + \Delta_{yz}$ $= \frac{1{,}2485\, F\, R^3}{E\, J}$
IX	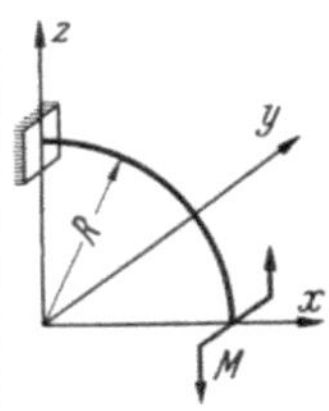	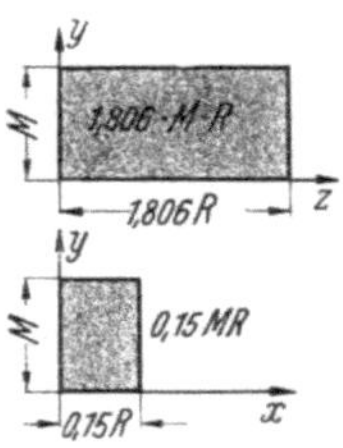	$\psi_{xy} = \frac{0{,}15\, M\, R}{E\, J}$ $= \frac{\text{Momentenfläche}}{E\, J}$ $\psi_{yz} = \frac{1{,}806\, M\, R}{E\, J}$ $= \frac{\text{Momentenfläche}}{E\, J}$	a) $\Delta_{xy} = \psi_{xy}\, 0{,}695 R$ b) $\Delta_{yz} = \psi_{yz}\, 0{,}695 R$ c) $\Delta_y = \Delta_{yz} - \Delta_{xy}$ $= \frac{1{,}15\, M\, R^2}{E\, J}$ $= \psi_{yz}\, 0{,}637\, R$
X	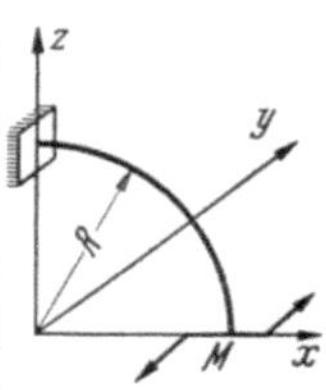	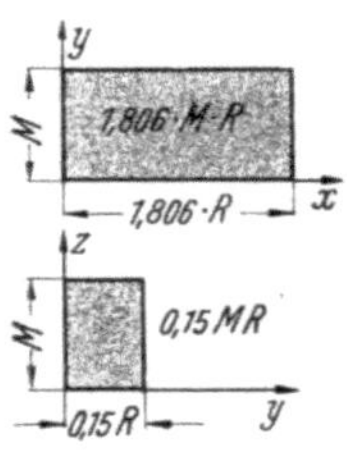	$\psi_{xy} = \frac{1{,}806\, M\, R}{E\, J}$ $= \frac{\text{Momentenfläche}}{E\, J}$ $\psi_{yz} = \frac{0{,}15\, M\, R}{E\, J}$ $= \frac{\text{Momentenfläche}}{E\, J}$	a) $\Delta_{xy} = \psi_{xy} 0{,}306 R$ b) $\Delta_{yz} = \psi_{yz}\, 0{,}306 R$ c) $\Delta_y = \Delta_{xy} - \Delta_{yz}$ $= \frac{0{,}5064\, M R^2}{E\, J}$ $= \psi_{xy}\, 0{,}280\, R$

Die zehn Belastungsfälle reichen aus, um alle vorkommenden ebenen und räumlichen Systeme mit senkrecht zueinander stehenden Schenkeln zu berechnen.

Es soll nicht unerwähnt bleiben, daß in den Belastungsfällen IX und X von den Verfassern dieses Verfahrens gewisse Vereinfachungen vorgenommen wurden.

Im Fall IX wird nur die Biegung und Verdrehung des Bogens in der yz-Ebene berücksichtigt. Dagegen bleibt die durch die kleine Fläche 0,15 MR dargestellte Verdrehung des freien Bogenendes in der xy-Ebene teilweise unberücksichtigt.

Ähnlich wird im Fall X nur die Biegung und Verdrehung des Bogens in der xy-Ebene in Betracht gezogen. Der andere Anteil, dargestellt durch die kleine Fläche 0,15 $M_d R$ als Verdrehung in der yz-Ebene, bleibt teilweise unberücksichtigt.

Ferner entsteht durch die Belastungen der Fälle VIII, IX und X auch eine geringe radiale Verschiebung des freien Bogenendes, welche

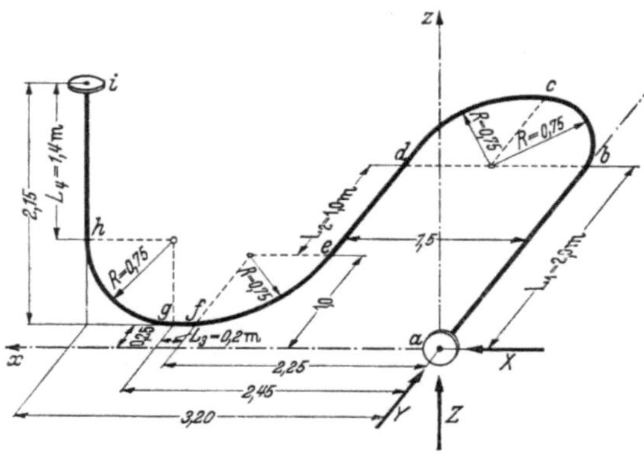

Abb. 180. Räumliches Rohrsystem für Beispiel 23.

ebenfalls vernachlässigt wird, da sie im Vergleich zu den Verschiebungen senkrecht zur Bogenebene nur sehr klein ist.

Der Gang der Berechnung ist ähnlich wie für ebene Systeme angegeben. Es muß aber, wie es im letzten Abschnitt gezeigt war, die räumliche Lage der Kräfte entsprechend berücksichtigt werden, indem man die Wirkung jeder der drei Kraftkomponenten in je zwei Ebenen betrachtet. Es ergeben sich also sechs Momentenschaubilder, aus denen die Verschiebungen der einzelnen Punkte des Systems unter Zuhilfenahme der angegebenen Belastungsfälle errechnet werden.

Der Rechnungsgang wird am besten klar an Hand eines Zahlenbeispiels. Hierbei soll absichtlich das gleiche Beispiel gewählt werden, wie es im letzten Abschnitt nach dem Rechenverfahren des Verfassers untersucht worden war. Dadurch ist es am einfachsten, sich ein Bild über die erforderliche Rechenarbeit zu machen; gleichzeitig ist auch ein unmittelbarer Vergleich der Rechnungsergebnisse möglich.

Beispiel 23. Der gleiche räumliche Bogen, wie in Beispiel 22 berechnet, ist in nachstehender Abb. 180 dargestellt. Auch die Abmessungen sollen die gleichen bleiben.

Nach dem Verfahren von CUTCHAN müssen für jede Kraft in je zwei Wirkungsebenen die Momentenschaubilder gezeichnet werden.

Wirkung der Komponente X in der xy-Ebene.

Mit Ausnahme des Bogens gh und des Schenkels L_4 liegen alle übrigen Teile des Systems in der Wirkungsebene. Die elastische Bogenlänge gh ist also nach Fall IX 1,15mal größer als die tatsächlich gestreckte Länge dieses Bogens, d. h. $1{,}15 \cdot 1{,}57\,R = 1{,}805\,R$. Für die elastische Länge des Schenkels L_4 ist $1{,}3\,L_4$ einzusetzen.

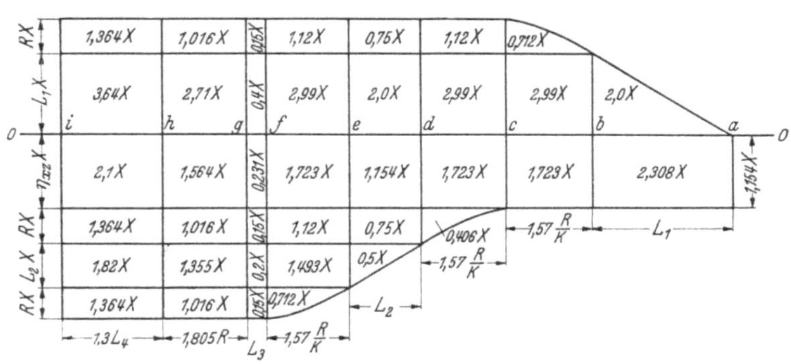

Abb. 181. Momentenbild für die Wirkung von X in der xy-Ebene.

Daraus ergibt sich die gestreckte elastische Länge des für diese Wirkungsebene geltenden Ersatzsystems zu

$$L_{xz} = L_1 + 1{,}57\,\frac{R}{K} + 1{,}57\,\frac{R}{K} + L_2 + 1{,}57\,\frac{R}{K} + L_3 + 1{,}805\,R + 1{,}3\,L_4$$

$$= 2 + 1{,}493 + 1{,}493 + 1 + 1{,}493 + 0{,}2 + 1{,}355 + 1{,}82$$

$$= 10{,}854 \text{ m}.$$

Diese Länge dient als Grundlinie für das Momentenschaubild Abb. 181.

Im übrigen gelten für das Aufzeichnen dieses Schaubildes und für das Ausrechnen der Flächen die gleichen Gesichtspunkte wie bei der Berechnung von ebenen Systemen. Es müssen aber die entsprechenden Belastungsfälle für räumliche Systeme berücksichtigt werden (s. Zahlentafel 16).

Um die Höhe der dem Einspannmoment $\eta_{xz}\,X$ entsprechenden Momentenfläche zu bestimmen, muß zunächst die Summe aller bisher bestimmten positiven Flächen über der Linie O—O berechnet werden. Von dieser Summe ist dann die Summe der durch die Kraft X bedingten negativen Momentenflächen in Abzug zu bringen. Die Differenz stellt das statische Moment M_{xz} des Systems multipliziert mit der Kraft X in der xy-Ebene dar:

$$X M_{xz} = \sum f = (1{,}364 + 3{,}64 + 1{,}016 + 2{,}71 + 0{,}15 + 0{,}4 + 1{,}12 + 2{,}99 + 0{,}75 + 2 + 1{,}12 + 2{,}99 + 0{,}712 + 2{,}99 + + 2) X - (1{,}364 + 1{,}82 + 1{,}364 + 1{,}016 + 1{,}355 + 1{,}016 + 0{,}15 + 0{,}2 + 0{,}15 + 1{,}12 + 1{,}493 + 0{,}712 + 0{,}75 + 0{,}5 + 0{,}406) X = 12{,}536\, X.$$

Die Höhe der Einspann-Momentenfläche beträgt also

$$\eta_{xz} X = \frac{X\, M_{xz}}{L_{xz}} = \frac{12{,}536\, X}{10{,}854} = 1{,}154\, X.$$

Jetzt können auch die Einzelflächen des Einspannmoments berechnet werden, indem die elastische Länge jedes Teiles des Systems mit dem Wert $\eta_{xz} X$ multipliziert wird.

Zur Prüfung der Richtigkeit müssen nachher die Summen der positiven und negativen Momentenflächen einander genau gleich sein, was nachstehend bewiesen wird.

Die Summen der Momentenflächen bis zu den einzelnen Punkten des Systems sind dann folgende:

$$\sum \psi_i = 0,$$

$$\sum \psi_h = (1{,}364 + 3{,}64 - 2{,}1 - 1{,}364 - 1{,}82 - 1{,}364) X = -1{,}644\, X,$$

$$\sum \psi_g = (-1{,}644 + 1{,}016 + 2{,}71 - 1{,}564 - 1{,}016 - -1{,}355 - 1{,}016) X = -2{,}869\, X,$$

$$\sum \psi_f = (-2{,}869 + 0{,}15 + 0{,}4 - 0{,}231 - 0{,}15 - 0{,}2 - -0{,}15) X = -3{,}05\, X,$$

$$\sum \psi_e = (-3{,}05 + 1{,}12 + 2{,}99 - 1{,}723 - 1{,}12 - -1{,}493 - 0{,}712) X = -3{,}988\, X,$$

$$\sum \psi_d = (-3{,}988 + 0{,}75 + 2 - 1{,}154 - 0{,}75 - 0{,}5) X = -3{,}642\, X,$$

$$\sum \psi_c = (-3{,}642 + 1{,}12 + 2{,}99 - 1{,}723 - 0{,}406) X = -1{,}661\, X,$$

$$\sum \psi_b = (-1{,}661 + 0{,}712 + 2{,}99 - 1{,}723) X = +0{,}318\, X,$$

$$\sum \psi_a = (+0{,}318 + 2 - 2{,}308) X = \sim 0.$$

Diese Prüfung zeigt also ebenfalls die Richtigkeit der Ausrechnung der Momentenflächen.

Die Wirkung der Komponente X in der xy-Ebene ist nun folgende.

Die Momentenflächen für die Teile des Systems von i bis c verursachen eine Verschiebung des jeweils frei gedachten Endes nach rechts bzw. nach vorn (d. h. aus der Zeichenebene heraus), soweit sie über der Linie $O-O$ liegen und nach links bzw. nach hinten, soweit sie unter der Linie $O-O$ liegen. Für den Teil des Systems vom Punkt c bis a wirken die Momentenflächen etwas anders. Das jeweils frei gedachte Ende wird nach links bzw. nach vorn verschoben, soweit die Momentenflächen über der Linie O—O liegen und umgekehrt, nach rechts bzw. nach hinten, soweit sie unterhalb der Linie O—O liegen.

Diese Überlegung muß also jedesmal genau durchgeführt werden, bevor an die weitere Rechnung herangegangen wird. Die Überlegung wird in der Weise vorgenommen, daß die entsprechende Kraftkomponente nacheinander in jedem einzelnen Punkt des Systems angreifend gedacht wird. Dann läßt sich die Richtung der Verschiebung leicht vorstellen. Das Einspannmoment wirkt in entgegengesetzter Richtung.

Diese Richtung der Verschiebungen schreibt man der besseren Übersicht wegen zweckmäßig in folgender Form

von Punkt i bis c	von Punkt c bis a
$O \dfrac{\text{rechts bzw. vorn}}{\text{links bzw. hinten}} O$	$O \dfrac{\text{links bzw. vorn}}{\text{rechts bzw. hinten}} O$

Jetzt folgt die Ausrechnung der einzelnen Verschiebungen für jeden Punkt des Systems, angefangen vom eingespannten Ende i. Hierbei ist jeweils der entsprechende Belastungsfall nach Zahlentafel 16 zu berücksichtigen, der nachfolgend in der ersten Spalte angegeben wird.

I:	$EJ\Delta_{yg} = \sum \psi_h R = (-)\,1{,}644\,X\,0{,}75$	$= 1{,}233$	X hinten.
IXc:	$= \psi_M\,0{,}637\,R = (-)\,1{,}225\,X\,0{,}637 \cdot 0{,}75$	$= 0{,}585$	X hinten,
I:	$EJ\Delta_{yf} = \sum \psi_g L_3 = (-)\,2{,}869\,X\,0{,}2$	$= 0{,}5738$	X hinten,
III:	$= \psi_M\,0{,}5\,L_3 = (-)\,0{,}181\,X\,0{,}5 \cdot 0{,}2$	$= 0{,}0181$	X hinten,
I:	$EJ\Delta_{ye} = \sum \psi_f R = (-)\,3{,}05\,X\,0{,}75$	$= 2{,}287$	X hinten,
Vb:	$= \psi_F\,0{,}5\,R = 0{,}712\,X\,0{,}5 \cdot 0{,}75$	$= 0{,}267$	X hinten,
VIIb:	$= \psi_M\,0{,}363\,R = (-)\,0{,}226\,X\,0{,}363 \cdot 0{,}75$	$= 0{,}0615$	X hinten,
I:	$EJ\Delta_{xe} = \sum \psi_f R = (-)\,3{,}05\,X\,0{,}75$	$= 2{,}287$	X links,
Va:	$= \psi_F\,0{,}7854\,R = 0{,}712\,X\,0{,}7854 \cdot 0{,}75$	$= 0{,}4195$	X links,
VIIa:	$= \psi_M\,0{,}637\,R = (-)\,0{,}226\,X\,0{,}637 \cdot 0{,}75$	$= 0{,}108$	X links,
I:	$EJ\Delta_{xd} = \sum \psi_e L_2 = (-)\,3{,}988\,X\,1{,}0$	$= 3{,}988$	X links,
II:	$= \psi_F \frac{2}{3} L_2 = 0{,}5\,X\,0{,}6667 \cdot 1{,}0$	$= 0{,}3333$	X links,
III:	$= \psi_M\,0{,}5\,L_2 = (+)\,0{,}846\,X\,0{,}5 \cdot 1{,}0$	$= 0{,}423$	X rechts,
I:	$EJ\Delta_{xc} = \sum \psi_d R = (-)\,3{,}642\,X\,0{,}75$	$= 2{,}73$	X links,
VIa:	$= \psi_F\,0{,}624\,R = 0{,}406\,X\,0{,}624 \cdot 0{,}75$	$= 0{,}19$	X links,
VIIb:	$= \psi_M\,0{,}363\,R = (+)\,2{,}387\,X\,0{,}363 \cdot 0{,}75$	$= 0{,}65$	X rechts,
I:	$EJ\Delta_{yc} = \sum \psi_d R = (-)\,3{,}642\,X\,0{,}75$	$= 2{,}73$	X hinten,
VIb:	$= \psi_F\,0{,}876\,R = 0{,}406\,X\,0{,}876 \cdot 0{,}75$	$= 0{,}2665$	X hinten,
VIIa:	$= \psi_M\,0{,}637\,R = (+)\,2{,}387\,X\,0{,}637 \cdot 0{,}75$	$= 1{,}14$	X vorn,

I: $EJ\Delta_{xb} = \sum \psi_c R = (-)\, 1{,}661\, X\, 0{,}75 \quad = 1{,}245\; X$ rechts,

Va: $= \psi_F\, 0{,}7854\, R = 0{,}712\, X\, 0{,}7854 \cdot 0{,}75 \quad = 0{,}4195\, X$ links,

VII a: $= \psi_M\, 0{,}637\, R = (+)\, 1{,}267\, X\, 0{,}637 \cdot 0{,}75 = 0{,}605\; X$ links,

I: $EJ\Delta_{yb} = \sum \psi_c R\, (-)\, 1{,}661\, X\, 0{,}75 \quad = 1{,}245\; X$ hinten,

Vb: $= \psi_F\, 0{,}5\, R = 0{,}712\, X\, 0{,}5 \cdot 0{,}75 \quad = 0{,}267\; X$ vorn,

VII b: $= \psi_M\, 0{,}363\, R = (+)\, 1{,}267\, X\, 0{,}363 \cdot 0{,}75 = 0{,}345\; X$ vorn,

I: $EJ\Delta_{xa} = \sum \psi_b L_1 = (+)\, 0{,}318\, X\, 2{,}0 \quad = 0{,}636\; X$ links,

II: $= \psi_F \tfrac{2}{3} L_1 = 2\, X\, 0{,}6667 \cdot 2{,}0 \quad = 2{,}667\; X$ links,

III: $= \psi_M\, 0{,}5\, L_1 = 2{,}308\, X\, 0{,}5 \cdot 2 \quad = 2{,}308\; X$ rechts,

Die Differenz aller nach rechts und links, also in der x-Richtung wirkenden Verschiebungen ist daraus

$$EJ\Delta_x = 9{,}7573\, X \text{ nach links,}$$

und ebenso für die y-Richtung

$$EJ\Delta_y = 7{,}5149\, X \text{ nach hinten.}$$

Wirkung der Komponente X in der xz-Ebene.

Mit Ausnahme des Schenkels L_4 und des Bogens gh stehen alle übrigen Teile des Systems senkrecht zur Wirkungsebene.

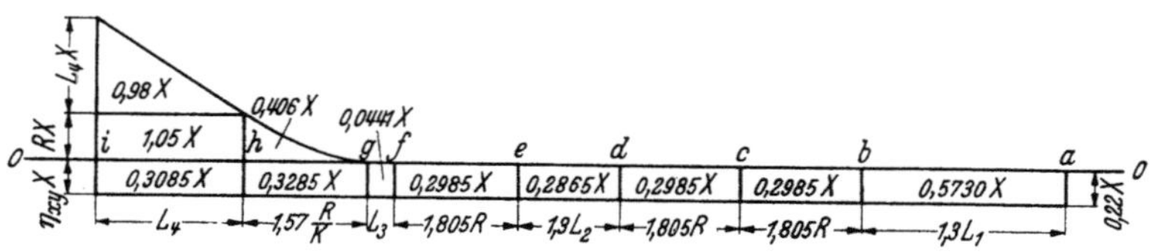

Abb. 182. Momentenbild für die Wirkung von X in der xz-Ebene.

Daraus ergibt sich die elastische Länge des für diese Ebene geltenden Ersatzsystems zu

$$L_{xy} = 1{,}4 + 1{,}493 + 0{,}2 + 1{,}355 + 1{,}3 + 1{,}355 + 1{,}355 + 2{,}6 = 11{,}058 \text{ m.}$$

Diese Länge dient als Grundlinie für das Momentenschaubild Abb. 182.

Die Größe des Einspannmoments ist nach dem Vorhergehenden

$$\eta_{xy} X = \frac{M_{xy} X}{L_{xy}},$$

$$M_{xy} X = (0{,}98 + 1{,}05 + 0{,}406)\, X = 2{,}436\, X,$$

$$\eta_{xy} X = \frac{2{,}436\, X}{11{,}058} = 0{,}22\, X.$$

Hiermit wird die Größe der Momentenflächen für das Einspannmoment bestimmt.

Die Summen der Momentenflächen bis zu den einzelnen Punkten des Systems sind dann folgende:

$$\begin{aligned}
&\sum \psi_i && = 0,\\
&\sum \psi_h = (0{,}98 + 1{,}05 - 0{,}3085)\,X && = 1{,}7215\,X,\\
&\sum \psi_g = (1{,}7215 + 0{,}406 - 0{,}328)\,X && = 1{,}7995\,X,\\
&\sum \psi_f = (1{,}7995 - 0{,}0441)\,X && = 1{,}7554\,X,\\
&\sum \psi_e = (1{,}7554 - 0{,}2985)\,X && = 1{,}4569\,X,\\
&\sum \psi_d = (1{,}4569 - 0{,}2865)\,X && = 1{,}1704\,X,\\
&\sum \psi_c = (1{,}1704 - 0{,}2985)\,X && = 0{,}8719\,X,\\
&\sum \psi_b = (0{,}8719 - 0{,}2985)\,X && = 0{,}5734\,X,\\
&\sum \psi_a = (0{,}5734 - 0{,}573)\,X && = 0.
\end{aligned}$$

Die Richtung der Verschiebungen ist für das ganze System

$$O\,\frac{\text{links bzw. unten}}{\text{rechts bzw. oben}}\,O$$

II:	$EJ\Delta_{xh} = \psi_F \frac{2}{3} L_4 = 0{,}98\,X\,0{,}667 \cdot 1{,}4$	$= 0{,}914\;X$	links,
III:	$= \psi_M\,0{,}5\,L_4 = 0{,}7415 \cdot X\,0{,}5 \cdot 1{,}4$	$= 0{,}519\,X$	links,
I:	$EJ\Delta_{xg} = \sum \psi_h R = 1{,}7215\,X\,0{,}75$	$= 1{,}291\;X$	links,
VIa:	$= \psi_F\,0{,}624\,R = 0{,}406\,X\,0{,}624 \cdot 0{,}75$	$= 0{,}19\;X$	links,
VIIb:	$= \psi_M\,0{,}363\,R = 0{,}3285\,X\,0{,}363 \cdot 0{,}75$	$= 0{,}0895\,X$	rechts,
I:	$EJ\Delta_{zg} = \sum \psi_h R = 1{,}7215\,X\,0{,}75$	$= 1{,}291\;X$	unten,
VIb:	$= \psi_F\,0{,}876\,R = 0{,}406\,X\,0{,}876 \cdot 0{,}75$	$= 0{,}2665\,X$	unten,
VIIa:	$= \psi_M\,0{,}637\,R = 0{,}3285\,X\,0{,}637 \cdot 0{,}75$	$= 0{,}157\;X$	oben,
I:	$EJ\Delta_{zf} = \sum \psi_g L_3 = 1{,}7995\,X\,0{,}2$	$= 0{,}36\;X$	unten,
III:	$= \psi_M\,0{,}5\,L_3 = 0{,}0441\,X\,0{,}5 \cdot 0{,}2$	$= 0{,}0044\,X$	oben,
I:	$EJ\Delta_{ze} = \sum \psi_f R = 1{,}7554\,X\,0{,}75$	$= 1{,}315\;X$	unten,
Xc:	$= \psi_M\,0{,}28\,R = 0{,}2985\,X\,0{,}28 \cdot 0{,}75$	$= 0{,}0627\,X$	oben,
I:	$EJ\Delta_{zc} = \sum \psi_d R = 1{,}1704\,X\,0{,}75$	$= 0{,}878\;X$	unten,
IXc:	$= \psi_M\,0{,}637\,R = 0{,}2985\,X\,0{,}637 \cdot 0{,}75$	$= 0{,}1427\,X$	oben,
I:	$EJ\Delta_{zb} = \sum \psi_c R = 0{,}8719\,X\,0{,}75$	$= 0{,}653\;X$	unten,
Xc:	$= \psi_M\,0{,}28\,R = 0{,}2985\,X\,0{,}28 \cdot 0{,}75$	$= 0{,}0627\,X$	oben.

Die algebraischen Summen der Verschiebungen in beiden Richtungen sind

$$EJ\Delta_x = 2{,}8245\,X \text{ nach links},$$
$$EJ\Delta_z = 4{,}334\;\;X \text{ nach unten}.$$

Wirkung der Komponente Y in der xy-Ebene.

Auf Grund der gleichen Überlegungen ist hier die elastische Gesamtlänge des Ersatzsystems

$$L_{yz} = 1{,}82 + 1{,}355 + 0{,}2 + 1{,}493 + 1{,}0 + 1{,}493 + 1{,}493 + 2 = 10{,}854 \text{ m}.$$

Die Größe des Einspannmoments ist

$$\eta_{yz} Y = \frac{M_{yz} Y}{L_{yz}}.$$

Das statische Moment wird als Summe der positiven Momentenflächen aus dem Schaubild Abb. 183 ermittelt.

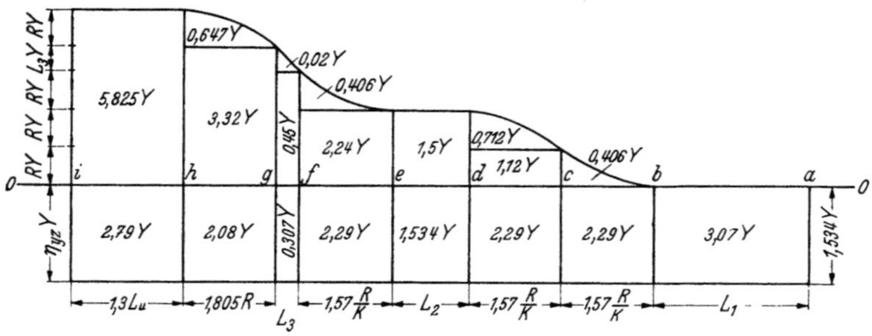

Abb. 183. Momentenbild für die Wirkung von Y in der xy-Ebene.

$$M_{yz} Y = (5{,}825 + 0{,}647 + 3{,}32 + 0{,}02 + 0{,}45 + 0{,}406 + 2{,}24 + 1{,}5 + 0{,}712 + 1{,}12 + 0{,}406)\, Y = 16{,}646\, Y,$$

$$\eta_{yz} Y = \frac{16{,}646\, Y}{10{,}854} = 1{,}534\, Y.$$

Hiermit wird die Größe der Momentenflächen für das Einspannmoment bestimmt.

Die Summe der Momentenflächen bis zu den einzelnen Punkten des Systems ist hiermit

$$\begin{aligned}
\sum\psi_i &= 0,\\
\sum\psi_h &= (5{,}827 - 2{,}79)\,Y = 3{,}035\,Y,\\
\sum\psi_g &= (3{,}035 + 0{,}647 + 3{,}32 - 2{,}08)\,Y = 4{,}922\,Y,\\
\sum\psi_f &= (4{,}922 + 0{,}02 + 0{,}45 - 0{,}307)\,Y = 5{,}085\,Y,\\
\sum\psi_e &= (5{,}085 + 0{,}406 + 2{,}24 - 2{,}29)\,Y = 5{,}441\,Y,\\
\sum\psi_d &= (5{,}441 + 1{,}5 - 1{,}534)\,Y = 5{,}407\,Y,\\
\sum\psi_c &= (5{,}407 + 0{,}712 + 1{,}12 - 2{,}29)\,Y = 4{,}949\,Y,\\
\sum\psi_b &= (4{,}949 + 0{,}406 - 2{,}29)\,Y = 3{,}065\,Y,\\
\sum\psi_a &= (3{,}065 - 3{,}07)\,Y = 0.
\end{aligned}$$

Die Richtung der Verschiebungen ist

für Punkt i bis c	für Punkt c bis a
$O \dfrac{\text{links bzw. hinten}}{\text{rechts bzw. vorn}} O$	$O \dfrac{\text{rechts bzw. hinten}}{\text{links bzw. vorn}} O$

I:	$E J \Delta_{y\,g} = \sum \psi_h R = 3{,}035\ Y\ 0{,}75$	$= 2{,}275$	Y hinten,
VIII b:	$= \psi_F\ 0{,}754\ R = 0{,}647\ Y\ 0{,}754 \cdot 0{,}75$	$= 0{,}366$	Y hinten,
IX c:	$= \psi_M\ 0{,}637\ R = 1{,}24\ Y\ 0{,}637 \cdot 0{,}75$	$= 0{,}5925$	Y hinten,
I:	$E J \Delta_{y\,f} = \sum \psi_g\ L_3 = 4{,}922\ Y\ 0{,}2$	$= 0{,}9844$	Y hinten,
II:	$= \psi_F\ \frac{2}{3}\ L_3 = 0{,}02\ Y\ 0{,}667 \cdot 0{,}2$	$= 0{,}0027$	Y hinten,
III:	$= \psi_M\ 0{,}5\ L_3 = 0{,}143 \cdot 0{,}5 \cdot 0{,}2$	$= 0{,}0143$	Y hinten,
I:	$E J \Delta_{y\,e} = \sum \psi_f\ R = 5{,}085\ Y\ 0{,}75$	$= 3{,}81$	Y hinten,
VI a:	$= \psi_F\ 0{,}624\ R = 0{,}406\ Y\ 0{,}624 \cdot 0{,}75$	$= 0{,}19$	Y hinten,
VII b:	$= \psi_M\ 0{,}363\ R = (-)\ 0{,}05\ Y\ 0{,}363 \cdot 0{,}75$	$= 0{,}0135$	Y vorn,
I:	$E J \Delta_{x\,e} = \sum \psi_f\ R = 5{,}085\ Y\ 0{,}75$	$= 3{,}81$	Y links,
VI b:	$= \psi_F\ 0{,}876\ R = 0{,}406\ Y\ 0{,}876 \cdot 0{,}75$	$= 0{,}2665$	Y links,
VII a:	$= \psi_M\ 0{,}637\ R = (-)\ 0{,}05\ Y\ 0{,}637 \cdot 0{,}75$	$= 0{,}0239$	Y rechts,
I:	$E J \Delta_{x\,d} = \sum \psi_e\ L_2 = 5{,}441\ Y\ 1$	$= 5{,}441$	Y links,
III:	$= \psi_M\ 0{,}5\ L_2 = (-)\ 0{,}034\ Y\ 0{,}5 \cdot 1$	$= 0{,}017$	Y rechts,
I:	$E J \Delta_{x\,c} = \sum \psi_d\ R = 5{,}407\ Y\ 0{,}75$	$= 4{,}055$	Y links,
V b:	$= \psi_F\ 0{,}5\ R = 0{,}712\ Y\ 0{,}5 \cdot 0{,}75$	$= 0{,}267$	Y links,
VII b:	$= \psi_M\ 0{,}363\ R = (-)\ 1{,}17\ Y\ 0{,}363 \cdot 0{,}75$	$= 0{,}3185$	Y rechts,
I:	$E J \Delta_{y\,c} = \sum \psi_d\ R = 5{,}407\ Y\ 0{,}75$	$= 4{,}055$	Y hinten,
V a:	$= \psi_F\ 0{,}785\ R = 0{,}712\ Y\ 0{,}785 \cdot 0{,}75$	$= 0{,}419$	Y hinten,
VII a:	$= \psi_M\ 0{,}637\ R = (-)\ 1{,}17\ Y\ 0{,}637 \cdot 0{,}75$	$= 0{,}559$	Y vorn,
I:	$E J \Delta_{y\,b} = \sum \psi_c\ R = 4{,}949\ Y\ 0{,}75$	$= 3{,}71$	Y hinten,
VI a:	$= \psi_F\ 0{,}624\ R = 0{,}406\ Y\ 0{,}624 \cdot 0{,}75$	$= 0{,}19$	Y hinten,
VII b:	$= \psi_M\ 0{,}363\ R = (-)\ 2{,}29\ Y\ 0{,}363 \cdot 0{,}75$	$= 0{,}623$	Y vorn,
I:	$E J \Delta_{x\,b} = \sum \psi_c\ R = 4{,}949\ Y\ 0{,}75$	$= 3{,}71$	Y rechts,
VI b:	$= \psi_F\ 0{,}876\ R = 0{,}406\ Y\ 0{,}876 \cdot 0{,}75$	$= 0{,}2665$	Y rechts,
VII a:	$= \psi_M\ 0{,}637\ R = (-)\ 2{,}29\ Y\ 0{,}637 \cdot 0{,}75$	$= 1{,}094$	Y links,
I:	$E J \Delta_{x\,a} = \sum \psi_b\ L_1 = 3{,}065\ Y\ 2$	$= 6{,}13$	Y rechts,
III:	$= \psi_M\ 0{,}5\ L_1 = 3{,}07 \cdot 0{,}5 \cdot 2$	$= 3{,}07$	Y links.

Die algebraische Summe der Verschiebungen in beiden Richtungen ist daraus

$$E J \Delta_y = 15{,}4133\,Y \text{ nach hinten,}$$
$$E J \Delta_x = 7{,}5376\,Y \text{ nach links.}$$

Wirkung der Komponente Y in der yz-Ebene.

Unter Beachtung des Vorgesagten ermittelt man die elastische Gesamtlänge des Ersatzsystems

$$L_{xy} = 1{,}4 + 1{,}355 + 0{,}26 + 1{,}355 + 1{,}0 + 1{,}355 + 1{,}355 + 2{,}0 = 10{,}08 \text{ m}.$$

Diese Länge bildet die Grundlinie des Momentenschaubildes nach Abb. 184.

Die Größe des Einspannmoments ist

$$\eta_{xy} Y = \frac{M_{xy} Y}{L_{xy}},$$

$$M_{xy} Y = (0{,}98 + 1{,}05 + 0{,}285) Y = 2{,}315 Y,$$

daraus

$$\eta_{xy} Y = \frac{2{,}315\, Y}{10{,}08} = 0{,}2295\, Y.$$

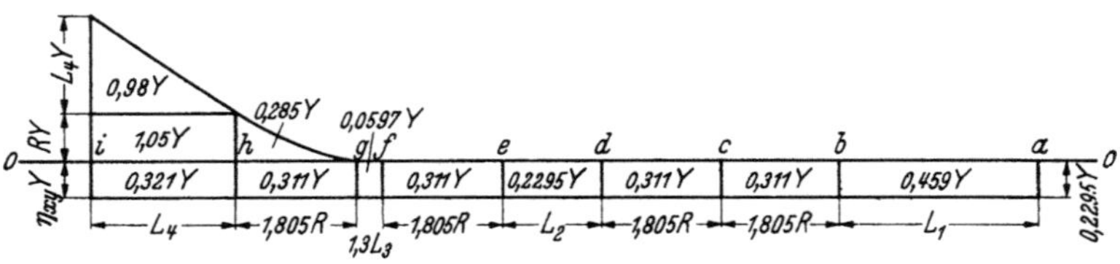

Abb. 184. Momentenbild für die Wirkung von Y in der yz-Ebene.

Hiermit wird die Größe der Momentenflächen für das Einspannmoment bestimmt. Danach ist

$$\begin{aligned}
\sum \psi_i &&= 0,\\
\sum \psi_h &= (0{,}98 + 1{,}05 - 0{,}321) Y &= 1{,}709\ Y,\\
\sum \psi_g &= (1{,}709 + 0{,}285 - 0{,}311) Y &= 1{,}683\ Y,\\
\sum \psi_f &= (1{,}683 - 0{,}0597) Y &= 1{,}6233\ Y,\\
\sum \psi_e &= (1{,}6233 - 0{,}311) Y &= 1{,}3123\ Y,\\
\sum \psi_d &= (1{,}3123 - 0{,}2295) Y &= 1{,}0828\ Y,\\
\sum \psi_c &= (1{,}0828 - 0{,}311) Y &= 0{,}7718\ Y,\\
\sum \psi_b &= (0{,}7718 - 0{,}311) Y &= 0{,}4608\ Y,\\
\sum \psi_a &= (0{,}4608 - 0{,}459) Y &= 0.
\end{aligned}$$

Die Richtung der Verschiebungen ist für das ganze System

$$O \frac{\text{hinten bzw. oben}}{\text{vorn bzw. unten}} O.$$

II:	$EJ\Delta_{yh} = \psi_F \frac{2}{3} L_4 = 0{,}98\ Y\ 0{,}667 \cdot 1{,}4$	$= 0{,}915\ Y$	hinten,
III:	$= \psi_M \frac{1}{2} L_4 = 0{,}729\ Y\ 0{,}5 \cdot 1{,}4$	$= 0{,}51\ Y$	hinten,
I:	$EJ\Delta_{yg} = \sum \psi_h R = 1{,}709\ Y\ 0{,}75$	$= 1{,}28\ Y$	hinten,
VIIIa:	$= \psi_F\ 0{,}754\ R = 0{,}285\ Y\ 0{,}754 \cdot 0{,}75$	$= 0{,}161\ Y$	hinten,
Xc:	$= \psi_M\ 0{,}28\ R = 0{,}311\ Y\ 0{,}28 \cdot 0{,}75$	$= 0{,}0653\ Y$	vorn,
I:	$EJ\Delta_{ze} = \sum \psi_f R = 1{,}6233\ Y\ 0{,}75$	$= 1{,}216\ Y$	oben,
IXc:	$= \psi_M\ 0{,}637\ R = 0{,}311\ Y\ 0{,}637 \cdot 0{,}75$	$= 0{,}1487\ Y$	unten,
I:	$EJ\Delta_{zd} = \sum \psi_e L_2 = 1{,}3123\ Y\ 1{,}0$	$= 1{,}3123\ Y$	oben,
III:	$= \psi_M\ 0{,}5\ L_2 = 0{,}2295\ Y\ 0{,}5 \cdot 1{,}0$	$= 0.1148\ Y$	unten,
I:	$EJ\Delta_{zc} = \sum \psi_d R = 1{,}0828\ Y\ 0{,}75$	$= 0{,}8125\ Y$	oben,
Xc:	$= \psi_M\ 0{,}28\ R = 0{,}311\ Y\ 0{,}28 \cdot 0{,}75$	$= 0{,}0653\ Y$	unten,
I:	$EJ\Delta_{zb} = \sum \psi_c R = 0{,}7718\ Y\ 0{,}75$	$= 0{,}579\ Y$	unten,
IXc:	$= \psi_M\ 0{,}637\ R = 0{,}311\ Y\ 0{,}637 \cdot 0{,}75$	$= 0{,}1487\ Y$	oben,
I:	$EJ\Delta_{za} = \sum \psi_b L_1 = 0{,}4608\ Y\ 2$	$= 0{,}9216\ Y$	unten,
III:	$= \psi_M\ 0{,}5\ L_1 = 0{,}459\ Y\ 0{,}5 \cdot 2{,}0$	$= 0{,}459\ Y$	oben.

Die algebraische Summe der Verschiebungen in beiden Richtungen ist danach

$$EJ\Delta_y = 2{,}8007\,Y \text{ nach hinten,}$$
$$EJ\Delta_z = 2{,}1191\,Y \text{ nach oben.}$$

Wirkung der Komponente Z in der yz-Ebene.

Elastische Gesamtlänge des Ersatzsystems ist

$$L_{xz} = 1{,}4 + 1{,}355 + 0{,}26 + 1{,}355 + 1{,}0 + 1{,}355 + 1{,}355 + 2{,}0 = 10{,}08 \text{ m}.$$

Die Größe des Einspannmoments ist

$$\eta_{xz} Z = \frac{M_{xz} Z}{L_{xz}}.$$

Das statische Moment wird als algebraische Summe der Momentenflächen aus dem Momentenschaubild Abb. 185 ermittelt.

$$M_{yz} Z = (3{,}85 + 3{,}725 + 0{,}715 + 3{,}725 + 2{,}75 + 3{,}725 + 0{,}647 + 2{,}71 + 2{,}0)\,Z - (3{,}5 + 3{,}385 + 0{,}65 + 0{,}647 + 2{,}37 + 0{,}5 + 0{,}75 + 0{,}285)\,Z$$
$$= 23{,}847\,Z - 12{,}087\,Z = 11{,}76\,Z,$$

$$\eta_{xz} Z = \frac{11{,}76\,Z}{10{,}08} = 1{,}166\,Z.$$

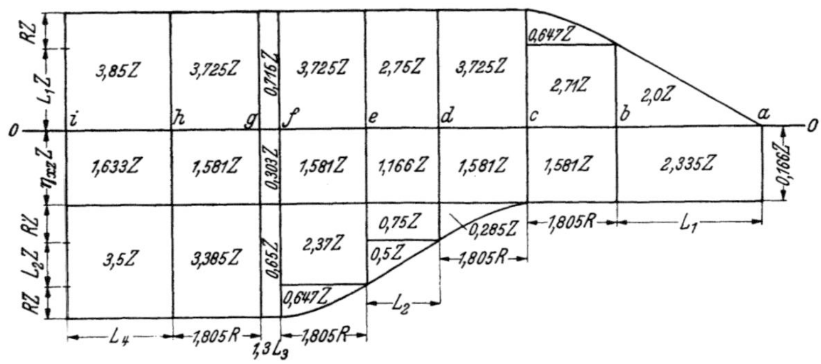

Abb. 185. Momentenbild für die Wirkung von Z in der yz-Ebene.

Hiermit ist die Größe der Momentenflächen für das Einspannmoment bestimmt. Danach ist

$$\sum\psi_i \qquad\qquad = 0,$$
$$\sum\psi_h = (3{,}85 - 1{,}633 - 3{,}5)\,Z = -1{,}283\ Z,$$
$$\sum\psi_g = (-1{,}283 + 3{,}725 - 1{,}581 - 3{,}385)\,Z = -2{,}524\ Z,$$
$$\sum\psi_f = (-2{,}524 + 0{,}715 - 0{,}303 - 0{,}65)\,Z = -2{,}762\ Z,$$
$$\sum\psi_e = (-2{,}762 + 3{,}725 - 1{,}581 - 2{,}37 - 0{,}647)\,Z = -3{,}635\ Z,$$
$$\sum\psi_d = (-3{,}635 + 2{,}75 - 1{,}166 - 0{,}75 - 0{,}5)\,Z = -3{,}301\ Z,$$
$$\sum\psi_c = (-3{,}301 + 3{,}725 - 1{,}581 - 0{,}285)\,Z = -1{,}442\ Z,$$
$$\sum\psi_b = (-1{,}442 + 0{,}647 + 2{,}71 - 1{,}581)\,Z = +0{,}334\ Z,$$
$$\sum\psi_a = (+0{,}334 + 2{,}0 - 2{,}335)\,Z = 0.$$

Die Richtung der Verschiebungen ergibt sich nach der gleichen Überlegung wie bei der Komponente X in der xy-Ebene:

für Punkt i bis c	für Punkt c bis a
$O\,\dfrac{\text{unten bzw. vorn}}{\text{oben bzw. hinten}}\,O$	$O\,\dfrac{\text{oben}}{\text{unten}}\,O$

III:	$EJ\Delta_{yh} = \psi_M\, 0{,}5\, L_4 = (-)\, 1{,}283\, Z\, 0{,}5 \cdot 1{,}4 = 0{,}898\ Z$	hinten,
I:	$EJ\Delta_{yg} = \sum\psi_h\, R = (-)\, 1{,}283\, Z\, 0{,}75 = 0{,}963\ Z$	hinten,
Xc:	$= \psi_M\, 0{,}280\, R = (-)\, 1{,}241\, Z\, 0{,}28 \cdot 0{,}75 = 0{,}261\ Z$	hinten,
I:	$EJ\Delta_{ze} = \sum\psi_f\, R = (-)\, 2{,}762\, Z\, 0{,}75 = 2{,}07\ Z$	oben,
VIIIb:	$= \psi_F\, 0{,}754\, R = 0{,}647\, Z\, 0{,}754 \cdot 0{,}75 = 0{,}366\ Z$	oben,
IXc:	$= \psi_M\, 0{,}637 R = (-)\, 0{,}226\, Z\, 0{,}637 \cdot 0{,}75 = 0{,}1080\ Z$	oben,
I:	$EJ\Delta_{zd} = \sum\psi_e\, L_2 = (-)\, 3{,}635\, Z\, 1{,}0 = 3{,}635\ Z$	oben,
II:	$= \psi_F\, \tfrac{2}{3}\, L_2 = 0{,}5\, Z\, 0{,}6667 \cdot 1 = 0{,}3333\ Z$	oben,
III:	$= \psi_M\, 0{,}5\, L_2 = +0{,}834\, Z\, 0{,}5 \cdot 1 = 0{,}417\ Z$	unten,

I: $EJ\Delta_{zc} = \sum \psi_d\, R = (-)\, 3{,}301\, Z\, 0{,}75 \qquad = 2{,}475\ Z$ oben,

VIIIa: $= \psi_F\, 0{,}754\, R = 0{,}285\, Z\, 0{,}754 \cdot 0{,}75 \qquad = 0{,}1610\, Z$ oben,

Xc: $= \psi_M\, 0{,}280\, R = (+)\, 2{,}144\, Z\, 0{,}28 \cdot 0{,}75 = 0{,}45\ Z$ unten,

I: $EJ\Delta_{zb} = \sum \psi_c\, R = (-)\, 1{,}442\, Z\, 0{,}75 \qquad = 1{,}082\ Z$ unten,

VIIIa: $= \psi_F\, 0{,}754\, R = 0{,}647\, Z\, 0{,}754 \cdot 0{,}75 \qquad = 0{,}366\ Z$ oben,

IXc: $= \psi_M\, 0{,}637\, R = 1{,}129\, Z\, 0{,}637 \cdot 0{,}75 \qquad = 0{,}54\ Z$ oben,

I: $EJ\Delta_{za} = \sum \psi_b\, L_1 = 0{,}334\, Z\, 2{,}0 \qquad = 0{,}668\ Z$ oben,

II: $= \psi_F\, \tfrac{2}{3}\, L_1 = 2\, Z\, 0{,}6667 \cdot 2{,}0 \qquad = 2{,}6667\, Z$ oben,

III: $= \psi_M\, 0{,}5\, L_1 = 2{,}335\, Z\, 0{,}5 \cdot 2{,}0 \qquad = 2{,}335\ Z$ unten.

Die algebraischen Summen der Verschiebungen in beiden Richtungen sind

$$EJ\Delta_y = 2{,}122\, Z \text{ nach hinten,}$$
$$EJ\Delta_z = 9{,}105\, Z \text{ nach oben.}$$

Wirkung der Komponente Z in der xz-Ebene.

Die elastische Gesamtlänge des Systems ist

$$L_{yz} = 1{,}4 + 1{,}493 + 0{,}2 + 1{,}355 + 1{,}3 + 1{,}355 + 1{,}355 + 2{,}6 = 11{,}058 \text{ m.}$$

Die Größe des Einspannmoments ist

$$\eta_{yz} Z = \frac{M_{yz}Y}{L_{yz}}.$$

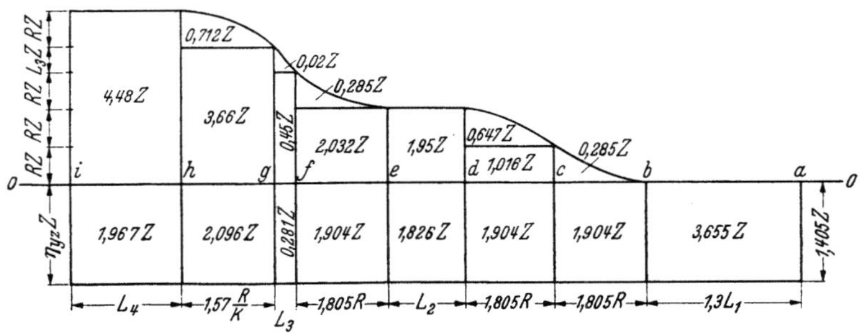

Abb. 186. Momentenbild für die Wirkung von Z in der xz-Ebene.

Aus dem Momentenschaubild Abb. 186 ermittelt man

$$M_{yz}\, Y = (4{,}48 + 0{,}712 + 3{,}66 + 0{,}02 + 0{,}45 + 0{,}285 + 2{,}032 + 1{,}95 + 0{,}647 + 1{,}016 + 0{,}285)\, Z = 15{,}537\, Z,$$

$$\eta_{yz} Z = \frac{15{,}537\, Z}{11{,}058} = 1{,}405\, Z.$$

Damit wird die Größe der einzelnen Flächen für das Einspannmoment bestimmt. Aus der Abb. 186 folgt

$$
\begin{aligned}
&\sum\psi_i && = 0\,,\\
&\sum\psi_h = (4{,}48 - 1{,}967)\,Z && = 2{,}513\,Z\,,\\
&\sum\psi_g = (2{,}513 + 0{,}712 + 3{,}66 - 2{,}096)\,Z && = 4{,}789\,Z\,,\\
&\sum\psi_f = (4{,}789 + 0{,}02 + 0{,}45 - 0{,}281)\,Z && = 4{,}978\,Z\,,\\
&\sum\psi_e = (4{,}978 + 0{,}285 + 2{,}032 - 1{,}904)\,Z && = 5{,}391\,Z\,,\\
&\sum\psi_d = (5{,}391 + 1{,}95 - 1{,}826)\,Z && = 5{,}515\,Z\,,\\
&\sum\psi_c = (5{,}515 + 0{,}647 + 1{,}016 - 1{,}904)\,Z && = 5{,}274\,Z\,,\\
&\sum\psi_b = (5{,}274 + 0{,}285 - 1{,}904)\,Z && = 3{,}655\,Z\,,\\
&\sum\psi_a = (3{,}655 - 3{,}655)\,Z && = 0\,.
\end{aligned}
$$

Die Richtung der Verschiebungen ist für das ganze System

$$O \frac{\text{oben bzw. rechts}}{\text{unten bzw. links}} O.$$

$$
\begin{aligned}
&\text{III}: && EJ\Delta_{xh} = \psi_M\, 0{,}5\, L_4 = 2{,}513\, Z\, 0{,}5 \cdot 1{,}4 && = 1{,}76\ \ Z && \text{rechts},\\
&\text{I}: && EJ\Delta_{xg} = \sum\psi_h\, R = 2{,}513\, Z\, 0{,}75 && = 1{,}885\ \ Z && \text{rechts},\\
&\text{Vb}: && \phantom{EJ\Delta_{xg}} = \psi_F\, 0{,}5\, R = 0{,}712\, Z\, 0{,}5 \cdot 0{,}75 && = 0{,}267\ \ Z && \text{rechts},\\
&\text{VIIb}: && \phantom{EJ\Delta_{xg}} = \psi_M\, 0{,}363\, R = 1{,}564\, Z\, 0{,}363 \cdot 0{,}75 && = 0{,}426\ \ Z && \text{rechts},\\
&\text{I}: && EJ\Delta_{zg} = \sum\psi_h\, R = 2{,}513\, Z\, 0{,}75 && = 1{,}885\ \ Z && \text{oben},\\
&\text{Va}: && \phantom{EJ\Delta_{zg}} = \psi_F\, 0{,}785\, R = 0{,}712\, Z\, 0{,}785 \cdot 0{,}75 && = 0{,}419\ \ Z && \text{oben},\\
&\text{VIIa}: && \phantom{EJ\Delta_{zg}} = \psi_M\, 0{,}637\, R = 1{,}564\, Z\, 0{,}637 \cdot 0{,}75 && = 0{,}747\ \ Z && \text{oben},\\
&\text{I}: && EJ\Delta_{zf} = \sum\psi_g\, L_3 = 4{,}789\, Z\, 0{,}2 && = 0{,}9578\, Z && \text{oben},\\
&\text{II}: && \phantom{EJ\Delta_{zf}} = \psi_F\, \tfrac{2}{3}\, L_3 = 0{,}02\, Z\, 0{,}6667 \cdot 0{,}2 && = 0{,}0027\, Z && \text{oben},\\
&\text{III}: && \phantom{EJ\Delta_{zf}} = \psi_M\, 0{,}5\, L_3 = 0{,}169 \cdot 0{,}5 \cdot 0{,}2 && = 0{,}0169\, Z && \text{oben},\\
&\text{I}: && EJ\Delta_{ze} = \sum\psi_f\, R = 4{,}978\, Z\, 0{,}75 && = 3{,}735\ \ Z && \text{oben},\\
&\text{VIIIa}: && \phantom{EJ\Delta_{ze}} = \psi_F\, 0{,}754\, R = 0{,}285\, Z\, 0{,}754 \cdot 0{,}75 && = 0{,}161\ \ Z && \text{oben},\\
&\text{Xc}: && \phantom{EJ\Delta_{ze}} = \psi_M\, 0{,}28\, R = 0{,}128\, Z\, 0{,}28 \cdot 0{,}75 && = 0{,}0278\, Z && \text{oben},\\
&\text{I}: && EJ\Delta_{zc} = \sum\psi_d\, R = 5{,}515\, Z\, 0{,}75 && = 4{,}135\ \ Z && \text{oben},\\
&\text{VIIIb}: && \phantom{EJ\Delta_{zc}} = \psi_F\, 0{,}754\, R = 0{,}647\, Z\, 0{,}754 \cdot 0{,}75 && = 0{,}366\ \ Z && \text{oben},\\
&\text{IXc}: && \phantom{EJ\Delta_{zc}} = \psi_M\, 0{,}637\, R = (-)\, 0{,}888\, Z\, 0{,}637 \cdot 0{,}75 && = 0{,}424\ \ Z && \text{unten},\\
&\text{I}: && EJ\Delta_{zb} = \sum\psi_c\, R = 5{,}274\, Z\, 0{,}75 && = 3{,}955\ \ Z && \text{oben},\\
&\text{VIIIa}: && \phantom{EJ\Delta_{zb}} = \psi_F\, 0{,}754\, R = 0{,}285\, Z\, 0{,}754 \cdot 0{,}75 && = 0{,}161\ \ Z && \text{oben},\\
&\text{Xc}: && \phantom{EJ\Delta_{zb}} = \psi_M\, 0{,}28\, R = (-)\, 1{,}904\, Z\, 0{,}28 \cdot 0{,}75 && = 0{,}40\ \ \ Z && \text{unten}.
\end{aligned}
$$

Die algebraische Summe der Verschiebungen in beiden Richtungen ist hiernach

$$
\begin{aligned}
EJ\Delta_x &= \ \ 4{,}338\ Z \text{ nach rechts},\\
EJ\Delta_z &= 15{,}7952\, Z \text{ nach oben}.
\end{aligned}
$$

Jetzt können die in gleicher Achsenrichtung wirkende Verschiebungen zusammengesetzt werden. Hierbei ist folgendes zu beachten.

Positiv ist der Wert der Verschiebung, wenn diese in gleicher Richtung mit der entsprechenden Kraftkomponente erfolgt. Erfolgt dagegen die Verschiebung entgegen der Kraftrichtung, so ist der Wert negativ einzusetzen.

Damit ergeben sich folgende drei Beziehungen:

$$\begin{aligned} EJ\Delta_x &= +9{,}7573\,X + 2{,}8245\,X + 7{,}5376\,Y + (-4{,}338)\,Z,\\ EJ\Delta_y &= +7{,}5149\,X + 15{,}4133\,Y + 2{,}8007\,Y + 2{,}122\,Z,\\ EJ\Delta_z &= +(-4{,}334)\,X + 2{,}1191\,Y + 9{,}105\,Z + 15{,}7952\,Z, \end{aligned}$$

oder vereinfacht

$$\begin{aligned} EJ\Delta_x &= 12{,}582\,X + 7{,}5376\,Y - 4{,}338\,Z,\\ EJ\Delta_y &= 7{,}515\,X + 18{,}2144\,Y + 2{,}122\,Z,\\ EJ\Delta_z &= -4{,}334\,X + 2{,}119\,Y + 24{,}9\,Z. \end{aligned}$$

Mit den gleichen Werten für die Komponenten der Wärmedehnung, wie sie im Beispiel 22 ermittelt wurden, ergeben sich endgültig die drei Beziehungen

$$\begin{aligned} 5365 &= 12{,}582\,X + 7{,}5376\,Y - 4{,}338\,Z,\\ 279 &= 7{,}515\,X + 18{,}2144\,Y + 2{,}122\,Z,\\ 2390 &= -4{,}334\,X + 2{,}119\,Y + 24{,}9\,Z. \end{aligned}$$

Aus diesen drei Gleichungen werden in bekannter Weise die Kraftkomponenten ermittelt und es ergeben sich folgende Werte

$$\underline{X = 685\text{ kg},}$$
$$\underline{Y = -295\text{ kg},}$$
$$\underline{Z = 239\text{ kg}.}$$

Vergleicht man diese Werte mit den im Beispiel 22 ermittelten, so wird man eine ausgezeichnete Übereinstimmung feststellen. Damit sollte der Beweis erbracht werden, daß die Rechnungsweise von CUTCHAN und CROCKER, allerdings mit sehr viel mehr Zeitaufwand und Mühe, die gleichen Werte liefert wie die wesentlich einfachere und daher sicherere, vom Verfasser entwickelte Berechnungsart. Tatsächlich schließt der sehr umständliche Rechnungsgang von CUTCHAN und CROCKER und die Notwendigkeit, die vielen Momentenschaubilder zu entwerfen, sehr viele Fehlermöglichkeiten in sich. Schon die Überlegung der Richtung der Verschiebungen ist bei verwickelten Systemen ähnlicher Art recht schwierig und setzt eine außerordentliche Konzentrationsfähigkeit des Rechnenden voraus.

Die Berechnung der in jedem Punkt des Systems wirkenden Momente ist — nachdem die Kräfte bestimmt sind — nach diesem Rechnungsverfahren verhältnismäßig einfach. Man setzt den Wert der entsprechenden Kraft in die Ordinaten der Momentenschaubilder ein und erhält damit unmittelbar die Momente.

Durch Vergleich mit dem perspektivischen Bild des Systems muß durch entsprechende Überlegung für jedes Momentenschaubild festgestellt werden, ob die über oder unter der Nullinie liegenden Momentenordinaten ein positives Moment darstellen. Als positiv sollen wiederum diejenigen Momente bezeichnet werden, die — in der Richtung der senkrecht dazu stehenden Achse blickend — im Uhrzeigersinn drehen. Aus den sechs auf diese Weise für jeden Punkt ermittelten Momenten werden paarweise die in gleicher Ebene wirkenden zusammengefaßt und unter Beachtung des Vorzeichens, d. h. des Drehsinnes algebraisch addiert.

Für jeden Punkt werden auf diese Weise drei Momente, und zwar ein Drehmoment und zwei Biegungsmomente ermittelt. Die Zusammensetzung erfolgt in genau der gleichen Weise, wie es im Beispiel 22 gezeigt war.

Es soll in diesem Falle von einer zahlenmäßigen Ausrechnung der einzelnen Momente Abstand genommen werden, da diese — infolge der Gleichheit der Kräfte — mit denjenigen aus Beispiel 22 genau übereinstimmen müssen.

d) Berechnungsverfahren nach Mitchell[1].

Im Abschnitt B II/3d wurden bereits die Grundzüge dieses Berechnungsverfahrens für ebene Systeme ausführlich besprochen. Auch für räumliche Systeme legt Mitchell die nicht zutreffende Annahme zugrunde, daß die resultierende Kraft parallel zur Verbindungslinie der Endpunkte (Festpunkte) des Systems wirkt.

Außerdem betrachtet Mitchell auch ein räumliches System so, als ob es nur durch Biegungsmomente beansprucht wäre. Er vernachlässigt also die 30% größere Formänderung der auf Drehung beanspruchten Teile des Systems und rechnet nur mit den tatsächlichen Schenkellängen. Dieser Umstand müßte allerdings zu einer zusätzlichen Sicherheit führen, indem eine kleinere Gesamtelastizität des räumlichen Systems in Rechnung gesetzt wird. Demgegenüber hat der Verfasser bei allen von ihm durchgeführten Vergleichsrechnungen feststellen müssen, daß die Kräfte und Beanspruchungen nach der Rechnung von Mitchell durchweg zu klein ausfallen, wobei der Unterschied, je nach der Form des Systems, zwischen 50 und 70% schwankt.

[1] Mitchell: A graphical Method for Determining Expansion Stress in Pipe Lines. Fuels & Steam Power 1930. Trans. Amer. Soc. mech. Engr. Bd. 52 (1930) S. 167.

Es zeigt sich eben hier mit besonderer Deutlichkeit, daß die Annahme der Kraftrichtung parallel zur Festpunktverbindungslinie nicht nur grundsätzlich falsch, sondern auch sogar für Näherungsrechnungen vollkommen ungeeignet ist, um als Grundlage für ein vereinfachtes Rechenverfahren zu dienen.

Es hat daher keinen Zweck, Zeit und Mühe darauf zu verwenden, dieses Verfahren auch in seiner Anwendung bei räumlichen Systemen zu erläutern. Nachstehend angegebene Vergleichszahlen beweisen deutlich die Unzulänglichkeit dieses Verfahrens.

Für das in Beispiel 22 durchgerechnete räumliche Rohrsystem nach Abb. 176 wurden die Kraftkomponenten $X = 683{,}5$ kg, $Y = -295$ kg, $Z = 233{,}5$ kg ermittelt. Das ergibt eine Gesamtkraft

$$P = \sqrt{X^2 + Y^2 + Z^2} = 780{,}5 \text{ kg}.$$

Nach dem Verfahren von MITCHELL erhält man dagegen eine Kraft $P = 525$ kg, d. h. rd. 67% davon. Auch die Beanspruchung ergibt sich nach MITCHELL bedeutend kleiner, und zwar $\sigma = 3{,}25$ kg/mm² gegenüber 5,42 kg/mm² nach der richtigen Rechnung.

Dieser Vergleich stellt nicht etwa einen Ausnahmefall dar, sondern es zeigen sich durchweg ähnliche Unterschiede in den Ergebnissen, so daß die Anwendung des Verfahrens infolgedessen höchst bedenklich ist.

Im übrigen besteht die Möglichkeit, dieses Verfahren in bezug auf den Arbeitsaufwand noch bedeutend zu vereinfachen. Allerdings muß man sich stets der Ungenauigkeit bewußt bleiben, die durch die falsche Annahme der Kraftrichtung bedingt ist.

Anstatt, wie es MITCHELL vorschlägt, in umständlicher und zeitraubender Weise aus dem Grund- und Aufriß des Systems das Momentenflächenbild zu entwerfen, die Flächen auszurechnen, ihre Schwerpunkte zu bestimmen, um dann schließlich daraus den Elastizitätswert des Systems zu ermitteln, läßt sich rein rechnerisch das Trägheitsmoment des Systems, bezogen auf die Kraftachse, bestimmen.

Sämtliche Schenkel eines räumlichen Systems liegen zur Kraftachse windschief. Für das Trägheitsmoment einer zur Achse windschiefen Geraden gelten folgende Beziehungen.

In Abb. 187 ist eine Gerade L im Aufriß und Grundriß dargestellt. Die entsprechenden Abstände der Endpunkt A und B von der Bezugsachse $x-x$ sind a_1 und a_2 im Aufriß sowie b_1 und b_2 im Grundriß. Da die Achse jeweils in der betreffenden Ebene liegt, sind die Abstände a_1, a_2 und b_1, b_2 senkrecht zu ihr.

Das auf die x-Achse bezogene Trägheitsmoment der Geraden L lautet dann:

$$J_x = \frac{L}{3}\left(a_1^2 + a_1 a_2 + a_2^2 + b_1^2 + b_1 b_2 + b_2^2\right).$$

Wird die Gerade L in einem der Risse von der Bezugsachse geschnitten (Abb. 188), so muß zwischen positiven und negativen Abständen unterschieden werden. Irgendeine beliebige Richtung von der Achse legt man als positiv fest, die entgegengesetzte Richtung ist dann negativ.

Beim Einsetzen der Werte in obige Gleichung sind die Vorzeichen zu beachten. Die Längen sind stets positiv. Für die Gerade L in Abb. 188 würde also die Beziehung lauten:

$$J_x = \frac{L}{3}\left[(-a_1)^2 + (-a)\,a_2 + a_2^2 + b_1^2 + b_1\,b_2 + b_2^2\right].$$

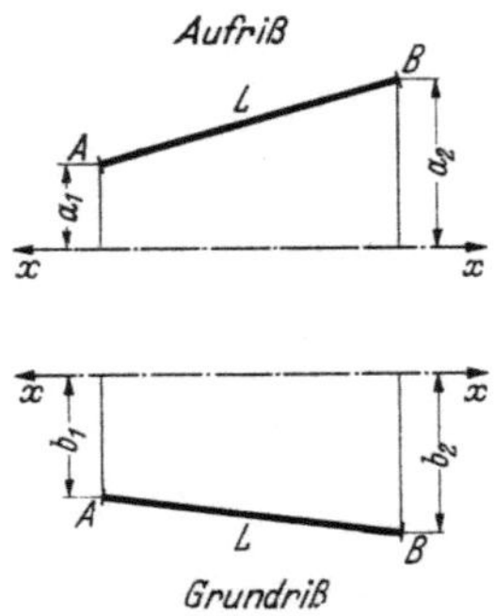

Abb. 187.
Windschiefe Gerade im Grund- und Aufriß.

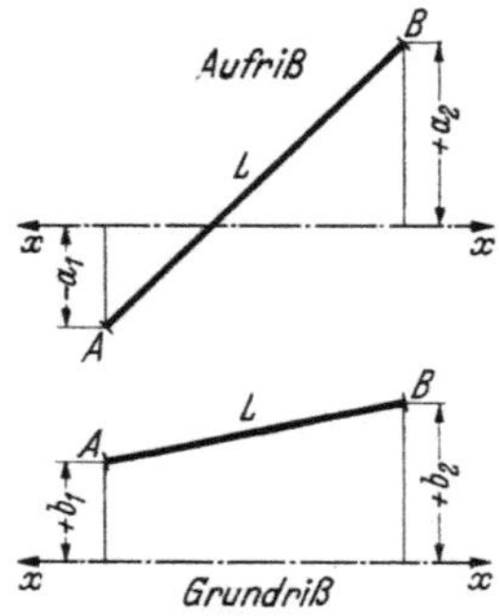

Abb. 188.
Windschiefe Gerade im Grund- und Aufriß.

Es ist stets die tatsächliche Länge L einzusetzen und nicht die im Auf- und Grundriß projiziert dargestellten Längen.

Die Berechnung eines Rohrsystems nach dieser Art wird an nachstehendem Zahlenbeispiel klar.

Beispiel 24. Das in Abb. 189 dargestellte System hat NW 300, d. h. $D = 318$ mm, $s = 9$ mm, $J = 10450$ cm^4 und soll bei $t = 420°$ einer Wärmedehnung $\alpha = 0{,}616$ cm/m unterworfen sein. $E = 1{,}59 \cdot 10^6$ kg/cm^2. Man zeichnet eine Draufsicht des Systems so, daß die Verbindungslinie der Endpunkte waagerecht liegt und der mittlere Schenkel L_2 in der Projektion als Punkt erscheint. Die Schenkel L_1 und L_3 sind also in ihrer wahren Länge zu sehen (s. Abb. 190a).

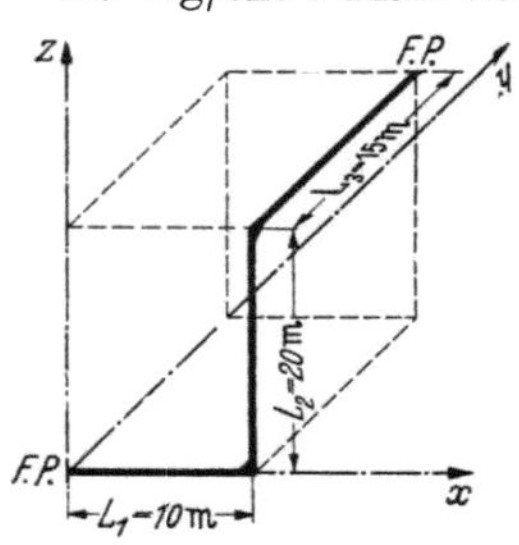

Abb. 189. Räumliches System für Beispiel 24.

Die nächste Projektion (Aufriß) wird so gezeichnet, daß die Verbindungslinie der Endpunkte in ihrer wahren Länge erscheint. Dann ist auch L_2 in seiner wahren Länge zu sehen (Abb. 190b).

Die dritte Projektion (Grundriß) ist wiederum so darzustellen, daß die Verbindungslinie der Endpunkte in ihrer wahren Länge erscheint (Abb. 190c).

Jetzt wird getrennt für Aufriß und Grundriß nach MITCHELL die Lage der neutralen Achse bestimmt, wobei diese parallel zur Endpunkt-

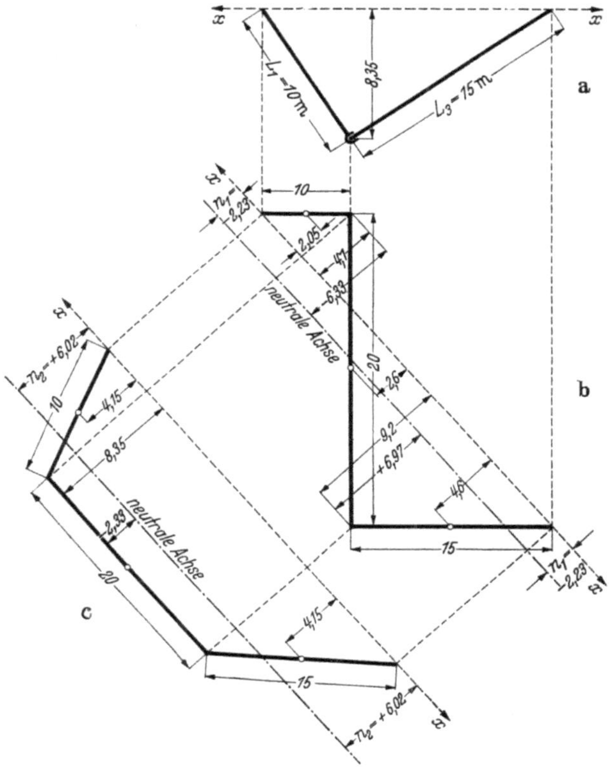

Abb. 190. Projektionen des räumlichen Systems nach MITCHELL.

verbindungslinie angenommen wird. Dazu muß die Schwerpunktslage für Aufriß und Grundriß berechnet werden.

Mit den Abmessungen der Abb. 190b und c wird der Abstand der neutralen Achse in bekannter Weise:

$$n_1 = \frac{10 \cdot 2{,}05 - 20 \cdot 2{,}6 - 15 \cdot 4{,}6}{45} = -2{,}23 \text{ m},$$

$$n_2 = \frac{10 \cdot 4{,}15 + 20 \cdot 8{,}35 + 15 \cdot 4{,}15}{45} = 6{,}02 \text{ m}.$$

Die neutrale Achse wird genau im Auf- und Grundriß eingezeichnet und die Abstände aller Endpunkte von dieser abgemessen. Die willkürlich gewählten Vorzeichen der Richtungen haben n_1 negativ und n_2 positiv ergeben. Die entgegengesetzte Richtung von der neutralen Achse erhält jeweils das andere Vorzeichen. Mit diesen in der Abb. 190b und c eingetragenen Maßen erhält man für das auf die neutrale Achse (Kraftachse) bezogene Trägheitsmoment des Systems mit Hilfe der vorgenannten Gleichung folgende Werte für jeden der Schenkel:

$$J_{x1} = \frac{10}{3}[(-2{,}23)^2 + (-2{,}23)(-6{,}33) + (-6{,}33)^2 + 6{,}02^2 + 6{,}02(-2{,}33) + (-2{,}33)^2] = 290{,}0\ \text{m}^3$$

$$J_{x2} = \frac{20}{3}[(-6{,}33)^2 + (-6{,}33)\cdot 6{,}97 + 6{,}97^2 + (-2{,}33)^2 + (-2{,}33)(-2{,}33) + (-2{,}33)^2] = 405{,}5\ \text{m}^3$$

$$J_{x3} = \frac{15}{3}[6{,}97^2 + 6{,}97\cdot(-2{,}23) + (-2{,}23)^2 + (-2{,}33)^2 + (-2{,}33)\cdot 6{,}02 + 6{,}02^2] = 328{,}5\ \text{m}^3$$

$$J_P = 1024{,}0\ \text{m}^3$$

Der Elastizitätswert des Systems ist also $J_P = 1024\ \text{m}^3$. Die gerade Entfernung der Festpunkte ist

$$L_0 = \sqrt{L_1^2 + L_2^2 + L_3^2} = 26{,}93\ \text{m}.$$

Die Gesamtwärmedehnung daher

$$\Delta = L_0\,\alpha = 26{,}93\cdot 0{,}616 = 16{,}6\ \text{cm}.$$

Mit diesen Werten ist die Gesamtkraft ohne Vorspannung

$$P = \frac{\Delta E J}{J_P 10^6} = \frac{16{,}6\cdot 1{,}59\cdot 10^6\cdot 10450}{1024\cdot 10^6} = \underline{269\ \text{kg.}}$$

Der *richtige Wert* der Gesamtkraft beträgt

$$P = 404\ \text{kg}$$

für ein System mit biegungssteifen Ecken.

Auch hier ist also der Unterschied 35%, und es soll daher nochmals vor der gedankenlosen Anwendung dieses Verfahrens gewarnt werden.

Diese kurzen Erläuterungen dürften für die Kennzeichnung dieses Verfahrens genügen.

e) Berechnung räumlich windschiefer Systeme.

Im Jahre 1944 entwickelten Prof. Müllenhoff, TH Aachen und Prof. Wälde, TH Darmstadt im Rahmen des Sonderausschusses für Rohrleitungsberechnung des Kriegsmarine-Ausschusses ein neues Berechnungsverfahren für Rohrsysteme völlig beliebiger Art, welches aber natürlich in erster Linie für räumliche Systeme gedacht war. Dieses Verfahren gestattet die ganz genaue Berechnung von räumlichen Rohrsystemen, auch wenn diese windschief im Raum liegende Schenkel und ebenso windschief liegende Rohrbogen aufweisen.

Es beruht im Prinzip auf der mittels Integration der einzelnen Teile des Systems (Gerade und Bogen) zu ermittelnden Koeffizienten der gesuchten Auflagerreaktionen des Rohrsystems, wofür zur Erleichterung ein bestimmtes Schema entwickelt wurde.

Dieses Verfahren fällt insofern aus dem Rahmen dieses Buches, weil es infolge seiner ungeheueren Kompliziertheit wohl nur in den seltensten Fällen wirklich angewandt werden dürfte, ganz abgesehen davon, daß die meisten in der Praxis stehenden Ingenieure sich beim Anblick eines Integrals abgeschreckt fühlen. Außerdem wird man in den meisten Fällen solch ein windschiefes System auf ein solches mit senkrecht zueinander stehenden Schenkeln zurückführen können, welches sich leicht berechnen läßt, ohne dabei einen ins Gewicht fallenden Fehler zu machen. Nur bei den engen Raumverhältnissen in Schiffen kommen zuweilen Rohrsysteme vor, die so kompliziert geformt sind und bei denen es auf äußerste Genauigkeit der Elastizitätsberechnung ankommt. Nur dort wird sich die Anwendung dieses Verfahrens lohnen.

Die ausführliche Erläuterung dieses Verfahrens würde hier zu weit führen, es soll aber — um den Rechnungsgang praktisch vorzuführen — ein Beispiel durchgerechnet werden. An diesem soll gleichzeitig der Unterschied gegenüber der Berechnung eines ähnlichen Rohrsystems jedoch mit senkrecht zueinander stehenden Schenkeln gezeigt werden.

Den Umfang der Rechnungsgänge erkennt man am besten an folgendem. Für jeden geraden Schenkel und jeden Bogen des Rohrsystems müssen die umstehend in der Zahlentafel 17 übersichtlich zusammengestellten Werte und die zugehörigen Integrale berechnet werden.

Beispiel 25. Ein räumliches Rohrsystem gemäß Abb. 191 mit $D = 159$ mm, $s = 6{,}5$ mm, $J = 912\ \text{cm}^4$ aus dem Stahl 15 Mo 3 für $p = 65$ atü, $t = 450\,^\circ$C soll nach diesem Verfahren berechnet werden.

$$\left.\begin{aligned} \alpha &= 0{,}675\ \text{cm/m} \\ E &= 1{,}53 \cdot 16^6\ \text{kg/cm}^2 \end{aligned}\right\} \text{ bei } 450\,^\circ\text{C}.$$

Mit $R = 500$ mm wird $\lambda = 0{,}56$ und aus Abb. 66 $K = 0{,}355$.

Die Abb. 191 stellt das Rohrsystem im Grundriß, Aufriß und Seitenriß dar. Es ist in sechs Teile aufgeteilt und für jedes müssen die Integrale nach Zahlentafel 17 gebildet werden.

Da zwecks Integration für jede Gerade und jeden Bogen zunächst ihre zugehörigen Gleichungen aufgestellt werden müssen, ist es notwendig, den besonderen Fall eines schräg im Raume liegenden Bogens zu erläutern (Abb. 192). Die Koordinaten seines Mittelpunktes seien

Zahlentafel 17.

Zusammenstellung der zu berechnenden Integrale.

$s =$	$\int ds \;=$	$\int s\,ds =$	$\int s^2\,ds \;=$
$x =$	$\int x\,ds =$	$x^2 \;=$	$\int x^2\,ds \;=$
$y =$	$\int y\,ds =$	$y^2 \;=$	$\int y^2\,ds \;=$
$z =$	$\int z\,ds =$	$z^2 \;=$	$\int z^2\,ds \;=$
		$x\,y =$	$\int x\,y\,ds =$
		$x\,z =$	$\int x\,z\,ds =$
		$y\,z =$	$\int y\,z\,ds =$

$x' = \frac{dx}{ds} =$	$x'^2 \;=$	$\int x'^2\,ds \;=$
	$y'^2 \;=$	$\int y'^2\,ds \;=$
$y' = \frac{dy}{ds} =$	$z'^2 \;=$	$\int z'^2\,ds \;=$
	$x'\,y' =$	$\int x'\,y'\,ds =$
$z' = \frac{dz}{ds} =$	$x'\,z' =$	$\int x'\,z'\,ds =$
	$y'\,z' =$	$\int y'\,z'\,ds =$

$\bar{x} = y\,z' - z\,y'$	$\bar{y} = z\,x' - x\,z'$	$\bar{z} = x\,y' - y\,x'$

$\bar{x}^2 \;=$	$\int \bar{x}^2\,ds \;=$	$\bar{x}\,x' =$	$\int \bar{x}\,x'\,ds =$
$\bar{y}^2 \;=$	$\int \bar{y}^2\,ds \;=$	$\bar{x}\,y' =$	$\int \bar{x}\,y'\,ds =$
$\bar{z}^2 \;=$	$\int \bar{z}^2\,ds \;=$	$\bar{x}\,z' =$	$\int \bar{x}\,z'\,ds =$
$\bar{x}\,\bar{y} =$	$\int \bar{x}\,\bar{y}\,ds =$	$\bar{y}\,x' =$	$\int \bar{y}\,x'\,ds =$
$\bar{x}\,\bar{z} =$	$\int \bar{x}\,\bar{z}\,ds =$	$\bar{y}\,y' =$	$\int \bar{y}\,y'\,ds =$
$\bar{y}\,\bar{z} =$	$\int \bar{y}\,\bar{z}\,ds =$	$\bar{y}\,z' =$	$\int \bar{y}\,z'\,ds =$
		$\bar{z}\,x' =$	$\int \bar{z}\,x'\,ds =$
		$\bar{z}\,y' =$	$\int \bar{z}\,y'\,ds =$
		$\bar{z}\,z' =$	$\int \bar{z}\,z'\,ds =$

x_M, y_M und z_M. Dann gelten für einen beliebigen Punkt P dieses Bogens folgende Beziehungen aus Abb. 192:

$$x = x_M - x_1 = x_M - R\sin\psi\cos\vartheta,$$

$$y = y_M + y_1 = y_M + R\cos\psi,$$

$$z = z_M + z_1 = z_M + R\sin\psi\sin\vartheta,$$

worin ϑ den Neigungswinkel der Bogenebene zur x-Achse darstellt.

Der eben behandelte Fall ist noch nicht der allgemeinste, da die Bogenebene mit der xz-Ebene einen rechten Winkel bildet. Es ist theoretisch möglich, daß diese Voraussetzung nicht erfüllt ist. Solche Fälle werden aber in der Praxis kaum vorkommen, weshalb der dargestellte Rohrbogen zur Erläuterung der Zusammenhänge genügen mag.

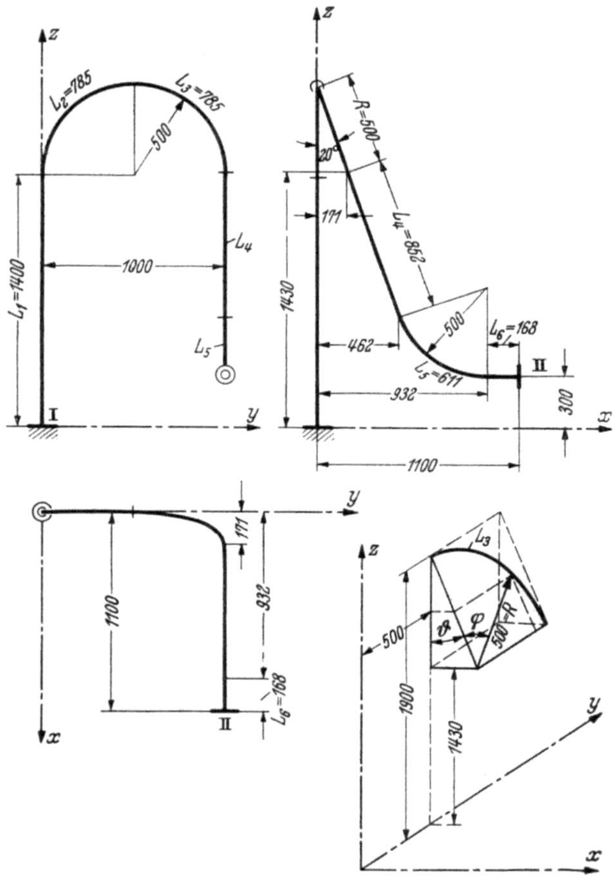

Abb. 191. Räumliches, teilweise windschiefes Rohrsystem für Beispiel 25.

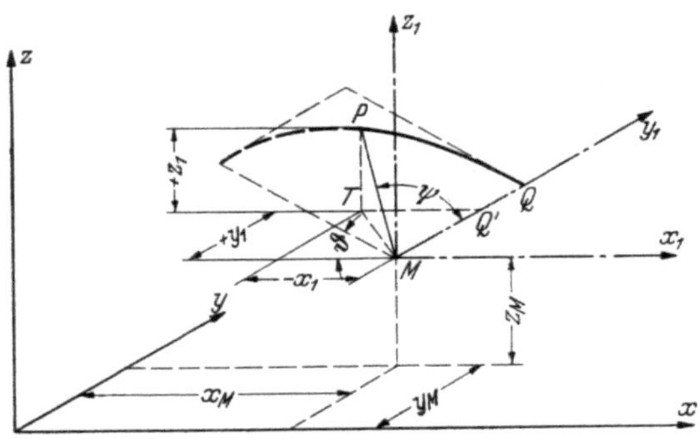

Abb. 192. Bogen schräg im Raum liegend.

Es folgt nun, wie nachstehend gezeigt ist, die Aufteilung des Rohrsystems.

Aufteilung des Rohrsystems (alle Maße in cm).

Teil 1: $0 \leqq s \leqq 140$
$$x = 0,\quad y = 0,\quad z = s$$

Teil 2: $0 \leqq \psi \leqq 90^\circ$, $R = 50$
$$x = 0,\quad y = 50\,(1 - \cos\psi),\quad z = 140 + 50 \sin\psi$$

Teil 3: $0 \leqq \psi \leqq 90^\circ$, $R = 50$
$$x = 50\,(1 - \cos\psi) \sin\vartheta,\quad y = 50 + 50 \sin\psi,\quad z = 143 + 50 \cos\psi \cos\vartheta$$

Teil 4: $0 \leqq s \leqq 85{,}2$
$$x = 17{,}1 + s \sin\vartheta = 17{,}1 + 0{,}342\, s,\quad y = 100,\quad z = 143 - s \cos\vartheta = 143 - 0{,}94\, s$$

Teil 5: $20^\circ \leqq \psi \leqq 90^\circ$, $R = 50$
$$x = 93{,}2 - 50 \cos\psi,\quad y = 100,\quad z = 80 - 50 \sin\psi$$

Teil 6: $0 \leqq s \leqq 16{,}8$
$$x = 93{,}2 + s,\quad y = 100,\quad z = 30$$

$\delta = 20^\circ \quad \sin\vartheta = 0{,}342 \quad \cos\vartheta = 0{,}9397$

Aufstellung der Integrale.

Teil 1: $0 \leqq s \leqq 140$

$$\int ds = 140 \qquad \int s\, ds = 9800 \qquad \int s^2\, ds = 914\,700$$

$$x = 0 \qquad x' = 0$$
$$y = 0 \qquad y' = 0$$
$$z = s \qquad \int z\, ds = 9800 \qquad z' = 1$$

$$x^2 = 0 \qquad y^2 = 0 \qquad x'^2 = 0 \qquad y'^2 = 0$$
$$z^2 = s^2 \qquad \int z^2\, ds = 914\,700 \qquad z'^2 = 1 \qquad \int z'^2\, ds = 140$$

$$x\,y = 0 \qquad x\,z = 0 \qquad y\,z = 0$$
$$x'y' = 0 \qquad x'z' = 0 \qquad y'z' = 0$$

$$\bar{x} = y z' - z y' = 0 \qquad \bar{x}^2 = \bar{y}^2 = \bar{z}^2 = 0$$
$$\bar{y} = z x' - x z' = 0 \qquad \bar{x}\bar{y} = \bar{x}\bar{z} = \bar{y}\bar{z} = 0$$
$$\bar{z} = x y' - y x' = 0 \qquad \bar{x}\,x' = \bar{x}\,y' = \cdots \bar{z}\,y' = \bar{z}\,z' = 0$$

Teil 2: $0 \leqq \psi \leqq 90°$ $\quad R = 50$

Zwecks Ausrechnung der nachstehenden sechs Integrale bedient man sich der am Schluß des Buches befindlichen Zahlentafel 38.

$$\int ds = R\int d\psi = 78{,}55$$
$$\int \sin\psi\, ds = R\int \sin\psi\, d\psi = 50$$
$$\int \cos\psi\, ds = R\int \cos\psi\, d\psi = 50$$
$$\int \sin^2\psi\, ds = R\int \sin^2\psi\, d\psi = 39{,}27$$
$$\int \cos^2\psi\, ds = R\int \cos^2\psi\, d\psi = 39{,}27$$
$$\int \sin\psi\cos\psi\, ds = R\int \sin\psi\cos\psi\, d\psi = 25$$

$$x = 0 \qquad \int x\, ds = 0 \qquad x' = 0$$
$$y = 50\,(1 - \cos\psi) \qquad \int y\, ds = 1425 \qquad y' = \sin\psi$$
$$z = 140 + 50\sin\psi \qquad \int z\, ds = 13497 \qquad z' = \cos\psi$$

$$x^2 = 0 \qquad \int x^2\, ds = 0$$
$$y^2 = 2500\,(1 - 2\cos\psi + \cos^2\psi) \qquad \int y^2\, ds = 44500$$
$$z^2 = 19600 + 14000\sin\psi + 2500\sin^2\psi \qquad \int z^2\, ds = 2337300$$

$$x'^2 = 0 \qquad \int x'^2\, ds = 0$$
$$y'^2 = \sin^2\psi \qquad \int y'^2\, ds = 39{,}27$$
$$z'^2 = \cos^2\psi \qquad \int z'^2\, ds = 39{,}27$$
$$x y = x z = 0 \qquad \int x y\, ds = 0 \qquad \int x z\, ds = 0$$
$$y z = 7000\,(1 - \cos\psi) + 2500\sin\psi - 2500\sin\psi\cos\psi$$
$$\int y z\, ds = 262000$$
$$\int x' y'\, ds = 0 \qquad \int x' z'\, ds = 0$$
$$y' z' = \sin\psi\cos\psi \qquad \int y' z'\, ds = 25$$

$$\bar{x} = y z' - z y' = 50\cos\psi - 50\cos^2\psi - 140\sin\psi - 50\sin^2\psi$$
$$= 50\cos\psi - 140\sin\psi - 50$$

$$\bar{y} = z x' - x z' = 0 \qquad \bar{z} = x\, y' - y\, x' = 0$$

$$\bar{x}^2 = 2500\cos^2\psi + 19600\sin^2\psi + 2500 - 14000\sin\psi\cos\psi -$$
$$-5000\cos\psi + 14000\sin\psi \qquad \int \bar{x}^2\, ds = 1164300$$
$$\bar{y}^2 = \bar{z}^2 = 0 \qquad \int \bar{y}^2\, ds = \int \bar{z}^2\, ds = 0$$
$$\bar{x}\,\bar{y} = \bar{x}\,\bar{z} = \bar{y}\,\bar{z} = 0$$
$$\int \bar{x}\,\bar{y} = \int \bar{x}\,\bar{z} = \int \bar{y}\,\bar{z} = 0$$
$$\bar{x}\, x' = 0$$
$$\bar{x}\, y' = 50\sin\psi\cos\psi - 140\sin^2\psi - 50\sin\psi \qquad \int \bar{x}\, y'\, ds = -6750$$
$$\bar{x}\, z' = 50\cos^2\psi - 140\sin\psi\cos\psi - 50\cos\psi \qquad \int \bar{x}\, z'\, ds = -4035$$
$$\bar{y}\, z' = \bar{y}\, y' = \bar{y}\, z' = 0$$
$$\bar{z}\, x' = \bar{z}\, y' = \bar{z}\, z' = 0$$

Teil 3: $0 \leqq \psi \leqq 90°$ $R = 50$

Hilfsintegrale wie für Teil 2 angegeben.

$x = 17{,}1\,(1 - \cos\psi)$ $\int x\,ds = 487$ $x' = 0{,}342\sin\psi$

$y = 50\,(1 + \sin\psi)$ $\int y\,ds = 6427$ $y' = \cos\psi$

$z = 143 + 47\cos\psi$ $\int z\,ds = 13580$ $z' = -0{,}94\sin\psi$

$x^2 = 292{,}5\,(1 - 2\cos\psi + \cos^2\psi)$ $\int x^2\,ds = 5210$

$x'^2 = 0{,}1169\sin^2\psi$ $\int x'^2\,ds = 4{,}59$

$y^2 = 2500\,(1 + 2\sin\psi + \sin^2\psi)$ $\int y^2\,ds = 544000$

$y'^2 = \cos^2\psi$ $\int y'^2\,ds = 39{,}27$

$z^2 = 20450 + 13440\cos\psi + 2208\cos^2\psi$ $\int z^2\,ds = 2364300$

$z'^2 = 0{,}883\sin^2\psi$ $\int z'^2\,ds = 34{,}7$

$xy = 855\,(1 + \sin\psi - \cos\psi - \sin\psi\cos\psi$ $\int xy\,ds = 45800$

$xz = 2445\,(1 - \cos\psi) + 803\cos\psi - 803\cos^2\psi$ $\int xz\,ds = 78300$

$yz = 7150\,(1 + \sin\psi) + 2350\cos\psi + 2350\sin\psi\cos\psi$

$\int yz\,ds = 1095050$

$x'y' = 0{,}342\sin\psi\cos\psi$ $\int x'y'\,ds = 8{,}55$

$x'z' = -0{,}3215\sin^2\psi$ $\int x'z'\,ds = -12{,}63$

$y'z' = -0{,}94\sin\psi\cos\psi$ $\int y'z'\,ds = -23{,}5$

$\bar{x} = yz' - zy' = -[47\sin\psi + 143\cos\psi + 47]$

$\bar{y} = zx' - xz' = 64{,}98\sin\psi$

$\bar{z} = xy' - yx' = 17{,}1\,(\cos\psi - \sin\psi - 1)$

$\bar{x}^2 = 2208\sin^2\psi + 20450\cos^2\psi + 2208 + 13440\sin\psi\cos\psi +$
$+ 13440\cos\psi + 4420\sin\psi$ $\int \bar{x}^2\,ds = 2293800$

$\bar{y}^2 = 4225\sin^2\psi$ $\int \bar{y}^2\,ds = 166000$

$\bar{z}^2 = 292{,}5\,[2 + 2\sin\psi - 2\cos\psi - 2\sin\psi\cos\psi]$ $\int \bar{z}^2\,ds = 31300$

$\bar{x}x' = -(16{,}08\sin^2\psi + 48{,}9\sin\psi\cos\psi + 16{,}08\sin\psi)$

$\int \bar{x}x'\,ds = -2654$

$\bar{x}y' = -(47\sin\psi\cos\psi + 143\cos^2\psi + 47\cos\psi)$ $\int \bar{x}y'\,ds = -9145$

$\bar{x}z' = 44{,}15\sin^2\psi + 134{,}4\sin\psi\cos\psi + 44{,}15\sin\psi$ $\int \bar{x}z'\,ds = +7303$

$\bar{y}x' = 22{,}2\sin^2\psi$ $\int \bar{y}x'\,ds = +872$

$\bar{y}y' = 64{,}98\sin\psi\cos\psi$ $\int \bar{y}y'\,ds = +1625$

$\bar{y}z' = -61{,}1\sin^2\psi$ $\int \bar{y}z'\,ds = -2400$

$\bar{z}x' = 5{,}85\,(\sin\psi\cos\psi - \sin^2\psi - \sin\psi)$ $\int \bar{z}x'\,ds = -376$

$\bar{z}y' = 17{,}1\,(\cos^2\psi - \sin\psi\cos\psi - \cos\psi)$ $\int \bar{z}y'\,ds = -611$

$\bar{z}z' = -16{,}08\,(\sin\psi\cos\psi - \sin^2\psi - \sin\psi)$ $\int \bar{z}z'\,ds = +1034$

$\bar{x}\bar{y} = -(3055 \sin^2\psi + 9290 \sin\psi \cos\psi + 3055 \sin\psi)$

$\int \bar{x}\bar{y}\, ds = -504700$

$\bar{x}\bar{z} = 17{,}1\,(96 \sin\psi \cos\psi + 94 \sin\psi + 96 \cos\psi + 47 \sin^2\psi -$
$- 143 \cos^2\psi + 47)$ $\qquad \int \bar{x}\bar{z}\, ds = +202000$

$\bar{y}\bar{z} = 1105\,(\sin\psi \cos\psi - \sin^2\psi - \sin\psi)$ $\qquad \int \bar{y}\bar{z}\, ds = -71000$

Teil 4: $0 \leqq s \leqq 85{,}2$

$\int ds = 85{,}2 \qquad \int s\, ds = 3630 \qquad \int s^2\, ds = 206200$

$x = 17{,}1 + 0{,}342\, s \qquad \int x\, ds = 2697$

$y = 100 \qquad \int y\, ds = 8520$

$z = 143 - 0{,}9397\, s \qquad \int z\, ds = 8770$

$x' = 0{,}342 \qquad y' = 0 \qquad z' = -0{,}94$

$x^2 = 292{,}5 + 11{,}7\, s + 0{,}1169\, s^2 \qquad \int x^2\, ds = 91530$

$y^2 = 10000 \qquad \int y^2\, ds = 852000$

$z^2 = 20450 - 268{,}7\, s + 0{,}883\, s^2 \qquad \int z^2\, ds = 947000$

$x'^2 = 0{,}1169 \qquad y'^2 = 0 \qquad z'^2 = 0{,}883$

$\int x'^2\, ds = 9{,}96 \qquad \int y'^2\, ds = 0 \qquad \int z'^2\, ds = 75{,}2$

$xy = 1710 + 34{,}2\, s \qquad \int xy\, ds = 269700$

$xz = 2442 + 32{,}82\, s - 0{,}3215\, s^2 \qquad \int xz\, ds = 260800$

$yz = 14300 - 93{,}97\, s \qquad \int yz\, ds = 877000$

$x'y' = 0 \qquad x'z' = -0{,}3215 \qquad y'z' = 0$

$\int x'y'\, ds = 0 \qquad \int x'z'\, ds = -27{,}4 \qquad \int y'z'\, ds = 0$

$\bar{x} = yz' - zy' = -94 \qquad \bar{x}^2 = 8830 \qquad \int \bar{x}^2\, ds = 752500$

$\bar{y} = zx' - xz' = 64{,}98 \qquad \bar{y}^2 = 4225 \qquad \int \bar{y}^2\, ds = 360000$

$\bar{z} = xy' - yx' = -34{,}2 \qquad \bar{z}^2 = 1169 \qquad \int \bar{z}^2\, ds = 99600$

$\bar{x}\bar{y} = -6110 \qquad \int \bar{x}\bar{y}\, ds = -521000$

$\bar{x}\bar{z} = +3215 \qquad \int \bar{x}\bar{z}\, ds = +274000$

$\bar{y}\bar{z} = -2220 \qquad \int \bar{y}z\, ds = -189200$

$\bar{x}x' = -32{,}15 \qquad \bar{x}y' = 0 \qquad \bar{x}z' = +88{,}3$

$\int \bar{x}x'\, ds = -2740 \qquad \int \bar{x}y'\, ds = 0 \qquad \int \bar{x}z'\, ds = +7525$

$\bar{y}x' = +22{,}2 \qquad \bar{y}y' = 0 \qquad \bar{y}z' = -61{,}1$

$\int \bar{y}x'\, ds = +1892 \qquad \int \bar{y}y'\, ds = 0 \qquad \int \bar{y}z'\, ds = -5210$

$\bar{z}x' = -11{,}69 \qquad \bar{z}y' = 0 \qquad \bar{z}z' = +32{,}15$

$\int \bar{z}x'\, ds = -996 \qquad \int \bar{z}y'\, ds = 0 \qquad \int \bar{z}z'\, ds = +2740$

Teil 5: $20^\circ \leqq \psi \leqq 90^\circ \qquad R = 50$

$$\int ds = R\int d\psi = 61{,}1$$
$$\int \sin\psi\, ds = R\int \sin\psi\, d\psi = 47$$
$$\int \cos\psi\, ds = R\int \cos\psi\, d\psi = 32{,}9$$
$$\int \sin^2\psi\, ds = R\int \sin^2\psi\, d\psi = 38{,}6$$
$$\int \cos^2\psi\, ds = R\int \cos^2\psi\, d\psi = 22{,}5$$
$$\int \sin\psi \cos\psi\, ds = R\int \sin\psi\cos\psi\, d\psi = 22{,}05$$

$$x = 93{,}2 - 50\cos\psi \qquad \int x\, ds = 4049 \qquad x' = \sin\psi$$
$$y = 100 \qquad \int y\, ds = 6110 \qquad y' = 0$$
$$z = 80 - 50\sin\psi \qquad \int z\, ds = 2540 \qquad z' = -\cos\psi$$

$$x'^2 = \sin^2\psi \qquad y'^2 = 0 \qquad z'^2 = \cos^2\psi$$
$$\int x'^2\, ds = 38{,}6 \qquad \int y'^2\, ds = 0 \qquad \int z'^2\, ds = 22{,}5$$

$$x^2 = 8680 - 9320\cos\psi + 2500\cos^2\psi \qquad \int x^2\, ds = 279750$$
$$y^2 = 10000 \qquad \int y^2\, ds = 611000$$
$$z^2 = 6400 - 8000\sin\psi + 2500\sin^2\psi \qquad \int z^2\, ds = 111500$$
$$xy = 9320 - 5000\cos\psi \qquad \int xy\, ds = 404900$$
$$xz = 7450 - 4655\sin\psi - 4000\cos\psi + 2500\sin\psi\cos\psi$$
$$\int xz\, ds = 159750$$
$$yz = 8000 - 5000\sin\psi \qquad \int yz\, ds = 254000$$
$$\bar{x} = yz' - zy' = -100\cos\psi \qquad \bar{x}^2 = 10000\cos^2\psi \qquad \int \bar{x}^2\, ds = 225000$$
$$\bar{y} = zx' - xz' = 80\sin\psi - 50 + 93{,}2\cos\psi$$
$$\bar{y}^2 = 6400\sin^2\psi + 2500 + 8680\cos^2\psi + 14920\sin\psi\cos\psi -$$
$$-8000\sin\psi - 9300\cos\psi \qquad \int \bar{y}^2\, ds = 241500$$
$$\bar{z} = xy' - yx' = -100\sin\psi \qquad \bar{z}^2 = 10000\sin^2\psi \qquad \int \bar{z}^2\, ds = 386000$$
$$\bar{x}\bar{y} = -8000\sin\psi\cos\psi - 9320\cos^2\psi + 5000\cos\psi$$
$$\int \bar{x}\bar{y}\, ds = -221500$$
$$\bar{x}\bar{z} = 10000\sin\psi\cos\psi \qquad \int \bar{x}\bar{z}\, ds = 220500$$
$$\bar{y}\bar{z} = -8000\sin^2\psi - 9320\sin\psi\cos\psi + 5000\sin\psi \qquad \int \bar{y}\bar{z}\, ds = -279500$$

$$x'y' = 0 \qquad x'z' = -\sin\psi\cos\psi \qquad y'z' = 0$$
$$\int x'y'\, ds = 0 \qquad \int x'z'\, ds = -22{,}05 \qquad \int y'z'\, ds = 0$$

$$\bar{x}x' = -100\sin\psi\cos\psi \qquad \int \bar{x}x'\, ds = -2205$$
$$\bar{x}y' = 0 \qquad \int \bar{x}y'\, ds = 0$$
$$\bar{x}z' = 100\cos^2\psi \qquad \int \bar{x}z'\, ds = +2250$$

$$\bar{y}\,x' = 80\sin^2\psi + 93{,}2\sin\psi\cos\psi - 50\sin\psi \qquad \int \bar{y}\,x'\,ds = +2790$$
$$\bar{y}\,y' = 0 \qquad \int \bar{y}\,y'\,ds = 0$$
$$\bar{y}\,z' = -80\sin\psi\cos\psi - 93{,}2\cos^2\psi + 50\cos\psi \qquad \int \bar{y}\,z'\,ds = -2215$$
$$\bar{z}\,x' = -100\sin^2\psi \qquad \int \bar{z}\,x'\,ds = -3860$$
$$\bar{z}\,y' = 0 \qquad \int \bar{z}\,y'\,ds = 0$$
$$\bar{z}\,z' = 100\sin\psi\cos\psi \qquad \int \bar{z}\,z'\,ds = +2205$$

Teil 6: $0 \leqq s \leqq 16{,}8$

$$\int ds = 16{,}8 \qquad \int s\,ds = 141 \qquad \int s^2\,ds = 1580$$
$$x = 93{,}2 + s \qquad \int x\,ds = 1706 \qquad \int x' = 1$$
$$y = 100 \qquad \int y\,ds = 1680 \qquad y' = 0$$
$$z = 30 \qquad \int z\,ds = 504 \qquad z' = 0$$

$$x^2 = 8680 + 186{,}4\,s + s^2 \qquad \int x^2\,ds = 173\,780$$
$$y^2 = 10\,000 \qquad \int y^2\,ds = 168\,000$$
$$z^2 = 900 \qquad \int z^2\,ds = 15\,100$$

$$x'^2 = 1 \qquad y'^2 = 0 \qquad z'^2 = 0$$
$$\int x'^2\,ds = 16{,}8$$

$$xy = 9320 + 100\,s \qquad xz = 2796 + 30\,s \qquad yz = 3000$$
$$\int xy\,ds = 170\,600 \qquad \int xz\,ds = 51\,123 \qquad \int yz\,ds = 50\,400$$
$$\int x'y'\,ds = 0 \qquad \int x'z'\,ds = 0 \qquad \int y'z'\,ds = 0$$

$$\bar{x} = yz' - zy' = 0 \qquad \int \bar{x}^2\,ds = 0$$
$$\bar{y} = zx' - xz' = 30 \qquad \bar{y}^2 = 900 \qquad \int \bar{y}^2\,ds = 15\,110$$
$$\bar{z} = xy' - yx' = -100 \qquad \bar{z}^2 = 10\,000 \qquad \int \bar{z}^2\,ds = 168\,000$$
$$\bar{x}\bar{y} = 0 \qquad \bar{x}\bar{z} = 0 \qquad \bar{y}\bar{z} = -3000 \qquad \int \bar{y}\bar{z}\,ds = -50\,400$$

$$\bar{x}\,x' = 0 \qquad \bar{x}\,y' = 0 \qquad \bar{x}\,z' = 0$$
$$\bar{y}\,x' = 30 \qquad \int \bar{y}\,x'\,ds = 504 \qquad \bar{y}\,y' = 0 \qquad \bar{y}\,z' = 0$$
$$\bar{z}\,x' = -100 \qquad \bar{z}\,x'\,ds = -1680 \qquad \bar{z}\,y' = 0 \qquad \bar{z}\,z' = 0$$

Nachdem die Integrale für sämtliche Teile berechnet sind, werden sie, wie Zahlentafel 18 zeigt, zusammengestellt. In der Teiltafel A werden die zusammengehörigen Integrale der Bogen 2, 3 und 5 addiert und die Summe $\sum r$ durch $K = 0{,}355$ dividiert. Das Ergebnis muß dann zu der Integralsumme der geraden Teile 1, 4 und 6 jeweils hinzugezählt werden.

Ähnlich verfährt man auch mit den in der Teiltafel B und C zusammengestellten Integralen. Hier werden aber die Integralsummen der Bogen mit dem Wert

$$\left(\frac{EJ}{GJ_p} - \frac{1}{K}\right) = 1{,}3 - \frac{1}{0{,}355} = -1{,}52 \quad \text{(für dieses Beispiel)}$$

und die Integralsummen der Geraden mit dem Wert

$$\left(\frac{EJ}{GJ_p} - \frac{1}{K}\right) = 1{,}3 - 1 = +0{,}3$$

multipliziert und dann jeweils die Summen der so errechneten Werte gebildet. Wie das praktisch geschieht, zeigen die Teiltafeln B und C der Zahlentafel 18.

Die Aufstellung der Elastizitätsgleichungen erfolgt am besten nach dem Schema der Zahlentafel 19. Aus diesem erkennt man, daß es zur eingetragenen Diagonale symmetrisch ist.

Die entsprechenden Werte des Beispiels sind in der Zahlentafel 20 gemäß der Vorschrift der Zahlentafel 19 zusammengestellt.

Die Konstante

$$C = EJ\alpha = \frac{1{,}53 \cdot 10^6 \cdot 912 \cdot 0{,}675}{100} = 9{,}4 \cdot 10^6 \text{ kg cm}^2$$

wird in die Gleichungen noch nicht eingeführt und die ausgerechneten Unbekannten erst nachher mit C multipliziert.

Die Lösung der sechs Gleichungen erfolgt in bekannter Weise. Zur Vereinfachung dieses Rechnungsganges ist es zu empfehlen, den Gaussschen Algorithmus anzuwenden, wie es auf der Zahlentafel 21 gezeigt ist.

Um den Faktoren der Unbekannten annähernd die gleiche Größenordnung zu geben (wegen größerer Rechnungsgenauigkeit), werden in den sechs Gleichungen für die Momente M_x^0, M_y^0, M_z^0 die Größen $M_x^0/100$, $M_y^0/100$ und $M_z^0/100$ eingeführt. Zur Wahrung der Symmetrie werden die ersten drei Gleichungen durch 100 dividiert und um die Rechnung abzukürzen dann sämtliche Gleichungen durch 10 dividiert.

Das ist auch in Zahlentafel 21 geschehen. Aus ihr wird zuerst der Wert

$$\frac{M_z^0}{100} = \frac{-0{,}057\,234}{4495} = -1{,}271 \cdot 10^{-5}$$

ermittelt und dann durch aufeinanderfolgendes Einsetzen in die Gleichungen D, C, B, A und I die übrigen Unbekannten bestimmt. Es ergeben sich folgende Werte:

$$X' = +2{,}895 \cdot 10^{-5} \qquad M_x^{0\prime} = -4{,}61 \cdot 10^{-3}$$
$$Y' = +3{,}442 \cdot 10^{-5} \qquad M_y^{0\prime} = +4{,}02 \cdot 10^{-3}$$
$$Z' = -0{,}4426 \cdot 10^{-5} \qquad M_z^{0\prime} = -1{,}271 \cdot 10^{-3}$$

Zahlentafel 18. *Auswertung der Integrale.*

Teiltafel A

Teil	$\int ds$	$\int x\,ds$	$\int y\,ds$	$\int z\,ds$	$\int x^2\,ds$	$\int y^2\,ds$	$\int z^2\,ds$	$\int x\,y\,ds$	$\int x\,z\,ds$	$\int y\,z\,ds$
2	78,54	0	1425	13497	0	44500	2337300	0	0	262000
3	78,54	487	6427	13580	5210	544000	2364300	45800	78300	1095050
5	61,10	4054	6110	2540	279750	611000	111500	404900	159750	254000
Σr	218,18	4541	13962	29617	284960	1199500	4813100	450700	238050	1611050
$\frac{1}{K}\Sigma r$	614,5	12800	39300	83400	803000	3380000	13570000	1271000	670500	4543000
1	140	0	0	9800	0	0	914700	0	0	0
4	85,2	2697	8520	8770	91530	852000	947000	269700	260800	877000
6	16,8	1706	1680	504	173780	168000	15110	170600	51123	50400
$\frac{1}{K}\Sigma r + \Sigma g$	856,5	17203	49500	102474	1068310	4400000	15446810	1711300	982423	5470400

Teiltafel B. Zahlentafel 18. (Forts.)

Teil	$\int x'^2 ds$	$\int y'^2 ds$	$\int z'^2 ds$	$\int x' y' ds$	$\int x' z' ds$	$\int y' z' ds$	$\int \bar{x} x' ds$	$\int \bar{x} y' ds$	$\int \bar{x} z' ds$	$\int \bar{y} x' ds$	$\int \bar{y} y' ds$	$\int \bar{y} z' ds$
2	0	+39,27	+ 39,27	0	0	+25	0	− 6750	−4035	0	0	0
3	+ 4,59	+39,27	+ 34,7	+ 8,55	−12,63	−23,5	−2654	− 9145	+7303	+ 872	+1625	−2400
5	+38,60	0	+ 22,5	0	−22,07	0	−2205	0	+2250	+2790	0	−2215
Σr	+43,19	+ 78,54	+ 96,47	+ 8,55	−34,7	+ 1,5	−4859	−15895	+5518	+3662	+1625	−4615
$-1{,}52\ \Sigma r$	−65,6	−119,3	−146,8	−13	+52,8	− 2,28	+7400	+24160	−8390	−5565	−2470	+7013
1	0	0	+140	0	0	0	0	0	0	0	0	0
4	+ 9,96	0	+ 75,2	0	−27,4	0	−2740	0	+7525	+1892	0	−5210
6	+16,8	0	0	0	0	0	0	0	0	+ 504	0	0
Σg	+26,76	0	+215,2	0	−27,4	0	−2740	0	+7525	+2396	0	−5210
$0{,}3\ \Sigma g$	+ 8,02	0	+64,5	0	− 8,22	0	− 822	0	+2255	+ 719	0	−1563
$0{,}3\ \Sigma g +$ $+1{,}52\ \Sigma r$	−57,58	−119,3	−82,3	−13	+44,58	−2,28	+6578	+24160	−6135	−4846	−2470	+5450

Teiltafel C. Zahlentafel 18. (Forts.)

Teil	$\int \bar{z} x' ds$	$\int \bar{z} y' ds$	$\int \bar{z} z' ds$	$\int \bar{x}^2 ds$	$\int \bar{y}^2 ds$	$\int \bar{z}^2 ds$	$\int \bar{x}\bar{y}\, ds$	$\int \bar{x}\bar{z}\, ds$	$\int \bar{y}\bar{z}\, ds$
2	0	0	0	+1164300	0	0	0	0	0
3	− 376	−611	+1034	+2293800	+166000	+ 31300	− 504700	+202000	− 71000
5	−3860	0	+2205	+ 225000	+241500	+386000	− 221500	+220500	−279000
Σr	−4236	−611	+3239	+3683100	+407500	+417300	− 726200	+422500	−350000
$-1{,}52\, \Sigma r$	+6430	+930	−4925	−5595000	−619300	−635000	+1103500	−642000	+532000
1	0	0	0	0	0	0	0	0	0
4	− 996	0	+2740	+ 752500	+360000	+ 99600	− 521000	+274000	−189200
6	−1680	0	0	0	+ 15110	+168000	0	0	− 50400
Σg	−2676	0	+2740	+ 752500	+375110	+267600	− 521000	+274000	−239600
$0{,}3\, \Sigma g$	− 802	0	+ 822	+ 225700	+112500	+ 80200	− 156200	+ 82200	− 71900
$0{,}3\, \Sigma g + 1{,}52\, \Sigma r$	+5628	+930	−4103	−5369300	−506800	−554800	+ 947300	−559800	+460100

Zahlentafel 19. *Schema für die Aufstellung der Gleichungen.*

Nr. der Gleichung	Absolutes Glied	Faktor	X	Y	Z	M_x^0	M_y^0	M_z^0
I	$E J \Delta x =$	$\frac{1}{K}$ $\left(1{,}3 - \frac{1}{K}\right)$	$\int (y^2 + z^2)\, ds$ $\int \bar{x}^2\, ds$	$-\int x y\, ds$ $\int \bar{x} \bar{y}\, ds$	$-\int x z\, ds$ $\int \bar{x} \bar{z}\, ds$	0 $\int \bar{x} x'\, ds$	$-\int z\, ds$ $\int \bar{x} y'\, ds$	$+\int y\, ds$ $\int \bar{x} z'\, ds$
II	$E J \Delta y =$	$\frac{1}{K}$ $\left(1{,}3 - \frac{1}{K}\right)$	$-\int x y\, ds$ $\int \bar{x} \bar{y}\, ds$	$\int (z^2 + x^2)\, ds$ $\int \bar{y}^2\, ds$	$-\int y z\, ds$ $\int \bar{y} \bar{z}\, ds$	$+\int z\, ds$ $\int \bar{y} x'\, ds$	0 $\int \bar{y} y'\, ds$	$-\int x\, ds$ $\int \bar{y} z'\, ds$
III	$E J \Delta z =$	$\frac{1}{K}$ $\left(1{,}3 - \frac{1}{K}\right)$	$-\int x z\, ds$ $\int \bar{x} \bar{z}\, ds$	$-\int y z\, ds$ $\int \bar{y} \bar{z}\, ds$	$\int (x^2 + y^2)\, ds$ $\int \bar{z}^2\, ds$	$-\int y\, ds$ $\int \bar{z} x'\, ds$	$+\int x\, ds$ $\int \bar{z} y'\, ds$	0 $\int \bar{z} z'\, ds$
IV	$E J \Delta \varphi_x =$	$\frac{1}{K}$ $\left(1{,}3 - \frac{1}{K}\right)$	0 $\int \bar{x} x'\, ds$	$+\int z\, ds$ $\int \bar{y} x'\, ds$	$-\int y\, ds$ $\int \bar{z} x'\, ds$	$+\int ds$ $\int x'^2\, ds$	0 $\int x' y'\, ds$	0 $\int x' z'\, ds$
V	$E J \Delta \varphi_y =$	$\frac{1}{K}$ $\left(1{,}3 - \frac{1}{K}\right)$	$-\int z\, ds$ $\int \bar{x} y'\, ds$	0 $\int \bar{y} y'\, ds$	$+\int x\, ds$ $\int \bar{z} y'\, ds$	0 $\int x' y'\, ds$	$+\int ds$ $\int y'^2\, ds$	0 $\int y' z'\, ds$
VI	$E J \Delta \varphi_z =$	$\frac{1}{K}$ $\left(1{,}3 - \frac{1}{K}\right)$	$+\int y\, ds$ $\int \bar{x} z'\, ds$	$-\int x\, ds$ $\int \bar{y} z'\, ds$	0 $\int \bar{z} z'\, ds$	0 $\int x' z'\, ds$	0 $\int y' z'\, ds$	$+\int ds$ $\int z'^2\, ds$

Zahlentafel 20. *Faktoren der Elastizitätsgleichungen für Beispiel 25* (nach Schema Zahlentafel 19).

Absolutes Glied	X	Y	Z	M_x^0	M_y^0	M_z^0	Gleichungs-Nr.
$E\,J\,\Delta_x$	+ 4400000 +15446810 − 5369300	− 1711300 + 947300	− 982423 − 559800	0 + 6578	−102474 + 24160	+49500 − 6135	
$= C\,110$	+14477510	− 764000	−1542223	+ 6578	− 78314	+43365	I
$E\,J\,\Delta_y$	− 1711300 + 947300	+15446810 + 1068310 − 506800	−5470400 + 460100	+102474 − 4846	0 − 2470	−17203 + 5450	
$= C\,100$	− 764000	+16008320	−5010300	+ 97628	− 2470	−11753	II
$E\,J\,\Delta_z$	− 982423 − 559800	− 5470400 + 460100	+1068310 +4400000 − 554800	− 49500 + 5628	+ 17203 + 930	0 − 4103	
$= C\,30$	− 1542223	− 5010300	+4913510	− 43872	+ 18133	− 4103	III
$E\,J\,\Delta\varphi_x$	0 + 6578	+ 102474 − 4846	− 49500 + 5628	+ 856,5 − 57,6	0 − 13	0 + 44,58	
$= C \cdot 0$	+ 6578	+ 97628	− 43872	+ 798,9	− 13	+ 44,58	IV
$E\,J\,\Delta\varphi_y$	+ 102474 + 24160	0 − 2470	+ 17203 + 930	0 − 13	+ 856,5 − 119,3	0 − 2,28	
$= C \cdot 0$	− 78314	− 2470	+ 18133	− 13	+ 737,2	− 2,28	V
$E\,J\,\Delta\varphi_z$	+ 49500 − 6135	− 17203 + 5450	0 − 4103	0 + 44,58	0 − 2,28	+ 856,5 − 82,3	
$= C \cdot 0$	+ 43365	− 11753	− 4103	+ 44,58	− 2,28	+ 774,2	VI

Zahlentafel 21. *Lösung der Elastizitätsgleichungen mittels des Gaußschen Algorithmus.*

X'	Y'	Z'	$M_x^{0\prime}/100$	$M_y^{0\prime}/100$	$M_z^{0\prime}/100$	Absolutes Glied	Faktor u	Nr. der Gleichung
+14478	− 764	−1542	+ 658	−7831	+4337	+0,1100		I
− 764	+16008	−5010	+9763	− 247	−1175	+0,1000		II
+ 764	− 40	− 81	+ 35	− 413	+ 229	+0,00581	+0,05275	I_1
0	+15968	−5091	+9798	− 660	− 946	+0,10581		$\Sigma = A$
	− 5010	+4914	−4387	+1813	− 410	+0,03000		III
	− 81	− 164	+ 70	− 833	+ 461	+0,01171	+0,1064	I_2
	+ 5091	−1620	+3122	− 210	− 302	+0,03372	+0,3187	A_1
	0	+3130	−1195	+ 770	− 251	0,07543		$\Sigma = B$
		−4387	+7989	− 130	+ 446	0		IV
		+ 70	− 30	+ 356	− 197	−0,004997	−0,04545	I_3
		+3122	−6007	+ 405	+ 580	−0,0649	−0,613	A_1
		+1195	− 456	+ 294	− 96	+0,02882	+0,382	B_1
		0	+1496	+ 925	+ 733	−0,041077		$\Sigma = C$
			− 130	+7372	− 23	0		V
			+ 356	−4227	+2343	+0,05950	+0,5405	I_4
			+ 405	− 27	− 39	+0,004374	+0,0413	A_2
			+ 294	− 190	+ 62	−0,018575	−0,246	B_2
			− 925	− 572	− 453	+0,0254	−0,6185	C_1
			0	+2356	+1890	+0,070700		$\Sigma = D$
				− 23	+7742	0		VI
				+2343	−1298	−0,03292	−0,2993	I_5
				− 39	− 56	+0,006266	+0,05925	A_3
				+ 62	− 20	+0,00605	+0,08015	B_3
				− 453	− 359	+0,02012	−0,49	C_2
				−1890	−1516	−0,05675	−0,8025	D_1
				0	+4495	−0,057234		Σ

Zahlentafel 22.
Ermittlung der Faktoren.

$IY : IX = -0{,}05275$

$IZ : IX = -0{,}1064$
$AZ : AY = -0{,}3187$

$IM_x : IX = +0{,}04545$
$AM_y : AY = +0{,}613$
$BM_x : BZ = -0{,}382$

$IM_y : IX = -0{,}5405$
$AM_y : AY = -0{,}0413$
$BM_y : BZ = +0{,}246$
$CM_y : CM_x = +0{,}6185$

$IM_z : IX = +0{,}2993$
$AM_z : AY = -0{,}05925$
$BM_z : BZ = -0{,}08015$
$CM_z : CM_x = +0{,}49$
$DM_z : DM_y = +0{,}8025$

$$\frac{M_z^{0\prime}}{100} = \frac{-0{,}067\,234}{4495} = -1{,}272 \cdot 10^{-5}$$

und — multipliziert mit der Konstanten $C = 9{,}4 \cdot 10^6$ — endgültig die gesuchten Auflagerreaktionen gefunden:

$$X = 272 \text{ kg} \qquad M_x^0 = -43\,350 \text{ cmkg}$$
$$Y = 324 \text{ kg} \qquad M_y^0 = +37\,800 \text{ cmkg}$$
$$Z = -41{,}6 \text{ kg} \qquad M_z^0 = -11\,950 \text{ cmkg}$$

Das ist das Ergebnis der langen, sehr zeitraubenden und mühevollen Rechnung.

Verändert man das geprüfte Rohrsystem in der Weise, daß der Bogen L_3 und Schenkel L_4 in die yz-Ebene zu liegen kommen, dann wird der Bogen L_5 einen Winkel von 90° einschließen und der Schenkel $L_6 = 600$ mm sein. Dieses System läßt sich dann bedeutend einfacher nach der vom Verfasser vorgeschlagenen Art (s. Abschnitt B III/3 b) berechnen und man erhält

$$X_1 = 293 \text{ kg} \qquad M_x^0 = -35\,400 \text{ cmkg}$$
$$Y_1 = 290 \text{ kg} \qquad M_y^0 = +29\,600 \text{ cmkg}$$
$$Z_1 = -18 \text{ kg} \qquad M_z^0 = -12\,800 \text{ cmkg}$$

Wie man sieht, sind die Unterschiede gegenüber den vorhin errechneten Werten nicht wesentlich. Es wird sich also kaum lohnen, diese ungeheuer komplizierte Berechnung mit dem wirklichkeitsgetreuen System durchzuführen, wenn nicht ganz besondere Umstände dazu zwingen.

f) Kritischer Vergleich der Berechnungsverfahren für räumliche Systeme.

Für die Ermittlung der Elastizität von räumlichen Systemen wurden in den Abschnitten a) bis e) verschiedene Berechnungsverfahren angegeben. Die im Abschnitt B II/3g gegebene kritische Betrachtung der Anwendbarkeit und Genauigkeit der Verfahren gilt sinngemäß auch hier. Dieser Hinweis dürfte genügen, um Wiederholungen zu vermeiden.

Bei der Untersuchung räumlicher Systeme läßt sich die genaue Rechnungsweise nicht umgehen. Jede Vereinfachung, insbesondere in bezug auf die Lage der Hauptkraft, führt unweigerlich zu wesentlichen Abweichungen in den Ergebnissen. Deswegen verliert das auf der MITCHELLschen Annahme aufgebaute Verfahren seine Bedeutung, da der Fehler in der Größe der Kraft überraschend groß werden kann.

Die einzige Vereinfachung, die unter bestimmten Umständen ohne wesentlichen Einfluß auf das Endergebnis bleibt, besteht in dem Ersatz der Rohrbiegungen durch biegungssteife Ecken. Der Arbeitsaufwand wird dadurch ganz bedeutend herabgesetzt.

Diese Vereinfachung ist aber nur dann statthaft, wenn der Anteil der gebogenen Längen im Verhältnis zur Gesamtlänge des Systems klein ist. Ist der Anteil der Bogen groß, so darf man diese nicht vernachlässigen, wenn eine befriedigende Genauigkeit verlangt wird.

Im übrigen ist besonders bei der Berechnung räumlicher Systeme jede Rechnungserleichterung unbedingt zu begrüßen. Jenes Verfahren, welches ohne Einbuße an Genauigkeit die geringsten Anforderungen an die Aufmerksamkeit des Ingenieurs stellt, verdient hier zweifellos den Vorzug.

Der Verfasser hofft, mit seinem Vorschlag ein Berechnungsverfahren räumlicher Systeme geschaffen zu haben, welches allen Anforderungen gerecht wird und den Arbeitsaufwand auf ein Mindestmaß herabsetzt.

IV. Zusammenfassende Beurteilung der Elastizitätsberechnung.

Während in den vorangegangenen Abschnitten gezeigt wurde, auf welche Art die Elastizität eines ebenen oder räumlichen Systems ermittelt wird, um daraus die durch die Wärmedehnung in ihm hervorgerufenen Kräfte und Spannungen zu berechnen, sollen nachstehend einige Anhaltspunkte für die Auswertung und Beurteilung der ermittelten Spannungsgrößen gegeben werden.

Die Größe der Spannung läßt nur bei einachsigem Spannungszustand eine unmittelbare Bezugnahme auf die zulässige Werkstoffanstrengung zu. Im Rohrleitungsbau hat man es aber durchweg mit einem mindestens zweiachsigen (ebenen), meistens jedoch mit einem dreiachsigen Spannungszustand zu tun, und es heißt also, die ermittelten Beanspruchungen in ihrer Gesamtwirkung zu erfassen.

Hier beginnt bereits die Schwierigkeit der richtigen Beurteilung des gegebenen mehrachsigen Spannungszustandes. Die meisten zu technischen Zwecken durchgeführten Werkstoffprüfungen geben uns nur ein Bild über das Verhalten des Werkstoffes unter einachsiger Belastung.

In welchem Verhältnis darf nun der durch die Betriebsbedingungen gegebene mehrachsige Spannungszustand zu der in der Prüfanstalt festgelegten einachsigen Werkstoffestigkeit höchstens stehen, ohne daß die Gefahr einer bleibenden Formänderung oder gar die eines Bruches gegeben ist?

Bevor auf die verschiedenen in dieser Beziehung aufgestellten Theorien näher eingegangen wird, soll der Einfluß der Hauptursachen der auftretenden Beanspruchungen kritisch betrachtet werden.

1. Einfluß von Druck und Temperatur.

Die durch den Innendruck hervorgerufenen Spannungen im Rohr wurden im Abschnitt A III/2 abgeleitet. Abgesehen von der Radialspannung wirken sie fast gleichmäßig über die ganze Rohrwand. Die mittlere Umfangsspannung ist doppelt so groß wie die Axialspannung und ist folglich für den Spannungszustand und das Verhalten des unter Innendruck stehenden Rohres ausschlaggebend. Überschreitet die Umfangsspannung die Streckgrenze des Werkstoffes, so tritt eine fortdauernde plastische Verformung ein, bis der Bruch infolge der durch diese bedingten Aufweitung und Wanddickenschwächung eintritt.

Nicht ganz so einfach liegen die Verhältnisse in bezug auf die Wärmedehnung. Bekanntlich wird jedes Rohrsystem bei der Montage mit einer Vorspannung eingebaut, die einen Teil — meistens 50% — der Gesamtwärmedehnung ausmacht. Dadurch ist ein auf diese Art vorgespanntes Rohrsystem schon im kalten Zustand nicht spannungslos. Bei der Erwärmung wird die Vorspannung in umgekehrter Richtung durchlaufen, der Spannungszustand sinkt zuerst, bis der neutrale Zustand — entsprechend dem Grade der Vorspannung — erreicht ist. In diesem Augenblick ist das System, abgesehen von den durch den Innendruck bedingten Beanspruchungen, spannungslos. Mit fortschreitender Erwärmung steigt der Spannungszustand mit umgekehrtem Vorzeichen an, bis die Betriebstemperatur erreicht ist.

Sind nun die durch die Wärmedehnung bedingten Biegungsspannungen im Rohrsystem im Betriebszustand so hoch, daß sie örtlich über der Elastizitätsgrenze liegen, so findet eine plastische Verformung statt, wodurch ein Abbau der zu hohen Spannungen bis auf die Elastizitätsgrenze erfolgt. Diese bleibende Verformung kommt einer selbsttätigen Erhöhung der Vorspannung gleich. Man hätte nämlich den gleichen Zustand erreichen können, wenn man von vornherein die Vorspannung um so viel höher gewählt hätte, als es dem Maß des Spannungsabbaues entspricht.

Dieser vorhin geschilderte Fall ist aber nur in bezug auf die Biegelängsspannung denkbar, da diese über den Wandquerschnitt des Rohres in nahezu gleichbleibender Größe verläuft und erst über den Mittelpunkt des Rohres hinaus ihr Vorzeichen wechselt. Bei zu hoher Biegelängsspannung wird also durch plastische Verformung fast des ganzen Rohrquerschnittes die ursprünglich vorgesehene Vorspannung im Sinne einer Vergrößerung beeinflußt.

Nur wenn diese Biegelängsspannung die Streckgrenze übersteigt, *kann* eine plastische Verformung — die sich dann fast über den ganzen Wandquerschnitt erstrecken würde — die ursprünglich vorgesehene Vorspannung im Sinne einer Vergrößerung beeinflussen. Aber auch in diesem Fall muß bedacht werden, daß die Biegelängsspannung ihre Höchstwerte nur an der Bogenaußen- und Bogeninnenseite hat (Außenseite Zug-, Innenseite Druckspannung) und daß sie annähernd proportional dem Abstand von der Rohrachse (bzw. neutralen Achse) ist.

Es werden also im gegebenen Fall nur die weiter entfernt von der Rohrachse liegenden Rohrfasern einen Abbau durch plastische Verformung unterliegen, während die näher zur Rohrachse wirkenden Spannungen die Streckgrenze gar nicht erreichen werden.

Nachdem sich der Werkstoff durch Abbau der zu hohen Spannungen selbsttätig geholfen hat, stellt sich ein stabiler Zustand ein; eine weitere Veranlassung liegt nicht vor, um die Möglichkeit eines fortschreitenden Spannungsabbaues zu begründen.

Man wird also die Biegelängsspannung nicht in gleicher Art bewerten dürfen, wie z. B. die Umfangsspannung infolge des Innendruckes. Letztere führt bei Überschreitung des zulässigen Werkstoffkennwertes unweigerlich zum Bruch, während eine zu hohe Biegelängsspannung durch die vorhin erwähnte selbsttätige Vergrößerung der Vorspannung abgebaut wird und sich von selbst auf einen ungefährlichen Wert einstellt.

Eine noch geringere Bedeutung ist denjenigen Spannungen beizumessen, die innerhalb der Wanddicke von einem positiven Höchstwert über Null auf einen negativen Höchstwert wechseln. Das ist z. B. der Fall bei der Querbiegespannung infolge der Querschnittsabplattung im Rohrbogen (s. S. 107). Diese an den äußersten Randfasern des Wandquerschnittes in Umfangsrichtung wirkenden Spannungsspitzen addieren sich zwar algebraisch mit der Umfangsspannung aus dem Innendruck, stellen aber ihrem Wesen nach nur eine engbegrenzte Beanspruchungsspitze dar. Diese wird beim Überschreiten der zulässigen Grenze sehr schnell durch Inanspruchnahme der näher zur Wandmitte liegenden, weniger stark beanspruchten Rohrfasern abgebaut und hat nur bei Wechselbeanspruchung in Verbindung mit hohen Lastwechselzahlen eine größere Bedeutung.

Diese Unterschiede in der Wirkung der einzelnen Spannungskomponenten muß man sich vor Augen halten, wenn man bei der Zusammensetzung derselben eine Vergleichsspannung ermitteln will, die ein Kriterium für den Spannungszustand darstellen soll.

In diesem Zusammenhang muß auf eine für die Bewertung der Spannungsverteilung sehr aufschlußreiche Arbeit von SIEBEL und RÜHL[1] verwiesen werden, die den Begriff der Formdehngrenzen bei überelastischer Beanspruchung behandelt. Die Verfasser entwickeln ihre Schlußfolgerungen mit Hilfe einer Näherungslösung, die auf der Annahme beruht, daß bei einer *örtlichen* Überschreitung der Elastizitätsgrenze die Formänderungen weiterhin den Formänderungen bei rein elastischer Beanspruchung proportional verlaufen.

---

[1] SIEBEL, E. u. K. RÜHL: Ermittlung der Formdehngrenzen für die Festigkeitsrechnung bei zügiger Beanspruchung, Technik Bd. 3 (1948), H. 5, S. 218.

Es wurden dabei sehr ähnliche Gedankengänge verfolgt, wie es im Abschnitt A III/4 für die Berechnung von Abzweigstücken erläutert war. Bei Kenntnis der Spannungsdehnungs-Schaubilder ist man in der Lage, aus der Verteilung der Formänderung die Spannungsverteilung bei überelastischer Verformung zu bestimmen und die Formdehngrenzen bei Biegebeanspruchung bzw. die entsprechenden Verhältniswerte der Formdehngrenze zur Zugdehngrenze festzulegen. Sehr wichtig ist die aus dieser Untersuchung gewonnene Erkenntnis, daß nämlich diese Verhältniswerte von der Art des Stahls und der Höhe seiner Fließgrenze fast unabhängig sind, soweit es sich um Stähle mit einer ausgeprägten Fließgrenze handelt. Die Größe der Dehngrenzenverhältnisse wächst mit der Höhe der als zulässig angenommenen bleibenden Verformung und ist auch von der Querschnittsform des gebogenen Stabes abhängig. Der Einfluß der Querschnittsform wirkt sich in der Richtung aus, daß die Biegedehngrenze um so höher über der Zugdehngrenze liegt, je geringer das Verhältnis von Abstand der Schwerpunkte der beiden Querschnittshälften zur Höhe des Querschnittes ist. Das bedeutet, daß die Kreisform mit ihrem Verhältnis $s_0 : r = 0{,}425$ relativ hohe Dehngrenzenverhältnisse ergibt, die 8 bis 11% höher liegen als diejenigen für die Rechteckform. Wertet man diese Erkenntnisse in bezug auf den Kreisringquerschnitt aus, so kann man bei der Biegebeanspruchung von Rohren ein Dehngrenzenverhältnis entsprechend der Abb. 193 ableiten, in welcher die Angaben der genannten Arbeit auf einen Kreisringquerschnitt (Rohrquerschnitt) in Abhängigkeit vom Verhältnis $s : D$ umgerechnet wurden.

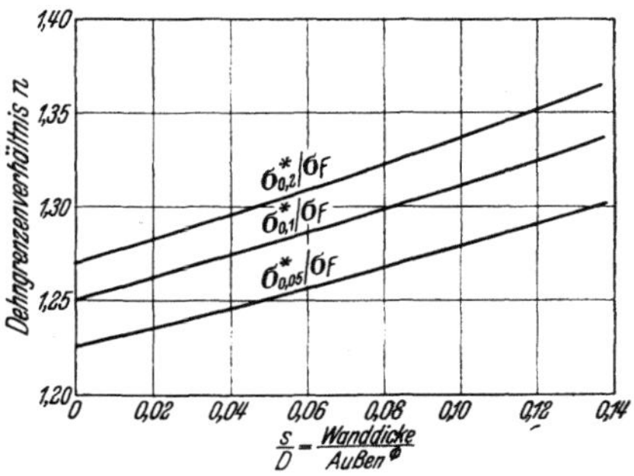

Abb. 193. Dehngrenzenverhältnis für Rohre, die auf Biegung beansprucht sind.

Diese Abb. 193 zeigt an, um wieviel die Biegedehngrenze für einen Rohrquerschnitt höher liegen darf als die zugehörige Zugdehngrenze.

Da der Rohrquerschnitt normalerweise gleichzeitig auf Biegung und Zug beansprucht ist, so gilt für das Dehngrenzenverhältnis $n = \sigma_{b+z}/\sigma_z$ dieser kombinierten Beanspruchung die Beziehung

$$n' = 1 + k\,(n - 1),$$

wenn die Biegebeanspruchung den k-fachen Wert und die Zugbeanspruchung den $(1 - k)$-fachen Wert der Gesamtbeanspruchung erreicht.

Bei den vorstehenden Betrachtungen wurde die Fließverzögerung, die bei derartigen Stählen mit ausgeprägter Fließgrenze durch die

Ausbildung einer oberen Fließgrenze hervorgerufen wird, nicht berücksichtigt. Dadurch ergibt sich eine zusätzliche Sicherheit. Für vergütete Stähle ohne ausgeprägte Fließgrenze gelten wesentlich niedrigere Verhältniszahlen.

2. Zusammensetzung der Beanspruchungen.

Im Rohrleitungsbau hat man es fast immer mit dem Fall eines dreiachsigen Spannungszustandes mit den bekannten Hauptspannungen $\sigma_1 > \sigma_2 > \sigma_3$ zu tun.

Die verschiedenen Theorien über den Spannungszustand, der die Voraussetzungen für den Bruch ergibt, sind nachstehend kurz erläutert.

a) Größtspannungshypothese.

Sie ist die älteste, aus England stammende Auffassung. die besagt, daß die größte im beanspruchten Querschnitt auftretende Normalspannung ein Maß für die Gesamtanstrengung darstellt. Die gleichwertigen *einachsigen* Normalspannungen sind dann

$$\sigma_v = \sigma_{\max} \text{ für Zug}$$

und

$$\sigma_{dv} = \sigma_{\min} \text{ für Druck.}$$

Diese Vergleichspannungen müssen kleiner sein als die dem Werkstoff entsprechende zulässige Beanspruchung k_{zul}, d. h.

$$\sigma_v = \sigma_{\max} \leqq k_{\text{zul}} \text{ für Zug}$$

und sinngemäß für Druck.

Diese einfachste Theorie hat insofern eine praktische Bedeutung, als sie dem behördlichen Dampfkesselgesetz zugrunde gelegt ist, obwohl sie dem Stand der heutigen Erkenntnisse nicht genau entspricht.

b) Größtdehnungshypothese.

Die Annahme, daß $\varepsilon_{\max}$, d. h. die *größte Dehnung* ein Maß für die gefährlichste Anstrengung des Querschnittes darstellt, wurde um die Mitte des vorigen Jahrhunderts von den Franzosen eingeführt. Sie fand auch in Deutschland zahlreiche prominente Anhänger, wie z. B. GRASHOF und BACH.

Bei einem zweiachsigen Spannungszustand σ_x und σ_y gilt für die Dehnung in der x-Richtung bekanntlich

$$\varepsilon_1 = \varepsilon_x - \frac{1}{m}\varepsilon_y$$

und in der y-Richtung

$$\varepsilon_2 = \varepsilon_y - \frac{1}{m}\varepsilon_x\,.$$

Der Dehnung ε_x entspricht die wirkliche Hauptspannung σ_x, wobei nach dem HOOKEschen Gesetz $\varepsilon_x = \alpha\,\sigma_x$ ist. Das gleiche gilt auch für $\varepsilon_y = \alpha\,\sigma_y$. Daraus folgt

$$\varepsilon_1 = \alpha\,\sigma_x - \frac{1}{m}\alpha\,\sigma_y$$

und

$$\varepsilon_2 = \alpha\,\sigma_y - \frac{1}{m}\alpha\,\sigma_x,$$

oder umgeformt

$$\frac{\varepsilon_1}{\alpha} = \sigma_x - \frac{1}{m}\sigma_y \quad \text{und} \quad \frac{\varepsilon_2}{\alpha} = \sigma_y - \frac{1}{m}\sigma_x.$$

Auf der rechten Seite haben wir wirkliche Spannungen, während auf der linken Seite eine durch α dividierte Dehnung steht. Diese Dehnung ist wirklich, aber der Quotient ε_1/α bzw. ε_2/α ist keine wirkliche Spannung, sondern kann unter Zugrundelegung des HOOKEschen Gesetzes als eine reduzierte Spannung gewertet werden, die den durch die beiden wirklichen Spannungen σ_x und σ_y hervorgerufenen Formänderungszustand für sich allein hervorrufen würde, d. h.

$$\sigma_{\text{red}} = \sigma_x - \frac{1}{m}\sigma_y.$$

Nimmt man den Fall der reinen Schubbeanspruchung an, so wird mit $\sigma = 0$

$$\sigma_{\text{red}} = \frac{m+1}{m}\tau.$$

τ erreicht den zulässigen Wert, wenn man σ_{red} durch σ_{zul} ersetzt

$$\tau_{\text{zul}} = \frac{m}{m+1}\sigma_{\text{zul}} = 0{,}77\,\sigma_{\text{zul}},$$

mit $m = \frac{10}{3}$.

Dieses Verhältnis $\tau_{\text{zul}} : \sigma_{\text{zul}}$ stimmt mit den neueren Versuchen nicht überein. Man hat daher die Annahme, die größte Dehnung sei für den Bruch maßgebend, fallengelassen.

c) Größtschubspannungshypothese.

Die auf Versuchen von GUEST gestützte Auffassung, daß nicht eine der Normalspannungen, sondern die *größte Schubspannung* ein Maß für die Bruchgefahr bildet, erhielt in Deutschland von MOHR[1] eine wesentliche Erweiterung. Der bekannte *Spannungskreis* von MOHR (Abb. 194) gibt zu jedem σ gleichzeitig den zugehörigen Wert von τ an. Der Querschnitt, wo σ oder τ bzw. beide zusammen den größten vorkommenden Wert erreichen, ist am meisten gefährdet.

[1] MOHR, O.: Technische Mechanik. Berlin: W. Ernst & Sohn 1928.

Nach MOHR kommt es also bei der Beurteilung der Werkstoffanstrengung nur auf diesen größten Kreis des Spannungsschaubildes an; zwei verschiedene Spannungszustände sind also danach gleichwertig, wenn sie in diesem größten Kreis, Hauptkreis genannt, miteinander übereinstimmen. Die mittlere der drei Hauptspannungen hat also nach dieser Auffassung keinerlei Bedeutung, sondern nur die algebraische Differenz der größten und kleinsten Hauptspannung.

Die Vergleichsspannung ist also bei $\sigma_x > \sigma_y > \sigma_z$

$$\sigma_v = \sigma_x - \sigma_z = \sigma_{\max} - \sigma_{\min}.$$

Nach WINKEL[1] ist für den ebenen, d. h. zweiachsigen Spannungszustand

$$\sigma_x = \sigma_{\max} = \frac{\sigma_u - \sigma_v}{2} + \frac{1}{2}\sqrt{(\sigma_u - \sigma_v)^2 + 4\tau^2},$$

$$\sigma_z = \sigma_{\min} = \frac{\sigma_u + \sigma_v}{2} - \frac{1}{2}\sqrt{(\sigma_u - \sigma_v)^2 + 4\tau^2}.$$

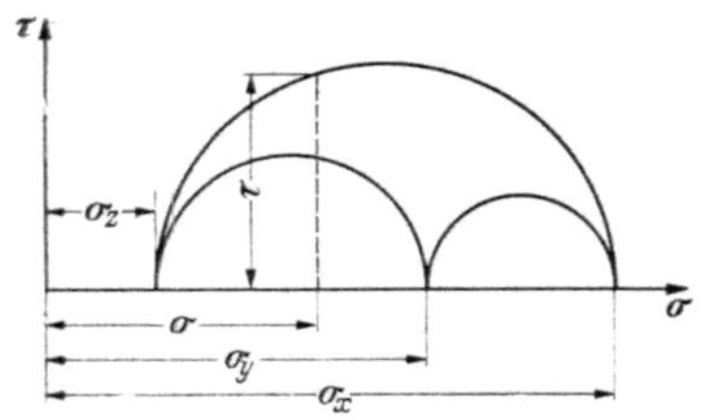

Abb. 194.
Spannungskreis von MOHR.

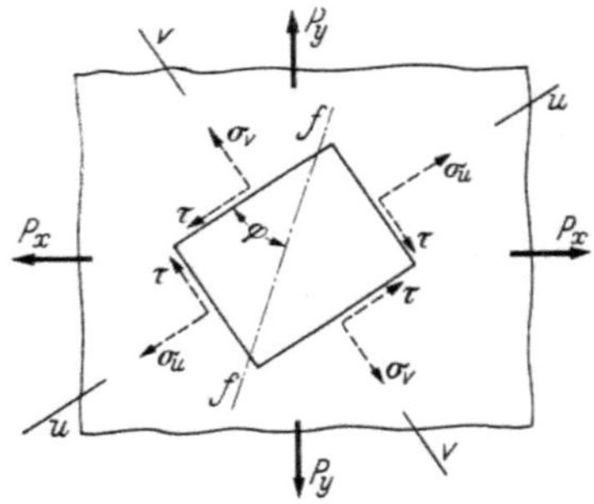

Abb. 195. Ebener Spannungszustand. (Aus H. WINKEL).

Die Bedeutung von σ_u und σ_v geht aus Abb. 195 hervor. Setzt man

$$\sigma_v = \sqrt{(\sigma_u - \sigma_y)^2 + 4\tau^2}.$$

Diese Gleichung ergibt für den Fall der reinen Schubbeanspruchung, d. h. bei $\sigma_u = \sigma_v = 0$

$$\sigma_v = 2\tau$$

und somit

$$\tau_{\text{zul}} = 0{,}5\,\sigma_{\text{zul}}.$$

Dieses Verhältnis von τ zu σ entspricht viel besser den neueren Versuchsergebnissen als der aus der Dehnungstheorie errechnete Wert.

d) Gestaltänderungsenergiehypothese.

Nach M. T. HUBERT (Lemberg) bildete die Summe der Arbeitsanteile für die reine Gestaltänderung und für die reine Volumenvergrößerung ein Maß für die Anstrengung des Werkstoffes.

[1] WINKEL, H.: Festigkeitslehre für Ingenieure, S. 57. Berlin: Springer 1927.

FÖPPL[1] entwickelt für den ersten Anteil der Formänderungsarbeit die Beziehung

$$A_g = \frac{1}{12G}\left[(\sigma_x - \sigma_y)^2 + (\sigma_y - \sigma_z)^2 + (\sigma_z - \sigma_x)^2\right] + \frac{1}{2G}(\tau_{xy}^2 + \tau_{yz}^2 + \tau_{zx}^2)$$

und für den Anteil der Volumenvergrößerung

$$A_p = \frac{m-2}{12(m+1)G}\sigma^2 .$$

Darin ist $G = \frac{mE}{2(m+1)}$ der Gleitmodul des Werkstoffes, σ_x, σ_y und σ_z die drei Normalspannungen und τ_{xy}, τ_{yz} und τ_{zx} die drei Schubspannungen.

Nach HENKY[2] wird der die Volumenvergrößerung betreffende Arbeitsanteil A_p außer acht gelassen; es bleibt somit nur die reine Gestaltänderungsarbeit A_g als Maß für die Werkstoffanstrengung bestehen.

Um eine Bezugsspannung zu erhalten, setzen wir alle Normalspannungen mit Ausnahme von einer (der Bezugsspannung) und alle Schubspannungen gleich Null und erhalten

$$A_g = \frac{\sigma_v^2}{6G} .$$

Die beiden Beziehungen gleichgesetzt, wird

$$\frac{\sigma_v^2}{6G} = \frac{1}{12G}\left[(\sigma_x - \sigma_y)^2 + (\sigma_y - \sigma_z)^2 + (\sigma_z - \sigma_x)^2\right] + \frac{1}{2G}(\tau_{xy}^2 + \tau_{yz}^2 + \tau_{zx}^2) .$$

Gewöhnlich hat man es nur mit einer Schubspannung zu tun; daraus folgt also

$$\sigma_v = \sqrt{0{,}5\left[(\sigma_x - \sigma_y)^2 + (\sigma_y - \sigma_z)^2 + (\sigma_z - \sigma_x)^2\right] + 3\,\tau^2} . \qquad (91)$$

Das ist die allgemeine, für einen dreiachsigen Spannungszustand gültige Vergleichsspannung, wobei wieder $\sigma_v \leqq k_{\text{zul}}$ sein muß.

Bei einem *ebenen*, also zweiachsigen Spannungszustand, wie er im Rohrleitungsbau z. B. an der Außenhaut eines räumlichen Rohrsystems herrscht ($\sigma_z = 0$), vereinfacht sich Gl. (91) in

$$\sigma_v = \sqrt{\sigma_x^2 + \sigma_y^2 - \sigma_x\,\sigma_y + 3\,\tau^2} . \qquad (92)$$

Im Falle einer reinen Schubbeanspruchung, d. h. $\sigma_x = \sigma_y = \sigma_z = 0$, ist

$$\sigma_v = \tau\sqrt{3}$$

und daraus findet man

$$\tau_{\text{zul}} = 0{,}577\,\sigma_{\text{zul}}$$

---

[1] FÖPPL: Drang und Zwang, Bd. I S. 40.

[2] HENKY: Zur Theorie plastischer Deformationen. Z. angew. Math. u. Mech. Bd. 4 (1924), H. 4, S. 323.

gegenüber 0,5 σ_{zul} nach MOHR. Die gute Übereinstimmung des MOHRschen Wertes mit den Versuchsergebnissen ist erwiesen und da der Unterschied gegenüber demjenigen nach der Theorie von HENKY-HUBER nur klein ist, kann diese Annahme ebenfalls als befriedigend angesehen werden.

e) Anwendung.

Alle im Rohrquerschnitt wirkenden Beanspruchungen sind in der Zahlentafel 23 übersichtlich zusammengestellt. Ihre Richtung ist unter der Voraussetzung festgelegt, daß die x-Achse parallel zur Rohrachse, die y-Achse tangential zum Rohrumfang und die z-Achse radial gerichtet sind, wobei das Biegungsmoment in der xy-Ebene und das Drehmoment in der yz-Ebene wirken. Die Vorzeichen gelten unter der Voraussetzung, daß das Biegungsmoment den Bogenradius zu verkleinern sucht, wobei das obere Vorzeichen für die gezogenen Bogenfasern, das untere für die gedrückten Bogenfasern gilt.

Die Wirkung der in Achsrichtung wirkenden Kraftkomponente der Reaktionskraft kann vernachlässigt werden.

Unter Beachtung des im Abschnitt IV/1 Gesagten müssen die einzelnen Spannungskomponenten zusammengesetzt werden. Dabei ist bei der Bewertung, wie schon erläutert, folgendes zu berücksichtigen.

Die Spannungen 1, 2 und 11 (nach Zahlentafel 23) sind solche, die über den gesamten Rohrquerschnitt fast gleichmäßig wirken. Sie haben also für das Bruchverhalten des Rohres eine entscheidende Bedeutung, was in erster Linie die Spannung 2 anbelangt.

Die Spannungen 4 und 6 wirken über den *Wand*querschnitt in einer Richtung, wechseln aber auf der gegenüberliegenden Querschnittshälfte ihr Vorzeichen. Ihre Bedeutung für das Bruchverhalten ist also weit geringer und es muß bei ihrer Bewertung die Erhöhung der Biegedehngrenze berücksichtigt werden.

Die restlichen Spannungen 3, 7 und 10 haben den Charakter ausgesprochener Spannungsspitzen, da sie innerhalb des Wandquerschnittes entweder auf Null absinken oder sogar das Vorzeichen wechseln. Ihre engbegrenzte Wirkung darf daher bei der Bewertung nicht überschätzt werden.

Nach Ansicht des Verfassers dürfte es im Hinblick auf das Gesagte zweckmäßig sein, die Spannungen 1 und 4 zu addieren (beide axial wirkend) und mit den Spannungen 2 und 3 nach der Gl. (91) oder (92) zu einer Vergleichsspannung zusammenzusetzen. Letztere gibt dann den Wert, der über das Bruchverhalten des Rohres entscheidet.

Die Summe der Spannungen 1 und 6 gibt, für sich allein betrachtet, ein Bild über die Stabilität des elastischen Verhaltens des Rohrsystems, hat aber in bezug auf die Bruchgefahr keine Bedeutung, soweit sie die Dehngrenze nicht wesentlich überschreitet.

Zahlentafel 23. *Aufstellung aller auftretenden Spannungen im Rohr (in kg/mm²).*

Nr.	Rohr-Außenfaser	Rohr-Innenfaser
	Durch den Innendruck p (atü) (in jedem Punkt des Rohrquerschnittes)	
1	$\sigma_x = \sigma_{aa} = + \frac{p\,d^2}{400\,(d+s)\,s}$	$\sigma_x = \sigma_{ai} = + \frac{p\,d^2}{400\,(d+s)\,s}$
2	$\sigma_y = \sigma_{ta} = + \frac{p\,d^2}{200\,(d+s)\,s}$	$\sigma_y = \sigma_{ti} = + \frac{p\,d^2}{200\,(d+s)\,s} + \frac{p}{100}$
3	$\sigma_z = \sigma_{ra} = 0$	$\sigma_z = \sigma_{ri} = - \frac{p}{100}$
	In der Biegungsebene durch ein Moment $M_b = M_x$ im geraden Rohrteil:	
4	$\sigma_x = \sigma_{ba} = \pm \frac{M_b\,D}{200\,J}$	$\sigma_x = \sigma_{bi} = \pm \frac{M_b\,d}{200\,J}$
5	$\sigma_y = \sigma_z = 0$	$\sigma_y = \sigma_z = 0$
	im gekrümmten Rohrteil:	
6	$\sigma_x = \sigma_{ba} = \pm \frac{M_b\,D}{200\,J}\,\beta$	$\sigma_x = \sigma_{bi} = \pm \frac{M_b\,d}{200\,J}\,\beta$
7	$\sigma_y = \sigma_{qa} = - \frac{M_b\,D}{200\,J}\,\gamma$	$\sigma_y = \sigma_{qi} = + \frac{M_b\,d}{200\,J}\,\gamma$
8	$\sigma_z = 0$	$\sigma_z = 0$
	In der neutralen Ebene durch ein Moment $M_b = M_{xy}$ im geraden Rohrteil:	
	keine Spannung	keine Spannung
	im gekrümmten Rohrteil:	
9	$\sigma_x = 0$	$\sigma_x = 0$
10	$\sigma_y = \sigma_{qa} = + \frac{M_b\,D}{200\,J}\,\gamma$	$\sigma_y = \sigma_{qi} = - \frac{M_b\,d}{200\,J}\,\gamma$
11	$+ \sigma_n = + \frac{M_b\,D}{200\,J}\,n$	$+ \sigma_n = + \frac{M_v\,d}{200\,J}\,n$
12	$\sigma_z = 0$	$\sigma_x = 0$
	Schubspannungen durch ein Moment $M_d = M_{yz}$	
13	$\tau_{yz} = \tau_a = \frac{M_d\,D}{400\,J}$	$\tau_{yz} = \tau_i = \frac{M_d\,d}{400\,J}$

Bemerkung: Beiwert β aus Abb. 69
Beiwert γ aus Abb. 73
Beiwert n aus Abb. 72

Die Spannung 7 scheidet bei der Gesamtbetrachtung aus, da sie den Charakter einer lokalen Spannungsspitze hat, die bei Überschreitung der Fließgrenze abgebaut wird und keine Gefahr für das Rohr darstellt.

Die Spannungen 10 und 11 wirken in der neutralen Ebene des Bogens, wo die Längsbiegespannung Null wird, so daß dort auch keine gefährliche Gesamtanstrengung auftreten kann.

Diese Hinweise dürften genügen, um die statische Berechnung der Rohrsysteme abzuschließen.

Beispiel 26. Im Beispiel 22 wurden für den Punkt a des Systems (gerades Rohrende) folgende Beanspruchungen berechnet:

$$\sigma_{b\,a} = 5{,}42 \text{ kg/mm}^2 \quad \text{außen}$$
$$\tau = 0{,}38 \text{ kg/mm}^2$$

Für $D = 171$ mm, $s = 13$ mm und $p = 120$ atü wird

$$\text{axial:} \quad \sigma_a = \frac{120 \cdot 145^2}{400 \cdot 158 \cdot 13} = 3{,}07 \text{ kg/mm}^2 \quad \text{und}$$

$$\text{tangential:} \quad \sigma_{t\,a} = \frac{120 \cdot 145^2}{200 \cdot 158 \cdot 13} = 6{,}14 \text{ kg/mm}^2 \quad \text{außen bzw.}$$

$$\sigma_{t\,i} = 6{,}14 + 1{,}2 = 7{,}34 \text{ kg/mm}^2 \quad \text{innen.}$$

Für die Vergleichsspannung an der Außenfaser:

$$\sigma_x = 5{,}42 + 3{,}07 = 8{,}49 \text{ kg/mm}^2,$$
$$\sigma_y = 6{,}14 \text{ kg/mm}^2,$$
$$\sigma_z = 0.$$

Daraus nach Gl. (92):

$$\sigma_{v\,a} = \sqrt{8{,}49^2 + 6{,}14^2 - 8{,}49 \cdot 6{,}14 + 3 \cdot 0{,}38^2} = \underline{7{,}62 \text{ kg/mm}^2.}$$

Für die Vergleichsspannung an der Innenfaser:

$$\sigma_x = 5{,}42 \frac{145}{171} + 3{,}07 = 7{,}67 \text{ kg/mm}^2,$$

$$\sigma_y = 7{,}34 \text{ kg/mm}^2,$$

$$\sigma_z = -1{,}2 \text{ kg/mm}^2.$$

Daraus nach Gl. (91):

$$\sigma_{v\,i} = \sqrt{0{,}5\,[(7{,}67 - 7{,}34)^2 + (7{,}34 + 1{,}2)^2 + (-1{,}2 - 7{,}67)^2] + 3 \cdot 0{,}38^2}$$
$$= \underline{8{,}73 \text{ kg/mm}^2.}$$

Die Vergleichsspannung ist innen höher als außen. Die Sicherheit in bezug auf die Zeitdehngrenze des CrMo-Stahls von 11,7 kg/mm² ist

$$S = \frac{11{,}7}{8{,}73} = \underline{1{,}34.}$$

Wird hierbei auch noch das Dehngrenzenverhältnis aus Abb. 193 mit $\sigma_{0,1}^*/\sigma_F = 1{,}295$ für $s/D = 0{,}076$ berücksichtigt, dann ist die verbleibende Sicherheit gegenüber dem Dehngrenzenwert von $1{,}295 \cdot 11{,}7 = 15{,}1$ kg/mm² noch entsprechend höher.

C. Berechnung der Flansche und Flanschverbindungen.

Im Hochdruck-Rohrleitungsbau stellt die Flanschverbindung einen am höchsten und meistens am ungünstigsten beanspruchten Bauteil dar. Flanschverbindungen in unmittelbarer Nähe der Festpunkte des Systems weisen hohe zusätzliche Beanspruchungen durch Biegungsmomente von der Rohrleitung auf, die — wie bereits nachgewiesen wurde — am Festpunkt zumeist ihren Höchstwert erreichen.

Es ist daher sehr wichtig, die Art der Beanspruchungen und ihre Größe in den einzelnen Teilen der Flanschverbindung genau zu kennen.

I. Allgemeine Grundlagen.

1. Grundsätzliche Bauarten.

Aus der Vielzahl der Ausführungen muß man grundsätzlich zwei Gruppen der Flanschenbauarten unterscheiden:

a) lose Flanschen, hinter Bördeln, Bunden usw. (Abb. 196),

b) feste Flanschen, wie Vorschweißflanschen oder Stahlgußflanschen (Abb. 197).

Die losen Flanschen werden meistens als ebene runde Scheiben ausgebildet und lassen sich als solche auf verhältnismäßig einfache Art berechnen; die Theorie der ebenen Platten gibt hierfür ausreichend genaue Hinweise. Im einzelnen soll später darauf noch eingegangen werden.

Der Flansch liegt lose hinter dem Bund und kann sich ungehindert verformen. Umgekehrt kann sich auch das Rohr bzw. der Bund unabhängig vom Flansch ausdehnen. Das ist eine für Höchstdruck-Dampfleitungen besonders wichtige Eigenschaft dieser Bauart. Erfahrungsgemäß wird das Rohr und auch der Bund infolge der unmittelbaren Berührung mit dem Heißdampf schneller heiß als der Flansch. Sie bleiben auch im Betriebszustand etwas heißer. Durch diesen Temperaturunterschied dehnt sich der Bund gegenüber dem Flansch in radialer Richtung mehr aus, ohne daß unzulässige Schrumpfspannungen auftreten können.

Ein zweiter Vorteil des losen Flansches ist seine größere Elastizität, die beim Anwärmen der Leitung einen Teil der auftretenden Dehnungsunterschiede aufnimmt und dadurch die Schrauben vor übermäßig hohen Beanspruchungen schützt.

Die Berechnung der festen Flansche ist wesentlich schwieriger, weil durch den Zusammenhang zwischen Flansch und Rohr eine Formänderung des ersteren zwangläufig auch eine Gestaltänderung des Flanschansatzes bzw. des damit verbundenen Rohres bedingt. Die rechnerische Erfassung dieses Zusammenhanges führt zu äußerst langwierigen und umständlichen Entwicklungen.

Der feste Flansch ist steifer als der lose und weist erhebliche Schrumpfspannungen infolge des Wärmeflusses nach außen auf.

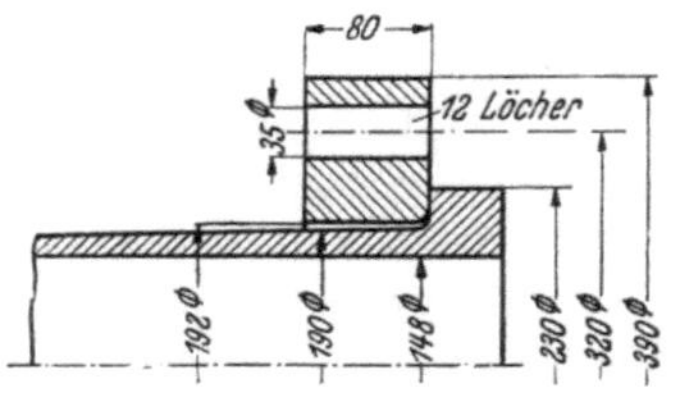

Abb. 196. Stauchbund mit losem Hinterlegflansch.

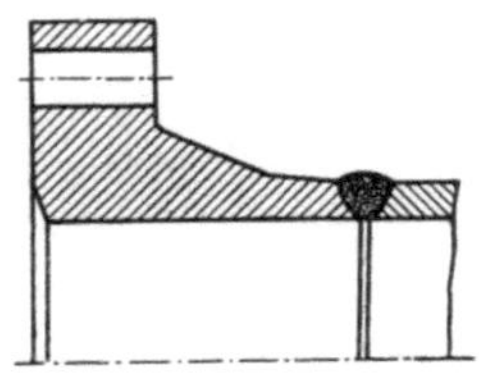

Abb. 197. Fester Flansch.

Für normale Betriebsverhältnisse bis 400° C sind die Abmessungen der Flansche in den DIN-Normen festgelegt, und zwar bis ND 320. Hier handelt es sich aber meistens um Betriebstemperaturen über 400° C, so daß eine rechnerische Nachprüfung der Abmessung notwendig ist.

Die Grundlage für die genormten Flansche bildeten die auf der Bachschen Theorie beruhenden Näherungsverfahren für die Berechnung von

losen Flanschen entsprechend DIN 2506 und
festen Flanschen entsprechend DIN 2505.

Neufassung ist z. Z. in Vorbereitung. Eine ausführliche Bewertung des den Normen zugrunde liegenden Berechnungsverfahrens ist von E. Schulz und A. Schiller[1] gegeben worden. Eine Übersicht der wichtigsten Flanschennormen ist im Handbuch der Rohrleitungen[2] gegeben.

---

[1] Schulz, E., u. A. Schiller: Wie berechnet man Flanschverbindungen. Wärme 1935, Nr. 31 u. 32.

[2] Schwedler, F., u. H. v. Jürgensonn: Handbuch der Rohrleitungen 4. Aufl., 2. berichtigter Neudruck. Berlin/Göttingen/Heidelberg: Springer 1953.

2. Vorspannung und Betriebsbelastung.

Bei der Berechnung muß die Flanschverbindung zunächst stets als Ganzes betrachtet werden. Erst dann lassen sich die auftretenden Kräfte und ihre Wirkung auf die einzelnen Teile ermitteln.

Wird eine Flanschverbindung durch Anziehen der Muttern an den Schrauben zusammengespannt, so entsteht in allen Teilen der Verbindung ein Spannungszustand, den man kurz mit *Vorspannung* bezeichnet. Hierbei sei vorausgesetzt, daß der Spannungszustand im elastischen Gebiet bleibt, da man unter betriebsmäßigen Verhältnissen die Überschreitung der Streckgrenze mit Rücksicht auf die Erhaltung der Vorspannung vermeidet.

Bei den nachfolgenden Betrachtungen sollen in erster Linie die auftretenden Kräfte, nicht die Nennspannungen, untersucht werden. Letztere werden in einem späteren Abschnitt behandelt.

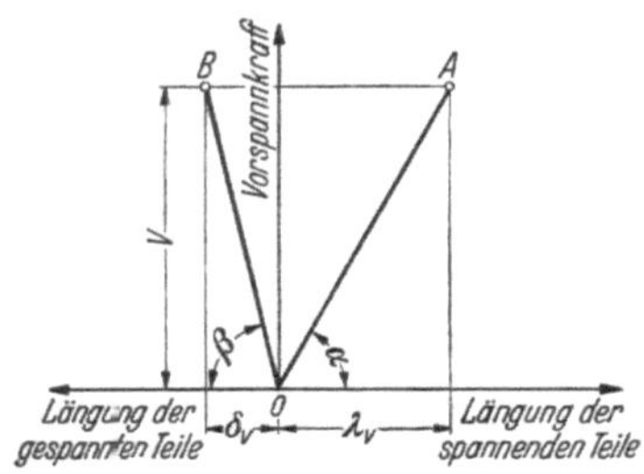

Abb. 198. Verspannungsschaubild.

Die Wirkung der Vorspannung wird durch das Verspannungsschaubild Abb. 198 verdeutlicht. Im rechten Teil des Schaubildes (rechts von der Ordinate) ist das elastische Verhalten der spannenden Teile dargestellt. Die Längenänderung λ_v dieser Teile setzt sich zusammen aus der elastischen Längung der Schraube, der federnden Nachgiebigkeit der Muttern, des Kopfes, des Gewindes, etwaiger Unterlegscheiben und der verbindenden Flansche einschließlich ihrer Durchbiegung unter der Wirkung der Vorspannkraft. Links von der Ordinate ist das elastische Verhalten der gespannten Teile dargestellt. Die Längenänderung δ_v der verspannten Teile setzt sich aus der federnden Nachgiebigkeit der Dichtung und der anliegenden gedrückten Flanschdichtfläche zusammen. Die Gesamtlängenänderung der spannenden und verspannten Teile beträgt also $\lambda_v + \delta_v$.

Die Neigung der Geraden OA zur Abszisse (Dehnungsachse) wird durch die Tangente des Winkels α

$$\operatorname{tg} \alpha = \frac{V}{\lambda_v} = C_s$$

ausgedrückt und stellt den Federwert der spannenden Teile dar. Dieser Federwert setzt sich aus den Federwerten jedes einzelnen der spannenden Teile zusammen, indem

$$\frac{1}{C_s} = \frac{1}{C_{s1}} + \frac{1}{C_{s2}} + \frac{1}{C_{s3}} + \frac{1}{C_{s4}} + \cdots. \tag{93}$$

Man muß also den Federwert der Schrauben, der Mutter, der Flanschen usw. einzeln bestimmen und sie zum Gesamtfederwert der spannenden Teile nach der Gl. (93) zusammensetzen.

In gleicher Weise ist

$$\operatorname{tg}\beta = \frac{V}{\delta_v} = C_d$$

der Federwert der verspannten Teile, wobei ebenfalls

$$\frac{1}{C_d} = \frac{1}{C_{d1}} + \frac{1}{C_{d2}} + \cdots$$

ist.

Das Schaubild Abb. 198 wird zweckmäßigerweise so gezeichnet, daß durch den Schnittpunkt A der Geraden OA mit der Ordinate der Vorspannung V die Gerade CA mit dem Winkel β zur Abszissenachse gelegt wird. Es entsteht das Schaubild gemäß Abb. 199.

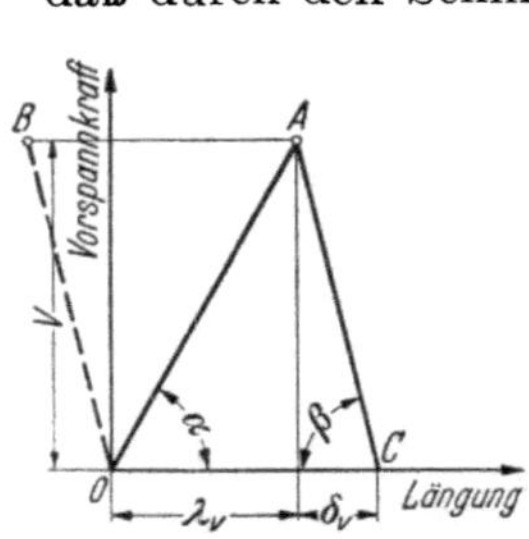

Abb. 199. Verspannungsschaubild.

Danach ist die Gesamtlängenänderung der beanspruchten Teile, wie bereits angegeben war,

$$\sum \lambda_v = \lambda_v + \delta_v .$$

Der Federwert der einzelnen Teile wird bestimmt, indem man die elastische Formänderung λ_v des betreffenden Teiles in cm unter der Wirkung der Vorspannkraft V in kg berechnet oder durch Versuch bestimmt. Für die Schraube ist z. B. der Federwert

$$C_1 = \frac{f_1 E_1}{l_1} \quad \text{in kg/cm}. \tag{94}$$

worin

l_1 = wirksame Schraubenlänge in cm,
f_1 = Querschnitt der Schraube in cm²,
E_1 = Elastizitätsmodul des Schraubenwerkstoffes in kg/cm²

darstellen.

Die rechnerische Bestimmung der elastischen Formänderung der Flansche ist äußerst schwierig und konnte bisher nur näherungsweise gelöst werden. Die zahlenmäßige Berechnung der Federwerte aller Teile wird im Abschnitt II behandelt.

Wird eine auf die beschriebene Art vorgespannte Flanschverbindung durch eine hinzukommende Betriebslast — z. B. durch den Innendruck — belastet, so entsteht eine Spannungsüberlagerung in den Teilen der Flanschverbindung.

Entgegen der vielfach verbreiteten Ansicht entfällt auf die Schrauben nur ein gewisser Teil der Betriebslast.

Hier müssen nach P. KAEHLER[1] zwei voneinander verschiedene Belastungsfälle unterschieden werden:

a) Gleiche Federwerte beim Vorspannen und bei der Betriebsbelastung.

b) Ungleich große Federwerte beim Vorspannen und bei der Betriebsbelastung.

Im Rohrleitungsbau kommen eng nebeneinander, meistens sogar ineinander verflochten, beide Belastungsfälle vor.

Eine Flanschverbindung mit Bunden und losen Flanschen gehört zur Gruppe a); dagegen sind Flanschverbindungen mit festen Flanschen (Vorschweißflanschen oder Stahlgußflanschen) grundsätzlich zur Gruppe b) zu zählen. Ein weiterer Fall von ungleich großen Federwerten beim Vorspannen und bei der Betriebsbelastung (Fall b) liegt bei mittels Blindflansch verschlossenen Flanschverbindungen vor. Hier entsteht durch die unmittelbare Einwirkung des Dampfdruckes auf den Blindflansch eine Durchbiegung desselben, der im allgemeinen ein anderer Federwert zugrunde liegen wird als derjenige bei der Vorspannung.

Der grundsätzliche Unterschied zwischen den beiden Belastungsfällen ist nach KAEHLER folgender:

Tritt nur Zusammenpressung und keine Durchbiegung der spannenden Teile auf, so hat man es mit dem Belastungsfall a) zu tun. Dieser Fall liegt aber auch dann noch vor, wenn Durchbiegungen der spannenden Teile auftreten; diese müssen aber beim Vorspannen und bei Betriebsbelastung bei gleicher Kraftgröße gleich groß sein. Die Durchbiegung ist dann im Federwert der Vorspannung zu berücksichtigen. Bei Flanschverbindungen mit Bunden und losen Flanschen ist das der Fall, da infolge des gleichen Angriffspunktes der Kräfte die Durchbiegung der losen Flansche beim Vorspannen und bei Betriebsbelastung bei gleicher Kraftgröße gleich groß ausfällt.

Ist aber die Durchbiegung der Flansche bei der Betriebslast von derjenigen bei der Vorspannung verschieden groß, wie es auf Grund der abweichenden Angriffspunkte der Kräfte bei den festen Flanschen der Fall ist, so liegt der Belastungsfall b) vor. Die federnde Durchbiegung beim Vorspannen erscheint im Federwert C_s, die *zusätzliche* Durchbiegung bei der Betriebslast im Federwert C_b.

Bei kombinierten Flanschverbindungen — Bundflansch mit festem Flansch — müssen beide Fälle jeweils beachtet werden.

Diese grundsätzliche Unterscheidung ist an sich richtig, hat aber nur theoretische Bedeutung. Bei der Unsicherheit und den großen Abweichungen in der Berechnung der Durchbiegung fester Flansche spielen

---

[1] KAEHLER, P.: Belastung der Schrauben in verspannten Schraubenverbindungen. Wärme Bd. 63 (1940) Heft 1 u. 2.

die geringen Unterschiede in den Federwerten der Vorspannung und der Betriebsbelastung gar keine Rolle.

In den meisten Fällen wird man also ohne nennenswerten Fehler mit dem Belastungsfall a), d. h. mit gleichen Federwerten rechnen können.

a) Belastungsfall mit gleichen Federwerten beim Vorspannen und bei Betriebslast.

Eine durch den Betrieb bedingte Zugkraft P ruft sowohl in den spannenden Teilen als auch in den verspannten Teilen eine Längenänderung λ_z hervor (Abb. 200). Die durch die Vorspannung bedingte Längenänderung λ_v erhöht sich demnach auf $\lambda_v + \lambda_z$. Die verspannten Teile waren durch die Vorspannung um δ_v gestaucht; durch die Längung λ_z infolge der Betriebskraft P erfahren sie eine Verminderung dieser Stauchung auf $\delta_v - \lambda_z$.

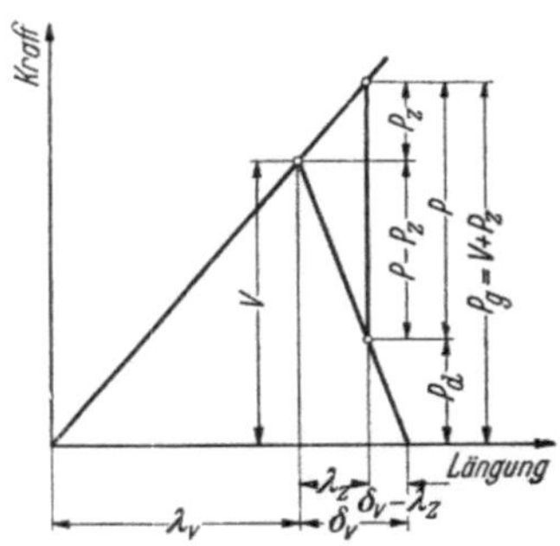

Abb. 200. Verspannungsschaubild mit Betriebslast.

Der Verlängerung der spannenden Teile um $\lambda_v + \lambda_z$ entspricht eine Schraubenkraft P_g; der Stauchung $\delta_v - \lambda_z$ der verspannten Teile entspricht nur noch eine Dichtungskraft P_d.

Die Vorspannung V muß also so groß gewählt werden, daß bei der im Betrieb zu erwartenden Belastung P der restliche Teil der Dichtungskraft P_d ausreicht, um ein Dichthalten der Verbindung zu gewährleisten.

A. Thum und F. Debus[1] beweisen an Hand dieses Verspannungsschaubildes, daß bei gleicher Vorspannung V der Anteil P_z der auf die Schrauben entfallenden Betriebskraft um so kleiner wird, je geringer der Federwert der spannenden Teile ist. Das wird durch Abb. 201 verdeutlicht. Die Linie *II* entspricht einem kleineren Federwert der spannenden Teile, wodurch bei gleich großer Vorspannung V und Betriebslast P der Anteil P_z bedeutend kleiner ist als bei der Linie *I*.

Die Verringerung des Federwertes C_s der spannenden Teile wird z. B. durch Verwendung einer Schraube mit unter Kerndurchmesser abgedrehtem Schaft (sog. Dehnschraube), ferner durch Vergrößerung der Flanschelastizität begünstigt. Lose Hinterlegflansche sind bei gleicher und sogar größerer Blattstärke wesentlich elastischer als feste Flansche (Vorschweißflansche) und ergeben daher günstigere Schraubenbeanspruchung.

---

[1] Thum, A., u. F. Debus: Vorspannung und Dauerhaltbarkeit von Schraubenverbindungen. Mitt. MPA. Darmstadt. VDI-Verlag 1936.

Auch die von der Schraube aufzunehmende Schlagkraft ist bei Verwendung der Dehnschraube bei gleicher Schlagarbeit kleiner als bei normalen Schrauben.

Eine ähnliche Wirkung, jedoch mit umgekehrtem Vorzeichen, übt auch der Federwert der verspannten Teile aus. In Abb. 202 ist gezeigt, daß mit steiler werdender Linie der verspannten Teile — entsprechend einer Vergrößerung von C_d — der Anteil P_z der Schraubenkraft ebenfalls verringert wird (s. Linie *II*). Daraus folgt, daß es günstig ist, den Federwert der Dichtung möglichst groß zu machen. Die dichtungslosen Flanschverbindungen (mit tuschierten Flanschdichtflächen) stellen in

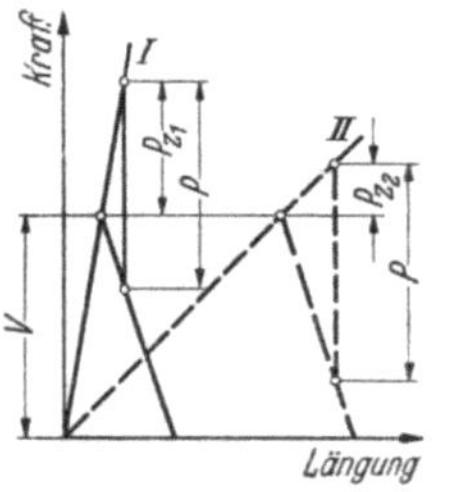

Abb. 201. Einfluß des Federwertes der spannenden Teile auf die Betriebsbeanspruchung der Schrauben.

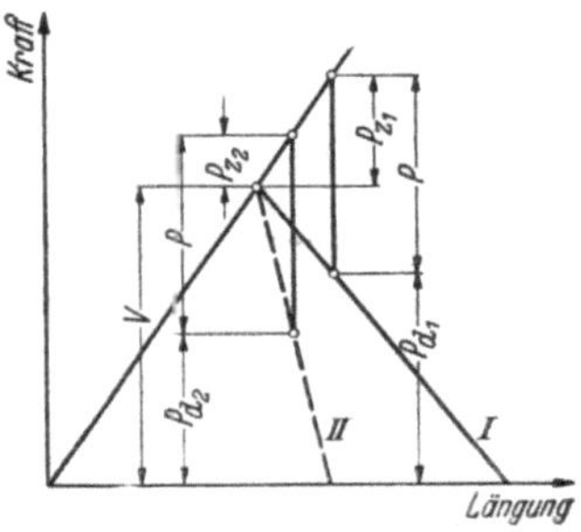

Abb. 202. Einfluß des Federwertes der verspannten Teile auf die Betriebsbeanspruchung der Schrauben.

dieser Beziehung ein Musterbeispiel dar. Einen ähnlichen Einfluß haben auch Membrandichtungen.

Allerdings muß in diesem Fall mit größerer Vorspannung gearbeitet werden, da schon eine geringe Vergrößerung von P zu einer sehr starken Beeinflussung der Dichtungskraft P_{d2} führt.

Das geht aus den Gleichungen

$$P_z = \frac{C_s}{C_s + C_d} P \tag{95}$$

und für die Verminderung des Dichtungsdruckes

$$V - P_d = P - P_z = \frac{C_d}{C_s + C_d} P \tag{96}$$

deutlich hervor.

b) Belastungsfall mit ungleich großen Federwerten beim Vorspannen und bei Betriebslast.

Dieser Fall gilt — wie bereits gesagt — für feste Flanschen und blindgeflanschte Flanschverbindungen. Die durch die Betriebslast P

entsprechend dem Innendruck hervorgerufene Durchbiegung δ_b (Abb. 203) gehorcht dem Federwert

$$C_b = \frac{P}{\delta_b} = \operatorname{tg}\gamma$$

im Gegensatz zur Formänderung infolge der Vorspannung. Diese Durchbiegung δ_b bewirkt, daß die Linie der Betriebsbelastung nicht mehr parallel zur Kraftachse verläuft, sondern unter einem Winkel γ zur Abszisse geneigt ist (s. Linie DE in Abb. 204). Trägt man in diese Abbildung die einer gleich großen Betriebsbelastung P entsprechende

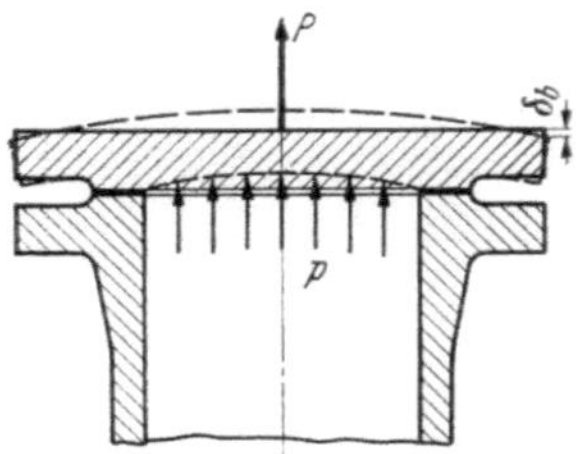

Abb. 203. Betriebsbeanspruchung eines Blindflansches.

Abb. 204. Verspannungsschaubild für ungleiche Federwerte bei Vorspannung und Betriebslast.

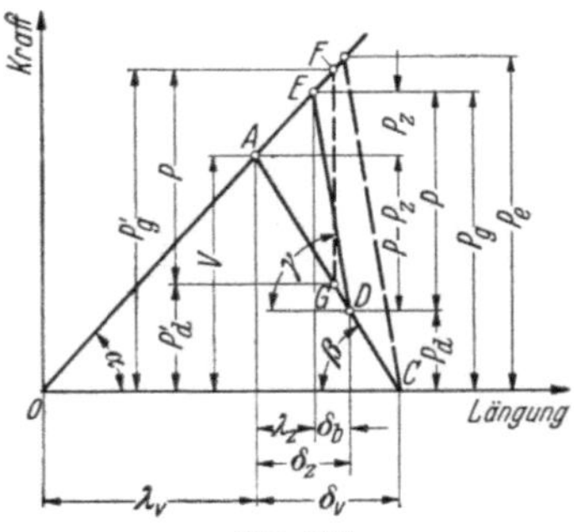

Abb. 204.

Linie ohne Berücksichtigung von δ_b, d. h. parallel zur Kraftachse ein (s. Linie FG), so stellt man fest, daß δ_b einerseits eine Verringerung der Gesamtschraubenkraft P'_g auf P_g und andererseits auch eine Minderung des Dichtungsdruckes P'_d auf P_d bedingt. Auch der auf die Schrauben entfallende Anteil P_z der Betriebslast P wird dadurch kleiner.

Im übrigen sind hier die gleichen Überlegungen maßgebend wie für den Belastungsfall unter a).

Aus Abb. 204 geht hervor

$$P_z = CP\left(\frac{1}{C_d} - \frac{1}{C_b}\right),$$

worin $C = \frac{C_s C_d}{C_s + C_d}$ der Gesamtfederwert der Verbindung ist.

$$P - P_z = CP\left(\frac{1}{C_s} + \frac{1}{C_b}\right).$$

Ferner

$$P_d = C\left(\frac{1}{C_s} + \frac{1}{C_b}\right)(P_e - P),$$

wobei P_e die Betriebsbelastung ist, bei der die Dichtungskraft $P_d = 0$ wird.

Die Gesamtkraft der Schrauben ist

$$P_g = P + P_d = V + P_z.$$

KAEHLER[1] untersucht ferner sog. Flanschverbindungen mehrfachen Vorbelastungsgrades. Ein Beispiel hierfür ist die mit Stiftschrauben versehene Verbindung gemäß Abb. 205. Hier sind zwei Verspannbereiche zu unterscheiden. Der erste Verspannbereich ist durch die Vorspannung der Flanschdichtfläche, also die durch die Mutter der Stiftschraube bedingte Vorspannung gegeben. Der zweite Verspannbereich ist durch die Abstützung des Stiftschraubenendes im Grund der Gewindebohrung (oder durch die jetzt verlassene Ausführung der Stiftschraube mit Bund in Abb. 205 rechts) gegeben.

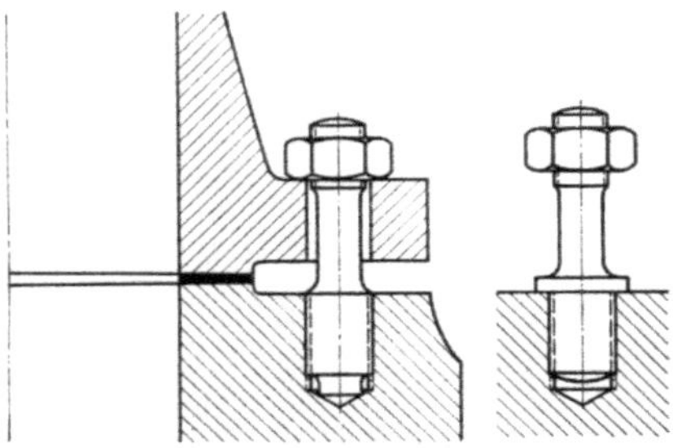

Abb. 205. Verbindung mit Stiftschrauben.

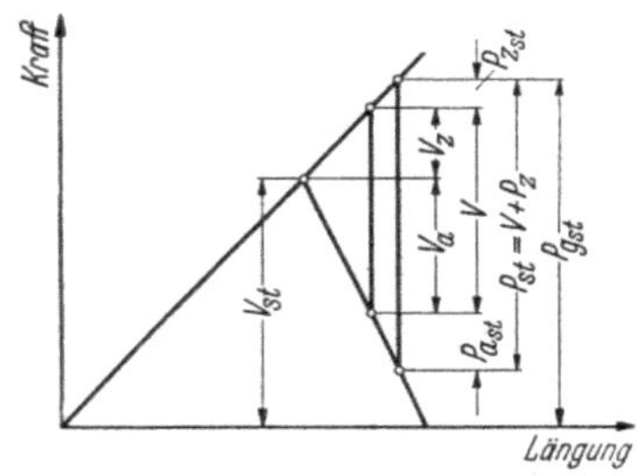

Abb. 206. Lastverteilung im Verspannbereich zweiten Grades.

Bei solchen Verbindungen ist jeder nachfolgende Verspannbereich durch die Vorspannkraft des vorgeschalteten Verspannbereiches vorbelastet.

In Abb. 206 ist die Lastverteilung im Verspannbereich zweiten Grades dargestellt.

Das im Mutterflansch eingeschraubte Stiftschraubenende ist mit V_{st} kg verspannt, während der Dichtungsdruck zwischen den Flanschen durch die Vorspannung V erzielt wird. V belastet die Stiftverschraubung (im Mutterflansch sitzender Gewindeteil) wie eine Betriebslast.

$C_{z_{st}}$ stellt den Federwert der Stiftschraube außerhalb des Mutterflansches dar, während $C_{a_{st}}$ den Federwert der Stiftverschraubung innerhalb des Mutterflansches bestimmt. Der Gesamtfederwert der Stiftverschraubung ist C_{st}, wobei

$$\frac{1}{C_{st}} = \frac{1}{C_{z_{st}}} + \frac{1}{C_{a_{st}}}.$$

Die Summe $(C_{z_{st}} + C_{a_{st}})$ ist ein Teilfederwert des Federwertes C_s des Verspannbereiches ersten Grades, d. h.

$$\frac{1}{C_s} = \frac{1}{(C_{z_{st}} + C_{a_{st}})} + \frac{1}{C_{s1}} + \frac{1}{C_{s2}} + \cdots.$$

[1] KAEHLER, P.: Zit. S. 315.

Die Belastungszunahme der Schrauben im Verspannbereich zweiten Grades infolge der Vorspannkraft V ist

$$V_z = V \frac{C_{z_{st}}}{C_{z_{st}} + C_{a_{st}}}.$$

Durch eine Betriebsbelastung P wird die Schraube innerhalb des Verspannbereiches ersten Grades belastet mit

$$P'_z = CP\left(\frac{1}{C_d} - \frac{1}{C_b}\right)$$

oder, wenn $C_b = 0$ ist,

$$P_z = \frac{C_s}{C_s + C_d} P = \frac{C}{C_d} P,$$

wobei

$$C = \frac{C_s C_d}{C_s + C_d}$$

ist.

Daraus ergibt sich für den Verspannbereich zweiten Grades eine Belastung (durch Betriebslast P) von

$$P_{st} = V + P_z.$$

Der auf das eingeschraubte Stiftschraubenende entfallende Anteil der Betriebslast ist also

$$P_{z_{st}} = \frac{C_{z_{st}}}{C_{z_{st}} + C_{a_{st}}} P_z = \frac{C_{z_{st}}}{C_{z_{st}} + C_{a_{st}}} \frac{C_s}{C_s + C_d} P.$$

Daraus kann man erkennen, daß der auf das eingeschraubte Stiftende (zweiter Verspannbereich) entfallende Anteil der Betriebslast P nur sehr gering ist. KAEHLER ermittelt für ein bestimmtes Beispiel mit

$$\frac{C_s}{C_d} = \frac{1}{5} \quad \text{und} \quad \frac{C_{z_{st}}}{C_{a_{st}}} = \frac{1}{2}; \qquad C_b = 0$$

den Anteil der Betriebslast zu

$$P_{z_{st}} = \frac{0{,}5}{0{,}5 + 1} P_z = \frac{1}{3} P_z$$
$$= \frac{1}{3} \frac{0{,}2}{0{,}2 + 1} P = \frac{1}{18} P.$$

Allerdings muß berücksichtigt werden, daß die Stiftschraube im Verspannbereich zweiten Grades wesentlich höher vorgespannt ist, als es bei normalen Durchsteckschrauben gewöhnlich der Fall ist (siehe Abb. 206).

Außerordentlich wichtig ist der von KAEHLER[1] behandelte kraftschlüssige Zusammenhang bei Flanschverbindungen unter Betriebstemperatur und bei Erwärmung bzw. Abkühlung.

[1] KAEHLER, P.: Zit. S. 315.

Es ist klar, daß die Änderung der Temperatur auch eine Änderung des Elastizitätsmoduls E hervorruft. Die durch die Wärmedehnung bedingte Änderung der Querschnitte und Längen übt bei Annahme gleicher Temperaturverteilung für die ganze Verbindung praktisch keinen Einfluß auf die Kraftverhältnisse aus. Man wird also genügend genau mit einem entsprechend verminderten Federwert

$$C' = \frac{E_t}{E_0} C \tag{97}$$

rechnen. Auch der Federwert C_b der zusätzlichen Durchbiegung durch den Innendruck ändert sich in

$$C_b' = \frac{E_t}{E_0} C_b .$$

Dieser tritt erst bei der Betriebslast in Erscheinung.

Infolge des Temperatureinflusses werden die Linien der Lastverteilung im Verspannungsschaubild flacher, die Vorspannung sinkt von V auf V' (s. Abb. 207), wobei

$$V' = V \frac{C'}{C} = \frac{E_t}{E_0}$$

wird.

Auch der auf die Schrauben entfallende Anteil P_z der Betriebslast P sinkt auf P_z' ebenso wie auch die Gesamtschraubenbelastung P_g auf P_g' herabgesetzt wird. Gleichzeitig vermindert sich auch der Dichtungsdruck P_d.

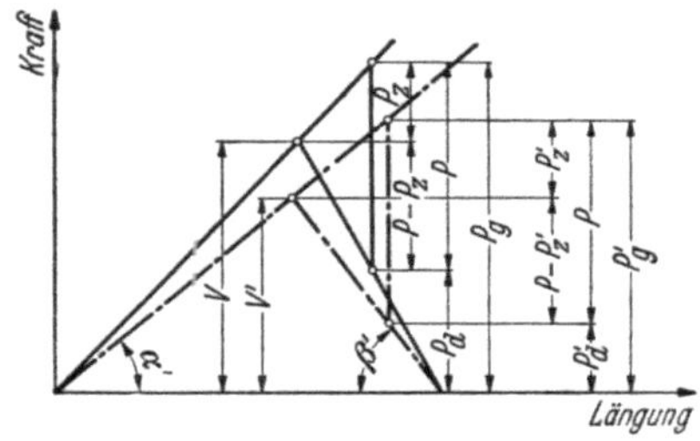

Abb. 207. Einfluß der Temperatur auf das Verspannungsbild.

Die Berechnung der einzelnen Lastanteile erfolgt genau wie im kalten Zustand, jedoch unter Berücksichtigung der verminderten Federwerte C'.

Es sei nochmals betont, daß hier eine gleichmäßige Temperaturverteilung angenommen wurde.

In Wirklichkeit stellen sich aber nicht nur im Betriebszustand, sondern vor allen Dingen während des Anwärmens der Leitung mehr oder weniger große *Temperaturunterschiede* innerhalb der einzelnen Teile der Flanschverbindung ein. Dadurch wird eine verschieden starke Wärmedehnung der Flansche und der Schrauben bedingt. Der am häufigsten vorkommende Fall ist der eines Temperaturgefälles von den Flanschen zu den Schrauben, d. h. die Flanschen besitzen eine höhere Temperatur als die Schrauben.

Der Unterschied der Wärmedehnung Δl_t ergibt eine entsprechende Steigerung der Vorspannkraft V. Es ist

$$\Delta l_t = \varepsilon_1 t_1 l_1 + \varepsilon_2 t_2 l_2 + \varepsilon_3 t_3 l_3 + \varepsilon_4 t_4 l_4 - \varepsilon_5 t_5 l_5 , \tag{98}$$

worin

t = Betriebstemperatur des jeweiligen Teils in ° C,
ε = Wärmedehnungszahl entsprechend t° C,
l = wirksame Wärmedehnlänge in cm

bedeuten.

Der Index 1 bezieht sich auf beide Flanschen, 2 auf einen etwaigen Bund (bei losen Flanschen), 3 auf die Dichtung, 4 auf die Unterlegescheiben, 5 auf die Schrauben.

Es ist also $l_1 + l_2 + l_3 + l_4 = l_5$.

Die infolge des Temperatureinflusses verminderte Vorspannkraft V' steigt nun durch den wirksamen Wärmedehnungsunterschied Δl_t auf den Wert

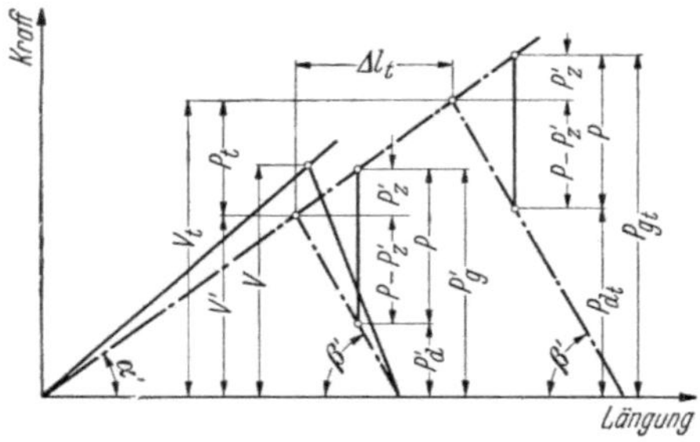

Abb. 208. Einfluß *ungleicher* Erwärmung auf das Verspannungsbild.

$$V_t = V' + P_t,$$

worin der Zuwachs P_t aus

$$P_t = C_s' \Delta l_t = \mathrm{tg}\alpha' \Delta l_t$$

ermittelt wird.

Aus Abb. 208 erkennt man, daß der auf die Schrauben entfallende Anteil P_z' der Betriebslast P von den Unterschieden in der Wärmedehnung unbeeinflußt bleibt.

Dagegen steigt die Gesamtbelastung der Schrauben von P_g' auf P_{g_t}

$$P_{g_t} = P_g' + P_t = P_g' + C_s' \Delta l_t.$$

Um den gleichen Betrag P_t steigt auch die Dichtungskraft P_d', und zwar

$$P_{d_t} = P_d' + P_t.$$

Die Anwendung auf den Belastungsfall unter b) (s. S. 315) ist genau die gleiche, jedoch muß hier der Federwert

$$C_b' = \frac{E_t}{E_0} C_b = \mathrm{tg}\gamma'$$

zusätzlich berücksichtigt werden.

Aus Abb. 209 erkennt man die maßgebenden Zusammenhänge. Die Vorspannung V im kalten Zustand wird durch die Erwärmung auf V' herabgesetzt. Infolge der außerdem noch auftretenden Temperaturunterschiede und der dadurch bedingten Wärmedehnungsdifferenz Δl_t steigt die Vorspannung V' auf V_t um den Betrag $P_t = C_s' \Delta l_t$. In gleichem Maße werden auch die Gesamtschraubenkraft P_g' auf P_g und die Dichtungskraft P'_d auf P_{d_t} gesteigert, während der auf die Schrauben entfallende Anteil P'_z der Betriebslast P unverändert bleibt.

Entsteht durch eine Abkühlung der Flansche ein Temperaturgefälle von den Schrauben zu den Flanschen, so findet der umgekehrte Vorgang statt. Der durch das Temperaturgefälle zwischen Schraube und Flansch bedingte Wärmedehnungsunterschied $\Delta l''_t$ wird nunmehr nach Gl. (98) negativ und bewirkt eine Entspannung der Flanschverbindung um $P''_t = C''_s \, \Delta l''_t$ (Abb. 210).

Die Vorspannkraft sinkt auf

$$V''_t = V \frac{C''}{C} - P''_t$$

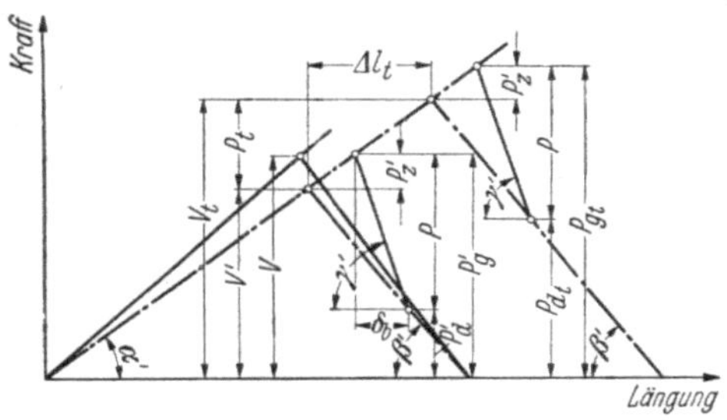

Abb. 209. Verspannungsschaubild für Belastungsfall b) (s. S. 315) bei ungleichmäßiger Erwärmung.

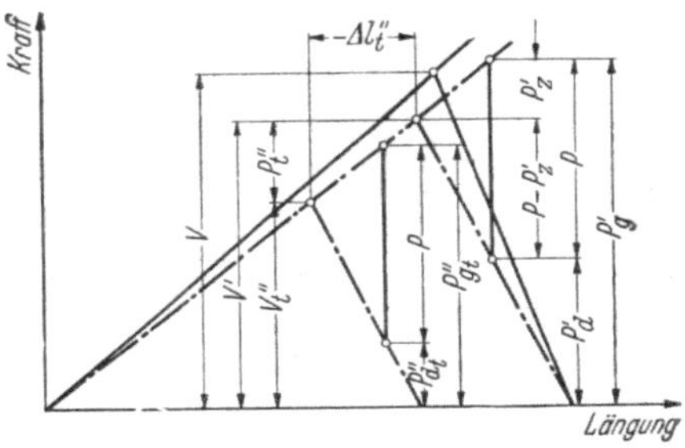

Abb. 210. Einfluß *ungleicher* Abkühlung auf das Verspannungsbild.

und um den gleichen Betrag P''_t verringert sich die Gesamtschraubenkraft und die Dichtungskraft. Dabei kann es vorkommen, daß die Dichtungskraft

$$P''_{d_t} = P'_d - P''_t$$

so klein wird, daß sie nicht mehr zum Dichthalten ausreicht — die Verbindung wird bis zum Eintritt des Temperaturausgleichs undicht.

3. Der Dichtungsdruck.

Es wurde gezeigt, daß die in einer verspannten Flanschverbindung vorliegende Dichtungskraft von der Höhe der Vorspannung und der Betriebsbelastung beeinflußt wird. Wenn also die zum Dichthalten erforderliche Dichtungskraft bekannt ist, kann man aus dem Verspannungsschaubild des vorigen Abschnittes die zu einer gegebenen Betriebsbelastung erforderliche Vorspannung ermitteln.

Die Festlegung des erforderlichen Dichtungsdruckes stellt das wichtigste Problem der Flanschberechnung dar. In dieser Beziehung ist viel geschrieben und experimentiert worden, und trotzdem muß leider festgestellt werden, daß zwischen der Theorie und der Praxis ein unbestreitbarer Widerspruch besteht.

Schon die Tatsache, daß die Versuche unter stark idealisierten Bedingungen durchgeführt wurden, macht die Ergebnisse für die Praxis wenig brauchbar. Die genau parallele Ursprungslage der Dichtflächen, die Möglichkeit eines sehr gleichmäßigen Schraubenanzuges, das Fehlen einer entgegenwirkenden Rohrkraft und der von dieser herrührenden (durch die Montagevorspannung) unvermeidlichen Momente usw. — das alles schafft Idealbedingungen, die in der Praxis niemals vorhanden sind.

Es dürfte in erster Linie die ungleichmäßige Belastung einer Flanschverbindung durch die niemals zu vermeidenden Biegungsmomente seitens der Rohrleitung die Hauptursache sein, daß die Schrauben in der Praxis weit stärker angespannt werden müssen, um eine wirklich dichte Verbindung zu erzielen. Diese Biegungsmomente wirken auf einer Seite entlastend auf die Dichtfläche, während sie auf der entgegengesetzten Seite eine Erhöhung der Dichtkraft bewirken.

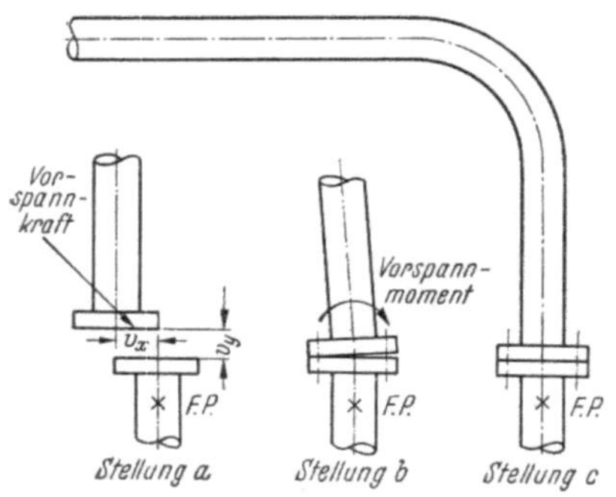

Abb. 211. Stellung der Flansche beim Vorspannen eines Rohrsystems.

F. P. Festpunkt; v_x u. v_y Vorspannlängen.

Ferner ist ein weiterer Umstand für die Praxis von großer Bedeutung. Ist die Dichtfläche des Flansches genau senkrecht zur Rohrachse, so werden normalerweise bei der Montage nicht nur die Dichtflächen der beiden zu verbindenden Flansche um den Betrag der axialen Vorspannung voneinander entfernt sein, sondern auch ihre Achsen werden nicht miteinander zusammenfallen (Abb. 211a).

Bei der Montage setzt also durch das seitliche Herüberdrücken der Flansche zunächst nur eine Kante der Dichtfläche auf (s. Abb. 211b) und es muß dann mit Hilfe der Schrauben die Parallelität der Dichtflächen erzwungen werden (s. Abb. 211c), wodurch das bedeutsame Vorspannmoment des Rohrsystems entsteht. Dieses ungleichmäßige Aufsetzen verursacht in den Dichtflächen höchstwahrscheinlich eine mehr oder weniger erhebliche Verformung, wodurch ein annähernd gleichmäßiger Dichtungsdruck nur mit einer wesentlich größeren Schraubenkraft zu erzielen ist. Im Betriebszustand wird durch das dann auftretende entgegengesetzt wirkende Biegungsmoment eine weitere Entlastung der Dichtungskraft (durch höhere innere Schraubenbelastung) hervorgerufen, wodurch die untere Grenze der Dichtpressung leicht unterschritten werden kann.

Diese Erkenntnisse sind von großer Bedeutung für die Beurteilung der Betriebseignung von Dichtungen und die Bewertung von Versuchsergebnissen für die Dichtungskraft.

Die von SIEBEL, HERING und RAIBLE[1] veröffentlichten Versuchsergebnisse an Dichtungen verschiedenster Art sind in bezug auf die Bestimmung des Dichtungsdruckes richtungweisend gewesen, befriedigen aber die Erfordernisse der Praxis aus den oben geschilderten Gründen nicht ganz.

Sie lassen sich in einem allgemeinen Schaubild zusammenfassen, welches zeigt (Abb. 212 u. 213), daß die Versuchswerte in Abhängigkeit vom Innendruck p_i innerhalb eines bestimmten nach oben und unten

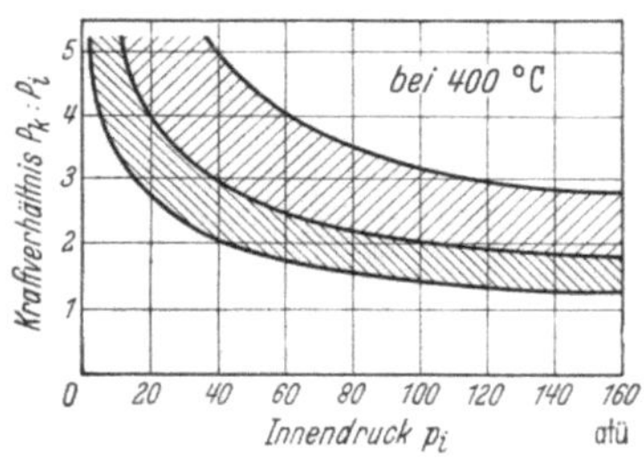

Abb. 212. Verhalten verschiedener Dichtungen bei 400° C.

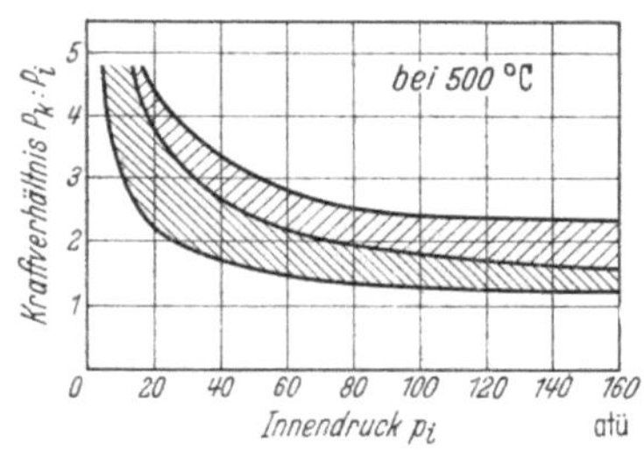

Abb. 213. Verhalten verschiedener Dichtungen bei 500° C.

begrenzten Gebietes liegen. Die untere Fläche umfaßt die Metallprofildichtungen in Spießkant-, Linsen- und Rundform, ferner gewellte Stahlblechringe und äußerst schmale Flachdichtungen. Die niedrigsten Werte gelten für die Spießkantform.

Die obere Fläche berücksichtigt Flachdichtungen mit rechteckigem Querschnitt mit glatter sowie gerillter Oberfläche von etwa 20 mm Breite.

Die im Jahre 1942 nach Versuchen von SIEBEL und SCHWAIGERER von der VGB veröffentlichte Flanschberechnung[2] diente lange Zeit als Grundlage für die Konstruktion. Sie basierte auf folgenden Beziehungen für die notwendige Anzugskraft der Schrauben im Betriebszustand:

$$P_{SB} = 3{,}25\ P_i \text{ für schmale Dichtungen}^3,$$
$$P_{SB} = 4{,}0\ P_i \text{ für breite Dichtungen}^3.$$

[1] SIEBEL, E., W. G. HERING u. A. RAIBLE: Versuche über das Verhalten von Dichtungen. Forschung Bd. 5 (1934), H. 6, S. 298.

[2] Vereinigung der Großkesselbesitzer: Berechnung von Flanschverbindungen für Heißdampfrohrleitungen. Berlin: Beuth-Vertrieb 1942.

[3] Schmale Dichtungen sind: Linsendichtungen, Spießkantdichtungen, Rillendichtungen bis zu sieben Kämmen.

Breite Dichtungen sind: Rillendichtungen über 7 Kämme, gewellte Stahlblechdichtungen, tuschierte Dichtflächen.

Für Membranschweißverbindungen wurde der Wert

$$P_{SB} = 1{,}5\, P_i \text{ vorgeschlagen, wobei}$$

$$P_i = \frac{\pi}{4} D_{md}^2\, p \quad \text{in kg}$$

die Kraft bedeutet, die auf eine Fläche mit dem mittleren Dichtungsmesser D_{md} wirkt.

Diese Berechnungsgrundlagen befriedigten aber auch nicht, da die Versuche gezeigt haben, daß die Faktoren von P_i auch von der Nennweite beeinflußt werden.

Nach neuen Versuchen veröffentlichte die VGB unter Mitarbeit von SIEBEL und SCHWAIGERER neue Berechnungsvorschläge[1], die zusammenfassend zu dem in der Abb. 214 dargestellten Verhältnis der Schraubenzugkraft P_s zur Bezugskraft $P_{i(ND)}$ führt, worin

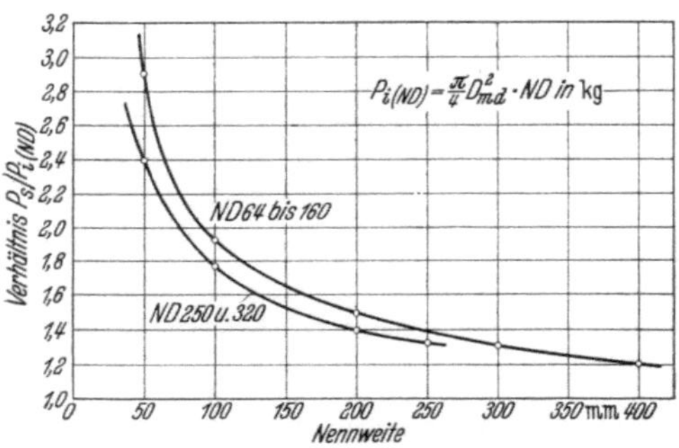

Abb. 214. Verhältnis der Schraubenkraft P_s zur Bezugskraft $P_{i(ND)}$.

$$P_{i(ND)} = \frac{\pi}{4} D_{md}^2 \mathrm{ND} \quad \text{in kg}$$

ist. Hier wurde die Rohrkraft P_R, die Innendruckkraft P_p und die Dichtungskraft P_{D1} in Abhängigkeit vom Innendruck p ermittelt, wobei für den Dichtungskennwert $k_1 = 25$ eingesetzt wurde, der nach Ansicht der Verfasser kaum überschritten werden dürfte. Es ergibt sich dann für die Schraubenkraft im Betriebszustand die Beziehung:

$$\begin{aligned} P_S &= \frac{p}{100}\left(\frac{\pi}{4} d_i^2 + k_1 \pi D_{md} + \frac{\pi}{4} D_{md}^2 - \frac{\pi}{4} d_i^2\right) \\ &= \frac{p}{100}\,\frac{\pi}{4} D_{md}^2 \left(1 + \frac{100}{D_{md}}\right). \end{aligned}$$

Diese Berechnungsgrundlagen scheinen in gleicher Weise unter stark idealisierten Bedingungen gewonnen zu sein, denn sie ergeben entgegen den Erfahrungswerten der Praxis viel zu niedrige Schraubenkräfte.

Aus der für die Beanspruchung gegebenen Formel läßt sich der Bezugswert σ/p errechnen. Dieser Bezugswert gestattet es, bei einem gegebenen Werkstoff und für eine bestimmte Betriebstemperatur den maximal zulässigen Betriebsdruck zu ermitteln. Legt man z. B. für

[1] Vereinigung der Großkesselbesitzer e. V.: Die Berechnung von Flanschverbindungen für Heißdampfrohrleitungen, Merkblatt Nr. 4 (1951), Privatdruck.

den Flansch den Werkstoff 13 CrMo 44 zugrunde und setzt bei 500° C die zulässige Beanspruchung mit

$$\sigma_{\text{zul}} = \frac{\text{Formdehngrenze}}{\text{Sicherheitsfaktor}} = \frac{1{,}5\,\sigma_{\text{DVM}}}{1{,}5} = 15\ \text{kg/mm}^2$$

fest, dann ergeben sich nach dieser Berechnungsart folgende zulässige Betriebsdrücke p.

Zahlentafel 24. *Zulässige Betriebsdrücke nach dem Berechnungsvorschlag von* SIEBEL *und* SCHWAIGERER.

NW	Für Vorschweißflansch DIN 2629 ND 320			Für losen Flansch DIN 2669 ND 320		
	Dichtungsart			Dichtungsart		
	Kamm-profiliert DIN 2697	Linse DIN 2696	Membran DIN 2695	Kamm-profiliert DIN 2697	Linse DIN 2696	Membran DIN 2695
	Zulässiger Betriebsdruck p in atü					
250	484	650	438	317	509	344
200	531	714	591	295	456	378
175	534	714	585	288	427	351
150	493	714	475	293	509	338
125	535	794	569	285	487	346
100	498	790	480	298	570	345
80	594	965	777	402	742	598

Wie man aus der Zahlentafel 24 erkennt, sind die als zulässig ermittelten Betriebsdrücke p sogar weit größer als der Nenndruck, d. h. als der größte zulässige Betriebsdruck für diese Nenndruckstufe im kalten Zustand. Das beweist, daß diese Berechnungsart zu niedrige Dichtungskräfte voraussetzt und nicht den tatsächlich in der Praxis vorliegenden Beanspruchungsverhältnissen Rechnung trägt.

Solange also noch keine auf neuer wirklichkeitsgetreuer Grundlage ermittelten Vorschläge für die Ermittlung der Schraubenzugkraft existieren, wird man sicher gehen, wenn man die alten Vorschläge der VGB aus dem Jahre 1942 der Berechnung zugrunde legt. Die Formeln für P_{SB} sind am Anfang dieses Abschnittes genannt worden. Auf dieser Grundlage sind zahlreiche Flanschverbindungen für Höchstdruckanlagen berechnet und mit Erfolg ausgeführt worden.

4. Werkstoffauswahl und Werkstoffeigenschaften für Flanschverbindungen.

Während für mittlere Drücke und bis zu einer Temperatur von etwa 350° C die Werkstoffauswahl in den Normen verankert ist, muß bei höheren Temperaturen und insbesondere bei solchen über 400° C der Werkstoff unter Berücksichtigung der zu erwartenden Beanspruchungen für die Flanschen und Schrauben in Frage.

Für die Flanschen wird gewöhnlich der dem Rohr entsprechende Werkstoff, also ein Mo- oder CrMo-Stahl gewählt. Es muß unter allen Umständen durch eine Festigkeitsberechnung nachgeprüft werden, ob nicht etwa einige Abmessungen, wie z. B. die Blattstärke, vergrößert werden müssen.

Die Schrauben, deren Ausbildung grundsätzlich nach DIN 2507 2509 bzw. 2510 erfolgen soll, sind das am höchsten beanspruchte Glied einer Flanschverbindung. Neben hoher Dauerstandfestigkeit soll der Schraubenwerkstoff ausreichende Dehnung besitzen.

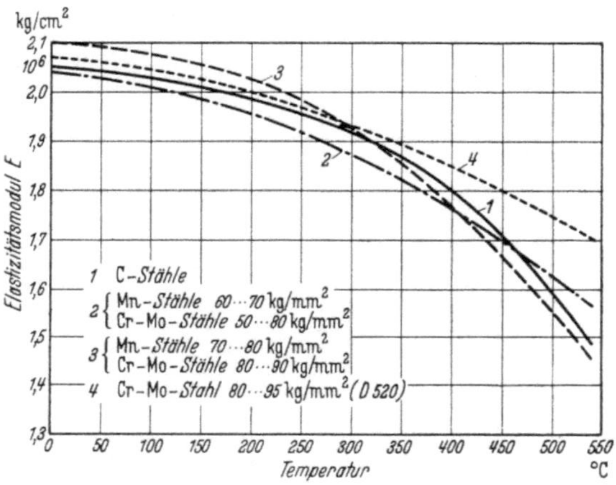

Abb. 215. Elastizitätsmodul *E* für einige Bolzen- und Mutterstähle in Abhängigkeit von der Temperatur.

Das Gewinde stellt eine ganze Reihe von sehr spitzen Kerben dar, weshalb von einem geeigneten Schraubenwerkstoff möglichst hohe Kerbschlagzähigkeit zu verlangen ist.

Für Hochdruck bevorzugt man in erster Linie die CrMoV-Stähle für die höchstbeanspruchten Bolzenschrauben.

Die Muttern werden gewöhnlich aus einem weniger hoch legierten Werkstoff ausgeführt. Erstens sind sie nicht so hoch beansprucht wie die Bolzenschrauben; zweitens muß schon zum Vermeiden des Fressens im Gewinde ein gewisser Abstand in der Oberflächenhärte zwischen Bolzen und Mutter gewahrt bleiben. Im allgemeinen dürfte hierfür ein Unterschied von 15 bis 20 kg/mm² in der Kaltfestigkeit zwischen Bolzen- und Mutternwerkstoff ausreichen. Für Temperaturen von 400 bis 450° werden auch unlegierte C-Stähle oder mit Mangan bzw. MnSi legierte Vergütungsstähle mit Erfolg für Muttern vorgesehen.

Nachstehende Zahlentafeln 25 und 26 geben die Festigkeitseigenschaften von Flanschen-, Bolzen- und Mutternstählen an.

Für die Berechnung der Flanschverbindungen ist ferner die Kenntnis des Elastizitätsmoduls erforderlich. Hierüber liegen nur sehr unvollständige und sich teilweise widersprechende Versuchswerte vor. Für die Flanschenstähle können die E-Werte größtenteils aus Abb. 6 entnommen werden. Für die Bolzen- und Mutternstähle dient das Schaubild Abb. 215 als Ergebnis von Mittelwerten aus verschiedenen Werksangaben.

5. Temperaturverteilung innerhalb der Flanschverbindung.

Es ist bekannt, daß während der Inbetriebsetzung wesentlich andere Arbeitsbedingungen vorliegen als im Beharrungszustand. Während des Anwärmens der Leitung ist das Temperaturgefälle von innen nach außen besonders groß. Die äußeren Teile bleiben länger kühl als die inneren. Es treten also zwischen Rohr und Flansch bzw. zwischen Flansch und Bolzenschraube größere Temperaturunterschiede auf. Zu einem bestimmten Zeitpunkt nimmt dieser Temperaturunterschied einen Höchstwert an. Im weiteren Verlauf der Durchwärmung gleichen sich die Temperaturen immer mehr und mehr einander an, bis im Beharrungszustand nur geringe Unterschiede bestehen bleiben.

Sehr wesentlich ist die Wärmeisolierung. Eine unisolierte Flanschverbindung zeigt beim Anfahren ein bedeutend größeres Temperaturgefälle als eine gut isolierte. Deswegen sollte man vermeiden, die Leitung mit nackten Flanschen anzufahren, um angeblich die Dichtheit derselben besser beobachten zu können.

Auch die Ausführung der Flanschverbindung hat hier eine gewisse Bedeutung, wie der Vergleich der folgenden Abbildungen zeigt.

In Abb. 216 sind die Meßergebnisse eine Verbindung Rohr mit Rohr mittels zweier Stauchbunde und losen Hinterlegflanschen dargestellt. Man erkennt, daß der Wärmeübergang vom Bund auf den losen Flansch ziemlich schlecht ist, und letzterer daher in der Durchwärmung stärker zurückbleibt. Dadurch wird natürlich auch die Bolzenschraube langsamer erwärmt. Der Vorteil des ersten Umstandes wird also durch den Nachteil des zweiten ungefähr ausgeglichen. Der größte Temperaturunterschied tritt hier nach etwa 80 min auf. Zwischen Bund und Bolzen beträgt $\varDelta t_1 = 130°$ und zwischen losem Flansch und Bolzen $\varDelta t_2 = 40°$.

Einen wesentlichen Unterschied in der Temperaturverteilung zeigt Abb. 217 für Bundflansch mit festem Flansch. Hier hat der Bolzen eine höhere Temperatur als der lose Flansch. Das kommt von der guten Wärmeleitfähigkeit des Stahlgußflansches, durch welchen die Schraube schneller aufgeheizt wird, als es der infolge des schlechten Wärmeüberganges in der Temperatur zurückgebliebene lose Flansch vermag. Diese Verbindung zeigt also während des Anwärmens in bezug auf die Temperaturverteilung ein sehr günstiges Bild. Dieser Umstand dürfte

Zahlentafel 25. *Eigenschaften von*

Stahlart	Bezeichnung	DIN Bezeichnung	Richtanalyse in vH				
			C	Si	Mn	Mo	Cr
C	St 42.11	St 42	0,25	0,35	0,50	—	—
	St 50.11	St 50	0,35	0,35	0,50	—	—
	Stg 45.82	DIN 1682				—	—
Mn	A 17 E	17 Mn 4	0,17	0,30	1,05	—	—
	EF 18	19 Mn 5	0,19	0,50	1,15	—	—
Mo	D 4412 s	14 Mo 3	0,14	0,30	0,50	0,30	—
	D 4412	20 Mo 3	0,20	0,30	0,60	0,30	—
CrMo	Sk 31 h	18 CrMo 3	0,18	0,25	0,75	0,20	0,60
	D 5512 s	16 CrMo 4	0,15	0,30	0,60	0,20	1,0
	D 5512	24 CrMo 5	0,24	0,30	0,50	0,20	1,1
	D 5515 s	16 CrMo 44	0,15	0,30	0,60	0,40	1,1
	Sk 12 h	20 CrMo 44	0,20	0,25	0,65	0,45	1,0
	D 5515	24 CrMo 54	0,24	0,30	0,50	0,40	1,2
	MoStg 45.82	DIN 1682				0,40	0,30

Zahlentafel 26. *Bolzen-*

Stahlart	Bezeichnung	DIN Bezeichnung	Zusammensetzung Richtwerte in vH								
			C	Si	Mn	Mo	Cr	V	Ni	Nb	N
C	St C 35.61	Ck 35	0,35	0,3	0,8	—	—	—	—	—	—
	St C 45.61	Ck 45	0,45	0,3	0,8	—	—	—	—	—	—
	UB 60	Ck 35	0,35	0,3	0,5	—	—	—	—	—	—
	D 2414	Ck 35	0,35	0,3	0,5	—	—	—	—	—	—
	D 2415	Ck 45	0,45	0,4	0,7	—	—	—	—	—	—
CrV	CV 30	22 CrV 4	0,22	0,3	0,6	—	1,1	0,2	—	—	—
MnMo	D 4407	24 MnMo 5	0,24	0,3	1,3	0,12	—	—	—	—	—
CrMo	MC 30	24 CrMo 5	0,24	0,3	0,6	0,2	1,1	—	—	—	—
	MC 60	24 CrMo 54	0,24	0,3	0,5	0,45	1,2	—	—	—	—
	D 5512	24 CrMo 5	0,24	0,3	0,5	0,2	1,1	—	—	—	—
	D 5515	24 CrMo 54	0,24	0,3	0,5	0,4	1,2	—	—	—	—
CrMoV	CV 120	24 CrMo 55	0,24	0,3	0,4	0,55	1,3	0,2	—	—	—
	D 5520	24 CrMo 55	0,24	0,3	0,5	0,55	1,3	0,2	—	—	—
CrNiMoNb	ATSW	8 CrNiMoNb 7060	0,08	1,0	0,8	2,0	16	—	15	1	0,15

[1] Gehärtet bei 800 bis 830° C an Luft, vorgesehen für Temperaturen bis 650° C.

[2] Gehärtet bei 1000 bis 1050° C an Luft, vorgesehen für Temperaturen über 650° C.

Flanschstählen und Stahlguß.

Zugfestigkeit kg/mm²	Dehnung in vH	Warmstreckgrenze in kg/mm² bei °C				DVM-Kriechgrenze in kg/mm² bei °C			
		20	200	300	400	400	450	500	550
42 bis 50	25	23	17	13	9	7,5	~4	—	—
50 bis 60	22	27	22	18	14	10	6,5	—	—
45	22	25		16	10	9	7	—	—
47 bis 56	20	26	23	29	15	14	10	(5)	—
52 bis 62	17	31	25	11	17	16	12	(5)	—
44 bis 56	20	26	24	22	20	18	16	11	—
55 bis 70	18	35	31	28	24	22	17	11	—
45 bis 58	21	28	24	22	19	18	15	12	(4)
55 bis 70	18	35				25	18	12	—
70 bis 85	17	50	44	40	34	28	20	12	—
47 bis 62	17	30	27	25	22	20	18	15	—
53 bis 63	19	33	28	25	23	22	19	15	7
80 bis 95	15	60	53	48	42	37	27	16	—
45	22	25		21	18	17	15	12	—

und Mutternstähle.

Zugfestigkeit kg/mm²	Dehnung $L = 5d$ vH	Kerbzähigkeit mkg/cm²	Warmstreckgrenze kg/mm² bei °C				DVM-Kriechgrenze kg/mm² bei °C						
			20	200	300	400	400	450	500	550	600	650	700
50 bis 60	23	6	28	22	18	14	12	8	4	—	—	—	—
60 bis 70	19	4	34	26	22	16	12	8	5	—	—	—	—
55 bis 65	20	5	33	28	24	18	13	8	(3)	—	—	—	—
50 bis 60	16	6	30	25	22	17	14	9	4	—	—	—	—
55 bis 68	16	—	35	—	—	—	15	9	4	—	—	—	—
70 bis 85	16	6	50	44	40	34	28	20	10	(5)	—	—	—
65 bis 80	15	5	45	38	34	29	24	14	7	—	—	—	—
70 bis 85	16	6	50	44	40	34	28	20	10	(5)	—	—	—
80 bis 95	14	4	60	55	48	42	35	25	15	(7)	—	—	—
70 bis 85	17	5	50	44	40	34	28	20	12	—	—	—	—
80 bis 95	15	4	60	53	48	42	37	27	16	—	—	—	—
80 bis 95	14	4	60	54	50	45	38	30	20	(10)	—	—	—
80 bis 95	15	4	60	53	50	45	38	30	20	—	—	—	—
70 bis 85[1]	20	8	40	—	—	—	—	—	25	—	18	12	5
60 bis 75[2]	30	14	30	—	—	—	—	—	14	—	11	10	7

	Deutsche Edelstahlwerke		Gußstahlwerk Witten	
Empfohlene	Schrauben	Muttern	Schrauben	Muttern
Paarungen.	CV 30 MC 60	UB 60 MC 30	D 4407 D 5515	D 2414 D 4407
	MC 30 CV 120	UB 60 MC 30	D 5512 D 5520	D 2415 D 5512

bei Verbindungen von zwei festen Flanschen noch stärker in Erscheinung treten. Der Nachteil der größeren Steifigkeit von festen Flanschen

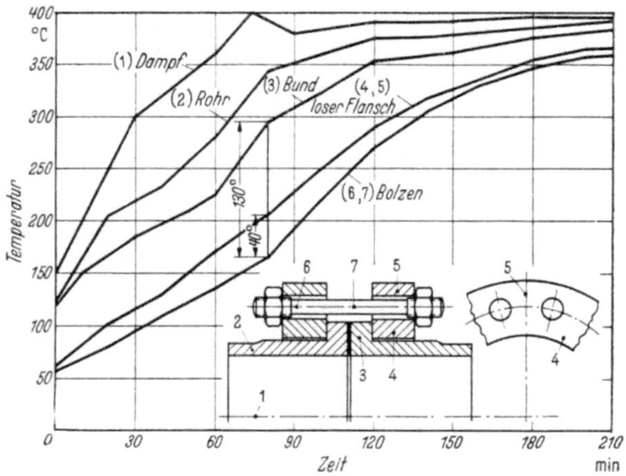

Abb. 216. Temperaturverteilung in einer Flanschverbindung mit zwei Bundflanschen.

wird dadurch teilweise wieder aufgehoben. Allerdings muß in Betracht gezogen werden, daß die Betriebstemperatur des Bolzens dadurch im ganzen höher liegen wird.

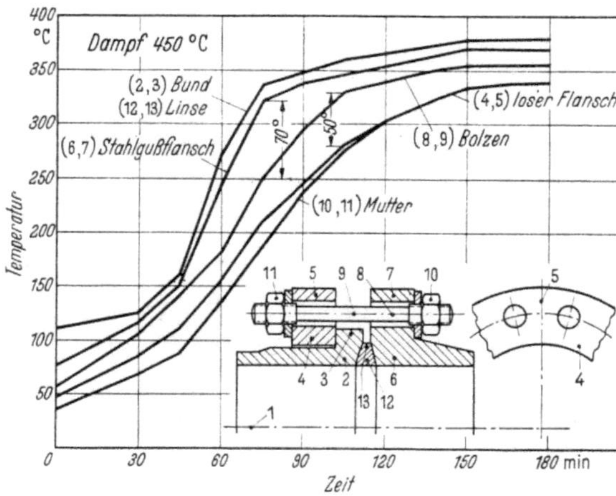

Abb. 217. Temperaturverteilung in einer Flanschverbindung zwischen Bundflansch und Stahlgußflansch für 450° C Dampftemperatur.

Nachdem der Beharrungszustand erreicht ist (was in Abb. 216 noch nicht der Fall ist), gleichen sich die Temperaturunterschiede weitgehend aus. Aus verschiedenen Messungen wurde die Temperaturverteilung im Beharrungszustand entsprechend nachstehender Zahlentafel 27 ermittelt.

Zahlentafel 27. *Temperaturverteilung in der Flanschverbindung bei guter Isolierung*[1].

Art der Flanschverbindung	Loser Flansch + loser Flansch	Loser Flansch + fester Flansch	Fester Flansch + fester Flansch
	in vH der Dampftemperatur		
Fester Flansch	—	95	95
Loser Flansch	90	90	—
Stauchbund	96	96	—
Bolzenschraube	89	90	93
Mutter	87	88	90
Dichtung	96	96	96

Man sieht also, daß im Beharrungszustand die Temperatur des losen Flansches sich derjenigen der Bolzenschrauben angeglichen hat.

Von Bedeutung sind noch die Unterschiede der Temperatur innerhalb der Flansche, da diese, wie später gezeigt wird, zu Schrumpfspannungen führen. Aus den Messungen konnte folgende Abhängigkeit im Betriebszustand ermittelt werden.

Loser Flansch innen	92	in % der Dampftemperatur.
Loser Flansch außen	88,5	
Stahlgußflansch innen	97	
Stahlgußflansch außen	94,5	

Bei 500 °C würde also beim losen Flansch zwischen innen und außen ein Temperaturunterschied von

$$\Delta t = \frac{500\,(92 - 88{,}5)}{100} = 17{,}5^\circ$$

bestehen, während beim Stahlgußflansch dieser nur 12,5° beträgt.

II. Elastizität innerhalb der Flanschverbindung.

Die federnde Nachgiebigkeit der einzelnen Teile einer Flanschverbindung übt — wie im Abschnitt C I/2 gezeigt wurde — auf die Größe der Schraubengesamtlast einen bedeutenden Einfluß aus. Es ist daher für die richtige Beurteilung des vorliegenden Spannungszustandes grundsätzlich die Elastizität aller Teile in Betracht zu ziehen und nicht,

[1] SCHWEDLER, F., u. H. v. JÜRGENSONN: Handbuch der Rohrleitungen 4. Aufl., 2. berichtigter Neudruck. Berlin/Göttingen/Heidelberg: Springer 1953.

wie es vielfach der Einfachheit halber getan wird, der Schraube allein die ganze Federungsarbeit zuzuschreiben.

Dieses Näherungsverfahren könnte höchstens dort genügen, wo es sich um die rohe Prüfung einer in den Abmessungen an sich festliegenden Flanschverbindung handelt (z. B. bei DIN-Flanschen mittlerer Nenndrucke). Dagegen muß beim Entwurf von Höchstdruck-Flanschverbindungen die federnde Nachgiebigkeit aller Teile möglichst genau berücksichtigt werden, um keine unnötige Überbemessung zu erhalten.

Den Hauptanteil der Gesamtelastizität der Flanschverbindung stellt neben der Dehnung der Schrauben die Durchbiegung der Flansche dar. Einen nicht unbedeutenden Anteil hat auch die Nachgiebigkeit im Gewinde zwischen Bolzen und Mutter, während die reinen Zusammendrückungen der unter Druckspannung stehenden Teile nur eine untergeordnete Rolle spielen.

Es sollen nachstehend die elastischen Eigenschaften der einzelnen Teile untersucht werden.

1. Federwert der Schrauben.

Der Federwert eines geraden zylindrischen Stabes vom Durchmesser d cm und der wirksamen Länge l cm ist unter einer Belastung P in kg im Bereich der Proportionalitätsgrenze des Werkstoffes nach dem HOOKEschen Gesetz allgemein

$$C = \frac{f E}{l} = \frac{\pi d^2 E}{4 l} = \frac{P}{\Delta l} \quad \text{kg/cm.} \tag{99}$$

Daraus die federnde Verlängerung

$$\Delta l = \frac{P l}{E f} = \frac{4 P l}{E \pi d^2}. \tag{100}$$

Ist der Stab aus mehreren Teilen mit verschiedenen Querschnitten f_1, f_2, f_3 usw. und mit den entsprechenden Längen l_1, l_2, l_3 zusammengesetzt, so beträgt die Gesamtfederung

$$\Delta l = \frac{P l_1}{E f_1} + \frac{P l_2}{E f_2} + \frac{P l_3}{E f_3} + \cdots$$

$$= \frac{P}{C_1} + \frac{P}{C_2} + \frac{P}{C_3} + \cdots$$

oder umgeformt

$$\frac{\Delta l}{P} = \frac{1}{C} = \frac{1}{C_1} + \frac{1}{C_2} + \frac{1}{C_3} + \cdots. \tag{101}$$

Aus Gl. (101) erkennt man, in welcher Weise der Gesamtfederwert C aus den Einzelfederwerten C_1, C_2, C_3 usw. berechnet wird.

Hieraus kann also der Federwert einer Bolzenschraube mit einem Gewindedurchmesser d_k und einem Schaftdurchmesser d_s leicht ermittelt werden. Wird der Schaftdurchmesser so abgedreht, daß — wie es zumeist geschieht — der Schaftquerschnitt f_s etwa 10% kleiner als der Kernquerschnitt f_k ist, so wird der Federwert der Schraube

$$\frac{1}{C} = \frac{l_s}{f_s E} + \frac{l_k}{f_k E} = \frac{1}{f_k E}(1{,}11\, l_s + l_k)$$

da $f_s = 0{,}9\, f_k$ ist.

Mit l_s ist die Schaftlänge und mit l_k die an der Federung teilnehmende Gewindelänge bezeichnet.

Daraus

$$C = \frac{f_k E}{1{,}11\, l_s + l_k}\,. \tag{102}$$

2. Federwert des Gewindes.

Die federnde Nachgiebigkeit des Gewindes wird ausführlich in einer Arbeit von MADUSCHKA[1] behandelt. Das im Rohrleitungsbau fast ausschließlich interessierende Whitworth-Gewinde DIN 11 wird von ihm genau untersucht.

Die Erfahrungen haben gezeigt, und die rechnerischen Ableitungen von MADUSCHKA beweisen es, daß die ersten beiden Gewindegänge am stärksten belastet sind und die ersten vier Gänge fast die ganze Last übertragen, soweit es sich um eine ungleichartige Beanspruchung von Bolzen und Mutter handelt.

MADUSCHKA unterscheidet im wesentlichen zwei Belastungsarten:

a) Ungleichartige Beanspruchung, d. h. Bolzen gezogen, Mutter gedrückt, wie es bei normal ausgeführten Schrauben mit Mutter der Fall ist.

b) Gleichartige Beanspruchung, d. h. Bolzen und Mutter gezogen, wie sie z. B. bei dem im Mutterflansch sitzenden Gewinde von Stiftschrauben zutrifft.

Im einzelnen ist darauf im Abschnitt C III/1 genauer eingegangen. Hier sollen lediglich die maßgebenden Beziehungen für die elastische Nachgiebigkeit im Gewinde angegeben werden, die auf Grund der Arbeit von MADUSCHKA abgeleitet sind.

Sind bei der am häufigsten vorkommenden ungleichartigen Belastung vom Bolzen und Mutter (Fall a) mit $P_1, P_2, \ldots, P_n$ die Kraftwirkungen der Gewindegänge 1 bis n bezeichnet und sei

$$P_s = P_1 + P_2 + P_3 + \cdots + P_n$$

die Gesamtlast der Schraube in kg, so wird der Bolzenteil zwischen dem $n-1$-ten und n-ten Gang durch die Kraft

$$P_s - (P_1 + P_2 + \cdots + P_{n-1})$$

[1] MADUSCHKA, L.: Beanspruchung von Schraubenverbindungen und zweckmäßige Gestaltung der Gewindeträger. Forschung Bd. 7 (1936), H. 6, S. 299.

um den Betrag

$$\beta_{n-1,n} = \frac{h}{E_B F_B} [P_s - (P_1 + P_2 + \cdots + P_{n-1})] \quad \text{in cm}$$

verlängert und der entsprechende Mutterteil durch dieselbe Kraft um den Betrag

$$\mu_{n-1,n} = \frac{h}{E_M F_M} [P_s - (P_1 + P_2 + \cdots + P_{n-1})] \quad \text{in cm}$$

verkürzt. Darin bedeuten

h = Ganghöhe (Steigung) in cm,
E_B bzw. E_M = Elastizitätsmodul des Bolzen- bzw. Mutternwerkstoffes in kg/cm²,
$F_B = \frac{\pi}{4} d_k^2$ = Kernquerschnitt des Bolzens in cm²,
$F_M = \frac{\pi}{4} (s^2 - d_a^2)$ = Querschnitt der Mutter in cm², wobei s Schlüsselweite und d_a äußerer Gewindedurchmesser ist.

Die Gesamtlängenänderung beträgt für eine Ganghöhe

$$\beta_{n-1,n} + \mu_{n-1,n} \quad \text{in cm.}$$

Aus Abb. 218 erkennt man, daß die horizontale Kraftkomponente $H_n = P_n \operatorname{tg} \gamma$ eine Aufweitung der Mutter und eine Zusammendrückung des Bolzens bewirkt.

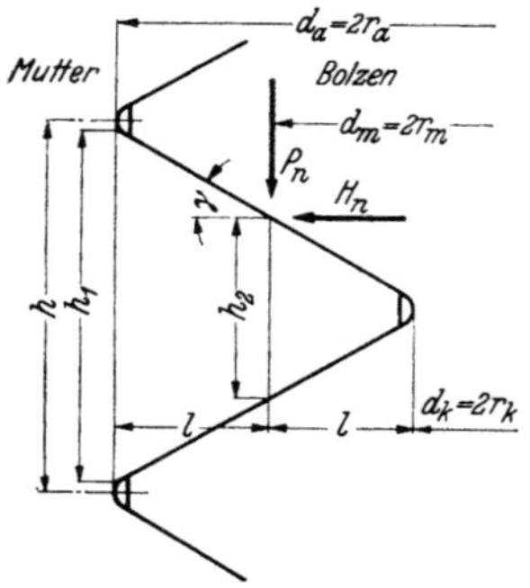

Abb. 218. Gewindequerschnitt.

Die Änderung des radialen Gewindespiels durch diese Durchmesseränderung beträgt im n-ten Gang

$$\varrho_n = \varrho_{n_B} + \varrho_{n_M}$$

und die dadurch bedingte Änderung der Ganghöhe zwischen dem $n-1$-ten und n-ten Gang

$$\Delta h_{n-1,n} = (\varrho_{n-1} - \varrho_n) \operatorname{tg}\gamma \quad \text{in cm.}$$

Hierin ist für den Bolzen

$$\varrho_{n_B} = \frac{0{,}112}{h E_B} H_n = k_B H_n \quad \text{in cm}$$

und für die Mutter

$$\varrho_{n_M} = \frac{0{,}048\, d_m^2}{h E_M (s^2 - d_m^2)} \left[2{,}33 + 4{,}33 \left(\frac{s^2}{d_m^2}\right)\right] H_n$$

$$= k_M H_n \quad \text{in cm.}$$

Darin bedeutet s die Schlüsselweite der Mutter.

Die Bedeutung der übrigen Zeichen geht aus Abb. 218 hervor.

Der Gesamtwert der Ganghöhenänderung beträgt also zwischen dem $n-1$-ten und n-ten Gang

$$\sum \varDelta h_{n-1,n} = (\beta_{n-1,n} + \mu_{n-1,n}) + \varDelta h_{n-1,n}.$$

Die Summe dieser Änderungen der Ganghöhe für die n tragenden Gewindegänge ergibt die federnde Nachgiebigkeit des Gewindes, woraus dann der Federwert ermittelt wird.

Zu diesem Zweck müßten die Belastungen $P_1, P_2, P_3, \ldots, P_n$ der Gewindegänge berechnet werden, was in einem späteren Abschnitt geschehen soll. Hier wird lediglich das Ergebnis für Whitworth-Gewinde nach DIN 11 angegeben.

Nimmt man an, daß bei einer Mutterhöhe = Gewindedurchmesser nur höchstens 80% aller Gewindegänge tragen, so sind bei allen Gewindegrößen von $^3/_4''$ bis $1^3/_4''$ übereinstimmend sechs tragende Gewindegänge vorhanden. Unter dieser Voraussetzung ergibt sich für eine Schraubenbelastung P_s die federnde Nachgiebigkeit des Gewindes als Summe der Ganghöhenänderungen der sechs Gänge zu

$$\sum \varDelta h_{1 \text{ bis } 6} = [2{,}6295\,(c_B + c_M) + 0{,}0692\,(k_B + k_M)]\,P_s \quad \text{in cm.}$$

Diese Beziehung gilt für den Fall a). Für das Stiftgewinde (Fall b) werden $c_M = 0$ und $k_M = 0$.

Der Wert in der eckigen Klammer stellt den reziproken Wert des Federwertes des Gewindes dar.

In nachstehender Zahlentafel 28 sind die Werte

$$c_B E_B = \frac{h}{F_B} \quad \text{und} \quad c_M E_M = \frac{h}{F_M},$$

sowie die früher schon erläuterten Werte $k_B E_B$ und $k_M E_M$ für $^3/_4''$ bis $1^7/_8''$ des Whitworth-Gewindes DIN 11 ausgerechnet.

Zahlentafel 28. *Federwerte für Gewinde DIN 11.*

Gewinde	$^3/_4''$	$^7/_8''$	$1''$	$1^1/_8''$	$1^1/_4''$	$1^3/_8''$	$1^1/_2''$	$1^5/_8''$	$1^3/_4''$	$1^7/_8''$
$c_B E_B$	0,1295	0,1037	0,0889	0,0807	0,0629	0,062	0,0505	0,0535	0,045	0,044
$c_M E_M$	0,0488	0,0447	0,0391	0,0357	0,031	0,0298	0,0251	0,0257	0,0221	0,0215
$k_B E_B$	0,441	0,397	0,353	0,309	0,309	0,265	0,265	0,221	0,221	0,1985
$k_M E_M$	1,35	1,277	1,14	1,0	1,038	0,887	0,875	0,735	0,743	0,665
C_{Gewinde} für Fall a	$\frac{E}{0{,}593}$	$\frac{E}{0{,}506}$	$\frac{E}{0{,}440}$	$\frac{E}{0{,}396}$	$\frac{E}{0{,}34}$	$\frac{E}{0{,}321}$	$\frac{E}{0{,}278}$	$\frac{E}{0{,}275}$	$\frac{E}{0{,}243}$	$\frac{E}{0{,}232}$
C_{Stift}	$\frac{E}{0{,}371}$	$\frac{E}{0{,}30}$	$\frac{E}{0{,}259}$	$\frac{E}{0{,}233}$	$\frac{E}{0{,}187}$	$\frac{E}{0{,}181}$	$\frac{E}{0{,}151}$	$\frac{E}{0{,}156}$	$\frac{E}{0{,}134}$	$\frac{E}{0{,}129}$

In den beiden letzten Spalten dieser Zahlentafel ist auch der Federwert C des Gewindes angegeben unter der Annahme, daß $E_B = E_M = E$ ist. Dabei bezieht sich C_{Gewinde} auf einen Bolzen mit normaler

Mutter $h = d$ (d. h. Fall a) und C_{Stift} auf das Stiftgewinde einer Stiftschraube im Mutterflansch ($c_M = 0$ und $k_M = 0$).

Nach HAAS[1] genügt auch im Höchstdruckbau eine Mutterhöhe $H = 0{,}8\, d$, weil die letzten Gewindegänge sowieso nicht mehr als tragend angesehen werden können. Das bestätigen auch die Untersuchungen von MADUSCHKA[2]. HAAS empfiehlt auch noch die Verringerung der Schlüsselweite auf den nächst kleineren Wert, wodurch ohne Beeinträchtigung der Dauerhaltbarkeit der Verbindung eine bedeutende Gewichts- und Werkstoffersparnis erzielt wird. Wählt man bei verringerter Schlüsselweite die Mutterhöhe H nach der Beziehung

$$\frac{H}{D} = 0{,}165 \left(\frac{d}{h}\right)^{0{,}68},$$

wobei d den Gewindedurchmesser bedeutet, so erhält man eine Schraubenverbindung mit gleicher Tragfähigkeit des Bolzenkerns und des Gewindes. Diese Beziehung ergibt z. B. für 1″ Whitworth-Gewinde $H = 0{,}68\, d$. Daraus folgt auch, daß der normale Wert von $0{,}8\, d$ ausreichend sein dürfte.

3. Federwert der Flansche.

Über die Durchbiegung von losen und festen Flanschen liegt eine große Anzahl von Forschungsarbeiten vor. Die Verfasser gehen aber zum Teil von verschiedenen Voraussetzungen aus, so daß mehr oder weniger voneinander abweichende Beziehungen für die Federung von Flanschen angegeben werden. Das Versuchsmaterial ist leider nur äußerst unvollständig, so daß bis heute noch kein abschließendes Urteil darüber gefällt werden kann.

Bei losen Flanschen (ebene Ringe ohne Ansatz) sind die Berechnungsunterschiede nicht groß, da hier verhältnismäßig einfache Formänderungsverhältnisse vorliegen. Weit schwieriger gestaltet sich die theoretische Untersuchung von festen Flanschen, deren Ansatz eine versteifende Wirkung ausübt und die Beziehungen dadurch sehr verwickelt macht.

Die den Flansch belastende Kraft P' wurde von vielen Forschern am Außenrand wirkend angenommen (s. z. B. Abb. 222). In den nachstehenden Beziehungen wurde der Einheitlichkeit halber durchweg die Umrechnung auf den Lochkreis entsprechend

$$P = P' \frac{D_a - D_i}{D_l - D_i} \quad \text{für lose Flanschen}$$

[1] HAAS, B.: Einfluß der Muttergröße auf die Festigkeit der Schraubenverbindung. Z. VDI Bd. 82 (1938) Nr. 44, S. 1269.

[2] Vgl. Fußnote S. 335.

und

$$P = P' \frac{D_a - D_m}{D_l - D_m} \quad \text{für feste Flanschen}$$

vorgenommen.

a) Lose Flansche.

Formeln für die Durchbiegung loser Flansche werden u. a. von MAYER[1], TIMOSHENKO[2], WESTPHAL[3] und WATERS und TAYLOR[4] angegeben.

SCHULZ und SCHILLER[5] brachten eine eingehende Gegenüberstellung der verschiedenen Annahmen und Berechnungsgrundlagen. Nachstehend soll nur die einfachste Berechnungsweise angegeben werden, zumal diese auch mit den Versuchsergebnissen gut übereinstimmt (s. Abb. 220).

TIMOSHENKO und WESTPHAL geben übereinstimmend für die Flanschdurchbiegung folgende Beziehung an:

$$y_l = \varphi \frac{D_l - D_i}{2} = \frac{0{,}478\, P (D_l - D_i)^2}{E h^3 \ln \frac{D_a}{D_i}} \quad \text{in cm.} \tag{103}$$

Es sind die aus Abb. 219 ersichtlichen Bezeichnungen in cm eingeführt; weiter bedeuten:

φ = Neigungswinkel der Flanschmittelebene,
y_l = Durchbiegung des Flansches in cm am Lochkreisdurchmesser,
P = Gesamtkraft aller Schrauben in kg, die im Lochkreis verteilt angreift.
E = Elastizitätsmodul des Flanschwerkstoffes in kg/cm².

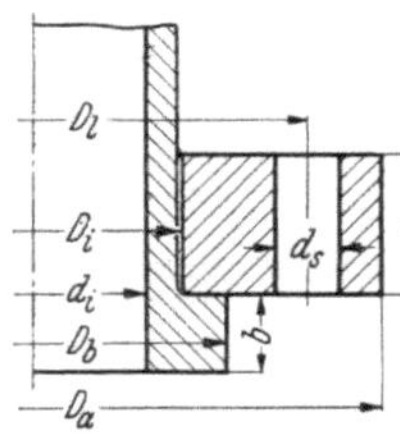

Abb. 219. Loser Flansch.

Es ist angenommen, daß die Neigung φ des Flansches über die ganze Breite gleichbleibend ist.

Gl. (103) ist auf der Annahme aufgebaut, daß die Wirkung der Kraft P durch ein gleich großes Moment ersetzt wird, bei welchem am Außenrand des Flansches gleichmäßig verteilt eine entsprechend verminderte Kraft

$$P' = P \frac{D_l - D_i}{D_a - D_i}$$

angreift.

[1] MEYER, E.: Die Hochdruck-Flanschverbindung. Forschung Bd. 3 (1932) H. 5, S. 221.

[2] TIMOSHENKO: Methods of determining the strength of pipe flanges. Mech. Engng. Bd. 49 (1927) S. 1340.

[3] WESTPHAL, M.: Berechnung der Festigkeit loser und fester Flansche. Z. VDI Bd. 41 (1897) Nr. 36, S. 1036.

[4] WATERS u. TAYLOR: The strength of pipe flanges. Mech. Engng. Bd. 49 (1927) S. 531.

[5] SCHULZ, E., u. A. SCHILLER: Wie berechnet man Flanschverbindungen? Wärme Bd. 58 (1935) H. 31 u. 32.

Die Flanschmittelebene biegt sich zu einer Kegelfläche um den Winkel φ um.

Diese äußerst einfache Beziehung stimmt gut mit den aus Versuchen ermittelten Werten überein (s. Abb. 220). Die geringen Abweichungen erklären sich dadurch, daß der Biegungshebelarm in Wirklichkeit kleiner ist, als mit 0,5 $(D_l - D_i)$ angenommen ist. Andererseits ist in dieser Gleichung der Einfluß der Schraubenlöcher nicht berücksichtigt. Versuche von SIEBEL haben jedoch gezeigt, daß die Erhöhung der Flanschelastizität durch die Schraubenlöcher lange nicht so groß ist, wie es der Querschnittsverschwächung entspricht.

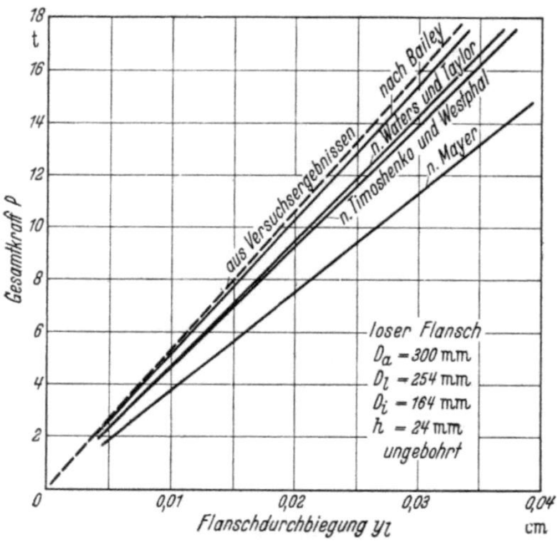

Abb. 220. Vergleich verschiedener Rechnungsergebnisse mit Versuchswerten für lose Flansche.

Infolge der Flanschdurchbiegung findet außerdem noch eine Verlagerung des Angriffspunktes der Schraubenkräfte in Richtung zur Rohrachse hin statt, so daß dadurch eine Verringerung des Biegungshebelarmes bewirkt wird.

Legt man die Gl. (103) von TIMOSHENKO zugrunde, so ist aus dieser der Federwert des losen Ringflansches

$$C_{lF} = \frac{E\,h^3 \ln \frac{D_a}{D_i}}{0{,}478\,(D_l - D_i)^2} \quad \text{in kg/cm.} \tag{103a}$$

In der Abb. 220 sind zum Vergleich die Rechnungsergebnisse nach der Annahme der genannten Forscher mit den aus einem Versuch gewonnenen Werten gegenübergestellt. Die im Merkblatt 4 der VGB[1] angegebene Formel stimmt mit der von TIMOSHENKO entwickelten gut überein, soweit man als Biegehebelarm 0,5 $(D_l - D_i)$ einsetzt.

In der Praxis genügt für lose Flanschen die Anwendung der einfachen Beziehung von TIMOSHENKO und WESTPHAL, da diese die Größe der Durchbiegung genau genug berechnen lassen.

b) Feste Flansche.

Die Auswertung und der Vergleich der im Schrifttum bisher veröffentlichten Arbeiten über feste Flanschen ist sehr viel schwieriger.

[1] Vgl. Fußnote S. 326.

Die einzelnen Forscher (s. Abschnitt a) gehen von zum Teil sehr stark voneinander abweichenden Voraussetzungen aus. Die Schwierigkeit liegt hauptsächlich in der rechnerischen Erfassung des zwischen Flanschteller und Flanschkragen vorliegenden Spannungszustandes. Eine sehr eingehende Gegenüberstellung der verschiedenen Annahmen und der sich daraus ergebenden Berechnungsgrundlagen findet man bei E. SCHULZ und A. SCHILLER (vgl. Fußnote 5, S. 339).

Hier soll ebenfalls nur die einfachste Formel, und zwar von TIMOSHENKO angegeben werden und die Rechnungsergebnisse der anderen Forscher in Kurvenform gegenübergestellt werden.

TIMOSHENKO[1] gibt unter Vernachlässigung der Aufweitung des Ansatzes aus der Theorie der Biegung eines unendlich langen Rohres für die im Lochkreis geltende Durchbiegung des festen Flansches folgende Beziehung an:

$$y_f = \varphi \frac{D_l - D_m}{2} = \frac{6 M_0}{\beta E s_1^3} \frac{D_l - D_m}{2} \text{ cm.} \tag{104}$$

Die benutzten Bezeichnungen sind aus Abb. 221 ersichtlich; ferner bedeuten

$$D_m = D_i + \frac{s_1 + s}{2} \text{ cm,}$$

$$\beta = \frac{1{,}818}{\sqrt{s_m D_m}} \text{ cm}^{-1},$$

$$M_0 = \frac{P(D_l - D_m)}{2 \pi D_i} \frac{1}{m + n} \frac{\text{cmkg}}{\text{cm}}.$$

Die Werte

$$m = 1 + \frac{\beta h}{2} \quad \text{und} \quad n = \left(\frac{h}{s_m}\right)^3 \frac{\ln \frac{D_a}{D_i}}{\beta D_m}$$

können den Abbildungen 229 u. 230 entnommen werden.

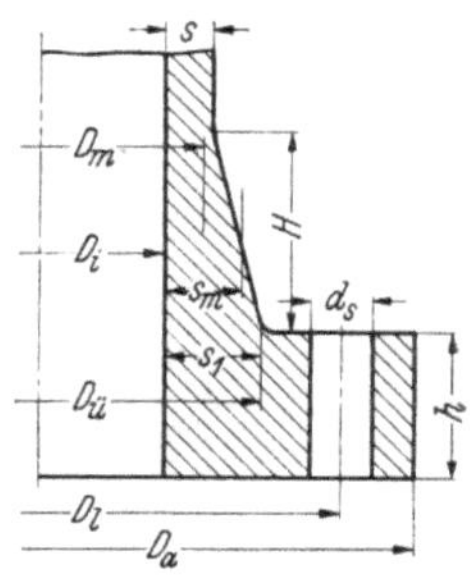

Abb. 221. Fester Flansch.

Den Flanschübergang ersetzt TIMOSHENKO durch ein zylindrisches Rohrstück von der Stärke $\frac{s_1 + s}{2}$ (Abb. 222) und beweist, daß der Ansatz hinreichend genau als unendlich langes Rohr angesehen werden kann, wenn das Produkt $\beta H \geqq 2$ ist. Die Abb. 223 zeigt eine gute Übereinstimmung mit Versuchsergebnissen.

Eine noch einfachere Formel für die Flanschdurchbiegung wird von der VGB[2] angegeben, die ebenfalls gemäß Abb. 223 gut mit den Versuchsergebnissen übereinstimmt, und zwar

$$y_f = \frac{(D_l - D_m)^2 (D_a + D_i)}{21 E h^3 (D_a - D_i)} P \tag{105}$$

mit den Bezeichnungen aus Abb. 221

[1] Vgl. Fußnote 2, S. 339. [2] Vgl. Fußnote S. 326.

Endlich wäre noch die von dem Engländer BAILEY[1] vorgeschlagene Berechnungsweise zu erwähnen, die ebenfalls ganz gut mit den Versuchsergebnissen übereinstimmt (Abb. 223).

Die Betrachtungen über die Flanschelastizität sollen mit einem Rechnungsbeispiel abgeschlossen werden.

Beispiel 27. Loser Flansch nach Abb. 219 mit $D_a = 425$ mm, $D_l = 350$ mm, $D_i = 193$ mm, $h = 95$ mm, gebohrt 12×38 mm Dmr. Der Einfluß der Bohrungen für die Schraubenlöcher soll vernachlässigt werden.

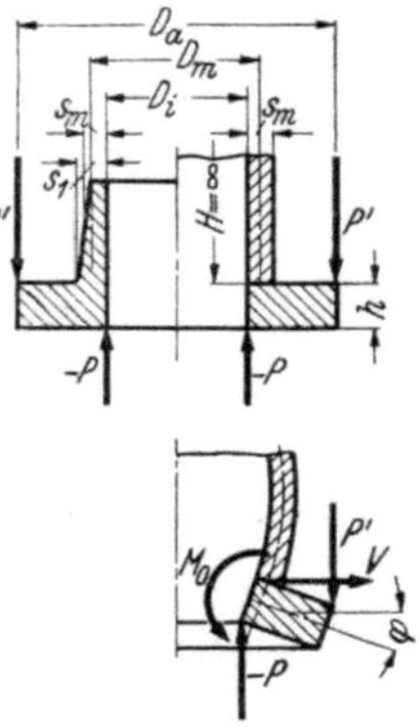

Abb. 222. Rechnerische Annahmen nach TIMOSHENKO.

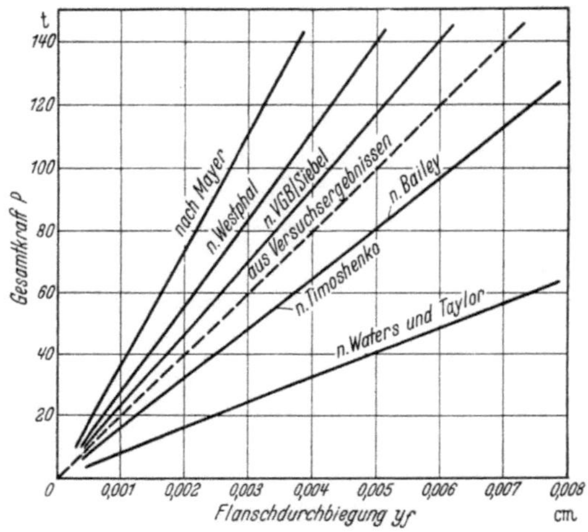

Abb. 223. Vergleich verschiedener Rechnungsergebnisse mit Versuchswerten für feste Flansche. $D_a = 368$, $D_l = 324$, $D_a = 267$, $D_i = 203$, $h = 50{,}8$, $s = 19$, $s_1 = 32$ mm, ungebohrt.

Nach der Gl. (103) von TIMOSHENKO-WESTPHAL ist

$$y_l = \frac{0{,}478\, P(35 - 19{,}3)^2}{2{,}15 \cdot 10^6 \cdot 9{,}5^3 \ln \dfrac{42{,}5}{19{,}3}};$$

$$\ln \frac{42{,}5}{19{,}3} = 2{,}303 \lg 2{,}2 = 2{,}303 \cdot 0{,}3425 = 0{,}788.$$

$$y_l = \frac{0{,}478 \cdot 15{,}7^2\, P}{2{,}15 \cdot 10^6 \cdot 9{,}5^3 \cdot 0{,}788} = \underline{\frac{0{,}0812\, P}{10^6} \text{ cm.}}$$

Daraus ergibt sich der Federwert zu

$$C_{lF} = \frac{P}{y_l} = \frac{10^6}{0{,}0812} \text{ kg/cm.}$$

Nach BAILEY ergibt sich die Durchbiegung für die gleichen Abmessungen zu

$$y_l = \frac{0{,}0961\, P}{10^6} \text{ cm}$$

[1] BAILEY, R. W.: Flanged Pipe Joints for High Pressures and Temperatures. Engineering Bd. 142 (1937) S. 364ff.

und nach WATERS und TAYLOR

$$y_l = \frac{0{,}0785\,P}{10^6} \quad \text{cm}.$$

Beispiel 28. Fester Flansch nach Abb. 221 mit $D_a = 425$ mm, $D_l = 350$ mm, $D_i = 150$ mm, $D_{ü} = 272$ mm, $h = 86$ mm, $s = 33$ mm, $s_1 = 61$ mm.

Berechnung nach der Formel (104) mit

$$D_m = 150 + \frac{61 + 33}{2} = 197 \text{ mm},$$

$$s_m = \frac{61 + 33}{2} = 47 \text{ mm},$$

$$\frac{D_m}{s_m} = \frac{197}{47} = 4{,}2, \qquad \frac{D_m}{h} = \frac{197}{86} = 2{,}3.$$

Damit aus Abb. 229: $m = 1{,}8$

$$\frac{D_a}{D_i} = \frac{425}{150} = 2{,}84, \qquad \frac{h}{s_m} = \frac{86}{47} = 1{,}83.$$

Damit aus Abb. 230: $n = 1{,}7$

$$M_0 = \frac{P(35 - 19{,}7)}{2\pi 15}\,\frac{1}{1{,}8 + 1{,}7} = 0{,}0465\,P,$$

$$\beta = \frac{1{,}818}{\sqrt{4{,}7 \cdot 19{,}7}} = 0{,}189,$$

$$y_f = \frac{6 \cdot 0{,}0465\,P\,(35 - 19{,}7)}{0{,}189 \cdot 2{,}1 \cdot 10^6 \cdot 6{,}1^3 \cdot 2} = \frac{0{,}0237}{10^6}\,P \quad \text{cm}.$$

Zum Vergleich sind nachstehend auch die Ergebnisse gemäß den anderen Berechnungsverfahren angegeben.

	Berechnungsart nach			
	WESTPHAL	WATERS u. TAYLOR	BAILEY (ungebohrt)	VGB Gl. 105
Durchbiegung $y_f =$	$\frac{0{,}0222\,P}{10^6}$	$\frac{0{,}0556\,P}{10^6}$	$\frac{0{,}034\,P}{10^6}$	$\frac{0{,}017\,P}{10^6}$

Der Wert nach WATERS und TAYLOR scheint entschieden zu hoch zu sein, wie es auch schon früher bereits festgestellt wurde. Nimmt man den nach TIMOSHENKO ermittelten Wert als maßgebend an, so erkennt man durch Vergleich mit der vorhin berechneten Durchbiegung eines losen Flansches, daß letzterer trotz der um 10% größeren Blattstärke rd. 3mal elastischer ist als der feste Flansch. Darin liegt der Vorteil des losen Flansches.

4. Federwert der Dichtung und der sonstigen Teile.

Über die federnde Nachgiebigkeit der verschiedenen Dichtungsarten liegen gar keine Erfahrungswerte vor, so daß Versuche in dieser Beziehung erwünscht sind. Flachdichtungen mit rechteckigem Querschnitt werden im Höchstdruckbau praktisch nicht verwendet. Für profilierte Dichtungen müssen also auf rein theoretischer Grundlage einige Anhaltspunkte gegeben werden.

Nach Rötscher[1] setzt sich die Druckwirkung in einem Körper in einem sog. Einflußkegel fort, dessen Mantellinien unter 45° verlaufen (s. Abb. 224). Nur das Material innerhalb des Einflußkegels nimmt an der elastischen Formänderung infolge der Druckwirkung teil. Die rechnerische Erfassung des Federwertes dieses kegelstumpfförmigen Einflußkegels ist schwierig. Dieser Einflußkegel kann aber nach Rötscher genügend genau durch einen Zylinder ersetzt werden, dessen Außendurchmesser d_a durch Halbieren der Mantellinien erhalten wird. Aus Abb. 224 folgt also

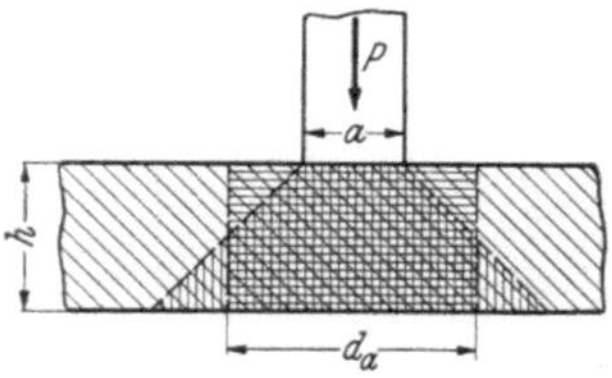

Abb. 224. Einflußkegel nach Rötscher.

$$d_a = h + a.$$

Bezeichnet man die elastische Formänderung dieses Zylinders unter der Kraft P mit Δh, so ist

$$\Delta h = h \frac{\sigma}{E} \quad \text{und} \quad \sigma = \frac{P}{\frac{\pi}{4} d_a^2},$$

somit

$$\Delta h = \frac{4 h P}{\pi E d_a^2} = \frac{1{,}275 h}{E (h + a)^2} P \quad \text{cm}.$$

Alle Maße sind in cm, P in kg und E in kg/cm² einzusetzen. Der Federwert des Einflußkegels ist also näherungsweise

$$C_E = \frac{P}{\Delta h} = \frac{E (h + a)^2}{1{,}275 h} \quad \text{kg/cm}. \tag{106}$$

Will man also die im Flansch durch die Muttern erzeugte federnde Nachgiebigkeit berechnen, so ist für h die Blattstärke des Flansches und für a die Schlüsselweite s der Muttern einzusetzen. Mit d_s = Schraubenlochdurchmesser und z = Lochanzahl wird der Federwert für den durch die Mutter gedrückten Flansch

$$C_{FM} = \frac{E [(h - s)^2 - d_s^2] z}{1{,}275 h} \quad \text{kg/cm}. \tag{107}$$

Sinngemäß sind alle unter einer bestimmten Flächenpressung stehenden Teile, wie z. B. Bund und Flansch, zu behandeln.

[1] Rötscher, F.: Die Maschinen-Elemente. Berlin: Springer 1927.

Ist D_b der Bunddurchmesser, D_i der innere Flanschdurchmesser und h die Flanschstärke, so ist der mittlere Durchmesser des Einflußkegels vom gedrückten Flanschvolumen $d_a = h + D_b$ und der entsprechende Federwert

$$C_{FB} = \frac{E[(h + D_b)^2] - D_i^2]}{1,275\,h} \quad \text{kg/cm} \tag{108}$$

und für den Bund bei einer Bundhöhe b

$$C_{BF} = \frac{E[D_b^2 - (D_i - b)^2]}{1,275\,b} \quad \text{kg/cm.} \tag{109}$$

Der Federwert einer gerillten Hartdichtung gemäß Abb. 225 kann wie folgt angenähert abgeleitet werden.

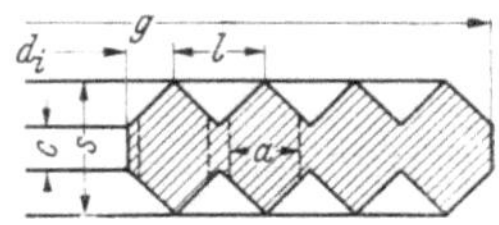

Abb. 225. Gerillte Hartdichtung.

Mit dem mittleren Durchmesser der Dichtung $d_m = \frac{g + d_i}{2}$ ist der reduzierte Querschnitt des Einflußkegels einer Rille

$$f = \frac{g + d_i}{2}\pi a = \frac{g + d_i}{2}\pi \frac{s}{2}.$$

Die Anzahl der Rillen ist

$$z = \frac{g - d_i}{2\,l}$$

$$\sum f = f\,z = \frac{g + d_i}{2}\pi \frac{s}{2}\,\frac{g - d_i}{2\,l} = \frac{(g^2 - d_i^2)\,s}{2,55\,l}.$$

Die federnde Nachgiebigkeit für die Dichtung wird

$$\varDelta s = s\frac{\sigma}{E} = s\frac{P}{E\sum f} = \frac{2,55\,l\,P}{E\,(g^2 - d_i^2)} \quad \text{cm.}$$

Daraus folgt der Federwert der gerillten Dichtung angenähert:

$$C_D = \frac{P}{\varDelta s} = \frac{(g^2 - d_i^2)\,E}{2,55\,l} = \frac{(g^2 - d_i^2)\,E}{2,55\,(s - c)} \quad \text{kg/cm.} \tag{110}$$

Bei der Linsendichtung muß die durch die schräge Auflage bedingte Radialkomponente $H = P\,\mathrm{tg}\gamma$ der Kraft berücksichtigt werden, die ein Schrumpfen der Linse verursacht. Die durch dieses Schrumpfen hervorgerufene axiale Federung ist

$$\varDelta e_1 = \frac{0,048\,d_a^2}{e_m E\,(d_a^2 - d_i^2)}\left(2,33 + 4,33\,\frac{d_i^2}{d_a^2}\right) 2\,P\,\mathrm{tg}^2\gamma\,^*.$$

Die Bedeutung der Zeichen geht aus Abb. 226 hervor. Der Winkel γ wird normalerweise mit 20° ausgeführt. Dann kann diese Gleichung vereinfacht werden

$$\varDelta e_1 = \frac{2\,P}{e_m E}\,z \quad \text{in cm.}$$

Für e_m wird der Mittelwert $\frac{2e + i}{3}$ eingeführt.

---

* Abgeleitet aus der Beziehung für eine durch Außendruck belastete Gefäßwandung.

Außerdem wird die Linsendichtung durch die Kraft P axial verformt um

$$\varDelta e_2 = \frac{4P}{E(d_a + d_i)\pi} = \frac{1{,}275\,P}{(d_a + d_i)\,E} \quad \text{in cm.}$$

Gesamtfederung der Linse ist also

$$\varDelta e = \varDelta e_1 + \varDelta e_2 = \frac{P}{E}\left(\frac{2}{e_m} z + \frac{1{,}275}{d_a + d_i}\right) \quad \text{cm}, \tag{111}$$

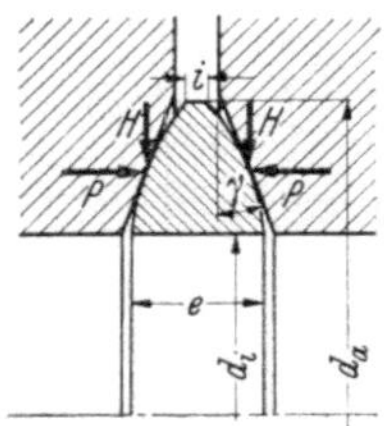

Abb. 226. Kraftwirkung an einer Linsendichtung.

worin

$$z = \frac{0{,}048\,d_a^2}{d_a^2 - d_i^2}\left(2{,}33 + 4{,}33\,\frac{d_i^2}{d_a^2}\right) \operatorname{tg}^2\gamma$$

aus Abb. 227 für $\gamma = 20°$ entnommen werden kann.

Der Federwert der Linsendichtung ist also

$$C_L = \frac{P}{\varDelta e} = \frac{E}{\frac{2}{e_m} z + \frac{1{,}275}{d_a + d_i}} \quad \text{kg/cm.} \tag{112}$$

Ausgehend von diesen für alle Teile einer Flanschverbindung abgeleiteten Beziehungen, wird nachstehend das Verspannungsschaubild für eine solche entworfen.

Beispiel 29. Als Beispiel soll eine Flanschverbindung einerseits mit Stauchbund und losem Flansch nach Abb. 219 und andererseits mit festem Stahlgußflansch nach Abb. 221 mit den Abmessungen der Zahlenbeispiele 27 und 28 gewählt werden. Als Dichtung ist eine Linse mit den Abmessungen $d_a = 195$, $d_i = 150$, $e = 20$, $i = 5$ mm nach Abb. 226 angenommen.

Der Federwert des losen und festen Flansches wurde bereits berechnet, und zwar für den kalten Zustand

$$\left.\begin{aligned} &\text{aus Beispiel 27:} \quad C_{lF} = \frac{10^6}{0{,}0812} \ \text{kg/cm} \\ &\text{aus Beispiel 28:} \quad C_{fF} = \frac{10^6}{0{,}0237} \ \text{kg/cm} \end{aligned}\right\} \text{nach Timoshenko.}$$

Die Berechnung soll unter der Annahme eines gleich großen E-Wertes für alle Teile der Verbindung durchgeführt werden, und zwar für $E = 2{,}15 \cdot 10^6$ kg/cm² im kalten Zustand.

Der Federwert der 12 Bolzenschrauben $1^3/_8''$ mit abgedrehtem Schaft von 28 mm Dmr., glatte Schaftlänge $l = 240$ mm ist nach Gl. (99)

$$C_{\text{Sch}} = \frac{\pi\,d_s^2\,E\,z}{4l} = \frac{\pi\,2{,}8^2 \cdot 2{,}15 \cdot 10^6 \cdot 12}{4 \cdot 24}$$

$$= \frac{10^6}{0{,}151} \quad \text{kg/cm.}$$

Der Federwert des Gewindes $1^3/_8{}''$ ist gemäß Zahlentafel 28 für $z = 12$ Schrauben

$$C_{\text{Gew}} = \frac{E\,z}{0{,}321} = \frac{2{,}15 \cdot 10^6 \cdot 12}{0{,}321} = \frac{10^6}{0{,}0124} \quad \text{kg/cm.}$$

Dieser Wert ist für den ganzen Bolzen, also für beiderseitiges Gewinde 2mal einzusetzen [jedoch nicht doppelt so groß zu nehmen, wie Gl. (101) zeigt!].

Federwert des durch die Mutter gedrückten Flanschvolumens nach Gl. (107) mit $h = 95$ bzw. 86 mm, s = Schlüsselweite der Mutter = 55 mm und Schraubenloch $d_s = 38$ mm

$$C_{lFM} = \frac{2{,}15 \cdot 10^6 [(9{,}5 + 5{,}5)^2 - 3{,}8^2]\, 12}{1{,}275 \cdot 9{,}5} = \frac{10^6}{0{,}00223} \quad \text{kg/cm für den losen Flansch}$$

$$C_{fFM} = \frac{2{,}15 \cdot 10^6 [(8{,}6 + 5{,}5)^2 - 3{,}8^2]\, 12}{1{,}275 \cdot 8{,}6} = \frac{10^6}{0{,}0023} \quad \text{kg/cm für den festen Flansch.}$$

Federwert des durch den Bund gedrückten Flanschvolumens nach Gl. (108) mit einem Bunddurchmesser $D_b = 235$ mm und einem Flanschinnendurchmesser $D_i = 193$ mm

$$C_{FB} = \frac{2{,}15 \cdot 10^6 [(9{,}5 + 23{,}5)^2 - 19{,}3^2]}{1{,}275 \cdot 9{,}5} = \frac{10^6}{0{,}00786} \quad \text{kg/cm.}$$

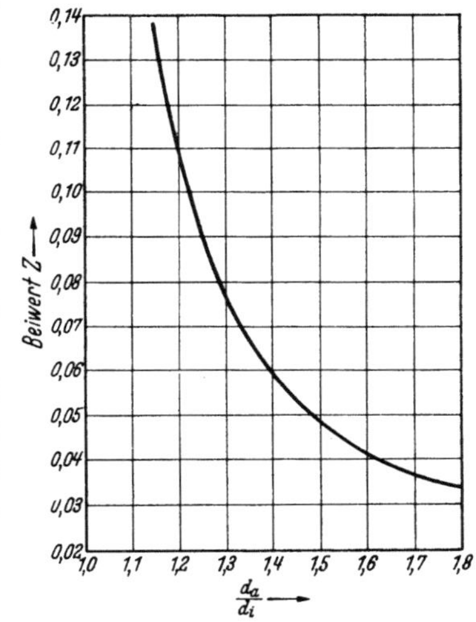

Abb. 227. Beiwert z für die Berechnung der Linsenfederung.

Der Federwert des durch den Flansch gedrückten Bundvolumens ist nach Gl. (109) mit einer Bundhöhe $b = 50$ mm und einem Bundinnendurchmesser $D_i = 150$ mm

$$C_{BF} = \frac{2{,}15 \cdot 10^6 [23{,}5^2 - (15 - 5)^2]}{1{,}275 \cdot 5} = \frac{10^6}{0{,}00656} \quad \text{kg/cm.}$$

Federwert der Linsendichtung nach Gl. (111) mit $z = 0{,}077$ für $d_a : d_i = 1{,}3$ aus Abb. 227 und

$$e_m = \frac{2 \cdot 20 + 5}{3} = 15 \text{ mm,}$$

$$C_L = \frac{2{,}15 \cdot 10^6}{\dfrac{2 \cdot 0{,}077}{1{,}5} + \dfrac{1{,}275}{19{,}5 + 15}} = \frac{10^6}{0{,}065} \quad \text{kg/cm.}$$

Der Federwert des durch die Linse gedrückten Flansch- bzw. Bundvolumens ist bei einem Druckkreis der Linse von $d_d = 165$ mm

$$C \approx \pi\, d_d\, E = \pi\, 16{,}5 \cdot 2{,}15 \cdot 10^6$$
$$= \frac{10^6}{0{,}009}\ \text{kg/cm}.$$

Damit ergibt sich der Gesamtfederwert der spannenden Teile nach Gl. (93) zu

$$\frac{1}{C_s} = \frac{1}{10^6}(0{,}0812 + 0{,}0237 + 0{,}151 + 0{,}0124 + 0{,}0124 + {}$$
$$+ 0{,}00223 + 0{,}0023 + 0{,}00786 + 0{,}00656)$$
$$= \frac{0{,}29965}{10^6}\ \text{cm/kg}$$

oder

$$C_s = 3350000\ \text{kg/cm}$$

der Federwert der verspannten Teile

$$\frac{1}{C_d} = \frac{1}{10^6}(0{,}065 + 0{,}009 + 0{,}009) = \frac{0{,}083}{10^6},$$

daraus

$$C_d = \frac{10^6}{0{,}083} = 12050000\ \text{kg/cm}.$$

Das Dreieck OAB in Abb. 228 stellt das maßstäbliche Verspannungsschaubild für die berechnete Flanschverbindung bei einer Vorspannung $V = 83000$ kg dar. Setzt man den unter dem Einfluß der Temperatur herabgeminderten Elastizitätsmodul im betriebswarmen Zustand für alle Teile gleich hoch mit $E_t = 1{,}75 \cdot 10^6$ kg/cm^2 ein, so müssen alle Federwerte im Verhältnis $E_t : E = 1{,}75 : 2{,}15 = 0{,}813$ verkleinert werden. Es ergibt sich dann für das Verspannungsschaubild das Dreieck $OA'B$ (Abb. 228). Die Vorspannung V sinkt auf $V' = 67500$ kg.

Unter der Annahme eines nach Gl. (98) berechneten Wärmedehnungsunterschiedes bei 500°C Dampftemperatur

$$\Delta l_t = 0{,}0068 \cdot 9{,}5 + 0{,}0069 \cdot 8{,}6 + 0{,}0074 \cdot 5 + 0{,}0066 \cdot 0{,}9 - 0{,}0064 \cdot 24$$
$$= 0{,}16689 - 0{,}1535$$
$$= 0{,}0134\ \text{cm}$$

ergibt sich das Verspannungsbild ohne Betriebsbelastung gemäß Dreieck OCD (Abb. 228). Die Vorspannung ist also auf $V_t' = 102500$ kg gestiegen.

Eine angenommene Betriebsbelastung $P = 21000$ kg ergibt danach gemäß Abb. 228 eine Gesamtlast für die Schrauben von

$$P'_{g_t} = V' + P'_t + P'_z,$$

worin

$$P'_t = C'_s\, \Delta l_t = 0{,}813 \cdot 3{,}30 \cdot 10^6 \cdot 0{,}0134 = 35900\ \text{kg}$$

und gemäß Gl. (95)

$$P'_z = \frac{C'_s}{C'_s + C'_d} P = \frac{2{,}68 \cdot 10^6}{(2{,}68 + 9{,}8) \cdot 10^6} 21000 = 4500 \text{ kg},$$

somit

$$P'_{g_t} = 67500 + 35900 + 4500 = \underline{107900 \text{ kg.}}$$

Das ergibt eine Betriebsbeanspruchung im Schaft der Schrauben von

$$\sigma_{\text{Schaft}} = \frac{P_{v_t}}{\frac{\pi}{4} d_s^2 z} = \frac{107900}{6{,}15 \cdot 12 \cdot 100} = \underline{14{,}6 \text{ kg/mm}^2}.$$

Bei einer Dampftemperatur von 500° C hat der Bolzen im Betriebszustand nach Zahlentafel 27 etwa 450° C. Ein CrMo-Stahl (z. B. MC 120) weist bei 450° C eine DVM-Kriechgrenze von 28 kg/mm². Die Sicherheit beträgt daher $S = 28 : 14{,}6 = 1{,}92$, ist also vollkommen ausreichend. Betrachtet man dagegen die gleiche Flanschverbindung, jedoch ohne Dichtung, d. h. mit tuschierten Flächen, so muß man die Vorspannung höher ansetzen, um eine Dichtheit zu gewährleisten. Es sei $V = 105000$ kg im kalten und $V' = 0{,}813 \cdot 105000 =$ rd. 85000 kg im warmen Zustande.

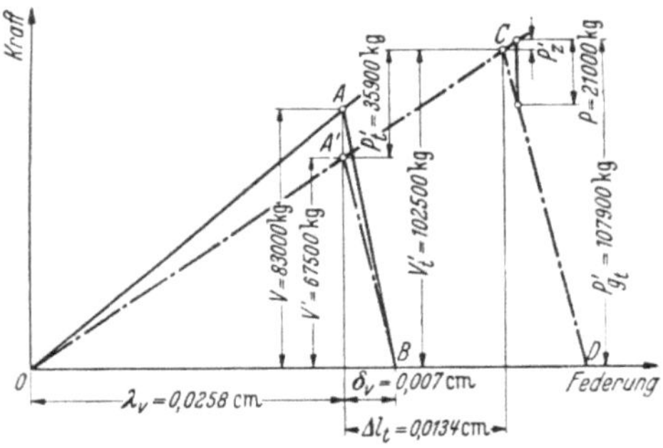

Abb. 228. Verspannungsschaubild für das Beispiel 29.

Der Federwert der gespannten Teile kann dann als unendlich groß angesehen werden, d. h. $C_d \approx \infty$. Die Linie AB bzw. $A'B$ in Abb. 228 würde also vertikal verlaufen. Der Wärmedehnungsunterschied im Betriebszustand bei 500° C Dampftemperatur ist dann

$$\Delta l_t = 0{,}0068 \cdot 9{,}5 + 0{,}0069 \cdot 8{,}6 + 0{,}0074 \cdot 5 - \\ - 0{,}0064 \cdot 23{,}1 = 0{,}16095 - 0{,}14775 = 0{,}0132 \text{ cm}.$$

Daraus ergeben sich, wie vorhin erläutert, folgende Werte:

$$P'_t = C'_s \, \Delta l_t = 0{,}813 \cdot 3{,}3 \cdot 10^6 \cdot 0{,}0132 = 35400 \text{ kg}$$

und

$$P'_z = \frac{C'_s}{C'_s + C'_d} P = 0$$

(da $C'_d = \infty$ ist). Somit

$$P'_{g_t} = 85000 + 35400 + 0 = 120400 \text{ kg}$$

und

$$\sigma_{\text{Schaft}} = \frac{120400}{6{,}15 \cdot 12 \cdot 100} = \underline{16{,}3 \text{ kg/mm}^2}$$

$$\text{Sicherheit } S = \frac{28}{16{,}3} = 1{,}72.$$

Die Bolzenschrauben werden bei einer dichtungslosen Flanschverbindung folglich etwas höher belastet, bleiben aber dafür von einer etwaigen Steigerung der Betriebslast P, z. B. infolge eines zeitweiligen Druckanstiegs, vollkommen unberührt, da $P'_z = 0$ ist. Ein Wasserschlag würde die Schrauben also nicht gefährden.

Betrachtet man die Temperaturverteilung in der Flanschverbindung während des Anfahrzustandes, so muß man die Bauart der Verbindung berücksichtigen. Wie die Abb. 217 zeigt, werden bei einer Verbindung Bundflansch mit Stahlgußflansch die Bolzenschrauben während des Anfahrens durch den sehr schnell heiß werdenden Stahlgußflansch stärker aufgeheizt und sind daher heißer als der lose Flansch. Dadurch wird bei dieser Bauart der Wärmedehnungsunterschied $\Delta l''_t$ gering ausfallen (im vorliegenden Fall wäre $\Delta l''_t = 0{,}0132$ cm).

Anders ist es bei einer Verbindung von zwei Bundflanschen. Unter Zugrundelegung der Temperaturverteilung gemäß Abb. 216 ergibt sich für den Anfahrzustand ein Wärmedehnungsunterschied $\Delta l''_t = 0{,}0317$ cm. Für eine Verbindung von zwei Bundflanschen wäre der Federwert der spannenden Teile mit den vorhin berechneten Zahlen

$$C_s = 2{,}45 \cdot 10^6 \text{ kg/cm}.$$

Der Federwert der gespannten Teile bleibt

$$C_d = 12{,}05 \cdot 10^6 \text{ kg/cm}.$$

Durch die Einwirkung der Temperatur sinken die Federwerte ab, und zwar auf etwa

$$C''_s = 2{,}25 \cdot 10^6 \quad \text{und} \quad C''_d = 11{,}05 \cdot 10^6 \text{ kg/cm}.$$

Die Kräfte ergeben sich dann zu

$$V'' = 76300 \text{ kg},$$

$$P''_t = C''_s \, \Delta l''_t = 71300 \text{ kg},$$

$$P''_z = \frac{2{,}25 \cdot 10^6}{(2{,}25 + 11{,}05) \cdot 10^6} \, 21000 = 3570 \text{ kg},$$

$$P''_{\vartheta_t} = 76300 + 71300 + 3570 = 151170 \text{ kg}$$

und daraus die Beanspruchung im Schaft

$$\sigma''_{\text{Schaft}} = \frac{151170}{6{,}15 \cdot 12 \cdot 100} = \underline{\underline{20{,}5 \text{ kg/mm}^2}}.$$

Da der Bolzenwerkstoff bei einer Temperatur von 165° C noch eine sehr hohe Streckgrenze besitzt (etwa 50 kg/mm²), besteht somit keine Gefahr der Überlastung.

Welchen Einfluß die genaue Erfassung der Federwerte aller Teile der Flanschverbindung hat, soll hier ebenfalls gezeigt werden.

Würde man nur die elastische Dehnung der Bolzenschrauben berücksichtigen, d. h. auch die Flanschdurchbiegung vernachlässigen und die gesamte Federungsarbeit als von den Bolzen aufgenommen betrachten, dann würde man eine Betriebsbeanspruchung im Schaft von 19,2 kg/mm² erhalten, was eine Überbeanspruchung des Bolzenwerkstoffes vortäuscht, die gar nicht vorliegt.

III. Beanspruchung innerhalb der Flanschverbindung.

Im letzten Abschnitt wurde gezeigt, daß zur Ermittlung der auftretenden Kräfte die Elastizität einer Flanschverbindung bestimmt werden muß. Die Wahl der Vorspannung richtet sich nach den Betriebsverhältnissen und hängt weiter von der Art der verwendeten Dichtung ab.

Nachdem die Gesamtkraft P_{g_t} bestimmt ist, können die in den einzelnen Teilen einer Flanschverbindung durch sie hervorgerufenen Beanspruchungen berechnet werden.

Der Einfachheit halber soll im weiteren die in der Verbindung wirkende Gesamtkraft mit P bezeichnet werden.

1. Beanspruchung der Schrauben.

Die Ermittlung der im glatten Schaft der Schrauben wirkenden Zugspannung σ_z macht keinerlei Schwierigkeiten.

Im Gewinde der Schrauben liegen ganz andere Verhältnisse vor. Der erste tragende Gewindegang übernimmt den größten Teil der Last. Die Verteilung der Kraft auf die einzelnen Gewindegänge wurde von L. Maduschka[1] eingehend untersucht.

Unter Hinweis auf die im Abschnitt C II/2 für die Berechnung des Federwertes des Gewindes gezeigten Zusammenhänge sind weiterhin folgende Überlegungen maßgebend.

Die Summe der Längenänderungen $\beta_{n-1,n}$ zwischen dem $n-1$-ten und n-ten Gang des Bolzens und $\mu_{n-1,n}$ zwischen den entsprechenden Gängen der Mutter muß durch den Unterschied der Durchbiegung y_{n-1} und y_n der gleichen Gewindegänge ausgeglichen werden. Die auf die Mutter noch wirkenden Momente der Gewindebelastungen können nach Maduschka infolge der Gegenwirkung der Ringspannungen als unerheblich außer acht gelassen werden.

---

[1] Maduschka, L.: Beanspruchung von Schraubenverbindungen und zweckmäßige Gestaltung der Gewindeträger. Forschung Bd. 7 (1936) H. 6, S. 299.

Mit den Bezeichnungen der Abb. 218 ist die Durchbiegung des n-ten Gewindeganges nach MADUSCHKA

$$y_n = \frac{3}{E d_m \pi} \left\{ \left[-1,5 + 2\frac{h_2}{h_1} - \frac{1}{2}\left(\frac{h_2}{h_1}\right)^2 + (1 + \operatorname{tg}^2\gamma) \ln \frac{h_1}{h_2} \right] \operatorname{ctg}^3\gamma - \right.$$
$$\left. - 4\left(\frac{l}{h_1}\right)^2 \operatorname{tg}\gamma \right\} P_n = c_G P_n. \tag{113}$$

Mit den Werten nach DIN 11 ist

$$y_n = \frac{0,855}{E d_m \pi} P_n = c_G P_n.$$

Die im Abschnitt C II/2 ebenfalls schon berechnete Aufweitung der Mutter $\varrho_{n_M} = k_M H_n$ und Querzusammenpressung des Gewindebolzens $\varrho_{n_B} = k_B H_n$ infolge der Horizontalkomponente $H_n = P_n \operatorname{tg}\gamma$ ergibt eine weitere axiale Federung des Gewindes

$$\Delta h_{n-1,\,n} = (\varrho_{n-1} - \varrho_n) \operatorname{tg}\gamma,$$

die für den Ausgleich der Dehnungsunterschiede ebenfalls maßgebend ist.

Daraus ergeben sich die Beziehungen für den Fall a) der ungleichartigen Belastung des Bolzens und der Mutter

$$y_n = y_{n-1} - (\beta_{n-1,\,n} + \mu_{n-1,\,n}) + \Delta h_{n-1,\,n}$$

bzw. bei gleichartiger Belastung (Fall b):

$$y_n = y_{n-1} - (\beta_{n-1,\,n} - \mu_{n-1,\,n}) + \Delta h_{n-1,\,n}.$$

Daraus entwickelt MADUSCHKA für den Belastungsfall a) das Gleichungssystem

$$\begin{aligned} P_2 &= P_1 - \alpha\,[P_s - P_1] \\ P_3 &= P_2 - \alpha\,[P_s - (P_1 + P_2)] \\ &\ldots\ldots\ldots\ldots\ldots\ldots\ldots\ldots \\ P_n &= P_{n-1} - \alpha\,[P_s - (P_1 + P_2 + \cdots + P_{n-1})], \end{aligned}$$

wobei außerdem

$$P_s = P_1 + P_2 + \cdots + P_n$$

ist.

Für den Beiwert α gilt:

$$\alpha = \frac{c_B + c_M}{c_G + (k_B + k_M) \operatorname{tg}^2\gamma}.$$

Die Werte c_B, c_M, k_B und k_M sind in der Zahlentafel 28 für Whitworth-Gewinde $^3/_4''$ bis $1^7/_8''$ ausgerechnet. Unter der Annahme, daß $E_B = E_M = E$ ist, folgen die Werte für c_G und α.

Zahlentafel 29. *Beiwerte c_G, α und ε für DIN 11.*

	Gewinde									
	3/4″	7/8″	1″	1 1/8″	1 1/4″	1 3/8″	1 1/2″	1 5/8″	1 3/4″	1 7/8″
$c_G E$	0,4915	0,419	0,366	0,326	0,291	0,2655	0,2415	0,225	0,2075	0,194
α	0,183	0,17	0,166	0,171	0,143	0.159	0,137	0,162	0,143	0,163
ε	0,1328	0,119	0,1153	0,1185	0,096	0,1074	0,0919	0,1105	0,0962	0,103
$\alpha_1 = \varepsilon_1$	0,212	0,197	0,193	0,197	0,168	0,184	0,161	0,188	0,168	0,178

Die Erläuterung der Beiwerte ε, α_1 und ε_1 folgt weiter S. 355.

Damit können die Einzelkräfte P_1, P_2 usw. für jede Gewindegröße berechnet werden. Der gleichartige Aufbau des Whitworth-Gewindes nach DIN 11 ergibt, wie der Verfasser festgestellt hat, eine fast vollkommene Unabhängigkeit der Kraftverteilung von der Gewindegröße. Unter der Annahme, daß bei einer Mutterhöhe = Gewindedurchmesser höchstens 80% aller Gewindegänge tragen, kommt für alle Gewindegrößen von $^3/_4$ bis $1^7/_8{}''$ als maßgebende Gangzahl 6 in Frage. Man kann also für alle diese Gewindegrößen mit größter Genauigkeit folgende Kraftverteilung zugrunde legen.

Zahlentafel 30. *Kraftverteilung für Whitworth-Gewinde $^3/_4{}''$ bis $1^7/_8{}''$ nach DIN 11.*

	Gewindegang					
	1	2	3	4	5	6
Teilkraft	P_1	P_2	P_3	P_4	P_5	P_6
	Verhältnis der Teilkraft zur Schraubenkraft P_s					
Verhältnis . . .	0,332	0,229	0,159	0,115	0,089	0,076

Daraus erkennt man, daß der erste Gewindegang schon ein Drittel der Gesamtlast aufzunehmen hat. Im Beispiel 29 wurde die Schraubenkraft $P_s = \frac{1}{z} P_{g_t} = \frac{1}{12}\, 107\,900 = 9000$ kg ermittelt. Auf den ersten Gewindegang würden also danach $P_1 = 0{,}332 \cdot 9000 = 2990$ kg entfallen.

Nach MADUSCHKA wird der n-te Gewindegang gemäß Abb. 218 durch das Moment

$$M_{b_n} = P_n\, l - H_n \frac{h_2}{2}$$

$$= P_n \left(l - \frac{h_2}{2} \operatorname{tg} \gamma \right) \quad \text{cm kg}$$

belastet. Das Widerstandsmoment des gefährlichen Querschnittes vom Gewindegang ist

$$W = \frac{d_k\, \pi\, h_1^2}{6} \quad \text{cm}^3.$$

Somit die Biegungsspannung im Gewindegrund des n-ten Ganges

$$\sigma_{b_n} = \frac{M_{b_n}}{W} = \frac{6\,(l - 0{,}5\,h_2 \operatorname{tg}\gamma)}{d_k\,\pi\,h_1^2\,100} P_n \quad \text{kg/mm}^2.$$

Für Whitworth-Gewinde nach DIN 11 vereinfacht sich diese Beziehung zu

$$\sigma_{b_n} = \frac{P_n}{191{,}7\,h\,d_k} \quad \text{kg/mm}^2.$$

Ferner wirkt im Gewinde noch die Scherspannung

$$\tau_{s_n} = \frac{P_n}{100 d_k\,\pi\,h_1} = \frac{P_n}{262\,d_k\,h} \quad \text{kg/mm}^2,$$

d_k = Kerndurchmesser des Gewindes in cm, h = Ganghöhe in cm.

In der Zahlentafel 31 sind die Werte für Whitworth-Gewinde DIN 11 ausgerechnet.

Zahlentafel 31.

Biegungs- und Scherspannungen im n-ten Gewindegang für Gewinde nach DIN 11.

	Gewinde								
	3/4″	7/8″	1″	1 1/8″	1 1/4″	1 3/8″	1 1/2″	1 5/8″	1 3/4″
σ_{b_n} in kg/mm²	$\frac{P_n}{77}$	$\frac{P_n}{100{,}5}$	$\frac{P_n}{130}$	$\frac{P_n}{166{,}5}$	$\frac{P_n}{188{,}5}$	$\frac{P_n}{240}$	$\frac{P_n}{265}$	$\frac{P_n}{338}$	$\frac{P_n}{370}$
τ_{s_n} in kg/mm²	$\frac{P_n}{105}$	$\frac{P_n}{137{,}5}$	$\frac{P_n}{178}$	$\frac{P_n}{227}$	$\frac{P_n}{258}$	$\frac{P_n}{327}$	$\frac{P_n}{362}$	$\frac{P_n}{462}$	$\frac{P_n}{505}$

Aus Beispiel 29 folgt für 12 Schrauben $1^3/_8{}''$

$$P_s = \tfrac{1}{12}\,107\,900 = 9000 \text{ kg},$$
$$P_1 = 0{,}332\,P_s = 2990 \text{ kg},$$

daraus die Biegungsspannung im ersten Gewindegang nach Zahlentafel 31

$$\sigma_b = \frac{2990}{240} = 12{,}45 \text{ kg/mm}^2.$$

Man erkennt daraus, wie sehr gerade der erste Gewindegang gefährdet ist.

Für die im Rohrleitungsbau selten vorkommende gleichartige Beanspruchung von Bolzen und Mutter (Fall b) gelten nach MADUSCHKA folgende Beziehungen:

$$P_2 = P_1 - \varepsilon\,P_s + \alpha\,P_1$$
$$P_3 = P_2 - \varepsilon\,P_s + \alpha\,(P_1 + P_2)$$
$$\cdots\cdots\cdots\cdots\cdots\cdots$$
$$P_n = P_{n-1} - \varepsilon\,P_s + \alpha\,(P_1 + P_2 + \cdots + P_{n-1})$$

außerdem

$$P_s = P_1 + P_2 + \cdots + P_n.$$

Der Beiwert α ist der gleiche wie vor; für ε gilt

$$\varepsilon = \frac{c_B}{c_G + (k_B + k_M)\,\mathrm{tg}^2\,\gamma}\,.$$

Siehe auch Zahlentafel 29.

Für das eingeschraubte Stiftgewinde von Stiftschrauben gilt der Belastungsfall b) (s. S. 352), d. h. gleichartige Beanspruchung von Bolzen- und Mutterflanschgewinde. In diesem Fall können jedoch c_M und k_M gleich Null gesetzt werden, da die Längung und Aufweitung des Mutterflansches vernachlässigbar klein werden. Die Beiwerte α_1 und ε_1 werden damit gleich groß, und zwar

$$\alpha_1 = \varepsilon_1 = \frac{c_B}{c_G + k_B\,\mathrm{tg}^2\,\gamma}\,,$$

wofür in der Zahlentafel 29 ebenfalls die Zahlenwerte ausgerechnet sind.

Die größte Teilkraft wirkt auch im Belastungsfall b) im ersten Gewindegang und kann aus

$$P_1 = \frac{1 + 15\varepsilon + 35\alpha\,\varepsilon + 28\alpha^2\,\varepsilon + 9\alpha^3\,\varepsilon + \alpha^4\,\varepsilon}{6 + 35\alpha + 56\alpha^2 + 36\alpha^3 + 10\alpha^4 + \alpha^5}\,P_s \tag{115}$$

berechnet werden, wenn wieder sechs tragende Gewindegänge angenommen werden.

Bei einer Stiftschraube $1^3/_8''$ ist mit Gl. (115) die Teilkraft im ersten Gewindegang $P_1 = 0{,}352\ P_s$ und im zweiten Gang $P_2 = 0\ 233\ P_s$ (unter Berücksichtigung von $\alpha_1 = \varepsilon_1 = 0{,}184$ aus Zahlentafel 29).

Verdrehungsspannung. Beim Anziehen einer Schraubenverbindung treten durch das an der Mutter wirkende Drehmoment infolge der Reibung im Gewinde Verdrehungsspannungen in der Schraube auf. Maßgebend ist für diese Spannung das innere Drehmoment

$$M_i = V\,r_m\,\mathrm{tg}\,(\alpha + \varrho') \quad \text{cmkg.} \tag{116}$$

Daraus die Verdrehungsspannung

$$\tau = \frac{M_i}{\frac{\pi}{16}\,d_k^3} = \frac{16\,V\,r_m\,\mathrm{tg}\,(\alpha + \varrho')}{\pi\,d_k^3\,100} \quad \text{kg/mm}^2, \tag{117}$$

worin

V = Vorspannung in kg,
r_m = mittlerer Gewindehalbmesser in cm,
d_k = Kerndurchmesser der Schraube,
$\mathrm{tg}\,\alpha = \frac{h}{\pi\,d_m}$ = Gewindesteigung,
$\mathrm{tg}\,\varrho' = \mu$ = Reibungsziffer

bedeuten.

In Wirklichkeit ist aber die Verdrehungsspannung durch die Rückfederung der Mutter kleiner, als sie sich nach obiger Gleichung ergibt.

THUM und DEBUS[1] haben auf Grund von Versuchen festgestellt, daß die unter der Wirkung des Drehmoments beim Anziehen der Schraube sich einstellende Gesamtspannung 30% höher liegt als die durch die Vorspannung allein erzeugte Zugspannung σ_z, also

$$\sigma = 1{,}3\,\sigma_z.$$

Biegungsbeanspruchung. KAEHLER[2] macht besonders auf die zusätzlichen Biegungsspannungen in den Schrauben aufmerksam. Diese Biegung der Schrauben entsteht infolge der Flanschdurchbiegung und der hierdurch bedingten schiefen Auflage der Muttern.

Diese Schräglage der Schraubenachse $\operatorname{tg}\varphi_s$ verringert sich durch einseitiges federndes Nachgeben der Muttern und etwaiger Unterlegscheiben oder Hülsen um $\operatorname{tg}\varphi_m$.

Ist die Neigung der Mutterauflagefläche infolge der Durchbiegung *eines* Flansches gleich $\operatorname{tg}\varphi$ (s. Abschnitt C II 3), so wird angenähert

$$\operatorname{tg}\varphi_s \approx \operatorname{tg}\varphi - \operatorname{tg}\varphi_m.$$

Diese Neigung $\operatorname{tg}\varphi_s$ der Schraubenachse ergibt ein Biegungsmoment

$$M_b = \frac{\pi E d_s^4 \operatorname{tg}\varphi_s}{32 L} \quad \text{cmkg} \tag{118}$$

und eine Biegungsspannung

$$\sigma_b = \frac{M_b}{W_s} = \frac{E d_s \operatorname{tg}\varphi_s}{100 L} \quad \text{kg/mm}^2 \tag{119}$$

darin bedeuten:

d_s = Schaftdurchmesser der Schraube in cm,
L = Biegelänge (Einspannlänge) der Schrauben in cm.

Im Beispiel 29 wurde für den losen Flansch der Federwert zu

$$C_{lF} = \frac{10^6}{0{,}0812} = \frac{P}{y_l} \quad \text{kg/cm}$$

ermittelt. Daraus die Flanschneigung

$$\operatorname{tg}\varphi \approx \varphi = \frac{2P}{(D_l - D_i)\,C_{lF}} = \frac{2\,P\,0{,}0812}{(35 - 19{,}3)\,10^6} = \frac{0{,}01034}{10^6}\,P.$$

Setzt man die Kraft, wie schon ermittelt wurde, mit $P = 107\,900$ kg ein, so folgt

$$\operatorname{tg}\varphi = 0{,}001\,115.$$

Nimmt man ferner an, daß die einseitige federnde Nachgiebigkeit $\operatorname{tg}\varphi_m$ der Muttern und des Gewindes etwa halb so groß ist, so folgt

$$\operatorname{tg}\varphi_s = 0{,}001\,115 - 0{,}000\,555 = 0{,}000\,56.$$

[1] THUM, A., u. F. DEBUS: Vorspannung und Dauerhaltbarkeit von Schraubenverbindungen. Mitt. MPA. Darmstadt. Berlin: VDI-Verlag 1936.

[2] KAEHLER, P.: Die Belastung der Schrauben in verspannten Schraubenverbindungen. Wärme Bd. 63 (1940) H. 2.

Daraus die Biegungsspannung im Betriebszustand nach Gl. (119)

$$\sigma_b = \frac{1,75 \cdot 10^6 \cdot 2,8 \cdot 0,00056}{100 \cdot 24} = \underline{1,14 \text{ kg/mm}^2} .$$

Diese Biegungsspannung ist relativ niedrig, weil es sich erstens um sehr lange Schrauben handelt, und ferner weil der Schaft unter Kerndurchmesser abgedreht ist. Aus der Gl. (119) erkennt man, welchen Einfluß diese Abmessungen auf die Biegungsspannung ausüben.

Bei kurzen Schrauben ist es daher doppelt wichtig, das entstehende Biegungsmoment möglichst klein zu halten. Das ist z. B. dadurch möglich, daß entweder Unterlegscheiben mit Kugelfläche verwendet werden oder die Mutter selbst einerseits mit Kugelfläche ausgebildet wird. Wenn auch ein Gleiten der Kugelflächen aufeinander in gespannter Ruhelage des Betriebszustandes nicht stattfinden wird, so können sich die Muttern wenigstens während des Anziehens der Verbindung auf die entstehende Schräglage der Flanschen selbsttätig einstellen. Dadurch wird die Schraube nur durch die wesentlich kleinere zusätzliche auf die Betriebsspannung zurückzuführende Flanschdurchbiegung gebogen und es fällt σ_b entsprechend kleiner aus.

Im vorstehenden Zahlenbeispiel würde nach obigem die Biegungsspannung bei

$$P = P'_t + P'_z = 35900 + 4500 = 40400 \text{ kg}$$

auf $\sigma_b = 0,425$ kg/mm² sinken.

2. Beanspruchung der Flanschen durch die Schraubenspannung.

Eine Übersicht über die verschiedenen Berechnungsverfahren loser und fester Flansche geben SCHULZ und SCHILLER[1] an. Hier sollen nur einige der wesentlichsten Berechnungsvorschläge erläutert werden.

a) Berechnung nach DIN 2506 bzw. 2505.

Für *lose Flansche* gilt das DIN-Blatt 2506. Es ist auf den Arbeiten von BACH aufgebaut und behandelt den Flansch als ringförmige Platte.

Unter Hinweis auf die Abb. 219 sind folgende Annahmen gemacht.

Die Kraft P ist gleichmäßig auf dem Lochkreisumfang, die Gegenkraft $-P$ ebenso auf dem Bundaußenumfang verteilt. Das Biegungsmoment ist

$$M_b = \frac{P(D_l - D_B)}{2\pi} \quad \text{cm kg.}$$

Der DIN-Vorschlag berücksichtigt nur die Umfangsspannungen, und diese werden als unabhängig vom Mittelpunktsabstand angesehen. Das

[1] SCHULZ, E., u. A. SCHILLER: Wie berechnet man Flanschverbindungen? Wärme Bd. 58 (1935) H. 31 u. 32.

trifft in Wirklichkeit nicht zu, denn die Umfangsspannungen haben ihren größten Wert am Innenrand und fallen nach außen hin ab. Es wird also nur ein Mittelwert berechnet.

Die stets vorhandenen Radialspannungen werden vernachlässigt.

Nach DIN 2506 ist die mittlere Umfangsspannung mit den hier eingeführten Bezeichnungen:

$$\sigma_{tm} = \frac{M_b}{W} = \frac{P(D_l - D_B)\,6}{2\,\pi(D_a - D_i - 2\,d_s)\,h^2} \quad \text{kg/cm}^2. \tag{120}$$

Der Einfluß der Schraubenlöcher ist nach Versuchen von SIEBEL kleiner, als es der Abnahme des Widerstandsmoments des Flanschquerschnittes entspricht.

Infolge der Durchbiegung des Flansches liegen die Muttern nur mit ihrer dem Rohr zugekehrten Kante auf. Dadurch verringert sich der Hebelarm des Moments auf den Wert $\varphi\,x$. Wie groß der Beiwert φ ist, gibt DIN 2506 nicht an, sondern er wird im Zusammenhang mit anderen Festwerten aus im Betrieb bewährten Bauarten entnommen.

Diese Voraussetzung ist auch nur bedingt richtig, denn die Schräglage der Flanschen ergibt ein einseitiges Nachgeben der Muttern und eine Verbiegung der Schrauben und dürfte den Biegungshebelarm des Flansches nur wenig beeinflussen.

Interessant ist, daß die zulässige Beanspruchung vom Produkt Nennweite mal Nenndruck abhängig gemacht wird. Was für die Festlegung der genormten Abmessungen notwendig und zweckmäßig ist, führt dagegen im Höchstdruckbau bei hohen Nenndrücken zu verhältnismäßig schwachen Blattstärken.

Für *feste Flanschen* legt DIN 2505, ebenfalls auf BACHschen Arbeiten fußend, folgende Annahmen zugrunde. Der Flansch wird als eine Reihe nebeneinander angeordneter Balken betrachtet, die an der Innenkante eingespannt sind. Die Schraubenlast P ist auf dem Lochkreisumfang verteilt und die Gegenkraft $-P$ auf dem Umfang mit einem Durchmesser $d_1 = D_i + s_1$.

Daraus das Biegungsmoment

$$M_b = \frac{P(D_l - D_i - s_1)}{2}\,.$$

Der gefährliche Querschnitt wird als eine Kegelfläche angesehen, deren Erzeugende unter dem Winkel α zur Rohrachse geneigt ist und die Hohlkehle zwischen Flanschteller und Übergang mit der inneren Kante des Flansches verbindet.

Nach DIN 2505 werden nur die Radialspannungen

$$\sigma_r = \frac{M_b}{W}\,\frac{P(D_l - D_i - s_1)\,6}{2\pi(D_i + s_1)\,(h^2 + s_1^2)} \quad \text{kg/cm}^2 \tag{121}$$

berücksichtigt, während die Umfangsspannungen vernachlässigt werden.

SCHULZ und SCHILLER weisen darauf hin, daß diese Annahme nicht zutrifft. Spätere Ermittlungen werden das beweisen.

Ferner ist die Beanspruchung in der Hohlkehle zwischen Flanschteller und Übergang meistens höher als diejenige in der Kegelfläche, die nach DIN 2505 als gefährlicher Querschnitt angesehen wird.

Die verlockende Einfachheit der DIN-Berechnung darf also nicht dazu verleiten, die Formeln ohne Überlegung anzuwenden. Man muß sich vielmehr stets die zugrunde gelegten vereinfachenden Annahmen vor Augen halten.

b) Vorschlag von TIMOSHENKO[1].

Nach TIMOSHENKO wird der *lose Flansch* zu einer Kegelfläche mit dem Winkel φ umgebogen, wobei der Flansch eben bleibt. Dieser Forscher berücksichtigt die Abhängigkeit der Umfangsspannung vom Mittelpunktsabstand. Für die Radialspannungen werden von ihm keine Beziehungen angegeben. Diese sind allerdings am Innenrand, wo die Umfangsspannung ihren Größtwert besitzt, gleich Null (auch am Außenrand ist $\sigma_r = 0$).

Nach diesen Annahmen ergibt sich die größte Umfangsspannung am Innenrand

$$\sigma_{t\,\max} = \sigma_{t_i} = \frac{3\,P\,(D_l - D_i)}{\pi\,D_i h^2 \ln \dfrac{D_a}{D_i}}\ \mathrm{kg/cm^2}. \tag{122}$$

Die am Außenrand des Flansches wirkend angenommene Kraft P' ist in dieser Gleichung bereits auf den Lochkreis entsprechend

$$P = P' \frac{D_a - D_i}{D_l - D_i}$$

umgerechnet.

TIMOSHENKO zeigt, daß diese anschauliche und zu sehr einfachen Beziehungen führende Annahme kaum von den Ergebnissen der genauen Plattentheorie abweicht.

Die Umfangsspannung sinkt vom Innenrand linear nach dem Außenrand hin ab.

Für *feste Flansche* macht TIMOSHENKO die in Abb. 222 gezeigten Annahmen. Hierbei wird der Ansatz als unendlich langes Rohr mit der Wanddicke s_m angesehen, und die Aufweitung des Ansatzes infolge der Flanschverbiegung vernachlässigt.

Die Beziehung zwischen der an der Verbindungsstelle zwischen Flanschteller und Ansatz wirkenden Schubkraft Q und dem Einspannmoment M_0 lautet

$$Q = \beta\,M_0.$$

Für β und M_0 gelten die Beziehungen im Abschnitt C II/3 b.

---

[1] TIMOSHENKO, S.: Siehe S. 339.

Durch die Belastung des Flansches durch die Kraft P (auf den Lochkreis bezogen) wird der Ansatz auf Biegung beansprucht. Das dem Widerstand des Ansatzes entsprechende Moment ist

$$M_1 = M_0 + Q\frac{h}{2}\,.$$

Im Zusammenwirken mit dem durch P bedingten Moment entsteht an der Flanschinnenkante eine Umfangsspannung

$$\sigma_{t_i} = \frac{3\,P\,(D_l - D_m)}{\pi\, D_i h^2 \ln\dfrac{D_a}{D_i}}\left[1 - \frac{m}{m+n}\right] \quad \text{kg/cm}^2. \tag{123}$$

Die Werte

$$m = 1 + \frac{\beta\, h}{2}$$

und

$$n = \left(\frac{h}{s_m}\right)^3 \frac{\ln\dfrac{D_a}{D_i}}{\beta\, D_m}$$

können aus den Abb. 229 und 230 entnommen werden.

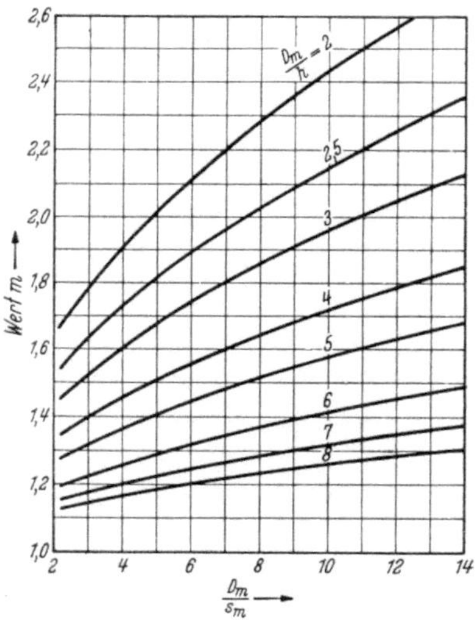

Abb. 229. Beiwert m für Flanschberechnung nach TIMOSHENKO.

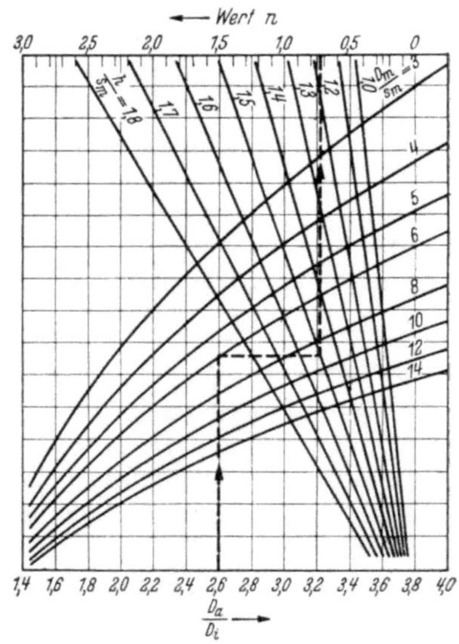

Abb. 230. Beiwert n für Flanschberechnung nach TIMOSHENKO.

Nach den Annahmen von TIMOSHENKO gelten vorstehende Beziehungen nur dann, wenn das Produkt $\beta\, H \geqq 2$ ist.

Das trifft bei festen Flanschen in den meisten Fällen zu. Nötigenfalls kann eine Berichtigung vorgenommen werden, indem statt m und n die Werte

$$m' = 1 + u\,\frac{\beta\, h}{2}$$

und

$$n' = v\left(\frac{h}{s_m}\right)^3 \frac{\ln \frac{D_a}{D_i}}{\beta D_m}$$

eingesetzt werden. Für u und v gilt

$\beta H =$ 0,5	0,8	1,0	1,2	1,4	1,6	1,8
$u =$ 3	1,89	1,54	1,32	1,17	1,09	1,04
$v =$ 12,2	3,3	1,97	1,43	1,19	1,09	1,04

Die gleiche Berichtigung muß auch für M_0 vorgenommen werden; für die Schubkraft gilt dann $Q' = u\,\beta\,M_0$ und für die Flanschneigung $\varphi' = v\,\frac{6\,M_0}{E\,\beta\,s_1^3}$.

Nach den von TIMOSHENKO zugrunde gelegten Annahmen ist die Biegungsspannung am Übergang vom Flanschteller zum Ansatz

$$\sigma_b = \frac{6\,M_0}{s_1^2} = \frac{3\,P\,(D_l - D_m)}{\pi\,s_1^2\,D_i}\,\frac{1}{m+n} \quad \text{kg/cm}^2 \tag{124}$$

und die Radialspannung am Innenrand des Flanschtellers

$$\sigma_{r_i} = \left(\frac{s_1}{h}\right)^2 \sigma_b \quad \text{kg/cm}^2. \tag{125}$$

SCHULZ und SCHILLER stellen fest, daß TIMOSHENKO in einigen Punkten zutreffendere Annahmen macht als andere Forscher z. B. dadurch, daß er die wirkliche lichte Weite des Flanschtellers in die Rechnung einführt. Auch die Ermittlung der Biegungsspannung σ_b dürfte den wirklichen Verhältnissen gut entsprechen, weil der Übergang zwischen Flansch und Ansatz in Betracht gezogen wird.

c) Vorschlag von SIEBEL und SCHWAIGERER[1].

Es werden die sehr einfachen Beziehungen

$$\text{für } \textit{lose} \text{ Flansche} \quad \sigma_{tm} = \frac{M_b}{2\pi\,W_F}, \tag{126}$$

$$\text{für } \textit{feste} \text{ Flansche} \quad \sigma_{bm} = \frac{M_b}{2\pi\,(W_F + W_R)} \tag{127}$$

angewandt, worin für das Widerstandsmoment des Flanschtellers in einem Radialschnitt durch ein Schraubenloch die Beziehung

$$W_F = \tfrac{1}{12}\,(D_a - D_i - 2\,d_s)\,h^2 \tag{128}$$

und für das Widerstandsmoment des Rohransatzes am Übergang vom Flanschteller zum Ansatz

$$W_R = \tfrac{1}{12}\,(D_i + s_1)\,s_1^2 \tag{129}$$

[1] Mit Genehmigung der VGB, Essen, auszugsweise aus dem Merkblatt Nr. 4, 1952.

gilt. Das äußere Biegungsmoment ist $M_b = P_S\, a$, wobei die Schraubenkraft P_S gleichmäßig auf den Lochkreisumfang und die Gegenkräfte für den festen Flansch gleichmäßig auf einer gemeinsamen Wirkungslinie, entsprechend dem mittleren Dichtungskreis mit dem Durchmesser D_{md} verteilt, angenommen sind. Es ist also

$$\text{für den } \textit{festen} \text{ Flansch} \quad M_b = P_S \frac{D_l - D_{md}}{2}$$

und

$$\text{für den } \textit{losen} \text{ Flansch} \quad M_b = P_S \frac{D_l - D_b}{2}.$$

Es gelten die Bezeichnungen der Abb. 219 und 221.

Die Schraubenkraft P_S setzt sich aus drei Anteilen zusammen, und zwar

$$P_S = P_R + P_D + P_p,$$

worin

$$P_R = \frac{p}{100} \frac{\pi}{4} d_i^2 = \text{Mindestzugkraft im Rohr},$$

$$P_{D_1} = \frac{p}{100} \pi\, D_{md}\, k_1 = \left\{ \begin{array}{l} \text{erforderliche Dichtungskraft} \\ \text{im Betriebszustand} \end{array} \right.$$

bzw.

$$P_{D_2} = \pi\, D_{md}\, K_D\, k_2 = \left\{ \begin{array}{l} \text{erforderliche Anpreßkraft bei der Montage} \\ \text{zum Angleichen der Dichtung an die Un-} \\ \text{ebenheiten der Dichtfläche,} \end{array} \right.$$

$$P_p = \frac{p}{100} \frac{\pi}{4} (D_{md}^2 - d_i^2) = \left\{ \begin{array}{l} \text{durch den Innendruck hervorgerufene} \\ \text{Kraft auf die Ringfläche zwischen} \\ \text{Dichtungskreis und Rohrinnenkreis.} \end{array} \right.$$

Die Dichtungskennwerte k_1 und k_2 sind in der Zahlentafel 32 und die Formänderungsfestigkeit K_D in der Zahlentafel 33 zusammengestellt. Die Zusammenstellung müßte an Hand weiterer Versuche vervollständigt werden.

Diese Dichtungskennwerte sind nach Ansicht des Verfassers zu niedrig. Außerdem fehlt noch ein weiterer Anteil der Schraubenzugkraft für zusätzliche Biegungsmomente, Montageungenauigkeiten usw., wie es im Abschnitt C I/3 erläutert wurde.

Für Verbindungen mit Membranschweißdichtungen soll $P_D = 0$ eingesetzt werden, was nach den praktischen Erfahrungen des Verfassers auch nicht der Wirklichkeit entspricht.

d) Einige weitere Berechnungsvorschläge.

WATERS und TAYLOR[1] stützen sich bei ihrer Flanschberechnung auf die strenge Theorie der auf Biegung beanspruchten Platte und kommen zu sehr verwickelten umständlichen Formeln. Ihre Anwendung

[1] Vgl. Fußnote 5 auf S. 339.

Zahlentafel 32. *Dichtungskennwerte* [1].

Profilform	k_1 (mm)	k_2 (mm)
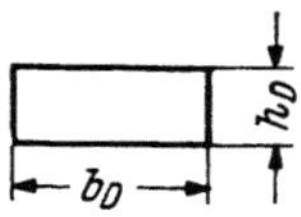	$b_D\,(1 + \sqrt{h_D/b_D})$	$b_D\,(4\text{ mm}/h_D)$ (Weichstoff-Dichtung) $b_D\,(1 + 0{,}1\, b_D/h_D)$ (Metall-Dichtung)
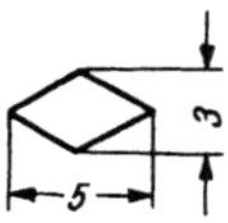	6,0	1,0
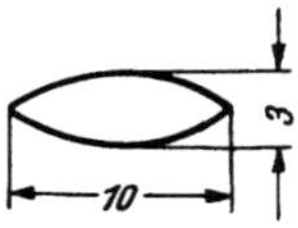	4,0	2,0
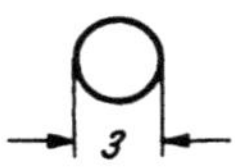	5,0	1,5
	$5\sqrt{z}$ für $z \geqq 5$	$0{,}5\,z$
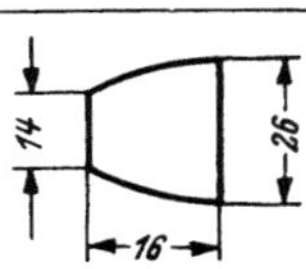	5,0	2,0

[1] Die Dichtungskennwerte gelten sowohl für Weich- wie für Metalldichtungen. Sie sind auf Grund der bisher vorliegenden Versuche angegeben. Die Zusammenstellung kann zur Zeit noch nicht den Anspruch auf Vollständigkeit erheben. Auch sind die angegebenen Zahlen für die Profildichtungen auf Grund unserer neuesten Erkenntnisse noch nicht sicher und vorerst als Behelfslösung gedacht. Nach Abschluß zur Zeit laufender Dichtungsversuche wird, falls erforderlich, eine Berichtigung der Zahlentafel 32 erfolgen.

Zahlentafel 33.
Formänderungsfestigkeit bei 20° C.

Dichtungswerkstoff	Formänderungs-festigkeit K_D kg/mm²
Jt-Werkstoffe	2,5 ÷ 3,5
Blei	1,0
Aluminium (weich)	10
Kupfer (weich)	20
Weicheisen	35
St 34	40
13 Cr Mo 44	45
Austen.-Stahl	50

führt zu Ergebnissen, die bei losen Flanschen mit den Versuchswerten gut übereinstimmen, während bei festen Flanschen zu hohe Werte für die Biegungsspannung wie auch für die Umfangsspannung ermittelt werden. Für die Praxis haben diese Formeln schon allein wegen ihrer Kompliziertheit wenig Wert.

Auch die Berechnung von HOLMBERG und AXELSON[1] stützt sich auf die strenge Plattentheorie und ist mit den gleichen Nachteilen wie diejenige von WATERS und TAYLOR behaftet. Diese Formeln sind noch umständlicher und schließen daher viele Fehlermöglichkeiten in sich. Für die praktische Anwendung kommen sie daher kaum in Frage.

In der Zahlentafel 34 sind zum Vergleich die Ergebnisse der verschiedenen Berechnungsarten an einem Flanschenpaar für NW 150, ND 320 gegenübergestellt.

Zahlentafel 34. *Vergleich der Ergebnisse verschiedener Flanschberechnungen NW 150 ND 320.*

Bezeichnung	Loser Flansch	Fester Flansch
Außendurchmesser D_a	425 mm	425 mm
Lochkreisdurchmesser D_l	350 mm	350 mm
Innendurchmesser D_i	193 mm	150 mm
Blattstärke h	95 mm	86 mm
Größte Übergangsstärke s_1	—	61 mm
Mittlere Übergangsstärke s_m	—	47 mm
Wandstärke s	—	33 mm
Mittlerer Übergangsdurchmesser D_m	—	197 mm
Gesamtschraubenkraft P	107900 kg	107900 kg
Innendruck in atü p	120 atü	120 atü

Berechnungsart	Loser Flansch		Fester Flansch				
	σ_{t_m}	σ_{t_i}	Q	M_0	σ_{t_i}	σ_{r_i}	σ_b
	kg/cm²	kg/cm²	kg/cm	$\frac{\text{cmkg}}{\text{cm}}$	kg/cm²	kg/cm²	kg/cm²
DIN 2506 bzw. 2505	842	—	—	—	—	650	—
SIEBEL (VGB)	971	—	—	—	—	—	704
TIMOSHENKO	—	1182	935	4950	665	402	798
WATERS u. TAYLOR	—	1271	—	—	826	447	1495
HOLMBERG u. AXELSON	—	—	—1176	4920	305	791	793

Für den losen Flansch stimmen die Ergebnisse von TIMOSHENKO und WATERS und TAYLOR sehr gut miteinander überein, während DIN 2506, wie zu erwarten war, einen zu geringen Wert ergibt.

[1] HOLMBERG, E. O., u. K. AXELSON: Analysis of Stress in Circular Plates and Rings. Trans. Amer. Soc. mech. Engrs. Applied Mechanics Bd. 54 (1932) Nr. 2.

Für den festen Flansch ist die nach HOLMBERG und AXELSON berechnete Umfangsspannung σ_{t_i} offensichtlich zu klein und die Radialspannung σ_{r_i} zu groß, während die Biegungsspannung in der Hohlkehle zwischen Flansch und Übergang gut mit derjenigen nach TIMOSHENKO übereinstimmt. Die Werte von WATERS und TAYLOR dürften alle etwas zu hoch sein, worauf schon früher hingewiesen wurde.

Die Ergebnisse der Flanschberechnung nach VGB fügen sich recht gut in die Reihe ein und scheinen insbesondere für den festen Flansch einen guten Mittelwert zu geben, während die Beanspruchung des losen Flansches etwas zu niedrig sein dürfte.

Für die Praxis wird sich bei losen Flanschen die Rechnungsweise von TIMOSHENKO und der VGB in gleicher Weise gut eignen, während für feste Flanschen die Rechnung nach VGB wegen ihrer Einfachheit entschieden große Vorteile bietet.

Es bleibt nur noch, wie schon im Abschnitt C I/3 erwähnt wurde, die Frage noch teilweise ungeklärt, welche Grundlagen für die Bestimmungen der Gesamtschraubenkraft P_s anzuwenden sind, da die neuen Vorschläge nach VGB zweifellos zu geringe Kräfte ergeben und in der Praxis mit bedeutend höheren Kräften gerechnet werden muß.

3. Wärmespannungen in einem Flansch.

Bekanntlich ist die Temperatur am Außenrand des Flansches niedriger als am Innenrand. Der Temperaturunterschied kann je nach Größe und Bauart im Betriebszustand bis zu 15°C betragen; beim Anwärmen kann dieser bis auf 30°C ansteigen.

Dadurch werden ziemlich beachtliche Schrumpfspannungen im Flansch hervorgerufen.

Mit Rücksicht auf eine möglichst einfache Rechnung sind folgende Voraussetzungen gemacht.

a) Lineare Temperaturänderung in radialer Richtung.

b) Keine Temperaturänderung in axialer und tangentialer Richtung.

Die Voraussetzung unter a) trifft nicht genau zu, denn die Temperatur ändert sich in radialer Richtung nicht linear

$$t = \frac{t_i r_a - t_a r_i}{r_a - r_i} - \frac{t_i - t_a}{r_a - r_i} r, \tag{I}$$

sondern nach einem logarithmischen Gesetz

$$t = \frac{t_i \ln r_a - t_a \ln r_i}{\ln r_a - \ln r_i} - \frac{t_i - t_a}{\ln r_a - \ln r_i} \ln r. \tag{Ia}$$

Der Unterschied ist, wie gezeigt werden soll, sehr gering und spielt im Hinblick auf die nicht genaue Kenntnis von t_i und t_a praktisch keine Rolle.

Die Voraussetzung unter b) stimmt nur in bezug auf die Umfangsrichtung, während in axialer Richtung die Temperatur nach den Seiten hin etwas abfällt, was jedoch ebenfalls vernachlässigt werden soll.

Der Abb. 231 ist die Gl. (I) für die lineare Temperaturänderung zugrunde gelegt.

Denkt man sich ein unendlich kleines Ringteil mit dem Innenwinkel $d\varphi$, dem Halbmesser r und der Breite dr unter der Wirkung der

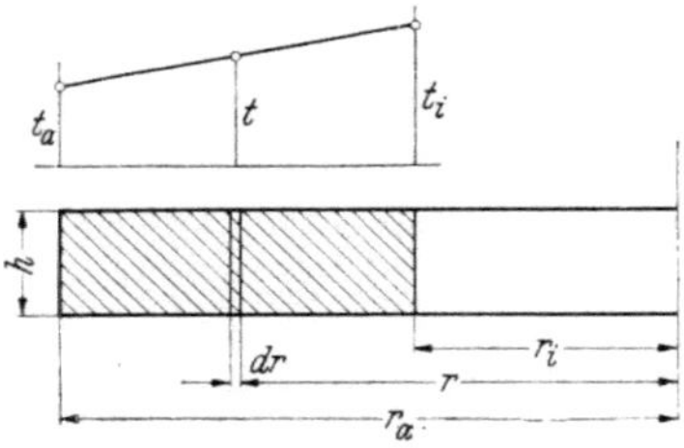

Abb. 231. Lineare Temperaturverteilung im Flansch.

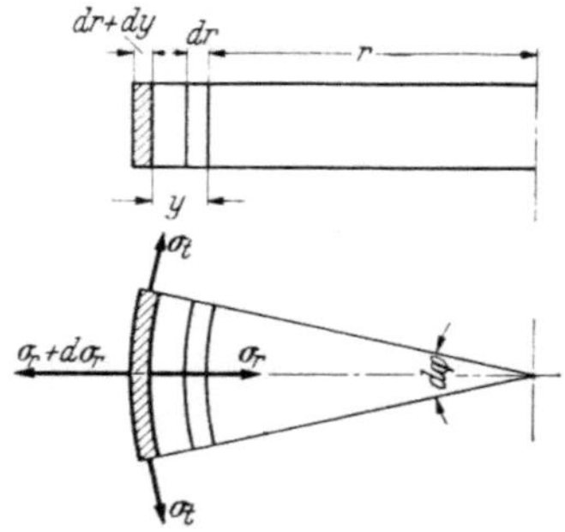

Abb. 232. Spannungen am Ringsegment im Flansch.

Wärmedehnung aus der nichtschraffierten in die schraffierte Lage gerückt (s. Abb. 232), so gilt für die Dehnungen

$$\text{tangential:} \quad \varepsilon_t = \frac{(r+y)\,d\varphi - r\,d\varphi}{r\,d\varphi} = \frac{y}{r}$$

und

$$\text{radial:} \quad \varepsilon_r = \frac{dr + dy - dr}{dr} = \frac{dy}{dr}\,.$$

Die wirkenden Spannungen, σ_t in Umfangsrichtung und σ_r in radialer Richtung, bedingen im Zusammenhang mit der Wärmedehnung $\varepsilon\, t$ eine Dehnung der Fasern

$$\text{tangential:} \quad \varepsilon_t = \varepsilon\, t + \frac{1}{E}\left(\sigma_t - \frac{1}{m}\sigma_r\right),$$

$$\text{radial:} \quad \varepsilon_r = \varepsilon\, t + \frac{1}{E}\left(\sigma_r - \frac{1}{m}\sigma_t\right),$$

worin ε die Wärmedehnungszahl bedeutet. Daraus durch Umformung

$$\sigma_r = \frac{m^2 E}{m^2 - 1}\left[\frac{dy}{dr} + \frac{1}{m}\,\frac{y}{r} - \varepsilon\, t\left(1 + \frac{1}{m}\right)\right], \tag{II}$$

$$\sigma_t = \frac{m^2 E}{m^2 - 1}\left[\frac{y}{r} + \frac{1}{m}\,\frac{dy}{dr} - \varepsilon\, t\left(1 + \frac{1}{m}\right)\right], \tag{III}$$

Die Gleichgewichtsbedingung der Spannungen am Ringteil ergibt nach Abb. 232

$$\sigma_t = \sigma_r + r\,\frac{d\sigma_r}{dr}\,. \tag{IV}$$

Setzt man die Gl. (I) für t, und zwar

$$t = k_1 - k_2\, r$$

in Gl. (II) ein, wobei

$$k_1 = \frac{t_i\, r_a - t_a\, r_i}{r_a - r_i} \quad \text{und} \quad k_2 = \frac{t_i - t_a}{r_a - r_i}$$

so erhält man

$$\sigma_r = \frac{m^2 E}{m^2 - 1}\left[\frac{dy}{dr} + \frac{1}{m}\,\frac{y}{r} - \varepsilon\left(1 + \frac{1}{m}\right)(k_1 - k_2\, r)\right]$$

und differentiiert nach dr

$$\frac{d\sigma_r}{dr} = \frac{m^2 E}{m^2 - 1}\left[\frac{d^2 y}{dr^2} + \frac{1}{m}\,\frac{\frac{dy}{dr}\,r - y}{r^2} + \varepsilon\left(1 + \frac{1}{m}\right) k_2\right].$$

Diese Beziehungen in Gl. (IV) eingesetzt und umgeformt ergibt folgende Differentialgleichung 2. Ordnung

$$r^2\,\frac{d^2 y}{dr^2} = r\,\frac{dy}{dr} - y = -\varepsilon\left(1 + \frac{1}{m}\right) r^2 k_2.$$

Die Lösung lautet

$$y = C_1\, r + \frac{C_2}{r} - \frac{\varepsilon}{3}\left(1 + \frac{1}{m}\right) r^2 k_2.$$

Setzt man diese Gleichung für y sowie das Differential derselben

$$\frac{dy}{dr} = C_1 - \frac{C_2}{r^2} - \frac{2\varepsilon}{3}\left(1 + \frac{1}{m}\right) r\, k_2$$

in die Gl. (II) ein, so erhält man für σ_r

$$\sigma_r = \frac{m^2 E}{m^2 - 1}\left\{C_1\left(1 + \frac{1}{m}\right) - \frac{C_2}{r^2}\left(1 - \frac{1}{m}\right) - \frac{m+1}{3m}\,\varepsilon\left[3\,k_1 - k_2\, r\left(1 - \frac{1}{m}\right)\right]\right\}.$$

Die Festwerte C_1 und C_2 bestimmen sich aus den Randbedingungen, indem

$$\sigma_r = 0 \quad \text{für} \quad r = r_i \quad \text{und} \quad r = r_a,$$

weil am Rande keine radialen Spannungen auftreten. Daraus erhält man endgültig

$$\sigma_r = E\,\varepsilon\,(t_i - t_a)\,\frac{r^3\,(r_a + r_i) - r^2\,(r_a^2 + r_a\, r_i + r_i^2) + r_a^2\, r_i^2}{3\,(r_a^2 - r_i^2)\, r^2} \quad \text{in kg/cm}^2 \quad (130)$$

und

$$\sigma_t = E\,\varepsilon\,(t_i - t_a)\,\frac{2\,r^3\,(r_a + r_i) - r^2\,(r_a^2 + r_a\, r_i + r_i^2) - r_a^2\, r_i^2}{3\,(r_a^2 - r_i^2)\, r^2} \quad \text{in kg/cm}^2. \quad (131)$$

Die Radialspannungen sind durchweg negativ, stellen also Druckspannungen dar. Sie sind am Innen- und Außenrand Null. Der Größtwert der Radialspannung wirkt bei

$$r = \sqrt[3]{\frac{2\, r_a^2\, r_i^2}{r_a + r_i}}$$

und ist

$$\sigma_{r\,\max} = E\,\varepsilon\,(t_i - t_a)\,\frac{1{,}89\,\sqrt{r_a^2\, r_i^2\,(r_a + r_i)^2} - r_a^2 - r_a\, r_i - r_i^2}{3\,(r_a^2 - r_i^2)}. \quad (130\,\text{a})$$

Die Radialspannung ist unbedeutend im Vergleich zu der Umfangsspannung, die am Innen- und Außenrand ihre größten Werte besitzt. σ_t allein ist für den Spannungszustand maßgebend.

Am Innenrand, also für $r = r_i$, ist

$$\sigma_{t_i} = E\,\varepsilon(t_i - t_a)\frac{r_i^2 + r_a r_i - 2r_a^2}{3(r_a^2 - r_i^2)} \quad \text{kg/cm}^2. \tag{131a}$$

und für $r = r_a$, also am Außenrand, ist

$$\sigma_{t_a} = E\,\varepsilon(t_i - t_a)\frac{r_a^2 + r_a r_i - 2r_i^2}{3(r_a^2 - r_i^2)} \quad \text{kg/cm}^2. \tag{131b}$$

Am Innenrand ist die Umfangsspannung negativ (Druck), am Außenrand positiv (Zug). Bei $r \approx 0{,}522\,r_i + 0{,}4615\,r_a$ wird $\sigma_t = 0$, wechselt also dort das Vorzeichen. In Abb. 233 ist der Verlauf und die Größe der Spannungen σ_t und σ_r für den losen Flansch gemäß nach stehendem Beispiel aufgetragen. In dieser ist auch die Spannung σ_t' bei logarithmischer Temperaturverteilung (s. gestrichelte Linie) angegeben, um den geringen Unterschied gegenüber der einfacheren Annahme einer linearen Temperaturänderung zu zeigen. Die entsprechende Radialspannung σ_r' weist praktisch keinen Unterschied gegenüber σ_r auf.

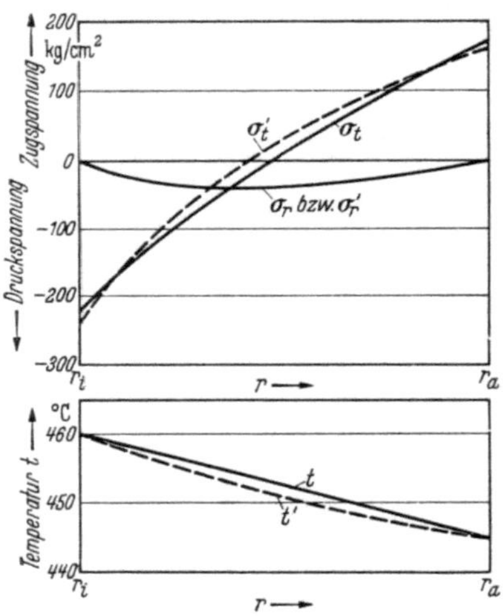

Abb. 233. Verlauf der Wärmespannungen im Flansch.

Beispiel 30. Für die im Beispiel 29 zugrunde gelegten Abmessungen eines losen und festen Flansches sei der Wert für den losen Flansch

$$E\,\varepsilon\,(t_i - t_a) = 1{,}75 \cdot 10^6 \cdot 15{,}2 \cdot 10^{-6} \cdot (460 - 445) = 399$$

und für den festen Flansch

$$E\,\varepsilon\,(t_i - t_a) = 1{,}75 \cdot 10^6 \cdot 14{,}5 \cdot 10^{-6} \cdot (480 - 475) = 127\,.$$

Dann folgt mit den gegebenen Abmessungen für den losen Flansch

$$\sigma_{t_{i\,\text{lose}}} = 399\,\frac{372 + 820 - 2 \cdot 1805}{3 \cdot (1805 - 372)} = -225 \text{ kg/cm}^2,$$

$$\sigma_{t_{a\,\text{lose}}} = 399\,\frac{1805 + 820 - 2 \cdot 372}{3 \cdot (1805 - 372)} = +175 \text{ kg/cm}^2.$$

und für den festen Flansch

$$\sigma_{t_{i\,\text{fest}}} = 127\,\frac{225 + 637 - 2 \cdot 1805}{3 \cdot (1805 - 225)} = -111\ \text{kg/cm}^2,$$

$$\sigma_{t_{a\,\text{fest}}} = 127\,\frac{1805 + 637 - 2 \cdot 225}{3 \cdot (1805 - 225)} = +80\ \text{kg/cm}^2.$$

Bei gleichem Temperaturgefälle wären also in den festen Flanschen die Spannungen wesentlich höher als im losen Flansch. Jedoch ist der Temperaturausgleich im festen Flansch besser.

4. Lebensdauer der Flanschverbindung.

Die Beanspruchungen, denen die Teile einer Flanschverbindung, wie Flansche, Bolzen, Muttern usw. unterworfen sind, liegen in einem Gebiet, bei welchem nach Ansicht vieler Forscher gewisse, wenn auch kleine Kriecherscheinungen des Werkstoffes nicht zu vermeiden sind. Kennt man den Kriechwert des Werkstoffes bei der betreffenden Spannung, so läßt sich theoretisch die Zeit ausrechnen, nach welcher die Dichtpressung infolge der fortschreitenden Dehnungen aller Teile von ihrem bekannten Anfangswert auf einen bestimmten Mindestwert abgesunken ist, der die Grenze der Dichtheit darstellt.

Bailey[1] hat beispielsweise die Beziehungen hierfür aufgestellt. Er ging hierbei von der Annahme aus, daß bei den in Frage kommenden Belastungen ein Kriechen unbedingt stattfindet. Die ursprünglich bei Betriebsbeginn — also zur Zeit $t = 0$ — bestehende Anfangsspannung der Bolzen σ_0 wird nach einer Zeit t auf einen ganz bestimmten, von der Bauart, den Abmessungen und dem Werkstoff der Flanschverbindung abhängigen Wert σ absinken. Entsprach σ_0 der festgelegten Anfangsdichtkraft P_0 und ist P die der Spannung σ zugeordnete, zum Dichthalten mindestens notwendige Dichtkraft, so stellt t die Lebensdauer der Flanschverbindung dar.

Ausgehend von der Annahme, daß der Kriechweg je Zeiteinheit durch die Beziehung $c = \bar{A}\,\sigma^n$ gegeben ist, daß er also — abweichend von der deutschen Auffassung — unabhängig von der Zeit ist, leitet Bailey[2] für die Lebensdauer t der Flanschverbindung folgende Formel ab

$$t = \frac{\Sigma y_0}{\Sigma c_0}\,\frac{\sigma_0^{n-1}}{n-1}\left[\frac{1}{\sigma^{n-1}} - \frac{1}{\sigma_0^{n-1}}\right]. \tag{132}$$

[1] Bailey, R. W.: Flanged Pipe Joint for High Pressures and Temperatures. Engineering Bd. 142 (1937) S. 364.

[2] Bailey, R. W.: Utilisation of Crepp Test Data in Engineering Design. Proc. I. Mech. Engrs. Bd. 132 (1936) S. 233.

Darin bedeuten:

$\Sigma y_0 = y_0' + y_0'' + y_0''' + \cdots =$ Summe der ursprünglichen elastischen Verformungen der einzelnen Teile, wie Bolzen, Muttern, Flansche, Dichtung usw., in cm bei einer Bolzenspannung σ_0;

$\Sigma c_0 = c_0' + c_0'' + c_0''' + \cdots =$ Summe der ursprünglichen Kriechwege der gleichen Teile in der Zeiteinheit;

$n =$ Spannungsexponent in der dem Werkstoff charakteristischen Beziehung für den Kriechweg je Zeiteinheit $c = \bar{A}\,\sigma^n$.

Für den Spannungsexponenten gibt Bailey auf Grund von Dauerstandsversuchen allgemein den Wert $n = 6$ für Stahl an.

Der Verhältniswert A muß für den jeweiligen Werkstoff aus Versuchen bestimmt werden. Die Gl. (132) gilt unter der Voraussetzung, daß die für Bolzen, Flansche, Muttern usw. zugrunde gelegten Werkstoffe alle den gleichen Spannungsexponenten n besitzen, was näherungsweise angenommen werden dürfte.

Ist nun σ die Bolzenspannung, bei der die Verbindung undicht wird oder die nicht unterschritten werden soll, da sonst nachgezogen werden müßte, und nimmt man ferner die Dicke des Flansches so groß an, daß dessen Anteil an der elastischen und plastischen Verformung gegenüber derjenigen der Bolzen vernachlässigbar klein wird, so ist die Lebensdauer t mit $L =$ Bolzenlänge gegeben durch

$$\bar{t} = \frac{\frac{\sigma_0 L}{E}}{\bar{A}\,\sigma_0^n L}\,\frac{\sigma_0^{n-1}}{n-1}\left[\frac{1}{\sigma^{n-1}} - \frac{1}{\sigma_0^{n-1}}\right] = \frac{1}{(n-1)\,E\bar{A}}\left[\frac{1}{\sigma^{n-1}} - \frac{1}{\sigma_0^{n-1}}\right]$$

oder sehr angenähert, wenn man $\frac{1}{\sigma_0^{n-1}}$ gegenüber $\frac{1}{\sigma^{n-1}}$ vernachlässigt

$$\bar{t} = \frac{1}{(n-1)\,E\bar{A}}\,\frac{1}{\sigma^{n-1}}\,. \tag{133}$$

Bailey empfiehlt, die Lebensdauer t der Verbindung durch die Lebensdauer $\bar{t}$ des vorhin geschilderten Sonderfalles auszudrücken, indem

$$t = \tau\,\bar{t} \tag{134}$$

ist, wobei

$$\tau = \frac{\Sigma y_0}{\Sigma c_0}\,\bar{A}\,E\,\sigma_0^{n-1}$$

den Lebensfaktor bedeutet und $\bar{t}$ aus Gl. (133) ermittelt wird.

Bailey führt ferner den Begriff des Kriechwiderstandes ein, indem er annimmt, daß der Bolzenwerkstoff einen q-mal so großen Kriechwiderstand gegenüber dem Flanschenwerkstoff besitzt. Dann ist der Kriechweg q^n-mal kleiner, d. h.

$$\text{Kriechweg des Bolzenwerkstoffes} = \bar{A}\,\sigma^n,$$
$$\text{Kriechweg des Flanschenwerkstoffes} = \bar{A}\,q^n\,\sigma^n.$$

Die Berechnung der elastischen Verformungen $\sum y_0$ wurde im Abschnitt C II für Bolzen, Flansche und Muttern gezeigt. Für die Ermittlung der ursprünglichen Kriechwege $\sum c_0$ gibt BAILEY folgende Beziehungen an:

Für den Bolzen mit Mutter und etwaigen Unterlegscheiben

$$c_0' = (L + L_c)\,\bar{A}\,\sigma_0^n,$$

worin

L = Bolzenlänge zwischen den Mutterauflageflächen in cm;

L_c = etwa 5facher Bolzendurchmesser als Zuschlag zur Bolzenlänge, womit der Kriechweg der Muttern und Unterlegscheiben berücksichtigt werden soll.

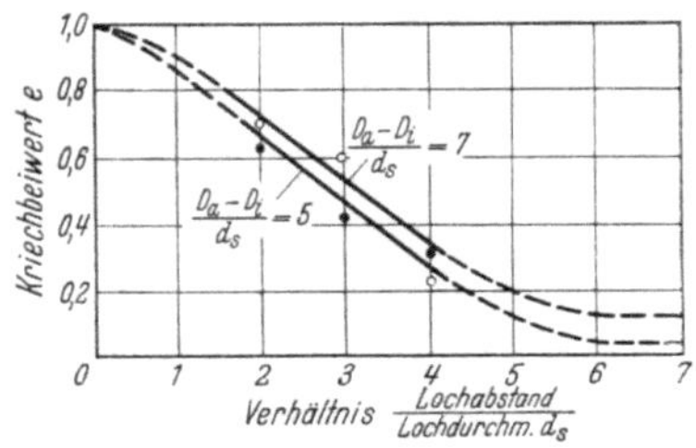

Abb. 234. Umrechnungszahl e für die Schraubenlöcher nach BAILEY. (Aus R. W. BAILEY: Flanged Pipe Joints for High Pressures and Temperatures. Engineering 1937.)

Und für den Kriechweg eines Flansches (Bezeichnungen s. Abb. 221)

$$c_0'' = e\,k_3\,\frac{(D_l - D_m)\,D_i}{2h}\,\bar{A}\left[\frac{(D_l - D_m)\,z\,d_b^2\,q\,\sigma_0}{2\,k_2\,(D_a - D_i)\,h^2}\right].$$

Darin bedeuten

e = Verhältnis der Kriechwege eines gebohrten zu einem ungebohrten Flansch (s. Abb. 234). Die Werte e wurden von BAILEY aus Versuchen bei 500° C und einer Spannung von 950 kg/cm² gewonnen.

$$k_2 = \frac{4n^2}{(2n-3)(2n+1)}\;\frac{\left(\frac{D_a}{D_i}\right)^{\frac{2n-3}{2n}} - 1}{\frac{D_a}{D_i} - 1} - \frac{2n}{2n+1}\left(\frac{D_i}{D_l}\right)^{\frac{3}{2n}}\frac{2d_s}{D_a - D_i}.$$

$$k_3 = \frac{4n^2}{(2n+1)(n-3)}\;\frac{\left(\frac{D_a}{D_i}\right)^{\frac{n-3}{2n}} - 1 - \left(\frac{D_l}{D_i} + \frac{d_s}{D_i}\right)^{\frac{n-3}{2n}} + \left(\frac{D_l}{D_i} - \frac{d_s}{D_i}\right)^{\frac{n-3}{2n}}}{k_2\left(\frac{D_a}{D_i} - 1\right)}.$$

Diese Beziehungen für k_2 und k_3 lassen sich wesentlich vereinfachen und in Linienform darstellen, wenn man D_l durch D_a ersetzt, was nach BAILEY ohne weiteres zulässig ist. In Abb. 235 und 236 sind diese Werte für $n = 6$ aufgetragen.

Mit z ist die Bolzenanzahl, mit d_s der Schraubenlochdurchmesser und mit d_b der Bolzendurchmesser bezeichnet. Die übrigen Bezeichnungen sind aus der Flanschberechnung bekannt. Alle Werte müssen in cm eingesetzt werden.

Für sehr starke Flanschen (h groß) wird der Lebensfaktor $\tau \approx 1$. Bei kleinem h wird τ kleiner als 1 und bei einem ganz bestimmten Wert von h erreicht τ seinen Größtwert. Dieser Wert von h ist also anzustreben, um die größte Lebensdauer zu gewährleisten. Hierbei dürfen aber die wirtschaftlichen Gesichtspunkte nicht außer acht gelassen werden.

Das Kriechverhalten der Werkstoffe bei gleichbleibender Belastung ist recht gut erforscht. Dagegen fehlen fast gänzlich Angaben über das

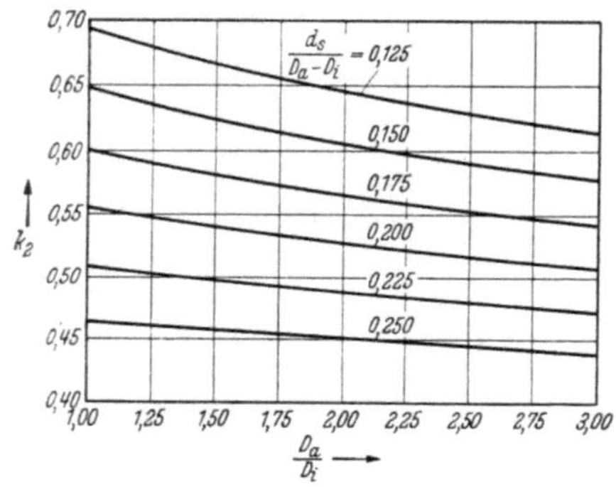

Abb. 235.
Beiwert k_2 nach BAILEY. (Aus R. W. BAILEY: Flanged Pipe Joints for High Pressures and Temperatures. Engineering 1937.)

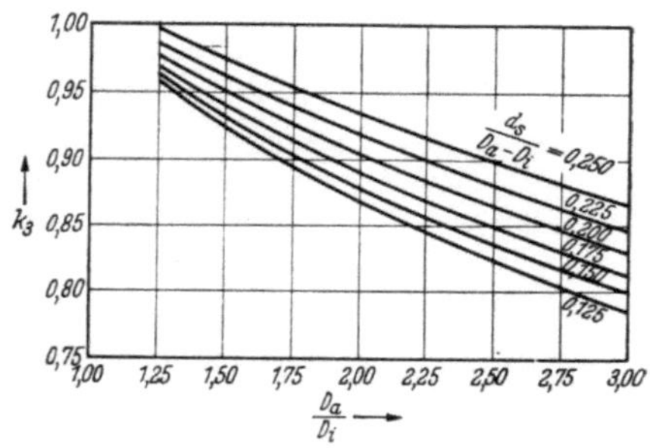

Abb. 236.
Beiwert k_3 nach BAILEY. (Aus R. W. BAILEY: Flanged Pipe Joints for High Pressures and Temperatures. Engineering 1937.)

Kriechverhalten bei spannungsabbauenden Bedingungen. Es ist daher nicht möglich, die Beziehungen für c_0', c_0'' usw. zahlenmäßig für eine gegebene Verbindung auszurechnen, solange nicht die Werte $\bar{A}$ durch Versuche ermittelt sind.

BAILEY gibt auf Grund von Vergleichsversuchen an einem legierten Stahl mit 0,5% Mo bei 500°C den Wert $\bar{A}\,\sigma_0^n = 0{,}01 \cdot 10^{-6}$ cm/cm h an, ohne allerdings die Höhe der Anfangsspannung σ_0 zu nennen. Nimmt man an, daß dieser Wert auch für eine Bolzenspannung $\sigma_0 = 1460\,\text{kg/cm}^2$ — entsprechend dem im Beispiel 29 errechneten Wert für die Betriebsspannung — gültig ist, so kann die Lebensdauer der in diesem Beispiel geprüften Verbindung wie folgt ermittelt werden.

Beispiel 31. Zu ermitteln ist die Lebensdauer der Flanschverbindung aus Beispiel 29.

Gemäß der obengenannten Annahme ist mit $\sigma_0 = 1460$

$$\sigma_0^n = 1460^6 = 9{,}65 \cdot 10^{18}.$$

Daraus

$$\bar{A} = \frac{0{,}01}{9{,}65 \cdot 10^{18} \cdot 10^{6}} = \frac{1{,}036}{10^{27}},$$

$$E = 1{,}75 \cdot 10^{6}\ \mathrm{kg/cm^2}.$$

Die zum Dichthalten mindestens erforderliche Endbolzenspannung sei mit $\sigma = 0{,}7\,\sigma_0$ angenommen, d. h.

$$\sigma = 0{,}7 \cdot 1460 = 1020\ \mathrm{kg/cm^2},$$

$$\sigma^{n-1} = 1020^5 = 1{,}104 \cdot 10^{15}.$$

Damit aus Gl. (133)

$$\bar{t} = \frac{10^{27}}{(6-1) \cdot 1{,}75 \cdot 10^{6} \cdot 1{,}036 \cdot 1{,}104 \cdot 10^{15}} = 10^5.$$

Die elastischen Verformungen der Einzelteile sind mit $P_{g_t} = 107\,900$ kg gemäß Beispiel 27, 28 und 29 unter Betriebstemperatur folgende (Umrechnung im Verhältnis von $E_0/E_t = 2{,}15/1{,}75$):

für den losen Flansch:

$$y_l = \frac{2{,}15}{1{,}75}\,\frac{0{,}0812}{10^6}\,107\,900 = 0{,}01077\ \mathrm{cm},$$

für den festen Flansch:

$$y_f = \frac{2{,}15}{1{,}75}\,\frac{0{,}0237}{10^6}\,107\,900 = 0{,}00314\ \mathrm{cm},$$

für die Bolzenschrauben:

$$y_b = \frac{2{,}15}{1{,}75}\,\frac{0{,}151}{10^6}\,107\,900 = 0{,}020\ \mathrm{cm},$$

für die beiden Muttern einschließlich Gewinde:

$$y_M = 2\,\frac{2{,}15}{1{,}75}\,\frac{0{,}0124}{10^6}\,107\,900 = 0{,}00329\ \mathrm{cm},$$

für die Linse:

$$y_L = \frac{2{,}15}{1{,}75}\,\frac{0{,}065}{10^6}\,107\,900 = 0{,}00862\ \mathrm{cm}.$$

Daher

$$\sum y_0 = 0{,}01077 + 0{,}00314 + 0{,}02 + 0{,}00329 + 0{,}00862 = \underline{0{,}04582\ \mathrm{cm}.}$$

Kriechweg der Bolzen je Stunde:

$$c_0' = (L + L_c)\,\bar{A}\,\sigma_0^n = (24 + 5 \cdot 2{,}8) \cdot 0{,}01 \cdot 10^{-6} = 0{,}38 \cdot 10^{-6}\ \mathrm{cm/h}.$$

Kriechweg der Flansche je Stunde:

Mit $\frac{d_s}{D_a - D_i} = \frac{3{,}8}{42{,}5 - 15} = 0{,}138$ und $\frac{D_a}{D_i} = \frac{425}{150} = 2{,}83$ folgt aus Abb. 234, 235 und 236 $e = 0{,}67$, $k_2 = 0{,}6$, $k_3 = 0{,}81$.

Für den festen Flansch ist mit $q = 2$

$$c'' = 0{,}67 \cdot 0{,}81 \, \frac{(35 - 19{,}7) \cdot 15}{2 \cdot 8{,}6} \, \frac{1{,}036}{10^{27}} \left[\frac{(35 - 19{,}7)\, 12 \cdot 2{,}8^2 \cdot 2 \cdot 1460}{2 \cdot 0{,}6\,(42{,}5 - 15) \cdot 8{,}6^2} \right]^6$$

$$= 0{,}194 \cdot 10^{-6} \text{ cm/h},$$

für den losen Flansch

$$c_0''' = 0{,}67 \cdot 0{,}81 \, \frac{(35 - 19{,}3) \cdot 19{,}3}{2 \cdot 9{,}5} \, \frac{1{,}036}{10^{27}} \left[\frac{(35 - 19{,}3) \cdot 12 \cdot 2{,}8^2 \cdot 2 \cdot 1460}{2 \cdot 0{,}6\,(42{,}5 - 19{,}3) \cdot 9{,}5^2} \right]^6$$

$$= 0{,}23 \cdot 10^{-6} \text{ cm/h}.$$

Daraus

$$\sum c_0 = (0{,}38 + 0{,}194 + 0{,}23) \cdot 10^{-6} = \underline{0{,}804 \cdot 10^{-6} \text{ cm/h}.}$$

Mit diesen Werten wird

$$\tau = \frac{0{,}04582 \cdot 10^6}{0{,}804} \, \frac{1{,}036}{10^{27}} \, 1{,}75 \cdot 10^6 \cdot 1460^5$$

$$= 0{,}683 .$$

Daraus die Lebensdauer

$$t = \tau \, \bar{t} = 0{,}683 \cdot 10^5 = \underline{68300 \text{ Stunden,}}$$

also entsprechend 7,9 Jahre ununterbrochener Betrieb.

Diese Zahl erscheint sehr hoch, was vermutlich darauf zurückzuführen ist, daß der zugrunde gelegte Kriechwert bei der bestehenden Spannung zu niedrig angesetzt wurde. Hierüber fehlen Versuchsunterlagen leider ganz.

Von Interesse ist zum Schluß eine von Bailey angegebene, sehr einfache Formel für die Ermittlung der günstigsten Blattstärke des Flansches, um annähernd die größtmögliche Lebensdauer der Verbindung zu erzielen. Die günstigste Blattstärke ist

$$h \approx d_b \sqrt{\frac{x\,z\,q}{k_2 (D_a - D_i)}} \quad \text{in cm.} \tag{135}$$

Darin bedeuten

d_b = Schaftdurchmesser des Bolzens in cm,
x = Biegungshebelarm des Flansches in cm,
z = Bolzenanzahl,
k_2 = Beiwert aus Abb. 235,
q = Verhältnis des Kriechwiederstandes des Bolzenwerkstoffes gegenüber dem Flanschwerkstoff.

Bailey weist in diesem Zusammenhang nach, daß der Unterschied in den Kriechwerten eines losen Flansches gegenüber einem festen Flansch sehr gering ist. Der Übergang und das anschließende Rohr des festen Flansches versteifen ihn wohl in bezug auf die elastischen Formänderungen; dagegen wird das plastische Nachgeben infolge der größeren Kriechwerte des Rohres und des Ansatzes durch diese begünstigt.

Daher kann die genannte Gl. (135) für die günstigste Blattstärke nach BAILEY mit guter Annäherung auf beide Flanschen angewendet werden.

Die Erfahrungen des Verfassers haben dagegen gezeigt, daß die Gl. (135) für feste Flanschen zu hohe Werte der Blattstärke ergibt.

Für den in Beispiel 27 gewählten losen Flansch ergibt sich unter der Annahme $q = 2$ eine günstigste Blattstärke nach Gl. (135).

$$h = 2{,}8 \sqrt{\frac{7{,}85 \cdot 12 \cdot 2}{0{,}6 \cdot (42{,}5 - 19{,}3)}} = 10{,}3 = \underline{103 \text{ mm.}}$$

Der Flansch besitzt dagegen eine Blattstärke von 95 mm, kommt also an die günstigste Stärke sehr nahe heran.

Man muß, wie schon gesagt war, auch hier die wirtschaftlichen Gesichtspunkte in Betracht ziehen.

Zahlentafel 35. *Trägheitsmoment* $J = \frac{\pi}{64}(D^4 - d^4)$ cm^4.

Wanddicke in mm	Äußerer Rohrdurchmesser D in mm								
	57	70	76	89	95	102	108	121	133
2,5	15,9								
3	18,7	35,5	45,9						
3,5	21,1	40,5	52,5	86	105,4				
4	23,5	45,3	58,8	96,6	118,5	148	176,9	252	337
4,5	25,7	49,9	64,8	107	131,2	164,1	196,2	280	375
5	27,8	54,2	70,6	116,7	143,5	179,6	215	307	412
5,5	29,8	58,4	76,1	126,2	155,3	194,6	233	333	448
6	31,7	62,3	81,4	135,4	166,8	209	251	359	484
6,5	33,4	66	86,4	144	177,8	223	268	384	518
7	35	69,6	91,2	152,6	188,4	237	284	409	551
7,5	36,5	72,9	95,8	160,7	198,7	250	301	432	584
8	37,9	76,1	100,1	168,5	209	263	316	455	616
8,5	39,3	79,1	104,2	176	218	275	331	478	647
9	40,5	81,9	108,2	183,2	227	287	346	500	677
9,5	41,6	84,6	112	190	236	298	360	521	707
10	42,6	87,1	115,4	196,6	244	309	373	541	735
11	44,4	91,8	122	209	260	330	399	580	790
12	46,0	95,8	127,8	220	275	350	423	617	843
13	47,2	99,4	133	231	288	367	446	652	892
14		102,5	137,6	240	301	384	467	685	939
15		105,2	141,7	248	312	399	486	715	983
16					323	413	504	744	1025
17					332	426	520	771	1064
18							536	796	1101
19							550	819	1136
20							563	841	1168
22								880	1227
24								913	1279

Zahlentafel 36. *Trägheitsmoment* $J = \frac{\pi}{64}(D^4 - d^4)\text{cm}^4$.

Wanddicke in mm	Äußerer Rohrdurchmesser D in mm						
	146	152	159	171	191	216	241
4	450						
4,5	501	567	652				
5	551	624	718	899			
5,5	600	679	782	980	1379		
6	647	734	845	1059	1493	2183	
6,5	694	787	907	1137	1604	2348	3292
7	740	840	967	1214	1714	2511	3523
7,5	784	891	1026	1289	1822	2672	3751
8	828	941	1084	1363	1928	2830	3977
8,5	871	989	1141	1435	2032	2986	4199
9	912	1037	1197	1506	2135	3139	4418
9,5	953	1084	1250	1576	2236	3290	4634
10	993	1129	1304	1644	2335	3439	4848
11	1069	1218	1407	1777	2527	3730	5265
12	1142	1302	1506	1904	2714	4013	5672
13	1212	1382	1601	2026	2893	4286	6067
14	1278	1459	1691	2143	3066	4551	6452
15	1341	1532	1777	2256	3233	4808	6826
16	1401	1602	1859	2364	3394	5056	7190
17	1457	1668	1938	2467	3549	5297	7543
18	1511	1731	2013	2565	3698	5530	7886
19	1562	1790	2084	2660	3841	5755	8219
20	1610	1847	2152	2750	3979	5972	8543
22	1698	1951	2278	2919	4239	6386	9161
24		2045	2391	3072	4478	6772	9743
26			2494	3211	4698	7131	10290
28				3337	4900	7465	10804
30						7774	11285

Zahlentafel 37. *Trägheitsmoment* $J = \frac{\pi}{64}(D^4 - d^4)$ cm^4.

Wanddicke in mm	Äußerer Rohrdurchmesser D in mm						
	267	292	318	343	368	394	419
7	4832	6364	8269	10427	12981	15930	19220
7,5	5148	6783	8817	11122	13798	17003	20519
8	5461	7198	9361	11812	14657	18067	21808
8,5	5769	7609	9898	12495	15509	19122	23088
9	6074	8015	10431	13172	16354	20170	24358
9,5	6375	8416	10958	13842	17192	21209	25619
10	6673	8813	11480	14507	18023	22240	26870
11	7257	9594	12508	15817	19663	24276	29345
12	7827	10358	13516	17103	21275	26281	31782
13	8383	11105	14503	18365	22859	28253	34183
14	8926	11836	15471	19604	24415	30193	36547
15	9455	12550	16418	20819	25944	32102	38875
16	9971	13248	17346	22011	27446	33979	41168
17	10474	13930	18255	23180	28922	35826	43425
18	10964	14596	19144	24327	30371	37642	45648
19	11442	15247	20015	25452	31795	39428	47836
20	11907	15882	20867	26555	33192	41184	49989
22	12801	17109	22518	28695	35912	44607	54196
24	13648	18278	24098	30752	38533	47916	58270
26	14451	19390	25609	32727	41058	51112	62214
28	15209	20449	27053	34622	43488	54197	66031
30	15926	21455	28433	36439	45827	57175	69724
32	16602	22410	29750	38181	48076	60048	73296
34		23316	31006	39849	50238	62818	76749
36			32204	41447	52316	65488	80087
38			33344	42975	54311	68060	83310
40				44436	56226	70537	86423

Bemerkung: Die Zahlentafeln 35 bis 37 wurden nach Beendigung des Satzes mit größerer Genauigkeit als bisher umgerechnet und erweitert. Daher stimmen die Rohrträgheitsmomente in den Zahlenbeispielen mit den Angaben dieser Zahlentafeln nicht absolut genau überein. Die Ergebnisse der Zahlenbeispiele werden aber dadurch praktisch kaum beeinflußt, da etwaige Abweichungen innerhalb der Rechenschiebergenauigkeit liegen dürften.

Zahlentafel 38. *Bogenlängen* ($R = 1$) *und die wichtigsten Integrale.*

Winkel ψ	Bogen $\int d\psi$	$\int \sin\psi\, d\psi$	$\int \cos\psi\, d\psi$	$\int \sin^2\psi\, d\psi$	$\int \cos^2\psi\, d\psi$	$\int \sin\psi \cos\psi\, d\psi$
0	0,00000	0,00000	0,00000	0,00000	0,00000	0,00000
5	0,08727	0,00381	0,08716	0,00022	0,08704	0,00380
10	+ 0,17453	+ 0,01519	+ 0,17365	+ 0,00176	+ 0,17288	+ 0,01508
15	0,2618	0,03407	0,25882	0,00590	0,25590	0,03349
20	+ 0,34907	+ 0,06031	+ 0,34202	+ 0,01384	+ 0,33523	+ 0,05849
25	0,43633	0,09369	0,42262	0,02663	0,40968	0,08930
30	+ 0,52360	+ 0,13397	+ 0,50000	+ 0,04529	+ 0,47831	+ 0,12500
35	0,61087	0,18085	0,57358	0,07051	0,54036	0,1645
40	+ 0,69813	+ 0,23396	+ 0,64279	+ 0,10286	+ 0,59527	+ 0,20659
45	0,7854	0,29289	0,70711	0,14270	0,64270	0,25000
50	+ 0,87266	+ 0,35721	+ 0,76604	+ 0,19013	+ 0,68253	+ 0,29341
55	0,95993	0,42642	0,81915	0,24504	0,71483	0,33550
60	+ 1,0472	+ 0,50000	+ 0,86603	+ 0,30709	+ 0,74011	+ 0,37500
65	+ 1,13446	0,57738	0,90631	0,37572	0,75874	0,4107
70	+ 1,22173	+ 0,65798	+ 0,93969	+ 0,45017	+ 0,77156	+ 0,44151
75	+ 1,3090	0,74118	0,96593	0,52950	0,77950	0,46651
80	+ 1,39626	+ 0,82635	+ 0,98481	+ 0,61263	+ 0,78364	+ 0,48493
85	1,48353	0,91284	0,99619	0,69835	0,78518	0,4962
90	+ 1,5708	+ 1,00000	+ 1,00000	+ 0,78540	+ 0,78540	+ 0,50000
95	1,65806	1,08716	0,99619	0,87244	0,78562	0,4962
100	+ 1,74533	+ 1,17365	+ 0,98481	+ 0,95817	+ 0,78716	+ 0,48493
105	1,8326	1,25882	0,96593	1,04130	0,79130	0,46651
110	+ 1,91986	+ 1,34202	+ 0,93969	+ 1,12063	+ 0,79923	+ 0,44151
115	+ 2,00713	1,42262	0,90631	1,19508	0,81206	0,4107
120	+ 2,0944	+ 1,50000	+ 0,86603	+ 1,26371	+ 0,83069	+ 0,37500
125	2,18166	1,57358	0,81915	1,32575	0,85591	0,33555
130	+ 2,26893	+ 1,64299	+ 0,76604	+ 1,38067	+ 0,88826	+ 0,29341
135	2,35619	1,70711	0,70711	1,4281	0,9281	0,25000
140	+ 2,44346	+ 1,76604	+ 0,64279	+ 1,46793	+ 0,97553	+ 0,20659
145	2,53073	1,81915	0,57358	1,50029	1,03044	0,1645
150	+ 2,61799	+ 1,86603	+ 0,50000	+ 1,52546	+ 1,09244	+ 0,12500
155	2,70526	1,90631	0,42262	1,54414	1,16112	0,08930
160	+ 2,79253	+ 1,93969	+ 0,34202	+ 1,55696	+ 1,23557	+ 0,05849
165	2,87979	1,96593	0,25882	1,56490	1,3149	0,03349
170	+ 2,96706	+ 1,98481	+ 0,17365	+ 1,56904	+ 1,39803	+ 0,01508
175	3,05433	1,99619	0,08716	1,57058	1,48375	0,00380
180	+ 3,14159	+ 2,00000	0,00000	+ 1,5708	+ 1,5708	0,00000
185	3,22886	1,99619	— 0,08716	1,57102	1,65784	0,00380
190	+ 3,31613	+ 1,98481	— 0,17365	+ 1,57256	+ 1,74368	+ 0,01507
195	3,40339	1,96593	0,25882	1,5767	1,8367	0,03349
200	+ 3,49066	+ 1,93969	— 0,34202	+ 1,58463	+ 1,90603	+ 0,05849
205	3,57792	1,90631	0,42262	1,59745	1,98047	0,08930
210	+ 3,66519	+ 1,86603	— 0,50000	+ 1,61609	+ 2,04910	+ 0,12500
215	3,75246	1,81915	0,58358	1,64131	2,11115	0,1645
220	+ 3,83972	+ 1,76604	— 0,64279	+ 1,67366	+ 2,16606	+ 0,25659
225	3,92699	1,70711	0,70711	1,7135	2,2135	0,25000
230	+ 4,01426	+ 1,64279	— 0,76604	+ 1,76093	+ 2,25333	+ 0,29341
235	4,10152	1,57358	0,81915	1,81584	2,28568	0,33550
240	+ 4,18879	+ 1,50000	— 0,86603	+ 1,87789	+ 2,31090	+ 0,37500

MIX
Papier aus verantwortungsvollen Quellen
Paper from responsible sources
FSC® C105338

If you have any concerns about our products,
you can contact us on
ProductSafety@springernature.com

In case Publisher is established outside the EU,
the EU authorized representative is:
Springer Nature Customer Service Center GmbH
Europaplatz 3, 69115 Heidelberg, Germany

Printed by Libri Plureos GmbH
in Hamburg, Germany